审计署计算机审计中级培训系列教材

U0731287

2010版

计算机实用技术基础
（第2版）

吕继祥 宋燕林 编著

清华大学出版社
北京

内 容 简 介

全书共 10 章,分硬件篇和软件篇两部分,介绍计算机的硬件系统和软件环境。第 1 章从冯·诺依曼体制入手,讲述计算机体系结构知识,概要介绍计算机的基本组成原理。第 2 章至第 5 章分别讲述计算机系统的各个子系统,向读者详细介绍组成计算机的基本构件,使读者对计算机硬件有深入的理解,并在此基础上进行计算机的硬件安装。第 6 章介绍硬盘分区及系统安装,是计算机使用的基本前提和必经步骤。第 7 章主要介绍 Windows 系统更深入内部的知识及操作,特别是 Windows 的体系结构、内存管理、注册表管理与应用、动态链接库及注册服务等。第 8 章介绍非常有效但通常被忽略的桌面信息管理工具 Outlook 2007 的使用。第 9 章介绍互联网基础与计算机系统安全等知识,讨论数据安全问题。第 10 章从中级应用的角度介绍程序设计和信息系统开发建设及信息系统审计的基本知识。

本书注重理论和应用相结合,既强调实用性,又不乏系统性和科学性。

本书可作为审计人员或相近行业人员的中级培训教材、高等院校计算机基础课程的教材或教学参考书,也可供广大计算机爱好者阅读和参考。

图书在版编目(CIP)数据

计算机实用技术基础/吕继祥,宋燕林编著. --2 版. --北京:清华大学出版社,2010.8
(2019.10重印)

(审计署计算机审计中级培训系列教材)

ISBN 978-7-302-23383-1

Ⅰ. ①计…　Ⅱ. ①吕…②宋…　Ⅲ. ①电子计算机-技术培训-教材　Ⅳ. ①TP3

中国版本图书馆 CIP 数据核字(2010)第 148505 号

责任编辑:江　娅
责任校对:王荣静
责任印制:李红英

出版发行:清华大学出版社
　　　　　网　　　址:http://www.tup.com.cn,http://www.wqbook.com
　　　　　地　　　址:北京清华大学学研大厦 A 座　　　　　邮　　编:100084
　　　　　社 总 机:010-62770175　　　　　　　　　　　　邮　　购:010-62786544
　　　　　投稿与读者服务:010-62776969,c-service@tup.tsinghua.edu.cn
　　　　　质量反馈:010-62772015,zhiliang@tup.tsinghua.edu.cn
印 装 者:三河市铭诚印务有限公司
经　　销:全国新华书店
开　　本:185mm×260mm　　印张:32　　　字数:736 千字
版　　次:2010 年 8 月第 2 版　　　　　印次:2019 年 10 月第 13 次印刷
定　　价:57.00 元

产品编号:038568-02

强化计算机培训，
加快审计信息化
建设。

宝章 二三年
五月

审计署计算机审计中级培训系列教材编写委员会

主　任：石爱中(副审计长)

副主任：王智玉(审计署计算机技术中心主任)

　　　　杜林(北京信息科技大学校长)

委　员：陈太辉(审计署培训中心主任)

　　　　胡大华(审计署人事教育司副司长)

　　　　许晓革(北京信息科技大学副校长)

　　　　李　玲(审计署南京特派员办事处特派员)

　　　　刘汝焯(原审计署京津冀特派员办事处特派员)

　　　　于广军(审计署计算机技术中心副主任)

审计署计算机审计中级培训系列教材编写组

组　　长：王智玉（审计署计算机技术中心主任）

副组长：于广军（审计署计算机技术中心副主任）

　　　　杜光宇（审计署人事教育司教育职称处处长）

　　　　程建勤（审计署计算机技术中心应用技术推广处处长）

　　　　李　忱（北京信息科技大学信息管理学院院长）

　　　　万建国（审计署南京特派办计算机审计处副处长）

成　　员：吕继祥（北京信息科技大学信息管理学院教师）

　　　　车　蕾（北京信息科技大学信息管理学院教师）

　　　　王晓波（北京信息科技大学信息管理学院教师）

　　　　刘晓梅（北京信息科技大学信息管理学院教师）

　　　　宋燕林（北京信息科技大学信息管理学院教师）

　　　　赵　宇（北京信息科技大学信息管理学院教师）

　　　　乔　鹏（审计署计算机技术中心高级工程师）

　　　　李湘蓉（北京信息科技大学信息管理学院教师）

　　　　吴笑凡（审计署南京特派办计算机审计处审计师）

　　　　李春强（北京信息科技大学信息管理学院教师）

　　　　卢益清（北京信息科技大学信息管理学院教师）

　　　　张　莉（北京信息科技大学信息管理学院教师）

序

从一定意义上讲,中国审计的根本出路在于信息化,信息化的关键在于数字化。审计信息化、数据化不只是一种理念,更是一种手段、一种方式和一种发展趋势。当前的审计信息化建设,以金审工程为依托,以创新审计方法和技术手段为基础,着力提高审计工作的技术含量和技术水平,目的是促进公共管理行为的进一步规范,促进公共管理绩效的进一步提高,维护国家经济安全,发挥审计保障国家经济社会健康运行的"免疫系统"功能。

建立数字化审计工作模式,除了计算机和网络等物质条件外,更需要广大审计干部发挥聪明才智,积极探索符合我国审计工作实际的先进技术方法。要提高对审计信息化建设重要性、紧迫性的认识,重视信息化的工程建设,还要创造条件培养更多的高技术人才,让掌握先进技术的人员发挥更大作用。

2001 年,审计署开始计算机审计中级培训,其目标是使参加中级培训的审计人员成为计算机审计骨干,标准是"五能",即:一能打开被审计单位数据库;二能将被审计单位的数据导出到审计人员的计算机中并转换成为审计人员可阅读的数据格式;三能使用具有查询分析功能的通用软件或审计软件来查询、分析数据;四能在审计现场搭建临时网络;五能排除常见的软硬件故障。2001 年印发了中级培训大纲,编写了中级培训教材;2007年又对中级培训大纲进行了修改。

近 10 年来,审计署举办了 29 期集中培训,同时指导地方审计机关参照审计署的模式自行培训,组织了 42 次计算机审计中级水平考试,共有 3314 人通过了严格的考试。这些同志中的绝大多数在审计一线发挥了骨干作用,更重要的是经过强化训练,建立了信息化条件下如何开展审计的思维,建立了现代计算机技术用于审计工作的思维,提高了这些审计业务骨干的综合素养,使我们的审计工作效率得到了很大的提高,审计工作的知识含量和信息化水平也得到了很大的提高。

计算机技术在发展,审计的手段和方式也在变革,中级培训工作也应与时俱进地革新。本着创新、继承和调整的改革原则,审计署计算中心与北京信息科技大学结合教学实践和计算机技术的新发展,对中级培训各门课程的大纲和教材的修改逐一进行了反复研究,最终确定了课程保留、调整、完善的内容,形成了《审计署计算机审计中级培训大纲(2010 版)》,重新编写了《审计署计算机审计中级培训系列教材(2010 版)》。期待更多的审计人员通过中级培训教材的学习,理论联系实际,成为计算机审计的能手。

2010 年 5 月于中央党校

再 版 前 言

本书主要为国家审计系统工作人员进行计算机审计中级培训而编著,也可作为其他行业的计算机中级水平培训教材。

全书共 10 章,分为硬件篇和软件篇两部分,分别介绍计算机的硬件系统和软件环境。第 1 章从冯·诺依曼体制入手,讲述计算机体系结构知识,概要介绍计算机的基本组成原理,为学习全书打下理论基础。第 2~5 章分别讲述计算机系统的各个子系统,向读者详细介绍组成计算机的基本构件,使读者对计算机硬件有深入的理解,并在此基础上进行计算机的硬件安装。第 6 章介绍硬盘分区及系统安装,是计算机使用的基本前提和必经步骤。经过前 6 章的学习,读者即可进行一个完整的计算机系统组装实验。第 7 章主要介绍 Windows 系统更深入内部的知识及操作,特别是 Windows 的体系结构、内存管理、注册表管理与应用、动态链接库及注册服务等。第 8 章介绍非常有效但通常被忽略的桌面信息管理工具 Outlook 2007 的使用,无论是对提高办公效率、减少网络拥堵还是对节约上网费用都很有价值。第 9 章介绍互联网基础与计算机系统安全等知识,讨论了数据安全问题。第 10 章从中级应用的角度介绍程序设计和信息系统建设及信息系统审计的基本知识,为读者深入学习计算机编程奠定初步基础,了解信息系统审计的基本概念。

与第 1 版相比,新版删减了大量陈旧的知识内容,如 MS-DOS 的模块结构、功能、引导过程,DOS 操作系统相关内容,以及过时的硬件产品介绍等;也删减了部分与"计算机网络"课程有重复的内容,如计算机网络基础知识,计算机局域网的组成、分类及特点等,把焦点集中在互联网及应用上。

新版每一章都新增了知识点,主要包括计算机的发展简史,Windows 的体系结构、引导过程、动态链接库,双核及多核 CPU 的介绍,超线程等新技术,文件系统,计算机系统安全,信息系统审计等内容。

新版保持了原版的框架结构,但内容重新编写(部分计算机原理内容保持不变)。

新版上机实验部分变化最大,原有的 4 个实验全部被淘汰,依据新形势的需要新增了虚拟机软件 VMware 的使用、安装配置 WEB 与 FTP 服务器、微型计算机硬件的组装、数据恢复软件 EasyRecovery 的使用。

本教材在改版编写过程中,得到了审计署计算机技术中心王智玉主任、于广军副主任和程建勤处长的亲切关怀和帮助,也得到了北京信息科技大学许晓革副校长、信息管理学院院长李忱教授、李健书记、徐晓敏副院长的大力支持,以及院办公室各位老师的全力配合,牟永敏博士对本书提出了中肯的建议和指点,在此一并表示衷心的感谢!

本书第1章、第2章、第10章由宋燕林编写,其余章节由吕继祥编写,并由吕继祥负责统稿。紫文涛、陈根宝等好友对本书的完成也给予了热情帮助。

由于作者水平有限,加之时间仓促,书中内容难免存在不妥之处,欢迎广大读者批评指正。

吕继祥

2010 年 6 月

目　　录

附录 上机实验

硬件篇：计算机的硬件组成

第1章　计算机体系结构

本章是关于计算机基本原理的介绍,从冯·诺依曼体制入手,引出了计算机体系结构的一些基本概念。本章主要介绍计算机的简单发展历史、信息的数字化表示、数字的编码、信息的储存及处理,以及信息的输入和输出问题。

1.1　计算机与信息技术

国际标准化组织(ISO)对信息的定义是:信息(information)是对人有用的,能够影响人们行为的数据。

信息具有如下特性:可传输性、可存储性、可处理性(加工)、可共享性、时滞性等。信息同物质和能源一样,是人们赖以生存与发展的重要资源。人类通过信息认识各种事物,借助信息的交流沟通人与人之间的联系,互相协作,从而推动社会前进。

信息技术(information technology,IT)是指信息存储、加工、传输和使用的理论和方法,以及相关设备设施的设计、制造、运行、工艺和技术。信息技术主要包括计算机技术、微电子技术和通信技术。

计算机技术是关于数字电子信息处理自动化的学问,它解决了数字化的信息如何存储、如何运输和如何加工运算、管理的问题。计算机技术是信息技术中的核心部分,计算机技术的迅猛发展引发了信息革命。

电子计算机是信息的处理机,它是人脑功能的延长,能帮助人更好地存储信息、检索信息、加工信息和再生信息。

计算机是一种能按照事先存储的程序,自动、高速地进行大量数值计算和各种信息处理的现代化智能电子装置。

1.2　存储程序与冯·诺依曼体制

计算机的运行采取编制程序、存储程序、自动连续运行程序的工作方式,称为存储程序方式。对此作出重大贡献的是出生于匈牙利的美国数学家冯·诺依曼(1903—1957)。绝大多数人认为,1946 年制成的 ENIAC 是世界上第一台电子数字计算机。但是 ENIAC 基本上是十进制而不是二进制,程序和数字分开存储,程序的进入与修改需通过人工设置开关和插拔导线来设置,被称为台外程序式。

1945 年,冯·诺依曼通过一篇著名的论文概括了数字计算机的设计思想,被后人称为冯·诺依曼思想。这是计算机发展史中的一个里程碑。几十年来,计算机体系结构发生了许多演变,但存储程序的概念仍是普遍采用的结构原则。冯·诺依曼体制中仍广泛采用的要点可归纳如下。

(1) 采用二进制形式表示数据和指令

数据和指令在代码的外形上并无区别,都是由 0 和 1 组成的代码序列,只是各自约定的含义不同而已。采用二进制,使信息数字化容易实现,可以用二值逻辑工具进行处理。程序信息本身也可以作为被处理的对象,进行加工处理,例如对源程序进行编译,就是源程序被当做加工处理的对象。

(2) 采用存储程序方式

这是冯·诺依曼思想的核心内容。如前所述,它意味着实现编制程序,事先将程序(包含指令和数据)存入主存储器中,计算机在运行中程序就能自动地、连续地从存储器中依次取出指令并且执行。这是计算机高速自动运行的基础。计算机的工作体现为执行程序,计算功能的扩展在很大的程度上体现为所存储程序的扩展。计算机的许多具体工作方式也是由此派生的。诺依曼机的这种工作方式,可称为控制流(指令流)驱动方式。即按照指令的执行序列,依次读取指令;根据指令所含的控制信息,调用数据进行处理。因此在执行程序的过程中,始终以控制信息流为驱动工作的因素,而数据信息流则是被动地被调用处理。

为了控制指令序列的执行顺序,人们设置了一个程序(指令)计数器(program counter,PC),让它存放当前指令所在的存储单元的地址。如果程序现在是顺序执行的,每取出一条指令后 PC 内容加 1,指示下一条指令该从何处取得。如果程序将转移到某处,就将转移后的地址送入 PC,以便按新地址去读取后继指令。所以,PC 就像一个指针,一直指示着程序的执行进程,这也就是指示控制流的形成。程序与数据都采用二进制代码,可按照 PC 的内容作为地址读取指令,再按照指令给出的操作数地址去读取数据。由于在多数情况下程序是顺序执行的,所以大多数指令需要依次紧挨着存放。除了个别即将使用的数据可以紧挨着指令存放外,一般将指令和数据分别存放在该程序区的不同区域。

(3) 由运算器、存储器、控制器、输入装置和输出装置五大部件组成计算机系统,并规定了这五部分的基本功能

上述概念奠定了现代计算机的基本结构思想,并开创了程序设计的新时代。到目前为止,绝大多数计算机仍沿用这一体制,形成为诺依曼机体制。传统的诺依曼体制从本质上讲是采取串行顺序处理的工作机制,即使有关数据已经准备好,也必须逐条执行指令序列。而提高计算机性能的根本方向之一是并行处理。因此,近年来人们在谋求突破传统的冯·诺依曼体制的束缚,这种努力被称为非诺依曼化。对所谓非诺依曼化的探讨仍在

争议中,一般认为它表现为以下三个方面的突破。

① 在诺依曼体制范畴内对传统诺依曼机进行改造

如采用多个处理部件形成流水处理,依靠时间上的重叠提高处理效率;又如组成阵列机结构,形成单指令流多数据流,提高处理速度。这些方向已比较成熟,成为标准结构。

② 用多个诺依曼机组成多机系统,支持并行算法结构

这方面的研究目前比较活跃。

③ 从根本上改变诺依曼机的控制流驱动方式

例如,采用数据流驱动工作方式的数据流计算机,只要数据已经准备好,有关的指令就可并行地执行。这是真正非诺依曼化的计算机,它为并行处理开辟了新的前景,但由于控制的复杂性,仍处于试验探索之中,不在本书的讨论范围之内。

图 1.1 以框图的形式表示出数字计算机的基本硬件组成。典型的数字计算机硬件由五大部分组成,即运算器、存储器、控制器、输入设备和输出设备。

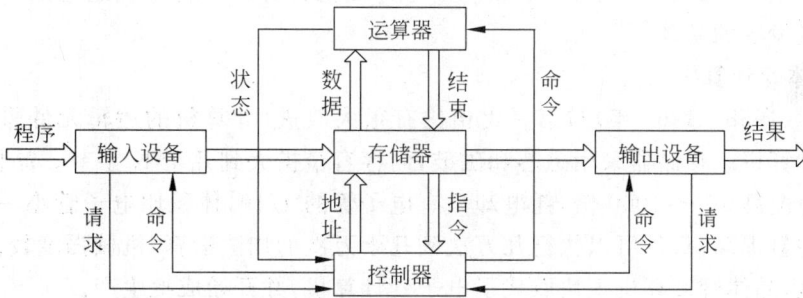

图 1.1　数字计算机的简单框图

在本节中出现的如下概念是下面几节将要阐述的重点:信息的数字化表示、存储器、处理器(运算器和控制器)、输入与输出。

1.3　计算机发展简史

1.3.1　计算机的发展

世界上第一台计算机是 1946 年 2 月由美国的宾夕法尼亚大学研制成功的,该机命名为 ENIAC(Electronic Numerical Integrator And Calculator),意思是"电子数值积分计算机"。它的诞生在人类文明史上具有划时代的意义,从此开辟了人类使用电子计算工具的新纪元,是人类进入信息时代的里程碑。

随着电子技术的不断发展,计算机先后以电子管、晶体管、集成电路、大规模和超大规模集成电路为主要元器件,共经历了四代的变革。每一代的变革在技术上都是一次新的突破,在性能上都是一次质的飞跃。四代计算机的演变如表 1.1 所示。

1.　电子管计算机

第一代(1946—1957 年)计算机的逻辑元件采用电子管,通常称为电子管计算机。它的内存容量仅有几千个字节,不仅运算速度低,成本也很高。

表 1.1 四代计算机的发展

代次	起止年份	所用电子元器件	数据处理方式	运算速度	应用领域
第一代	1946—1957	电子管	汇编语言、代码程序	5000~30000 次/s	国防及高科技
第二代	1958—1964	晶体管	高级程序设计语言	数十万~几百万次/s	工程设计、数据处理
第三代	1965—1970	中、小规模集成电路	结构化、模块化程序设计、实时处理	数百万~几千万次/s	工业控制、数据处理
第四代	1971 至今	大规模、超大规模集成电路	分时、实时数据处理、计算机网络	上亿条指令/s	工业、生活等各方面

在这个时期,没有系统软件,用机器语言和汇编语言编程。计算机只能在少数尖端领域中得到应用,一般用于科学、军事和财务等方面的计算。尽管存在这些局限性,它却奠定了计算机发展的基础。

2. 晶体管计算机

第二代(1958—1964 年)与第一代相比有很大改进,计算机的逻辑元件采用晶体管,即晶体管计算机。存储器采用磁芯和磁鼓,内存容量扩大到几十 K 字节。晶体管比电子管平均寿命提高 100~1000 倍,耗电却只有电子管的 1/10,体积比电子管小一个数量级,运算速度明显提高,每秒可以执行几万次到几十万次的加法运算,机械强度较高。由于具备这些优点,晶体管计算机很快取代了电子管计算机,并开始成批生产。

在这个时期,系统软件出现了监控程序,提出了操作系统概念,出现了高级语言,如FORTRAN、ALGOL 60 等。

3. 集成电路计算机

第三代(1965—1970 年)计算机的逻辑元件采用集成电路。这种器件把几十个或几百个分立的电子元件集中做在一块几平方毫米的硅片上(称为集成电路芯片),使计算机的体积和耗电大大减小,运算速度却大大提高,每秒钟可以执行几十万次到 100 万次的加法运算,性能和稳定性进一步提高。

在这个时期,系统软件有了很大发展,出现了分时操作系统和会话式语言,采用结构化程序设计方法,为研制复杂的软件提供了技术上的保证。

4. 大规模与超大规模集成电路计算机

第四代(1971 年以后)计算机的逻辑元件采用大规模集成电路(LSI)。在一个 $4mm^2$ 的硅片上,至少可以容纳相当于 2000 个晶体管的电子元件。金属氧化物半导体电路(metal oxide silicon,MOS)也在这一时期出现。这两种电路的出现进一步降低了计算机的成本,体积也进一步缩小,存储装置进一步改善,功能和可靠性却进一步得到提高。同时计算机内部的结构也有很大的改进,采取了"模块化"的设计思想,即按执行的功能划分成比较小的处理部件,更加便于维护。

20 世纪 70 年代末期开始出现超大规模集成电路(VLSI),在一个小硅片上容纳相当于几万个到几十万个晶体管的电子元件。这些以超大规模集成电路构成的计算机日益小型化和微型化,应用和发展的速度更加迅猛,产品覆盖巨型机、大/中型机、小型机、工作站和微型计算机等各种类型。

在这个时期,操作系统不断完善,应用软件已成为现代工业的一部分,计算机的发展进入了以计算机网络为特征的时代。

目前使用的计算机都属于第四代计算机。从 20 世纪 80 年代开始,发达国家开始研制第五代计算机,研究的目标是打破以往计算机固有的体系结构,使计算机能够具有像人一样的思维、推理和判断能力,向智能化发展,实现接近人的思考方式。

1.3.2 微型计算机的发展

微型计算机(简称微机或 PC 机)是 1971 年出现的,属于第四代计算机。它的一个突出特点是将运算器和控制器做在一块集成电路芯片上,一般称为微处理器(microprocessor unit,MPU)。根据微处理器的集成规模和功能,又形成了微机的不同发展阶段,如 Intel 80486 、Pentium、PⅡ、PⅢ、PⅣ、酷睿等。

世界上第一台微机是由美国英特尔公司年轻的工程师马西安•霍夫(M. E. Hoff)于 1971 年研制成功的。它把计算机的全部电路做在四个芯片上:4 位微处理器 Intel 4004、320 位(40 字节)的随机存取存储器、256 字节的只读存储器和 10 位的寄存器,它们通过总线连接起来,于是就组成了世界上第一台 4 位微型电子计算机——MCS-4,从此揭开了微机发展的序幕。

第一代微处理器是在 1972 年由英特尔公司研制的 8 位微处理器 Intel 8008,主要采用工艺简单、速度较低的 P 沟道 MOS 电路,由它装备起来的计算机称为第一代微型计算机。

第二代微处理器是在 1973 年研制的,主要采用速度较快的 N 沟道 MOS 技术的 8 位微处理器。代表产品有英特尔公司的 Intel 8085、摩托罗拉公司的 M6800、Zilog 公司的 Z80 等。第二代微处理器的功能比第一代显著增强,以它为核心的微型计算机及其外部设备都得到相应的发展,由它装备起来的计算机称为第二代微型计算机。

第三代微处理器是在 1978 年研制的,主要采用 H-MOS 新工艺的 16 位微处理器。其典型产品是英特尔公司的 Intel 8086。Intel 8086 比 Intel 8085 在性能上提高了 10 倍。由第三代微处理器装备起来的计算机称为第三代微型计算机。

从 1985 年起采用超大规模集成电路的 32 位微处理器,标志着第四代微处理器的诞生。典型产品有英特尔公司的 Intel 80386、Zilog 公司的 Z80000、惠普公司的 HP-32 等。由第四代微处理器装备起来的计算机称为第四代微型计算机。

1993 年英特尔公司推出第五代 32 位微处理器芯片 Pentium(中文名为奔腾),它的外部数据总线为 64 位,工作频率为 66~200MHz。

1998 年英特尔公司推出 PentiumⅡ、Celeron,后来又推出 Pentium Ⅲ。第六代微处理器都是更先进的 32 位高档微处理器,工作频率为 300~860MHz,主要用于高档微机或服务器。

微机具有体积小、重量轻、功耗小、可靠性高、对使用环境要求低、价格低廉、易于成批生产等特点。所以,微机一出现,就显示出强大的生命力。

目前,科学家们正在使计算机朝着巨型化、微型化、网络化、智能化和多功能化的方向发展。巨型机的研制、开发和利用,代表着一个国家的经济实力和科学水平;微型机的研制、开发和广泛应用,则标志着一个国家科学普及的程度。

1.3.3 我国计算机的发展

1958 年 8 月 1 日,中国科学院计算所与北京有线电厂共同研制成我国第一台计算机——103 型通用数字电子计算机,运行速度为 1500 次/s,字长为 31 位,内存容量为 1K 字节。同年 9 月,数字指挥仪 901 样机问世,这是中国第一台电子管专用数字计算机。

104 机是 1959 年 10 月 1 日宣布诞生的我国第一台大型通用数字电子计算机,平均每秒运算 1 万次,接近当时英国、日本计算机的指标。103 机共生产了 36 台,104 机生产了 7 台,为我国尖端武器的发展作出了重要贡献。

1960 年我国第一台大型通用电子计算机——107 型通用电子数字计算机研制成功,字长为 32 位,内存容量为 1K 字节,有加减乘除等 16 条指令,主要用于弹道计算。

1963 年,中国第一台大型晶体管电子计算机——109 机研制成功,它在我国两弹试验中发挥了重要作用,被誉为"功勋机"。

1973 年年初,由北京大学、北京有线电厂和燃化部等有关单位共同研制成功中国第一台百万次集成电路电子计算机,字长为 48 位,存储容量为 13KB。

1977 年 4 月,安徽无线电厂、清华大学和四机部六所联合研制成功我国第一台微型计算机 DJS-050 机。

1983 年,"银河Ⅰ号"巨型计算机研制成功,运算速度达 1 亿次/s。

1987 年,第一台国产的 286 微机——长城 286 正式推出。

1993 年,中国第一台 10 亿次巨型银河计算机Ⅱ型通过鉴定。1994 年,银河计算机Ⅱ型在国家气象局投入正式运行,用于天气中期预报。

1995 年,曙光 1000 大型机通过鉴定,其峰值可达 25 亿次/s。

1997 年,银河Ⅲ并行巨型计算机研制成功,该机采用可扩展分布共享存储并行处理体系结构,由 130 多个处理结点组成,峰值性能为 130 亿次/s 浮点运算,系统综合技术达到 20 世纪 90 年代中期国际先进水平。

1998 年,中国微机销量达 408 万台,国产占有率高达 71.9%。

1999 年,银河四代巨型机研制成功。

2000 年,我国自行研制成功高性能计算机"神威 I",其主要技术指标和性能达到国际先进水平。我国成为继美国、日本之后,世界上第三个具备研制高性能计算机能力的国家。

2004 年上半年,推出曙光 4000A 超级服务器,该机处理器总数为 2560 个,内存总容量为 5TB,磁盘总容量为 42TB,峰值浮点运算速度为 11.2 万亿次/s。

2008 年 9 月,曙光 5000A 集群超级计算机(魔方)在天津成功下线,曙光 5000A 以峰值速度为 230 万亿次/s、Linpack 测试值为 180 万亿次/s 的成绩再次跻身世界超级计算机前十名,这一成绩让中国成为世界上第二个可以研发生产超百万亿次超级计算机的国家。它拥有 30720 颗计算核心。

1.3.4 计算机的分类

计算机的种类有很多,从不同角度对计算机有不同的分类方法。下面从计算机处理数据的方式、使用范围、规模和处理能力三个角度进行说明。

1. 按计算机处理数据的方式分类

• 数字计算机

数字计算机处理的是非连续变化的数据,这些数据在时间上是离散的,输入是数字量,输出也是数字量,如职工编号、年龄、工资数据等。基本运算部件是数字逻辑电路,因此其运算精度高、通用性强。

• 模拟计算机

模拟计算机处理和显示的是连续的物理量,所有数据用连续变化的模拟信号表示,其基本运算部件是由运算放大器构成的各类运算电路。模拟信号在时间上是连续的,通常称为模拟量,如电压、电流、温度都是模拟量。一般说来,模拟计算机不如数字计算机精确、通用性不强,但解题速度快,主要用于过程控制和模拟仿真。

• 数模混合计算机

数模混合计算机兼有数字和模拟两种计算机的优点,既能接受、输出和处理模拟量,又能接受、输出和处理数字量。

2. 按计算机使用范围分类

• 通用计算机

通用计算机是指为解决各种问题,具有较强的通用性而设计的计算机。该机适用于一般的科学计算、学术研究、工程设计和数据处理等广泛用途,这类机器本身有较大的适用面。

• 专用计算机

专用计算机是指为适应某种特殊应用而设计的计算机,具有运行效率高、速度快、精度高等特点。该机一般用在过程控制中,如智能仪表、飞机的自动控制、导弹的导航系统等。

3. 按计算机的规模和处理能力分类

• 巨型计算机

巨型计算机是指运算速度快、存储容量大,每秒可达 1 亿次以上浮点运算速度,主存容量高达几百兆字节甚至几百万兆字节,字长可达 32 位的机器。这类机器价格相当昂贵,主要用于复杂、尖端的科学研究领域,特别是军事科学计算。国防科技大学研制的"银河"和国家智能中心研制的"曙光"都属于这类机器。

• 大/中型计算机

大/中型计算机是指通用性能好、外部设备负载能力强、处理速度快的机器。这类机器运算速度在 100 万次至几千万次/秒,字长为 32~64 位,主存容量在几十兆字节至几百兆字节左右。它有完善的指令系统、丰富的外部设备和功能齐全的软件系统,并允许多个用户同时使用。这类机器主要用于科学计算、数据处理或做网络服务器。

• 小型计算机

小型计算机具有规模较小、结构简单、成本较低、操作简单、易于维护、与外部设备连接容易等特点,是在 20 世纪 60 年代中期发展起来的一类计算机。当时的小型机字长一般为 16 位,存储容量在 32KB 至 64KB 之间。DEC 公司的 PDP 11/20 到 PDP 11/70 是这类机器的代表。当时微型计算机还未出现,因而小型计算机得以广泛推广应用,许多工业生产自动化控制和事务处理都采用小型机。近期的小型机,像 IBM AS/400,其性能已大大提高,主要用于事务处理。

• 微型计算机

微型计算机(简称微机)是以运算器和控制器为核心,加上由大规模集成电路制作的存储器、输入输出接口和系统总线构成的体积小、结构紧凑、价格低但又具有一定功能的计算机。如果把这种计算机制作在一块印刷线路板上,则称之为单板机。如果在一块芯片上集成了运算器、控制器、存储器和输入输出接口,则称之为单片机。以微机为核心,再配以相应的外部设备(例如,键盘、显示器、鼠标器、打印机)、电源、辅助电路和控制微机工作的软件就构成了一个完整的微型计算机系统。

• 工作站

工作站是指为了某种特殊用途而将高性能的计算机系统、输入输出设备与专用软件结合在一起的系统。它的独到之处是有大容量主存、大屏幕显示器,特别适合计算机辅助工程。例如,图形工作站一般包括主机、数字化仪、扫描仪、鼠标器、图形显示器、绘图仪和图形处理软件等。它可以完成对各种图形与图像的输入、存储、处理和输出等操作。

• 服务器

服务器是在网络环境下为多用户提供服务的共享设备,一般分为文件服务器、打印服务器、计算服务器和通信服务器等。该设备连接在网络上,网络用户在通信软件的支持下远程登录,共享各种服务。

目前,微型计算机与工作站、小型计算机乃至中、大型机之间的界限已经愈来愈模糊。无论按哪一种方法分类,各类计算机之间的主要区别是运算速度、存储容量及机器体积等。

1.3.5 计算机的特点

• 运算速度快

目前最快的巨型机每秒钟能进行数千亿次运算。

• 计算精度高

由于计算机内部采用二进制数进行运算,使数值计算非常精确。一般计算机可以有十几位以上的有效数字。

• 具有"记忆"和逻辑判断的能力

计算机的存储设备可以把原始数据、中间结果、计算结果、程序等信息存储起来以备使用,存储能力取决于所配备的存储设备的容量。

计算机不仅能进行计算,还具有逻辑判断能力,并能根据判断的结果自动决定以后执行的命令,因而能解决各种各样的问题。

• 内部的操作是自动化的

由于程序和数据存储在计算机中,一旦向计算机发出运行指令,计算机就能在程序的控制下,按事先规定的步骤一步一步执行,直到完成指定的任务为止。这一切都是计算机自动完成的,不需要人工干预。

1.3.6 计算机系统组成

一个完整的计算机系统包括硬件系统和软件系统两部分。组成一台计算机的物理设备的总称是计算机硬件系统,是实实在在的物体,是计算机工作的基础。指挥计算机工作的各种程序的集合称为计算机软件系统,是计算机的灵魂,是控制和操作计算机工作的核心。

- 硬件系统

计算机硬件(computer hardware)或称硬件平台,是指计算机系统所包含的各种机械的、电子的、磁性的装置和设备,如运算器、磁盘、键盘、显示器、打印机等。每个功能部件各司其职、协调工作,缺少其中任何一个就不能成为完整的计算机系统。

硬件是组成计算机系统的物质基础,不同类型的计算机,其硬件组成是不一样的。从计算机的产生发展到今天,各种类型的计算机都是基于冯·诺依曼思想而设计的。这种计算机的硬件系统结构从原理上来说主要由运算器、控制器、存储器、输入设备和输出设备五部分组成。

硬件系统组成如图 1.2 所示。

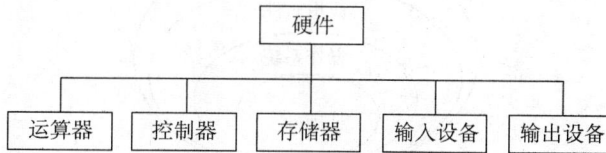

图 1.2　计算机硬件的组成

- 软件系统

计算机软件(computer software)是相对于硬件而言的。它包括计算机运行所需的各种程序、数据及有关资料。脱离软件的计算机硬件称为"裸机",它是不能做任何有意义的工作的,硬件只是软件赖以运行的物质基础。因此,一个性能优良的计算机硬件系统能否发挥其应有的功能,关键取决于所配置的软件是否完善和丰富。软件不仅提高了机器的效率、扩展了硬件功能,也方便了用户使用。

软件内容丰富、种类繁多,通常根据软件用途可将其分为系统软件和应用软件两类。系统软件是用于管理、控制和维护计算机系统资源的程序集合,如操作系统等。应用软件是在系统软件下二次开发的、为解决特定问题而编制的应用程序或用户程序等。利用应用程序用户可以创建用户文档,如字处理软件、表处理软件等。

软件系统组成如图 1.3 所示。

计算机系统的组成如图 1.4 所示。

图 1.3　计算机软件分类

一个完整的计算机系统,硬件和软件是按一定的层次关系组织起来的。最内层是硬件,然后是软件中的操作系统,而操作系统的外层为其他软

运算器　　　算术运算和逻辑运算

控制器　　　分析指令、协调输入输出操作和内存访问

硬件　存储器　　　存储程序、数据和指令

输入设备　　输入数据

输出设备　　输出数据

计算机系统

软件　系统软件　　管理和控制系统资源

应用软件　　开发系统、创建用户文档等

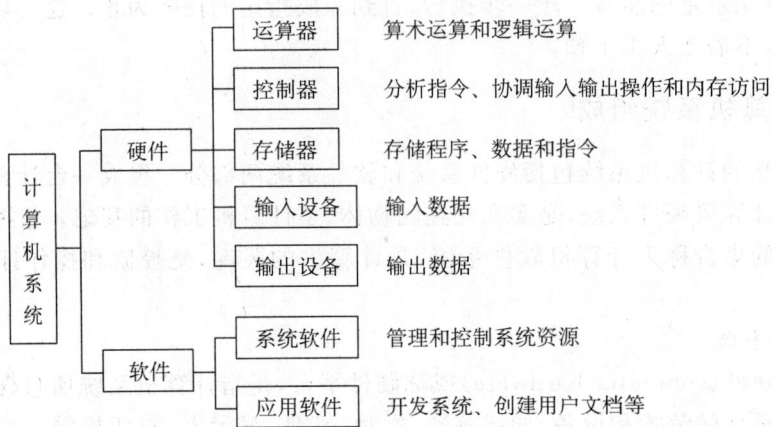

图 1.4　计算机系统组成

件,最外层是用户程序。所以说,操作系统是直接管理和控制硬件的系统软件,自身又是系统软件的核心,同时也是用户与计算机打交道的桥梁——接口软件。

计算机系统的层次结构如图 1.5 所示。

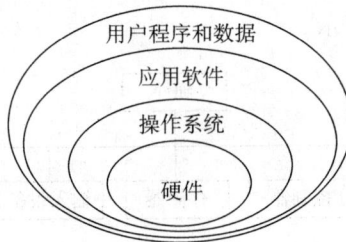

用户程序和数据

应用软件

操作系统

硬件

图 1.5　计算机系统的层次结构

1.4　信息的数字化表示和编码

要了解计算机,首先要了解信息在计算机中的表示,这是计算机得以运转的基础。本节先介绍有关数制、编码和如何将信息数字化的问题。

1.4.1　数制

数制是人们对数量计算的一种统计规律。日常生活中最常遇到的进位计数制是十进制,在数字系统中被广泛采用的则是二进制、八进制、十六进制。

一种进位计数包含着两个基本的因素。

(1) 基数

它是计数制中所用到的数码的个数,一般来说,基数为 R 的计数制(简称 R 进制)中,包含的是 $0,1,\cdots,R-1$ 等数码,进位规律是"逢 R 进一",即每个数位计满 R 就向高位进 1,称为 R 进制计数制。

（2）位权

在一个进位计数制表示的数中，处在不同数位的数码，代表不同的数值，某个数位的数值是由这一位数码的值乘以处在该位的一个固定常数。不同数位上的固定常数称为位权值，简称权。不同数位有不同的位权值。例如，十进制数个位的位权值是 1，十位的位权值是 10^1，百位的位权值是 10^2。

广义地说，一个 R 进制数 N，可以有两种表示方式。

① 并列表示方式，也称位置计数法

$$(N)_R = (K_{n-1}K_{n-2}\cdots K_1 K_0 . K_{-1}K_{-2}\cdots K_{-m})$$

其中，n 为整数部分的数位；m 为小数部分的数位；R 表示基数；K_i 为不同位数的数值，$0 \leqslant K_i \leqslant R-1$。

② 多项式表示法，也称以权展开式

$$(N)_R = (K_{n-1}R^{n-1} + K_{n-2}R^{n-2} + \cdots + K_1 R^1 + K_0 R^0 + K_{-1}R^{-1} + \cdots + K_{-m}R^{-m})$$

这里重点谈谈二进制、八进制、十进制、十六进制的表示和诸进制之间的转化。

1. 二进制

（1）二进制数的表示

二进制数的基本进位规律是"逢二进一"和"借一当二"。

例如，二进制数 1101.011 可以展开为（即二进制转化为十进制）：

$$1101.011 = 1 \times 2^3 + 1 \times 2^2 + 0 \times 2^1 + 1 \times 2^0 + 0 \times 2^{-1} + 1 \times 2^{-2} + 1 \times 2^{-3}$$

（2）二进制数的运算

二进制数的运算比较简单，只要记住两个二进制整数的运算规律就可以了。

① 加法规律为：

$0+0=0$	$0+1=1$	$1+0=1$	$1+1=10$

② 减法规律为：

$0-0=0$	$0-1=1$（借一）	$1-0=1$	$1-1=0$

③ 与运算规律为：（与乘法类似）

0 与 0=0	0 与 1=0	1 与 0=0	1 与 1=1

④ 或运算规律为：

0 或 0=0	0 或 1=1	1 或 0=1	1 或 1=1

由于二进制数每位只可能有两种数值（0 或者 1），在数字系统中，可以用电子器件的两种不同状态来表示为二进制数，因此实现起来非常方便。例如，我们在数字系统中用晶体管的导通表示"0"，用晶体管的截止表示"1"；或者用低电位表示"0"，用高电位表示"1"。所以，二进制数的物理实现简单、易行、可靠，并且存储和传送也方便。其运算规则也很简单，但二进制书写位数太多，不便记忆。为此，通常用八进制和十六进制数作为二进制数的缩写。

2. 八进制与十六进制

（1）八进制数的表示

八进制数的数位符号有 8 个，即 0～7，进位规律是"逢八进一"，基数 $R = 8$。

例如，八进制数 753.24 展开为（即八进制转化为十进制）：

$$753.24 = 7 \times 8^2 + 5 \times 8^1 + 3 \times 8^0 + 2 \times 8^{-1} + 4 \times 8^{-2}$$

（2）十六进制数的表示

一个十六进制数的表示符号有 16 个，即 0～9，以及 A,B,C,D,E 和 F 分别表示 10～15。进位规律为"逢十六进一"，基数为 $R = 16$。

例如，十六进制数 F75.B1C 可以展开为（即十六进制转化为十进制）：

$$F75.B1C = 15 \times 16^2 + 7 \times 16^1 + 5 \times 16^0 + 11 \times 16^{-1} + 1 \times 16^{-2} + 12 \times 16^{-3}$$

3. 进制之间的转换

（1）十进制数转化成二进制数

例如，157.963 分成两个部分：整数部分和小数部分。

① 整数部分求法为：

2 ∟ 157

   2 ∟ 78 余数为 1，所以 $K_0 = 1$

      2 ∟ 39 余数为 0，所以 $K_1 = 0$

         2 ∟ 19 余数为 1，所以 $K_2 = 1$

            2 ∟ 9 余数为 1，所以 $K_3 = 1$

               2 ∟ 4 余数为 1，所以 $K_4 = 1$

                  2 ∟ 2 余数为 0，所以 $K_5 = 0$

                     2 ∟ 1 余数为 0，所以 $K_6 = 0$

                       0 余数为 1，所以 $K_7 = 1$

得 $(157)_{10} = (10011101)_2$

② 小数部分的求法为：

十进制小数转换为二进制小数的方法是：不断用 2 乘以要转换的十进制小数，将每次所得的整数（0 或 1），依次记为 $K_1, K_2, \cdots$。若乘积的小数部分最后能为 0，那么最后一次乘积的整数部分记作 K_m，则为十进制小数的二进制表达式。因为十进制数小数并非都能用有限位的二进制小数精确表示，通常是根据精度要求 m 位，作为十进制小数的二进制的近似表达式。如

        0.963

      ×   2
   —————————

        1.926   整数部分为 1，所以 $K_1 = 1$；

        0.926

      ×   2
   —————————

        1.852   整数部分为 1，所以 $K_2 = 1$；

        0.852

      ×   2
   —————————

        1.704   整数部分为 1，所以 $K_3 = 1$；

$$
\begin{array}{r}
0.704 \\
\times \qquad 2 \\
\hline
1.408
\end{array}
$$
整数部分为 1,所以 $K_4=1$。

因此,在 4 位精度下,$(0.963)_{10}=(0.1111)_2$。

任意进制与十进制之间的转换原理及方法,与二进制与十进制之间的转换原理及方法相类似,这里不再重复。

而任意两种进制之间的转换,一般说来是先由一种进位制转换为十进制,再由十进制转换为另一种进制,把十进制作为桥梁。

(2) 八进制与二进制之间的转换

如:八进制　　7　　6　　5.　　3　　2　　1

　　二进制　111　110　101.　011　010　001

(3) 十六进制与二进制之间的转换

如:十六进制　　C　　　B　　　9.　　　3　　　1

　　二进制　　1100　1011　1001.　0011　0001

4. 不同进制数字的书写方法

在使用数字时,可以使用特定的书写方法来区分不同的进制,具体方法可以有下面几种。

(1) 所有进制都可以写成数字用括号括起来,下标是基数的形式,例如:

二进制:$(10011011)_2$

十进制:$(128)_{10}$

八进制:$(12721)_8$

十六进制:$(2FA)_{16}$

(2) 十进制数字一般可以正常书写,默认就是十进制数字,例如 162。

(3) 二进制数字,可以以字母 B 结尾来表示二进制数字,例如 1011B。

(4) 八进制数字,可以用字母 O 结尾来表示,例如 727O。

(5) 十六进制数字,可以使用字母 H 结尾表示,例如 79H,0FAH。

(6) 在不同的编程语言中,书写方式也不相同。

在 C 语言中,以数字 0 开头的是八进制数字,以 0x 开头的是十六进制,例如,025 是八进制 25,0x25 则是十六进制 25。

在 VB 中,以 &O(字母)或 & 开头的是八进制数字,以 &H 开头的是十六进制数字,例如,&O25 是八进制 25,&H25 表示十六进制 25。

5. 计算机中使用的常见存储单位

在计算机中存储二进制数字时,会使用各种存储单位来表示。

(1) 位(bit,比特)

计算机中所有的数据都是以二进制来表示的,一个二进制代码称为一位。位是计算机中最小的信息单位,一般用小写的字母 b 表示。

(2) 字节(byte)

在对二进制数据进行存储时,以八位二进制代码为一个单元存放在一起,称为一个字节。字节是计算机中次小的信息单位,是计算机中最小的存储单位。一般用大写的字母 B 表示。

(3) 其他存储单位

包括 KB,MB,GB,TB,PB,EB 等,它们之间的关系是:

1KB = 1024B,1MB = 1024KB,1GB = 1024MB,1TB = 1024GB,1PB=1024TB,1EB=1024PB。1024 是 2 的 10 次方。

1.4.2 带符号的二进制数的编码

在通常的算术运算中,用"+"号表示正数,用"-"号表示负数。而在数字系统中,正、负数的表示方法是:把一个数的最高位作为符号位,并用"0"表示"+";用"1"表示"-"。连同符号位在一起作为一个数,称为机器数,它的原来的数值形式则成为这个机器数的真值。

例如: $X_1 = +0.1101$; $X_2 = -0.1101$

表示成机器数为: $X_1 = 0.1101$; $X_2 = 1.1101$

在数字系统中,表示机器数的方法有很多,目前常用的有原码、反码和补码。

1. 原码

原码表示法又称符号—数值表示法。正数的符号位用"0"表示;负数的符号位用"1"表示;数值部分保持不变。

(1) 小数原码的定义

若二进制数 $X = \pm 0. X_1 X_2 \cdots X_m$

① $X > 0$ 时

$$X = +0. X_1 X_2 \cdots X_m$$
$$[X]_{原} = 0. X_1 X_2 \cdots X_m$$

② $X < 0$ 时

$$X = -0. X_1 X_2 \cdots X_m$$
$$[X]_{原} = 1. X_1 X_2 \cdots X_m$$
$$= 1 - (-0. X_1 X_2 \cdots X_m)$$
$$= 1 + X$$

例如:

$$X_1 = +0.1101 \quad 则 [X]_{原} = 0.1101$$
$$X_2 = -0.1101 \quad 则 [X]_{原} = 1 - (-0.1101) = 1.1101$$

③ 零的原码有两种表示形式

$$[+0]_{原} = 0.00 \cdots 0$$
$$[-0]_{原} = 1.00 \cdots 0$$

所以小数原码表示为:

$$[X]_{原} = \begin{cases} X & 当 0 \leqslant X < 1 \\ 1 - X & 当 -1 < X \leqslant 0 \end{cases}$$

(2) 整数原码的定义

若 $X = +X_{n-1} X_{n-2} \cdots X_0$ 或 $X = -X_{n-1} X_{n-2} \cdots X_0$

① $X > 0$ 时，则

$$X = + X_{n-1} X_{n-2} \cdots X_0$$

$$[X]_\text{原} = 0 \ X_{n-1} X_{n-2} \cdots X_0$$

② $X < 0$ 时，则

$$X = - X_{n-1} X_{n-2} \cdots X_0$$

$$[X]_\text{原} = 1 \ X_{n-1} X_{n-2} \cdots X_0$$

$$= 2^n + X_{n-1} X_{n-2} \cdots X_0$$

$$= 2^n - (- X_{n-1} X_{n-2} \cdots X_0)$$

$$= 2^n - X$$

因此，整数原码的定义为：

$$[X]_\text{原} = \begin{cases} X & \text{当 } 0 \leqslant X < 2^n \\ 2^n - X & \text{当} -2^n < X \leqslant 0 \end{cases}$$

原码表示法简单易懂，但在数字系统中，要进行两个异号原码的加法运算时，需先判两数的大小，然后才能从大数中减去小数。最后，还要判断结果的符号位，这就延长了运算时间。

2. 反码

反码的符号位表示法与原码相同，即符号"0"表示正数，符号"1"表示负数。与原码不同的是，反码数值部分的形成和它的符号位有关。正数反码的数值和原码的数值相同，而负数反码的数值是原码的数值按位求反。

（1）整数的反码

若 $X = + X_{n-1} X_{n-2} \cdots X_0$ 或 $X = - X_{n-1} X_{n-2} \cdots X_0$

则定义为：

$$[X]_\text{反} = \begin{cases} X & \text{当 } 0 \leqslant X < 2^n \\ (2^{n+1} - 1) - X & \text{当} -2^n < X \leqslant 0 \end{cases}$$

例如：$X_1 = + 1101$，则 $[X_1]_\text{反} = 01101 = 1101$

$X_2 = -1101$，则 $[X_2]_\text{反} = (2^5 - 1) + X$

$$= (100000 - 000001) + (-1101)$$

$$= 11111 - 1101$$

$$= 10010$$

（2）小数反码的定义

若 $X = \pm 0. X_{-1} X_{-2} \cdots X_{-n}$

则定义为：

$$[X]_\text{反} = \begin{cases} X & \text{当 } 0 \leqslant X < 1 \\ 2 - 2^n + X & \text{当} -1 < X \leqslant 0 \end{cases}$$

例如：$X_1 = + 0.1101$，则 $[X]_\text{反} = 0.1101$

$X_2 = -0.1101$，则 $[X]_\text{反} = 2 - 2^{-4} + X$

$$= 10.0000 - 0.0001 - 0.1101$$

$$= 1.0010$$

(3) 零的反码有两种形式

$$[+0]_反 = 0.00\cdots0$$
$$[-0]_反 = 1.11\cdots1$$

作反码加、减法时,要将运算结果的符号位产生(0 或 1)加到和的最低位,才能得到最后结果。

例如:将 X_1, X_2 作反码加法:

$$X_1 = +1101, X_2 = -0101$$
$$[X_1]_反 = 01101, [X_2]_反 = 11010$$
$$[X_1]_反 + [X_2]_反 = 01101 + 11010$$
$$= \text{“1”}00111$$

将符号位产生的进位"1",加到最低位,即为

$$[X_1 + X_2]_反 = 00111 + 1 = 01000$$

在反码表示中,正负零的表示不唯一,因此,使用反码不很方便。

3. 补码

补码的符号表示和原码相同。"0"表示正数,"1"表示负数。正数的补码和原码、反码相同,就是二进制数值本身。负数的补码是这样得到的:将数值部分按位求反,再在最低位加1。

(1) 整数的补码

若 $X = +X_{n-1}X_{n-2}\cdots X_0$ 或 $X = +X_{n-1}X_{n-2}\cdots X_0$

则定义为:

$$[X]_补 = \begin{cases} X & \text{当 } 0 \leqslant X < 2^n \\ 2^{n+1} + X & \text{当} -2^n \leqslant X < 0 \end{cases}$$

例如:$X_1 = +1101$,则$[X_1]_补 = 1101$

$$X_2 = -1101, 则[X_2]_补 = 2^5 + X$$
$$= 100000 - 1101$$
$$= 10011$$

(2) 小数的补码

若 $X = +0.X_1X_2\cdots X_m$ 或 $X = -0.X_1X_2\cdots X_m$

则定义为:

$$[X]_补 = \begin{cases} X & \text{当 } 0 \leqslant X < 1 \\ 2 + X & \text{当} -1 \leqslant X < 0 \end{cases}$$

(3) 零的补码只有一种形式

$$[0]_补 = 0.000\cdots0$$

引入补码以后,可将数字系统的减法运算用加法实现。在求和的结果中,要将运算结果产生的进位丢掉,才能得到正确结果。

例如:在补码系统中,实现 $X_1 - X_2$ 运算:

$$X_1 = 1101, X_2 = 0101$$

求出:$[X_1]_补 = 1101, [-X_2]_补 = 11011$

$$[X_1]_{补} + [-X_2]_{补} = 1101 + 11011$$
$$= \text{"1"}01000$$

丢掉最高位的"1",即得$[X_1 - X_2]_{补}$的正确结果。

显然,两数相减时,用补码求和运算比用原码求和简单。但补码的缺点是负数用补码表示不直观。

表 1.2 给出了几个典型数的真值、原码、反码、补码的表示。

表 1.2　典型数的真值、原码、反码、补码的表示

X	$[X]_原$	$[X]_反$	$[X]_补$	X	$[X]_原$	$[X]_反$	$[X]_补$
+1001	1001	1001	1001	−0.0000	1.0000	1.1111	0.0000
+0001	0001	0001	0001	−0.0010	1.0010	1.1101	1.1110
+0.1101	0.1101	0.1101	0.1101	−0.0011	1.0011	1.1100	1.1101
+0.0000	0.0000	0.0000	0.0000	−0.1010	1.1010	1.0101	1.0110

4. 定点数和浮点数

计算机处理的数值数据多数带有小数。小数点在计算机中通常有两种表示方法,一种是约定所有数值数据的小数点隐含在某一个固定位置上,称为定点表示法,简称定点数;另一种是小数点位置可以浮动,称为浮点表示法,简称浮点数。在计算机中,通常是用定点数来表示整数和纯小数,分别称为定点整数和定点小数。对于既有整数部分,又有小数部分的数,一般用浮点数表示。

(1) 定点整数

在定点数中,当小数点的位置固定在数值位最低位的右边时,就表示一个整数。注意小数点并不单独占 1 个二进制位,而是默认在最低位的右边。定点整数又分为有符号数和无符号数两类。

如果用 N 位二进制数字表示一个有符号定点整数,它的表示范围是:$-2^{N-1} \sim 2^{N-1} - 1$。例如在 VB6.0 中,使用 16 位二进制数字保存整数,则整数的范围就是 $-2^{15} \sim 2^{15} - 1$,即 $-32768 \sim +32767$。

(2) 定点小数

当小数点的位置固定在符号位与最高数值位之间时,就表示一个纯小数。

(3) 浮点数

与科学计数法相似,任意一个 J 进制数 N,总可以写成 $N = M \times J^E$,式中 M 称为数 N 的尾数(mantissa),是一个纯小数;E 为数 N 的阶码(exponent),是一个整数,J 是 J 进制的基数,也称为底数。这种表示方法相当于数的小数点位置随比例因子的不同而在一定范围内可以自由浮动,所以称为浮点表示法。

底数是事先约定好的(常取 2),在计算机中不出现。在机器中表示一个浮点数时,一是要给出尾数,用定点小数形式表示。尾数部分给出有效数字的位数,因而决定了浮点数的表示精度。二是要给出阶码,用整数形式表示,阶码指明小数点在数据中的位置,因而决定了浮点数的表示范围。浮点数也要有符号位。因此一个机器浮点数应当由阶码和尾数及其符号位组成:

E_S	$E_1\ E_2\ E_3\cdots E_N$	M_S	$M_1\ M_2\ M_3\cdots M_N$

其中，E_S 表示阶码的符号，占一位；$E_1\sim E_N$ 为阶码值，占 n 位；尾符是数 N 的符号，也要占一位；$M_1\sim M_N$ 是尾数。

一般来说，增加尾数的位数，将增加可表示区域数据点的密度，从而提高了数据的精度；增加阶码的位数，将增大可表示的数据区域，从而扩大了数据表示范围。

1.4.3 信息的数字化表示

通常所讲的计算机，它的全名是电子式数字计算机，许多人又将它称为电脑。"电子式"指计算机主要依靠电子部件工作，那么为什么叫做数字计算机呢？简单地讲它有两层含义。

- 在计算机中各种信息如指令、数值型数据、字符、图像等都用数字代码表示；
- 在物理机制上，数字代码以数字型信号表示。

这两点体现了一个非常重要的基本概念，即信息表示数字化。这是理解计算机工作原理的一个基本出发点。

有两种类型的电信号：模拟信号与数字信号。模拟信号是一种在时间上连续的信号，用信号的某些参数（例如幅值）去模拟信息（如数值或物理量的大小），所以称为模拟信号或模拟量。当通过传感器将一些非电量转换为电信号时，最初获得的常常是模拟信号，例如受话器将声音转换为传统的电话信号，温度传感器将温度转换为相应的电压或电流信号等。可以用模拟信号表示数据的大小，但它有许多明显的缺点：精度低，表示范围小，抗干扰能力差，难于存储，难于表示逻辑信息等其他类型的信息。因此，处理模拟信号的模拟计算机现在只应用于极个别的领域，在计算机技术中占绝对主流地位的是处理数字信号的电子数字计算机。如果不加说明，通常所讲的计算机就是数字计算机。事实上，整个电子技术都呈现出采用数字化处理的趋势。

数字信号是一种在时间上或者空间上断续的（离散的）信号；它的单个信号仅取有限的几种状态（目前常用的是二值逻辑，仅取 0 和 1 两种状态值，非 0 即 1）；依靠彼此离散的多位信号的组合表示广泛的信息；处理时可逐位处理。这是数字计算机中最基本的信号形式，是了解计算机硬件工作原理的出发点。

本书的信息数字化概念是指：

- 计算机中的各种信息用数字代码表示，如表示数值大小的数字，非数值型的字符、图像、声音，逻辑型的命令、状态等。
- 数字代码中的每一位用脉冲或电平信号表示，即用数字信号表示。

请注意，善于用约定的数字代码表示各种需要描述的信息，是从事计算机技术工作的重要前提。

采用数字化方法表示信息，起码具有以下 5 个优点。

① 抗干扰能力强，可靠性高。因为单个数字信号只有两种状态（非 0 即 1），即使信号受到一定程度的干扰，仍能比较可靠地鉴别出它属于高电平范畴还是低电平范畴。当然为这一优点所付出的代价是限制了每个信号的表示范围，但可依靠多位组合来克服这一限制。

② 位数增多则数的表示范围扩大。或从另一个角度说,用较多位数表示一个数可以获得很高的精度。理论上位数的增加并无限制,取决于愿意付出的硬件代价。

③ 在物理上容易实现,并可存储。因为每一位只取其两种可能的极端状态,因而可有多种方法来实现,如开关的通断、晶体管的通导或截止、磁性材料的正向磁化或反向磁化、磁化状态的变与不变等。相应地,可用双稳态触发器存储信息,或用电容充放电荷存储信息。

④ 表示信息的类型与范围极其广泛。

⑤ 能用逻辑代数等数字逻辑技术进行处理,这样就形成了计算机硬件设计的基础。通过处理功能逻辑化这一思想,能用非常有限的几种逻辑电路构造出变化无穷的计算机系统及其他数字系统。

1.4.4 文字信息的数字化表示

计算机也要处理大量文字信息,文字信息是由字符组成的,字符是文字符号的缩写,例如英语中的 26 个字母、每一个汉字、每一个标点符号等都是文字符号。因为现代数字计算机只能处理二进制数字,这些字符数据要被计算机处理,就需要转换成二进制数字形式,转换的基本方法就是给每个文字符号一个数字的编号,并用二进制数字的形式来表示,这个数字的编号就称为字符的编码。

例如,英文大写字母 A 可以用二进制数字 01000001 作为它的数字编码,在计算机中使用这个数字代码表示大写字母 A,进行处理和保存。

1. 字符编码的种类

在计算机中使用的字符编码可分为三类:输入码、机内码和字形码。

• 输入码:是指为了向计算机中输入一个字符而在键盘上敲击的一个按键或一组按键。英文字符的输入码就是字符本身,输入字母 c,直接按 c 键,而大写字母 C 的输入码可能就是 Shift 键加上 c 键。中文字符的输入码则由输入法规定,例如,全拼输入法中,输入"宋"这个汉字,要敲击的按键可能有 s,o,n,g,1 这 5 个字母按键。

• 机内码:是字符在计算机内存储、处理时使用的二进制数字编码,输入码转换为机内码的工作由计算机自动完成。

• 字形码:是供显示和打印用的,记录了字符笔型和轮廓的数字编码。计算机处理和存储使用数字的机内码,但是人类还是需要字符的图形来观看文字,使用字形码可以将字符的图形还原出来供人们观看。

2. 机内码的编码方案

机内码是字符在计算机中保存、处理、传输时使用的数字编码,是计算机中使用的主要的字符编码,我们保存在硬盘上的文件使用的就是机内码代表文字,文件中存放的就是一个一个文字符号对应的数字编码(二进制数字)。

要让计算机能够处理文字信息,必须为每一个要使用的文字符号定义机内码,机内码的编码方案规定了每一个文字符号的数字编码。如果想互相通信而不造成混乱,那么大家就必须使用相同的编码规则。

美国信息互换标准代码(American Standard Code for Information Interchange,

ASCII)是基于拉丁字母的一套计算机编码系统,它主要用于显示现代英语和其他西欧语言,是现今最通用的单字节编码系统,供不同计算机在相互通信时作为共同遵守的西文字符编码标准。

美国信息互换标准代码是由美国国家标准学会(American National Standard Institute,ANSI)制定的,是标准的单字节字符编码方案,起始于 20 世纪 50 年代后期,于 1967 年定案。它最初是美国国家标准,已被国际标准化组织(International Organization for Standardization,ISO)定为国际标准,称为 ISO 646 标准。

标准 ASCII 码又称为基础 ASCII 码,使用 7 位二进制数来表示所有的大写和小写字母、数字 0~9、标点符号,以及在美式英语中使用的特殊控制字符。ASCII 码常用字符有 128 个,由 0~127 进行编码。其中:

0~31 及 127(共 33 个)是控制字符或通信专用字符(其余为可显示字符),如控制符,有 LF(换行)、CR(回车)、FF(换页)、DEL(删除)、BS(退格)、BEL(振铃)等;通信专用字符,有 SOH(文头)、EOT(文尾)、ACK(确认)等;ASCII 值为 8、9、10 和 13 分别转换为退格、制表、换行和回车字符。它们并没有特定的图形显示,但会依不同的应用程序,而对文本显示出不同的影响。

32~126(共 95 个)是可显示的字符值(32 是空格),其中 48~57 依次为 10 个阿拉伯数字(0~9);65~90 依次为 26 个大写英文字母,97~122 依次为 26 个小写英文字母,其余为一些标点符号、运算符号等。

ASCII 采用 7 位二进制编码,每个字符在计算机中占一个字节,占用低 7 位,最高位为 0。

扩展美国信息互换标准代码(Extended ASCII,EASCII)是将 ASCII 码由 7 位扩充为 8 位而成,把一些特殊符号编码到 128~255,0~127 的字符编码与 ASCII 码相同,一个字符占用一个字节 8 位的空间,扩充部分的字符编码的字节最高位为 1。EASCII 码比 ASCII 码扩充出来的符号包括表格符号、计算符号、希腊字母和特殊的拉丁符号。

ISO/IEC 646 是国际标准化组织(ISO)和国际电工委员会(IEC)于 1972 年制定的标准。它也是采用 7 位二进制数表示一个字符的编码,它来自数个国家标准,最主要来自美国的 ASCII。ISO 646 除了英语字母和数字部分各个国家都相同外,有些字母可按照实际需要,把 ISO 646 进行修改,以定出该国的字符标准,所以有些 ASCII 中的字符没有包含在这些国家的 ISO 646 标准中。

ISO8859,全称 ISO/IEC 8859,是国际标准化组织(ISO)及国际电工委员会(IEC)联合制定的一系列 8 位字符集的标准,可看作不同的文字中的 EASCII,它使用 128~255 的区域为不同文字定义了这种文字常用字符的编码,例如:ISO8859-1 定义了西欧语言的字符,ISO8859-2 是中欧语言,ISO8859-3 是南欧语言,ISO8859-4 是北欧语言,ISO8859-5 是斯拉夫语,ISO8859-6 是阿拉伯语等总共 16 个标准。0~127 的编码与 ASCII 相同。

以上文字的编码方案主要是针对文字符号较少的语言,使用一个字节就可以为所有的文字符号进行编码,称为单字节编码方案,能够编码的字符的个数也基本限制在 128 个或 256 个之内。它们没有办法将文字符号较多的语言进行编码,比如中文使用的汉字有

表 1.3　ASCII 码表

7654321	000	001	010	011	100	101	110	111
0000	NUL	DLE	SP	0	@	P	`	p
0001	SOH	DC1	!	1	A	Q	a	q
0010	STX	DC2	"	2	B	R	b	r
0011	ETX	DC3	#	3	C	S	c	s
0100	EOT	DC4	$	4	D	T	d	t
0101	ENQ	NAK	%	5	E	U	e	u
0110	ACK	SYN	&	6	F	V	f	v
0111	BEL	ETB	'	7	G	W	g	w
1000	BS	CAN	(	8	H	X	h	x
1001	HT	EM	)	9	I	Y	i	y
1010	LF	SUB	*	:	J	Z	j	z
1011	VT	ESC	+	;	K	[	k	{
1100	FF	FS	,	<	L	\	l	|
1101	CR	GS	—	=	M	]	m	}
1110	SO	RS	.	>	N	^	n	~
1111	SI	VS	/	?	O	_	o	DEL

数万个,中华书局、中国友谊出版社 1994 年出版的《中华字海》共收录汉字 85 568 个,台湾 2004 年出版的《异体字字典》收录汉字 106 230 个,常用的汉字也有上万个。为了让汉字等包含大量文字符号的语言也能被计算机处理,必须为这些语言设计新的编码方案。

为了提供更多的编码空间,各个国家和地区开始使用两个字节作为本地字符的编码,为自己国家和地区的语言文字设计编码,例如:中文简体字符的 GB2312,中文繁体的 BIG5,日文的 JIS 等方案。

GB2312 或 GB2312-80 是一个简体中文字符编码的中国国家标准,全称为《信息交换用汉字编码字符集·基本集》,由中国国家标准总局发布,1981 年 5 月 1 日实施。GB2312 编码通行于中国内地;新加坡等地也采用此编码。中国内地几乎所有的中文系统和国际化的软件都支持 GB2312。

GB2312 标准共收录 6763 个汉字,其中一级汉字 3755 个,二级汉字 3008 个;同时,GB2312 收录了包括拉丁字母、希腊字母、日文平假名及片假名字母、俄语西里尔字母在内的 682 个全角字符。

GB2312 中的汉字按分区进行排列,分成 94 个区,每区可包含 94 个字符,每个字符的代码由 2 个字节组成,第一个字节指明它所在的区号,第二个字节指明它所在的区的位置号,称为区位码。01～09 区为特殊符号,16～55 区为一级汉字,按拼音排序,56～87 区为二级汉字,按部首/笔画排序,10～15 区及 88～94 区则没有编码。举例来说,"啊"字是 GB2312 之中的第一个汉字,它的区位码就是 1601,十六进制数字是 1001H。

GB2312 的编码是在区位码的基础上每个字节各加上 20H,例如:"啊"字的 GB2312 编码就是 3021H。为了保证和 ASCII 码的兼容,采用 GB2312 标准的计算机机内码(GB 内码)是在 GB2312 编码的基础上将每个字节的最高位置为"1",相当于每个字节再加上 80H,这时,汉字"啊"的 GB 内码就是 0B0A1H。因为基本 ASCII 码的最高位均为"0",所以,采用 GB 内码的简体汉字和 ASCII 码表中的英文字符可以共存,但是与扩展 ASCII 码有冲突。

Big5,又称为大五码,是使用繁体中文社区中最常用的计算机汉字内码标准,共收录 13 060 个汉字,Big5 码普及于台湾、香港与澳门等繁体中文通行区。Big5 码也是采用两个字节表示一个汉字或符号的编码,但是采用的编码方案与 GB2312 不同,同一个字符编码在 GB2312 中和 Big5 中表示的汉字是不同的,比如:"王子"两个字的 GB 内码是 0CDF5H 和 0D7D3H,但是这两个编码在 Big5 中表示的汉字分别是"尫赺",所以使用 GB 内码保存的文件如果在使用 Big5 码的环境中打开,会看到杂乱的汉字,称为乱码。这样,使用 GB 内码和 Big5 码的字符就无法共存与一个文件中。

不论是 GB2312 还是 Big5,都只是收录了最常用的一些汉字,对于人名、古汉语等方面出现的罕用字都没有好的处理办法,而且这两种中文编码方案还不相容。为了解决这些问题,以及配合 UNICODE 的实施,全国信息技术化技术委员会于 1995 年 12 月 1 日发布了《汉字内码扩展规范》(GBK)。GBK 向下与 GB2312 完全兼容,向上支持 ISO 10646 国际标准,在前者向后者过渡过程中起到的承上启下的作用。GBK 亦采用双字节表示,总体编码范围为 8140~FEFE,首字节在 81~FE,尾字节在 40~FE,剔除 XX7F 一条线。

GBK 共收入 21 886 个汉字和图形符号,包括:GB2312 中的全部汉字、非汉字符号,Big5 中的全部汉字,与 ISO 10646 相应的国家标准 GB13000 中的其他 CJK 汉字,以上合计 20 902 个汉字,其他汉字、部首、符号,共计 984 个。

20 世纪 90 年代以后,Web 出现,开始进入互联网时代,电子文件在世界范围内传播,如何保证电子文件在各种语言环境中作出同样的解释,成为一个迫切需要解决的问题。1993 年国际标准化组织公布了 ISO/IEC10646,通用字符集(Universal Code Set,UCS),也称为通用多八位编码字符集(Universal Multiple-Octet Coded Character Set),它是包括汉字在内的各种正在使用的文字的统一编码方案,共包括 128 个组,每组包括 256 个平面,每平面包括 256 行,每行包括 256 个字位。

UCS 中的每个字符固定占用 4 个字节,使用 31 位二进制编码,最高位为 0。每个字节分别表示字符所在组号、平面号、行号和字位号,这种方案也称为 UCS-4 编码。

UCS 的第 0 组第 0 号平面称为基本多文种平面(BMP),它用来存放全世界主要的文字和符号,用行号和字位号表示字符编码,也称为 Unicode 编码或 UCS-2 编码,被广泛使用。每个字符固定占用 2 个字节,分别表示行号和字位号。BMP 基本包括了所有语言中绝大多数字符,所以只要支持 BMP 就可以支持绝大多数不同文种场合下的应用。

UCS 不仅给每个字符分配一个代码,而且赋予了一个正式的名字,通常会用"U+"然后紧接着一组十六进制的数字来表示这一个字符。在基本多文种平面(BMP)里的所有字符,只使用 4 位十六进制数来表示,但在 BMP 以外的字符则需要使用 5 位或 6 位十六进制数了，比如，U+0041 代表字符"拉丁大写字母 A"。

　　UCS 和 Unicode 字符的机内码采用几种变换格式（transformation format）来表示，包括 UTF-8、UTF-16 和 UTF-32 三种。

　　UTF-32 采用的就是 UCS-4 的编码，一个字符固定使用 4 个字节来编码，是定长的编码。比如，大写字母 A 的 UTF-32 编码就是十六进制数"00000041"。

　　UTF-16 的编码规则是：如果字符在 BMP 中，也就是编码小于 0x10000，在十进制的 0 到 65535 之内，则直接使用两字节 UCS-2 编码表示；如果字符编码大于 0x10000，则取其 UCS-4 编码的低 20 位，将高 10 位和 16 位的数值 0xD800 进行逻辑或操作，将低 10 位和 0xDC00 做逻辑或操作，这样组成的 4 个字节就构成了字符的 UTF16 编码。比如，大写字母 A 的 UTF-16 编码就是十六进制数"0041"，而字符编码 U+64321 的 UTF-16 编码就是十六进制数"D950DF21"。

　　在 UNIX 下使用 UCS-2（或 UCS-4）会导致非常严重的问题，用这些编码的字符串会包含一些特殊的字符，比如"\0"或"/"，它们在文件名和其他 C 库函数参数里都有特别的含义。另外，大多数使用 ASCII 文件的 UNIX 下的工具，如果不进行重大修改是无法读取 16 位的字符的。基于这些原因，在文件名、文本文件、环境变量等地方，UCS-2（UCS-4）不适合作为字符的计算机编码，使用 UTF-8 编码就没有这些问题。

　　UTF-8 是一种针对 UCS 字符的可变长度字符编码，也是一种前缀码。它使用 1 到 6 个字节为字符编码，可以用来表示 UCS 中的任何字符，而且其编码中的单字节字符仍与 ASCII 兼容，这使得原来处理 ASCII 字符的软件无须或只须做少部分修改，即可继续使用。因此，它逐渐成为电子邮件、网页及其他存储或传送文字的应用中，优先采用的编码。互联网工程工作小组（IETF）要求所有互联网协议都必须支持 UTF-8 编码。互联网邮件联盟（IMC）建议所有电子邮件软件都支持 UTF-8 编码。

　　UTF-8 的编码规则具体如表 1.4 所示，首先根据字符的 UCS-4 编码值在表中查出需要几个字节表示，如果是一个字节，则直接使用 UCS-4 的低 7 位加上一个最高位的"0"，形成单字节 UTF-8 编码，这部分与 ASCII 保持一致；如果编码大于一个字节，有几个字节则编码的第一个字节的前缀就是几个"1"加上一个"0"，其余字节前缀是"10"，其他空出来的位置使用 UCS-4 编码的低位依次填满。

表 1.4　UTF-8 编码规则

UCS-4 编码	UTF-8 编码
U+00000000 — U+0000007F	0xxxxxxx
U+00000080 — U+000007FF	110xxxxx 10xxxxxx
U+00000800 — U+0000FFFF	1110xxxx 10xxxxxx 10xxxxxx
U+00010000 — U+001FFFFF	11110xxx 10xxxxxx 10xxxxxx 10xxxxxx
U+00200000 — U+03FFFFFF	111110xx 10xxxxxx 10xxxxxx 10xxxxxx 10xxxxxx
U+04000000 — U+7FFFFFFF	1111110x 10xxxxxx 10xxxxxx 10xxxxxx 10xxxxxx 10xxxxxx

　　比如，大写字母 A 的 UTF-8 编码就是二进制数"01000001"，而字符 U+2260 =

0010 0010 0110 0000 编码为：11100010 10001001 10100000 ＝ 0xE2 0x89 0xA0。

在使用 UTF-16 和 UTF-32 编码时，由于在 Macintosh（Mac）和 PC 上，对字节顺序的理解是不一致的，同一字节流可能会被解释为不同内容，如某字符为十六进制编码 4E59，按两个字节拆分为 4E 和 59，在 Mac 上读取时是从低字节开始，那么在 Mac OS 会认为此 4E59 编码为 594E，找到的字符为"奎"，而在 Windows 上从高字节开始读取，则编码为 U＋4E59 的字符为"乙"。就是说在 Windows 下以 UTF-16 编码保存一个字符"乙"，在 Mac OS 里打开会显示成"奎"。此类情况说明 UTF-16 的编码顺序若不加以人为定义就可能发生混淆，于是在 UTF-16 编码实现方式中使用了大端序（big-endian，简写为 UTF-16 BE）、小端序（little-endian，简写为 UTF-16 LE）的概念，以及可附加的字节顺序记号解决方案，目前在 PC 上的 Windows 系统和 Linux 系统对于 UTF-16 编码默认使用 UTF-16 LE。在 UTF-16 文件的开头，都会放置一个 U＋FEFF 字符作为 Byte Order Mark（BOM），以 FF FE 代表 UTF-16LE，以 FE FF 代表 UTF-16BE。

在 Windows 操作系统中的记事本程序中，在保存文件时如果选择"另存为"，则在保存窗口中有一个编码下拉列表，可以选择按"ANSI"、"Unicode"、"Unicode big endian"和"UTF-8"等编码保存文件。其中 ANSI 是默认的编码方式，对于英文文件是 ASCII 编码，对于简体中文文件是 GB2312 编码（只针对 Windows 简体中文版，如果是繁体中文版会采用 Big5 码）。Unicode 编码指的是 UCS-2 编码方式，即直接用两个字节存入字符的 Unicode 码，这个选项用的 little endian 格式。如图 1.6 所示。

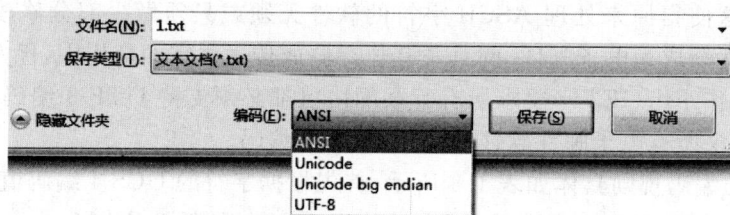

图 1.6　记事本保存文本文件的编码选择

GB18030，全称国家标准 GB18030-2005《信息技术中文编码字符集》，是中华人民共和国目前最新的内码字集，是 GB18030-2000 的修订版。它与 GB2312-1980 完全兼容，与 GBK 基本兼容，支持 GB13000 及 Unicode 的全部统一汉字，共收录汉字 70 244 个。GB18030 采用多字节编码，每个字可以由 1 个、2 个或 4 个字节组成，支持中国国内少数民族的文字，收录范围包含繁体汉字以及日韩汉字。GB18030 是中国所有非手持/嵌入式计算机系统的强制实施标准。

3. 输入码

汉字的字数繁多，字形复杂，常用的汉字也有 6000～7000 个，比英文的 26 个字母要多得多。在计算机系统中使用汉字，首先遇到的问题就是如何把汉字输入到计算机内。为了能直接使用西文标准键盘进行输入，必须为汉字设计相应的编码方法，每种编码方法规定了各自的汉字输入码，也称外码。常用的编码方法有以下几种。

- 数字编码（区位码）
- 字音编码（全拼、双拼）

- 字型编码(五笔)
- 形音编码(自然码)

4. 字型码

字型码也称字模或输出码,保存了文字符号的图形信息,是表征字符笔型和轮廓的编码,用于字符在显示屏或打印机上输出。常用的字型码有点阵字型、直线描述的轮廓字型和曲线描述的轮廓字型。

(1) 点阵字型码

点阵字体也叫位图字体,所谓点阵就是将字符(包括汉字图形)看成一个矩形框内一些横竖排列的点的集合,有笔画的位置用黑点表示,没笔画的位置用白点表示。点阵字体通过点阵表现字型,其本质上只是一组图片。在计算机中用一组二进制数表示点阵,用 0 表示白点,用 1 表示黑点。一般的汉字系统中汉字字型点阵有 16×16、24×24、48×48 几种,点阵越大对每个汉字的修饰作用越强,打印质量也越高。

用 16×16 点阵表示一个汉字,就是将每个汉字用 16 行,每行 16 个点表示,一个点需要 1 位二进制代码,16 个点需用 16 位二进制代码(即 2 个字节),共 16 行,所以需要 16 行 $\times$ 2 字节/行 = 32 字节,即 16×16 点阵表示一个汉字,字型码需用 32 字节,如图 1.7 所示。

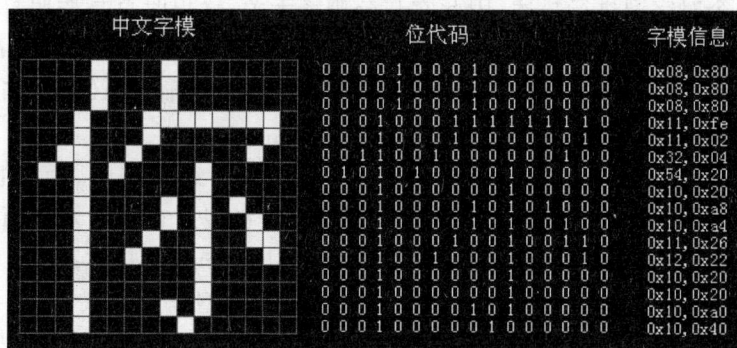

图 1.7　中文点阵字模和数字化

每个汉字的点阵字型码所占字节数 = 点阵行数 $\times$ (点阵列数/8),24×24 点阵每汉字占用 72 字节,32×32 点阵每汉字占用 128 字节,48×48 点阵每汉字占用 288 字节。

全部汉字字型码的集合叫汉字字库或字模库,不同的字体有不同的字库,比如,汉字有宋体字库、楷体字库、黑体字库等,计算机通过汉字内码在字模库中找出汉字的字型码。

这种文字显示方式在较早的计算机系统(在没有图形接口时的 DOS 操作系统)中被普遍采用。由于位图的缘故,点阵字体很难进行缩放,特定的点阵字体只能清晰地显示在相应的字号下,否则文字只被强行放大而失真,产生成马赛克式的锯齿边缘。但字号 8~14px 的尺寸较小的汉字字体(即现今操作系统大多采用的默认字号),仍然被使用于屏幕显示上,能够提供更高的显示效果,不过现今该种点阵字体主要只作为"辅助"的部分,当使用者设定的字体尺寸并没有拥有点阵字体时,字体便会以轮廓字体显示;而打印时,字体无论大小都会使用轮廓字型打印。目前,点阵字体仍被用于 Linux 系统的命令行、Windows 的修复控制台和嵌入式系统中。

（2）直线描述的轮廓字型（也称矢量字型）

字型轮廓可看做一系列笔画曲线，矢量字型是将曲线看做由很多直线线段构成的折线，使用折线逼近曲线，然后按顺序记录每条直线的坐标和角度，就可以保存曲线信息，这些坐标组合起来就得到这个汉字的矢量信息。对缩放字体大小很方便，并且字体不易变形，但由于曲线部分都是由折线组成，放大后会显示出这些折线，还是会产生一定程度的变形。每个字符的笔画不同，抽取的矢量信息大小也不相同。

（3）曲线轮廓字型

曲线轮廓字型是以二次曲线或三次曲线逼近字型轮廓的字型描述方法，常用的轮廓字型描述技术包括 PostScript 和 TrueType 两大类。

PostScript 字体由 Adobe 公司为专业数字排版开发。它使用 PostScript，字型以三次贝塞尔曲线描述，因此一组字型可以通过简单的数学变形放大或缩小。

TrueType 是由苹果公司和微软公司联合提出的一种新型数学字型描述技术。它用数学函数描述字体轮廓外形，含有字型构造、颜色填充、数字描述函数、流程条件控制、栅格处理控制、附加提示控制等指令。TrueType 采用几何学中二次贝塞尔曲线及直线来描述字体的外形轮廓，其特点是：TrueType 既可以用作打印字体，又可以用作屏幕显示；由于它是由指令对字型进行描述，因此它与分辨率无关，输出时总是按照打印机的分辨率输出。无论放大或缩小，字符总是光滑的，不会有锯齿出现。但相对 PostScript 字体来说，其质量要差一些，特别是在文字太小时不是很清楚。目前 MAC 和 Windows 平台均提供系统级的 TrueType 支持。

OpenType 字体是为了实现 Windows 和 Macintosh 系统兼容，由美国微软公司与 Adobe 公司联合开发，用来替代 TrueType 字型的新字型。它在继承了 TrueType 格式的基础上增加了对 PostScript 字型数据的支持，所以 OpenType 的字型数据既可以采用 TrueType 的字型描述方式，也可以采用 PostScript 的字型描述方式。同一个 OpenType 字体文件可以用于 Mac OS，Windows 和 Linux 系统，这种跨平台的字库非常便于用户的使用，用户再也不必为不同的系统配制字库而烦恼了。微软公司从 Windows 2000 系统开始兼容 OpenType 字库。

ClearType 是由美国微软公司在其视窗操作系统中提供的屏幕亚像素微调字体平滑技术，让 Windows 字体更加漂亮。ClearType 主要是针对液晶显示器设计，可提高文字的清晰度。基本原理是，使显示器的 R，G，B 各个次像素也发光，让其色调进行微妙调整，可以达到实际分辨率以上（横方向分辨率的 3 倍）的纤细文字的显示效果。

在 Windows XP 平台上，这项技术默认是关闭，到了 Internet Explorer 7 才默认为打开。依靠 ClearType 技术提高字体的可读性，相当程度上依赖于使用的字体。微软在 Windows Vista 里，新发布了两个支持 ClearType 的中文字库：微软雅黑和微软正黑体。Windows7 也对 ClearType 提供默认支持。

1.4.5 其他信息的数字化

1. 图形、图像信息的数字化

图形是指由线条构成的图像，图形的数字化一般采用向量处理方式（矢量图方式），向量处理不存储图像数据的每一点,而是存储图像内容的轮廓部分。该存储方式的优点是占用的存储空间较小,图像的缩放不会影响到显示精度,图像不会失真,打印输出和放大时图形质量较高。向量处理比较适合存储各种图表和工程设计图以及计算机辅助设计图,而一般图像文件较少采用向量处理方式。常见的矢量图的格式有 EPS、DXF、PS、WMF、SWF 等。

一般图像的数字化会采用位图模式,在这种模式下一幅彩色图像(image)可以看成是由许许多多个彩色的点(像素)组成的,每个点有深浅不同的颜色。如果将每个点的颜色用二进制数字表示出来,就可以将图像数字化。例如:如果将一幅图像水平方向上划分出800 个点,垂直方向上划分出 600 个点,则此图像总共由 48 万个像素点组成,每个像素点有一种颜色。

对于每个像素点的颜色,采用几位二进制数字保存会直接决定每个像素点能够显示多少种颜色。如果使用 1 位二进制数字表示一个点的颜色,则只能使用 0 或 1 表示两种颜色,这种图像成为单色图像,图像由黑色点和白色点组成;如果使用 8 位二进制数字表示一个点的颜色,则每个点的颜色值可以由二进制数字 00000000～11111111 中一个数字表示,每个点可以有 2^8 个颜色值,即 256 色;如果使用 16 位二进制数字表示一个点的颜色,则每个点可以表示的颜色个数会是 2^{16},即 65536(64K)种颜色;在使用 24 位二进制数字表示一个像素点的颜色时,颜色个数可以达到 2^{24},约 16.7M 种颜色,这时,人眼已经不能分辨出数字图像的失真,所以我们也把 24 位以上的颜色称之为真彩色。用多少位二进制数字表示一个点的颜色,也称为图像的色彩深度。

任何一种颜色均可以用红、蓝、绿三种原色调配出来,在保存一个像素点的颜色时,只要保存组成这种颜色的红、绿、蓝三种色彩的深浅即可。例如,色彩深度是 24 位时,RGB三种颜色会分别使用 1 个字节表示这种颜色的深浅,二进制数字 00000000 表示最浅的颜色(最暗或无色),二进制数字 11111111 表示最深(最亮)的颜色,每种颜色从最暗到最亮会有 256 种深浅。

数字图像的大小与图像的像素点个数及颜色深度有关系,例如,如果一个图像是 800×600 的分辨率,则像素点个数是 480000 个,如果颜色深度是 24 位,则图像所占存储空间就是:480000×24/8＝1440000 字节。如果图像较大,则占用空间会很大,所以,图像在保存时,经常采用各种压缩技术进行压缩。图像文件常见的格式有 BMP,PSD,TIFF,GIF,JPEG 等。

图像的数字化设备常见的有数码相机、扫描仪等。

2. 声音信息的数字化

声音是由声波传递的,而声波是由各种频率的正弦波合成的。这是一种模拟信号,反映声音强弱的是波的振幅,反映声音高低的是波的频率。

如果使用数字形式保存声音信息,基本的方法就是使用一系列数字将声波的波形保存下来。具体方法就是,每隔一定时间对声波信息进行采样,将此时声波的振幅信息使用二进制数字的形式进行量化、保存,如果采样时间间隔足够短,这一系列的采样点就可以将声波的波形信息保存下来。

声音信息数字化的质量与两个因素有关:一个是采样的时间间隔(采样频率),另一个是保存声波振幅信息时使用的二进制数字的位数(位深度或位分辨率)。采样频率越高,可以在波形上进行越多的采样,就越接近实际波形;位分辨率越高,可以保存更高精度的振幅信息,音质也会越高,所占空间也会越大。

常见的采样频率有 11KHz,22KHz,32KHz,44KHz 等。

常见的位分辨率有 4 位,8 位,12 位,16 位,32 位等。

计算机中的声卡可以对声音进行数字化(录音)。

3. 视频信息的数字化

视频信息由连续的图像帧和声音信息组成,视频信息的数字化其实就是将真实的影像信息每隔固定时间数字化一幅图像,并将声音信息也进行保存,从而保存连续的影像信息了。例如,电影每秒 24 帧,就是每 1/24 秒钟会保存一幅图像,在播放时 1 秒钟连续显示 24 幅图像,由于人眼的视觉残留,人看到的就是连续的影像了。数码摄像机就是常用的视频数字化设备。

1.5 指令和程序

1.5.1 指令和指令系统

1. 指令

计算机的一条指令(instruction)是一个或多个字节的二进制代码,它规定了 CPU 的一个最基本的运算或控制操作。每条指令肯定含有规定 CPU 操作性质的操作码,也可能含有操作数。

2. 指令系统

CPU 所能执行的指令全体称为该 CPU 的指令系统(instruction set)。显然,不同的 CPU 有不同的指令系统。典型的指令系统有 Intel 8086,所有与 Intel 兼容的 CPU 的指令系统均与它向下兼容。

指令是构成程序的基础,程序是指令的有序的集合。一台计算机的指令系统体现了该计算机硬件所能实现的基本功能,是不同几种 CPU 之间的主要差别所在。

一条指令一般应该提供两方面的信息:一是指明操作的性质,即要求 CPU 做何操作,有关的代码称作操作码;二是给出与操作数有关的信息,如直接给出操作数本身或是指明操作数的来源、运算结果存放在何处,以及下一条指令从何处取得等。由于在大多数情况下指令中是给出操作数来源的地址,仅在个别情况下直接给出操作数本身,所以第二部分往往称作地址码。操作码和地址码各由一定的二进制代码组成,它们的结构与组合形式构成了指令格式,最基本的形态可表示为

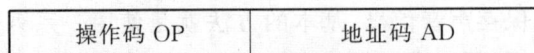

操作码 OP	地址码 AD

在指令格式设计时相应地需要考虑这些问题:

① 指令字长需要多少位,是定字长还是变字长;

② 操作码结构需要多少位,位数与位值是固定还是可扩展,是一段操作码还是由若

干段组合；

③ 地址结构——一条指令的执行涉及哪些地址，在指令中给出哪些地址，哪些地址隐含约定；

④ 寻址方式——如何获得操作数地址，是直接给出还是间接给出，或是经过变址计算获得等。

指令的功能和类型有：

(1) 按指令格式分类

例如 PDP-11，将指令按格式分为双操作数指令、单操作数指令、程序转移指令等。

(2) 按操作数寻址方式分类

例如 IBM370，将指令分为：

① RR 型（寄存器—寄存器型）

② RX 型（寄存器—变址存储器型）

③ RS 型（寄存器—存储器型）

④ SI 型（存储器—立即数型）

⑤ SS 型（存储器—存储器型）

然后，在每一类指令中再按操作功能分为若干种指令。

(3) 按指令功能分类

例如，将指令分为传送指令、访存指令、算术运算指令、逻辑运算指令、I/O 指令、程序控制类指令、处理机控制类指令等。

采用前两种分类方法，有利于 CPU 为如何解释与执行指令拟定指令流程。对用户使用来说，按指令功能分类更为有利。

1.5.2 程序

1. 广义的程序和计算机程序

广义地讲，程序（program）是对任何一个操作序列的描述；而计算机程序则是指在计算机系统上为完成某一个特定任务而编制的指令或语句序列。

2. 源程序与源文件

用源语言编制的程序称为"源程序"（source program），其中用汇编语言编制的程序称为"汇编语言源程序"，用高级语言编制的程序称为"高级语言源程序"。

从理论上讲，源程序可以用任何介质来记录或编辑，但是最后总会由计算机编辑器输入到计算机，以便被自动翻译和执行。源程序输入计算机后形成的文本文件称为"源程序文件"，简称"源文件"。通常源文件的扩展名与其所用的源语言相对应。如：

① .asm：汇编语言源程序文件。

② .bas：BASIC 语言源程序文件。

③ .pas：Pascal 语言源程序文件。

④ .c：C 语言源程序文件。

⑤ .prg：FOXPRO 源程序文件（或称"命令文件"）。

3. 目标程序

当源程序被翻译成机器指令表示的浮动代码时，就称为"目标程序"（object program），其相应的文件扩展名为.obj。.obj 文件一般必须经过链接等过程才能转化为可执行文件，以便在操作系统中直接执行。

1.5.3　可执行文件

1. 内存映像执行文件

① 文件扩展名为.com。

② 长度不超过 64KB(一个段)。

③ 无"文件头"，结构紧凑。

④ 加载速度快。

2. 可重定位执行文件

① 文件扩展名为.exe。

② 长度不限。

③ 有"文件头"。

④ 加载时代码地址需重新定位。

1.6　存储器

数字计算机的重要特点之一是具有存储能力，这是它能够自动连续执行程序、进行广泛的信息处理的重要基础。在传统的 CPU 运算器与控制器中，为数不多的寄存器只能暂存少量信息，绝大部分的程序与数据需要存放在专门的存储器中。有多种物理机制可用来存储信息，有各种各样的信息需要存储，而计算机系统结构的发展要求有多层次的存储能力，这就构成了有机联系的存储子系统。本节将重点介绍由半导体存储器构成的主存储器。

1.6.1　存储系统的层次结构

对存储器最基本的要求是存储容量大、存取速度高、成本低。随着计算机功能的迅速增加，需要执行的、可执行的程序量日益增大，需要处理的数据量也越来越大。特别是应用于信息管理和知识处理的计算机，需要存储的信息量非常庞大。计算机的工作表现为读取与执行指令，其中包含从存储器读取数据与存放结果。要想提高计算机的工作速度，存储器的存取速度是关键(常因存储器速度不能满足要求而形成瓶颈)。

在同样的技术条件下，上述这些要求往往相互矛盾，彼此制约，在同一个存储器中通常难以同时满足这些要求。要扩大半导体存储器的容量，元器件的增多导致电路线上的分布电容增大，使工作速度降低。磁盘容量较大，但它依靠盘片旋转来一次存取信息，其存取速度更难与半导体存储器相比。生产高速存储器，成本自然要高于低速存储器。因此，人们一方面努力改进制造工艺，寻求新的存储机理，以提高存储器的性能；同时将整个存储系统分为几个层次。让 CPU 直接访问的一级，速度尽可能快些，而容量相对有限；

作为后援的一级则容量较大,而速度相对可以慢些。经过合理的搭配组织,对用户来说,整个存储系统能提供足够大的存储容量和较快的有效速度。

图1.8是典型的三级存储体系结构,分为"高速缓冲存储器-主存-外存"三个层次。现在的计算机系统大多具备这三级存储结构。

1. 主存储器

主存储器是CPU能直接编程访问的存储器,它存放需要执行的程序与需要处理的数据。因为它通常位于所谓主机的范畴之内,所以常称为内存。

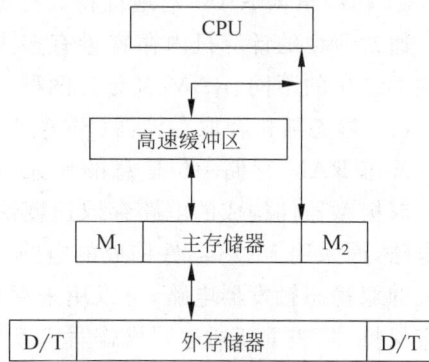

图1.8 三级存储体系结构示意图

对于大的任务,需要运行的程序和数据可能很多。在程序的编译、调试和运行过程中,可能需要使用大量的软件资源。但是,CPU在某一段时间内所运行的程序和数据只是其中一部分,其余的大部分暂时不用。因此,可将当前将要运行的程序和数据调入主存,其他暂时不运行的程序与数据则存储在磁盘等外存储器中,根据需要进行更换。从用户的角度看,这种调度更换是以文件为单位组织的。

为满足CPU编程直接访问的需要,对主存储器的基本要求有三条:随机访问;工作速度快;具有一定的存储容量。

2. 外存储器

由于主存容量有限(受地址位数、成本、速度等因素制约),在大多数计算机系统中设置一级大容量存储器,如磁盘、磁带、光盘等,作为对主存的补充与后援。它们位于传统主机的逻辑范畴之外,常称为外存储器,简称外存。

外存储器用来存放需要联机保存但暂不使用的程序与数据。计算机系统常能提供丰富的软件资源,如操作系统、多种语言的编译程序、调试环境等。但某个用户可能只需要使用其中的一部分,如编程输入时需用编辑修改程序,编译时用到编译程序,调试时应用调试程序等。

3. 高速缓存

为了解决CPU与主存之间的速度匹配问题,许多计算机设置一种高速缓存区(cache),高速缓存中存放着最近要使用的程序与数据,作为主存中当前活跃信息的副本。

当CPU访问主存时,同时访问缓存与主存。通过对地址码的分析可以判断,所访问区间的内容是否复制到缓存之中。若所需访问区间已经复制在缓存中,称为访问缓存命中,可以直接从缓存中快速读得信息,并考虑更新缓存内容为当前活跃部分。为此,需要实现访存地址与缓存物理地址间的映像变换,并采取某种算法(策略)进行缓存内容的刷新。

1.6.2 主存储器的种类

内存按存储器性质分类通常分为随机存取存储器(RAM)和只读存储器(ROM)。

1. 随机存取存储器(RAM)

CPU 能根据 RAM 的地址将数据随机地写入或读出。电源切断后,所存数据全部丢失。通常所说的计算机内存容量有多少字节,均是指 RAM 存储器的容量。按照集成电路内部结构的不同,RAM 又分为两种。

(1) 静态随机存取存储器(SRAM)

静态 RAM 存储一位信息的单元电路可以用双极型器件构成,也可用 MOS 器件构成。双极型器件构成的电路存取速度快,但工艺复杂,集成度低,功耗大,一般较少使用这种电路,而采用 MOS 器件构成的电路。静态 RAM 的单元电路通常是由 6 个 MOS 管子组成的双稳态触发器电路,可以用来存储信息"0"或者"1",只要不掉电,"0"或"1"状态能一直保持,除非重新通过写操作写入新的数据。对存储器单元信息的读出过程同样也是非破坏性的,读出操作后,所保存的信息不变。使用静态 RAM 的优点是访问速度快,访问周期达 20~40ns。静态 RAM 工作稳定,不需要进行刷新,外部电路简单,但基本存储单元所包含的管子数目较多,且功耗较大,它适合在小容量存储器中使用。

静态 RAM 通常由存储矩阵、地址译码器、控制逻辑和三态数据缓冲器组成。

① 存储矩阵

一个基本存储单元存放一位二进制信息,一块存储器芯片中的基本存储单元电路按字结构或位结构的方式排列成矩阵。按字结构方式排列时,读/写一个字节的 8 位制作在一块芯片上,若选中则 8 位信息从一个芯片同时读出,但芯片封装时引线较多。例如 1KB 的存储器芯片如果由 128×8 组成,访问它需要 7 根地址线和 8 根数据线。

位结构是 1 个芯片内的基本单元做不同字的同一位,片内按矩阵排列,8 位由 8 块芯片组成。优点是芯片封装时引线较少,例如 1KB 存储器芯片如果由 1024×1 组成,访问它需要 10 根地址线和 1 根数据线,使用芯片仅为 8 块。封装引线数减少,成品合格率就会提高。

② 地址译码器

CPU 读/写一个存储单元时,先将地址送到地址总线,高位地址经译码后产生片选信号选中芯片,低位地址送到存储器,由地址译码器译码选中所需要的片内存储单元,最后在读/写信号控制下将存储单元内容读出或写入。

地址译码器完成存储单元的选择,通常有线性译码和复合译码两种方式,一般采用复合译码。如 1024×1 的位结构芯片排列成 32×32 矩阵,$A_0 \sim A_4$ 送到 X 译码器(行译码),$A_5 \sim A_9$ 送到 Y 译码器(列译码)。

③ 控制逻辑与三态数据缓冲器

存储器读/写操作由 CPU 控制,CPU 送出的高位地址经译码后,送到逻辑控制器的 $\overline{CS}$ 端。$\overline{CS}$ 信号为片选信号,$\overline{CS}$ 有效,存储器芯片选中,允许对其进行读/写操作,当读写控制信号 RD 和 WR 送到存储芯片的 R/W 端时,存储器中的数据经三态数据缓冲器的 $D_0 \sim D_7$ 端送到数据总线上或将数据写入存储器。

(2) 动态随机存取存储器(DRAM)

① 动态 RAM 的组成

动态 RAM 与静态 RAM 一样,由许多基本存储单元按行和列排列组成矩阵。最简单的动态 RAM 的基本存储单元是一个晶体管和一个电容,因而集成度高,成本低,耗电少,但它是利用电容存储电荷来保存信息的,电容通过 MOS 管的栅极和源极会缓慢放电而丢失信息,必须定时对电容充电,也称作刷新。另外,为了提高集成度,减少引脚的封装数,DRAM 的地址线分成行地址和列地址两部分,因此,在对存储器进行访问时,总是先由行地址选通信号$\overline{\text{RAS}}$把行地址送入内部设置的行地址锁存器,再由列地址选通信号$\overline{\text{CAS}}$把列地址送入列地址锁存器,并由读/写信号控制数据的读出或写入。所以刷新和地址两次打入是 DRAM 芯片的主要特点。

动态 RAM 基本单元主要由 4 管动态 RAM、3 管动态 RAM 及单管动态 RAM 组成,它们各有特点。4 管动态 RAM 使用管子多,芯片容量小,但器件的读出过程就是刷新过程,不用为刷新而外部另加逻辑电路。3 管动态 RAM 所用管子少一点,但读/写数据线分开,读/写选择线也分开,并要另加刷新电路。单管动态 RAM 所用器件最少,但读出信号弱,要采用灵敏度高的读出放大器来完成读出功能。

动态 RAM 依靠电容存储电荷来决定存放信息是"1"和"0"。以单管动态 RAM 为例,读操作时先由行地址译码,某行选择信号位高电平时,此行上管子 Q 导通,由刷新放大器读取电容 C 上的电压值折合为"0"和"1",再由列地址译码,使某列选通。行和列均选通的基本存储单元允许驱动,并读出数据,读出信息后由刷新放大器对其进行重写,以保存信息。写操作时,行和列的选择信号为"1",基本存储单元被选中,数据输入输出线送来的信息通过刷新放大器和 Q 管送到电容 C,数据写入存储单元。

② 动态 RAM 的刷新

动态 RAM 都是利用电容存储电荷的原理来保存信息的,由于 MOS 管输入阻抗很高,存储的信息可以保存一段时间,但时间较长时电容会逐渐放电使信息丢失,所以动态 RAM 需要在预定的时间内不断进行刷新。所谓刷新,即把写入到存储单元的数据进行读出,经过读放大器放大之后再写入以保存电荷上的信息。两次刷新的时间间隔与温度有关,在 0~55℃范围内 1~3ms,典型的刷新时间间隔为 2ms。每进行一次读写操作,实际上也进行了刷新操作,因此要安排存储器刷新周期及刷新控制电路来系统地完成对动态 RAM 的刷新。动态存储器的刷新是一行一行地进行,每刷新一行的时间称为刷新周期。刷新方式有集中刷新方式和分散刷新方式两种。

DRAM 控制器是 CPU 和 DRAM 之间的接口电路,由它把 CPU 的信号转换成适合 DRAM 芯片的信号,解决 DRAM 芯片地址两次打入和刷新控制等问题。它由如下几部分构成。

地址多路器:把来自 CPU 的地址转换成行地址和列地址,分两次送到 DRAM 芯片,实现 DRAM 芯片地址的两次打入。

刷新定时器:完成对 DRAM 芯片进行定时刷新的功能,目前使用较多的 1Mb DRAM 芯片,要求 8ms 内刷新 512 次。

刷新地址计数器:只用 RAS 的刷新操作,需要提供刷新地址计数器。对于 1Mb 的芯片,需要 512 个地址,因此刷新地址计数器由 9 位构成。但是,目前 256Kb 以上的芯片,多数内部具有这种刷新地址计数器,可以采用$\overline{\text{CAS}}$在$\overline{\text{RAS}}$之前的刷新方式。

仲裁电路:来自 CPU 的访问存储器的请求和来自刷新定时电路的刷新请求同时发

生时,由仲裁电路对两者的优先权进行裁定。

定时发生器:提供行地址选通信号$\overline{\text{RAS}}$、列地址选通信号$\overline{\text{CAS}}$和写信号$\overline{\text{WE}}$,供DRAM芯片使用。

典型的DRAM控制器有:

8203芯片,可以配合DRAM 2164工作。

MB1430和MB1431,可以支持1Mb的DRAM芯片和8086、80286CPU。

W4006AF,支持16Mb的DRAM芯片和80386CPU。

2. 只读存储器(ROM)

只读存储器(ROM)存储的内容一般不会改变,掉电时也不会丢失,使用时可随时将内容读出。ROM器件具有结构简单、位密度比读/写存储器高、非易失性和可靠性高等特点,一般用来存放系统启动程序以及常驻内存的监控程序、参数表、字库等,用户设计的单片及或单板机系统中也可用它来存放用户程序。

根据ROM信息写入的方式,ROM分为4种。

(1) 掩膜型只读存储器

ROM中信息是在芯片制造时由厂家写入的,用户对这类芯片无法进行任何修改。

(2) 可编程只读存储器(PROM)

这种ROM出厂时,里面没有信息,用户采用一些设备可以将内容写入PROM。但是PROM中内容一旦写入,就不能再改变了。

(3) 可擦除可编程只读存储器(EPROM)

用户可以用特定设备将内容写入,之后可用紫外光照将内容擦除,再重新写入。

(4) 电可擦除的可编程只读存储器(EEPROM)

1.6.3 主存储器与CPU的连接

主存储器与CPU的连接,在具体的逻辑上可能有多种变化,从原理上需考虑以下方面。

1. 系统模式

(1) 最小系统模式

将微处理器与半导体存储器做在一块插件上的CPU卡,可以作为模块组合式系统中的核心部件,或是多机系统中的一个结点。又如,智能型(可编程控制)设备控制器或接口包含微处理器与半导体存储器。它们让CPU芯片与存储芯片直接相连。CPU输出地址线直接送往存储器,数据线也直接与存储芯片相连,CPU还发出读/写命令$R/\overline{W}$,送往芯片,称为最小系统模式。由于这种小系统所需存储容量不大,往往采用SRAM芯片,省去刷新逻辑。

(2) 较大系统模式

稍具规模及其以上的计算机系统,都设置了一组甚至多组系统总线,用来连接外围设备。系统总线中包含地址线、数据线以及一组控制信号线。CPU通过数据收发缓冲器、地址锁存器、总线控制器等接口芯片,形成了系统总线。如果主存储器容量较大,需做成专门的存储器模块,或者因速度匹配及其他控制问题,需要配置较复杂的控制逻辑而形成独立的存储器模块,再挂接于系统总线之上。完成一次总线传送操作所需的时间,称为一个总线周期。

（3）专用存储总线模式

如果系统规模较大(所带外围设备多),而且要求访存速度较高,可在 CPU 与主存之间建立一组专门的高速存储总线。CPU 通过这组专用总线访存,通过系统总线访问外围设备。

2. 速度匹配与时序控制

在早期的计算机中,常为 CPU 内部操作与访存操作设置统一的时钟周期,称为节拍。即以一次访存所需时间为一拍的宽度,CPU 内部操作也是每拍执行一步。由于 CPU 速度往往高于主存,对 CPU 内部操作来说,时间利用率较低。

现在,大多数计算机将这两类操作设置不同的时间周期。CPU 内将操作时间划分为时钟周期,每个时钟周期完成一步 CPU 内部操作,如一次传送或一次相加。可让时钟频率提高,以适应 CPU 的高速操作。而通过系统总线的一次访存操作,占用一个总线周期。在同步方式中,一个总线周期可由数个时钟周期组成。大多数主存的存取周期是固定的,因此一个总线周期包含的时钟周期数可以由数个时钟周期组成。大多数主存的存取周期是固定的,因此一个总线周期包含的时钟周期数可以事先确定不变。在特殊情况下,也可以安排基本时钟周期数,如果来不及完成读/写,则插入等待(延长)周期。有的系统采用异步方式访存,根据实际需要来确定总线周期的长短,当存储器完成操作时发出一个就绪信号,总线周期需长则长,能短则短,与 CPU 时钟周期没有直接关系。在高速系统中还采取一种覆盖并行地址传送技术,即在现行总线周期结束之前,提前送出下一总线周期的地址与操作命令。

3. 数据通路匹配

数据总线一次能并行传送的位数,称为总线的数据通路宽度,常见的有 8 位、16 位、32 位、64 位几种。大多数主存储器常采取按字节编址,每次访存读/写 8 位,以适应对字符类信息的处理。这就存在一个主存与数据总线之间的宽度匹配问题,下面来看一个例子。

例如,8088 芯片是一种准 16 位 CPU 芯片。在 CPU 内部可一次处理 16 位(按字),也可以一次只处理 8 位(按字节)。对外的数据通路宽度只有 8 位,针对 8088 系统的 PC 总线,其数据总线也只有 8 位。因此,它与主存间的匹配关系比较简单,每个总线周期读/写一个字节,典型时序安排占用 4 个 CPU 时钟周期,称为 $T_1 \sim T_4$,构成一个总线周期。

4. 有关主存的控制信号

如前所述,存储芯片本身只需要最基本的控制命令,如 R/$\overline{W}$、片选$\overline{CS}$,或者为实现地址的分时输入将片选分解为$\overline{RAS}$与$\overline{CAS}$。为了实现对存储器的选择、容量扩展、速度匹配,系统总线可能引伸出一些控制与应答信号。不同的系统总线有其自身的约定标准,规定了一些与主存相关的控制信号,从而在某种程度上影响了主存储器的整体组织与访存工作方式。下面将提及一些可能遇到的控制信号设置情况。

有的系统总线设置了选择命令$\overline{M/IO}$,低电平时选中主存,高电平时选中外围设备。相应地,可将这一控制信号引入主存。有的计算机将这一选择信号称作$\overline{MREQ}$,典型的做法是将这一信号引至片选译码器的使能端。当$\overline{\text{MREQ}}$为高时,片选译码器的输出无效(即所有片选均无效,没有一个存储芯片被选中),存储器不工作。当$\overline{\text{MREQ}}$为低时,片选译码器有一个片选输出有效,存储器工作。

有的系统将总线存储器选中信号与读写命令结合起来,分为两个控制信号:存储器写($\overline{\text{MEMW}}$)、存储器读($\overline{\text{MEMR}}$)。它们将参与控制片选信号的产生,并形成存储芯片所需的 R/$\overline{\text{W}}$,或者$\overline{\text{WE}}$(写)与$\overline{\text{RD}}$(读)。

为了扩展存储器容量,有的系统允许设置一个基本存储器模板和一个扩展存储器模板,称为存储器重叠。相应地,系统总线送出存储器扩展信号 MEMEX。信号为低电平时,选择基本存储模板;为高电平时,选择扩展存储器模板。

主存储器的存取周期一般是已知而且固定的,因此可用固定的时序信号完成读写,不需要应答信号。在某些特殊情况下,如主存与外围设备之间的直接传送,其操作完成时间有可能不固定,因而需要设置应答信号,如就绪信号 READY,或传送应答信号 XACK 等。

从应用角度考虑,这里不介绍具体的连接逻辑电路,仅指出几种连接模式。在最小系统中,主存直接与 CPU 相连,仅需简单控制信号。在较大系统模式中,CPU 将读写控制命令送往总线控制器(如 8288 一类芯片),再由总线控制器送出系统总线信号,连接到主存中。在有的系统中使用 8203 一类存储器控制器芯片,总线控制器 8288 产生系统总线控制信号,送往 8203,8203 再输出控制信号到存储器。

1.6.4 主存储器的校验方法

从主存中读得的代码是否正确无误,对计算机能否正常工作至关重要。因此,需对读出信息进行校验,若发现错误,或给出检验出错的指示信息,或先让主存重读一至数次。如果重读后始终有错,说明错误是永久性的,如原存信息已被破坏,或主存产生故障,可能需要停机处理或采取其他措施。通俗地讲,校验的方法是让写入的信息符合某种约定的规律,在读出时检验读出信息是否仍符合这一约定规律,如果符合,则基本可判定读出信息正确无误。

现在使用的校验方法,大多采用冗余校验思想。因为待写入的二进制代码,从全 0 到全 1,各种组合都有可能,不一定都符合规律。但是,可在写入时增加部分代码,称为校验位,将待写的有效代码和增加的校验位一起,按约定的检验规律进行编码,获得的编码称为校验码,全部写入主存。读出时,对读得的校验码(其中包括有效代码和增加的校验位)进行校验,看它是否仍满足约定的校验规律。对计算机工作本身所需的有效代码而言,校验位是为校验需要而额外增加的,称为冗余位。如果校验规律选择得当,不仅能查明是否有错,而且可根据出错特征判定最大可能是哪一位出错,从而将其变反纠正,称为纠错。

为了判断一种校验码码制的冗余程度,并估价它的查错能力与纠错能力,人们提出了"码距"的概念。

由若干位代码组成一个字,称为码字,一种编码体制(码制)中可有多种码字。将两个不同的码字逐位比较,代码不同位的个数称为这两个码字间的"距离"。一种码制中,任何两个码字间的距离都可能不同,我们将各合法码字(非出错码字)间的最小距离称作这种码制的"码距"。

例如,常用 8421 码是一种编码体制,0000 与 0001 之间距离为 1,而 0000 与 1111 之间距离为 4。因此,8421 码的码距 $d=1$。如果从主存中读的一个码字为 0111,就无法判断它是正确的 7,还是 6 的最低位出错。因此 8421 码的码距太小,d 为 1 只能区分两个合法码字的不同,不具备查错能力,更不具备纠错能力。

如果按照某一校验规律编码,可使其码距扩大。因为增加检验位(冗余位)之后,代码组合数增加,可只取其中符合校验规律的作为合法代码,将不符合校验规律的视为出错代码。因此从信息量角度看,合法代码之间的距离加大,就有可能分辨合法代码与出错代码,并有可能判断该出错代码靠近哪个合法代码,从而确定是哪位出错,将它变反纠正为正确的合法代码。综上所述,约定的检验规律提供了编码与校验(译码)的基本依据,而扩大码距则从扩大信息量的角度提供了查错与纠错的可能性。

下面重点介绍奇偶校验。大多数主存储器采用奇偶校验,这是一种最简单也是应用最广泛的校验方法。它的思想是根据代码字的奇偶性质进行编码与校验,有两种可供选用的校验规律:

① 奇校验——使整个校验码(有效信息位和校验位)中"1"的个数为奇数;

② 偶校验——使整个校验码中"1"的个数为偶数。

根据主存是按字节编制或是按字编制的不同,以字节或以字为单位进行编码,每个字节(字)配一个校验位。例如,用 9 片 1MB DRAM 芯片组成 1MB 主存,增设的 1 位为校验位。有效信息本身不一定满足约定的奇偶性质,但增设校验位后可使整个校验码字符合约定的奇偶性质。如果两个有效信息代码字之间有一位不同(至少有一位不同),则它们的校验位也应不同,因此奇偶校验码的码距 $d=2$。从码距看,能发现一位错,但不能判断是哪位出错,因而没有纠错能力。从所采用的奇偶校验规则看,只要是奇数个(位)出错,都将破坏约定规律,因而这种校验方法能发现奇数个错。如果是偶数个错,不影响码字的奇偶性质,因而不能发现。

例 1:

待编有效信息	10110001
奇校验码(配校验位后)	101100011
偶校验码(配校验位后)	101100010

例 2:

待编有效信息	10110101
奇校验码(配校验位后)	101101010
偶校验码(配校验位后)	101101011

1.7 中央处理器

中央处理器是计算机的心脏,它又可细分为运算器和控制器。本节的内容是介绍中央处理器是如何工作的。首先从最基本的全加器谈起,然后介绍运算器的核心部件 ALU,最后利用微程序控制的原理,对 CPU 的控制器有一个基本认识。

1.7.1 运算器

运算器这一部分重点介绍加法运算,因为其他的运算都可以直接或间接地由加法运算得到。

算术运算与逻辑运算可用一个算术逻辑部件(ALU)来实现。这些算术、逻辑运算功能的硬件实现,涉及三个问题:

① 如何构成 1 位二进制加法单元,即全加器;

② n 位全加器连同进位信号传送逻辑,构成一个 n 位并行加法器;

③ 以加法器为核心,通过输入选择逻辑扩展为具有多种算术、逻辑功能的 ALU。

1. 全加器(加法单元)

1 位二进制加法单元有 3 个输入量:操作数 A_i 与 B_i,低位传来的进位信号 C_{i-1}。它产生两个输出量:本位和 Σ_i,向高位的进位信号 C_i。这种考虑了全部 3 个输入的加法单元,叫全加器。如果只考虑两个输入的相加,就称为半加。

可将 1 位求和逻辑描述为真值表或卡诺图,经过化简,用与或逻辑实现。如果采取一些设计技巧,如将进位输出 C_i 也作为一个输入变量,连同 A_i、B_i、$\overline{C_{i-1}}$ 一共四个输入量,绘出输出 Σ_i 的卡诺图,分别导出两组输出逻辑式——Σ_i 与 C_i、$\overline{\Sigma_i}$ 与 $\overline{C_i}$,可以使相邻两级全加器分别采用不同输入极性与输出极性(一般称作交替逻辑),达到级间延迟较小的效果。这是早期曾广泛应用过的一种全加器形态,现在已很少应用。

现在广泛采用的求和逻辑形态是:用异或逻辑实现半加,用两次半加实现一位全加。这种全加器形态的逻辑结构比较简单,有利于实现快速进位传递。

如果是 n 位求和,则涉及进位的连接方式问题。进位的连接方式通常有串行进位和并行进位两种,在这里不介绍了。

2. ALU 单元与多位 ALU 部件

利用集成电路技术,可将若干位全加器、并行进位链、输入选择门三部分集成于一块芯片之上,称为多功能算术逻辑部件。如 SN74181 是每片 4 位 ALU,即 4 位片。此外还有 8 位片、16 位片的 ALU 器件。在有些参考书中,又称为通用函数发生器,即可产生多种输出逻辑函数,具有多种算术运算与逻辑运算功能。用数片这样的 ALU 芯片,加上并行进位链芯片如 SN74182,就可以方便地构成多位 ALU 部件,成为运算部件的核心。

(1) 1 位 ALU 逻辑

先分析 1 位 ALU 的基本逻辑,看看它是如何实现多种算术、逻辑运算功能的。ALU 单元可以划分为三部分。

① 由 2 个半加器构成的全加器;

② 对算术运算或逻辑运算的选择控制门($M=0$,开门接收低位来的进位信号 C_{i-1},执行算术运算;$M=1$,关门不接收 C_{i-1},执行逻辑运算,与进位无关,是按位进行逻辑运算);

③ 由与或非门构成的输入选择逻辑(本位输入 $\overline{A_i}$、$\overline{B_i}$ 或者 A_i、B_i,4 个控制信号 S_3、S_2、S_1、S_0,可选择 16 种功能)。

ALU 单元的输入选择逻辑,设计得相当巧妙。它着眼于构造并行进位链的需要,让

X_i 输出包含进位传递函数 $P_i = A_i + B_i$，而 Y_i 输出中则包含进位产生函数 $G_i = A_i B_i$。S_3 与 S_2 控制选择左边一个与或非门的输出 X_i，S_1 与 S_0 控制选择右边一个与或非门的输出 Y_i，逻辑关系如下：

S_3	S_2	X_i	S_1	S_0	Y_i
0	0	1	0	0	A_i
0	1	$A_i + \overline{B_i}$	0	1	$A_i B_i$
1	0	$A_i + B_i$	1	0	$A_i \overline{B_i}$
1	1	A_i	1	1	0

选择不同的控制信号 S_3、S_2、S_1、S_0，可获得不同的输出 $\overline{F_i}$，从而实现不同的运算功能。这样，从信息传送的角度理解运算器的组成原理，通过不同的输入选择，可实现不同的运算功能。

（2）4 位 ALU 芯片

4 位 ALU 芯片的每一位逻辑都和 1 位 ALU 芯片相同，只是 4 位共用一个控制门。片内 4 位为一小组，组内采用并行进位结构。

多位 ALU 芯片的基本思想和 4 位基本相同。因其具体的结构较为复杂，在这里就不介绍了。

1.7.2 控制器

控制器可以说是计算机的核心，控制器从存储器读取指令码并进而对该指令码翻译识别、安排操作时序，向计算机各有关部件发出一系列执行该指令所需的微操作控制信号，使指令得到执行。所以控制器是计算机按程序控制原理有条不紊工作的关键部件。

控制器由指令部件、时序部件和微操作信号发生器三部分组成。这一小节就从这三部分入手，了解控制器的工作原理。

1. 指令部件

指令部件包括程序计数器（program counter，PC）、指令寄存器（IR）和指令译码器等，见图 1.9。

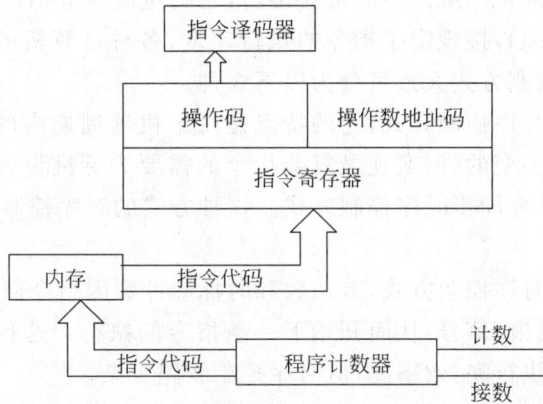

图 1.9 指令部件完成取指令操作

其中,程序计数器用来指出下一条指令所在内存单元的地址,通常情况下 PC 加 1 计数,以使程序顺序逐条执行。它也具有接数功能,需要时接收转移地址信息以实现程序转移。

指令寄存器,用来寄存从内存中取出的当前指令码(含指令操作码和操作数地址码等)。

指令译码器,对指令寄存器中的操作码部分进行译码,判断是什么性质的指令,发出相应的控制信号。

2. 时序部件

时序部件包括信号源、启停控制线路和时序电路等,见图 1.10。

图 1.10 时序部件

信号源即计算机的主振,它产生频率、宽度、幅度稳定的主频脉冲,直接影响到计算机的工作速度和可靠性,它同步计算机的一切操作。

时序电路对主频脉冲进行分频、组合等,借以产生时标脉冲、节拍电位、机器周期等具有时序关系且符合各种器件控制要求的时序信号。

计算机内的时序系统大多采用机器周期—节拍电位—时标脉冲三级控制。

一个机器周期的时间宽度通常对应于一个内存存储周期,即每个机器周期可以访问一次内存。机器周期分多种类型,如取指令周期、取操作数周期、执行周期等。一条指令从内存取出到被执行完需若干个不同类型的机器周期,但任何指令的第一个机器周期都是取指令周期。每个机器周期包含若干节拍电位。

节拍电位是控制微操作顺序的信号。各节拍电位在时间上不重叠,节拍电位由对主振分频组合得到,其宽度通常对应于运算器执行一次算术/逻辑运算所需时间。一个节拍电位含若干时标脉冲。

时标脉冲用来保证机内触发器的可靠翻转,它的宽度为节拍电位的几分之一。

计算机的时序控制直接规定了指令的执行速度,各种计算机的时序系统具体是不一样的,其设计原则和控制方式大致可分为以下 3 种。

第 1 种称为固定时序控制方式,它的特点是每个机器周期内的节拍数和每个节拍内的时标脉冲数是固定不变的(以实现最复杂指令的需要为标准设置),电位数和时标脉冲数是固定的,所以它又称同步时序控制方式。这种方式的时序控制线路简单,但对多数指令来讲是浪费时间。

第 2 种称为可变时序控制方式,节拍数和时标脉冲数因指令而异,每条指令执行完向时序控制线路发出"结束"信号,从而开始下一条指令的执行。这种方式是每条指令都在自己所需节拍时间内执行完,效率高,但时序控制线路复杂。

第 3 种是同步异步混合时序方式,采用总线结构的现代计算机多采用此方式。部件之间采用异步控制方式(可变时序方式),使工作速度不同的部件都能以自己最快的速度工作,而彼此间又配合默契。

3. 微操作信号发生器

微操作信号发生器(或称控制部件)的功能是根据指令流程,综合时序和指令译码信号,产生执行各条指令所需要的微操作,即最基本、最简单的操作控制信号,如图 1.11 所示。

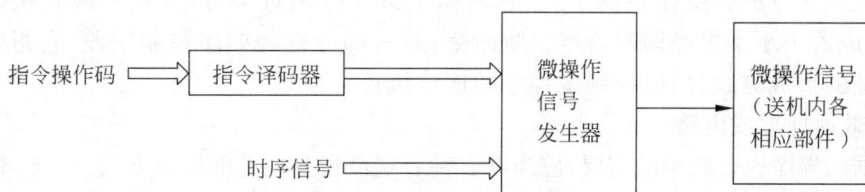

指令操作码 ⟹ 指令译码器 ⟹ 微操作信号发生器 ⟹ 微操作信号(送机内各相应部件)

时序信号 ⟹

图 1.11　微操作信号发生器

微操作信号发生器可由常规逻辑电路或微程序来设计实现。在这里首先简略介绍组合逻辑控制部件,然后再详细阐述微程控制方式。

组合逻辑控制部件是一种产生专门的固定的微操作控制信号的逻辑电路,通常以使用最少元件和取得最高的操作速度作为设计目标。它一旦构成就不便修改,除非重新设计并且物理上重新接线后才能改变其用途。

微程序控制的概念,最早是由英国剑桥大学的威尔克斯在 1951 年提出的,经历种种演变,在只读存储器技术成熟后得到了非常广泛的应用。它的基本思想可概括为如下两点。

① 将控制器所需的微命令,以代码(微码)形式编成微指令,存入一个用 ROM 构成的控制存储器中。在 CPU 执行程序时,从控制存储器中取出微指令,其所包含的微命令控制有关操作。与组合逻辑控制方式不同,它由存储逻辑事先存储与提供微命令。

② 将各种机器指令的操作分解为若干微操作序列。每条微指令包含的微命令控制,实现一步操作。若干条微指令组成一小段微程序,解释执行一条机器指令。针对整个指令系统的需要,编制出一套完整的微程序,事先存入控制存储器中。利用程序技术去编排指令的解释与执行,也就是将程序技术引入 CPU 的构成级。

下面具体讨论微程序控制方式。

(1) 控制器的逻辑组成

为了提供机器指令信息,并保证工作程序的连续执行,微程序控制器中也应设置指令寄存器、程序计数器、程序状态字等。这与组合逻辑控制器并无区别,因为这是从机器指令与工作程序级上所需要的部件,对各种控制器类型都是共性的内容。不同之处在于微命令的产生方式,它也在一定程度上影响到时序系统的分级。

微命令的形成部件是存放微程序的存储器及其配套逻辑,这是微程序控制器的核心部件。

① 控制存储器

这个存储器用来存放微程序,由于所存储的内容是控制机器操作的微命令,所以称为控制存储器,简写为 CM。它的每个单元存放一条微指令的代码,即一步操作所需的微命令,通常需要几十位。

控制存储器采用只读存储器,在制造 CPU 时写入微程序代码;在 CPU 工作时 CM

只读不写,以确保重要的微程序内容不被破坏。早期曾使用过磁环、二极管阵列等器件构成,现在广泛使用半导体只读存储器。

② 微指令寄存器

从控制存储器中读取的微指令,存放于微指令寄存器(μIR)中。它分为两大部分:一部分提供微命令的微操作控制字段,它占据了微指令的大部分,其代码或直接作为微命令,或分成若干小字段经译码后产生微命令;另一部分称为顺序控制字段,它指明后继微指令地址的形成方式,用以控制微程序的连续执行。

③ 微地址形成电路

根据微程序执行顺序的需要,应当有多种后继微指令地址的形成方式。一般来说,依据下述几种信息中的一部分来形成后继微地址:现行微指令中顺序控制字段(决定形成方式),现行微指令地址(顺序执行时的基准),微程序转移时的微地址(由微指令给出其全部或部分高位),机器指令有关代码(作为微程序分支的依据,如操作码、寻址方式等),机器运行状态(可作为微程序转移的依据)等。显然,在逻辑实现时采用 PLA 电路是比较理想的。

④ 微地址寄存器

在从 CM 中读取微指令时,微地址寄存器(μAR)中保存着 CM 的地址(即微地址),指向相应的 CM 单元。当读出微指令后或完成一个微指令周期操作后,微地址形成电路将后继微地址打入 μAR 中,作好读取下一条微指令的准备。

(2) 机器指令的读取与执行

在微程序控制器中,通过读取微程序与执行它所包含的微命令,去解释执行机器指令。

① 微程序中有一条或两三条微指令,其微命令实现取指操作,可称为"取机器指令用的微指令",属于微程序中的公用部分。在机器指令周期开始时,先从控制存储器中读取"取机器指令用的微指令",其微命令使 CPU 访问主存储器,读取机器指令,送入指令寄存器,然后修改程序计数器的内容。

② 根据机器指令中的操作码,通过微地址形成电路,找到与该机器指令所对应的微程序入口地址。

③ 逐条取出对应的微程序,每一条微指令提供一个微命令序列,控制有关的操作。根据机器指令的需要与微指令功能的强弱程度,一条机器指令所对应的微程序可能不同,有的简单,有的比较复杂,其中可以包含分支、循环、嵌入微子程序等程序形态。执行完一条微指令后,根据微地址形成方法产生后继微地址,读取下一条微指令。

④ 执行完对应于一条机器指令的一段微程序后,返回到"取机器指令用的微指令",开始下一个机器指令周期。

1.8 输入与输出

1.8.1 输入输出的相关硬件

1. 输入设备

常见的输入设备有键盘、鼠标、扫描仪、数字相机、数字化仪等。有关它们的具体内容,将会在后面章节详细介绍。

2. 输出设备

常见的输出设备有打印机、绘图仪等。具体内容也将在后面章节详述。

1.8.2 输入输出系统

通常将计算机系统划分为几个相关的子系统：CPU 子系统、存储子系统和输入输出子系统。对于输入输出系统,将在后面章节介绍几种常用的输入输出设备;在本小节中将讨论连接主机与输入输出设备的系统总线,主机与输入输出设备间的信息传送控制方式及相应的接口。

值得注意的是,外围设备种类很多,特性各异。在某些任务中,输入输出操作相当频繁。在微型计算机系统中,CPU 已集成在芯片之中,主存储器设计相对较为规范,而接口部件的变化较多,往往需要自行设计。从这一角度讲,应重视如何将相对通用而标准的主机与各种各样的设备相连接,在系统级上建立起整机概念。

在硬件逻辑方面,输入输出系统包含外围设备、接口、系统总线,其中,一些公共接口逻辑如中断控制逻辑、DMA 控制器等,常配置于 CPU 板上,即集中于主机逻辑之中。而系统总线是连接 CPU、主存、外围设备的公共信息传送线路,总线逻辑既要考虑如何通过接口部件连接各种外围设备,又要考虑如何与 CPU 相连接,因而涉及系统的各方。接口的一侧面向各具特色的外围设备,另一侧面向某种标准系统总线,并与所采用的信息传送控制方式(如中断和 DMA)有关。

在软件方面,操作系统中有一组针对各种外围设备的设备驱动程序,如磁盘驱动程序、打印机驱动程序等,为用户提供一个方便而统一的操作界面,如通过逻辑设备名调用某外围设备,而不必过多地了解外围设备的物理细节。在一些设备控制器中,如磁盘控制器、打印机控制器,往往采用微处理器和半导体存储器,执行设备控制程序。此外,在用户编制输入输出程序时,需要考虑采用何种信息传送控制方式,以进行相应的程序组织,如果采用中断方式,还需要编制相应的中断服务程序。以上就是输入输出系统中有关软件的几个层次,即用户 I/O 程序、设备驱动程序、设备控制程序。

输入输出系统的逻辑结构,取决于主机与外围设备间的连接模式及相应的组织管理模式。具体有以下几种方式。

1. 总线型

在这种结构中,CPU 通过系统总线与外围设备相连,各外围设备通过各自的接口直接与公共的系统总线相连。

2. 辐射型(星形)

在这种结构中,各外围设备与主机间有各自独立的数据通路,因而形成以主机为中心子设备辐射的星形连接。早期那种以 CPU 为中心,直接与各设备分别连接的模式,现在基本上被淘汰,因为它不易扩充。现在,实用的星形连接模式是在总线型基础上演变而成的,CPU 通过系统总线连接一种多口接口卡,该接口卡实际上是若干独立的接口,分别连接外围设备。与纯总线型不同的是,各外围设备之间不能直接传送信息,它们只能通过接口送入主机,再由主机送往另外的设备,因而称为以主机为中心的星形连接模式。通过增加接口卡,也可扩充外围设备。为降低价格,星形连接方式中接口卡常采取串行接口,典型产品有四串口卡。

3. 通道控制方式

在大型计算机系统中,系统规模较大,即连接的外围设备数量较大、类型较多。这种系统往往采取多道程序工作方式或多用户分时工作方式,输入输出操作频繁、数据量大,而且又要求主CPU高速处理。这样的系统往往采用通道控制方式连接外围设备。

4. 输入输出处理机方式

通道控制方式最早出现于20世纪60年代的IBM360系统中,其他设计者接受了这一概念,并发展为输入输出处理机(IOP)。IOP比通道具有更强的独立性与通用性,它的功能与CPU类似,只是专用化,面向输入输出管理及相应的处理。

IOP有自己的指令系统,一般约有几十条指令,可以编制自己的程序,通过执行程序实现独立于CPU的输入输出操作。它还可以进行有关的预处理,如信息的码制转换,数据格式变换,字节与字之间的装配和拆卸,数据块传输中的检测与纠错等。

习题

1. 什么是冯·诺依曼体制?它的核心思想是什么?
2. 区分四代计算机的标志分别是什么?
3. 典型的数字计算机硬件由什么组成?
4. 请填写诸进制之间的转化:

   $(978.45)_{10}=($ $)_2=($ $)_8=($ $)_{16}$

   $(1011011.011101)_2=($ $)_{10}=($ $)_8=($ $)_{16}$

5. 写出下列数字的补码:$-323;542$。
6. 计算机中,文字信息的编码有哪几种?
7. 存储器的层次结构是什么样子的?
8. 谈谈主存储器的分类。
9. 运算器的核心部件是什么?
10. 控制器由哪几部分组成?简单描述控制器的整个工作流程。

第 2 章　主 机 系 统

第 1 章从原理上总体介绍了计算机的内部工作情况。从本章起,用 4 章的篇幅把问题具体化,对计算机涉及的各种硬件进行较详细的阐述,并介绍评价硬件设备优劣的部分参考标准。

主机系统主要包括 CPU、主机板、内存等部件,下面逐一进行介绍。

2.1　CPU

2.1.1　CPU 的技术规格和性能指标

1. 字长与位宽

（1）字长

字长一般定义为 CPU 内部各寄存器之间一次能够传递的位数。在 CPU 内部有一系列用于暂时存放数据或指令的存储单元,称为寄存器（register）。各寄存器之间通过内部数据总线来传递数据,每条内部数据总线只能传递 1 位,通常主要寄存器有多少位,内部数据总线就有多少条,即

CPU 的字长＝内部数据总线条数＝主要寄存器的位数

该指标反映出 CPU 与内部运算处理的速度和效率,也是 CPU 的主要技术指标。

（2）位宽

CPU 通过外部数据总线（简称数据总线）与外界交换数据,每条数据总线同样只能传递 1 位（bit）。位宽是指 CPU 一次能够与外界传递的位数,显然它取决于数据总线的条数,同时也与配套的主机板的总线位宽一致,即

CPU 的位宽＝（外部）数据总线条数＝相应主机板总线位宽

（3）x 位 CPU

通常以 CPU 的字长和位宽来称呼这款 CPU。如 286 是 16 位 CPU,是因为它的字长和位宽都是 16 位的;8088 是准 16 位的,是因为它的字长虽然是 16 位的,但其位宽却是 8 位的;奔腾级 CPU 的位宽是 64 位的,但它的寄存器大都是 32 位的,所以将它称为超 32 位 CPU;64 位的 P4 CPU 是 64 位 CPU。

（4）CPU 按字长和位宽分类

① 准 16 位:8088。

② 16 位:8086,80286。

③ 准 32 位:386SX。

④ 32 位:386DX,486。

⑤ 超 32 位：P5，P54C 级，MMX 级，K6-Ⅱ级，Celeron 级，P6，PⅡ级，PⅢ级，PⅣ级，K7。

⑥ 64 位：64 位的 P4 CPU。

2. 主频，倍频，外频

CPU 泛指的频率是指 CPU 的主频，主频也就是 CPU 的时钟频率（CPU clock speed），简单地说就是 CPU 运算时的工作频率。一般来说，主频越高，一个时钟周期里面完成的指令数也越多，当然 CPU 的速度也就越快了。不过由于各种各样的 CPU 的内部结构不尽相同，所以并非所有的时钟频率相同的 CPU 的性能都一样。至于外频就是系统总线的工作频率，而倍频则是指 CPU 外频与主频相差的倍数。三者是有十分密切的关系的：主频＝外频×倍频。

3. 内存总线速度（memory-bus speed）

CPU 处理的数据是从哪里来的呢？学过计算机基本原理的用户都会清楚，是来自主存储器，而主存储器指的就是我们平常所说的内存。一般放在外存（磁盘或者各种存储介质）上面的资料，都要通过内存进入 CPU 进行处理。所以与内存之间的通道即内存总线的速度对整个系统性能就显得很重要了，由于内存和 CPU 之间的运行速度或多或少会有差异，因此便出现了二级缓存，来协调两者之间的差异，而内存总线速度就是指 CPU 与二级（L2）高速缓存和内存之间的通信速度。

4. 扩展总线速度（expansion-bus speed）

扩展总线指安装在微机系统上的局部总线，如 VESA 或 PCI 总线。我们打开计算机的时候会看见一些插槽般的东西，这些就是扩展槽，而扩展总线就是 CPU 联系这些外部设备的桥梁。

5. 缓存

CPU 缓存（cache memory），全称高速缓冲存储器，是位于 CPU 与内存之间的临时存储器，它的容量比内存小得多，但是交换速度却比内存要快得多。缓存的出现主要是为了解决 CPU 运算速度与内存读写速度不匹配的矛盾，因为 CPU 运算速度要比内存读写速度快很多，这样会使 CPU 花费很长时间等待数据到来或把数据写入内存。在缓存中的数据是内存中的一小部分，但这一小部分是短时间内 CPU 即将访问的，当 CPU 调用大量数据时，就可避开内存直接从缓存中调用，从而加快读取速度。由此可见，在 CPU 中加入缓存是一种高效的解决方案，这样整个内存储器（缓存＋内存）就变成了既有缓存的高速度，又有内存的大容量的存储系统了。缓存对 CPU 的性能影响很大，主要取决于 CPU 的数据交换顺序和 CPU 与缓存间的带宽。

缓存的工作原理是当 CPU 要读取一个数据时，首先从缓存中查找，如果找到就立即读取并送给 CPU 处理；如果没有找到，就用相对慢的速度从内存中读取并送给 CPU 处理，同时把这个数据所在的数据块调入缓存中，可以使得以后对整块数据的读取都从缓存中进行，不必再调用内存。

正是这样的读取机制使 CPU 读取缓存的命中率非常高（大多数 CPU 可达 90% 左右），也就是说，CPU 下一次要读取的数据 90% 都在缓存中，只有大约 10% 需要从内存读取。这大大节省了 CPU 直接读取内存的时间，也使 CPU 读取数据时基本无须等待。总的来说,CPU 读取数据的顺序是先缓存后内存。

目前缓存基本上都是采用 SRAM 存储器,SRAM 是英文 Static RAM 的缩写,它是一种具有静态存取功能的存储器,不需要刷新电路即能保存它内部存储的数据。DRAM 内存需要刷新电路,每隔一段时间,固定要对 DRAM 刷新充电一次,否则内部的数据即会消失,而 SRAM 无须这样,因此 SRAM 具有较高的性能。但是 SRAM 也有缺点,即它的集成度较低,相同容量的 DRAM 内存可以设计为较小的体积,但是 SRAM 却需要很大的体积,这也是目前不能将缓存容量做得太大的重要原因。它的特点归纳如下:优点是节能、速度快、不必配合内存刷新电路、可提高整体的工作效率,缺点是集成度低、相同的容量体积较大、价格较高,只能少量用于关键性系统以提高效率。

按照数据读取顺序和与 CPU 结合的紧密程度,CPU 缓存可以分为一级缓存和二级缓存,部分高端 CPU 还具有三级缓存,每一级缓存中所储存的全部数据都是下一级缓存的一部分,这三种缓存的技术难度和制造成本是相对递减的,所以其容量也是相对递增的。当 CPU 要读取一个数据时,首先从一级缓存中查找,如果没有找到再从二级缓存中查找,如果还是没有就从三级缓存或内存中查找。一般来说,每级缓存的命中率都在80%左右,也就是说全部数据量的 80%都可以在一级缓存中找到,只剩下 20%的总数据量才需要从二级缓存、三级缓存或内存中读取,由此可见,一级缓存是整个 CPU 缓存架构中最为重要的部分。

一级缓存(level 1 cache)简称 L1 cache,位于 CPU 内核的旁边,是与 CPU 结合最为紧密的 CPU 缓存,也是历史上最早出现的 CPU 缓存。由于一级缓存的技术难度和制造成本最高,提高容量所带来的技术难度和成本都增大很多,所带来的性能提升却不明显,性价比很低,而且现有的一级缓存的命中率已经很高,所以一级缓存是所有缓存中容量最小的,比二级缓存要小得多。

一般来说,一级缓存可以分为一级数据缓存(data cache,D-cache)和一级指令缓存(instruction cache,I-cache)。二者分别用来存放数据以及对执行这些数据的指令进行即时解码,而且两者可以同时被 CPU 访问,减少了争用缓存所造成的冲突,提高了处理器效能。目前大多数 CPU 的一级数据缓存和一级指令缓存具有相同的容量,例如 AMD 的 Athlon XP 就具有 64KB 的一级数据缓存和 64KB 的一级指令缓存,其一级缓存就以64KB+64KB 来表示,其余的 CPU 的一级缓存表示方法以此类推。

英特尔公司在推出 Pentium IV 处理器时,用新增的一种一级追踪缓存替代指令缓存,容量为 12KμOps,表示能存储 12 条微指令。

二级缓存对 CPU 运行效率的影响也很大,二级缓存又分为芯片内部和外部两种。集成在芯片内部的二级缓存与 CPU 同频率运行(即全速二级缓存),而集成在芯片外部的二级缓存的运行频率是 CPU 的运行频率的一半(即半速二级缓存),因此运行效率较低。随着 CPU 制造工艺的发展,二级缓存也能轻易地集成在 CPU 内核中,容量也在逐年提升。现在再用集成在 CPU 内部与否来定义一、二级缓存,已不确切。而且随着二级缓存被集成入 CPU 内核中,以往二级缓存与 CPU 频率相差太大的情况也被改变,现在它以相同于主频的速度工作,可以为 CPU 提供更高的传输速度。

二级缓存是 CPU 性能表现的关键之一,在 CPU 核心不变化的情况下,增加二级缓存容量能使性能大幅度提高。而同一核心的 CPU 高低端之分往往也是在二级缓存上有差异,由此可见,二级缓存对于 CPU 的重要性。

目前的较高端的 CPU 中,还会带有三级缓存,它是为读取二级缓存后未命中的数据设计的一种缓存。在拥有三级缓存的 CPU 中,只有约 5% 的数据需要从内存中调用,这进一步提高了 CPU 的效率。

三级缓存(L3 cache)分为两种,早期是外置的,现在都是内置的。L3 缓存的应用可以进一步降低内存延迟,同时提升大数据量计算时处理器的性能。在服务器领域增加 L3 缓存在可显著提升性能。具有较大 L3 缓存的配置利用物理内存会更有效,因此它比较慢的磁盘 I/O 子系统可以处理更多的数据请求。

需要注意的是,无论是二级缓存、三级缓存还是内存都不能存储处理器操作的原始指令,这些指令只能存储在 CPU 的一级指令缓存中,而余下的二级缓存、三级缓存和内存仅用于存储 CPU 所需数据。

6. 工作电压

工作电压(supply voltage)是指 CPU 正常工作所需的电压。早期 CPU(286 到 486 时代)的工作电压一般为 5V,那是因为当时的制造工艺相对落后,以致 CPU 的发热量太大,寿命减短。随着 CPU 的制造工艺与主频的提高,近年来各种 CPU 的工作电压有逐步下降的趋势,以解决温度过高的问题。

(1) CPU 的电压对性能的影响

一块 CPU 的标定电压取决于它的固有设计指标。通常,电压设计得越低,CPU 工作时所产生的热量就越小,稳定性越好,功耗也越低。所以电压标定值也是 CPU 的重要性能指标之一。

(2) CPU 电压设置的重要性

把 CPU 的主频设置过高虽影响使用,但一般不会造成物理损伤。然而,如果把 CPU 的电压设置过高,则完全可能对 CPU 产生物理损伤;反之,若将 CPU 的电压设得过低,则 CPU 可能工作不正常或者根本不工作。可见,正确地认识 CPU 的工作电压并在主机板上进行科学设置是十分重要的。

7. 地址总线宽度

(1) 地址总线

CPU 通过若干条地址总线确定它所要访问的内存单元或 I/O 接口,也就是说,CPU 通过从它身上引出的地址线进行寻址。

(2) 寻址范围与地址总线条数的关系

从理论上分析,1 条地址线只能表示"0"和"1"两种状态,故只能确定 2 个单元,也就是说,1 条地址线的直接寻址范围是 2B(字节),显然 2 条地址线的直接寻址范围是 $2^2 = 4B$,3 条地址线的直接寻址范围是 $2^3 = 8B$,以此类推,即

n 条地址总线的 CPU 的寻址范围 $= 2^n$ B

(3) CPU 的寻址范围

① 8086/8088

8086/8088 的地址总线为 20 条,故其寻址范围是: $2^{20} = 2^{10} \times 2^{10} = 1KB \times 1024 = 1MB$。

② 80286

80286 的地址总线为 24 条,故其寻址范围是:$2^{24} = 2^4 \times 2^{20} = 16\text{MB}$。

③ i386

从 386 到奔腾级的 CPU 的地址总线都为 32 条,故其寻址范围是:$2^{32} = 2^2 \times 2^{10} \times 2^{20} = 4096\text{MB} = 4\text{GB}$。

④ 其他 CPU

Pentium Pro(P6)和 P Ⅱ CPU 开始采用 36 根地址线,寻址能力更强,故其寻址范围是:$2^{36} = 2^4 \times 2^{32} = 64\text{GB}$。

但 P Ⅲ 和初期 32 位的 P Ⅳ CPU 又使用 32 根地址线,所以寻址范围还是 4GB。

英特尔的 64 位 CPU 理论上是 64 根地址线,但实际使用的还是 36 根,所以寻址范围还是 64GB。

32 位操作系统(比如 32 位的 Windows XP)不支持 36 位的地址位数,只支持 32 位地址,所以如果使用 32 位操作,内存的寻址范围就被限制在 4GB。如果要使用大于 4GB 的内存,就必须使用支持超过 32 位地址的操作系统,比如 32 位的 Windows 2000 Server、32 位的 Windows 2003 Server 或者 64 位的操作系统。

8. 协处理器

在 486 以前的 CPU 里面,是没有内置协处理器的。由于协处理器主要的功能是负责浮点运算,因此 386、286、8088 等微机 CPU 的浮点运算性能都相当落后。接触过 386 的用户都知道主板上可以另外加一个外置协处理器,其目的就是增强浮点运算的功能。自从 486 以后,CPU 一般都内置了协处理器,协处理器的功能也不再局限于增强浮点运算。含有内置协处理器的 CPU,可以加快特定类型的数值计算,某些需要进行复杂计算的软件系统,如高版本的 AUTOCAD 就需要协处理器支持。

9. 超标量

超标量是指在一个时钟周期内 CPU 可以执行一条以上的指令。这在 486 或者以前的 CPU 上是很难想象的,只有 Pentium 级以上 CPU 才具有这种超标量结构;486 以下的 CPU 属于低标量结构,即在这类 CPU 内执行一条指令至少需要一个或一个以上的时钟周期。

10. 采用回写(write back)结构的高速缓存

它对读和写操作均有效,速度较快。而采用写通(write-through)结构的高速缓存,仅对读操作有效。

11. 动态处理

动态处理是应用在高能奔腾处理器中的新技术,创造性地把三项专为提高处理器对数据的操作效率而设计的技术融合在一起。这三项技术是多路分流预测、数据流量分析和猜测执行。动态处理并不是简单执行一串指令,而是通过操作数据来提高处理器的工作效率。

(1)多路分流预测

通过几个分支对程序流向进行预测,采用多路分流预测算法后,处理器便可参与指令流向的跳转。它预测下一条指令在内存中位置的精确度可以达到惊人的 90% 以上。这是因为处理器在取指令时,还会在程序中寻找未来要执行的指令。这个技术可加速向处理器传送任务。

（2）数据流量分析

抛开原程序的顺序,分析并重排指令,优化执行顺序:处理器读取经过解码的软件指令,判断该指令能否处理或是否需与其他指令一起处理。然后,处理器再决定如何优化执行顺序以便高效地处理和执行指令。

（3）猜测执行

通过提前判读并执行有可能需要的程序指令的方式提高执行速度:当处理器执行指令时(每次五条),采用的是"猜测执行"的方法。这样可使 Pentium Ⅱ 处理器超级处理能力得到充分的发挥,从而提升软件性能。被处理的软件指令是建立在猜测分支基础之上,因此结果也就作为"预测结果"保留起来。一旦其最终状态能被确定,指令便可返回到其正常顺序并保持永久的机器状态。

12. 几种典型 CPU 的规格

（1）Intel 系列 CPU 的规格介绍　Intel 系列 CPU 规格见表 2.1。

表 2.1　Intel 系列 CPU 规格

项目	Pentium E 2140	Core 2 Duo E4500	Core 2 Duo E7400	Intel Core i7920
CPU 核心	Allendale	Allendale	Wolfdale	Nehalem
CPU 主频	1600MHz	2200MHz	2200MHz	2.66GHz
CPU 插槽	LGA 775	LGA 775	LGA 775	LGA 1366
生产制程	$0.065\mu m$	$0.065\mu m$	$0.045\mu m$	$0.045\mu m$
高速缓存	L2 1MB	L2 2MB×2	L2 3MB	L2 256KB×4 L3 8MB
3D 指令集	SSE3/Sup-SSE3	SSE3/Sup-SSE3	SSE3/Sup-SSE3	SSE 4.2

（2）AMD 系列 CPU 的规格介绍　AMD 系列 CPU 规格见表 2.2。

表 2.2　AMD 系列 CPU 的规格

项目	Athlon 64 X25000＋ AM2	AMD Athlon Ⅱ X2	Phenom Ⅱ X6
CPU 核心	Brisbane	Palomino	Morgan
CPU 主频	2600MHz	2.8GHz	1.0GHz 以上
CPU 插槽	Socket AM2	Socket AM3(938)	Socket AM3(938)
生产制程	$0.065\mu m$	$0.045\mu m$	$0.18\mu m$
高速缓存	512KB×2	L2 1MB×2	L2 512KB×6 L3 6MB
总线频率(MHz)	1000MHz	2000MHz	

2.1.2 典型 CPU 的介绍

1. Intel 系列(英特尔公司)

在微处理器产品中,英特尔是人们购买得最多的品牌,全世界大约有 60% 以上的家庭计算机使用英特尔芯片。

（1）Pentium Ⅲ

Pentium Ⅲ是英特尔的主打产品(见图 2.1),拥有 256KB 全速 ATC(advanced transfer cache,高级转移缓存)二级缓存,32KB 一级缓存,133MHz 外频,SSE 和 MMX SIMD 指令集,可以运行绝大部分软件。

（2）Pentium Ⅳ

Pentium Ⅳ是 Pentium Ⅲ的替代产品(见图 2.2)。它拥有 256KB 全速 ATC 二级缓存,8KB 一级追踪缓存,SSE2 指令集,主要是高频率而设计。对于现在的软件来说,它的效率比较低,指令/时钟周期(instructions per clock cycle,IPC)亦较少。在没有软件为它优化的情况下,比同频率 Athlon 和 Pentium Ⅲ都慢,通过特殊的编译器和 SSE 2 寄存器,可以使其性能得到惊人幅度的提升,甚至可达 300%。

图 2.1 Pentium Ⅲ

图 2.2 Pentium Ⅳ

在 Pentium Ⅳ的浮点和整数性能方面,Intel 在奔腾Ⅳ的设计中不是走加强 x87 浮点处理单元 FPU 的路子,而是不断扩充 MMX,SSE1 指令,直到 Pentium Ⅳ中 128 位浮点双精度运算 SSE2 指令,对浮点/多媒体应用提供了强有力的支持。但相对而言,Pentium Ⅳ中 FPU 功能较弱,以下是几点因素:

① FXCH 指令(用于交换堆栈模式的数据)在 Pentium Ⅳ中比 Pentium Ⅲ中受到更多限制,每个周期只能发射一条指令到 FXCH 执行流水线。比如,在 FXCH 指令发射后紧跟着一条 FMUL 指令,则必须等到 FXCH 指令执行结束,FMUL 指令才能进入流水执行单元,由此造成实际的物理时延。

② FMUL 不是全流水线单元,并且,FADD 和 FMUL 单元的时延均大于 Pentium Ⅲ中的时延,分别是 5 周期和至少 6 周期(Pentium Ⅲ中为 3 周期和 5 周期),影响了浮点处理速度。

③ Pentium Ⅳ中有两个 FPU 单元,一个是 FADD 和 FMUL,另一个是 FSTORE 和 FLOAD,理论上每个周期只能执行一个浮点加或是一个浮点乘,而 Athlon 中是三个 FPU 单元,每个周期可同时执行一个浮点加和一个浮点乘。

（3）Celeron Ⅱ

Celeron Ⅱ 的设计主要为了填补 Pentium Ⅱ 与 Pentium Ⅲ 之间的空白地带。它拥有
32KB 一级缓存，128KB 全速二级缓存，Coppermine 内核（与 Pentium Ⅲ 相同），SSE/
MMX SIMD 指令集。可惜 66MHz 外频版本的性能太差，根本无法与 Duron 相比，新推
出的 100MHz 外频版本稍有改善。它最大的优势是价格便宜，适合旧系统的廉价升级。
由于英特尔的市场占用率达到几乎垄断的地步，而且有许多强有力的盟友支持（特别是微
软），其处理器的软件和硬件兼容性是广泛的。

（4）Core i3、i5、i7

Core 系列的推出（见图 2.3），表明 Pentium 系列的终结。
Core 各方面性能优越，功率低。Core 从技术上来说，采用了共
享二级缓存的方式，提高了多核心的交流，多任务强劲，并且在
Core 2 Duo 上实现了每周期执行 4 个命令的优点，支持了
SSSE3、SSSE4 指令集。

图 2.3　Core2

2. AMD 系列（AMD 公司）

AMD 是 x86 微处理器第二大生产商，凭借 Athlon 和 K6-Ⅱ
分别打入桌面和移动式市场。下面介绍的 AMD 芯片都支持 3DNow!，增强 FPU 的运算
能力，也可说是 AMD 版的 SSE。

（1）Athlon

Athlon 是 AMD 的主力武器（见图 2.4），拥有全速 256KB 二级缓存、128KB 一级缓存、
200/233MHz 总线、强大的整数和浮点性能。整数能力源于 AMD 的传统大容量二级缓存和
特色内核设计，相对于 K6 来说，最重要的改进就是浮点能力，它是第一个 x86 超标量多管道
FPU，可以提高科学运算和 3D 建模的速度。因此，在 3D 游戏方面，丝毫不逊于 PⅢ，甚至能
达到 PⅣ 的水平，一改 AMD 芯片浮点不佳的形象。目前，它遇到的最大问题是芯片组支持
不足，常见到的冲突往往是主板和芯片组本身导致的，与 CPU 没有关系。

（2）Duron

用来取代 K6 的低端产品（见图 2.5），其内核与 Athlon 相同，只是减少了二级缓存的
容量，从 256KB 降至 64KB。对于大多数整数应用程序，Duron 的性能约为同频率
Athlon 的 85%。Duron 的主板与 Athlon 相同，未来可以轻易地升级到雷鸟 Athlon。

图 2.4　AMD Athlon XP 1900＋

图 2.5　Duron 850MHz

（3）Barton 2500

由于 Athlon 64 处理器多次延期上市并且初期产能不足，所以 AMD 不得不继续深

挖 Socket A 接口 Athlon XP 的潜力,但由于架构限制,再想提升处理器运行频率已不可能,所以 AMD 不得不在前端总线和二级缓存上做文章,其经典产品是使用 Barton 核心的 Athlon XP 2500+(见图 2.6)。

这款处理器采用 333MHz 前端总线,最大变化是将二级缓存容量由原来的全速256KB 提升到全速 512KB。二级缓存容量提升对处理器性能提升起着非常重大的作用,Barton 核心的 Athlon XP 2500+实际运行频率仅为 1.83GHz,低于 Thoroughbred 核心Athlon XP 2400+的 2.0GHz,但凭着高容量的二级缓存,其标称频率高达 2500+。

这款处理器另一让人称道之处是良好的超频能力,几乎每颗都可以稳定运行于400MHz 前端总线下,这时它的实际运行频率是 2.2GHz,与 Barton 核心的 Athlon XP3200+完全相同。

（4）Athlon 64 3000+

经过漫长的等待后,AMD 终于推出针对家用市场的 64 位处理器产品 Athlon 643000+(见图 2.7)。Athlon 64 采用了简化型的 Socket 754 封装,拥有一个单通道内存控制器,可以与普通 DDR 内存模块搭配使用,这无疑大大降低了 Athlon 64 系统的成本。

图 2.6 Athlon XP 2500+   图 2.7 Athlon 64 3000+

目前市场常见的 Athlon 64 3000+处理器的工作频率达到了 2.0GHz,二级缓存为512KB,Athlon 64 3000+也许是这 20 年来最具革命性的产品。

64 位处理器从出现的那一天起就一直是计算机世界最尖端的产品,桌面级别用户从来都只能是可望而不可即。现在 AMD 改变了这个事实,Athlon 64 3000+作为首款面向家庭用户的 64 位处理器,已经走下神坛。

这款处理器的出现,彻底改变了 AMD 的业界地位,AMD 由原来的一个追随者变成了行业标准的制定者。AMD 提出的 x86-64 构架将成为一个业界标准,包括微软和nVidia 在内的各大厂商都将推出与之兼容的软、硬件产品,这本身就是对 AMD 成就的一种肯定。

这款处理器取消了原来的前端总线概念,代之以 Hyper Transport 总线。这项技术是 AMD 推出的一种最新总线技术,特点是点对点的高性能传输,从而为内存控制器和硬盘控制器等设备提供更多的带宽。Athlon 64 3000+北桥集成内存控制器,可大大减少内存数据调用延迟,在不增加成本的前提下,进一步提升系统性能。

另外,这款处理器再次向用户诠释了主频不等于性能这一道理。Athlon 64 3000+运行频率仅为 2.0GHz,虽然是在 32 位环境下,其性能却接近或达到 Pentium Ⅳ 3GHz的水平。这说明 AMD 在提高单位频率的性能方面做得的确非常出色。

3. Cyrix 系列(威盛公司)

Cyrix Ⅲ 处理器在推出前后曾采用过三种不同的核心。从最初 Cyrix 开发小组所设计的 Joshua 核心,到现在 IDT 设计小组最新设计的 Samuel 2 核心,在速度和耗电量等方面都有所改进。

2005 年 9 月,威盛正式公布了 C7 以及 C7-M 处理器规划,威盛本次的处理器产品具备的三大技术特色让这款处理器非常实用。这就是:第一,传统的低功耗设计仍被延续,改进的 VIA Enhanced PowerSaver 技术实力非凡;第二,提升到军事级别的安全性设计让 C7-M 处理器具备抢眼的硬件级安全性能;第三,性能不再是 VIA 处理器的软肋。

2.1.3 CPU 的频率设置和超频使用

CPU 的标定频率是 CPU 所固有的,它反映出这块 CPU 的理论设置指标。从理论上讲,在主机板上针对某块 CPU 设置的实际工作主频应当与它的标定频率一致。但是在实际使用过程中,用户为 CPU 设置的工作主频与这块 CPU 的标定频率可能并不一致。有的是由于不了解标定频率而造成的失误,这就可能导致 CPU 工作不正常或不稳定;有的是故意的(如为了超频使用)。无论是为了解决前一个问题还是为了更好地超频,都有必要正确认识各种 CPU 的标定频率及其组成(即外频和倍频),以便准确设置 CPU 的主频或者理性地超频。下面分类讨论各种 CPU 的主频设置。

1. AMD 的 Kx 系列产品的主频设置

表 2.3 是 AMD 的 Kx 系列产品的主频设置表。

K7 的标定外频是 200MHz,由于大多数 K7 主机板无法适应此外频,加上频率为 200 MHz 的内存尚未普及,因此目前用于 K7 的主机板大都用 100MHz 的总线频率。当然这不同于一般的外频,在经过特殊处理后仍能达到相当于 200MHz 前端总线频率的性能。同时由于 K7 主机板频率的适应范围较窄,故大多数主机板的频率设置都是自动完成的,无须用户设置,当然也就无法用通常的方法来超频了。

表 2.3 AMD 的 Kx 系列产品的主频设置

CPU 系列	CPU 型号	主频＝外频×倍频
K6-Ⅱ	K6-Ⅱ/300	300MHz＝100MHz×3
	K6-Ⅱ/333	333MHz＝95MHz×3.5
	K6-Ⅱ/350	350MHz＝100MHz×3.5
	K6-Ⅱ/400	400MHz＝100MHz×4
	K6-Ⅱ/450	450MHz＝100MHz×4.5
	K6-Ⅱ/475	475MHz＝95MHz×5
	K6-Ⅱ/500	500MHz＝100MHz×5
K6-Ⅲ	K6-Ⅲ/400	400MHz＝100MHz×4
	K6-Ⅲ/450	450MHz＝100MHz×4.5
	K6-Ⅲ/500	500MHz＝100MHz×5
K7	K7/500～1G	由主机板自动识别并设置

2. Cyrix 系列产品的主频设置

Cyrix 的大多数产品其型号并不代表标定频率,而是相对指数。这是在设置此类 CPU 的主频时千万要注意的。表 2.4 给出了这类 CPU 的主频设置方法,仅供参考。

表 2.4　Cyrix 系列产品的主频设置

CPU 系列	CPU 型号	主频＝外频×倍频
Cyrix MⅡ	MⅡ/300	233MHz＝66MHz×3.5
	MⅡ/333	250MHz＝100MHz×2.5
	MⅡ/350	300MHz＝100MHz×3
	MⅡ/400	350MHz＝100MHz×3.5
	MⅡ/433	400MHz＝100MHz×4
VIA CyrixⅢ	CyrixⅢ/PR433	333MHz＝66MHz×5 或 333MHz＝133MHz×2.5
	CyrixⅢ/PR466	366MHz＝66MHz×5.5 或 366MHz＝124MHz×3
	CyrixⅢ/PR500	400MHz＝66MHz×6 或 400MHz＝100MHz×4 或 400MHz＝133MHz×3
	CyrixⅢ/PR533	433MHz＝66MHz×6.5 或 433MHz＝124MHz×3.5

3. Celeron 的主频设置

表 2.5　Celeron 的主频设置

CPU 型号	主频＝外频×倍频	CPU 型号	主频＝外频×倍频
266	266MHz＝66MHz×4	466	466MHz＝66MHz×7
300,300A	300MHz＝66MHz×4.5	500	500MHz＝66MHz×7.5
333	333MHz＝66MHz×5	533,533A	533MHz＝66MHz×8
366	366MHz＝66MHz×5.5	566	566MHz＝66MHz×8.5
400	400MHz＝66MHz×6	600	600MHz＝66MHz×9
433	433MHz＝66MHz×6.5		

4. PⅢ 的主频设置

表 2.6　PⅢ 的主频设置

CPU 系列	CPU 型号	主频＝外频×倍频
PⅢ 或 PⅢE	450	450MHz＝100MHz×4.5
	500	500MHz＝100MHz×5
	550	550MHz＝100MHz×5.5
	600	600MHz＝100MHz×6
	650	650MHz＝100MHz×6.5
	700	700MHz＝100MHz×7
	750	750MHz＝100MHz×7.5

CPU 系列	CPU 型号	主频＝外频×倍频
PⅢB 或 PⅢEB	533	533MHz＝133MHz×4
	600	600MHz＝133MHz×4.5
	667	667MHz＝133MHz×5
	733	733MHz＝133MHz×5.5
	1G	1000MHz＝133MHz×7.5

2.2 主机板

主机板也称作系统板(systemboard)或母板(motherboard),简称主板,它是计算机最基本也是最重要的部件之一,主机中三大区域内的所有部件都直接或者通过连线与主机板相连。

2.2.1 主机板的组成、种类和基本性能指标

1. 主机板的组成

主机板组成如图 2.8 所示。

2. 主机板的种类

不同的 CPU 需要搭配不同的主板,早期的计算机系统(包括早期的 486 计算机)中 CPU 都是直接焊接在主板上的。到了 486 时代,为了增强用户购买计算机的灵活性和便于用户升级计算机,就在焊接 CPU 的位置装上了 CPU 插座,而不再将 CPU 焊在主板上。现在根据主板上所设置的 CPU 安装插座类型分为 Slot 架构和 Socket 架构。其中 Slot 架构中又分为 Slot 1、Slot 2 和 Slot A 三种,目前 Slot 1、Slot 2 仅用于英特尔的 CPU,而 Slot A 则仅用于 AMD 公司的 K7(Athlon);在 Socket 架构中分为 Socket 7、Socket 8、Socket 370 和 Socket A,其中 Socket 7 为 586 级 CPU 使用,Socket 8、Socket 370 用于英特尔的 CPU,Socket A 则供 AMD 的 CPU 使用。

现在市场里经常看到将声卡、显卡的功能集成到主板上的一体化主板,例如 Intel 810 和 815 主板、SiS 620 和 SiS 630 主板,以及 VIA 的一些主板。还有将 CPU、部分内存、显卡和声卡都集成在一起的更一体化的 586 主板,例如 Cyrix MediaGX 主板(使用的 CPU 与我们平常所用的各类 Slot 或 Socket 结构 CPU 在安装上不兼容)。这种"一体化"主板实际上是早期"all in one"主板的技术拓展,只要接上电源、显示器、键盘和软(硬)盘就组成了一台最基本的计算机。

主板按结构标准分为 Baby-AT、ATX、Micro-ATX、NLX 和 FLEX 五种。

• Baby-AT 型:这种主板是我们以前常用的,它的特征是串口和打印口等需要用电缆连接后安装在机箱后框上。

• ATX 和 Micro-ATX 型:这种主板是将 Baby-AT 旋转 90 度,并将串、并口和鼠标接口等直接设计在主板上,取消了连接电缆,使串、并等接口集中在一起,对机箱工艺有一

```
                    ┌─ 基本部件
                    │         ├─ 扩展槽
                    │         ├─ 芯片组
                    │         ├─ CPU插座
                    │         ├─ 内存插座
                    │         ├─ cache插座
                    │         ├─ BIOS芯片
                    │         ├─ CMOS芯片
                    │         ├─ 电池
                    │         ├─ I/O控制芯片
                    │         ├─ 键盘插座
                    │         └─ 小线插针
                    │
                    ├─ 扩展部件
                    │         ├─ 硬盘控制口
                    │         ├─ 软驱控制口
  主                │         ├─ 串行口
  机 ────────────────┤         ├─ 并行口
  板                │         ├─ PS/2鼠标口
                    │         ├─ USB口
                    │         ├─ I/O衔片
                    │         │      ├─ 串行口插座衔片
                    │         │      ├─ 并行口/游戏口插座衔片
                    │         │      └─ USB口/PS2鼠标口插座衔片
                    │         └─ 排线
                    │                ├─ 硬盘排线
                    │                ├─ CD-ROM排线
                    │                └─ 软驱排线
                    │
                    ├─ 再扩展部件
                    │         ├─ AGP显示卡插槽
                    │         ├─ 串行口插座
                    │         ├─ 并行口插座
                    │         ├─ PS/2鼠标插座
                    │         └─ USB插座
                    │
                    └─ 可选部件
                              ├─ 显示接口和插座
                              ├─ 声卡及插孔、游戏口
                              ├─ AMR插座
                              ├─ 网卡和插座
                              └─ SCSI接口
```

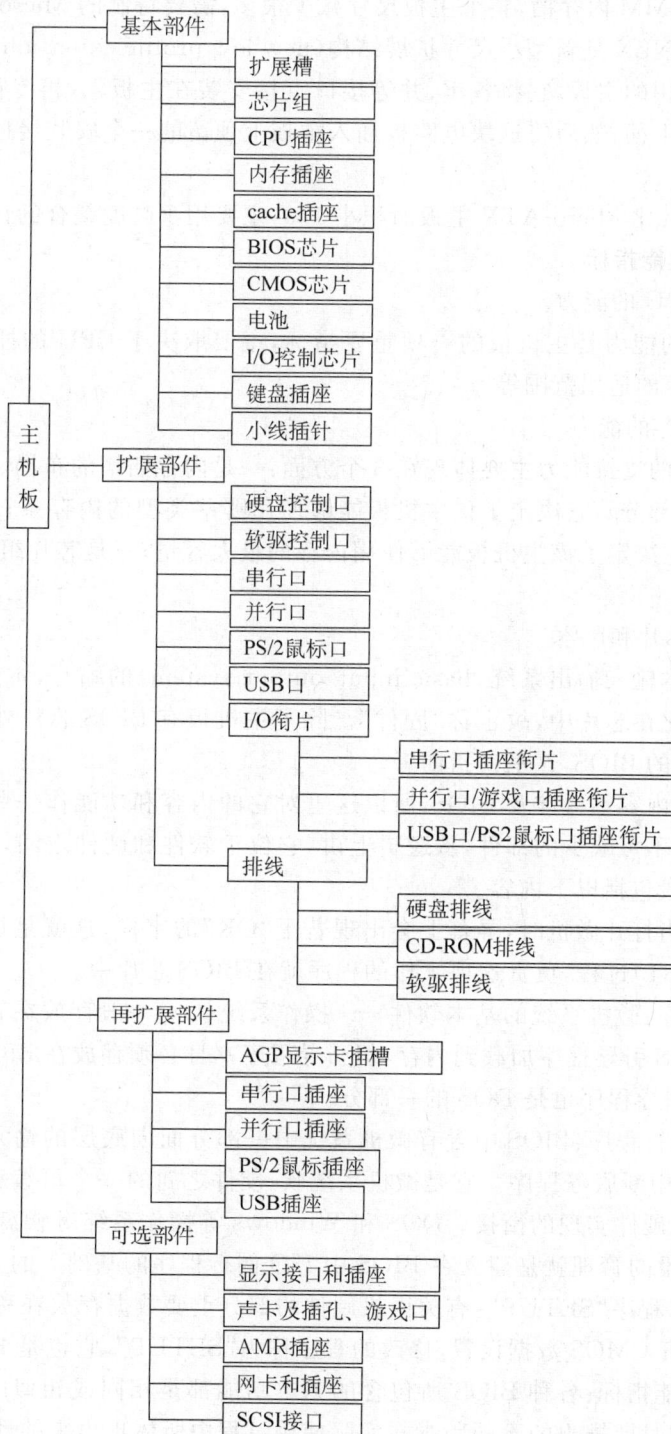

图 2.8 主机板组成框图

定要求。Micro-ATX 主板与 ATX 基本相同,但通常只有两个 PCI 和两个 ISA 扩展槽,两个 168 线的 DIMM 内存槽,整个主板尺寸减少很多,需要特制的 Micro-ATX 机箱。

• NLX 型:NLX 是新型小尺寸扩展结构(new low profile extension)的简称,这是进口品牌机经常使用的主板,它将各串、并等接口直接安装在主板上,再专门用一块电路板将扩展槽设置在上面,然后将这块电路板插入主板上预留的一个安装接口槽,这样可以减小机箱尺寸。

• FLEX 型:比 Micro-ATX 主板面积小 1/3,主要用于高度整合的计算机中。

3. 基本的性能指标

(1) 支持 CPU 的能力

支持 CPU 的能力是主机板的一项重要指标,主要取决于 CPU 的插座形式,外频和倍频的组合,电压的适用范围等。

(2) 支持内存的能力

主板对内存的支持能力主要体现在 3 个方面:一是内存插槽的布局(关于内存插槽的详细介绍见内存部分),它决定了该主机板能够使用哪些类型的内存条;二是芯片组对内存的管理能力,它决定了该主机板能够使用内存的最大容量;三是芯片组性能对内存速度表现的影响。

(3) BIOS 芯片和版本

BIOS 是基本输入输出系统(basic input/output system)的缩写,本身是面向硬件的底层软件,但固化在芯片中,故也称"固件"。除了主机板有 BIOS 芯片外,众多的 I/O 扩展卡上也有自己的 BIOS,这里仅指前者。

由于后面的内容不再涉及 BIOS,所以这里对它的内容和功能作一些介绍。BIOS 是整个微机系统中不可缺少的部件,从逻辑上讲,它位于软件和硬件之间,起着承上启下的作用。BIOS 一般包括以下内容。

加电自检:当打开微机时,屏幕上会出现若干"OK"的字样,这就是加电自检(power-on self test,POST)过程,负责这项工作的程序就在 BIOS 芯片中。

OS 引导程序:微机系统的基本软件——操作系统(OS)一般存放在磁盘等介质中,系统启动时才由 OS 引导程序加载到内存,但引导程序本身必须存放在 BIOS 芯片中。对于 DOS 系统,OS 引导程序也是 DOS 的一部分。

输入输出例行程序:BIOS 中含有微机系统中一部分面向底层的输入输出例行程序,实际上即 BIOS 中断服务程序。它是微机系统软、硬件之间的一个可编程接口,用于程序软件功能与微机硬件实现的衔接。DOS 和 Windows 等操作系统对软盘、硬盘、光驱与键盘、显示器等外设的管理就是建立在 BIOS 中 I/O 例行程序的基础上的。

CMOS 设置程序"SETUP":有关微机硬件的部分重要数据存放在称为"CMOS"的特殊 RAM 中,负责 CMOS 数据设置、修改的程序称为"SETUP",它也是 BIOS 的一部分。

BIOS 的性能指标:各种 BIOS 所包含的基本功能都是相同或相似的,但不同品牌或同一品牌在不同时期推出的不同版本在实际使用过程中所体现出来的性能和辅助功能各不相同。如果发现 BIOS 不支持某种需要的功能,可以到相应的网站上去下载更新的版本并实施 BIOS 的升级。下面列举出 BIOS 的几种主要性能指标。

- 是否支持大容量硬盘
- 是否有自动测试硬盘参数和模式的功能
- 是否支持即插即用
- 是否支持多种启动顺序
- 是否有 HD Utility
- 是否支持 DMI 标准
- 是否带绿色功能
- 是否有病毒警告功能
- 是否支持 CPU 的 Soft Menu 技术

（4）设备接口与插座

在主机板上有许多用于接插各种外部设备的接口,它们有的是机外插座,有的是机内插座或插针。下面从物理特征与使用的角度分别介绍。

① 驱动器控制接口:早期 486 微机的磁盘驱动器控制接口在超卡上,因而主机板上没有驱动器控制接口。586 及以后的主机板均有驱动器控制接口。

② 硬盘接口:硬盘控制接口插座上有 40 根插针,呈双列直排,用于安插连接到 IDE 硬盘或 CD-ROM 的 40 针排线。一般有 2 个,分别标记为 Primary 和 Secondary 或 IDE1 和 IDE2。

③ 软驱接口:软驱控制接口插座上有 34 根插针,呈双列直排,用于安插连接到软驱的 34 针排线。

④ 输入输出接口:早期 486 微机的各输入输出接口也是在超卡上的,故主机板上不存在这些接口。586 及以后的主机板均有这种接口,但对于 AT 主机板,输入输出接口仅体现机内的插针;而在 ATX 主机板中,输入输出接口直接体现为机外的插座。

⑤ 串行接口:对于 AT 架构,串行接口体现为主机板上呈双列直排的 10 根插针,用于安插连接到机外双排 9 针串口插座衔片的 9 针小排线。对于 ATX 主机板,串行口直接体现为机外的 9 针插座。串行口通常有 2 个,分别标记为 COM1 和 COM2。

⑥ 并行接口:对于 AT 架构,并行接口体现为主机板上呈双列直排的 26 根插针,用于安插连接到机外双排 25 孔并口插座衔片的 25 针小排线。同样,对于 ATX 主机板,并行口直接体现为机外的 25 孔插座。

⑦ 键盘插座和鼠标接口

- 键盘插座:AT 架构主机板上的键盘插座一般都采用一种称为 DIN 的插座形式,共有 5 个触点,用于接插普通键盘(俗称大口键盘)。ATX 架构主机板的键盘插座一般都采用一种称为 Mini-DIN 的插座形式,称为 PS/2 键盘口,共有 6 个触点,用于接插 PS/2 键盘(俗称小口键盘)。

- PS/2 鼠标接口:486 主机板上没有 PS/2 鼠标接口,只能在串口插座上接插串口鼠标(俗称方口鼠标)。586 主机板上的 PS/2 鼠标接口一般体现为 5 根单列或 8 根双列直排的插针,但其中 4～5 根针是有效的,其意义为 +5VDC,Mouse Data,Mouse Clock 和 1～2 个 Ground 通过 4 针辫子线连接到固定在衔片上的相应 Mini-DIN 插座。PS/2 鼠标(俗称圆口鼠标)则接插在该 Min-DIN 插座(称 PS/2 鼠标口)上。ATX 架构主机板的

PS/2 鼠标口直接固定在主机板上,体现为机外插座。

⑧ USB 接口和 IEEE 1394 接口

• USB 接口:通用串行总线(universal serial bus,USB)并非总线标准,而是一种先进的外设接口标准,具有串接、热插拔和可为外设提供电源等特点,用于接中速串行或并行设备。在较先进的 586 主机板上,每个 USB 接口体现为主机板上的 4～5 根单列直排的插针,其意义为+5VDC,Data-、Data+和 1～2 个 Ground 一般并排为双列直排,用于安插连接到 USB 插座衔片的 4 针辫子线插头。对于 ATX 架构主机板,USB 接口直接体现为机外插座。USB 接口一般有 2 个,比较高档的主机板上有 4 个 USB 插座。

• IEEE1394 接口:IEEE1394 接口是国际电气电子工程师协会(IEEE)制定的具有视频数据传输速度的串行接口标准,类似于 USB 接口,但速度更快。

⑨ AGP 插槽和 AMR 插槽

• AGP 插槽:AGP 是"加速的图像显示接口(accelerated graphics port)"的缩写,是一种适用于三维图形处理的高速显示接口,一般出现在 ATX 主机板或 Super7 主机板上。AGP 接口在主机板上体现为一个类似于 Slot 1 但比 Slot 1 短的插槽,称为 AGP 插槽。AGP 插槽共有双层错格的(42+21)×2=126 个触点,专用于安插 AGP 显示卡。

• AMR 插槽:AMR(audio modem riser)插槽出现在集成了声卡和软 modem 功能的整合型主机板上,它共有单层双边(11+12)×2=46 个触点,用于安插 AMR modem 卡(俗称"软 modem"卡)。由于电磁干扰等原因,modem 上的 I/O 模拟电路部分还不能集成到主机板上。AMR 规范就是将属于 I/O 模拟电路的编码/译码器体现在 AMR 插卡上,而将 modem 的其余部分集成到主机板上。

4. 主机板上的辅助功能

(1) CPU 监控功能

① CPU 电压自动侦测:有些先进的主机板具有自动侦测 CPU 的 I/O 电压(UIO)、核心电压(Ucore)和电源等供电电压的功能,可设定各种电压值,一旦电压超过了设定值,系统会自动报警。

② CPU 过热保护:目前已有许多主机板都提供了 CPU 测温和过热保护功能。它利用一种安装在 CPU 插座附近的柔性测温探头,对 CPU 的温度进行实时监控,一般监测到的 CPU 温度与实际值误差仅在 2℃以内,这为对 CPU 进行过热保护提供了可靠依据。

③ CPU 风扇转速监测:有的主机板能够实时监测 CPU 风扇的转速,一旦风扇转速减慢或停转,就能及时更换。

(2) 基于 ACPI 接口的功能

① ACPI 接口:ACPI 是"高级系统配置和能源接口(advanced configuration and power interface)"的缩写,ACPI 接口是由英特尔、微软和东芝共同制定的一种接口标准。作为操作系统和硬件之间的一个共同的电源管理接口,ACPI 使操作系统能够执行各种对电源和系统配置进行控制的功能。

② 多种系统唤醒功能:利用一般的电源管理功能,就能够在系统进入"睡眠"状态后,由键盘、鼠标等事件来重新激活系统,称为"唤醒"。有了 ACPI 接口,系统还可以由网络或 modem 进行远程唤醒,即 WOL(wakeup on LAN)和 WOM(wakeup on modem)。这

一功能的实现需要借助 ATX 电源提供的 720mA 待机电流。

③ 软开机功能：利用 ACPI 接口和 720mA 待机电流，还可以设定键盘或鼠标的软开机功能，即 KBPO(keyboard power on)和 MPO(mouse power on)。

④ STD 功能：STD(suspend to disk)也是一项基于 ACPI 的技术，也称"OnNow"。它允许把当前计算机的工作现场数据(系统状况、内存中的数据和屏幕上的显示信息)存到硬盘上。在下次开机时，计算机便会直接将上述数据恢复，迅速回到上次的工作状态。STD 功能由芯片组提供，通过 ACPI 接口，配合 ATX 电源使用。

⑤ STR 功能：STR(suspend to RAM)是比 STD 更为先进的 OnNow 技术，也称"内存休眠技术"。这项技术使得关机后内存中的现场信息仍由 3W 左右的电力维持，再次开机时只需很短时间即可恢复到上次关机前的工作状态。

2.2.2 总线技术简介

1. 总线与扩展槽

总线(bus)是微机中 CPU 与其他各部件的公共信息通道。从物理角度讲，总线是微机硬件系统中各部分互相连接的方式，具体体现为扩展槽；从逻辑角度讲，总线是一种通信标准，是一个关于扩展卡能在微机中工作的协议。总线标准决定了系统能使用什么级别的 I/O 接口和外部设备，并且极大地影响着 CPU 性能的有效发挥，进而在很大程度上决定了整个系统的速度和效率。

2. 影响总线速度的关键指标

① 总线的带宽

总线的带宽指在单位时间内总线上可传送的数据量，也称为总线的数据传输率。与总线带宽密切相关的两个概念是总线的位宽和总线的工作频率。

② 总线的位宽

总线的位宽指总线 1 次能传送的数据位数。所谓的"32 位总线"、"64 位总线"就是指总线的位宽为 32 和 64。总线的位宽越大，在单位时间内通过总线的数据量就越大。

③ 总线的频率

总线频率反映了总线每秒能够传输数据的次数，以 MHz 为单位。显然，总线频率越高，总线工作速度就越快。

④ 带宽、位宽、频率三者之间的关系

不难看出，总线的带宽取决于总线的位宽和频率。举个生活中的例子就很容易明白总线带宽、位宽、频率三者之间的关系了：总线位宽好比高速公路上的车道数，总线的频率相当于车速，而总线带宽就像是高速公路的车流量。显然，高速公路上的车流量取决于公路车道的数目和车辆行驶速度，车道越多、车速越快则车流量越大。所以，总线的位宽越大、频率越高，则总线的带宽越大。

3. 局部总线

局部总线(local bus)的含义是：在 ISA 总线与 CPU 总线之间增加一级总线，可将一些高速外设从 ISA 总线上卸下而通过局部总线直接挂接到 CPU 总线上，使之与高速的 CPU 总线相匹配。

4. 总线标准分类

图 2.9 给出总线标准分类。

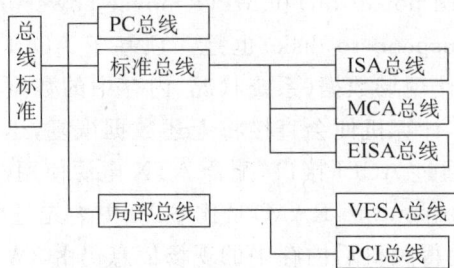

图 2.9　总线标准分类

5. PCI 总线

PCI 是 Peripheral Component Interconnect(外设部件互联标准)的缩写,是由英特尔公司 1991 年推出的一种局部总线。从结构上看,PCI 是在 CPU 和原来的系统总线之间插入的一级总线,具体由一个桥接电路实现对这一层的管理,并实现上下之间的接口以协调数据的传送。管理器提供了信号缓冲,使之能支持 10 种外设,并能在高时钟频率下保持高性能,它为显卡、声卡、网卡、modem 等设备提供了连接接口,它的工作频率为 33MHz/66MHz。PCI 插槽是目前个人计算机中使用最为广泛的接口,几乎所有的主板产品上都带有这种插槽。PCI 插槽也是主板带有最多数量的插槽类型,在目前流行的台式机主板上,ATX 结构的主板一般带有 5~6 个 PCI 插槽,而小一点的 MATX 主板也都带有 2~3 个 PCI 插槽。从数据宽度上看,PCI 总线有 32 位和 64 位之分;从总线速度上分,有 33MHz 和 66MHz 两种。目前流行的是 32 位@33MHz,传输速度为 133MB/s。

6. PCI Express

PCI-Express 是最新的总线和接口标准,这个新标准将全面取代现行的 PCI 和 AGP,最终实现总线标准的统一。它的主要优势就是数据传输速率高,目前最高可达到 10GB/s 以上,而且还有相当大的发展潜力。PCI Express 也有多种规格,从 PCI Express 1X 到 PCI Express 16X,能满足现在和将来一定时间内出现的低速设备和高速设备的需求。新的芯片组都能支持 PCI Express。

PCI Express(以下简称 PCI-E)采用了目前业内流行的点对点串行连接,比起 PCI 以及更早期的计算机总线的共享并行架构,每个设备都有自己的专用连接,不需要向整个总线请求带宽,而且可以把数据传输率提高到一个很高的频率,达到 PCI 所不能提供的高带宽。相对于传统 PCI 总线在单一时间周期内只能实现单向传输,PCI-E 的双单工连接能提供更高的传输速率和质量,它们之间的差异跟半双工和全双工类似。

PCI-E 的接口根据总线位宽不同而有所差异,包括 X1、X4、X8 以及 X16,而 X2 模式将用于内部接口而非插槽模式。PCI-E 规格从 1 条通道连接到 32 条通道连接,有非常强的伸缩性,以满足不同系统设备对数据传输带宽不同的需求。此外,较短的 PCI-E 卡可以插入较长的 PCI-E 插槽中使用,PCI-E 接口还能够支持热插拔,这也是不小的飞跃。PCI-E X1 的 250MB/s 的传输速度已经可以满足主流声效芯片、网卡芯片和存储设备对数据传输带宽的需求,但是远远无法满足图形芯片对数据传输带宽的需求。因此,用于取代 AGP 接口的 PCI-E 接口位宽为 X16,能够提供 5GB/s 的带宽,即便有编码上的损耗但仍能够提供 4GB/s 左右的实际带宽,远远超过 AGP 8X 的 2.1GB/s 的带宽。

尽管 PCI-E 技术规格允许实现 X1(250MB/s)、X2、X4、X8、X12、X16 和 X32 通道规格,但是依目前形式来看,PCI-E X1 和 PCI-E X16 已成为 PCI-E 的主流规格,同时很多芯片组厂商在南桥芯片当中添加对 PCI-E X1 的支持,在北桥芯片当中添加对 PCI-E X16 的支持。除去提供极高数据传输带宽之外,PCI-E 因为采用串行数据包方式传递数据,所以 PCI-E 接口每个针脚可以获得比传统 I/O 标准更多的带宽,从而降低了 PCI-E 设备生产成本和体积。另外,PCI-E 也支持高阶电源管理,支持热插拔,支持数据同步传输,为优先传输数据进行带宽优化。

2.2.3 芯片组

通常,总线标准决定了主机板的总体级别,但在总体级别相同的情况下,主机板的性能差异很大程度上取决于芯片组的性能,所以这里要进行较为详细的介绍。

1. 芯片组的概述

芯片组(chipset)是由焊接在主机板上的若干相关的 IC 芯片组成的集合,也称为套片。芯片组的主要作用是负责控制 CPU 与其他各部分之间的数据和指令的传送等工作,它属于系统的主机板部分,是整个系统不可缺少的部件。芯片组的功能和性能表现也是影响主机板性能乃至整个系统性能的重要指标。采用什么芯片组已经成为区别主机板类别的主要标志,如所谓的“BX 板”就是指采用 Intel 440BX 芯片组的主机板。

生产芯片组的厂商以英特尔为主,586 级、PⅡ、PⅢ、PⅣ级的芯片组大多数是英特尔产品。但是有 3 家以生产芯片组见长的半导体厂商实力也很强。它们分别是威盛公司(VIA)、矽统公司(SiS)和扬智科技股份有限公司 Ali(Acer Laboratories Inc.)。此外为配合 K7 的使用,AMD 公司也开始研制生产与自己的 CPU 产品配套的芯片组。实际上,曾经在低档芯片组领域风光一时的还有 OPTi、UMC、VLSI 和 Chips 等品牌。

沿用 CPU 的划分方法,一般将英特尔生产的芯片组称为“主流”芯片组,而 VIA、SiS 和 Ali 等品牌的芯片组被称为“非主流”芯片组。至于 AMD 为 K7 生产的芯片组则自成体系。

2. 当前常见的几款芯片组

(1) 英特尔芯片组

i845 芯片组是继 i850 芯片组以后,英特尔又一款支持 PⅣ处理器的产品(见图 2.10)。现在推出的版本是 i845A 或者又称为 Brookdale SDR。它支持 Pentium Ⅳ Northwood 处理器,2001 年 8 月底发布,只能支持 PC133 SDRAM 内存。其实 i845 是完全支持 DDR 内存的,但由于和 Rambus 合约方面的问题不得已才将支持 DDR SDRAM 的版本推迟到 2002 年 1 月。它的代号是 i845B 或 Brookdale DDR,也有人称它为 Intel i845-D 芯片组。

Brookdale 支持最大可达 3GB 的内存,峰值带宽有 1.06GB/s;支持 AGP 4X;采用 ICH2 作为输入输出控制芯片;前端总线为 400MHz;内部数据信道是 256 位。有测试表

明它在日常应用中并不会比 i850 慢太多,这或许是因为 SDRAM 虽然峰值带宽不如
RDRAM,但突发性数据响应能力却占优,再加上目前的应用仍然未能有效使用到
Rambus 高带宽的缘故。表 2.7 给出了英特尔几种芯片组的性能对比。

图 2.10 i845 主板

表 2.7 i815,i850 和 i845 的性能对比表

特性	i815	i850	i845 SDR
处理器支持	Pentium Ⅲ	Pentium Ⅳ (Socket 423/478)	Pentium Ⅳ (Socket 478)
内存支持	SDRAM	双通道 RDRAM	SDRAM
内存类型	PC100/133	PC800/PC600	PC133
峰值带宽/(GB/s)	1.06	3.2	1.06
最大支持容量/MB	512	2000	3000
AGP 支持	AGP 4X	AGP 4X	AGP 4X
南桥芯片	ICH2	ICH2	ICH2
制造工艺/μm	0.25	0.25	0.18
FSB/MHz	133	400(100×4)	400(100×4)
内部数据通道/位	64	256	256
刷新模式	Flexible(易变式)	Burst(爆发式)-Only	Flexible(易变式)
DBI(动态总线倒置)	不支持	支持	支持
ECC 支持	不支持	支持	支持
封装形式	544BGA	615OLGA	593FCBGA

伴随着 Intel Core 2 处理器一同上市的 Intel P965/G965 芯片组,同时也被认为是第
一代正式支持 Core 2 处理器的芯片组产品。随后,各类经过供电模块改良并破解 FSB 的
945P/945PL 等 Core 2 主板纷纷登场,而整合主板领域则主要由 945GC 接替 945G/GZ
等产品市场,继续成为低端整合 Core 2 市场的主力军。虽然无论 945P 还是 945GC 都不
能原生支持 1066MHz FSB,但 800MHz FSB 的 Pentium 双核 E 和 Celeron 4 系列处理器

的大规模上市和良好的性价比使上述产品相当热销。表 2.8 给出了 Intel P965/G965 系列非整合芯片组的规格对比。

表 2.8　Intel P965/G965 系列非整合芯片组规格对比

对比对象	945PL	945P	965P	975X
处理器	Intel Pentium D Intel Pentium Ⅳ Intel Celeron D	Intel Core 2 Duo Intel Pentium D Intel Pentium Ⅳ Intel Celeron D	Intel Core 2 Duo Intel Pentium D Intel Pentium Ⅳ Intel Celeron D	Intel Core 2 Duo Intel Pentium D Intel Pentium Ⅳ Intel Celeron D
前端总线	800/533	1066/800/533	1066/800/533	1066/800
内存速度	533/400	667/533/400	800/667/533	667/533
内存容量	2GB	4GB	8GB	8GB
错误校验	No	No	No	Yes
内存加速技术	FMT	FMT	FMA/FMT	MPT/FMT
图形接口	PCI Express ×16	PCI Express ×16	PCI Express ×16	PCI Express ×16
PCI-E x1	4/6	4/6	6	4/6
南桥	ICH7/7R/7DH	ICH7/7R/7DH	ICH8/8R/8DH	ICH7/7R/7DH
存储接口	4×SATA 2.0(3Gb/s) 4×SATA 2.0 (3Gb/s) non NCQ	4×SATA 2.0(3Gb/s) 4×SATA 2.0 (3Gb/s) non NCQ	6×SATA 2.0(3Gb/s) 4×SATA 2.0 (3Gb/s) non NCQ	4×SATA 2.0(3Gb/s) 4×SATA 2.0 (3Gb/s) non NCQ
USB 接口	8	8	10	8
网络	—	—	内建 GigaLan	—
音频	HD Audio	HD Audio	HD Audio	HD Audio
定位	主流入门级平台	主流中端平台	主流高性能平台	旗舰高性能平台

Intel BearLake(3 系列)芯片组是英特尔 2007 年 5 月份推出的。该系列芯片组当初以首款支持 Intel 45nm 处理器、支持 DDR3 内存为卖点进入人们的视线。同时，Intel BearLake 也是首款使用 65nm 工艺制程的芯片组，因此在发热量和功耗方面均比前者——9 系列芯片组有不少改进(见表 2.9)。BearLake 架构芯片组是继 P965 芯片组后英特尔推出的首款桌面芯片组，在这点上英特尔再一次把 AMD 抛到后面。BearLake 架构采用了 65nm 工艺制程，较之前 P965(90nm)和 P975X(110nm)均有所进步。从 Intel 的 Roadmap 可以看出，BearLake 家族仍主要针对主流市场，和之前的 975X 定位的高端市场有所不同。

P35/G33 北桥芯片提供一条 PCI-E 16× 插槽，可配合 ICH9/R 南桥提供的一条 4× PCI-E 插槽组成 16×+4× 传输带宽的 ATi 交叉火力平台，这点和 P965 芯片组没有任何区别。和 ICH8 家族类似，ICH9 南桥仅支持 4 个 SATA 2.0 接口，且不支持 SATA RAID 功能，而 ICH9R 则支持 6 个 SATA 2.0 接口，并支持 SATA RAID 0/1/5/10 阵列模式。此外，ICH9 家族还提供最新的 Intel Rapid Recovery 技术和 Command Based Port

Multipliers 技术。前者能为用户提供简单的磁盘数据备份和恢复功能,该技术可以把硬盘的镜像备份于另一硬盘(称为 Recovery Drive),用户可自行设定当系统进入闲置或在指定时间,进行 Recovery Drive 内容更新,以确保 Recovery Drive 发挥最大的数据保护作用。而 Command Based Port Multipliers 技术则允许一个 SATA 接口连接多个 SATA 设备,并为每个 SATA 设备提供 3.0GB/s 的传输带宽,最多可支持 15 个 SATA 设备。

表 2.9　Intel BearLake 架构芯片组规格对比

芯片组名称	G35	G31	P35	P31	X38
接口类型	LGA775	LGA775	LGA775	LGA775	LGA775
处理器	Core2 Extreme Core2 Quad Core2 Duo Pentium E Celeron 400	Core2 Quad Core2 Duo Pentium E Celeron 400	Core2 Extreme Core2 Quad Core2 Duo Pentium E Celeron 400	Core2 Extreme Core2 Quad Core2 Duo Pentium E Celeron 400	Core2 Extreme Core2 Quad Core2 Duo Pentium E Celeron 400
前端总线	1333/1066/ 800/533	1066/800/533	1333/1066/ 800/533	1066/800/533	1333/1066/800/533
支持内存类型	DDR2 667/800	DDR2 667/800	DDR2 667/800, DDR3 800/1066	DDR2 667/800	DDR2 667/800, DDR3 800/1066/1333
显卡接口	PCI-E 16×	PCI-E 16×	PCI-E 16×	PCI-E 16×	双 PCI-E 16×
IGP	GMA X3500	GMA X3000	不支持	不支持	不支持
南桥芯片	ICH8 系列	ICH7 系列	ICH9 系列	ICH7 系列	ICH9 系列
SATA 接口数量	4（ICH8）/6（ICH8R）	4	4（ICH9）/6（ICH9R）	4	4(ICH9)/6(ICH9R)
USB 接口	10	6	12	6	12
音频	HD Audio	HD Audio	HD Audio	HD Audio	HD Audio
内存加速技术	FMA	FMA	FMA	FMA	FMA

2009 年 9 月 8 日,英特尔正式发布了代号 Lynnfield 的 Core i7-800/i5-700 系列处理器以及 P55 芯片组产品;2010 年 1 月 8 日,英特尔又全面发布了基于改进自 Nehalem 架构的 Westmere 架构处理器,核心代号为 Clarckdale,包括 Core i3、Core i5、Pentium 三个品牌,还发布了 H55 及 H57 芯片组产品。

从 LGA1156 接口的 Lynnfield 处理器/P55 主板组合开始,英特尔用一颗 PCH 主板芯片取代了传统的 MCH/ICH 南北桥芯片组,处理器芯片和 PCH 主板芯片之间采用一条 2GB/s 带宽的 DMI 总线连接。Clarkdale 处理器内建的 GMA HD 图形芯片是用一条新的 FDI(Flexible Display Interface)总线和 PCH 主板芯片连接的,而没有这条 FDI 总线的 P55 PCH 芯片自然是无法激活内建显卡的,H55 则提供了这条 FDI 总线。

由于在 Lynnfield 和 Clarkdale 中整合了 PCIE 2.0 控制单元(Bloomfield 无),并且 Clarkdale 也会整合 GFX 图形单元,它们的整合度比 Bloomfield 更高,相当于将原来北桥

(GMCH)的大部分功能转移到了 CPU 中,因此英特尔抛弃了过去的三芯片结构(CPU＋GMCH＋ICH),开始采用新的双芯片结构(CPU＋PCH,PCH 为 Platform Controller Hub)。新的 PCH 芯片被命名为 P55/H55/H57,这几款主板芯片组基本上处于主流市场位置,将取代 P45 和 G45 位置。它们与原来配合 Bloomfield 核心的 X58 一起统称为 5 系列芯片组。

在 P55 这些 PCH 芯片中除了包含有原来南桥(ICH)的 I/O 功能外,以前北桥中的 Dispaly 单元、ME 单元(Management Engine,管理引擎)也集成到了 PCH 中,另外 NVM 控制单元(NVRAM,即 Braidwood 技术)和 Clock Buffers 也整合进去了,也就是说,PCH 并不等于以前的南桥,它比以前南桥的功能要复杂得多。

根据英特尔的战略计划,将来不但会发布 32nm 工艺新架构处理器 Sandy Bridge,还会同时推出相应的 6 系列芯片组,代号 Cougar Point。45nm Lynnfield、32nm Clarkdale 处理器均采用 LGA1156 接口,搭配 5 系列芯片组,但它们的寿命很短,因为 Sandy Bridge 处理器会改用 LGA1155 接口,一个触点之差就造成两代产品完全不兼容,所以才有了新的 6 系列芯片组。

6 系列芯片组在桌面领域有"H67"、"P67"两款型号,分别面向高端和主流市场。H67、P67 都支持 x8 PCI-E 2.0、14 个 USB 2.0 接口、2 个 SATA 6Gb/s 接口、4 个 SATA 3Gb/s 接口,没有 USB 3.0,SATA 6Gb/s 也没有 AMD 8 系列那么多,而且它们都不再支持 PCI 总线。

6 系列芯片组的商务版本有"B65"、"Q65"、"Q67"三款型号,同样支持 LGA1155 处理器。USB 2.0 接口,B65 支持 12 个、Q65/Q67 支持 14 个;SATA 接口方面,B65/Q65 支持 1 个 SATA 6Gb/s、5 个 SATA 3Gb/s,Q67 支持 2 个 SATA 6Gb/s、4 个 SATA 3Gb/s。这三款商务芯片组也都支持 x8 PCI-E、双独立显示输出、集成音频控制器和千兆以太网 MAC,而且保留对 PCI 总线的支持。

(2) 矽统(SiS)芯片组

① SiS 630 和 730 系列

硅集成系统公司(SiS)研发的芯片组一直很有特色,它的许多产品不像其他厂家那样由南北桥两片组成,而是把全部功能都集中在一块芯片上。SiS 630 和 730 也不例外,它们分别支持 Intel Slot1,Socket 370 系列和 AMD Socket A 处理器,单一芯片内整合了基于硬件的 2D/3D GUI 引擎和超级南桥功能。内建的 DVD 解码硬件提高 DVD 的回放效果。在支持普通 CRT 显示器的同时,该芯片组也支持数字平板监视器。在显示方面,它整合了 SiS 自身的 2D 和 3D 图形加速芯片逻辑,采用分享系统内存(SMA)的方式工作,最大的帧缓存可达 64MB。整合的超级南桥外接了所有的外围控制器和接口,包括 10/100Mb 以太网,AC97 标准,带 3D 硬件加速的数字音频引擎,以及支持 6 个 USB 端口等。

图 2.11　SiS 630S 芯片

这个系列的产品有很多版本,其中 630 是最早的,它带有 SiS 的视频桥逻辑电路,显存方面在支持分享系统内存的同时,还支持外接专门的扩展视频内存。由于这并没有实际价值,所以在 SiS 630E 这样的后继版本中都不再支持此功能。这之后又出现了 SiS 630S 版本(图 2.11),受到当时 i815 刮起的自带显卡但又配备 AGP 插槽风气的影响,SiS 630S 也配备了 AGP 插槽,支持 AGP 4X,而且在 IDE 接口方面也突破 ATA66 的限制,开始支持 ATA100。此外它还在支持 AMR 的基础上增加了对 ACR 的支持。其体系结构如图 2.12 所示。

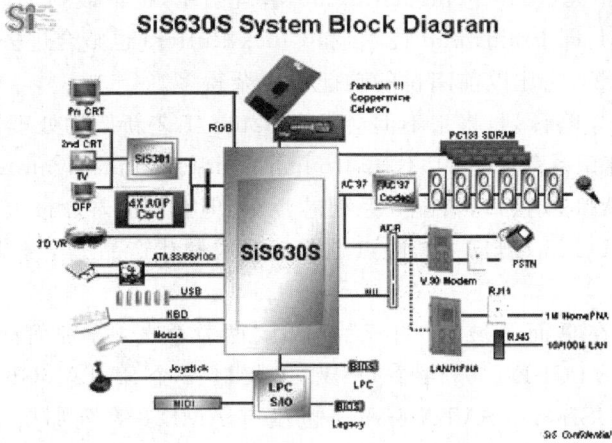

图 2.12 SiS 630S 的体系结构

② SiS 633T

SiS 633T 也是一款单芯片独立型的产品,整合了北桥和南桥的功能,它支持 Intel Slot 1 和 socket 370 系列的 CPU,如 Celeron 和 PⅢ,带有 T 后缀的产品还支持 P3T (Tualatin)。SiS 633T 拥有一条 AGP4X 插槽,支持 3 根 DIMM PC133 SDRAM,带宽可达 1.06 GB/s,支持 AC97,可带 6 个 USB 端口,IDE 接口支持 Ultra DMA33/66/100。在芯片内部的南北桥逻辑电路连接上采用多线程运行的 I/O 连接技术,可以支持带宽高达 1.2GB/s,增强了硬件设备并行处理和多任务的能力。其体系结构如图 2.13 所示。

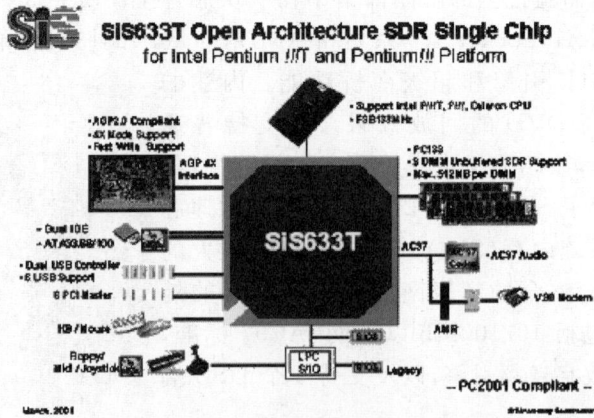

图 2.13 SiS 633T 的体系结构

- 支持 Intel Slot 1/Socket370 Pentium Ⅲ/Pentium Ⅲ T/Celeron CPUs
- 支持最多可达 1.5GB 的 PC133 SDRAM
- 适应 AGP v2.0,AGP 4X 和快写模式
- 内建了多线程运行的 I/O 连接技术,数据传输速率为 1.2GB/s
- 支持 PCI 2.2 规范
- 支持 Ultra DMA 33/66/100
- 677 针球形 BGA 封装

③ SiS 645

或许是因为引脚太多导致布线困难的原因,SiS 645 芯片组恢复到了 2 块芯片(图 2.14)。它支持 Pentium Ⅳ 处理器和 400MHz 的前端总线,除此以外,645 最新的一点是支持 DDR 333,这恐怕是现有芯片组中最超前的。645 最高系统内存是 3GB。在北桥芯片 SiS 645 和南桥芯片 SiS 961 之间的连接采用了 MuTIOL 传送技术,使得它们之间的理论带宽达到了创记录的 533MB/s,比 Intel HUBLink 和 VIA V-Link 整整高出了一倍。

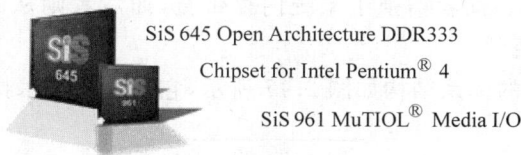

SiS 645 Open Architecture DDR333
Chipset for Intel Pentium® 4
SiS 961 MuTIOL® Media I/O

图 2.14   SiS 645 芯片

SiS 645 的体系结构如图 2.15 所示。

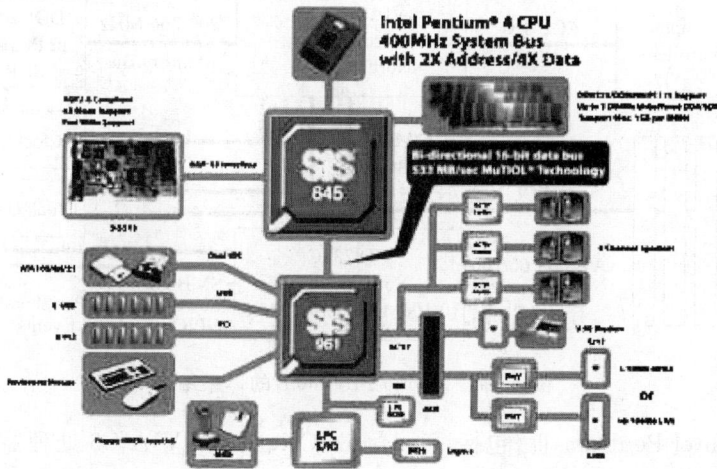

图 2.15   SiS 645 的体系结构

- 支持 Intel Pentium Ⅳ CPU
- 带 2X 地址和 4X 数据传送率的 400MHz 系统总线
- 整合了 DDR SDRAM 控制器

- 支持 DDR333/DDR266/PC133,最大内存容量可达 3GB
- 支持 AGP 4X 接口和快写模式,AGP v2.0
- 采用 MuTIOL 传送技术,带宽可达 533MB/s
- 整合了快速以太网/家庭网络控制器
- 支持 ACR 插槽
- 整合了 AC97 声卡,支持 5.1 声道
- 支持 6 个 USB 端口
- 支持 ATA 33/66/100
- 符合 PC2001 规范

图 2.16 Apollo Pro 266T 的北桥

(3) 威盛(VIA)芯片组

① Apollo Pro 266T

Apollo Pro 266T 是 VIA 新一代用于搭配 Pentium III、Celeron 和 Cyrix 处理器的芯片组。北桥芯片是 VT8633(图 2.16),采用 P6 FSB 总线支持,支持 AGP 4X 快写模式。最大的特点有两个:一是支持 DDR266 SDRAM;二是运用了 V-Link 技术(将南北桥之间带宽拓展为 266MB/s)。前者增强了系统内存带宽,而后者则从芯片组一级移除了 I/O 设备可能遇到的潜在瓶颈。

Apollo Pro 266T 的体系结构如图 2.17 所示,它的主要技术指标如下:

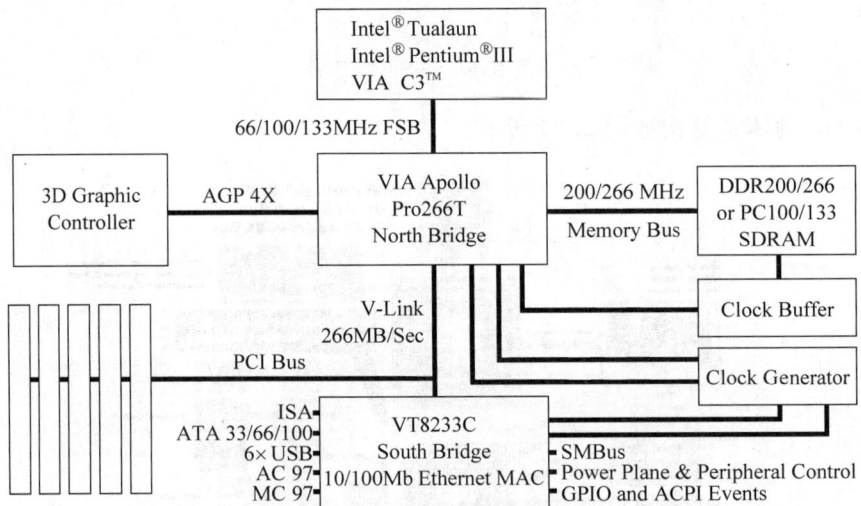

图 2.17 Apollo Pro 266T 的体系结构

- 支持 Intel Pentium Ⅲ(包括 Tualatin)、Celeron 和 VIA C3 处理器
- 支持 66/100/133MHz 前端总线设置
- 支持 AGP 2X/4X
- 支持最多可达 4.0GB DDR200/266 SDRAM,PC100/133 SDRAM 或 VCM SDRAM
- 支持南北桥接总线技术 V-Link,带宽可达 266MB/s
- 支持 ACR 接口,6 信道 AC97 声卡,MC97 modem

- 整合了 3Com 10/100 MAC 控制器
- 支持 ATA 33/66/100
- 支持 6 个 USB 端口

② VIA Apollo P4X266

VIA Apollo P4X266 是威盛电子为 Intel Pentium Ⅳ 处理器设计的第一款芯片组产品（图 2.18）。它支持高达 400MHz 的前端总线,内存方面可以采用 DDR200/266 或者 PC100/133 SDRAM,其他特性包括采用专用的 V-Link 南北桥接总线,支持 AGP 4X 和 ATA 100 等等。南桥芯片仍然采用的是 KT266 和 Apollo Pro 266T 使用的 VT8233,它支持 AC97 声卡,集成 6 个 USB 端口,支持以太网或 HomePNA。

VIA Apollo P4X266 的体系结构如图 2.19 所示。

图 2.18　VIA Apollo P4X266 芯片

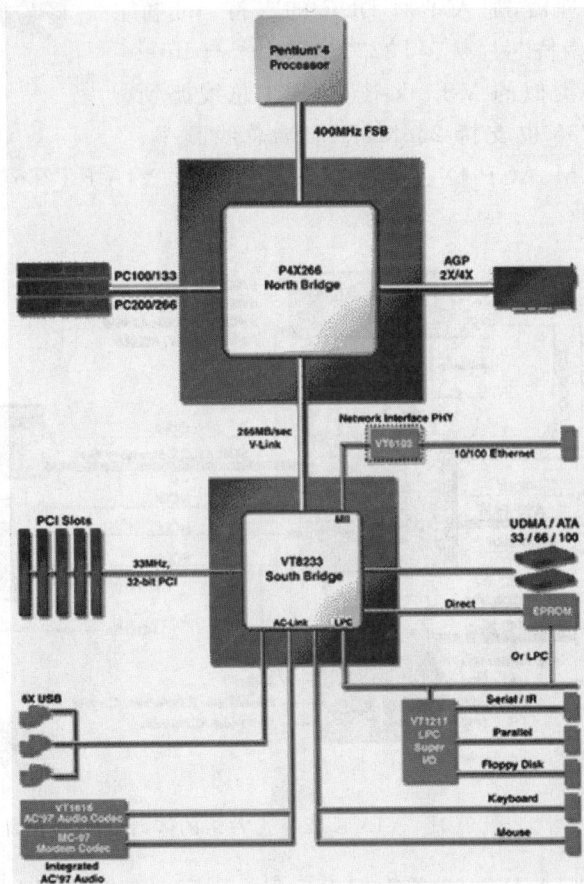

图 2.19　VIA Apollo P4X266 的体系结构

下面是 VIA Apollo P4X266 的主要性能指标：

- 北桥芯片采用 VT8753
- 处理器支持 Intel PentiumⅣ
- CPU 前端总线 400MHz
- 提供 AGP 4X 支持
- 内存最大达 4.0GB,支持 DDR 200/266 或 PC100/133 SDRAM
- 南桥采用 VT8233/8233C
- 支持 ACR 接口,兼容 AC97 2.2,整合 MC97 modem
- 整合 VIA 或 3Com 的以太网网卡
- 支持 V-Link 技术
- 支持 IDE ATA 33/66/100
- 集成 6 个 USB 端口

③ VIA KT266A

KT266 是 VIA KT133 的继承者(图 2.20),支持
Athlon 和 Duron 处理器,加入了对 DDR 的支持。北桥
芯片采用 VT8366,南桥芯片是 VT8233。采用了与 Intel
810 所用 Hub-Link 类似的 V-Link 技术,PCI 总线挪到
了南桥。此外,KT266 也支持 266MHz 前端总线频率、

图 2.20　VIA KT266 芯片组

PC133 SDRAM、VCM、AGP 4X、UDMA/100 技术等。VIA KT266 芯片组的体系结构如
图 2.21 所示。

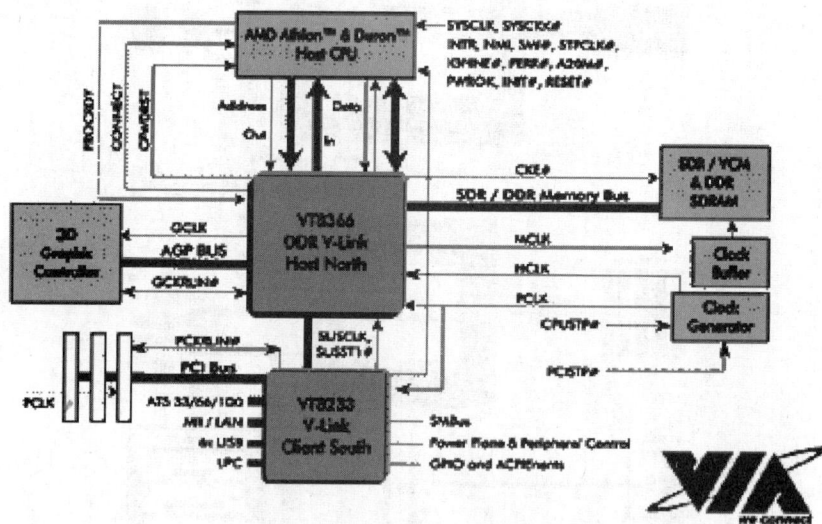

图 2.21　VIA KT266 芯片组的体系结构

2001 年上半年 VIA KT266 首次问世后引人瞩目,但随后人们发现它的性能并不像
宣传的那样好。好在 DDR 内存在当时还很贵,这留给了 VIA 修改的余地。随后发布的
VIA KT266A 虽没有增加什么新功能,但改进了芯片组的内存管理系统,使之在性能上

可以与 AMD 760 和 SiS 735 等产品相抗衡。

- 支持 AMD Duron 和 Athlon 处理器
- 采用 200/266MHz FSB 总线
- 支持 AGP 2X/4X
- 支 持 最 大 可 达 4.0GB 的 DDR200/266 SDRAM、PC100/133 SDRAM 或 VCM SDRAM
- 支持提供了 266MB/s 带宽的南北桥接技术 V-Link
- 整合 ACR 接口,6 声道 AC97 声卡,MC97 modem
- 整合 10/100 BaseT 以太网和 1/10MB Home PNA 控制器
- 支持 ATA 33/66/100

④ VIA Apollo KLE133

这是一款融入了 Trident Blade3D AGP 图形引擎的整合芯片组(图 2.22)。它的使用范围较广,可以支持 AMD Athlon 和 Duron 处理器,前端总线速度是 200/266MHz。内存容量方面最大可以达到 1GB。此外,它还整合了 AC97 声卡、MC97 modem、10/100 BaseT 以太网卡以及 4 个 USB 端口。

图 2.22　VIA Apollo KLE133 北桥芯片

⑤ VIA ProSavage KN133

VIA ProSavage KN133 是专门为笔记本电脑量身定做的芯片组产品,它集成了 S3 Savage4 2D/3D 图形加速核心,并支持 AMD Duron 和 Athlon 处理器。特别要指出的是,在 Nvidia 利用 Geforce Go 图形芯片涉足笔记本市场以前,S3 和 ATI 是这个市场内的王者。因此,此款芯片组以及支持 Pentium Ⅲ 和 Celeron 处理器的 VIA ProSavage PN133 芯片组占有相当的市场份额。VIA ProSavage KN133 的体系结构如图 2.23 所示,它的技术细节如下:

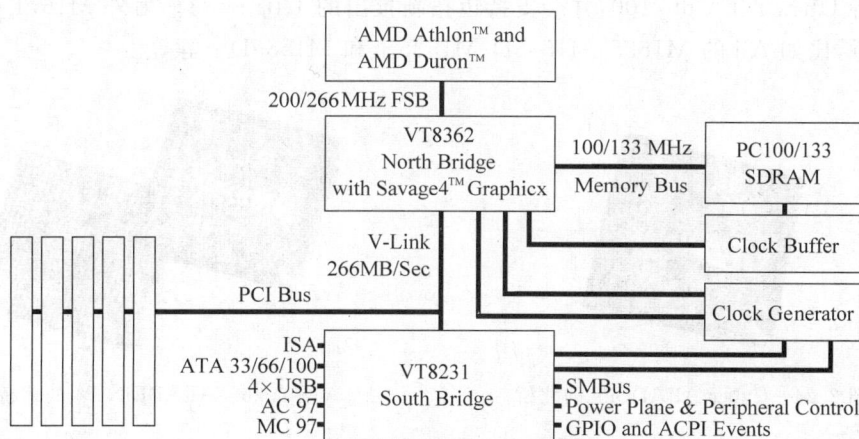

图 2.23　VIA ProSavage KN133 的体系结构

- 支持 AMD Duron 和 Athlon 处理器
- 支持 200/266MHz FSB 前端总线
- 整合了 S3 Graphics Savage4 图形核心
- 采用 SMA 形式的帧缓存可以从 8MB 到 32MB
- 整合 250MHz RAMDAC
- 整合了 AC97 声卡和 MC97 modem
- 北桥芯片为 VT8363A
- 南桥芯片为 VT82C686B

(4) Ali 芯片组

① ALADDiN Pro 5/M/T

ALADDiN Pro 5 是 Ali 针对采用 Intel Slot 1/Socket 370 插槽的系列处理器设计的,它支持 200/266 DDR 内存。北桥采用 M1651,最大的内存容量是 3GB,支持 AGP 4X 技术。5M 是它的移动版本,5T 是支持 Tualatin 处理器的版本。

② Cyber ALADDiN/T

这款芯片组结合了 ALADDiN Pro5 北桥和 Trident CyberBlade XP 图形加速器 (图 2.24)。它支持 Intel Slot1/Socket 370 插槽的 PⅢ 和 Celeron 处理器,带 T 后缀的版本还支持 Tualatin,它是移动领域首个采用 128 位双像素引擎的产品,而且支持 DDR 内存。芯片组方面的功能和 ALADDiN Pro5 完全一样。节电是它的优点。

- 支持所有 Intel Slot1/Socket 370 的 PentiumⅡ、PentiumⅢ 和 Celeron 处理器
- 支持 512MB SDR/DDR SDRAM,最大容量 3GB
- 整合了 3D/DVD 加速引擎

③ ALADDiN P4

ALADDiN P4 使用 Ali 新一代的 M1671 北桥芯片(图 2.25),支持 Intel PentiumⅣ 处理器,采用 400MHz 的前端总线,它在支持 SDRAM 100/133 的同时也支持 DDR 200/266/333 DRAM,使用最新的 DDR333 内存,峰值带宽能够达到 2.7 GB/s。在 IDE 接口方面支持 Ultra ATA 66/100,并会支持迈拓新推出的 Ultra 133。另外 M1671 可以配备多种南桥,比如 Ali 的 M1535、M1535D、M1535+和 M1535D+等等。

图 2.24　Cyber ALADDiN 的北桥　　　　图 2.25　ALADDiN P4 的北桥

- 支持 Intel PentiumⅣ 处理器
- 支持 PC100、PC133、DDR200、DDR266、DDR333 DRAM 内存规格

- 最大内存容量 3GB
- 支持 AGP 2.0 和快写模式
- 支持 AGP 4X 接口
- 全兼容 PCI 2.2
- 封装 629 针球形 BGA

ALADDiN P4 的体系结构如图 2.26 所示。

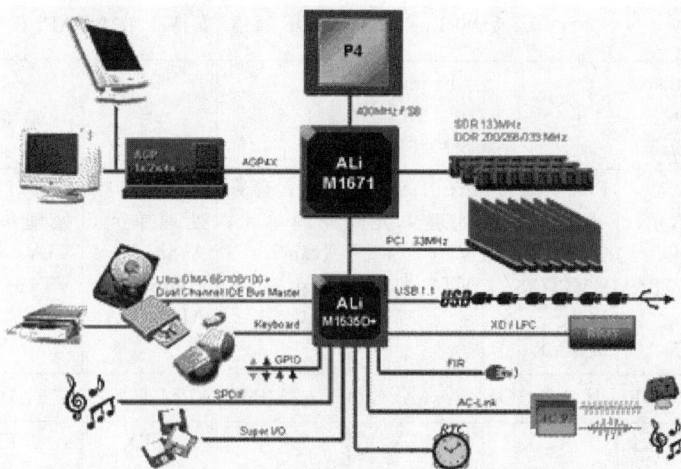

图 2.26　ALADDiN P4 的体系结构

2.2.4　典型主机板的介绍

在介绍了主机板的基本构件和性能后,下面介绍几款市面上流行的主板。

表 2.10 给出了一些主板性能指标的比较。

表 2.10　主板的性能比较

主板	威盛 P4XB-RA	威盛 P4XB-SA	威盛 PR22-R	威盛 PE11-S	威盛 VL33-S	Manli M-P4266/X	PCPartner P4X266AS4-241
芯片组	P4X266A (北桥芯片-P4X266A、 南桥芯片- VT8233)		P4X266 (北桥芯片-P4X266、 南桥芯片-VT8233)				
支持 处理器	Intel PⅣ Socket 478			Intel PⅣ Socket 423	Intel PⅣ Socket 478		
内存插槽	3 条 DDR 双面内存插槽						
AGP 插槽	支持 4X 模式	支持 4X 模式	支持 4X 模式	支持 4X 模式	支持 4X 模式	支持 4X 模式	支持 4X 模式
PCI 插槽	5	5	6	5	5	5	5
AMR/ACR/ CNR 扩展 插槽	CNR	CNR	CNR	—	—	CNR	CNR

主板	威盛 P4XB-RA	威盛 P4XB-SA	威盛 PR22-R	威盛 PE11-S	威盛 VL33-S	Manli M-P4266/ X	PCPartner P4X266AS4-241
输入输出端口	FDD 接口、2 个串口、1 个并口、PS/2 鼠标、键盘接口						
USB	2 个 USB 接口、2 个 USB 连接头						
整合 IDE 控制器	2 个 ATA100 Bus Master IDE 通道(支持 4 个 ATAPI 设备)						
扩展 IDE 控制器	Promise PDC 20265R	—	Promise PDC 20265R	—	—	—	—
音频处理芯片	PCI 音频处理单元,C-Media CMI8738/PCI-6ch-LX	PCI 音频处理单元,C-Media CMI8738/PCI-6ch-LX	AC97 音频处理单元,VIA VT1611A	AC97 音频处理单元,Avance Logic ALC201	AC97 音频处理单元,Avance Logic ALC201A	AC97 音频处理单元,VIA VT1611A	AC97 音频处理单元,VIA VT1611A
BIOS	2Mb Flash EEPROM,Award BIOS,支持 PnP,APM 1.2,DMI 2,ACPI 1.0,STR						
板型	ATX 30.5cm×22.5cm	ATX 30.5cm×22.5cm	ATX 30.5cm×24.5cm	ATX 30.5cm×24cm	ATX 30.5cm×22.5cm	ATX 30.5cm×23cm	ATX 30.5cm×22.5cm

1. 微星 K7T266 Pro2-RU

该款主板在布线方面秉承微星的一贯特色(图 2.27),显得精细而合理。CPU 插座周围充足的空间,给散热器安装带来方便;提供了 5 条 PCI 及 3 条 DIMM 插槽,在 3 条 DIMM 插槽都安装 256MB DDR266 内存条的情况下均可正常工作;同时集成了由 NEC 提供的 USB 2.0 板载控制器,总共可以支持 8 个 USB 接口,实现了更高的传输速率。工作稳定,超频性颇佳。

图 2.27　微星 K7T266 Pro2-RU

2. 技嘉 GA-7VTXH

这款主板支持双 BIOS,采用了 DIP 开关来调节倍频和外频。另外主板上还板载了一个创新 CT5880 的硬声卡及 10/100M LAN 控制器,这个声卡可以满足普通需求。由于没有采用流行的三相电源供电方式,超频能力一般,所以它更适合稳定至上的用户选用。

图 2.28 所示为技嘉 GA-7VTXH 主板。

图 2.28　技嘉 GA-7VTXH

3. 捷波屠龙 XP 866AS Ultra

众所周知,Athlon XP 功耗巨大,而该款主板采用了可以最大程度提供稳定电流的三相电源回路设计,保障了 CPU 的良好运行。捷波屠龙 XP 还有不少其他主板不具备的技术,例如"恢复精灵"。其"电源净化器"技术一改传统主板的电源部分设计,为不同电压、不同设备重新设计供电部分并且提供滤波,既保证了设备的正常运行,也提高了超频成功的概率。诸多功能都集成在屠龙 XP 当中,将 Athlon XP 的优势发挥得淋漓尽致。

图 2.29 所示为捷波屠龙 XP 866AS Ultra 主板。

图 2.29　捷波屠龙 XP 866AS Ultra

4. 硕泰克 SL-75DRV2

SL-75DRV2 集成了 AC97 声卡,超频方面则提供了倍频设定、FSB 设定及核心电压设定等一系列计算机爱好者们喜爱的超频功能和初级用户中意的自动超频——"红色风暴"技术;此外硬件监控、BIOS 防写保护和独特的"智能防护盾"技术为 SL-75DRV2 撑起一片安全的天空。另外,SL-75DRV2 还在 AGP 插槽上做起了文章,采用了 AGP PRO 技术,可以说为将来的发展做好了铺垫。硕泰克 SL-75DRV2 主板如图 2.30 所示。

图 2.30　硕泰克 SL-75DRV2

5. 钻石 DFI-AD70-SC

这款主板内置 C-Media CMI8738 六声道音效芯片,同时配备 Promise PDC20265R IDE RAID 控制芯片(支持 RAID 0 和 RAID1),扩展槽配置为 1 AGP/5 PCI/1 CNR,3 DDR DIMM 槽(支持 3GB PC2100/1600 DDR SDRAM),支持 400MHz FSB,针对高端市场。钻石 DFI-AD70-SC 主板如图 2.31 所示。

图 2.31　钻石 DFI-AD70-SC

AD70-SC 主板在做工用料及稳定性、扩展性方面均有出色的表现,ATX 标准的大 PCB 底板设计,提供给用户足够的升级扩展空间。电源同样采用了三相电源设计,能够为 CPU 提供稳定的电压。因为采用了 RTM580-255R 的频率发生器,所以 AD70-SC 可以直接在 BIOS 里对 CPU 外频进行以 1MHz 为单位的微调,充分发挥出 CPU 的性能,使 DIYer(do it yourself-er,自攒计算机者)的超频变得非常方便快捷。该主板的稳定性较佳,是那些对硬件要求很高而对价格又很敏感的 DIYer 的不错选择。

6. Apollo KX133

这款主板采用了和 AMD-750 类似的设计方式,200MHz 的外频速度,有特色的内存异步方式,可以支持 66MHz、100MHz、133MHz 的内存频率,并且真正支持 PC133 SDRAM。在容量上,Apollo KX133 支持 4 条 DIMM 和最大 2GB 的内存,是目前 BX 芯片组支持数的两倍,这对于需要高容量高速度的 PC 服务器来说,其作用是不言而喻的。

Apollo KX133 的北桥芯片为 VT8371,主要负责管理高速的系统总线(支持 AGP 4X);南桥芯片则是和新近推出的 Apollo Pro 133 相同的超级南桥 VT82C686A,可以支持 Ultra DMA/66 和 4 个 USB 接口,具有强大的外设扩充功能。

此外 Apollo KX133 还内建了符合 AC'97 的音频芯片和软 modem,提高了产品的集成度,降低了用户的开支。总之,Apollo KX133 在功能上比起 AMD-750 更加完善。

Apollo KX133 主板如图 2.32 所示。

图 2.32　Apollo KX133 主板

7. Intel DG31PR 主板

主板基于 Intel G31 芯片组,LGA 775 接口,支持 Intel Core2Duo、Pentium D、Pentium Ⅳ、CeleronD 系列处理器,Micro-ATX 板型设计,芯片组提供了散热片散热。

集成 Intel GMA 3100 显示芯片,板载 Realtek ALC888 8 声道 HD 声卡,板载 Realtek RTL8111-GR 千兆网络控制芯片,FSB 1333MHz,2 个 DDR2 DIMM 内存插槽,DDR2 800/667,最大内存 4GB,提供 1 个 PCI Express×16 插槽和 1 个 PCI Express×1

插槽,还有 2 个 PCI 插槽,提供了一组 PS/2 鼠标、键盘接口,8 个 USB2.0 接口,一个 ATA 100 接口和 4 个 SATAII 接口。

Intel DG31PR 主板如图 2.33 所示。

图 2.33　Intel DG31PR 主板

8. 华硕 P7P55D 主板

主板基于 Intel P55 芯片组,支持 LGA 1156 接口 Core i7/i5 处理器,ATX 大板型设计,芯片组提供了散热片散热。

供电部分,采用豪华的 14 相供电,整板采用全固态设计,高品质的电感和电容完全可以保证系统运行的稳定。标准的 4 条 DDR3 插槽,支持双通道 DDR3 2133(OC)/1600(OC)/1333/1066 内存,最大 16GB 容量。单边卡扣设计方便使用长显卡的用户。

扩展插槽部分,提供了 2 个 PCI-E×16 插槽,支持交火和 SLI。另外提供了 2 个 PCI-E×1 插槽和 3 个 PCI 插槽。硬盘接口,芯片组和第三方芯片一共提供有 7 个 SATA 接口和 1 个 IDE 接口。

背板 I/O 接口方面,提供了一组 PS/2 鼠标、键盘接口,8 个 USB 接口,S/PDIF 接口,1 个 IEEE1394 接口和 1 个 eSATA 接口,千兆网卡接口和音频接口。

华硕 P7P55D 主板如图 2.34 所示。

2.2.5　主板的新技术介绍

1. 软跳线、线性超频技术

事实上这并不是最新的技术,只不过现在软跳线比以前容易做得多。在早期 430VX 和 430TX 时代,基本上都要用跳线,如果要超频,需要打开机箱,费较长时间寻找跳线帽,万一不小心,刚刚拔出来的跳线帽就会又掉在机箱里。后来采用了 DIP 开关的方式来代替跳线帽,其原理是一致的。2000 年以后,新推出的主板基本上都已采用软跳线技术,但是到目前还是有一些厂商采用硬跳线方式。采用什么跳线方式并没有关系,只不过软跳线方式比硬跳线方式更加方便。也有一些厂商像华硕等推出了采用软跳线和硬跳线技术相结合方式的主板。

在 586 时代,主板的外频能达到 100MHz 已经算是很高了,基本上都是到非正常的

图 2.34　华硕 P7P55D 主板

83MHz 外频,而外频的提高对整个计算机的性能来说是很重要的。由于当时的主板 PLL(频率发生器)还没有线性超频(线性超频可以采用 1MHz 递增的方式来增加 CPU 外频)功能,所以调整外频需要靠手工跳线来完成。但随着 CPU 的频率提高,靠手工调节外频越来越不适应超频的需要,因此,主板厂商迫切需要选用线性超频功能的 PLL,来达到增加主板技术功能及宣传的目的。最先采用线性超频的主板是升技,它的软超频功能非常强大,当时的 BH6 和 BX6 2.0 等经典的 BX 主板,直到现在还被很多 DIYer 津津乐道。现在的线性超频功能越来越强大了,只要开机时在主板 BIOS 里设置一下,就能够达到超频的目的,非常方便。

2. 日益强大的主板 BIOS

对于数年前的"CIH 病毒",大家一定还记忆犹新。这是第一个可以攻击计算机硬件的病毒。当它在 4 月 26 日发作时,大量未经防护的计算机瘫痪,其主板 BIOS 遭清洗,导致计算机无法开机,数据被毁,教训惨痛。各大主板厂商迅速推出或升级了一系列的主板,增加了防毒特别是防 CIH 的功能,如华硕、微星等主板的 BIOS 写入保护功能,以及一些主板上的 BIOS 固化反 CIH 病毒功能等。

值得提出的是,技嘉公司在当时主推的 BX2000 主板上采用了双 BIOS 芯片技术,以备份的形式防止 CIH 以及类似病毒的侵袭,使 BIOS 被摧毁的可能性降到最低点,这无疑比单纯的防范技术又更上一层楼。而且技嘉、微星等主板已提供了在线更新主板 BIOS 的功能,使更新主板 BIOS 不再是专家的专利。

随着主板 BIOS 的容量越来越大,越来越多的功能被集成在 BIOS 中,诸如调节主板系统电压、CPU 核心电压、内存电压等等。这些电压的调节一般都是通过一颗 Winbond 的 W83601R 的 IC 芯片来实现的,它的作用就相当于一个电路控制开关,通过它来调节主板上各种电压输出值的变化,目前最新推出的主板都有以上三种电压调节。捷波主板的 BIOS 能调节 AGP 的电压和 AGP 显卡的显存电压。捷波把此功能称为"五重电控调节"技术,而且在捷波的主板上还集成了非常有用的硬盘数据保护工具——"恢复精灵"。

主板 BIOS 是计算机中非常重要的系统,它的信息保存在一颗称为 CMOS 的芯片里。如果要主板支持最新的计算机配件或解决一些小问题,就需要刷新主板 BIOS。较早以前的刷新工作都是在 DOS 状态下来实现的,对新手来说有潜在的风险。现在也可以使用 Winflash 或厂商的软件在 Windows 下完成对主板 BIOS 的刷新工作。随着互联网的兴起,有主板厂商把更新主板 BIOS 工作放到了网络上来实现,像华硕、技嘉、微星、升技等都有此类工具,确实很方便。

3. 主板技术特色

目前主板技术基本上是跟随着 CPU 技术发展。因为随着 CPU 的频率逐渐提高,CPU 的发热和功耗日益增大,所以对于主板的设计要求就越来越高,特别是主板的供电部分,例如 AMD 的 Athlon 处理器就对主板的供电很敏感。因此,在 AMD 平台上的主板电容容量一般都很大,而且供电也是特别设计的。最早是升技提出了"三相回路"的供电设计概念,有效地改善了 AMD 处理器的供电问题,现在上市的 AMD 架构的主板基本上都采用了"三相回路"的供电技术。

最近又有一项新的主板供电技术开始引起人们的注意,这就是捷波提出的"电源净化器"概念,此项技术首先在捷波的屠龙主板上实现,随后在倚天、惊云等各种平台上逐步推广,同时也取得了良好的市场宣传效果。

事实上,主板的技术发展也是主板市场竞争日益加剧的结果。为了能在主板上实现更多的附加值,主板厂商也开发出非常实用的技术,像磐英的 Debug 卡、语音报错等,这些都是为方便用户诊断计算机一般硬件故障而设置的有效方法。比如 Debug 卡,它是集成在磐英主板上的,最早是板载在磐英的 BX6 主板上,随后在 EP-BX7/＋、EP-8KTA3、EP-8KHA/＋等主板上也板载了 Debug 卡,成为磐英特有的标志。

微星主板也有类似的功能,不过它以四个指示灯根据不同颜色的排列组合来代表不同的出错信息,不如磐英方便。后来上市的升技 TH7II-RAID、BD7-RAID 主板上也开始集成 Debug 卡。至于语音报错技术,其实就是 Debug 卡的一个变种,是将 Debug 卡里面的数据转化成语音而已。

4. RAID(redundant array of independent disk,独立冗余磁盘阵列)功能

RAID 卡一般分为两种:一种是 IDE RAID 卡,另一种是 SCSI RAID 卡。IDE RAID 较便宜,但是速度比 SCSI RAID 慢。SCSI RAID 一般都运用在服务器上,系统资源占用率很低、速度快。RAID 基本上是用于容错,保障数据安全,价格分布在不同档次。

目前的 RAID 芯片由三个厂商推出:PROMISE IDE RAID 芯片,技嘉、微星、捷波都用此芯片;HIGHPIONT IDE RAID 芯片,升技、磐英等用此芯片;另一个就是 AMI 的 IDE RAID 芯片,用此芯片的有艾崴和华硕。

5. 总线带宽的提高

主板上有各种各样的总线,如前端总线(FSB)、PCI 总线等,然而随着 CPU 频率的逐步提高,主板上的某些总线开始成为系统的瓶颈,如前端总线(FSB)。如果还是以原来 PC133 SDRAM 作为解决方案的话,从 CPU 到内存的带宽严重不足。因此,AMD 和 VIA 提出了选用 DDR 的解决方案。

2001 年是 DDR 走向全面胜利的一年,这与 AMD 和 VIA 大力推广有很大的关系,连英特尔也不得不向 DDR 低头,推出了支持 DDR 的 i845D 芯片组,从根本上改变了 PⅣ 处理器高频率、低内存带宽的尴尬局面。而英特尔也开始改革 PCI 总线,新的 PCI 总线称为 3GIO,使用 3GIO 技术,不必再担心系统中断资源出现冲突、PCI 总线速度制约整个系统性能发挥等问题。3GIO 是一连串点对点连接,可以分成 1～32 位宽,每针总频宽可达 2.5Gb/s,未来更新后可更高,大大改善了原来 PCI 总线的不足。

如今的计算机系统中,多媒体应用愈来愈广,所要处理的资料日益庞大,对于传输接口的需求自然愈来愈高。在 USB 2.0 还未正式公布时,最高速的当然是有"火线"(FireWire)之称的 IEEE 1394。但随着 USB 设备的逐渐兴起,数码相机(DV)、摄影头、外置硬盘、扫描仪等基本上都采用了 USB 接口。USB 接口标准从 1.0 版本升级到 1.1 版本,还是出现带宽不足的问题。所以 Intel 提出了 USB2.0 标准的解决方案,其最高的传输速度达 480Mb/s,有很多厂商看好 USB2.0 的发展前景,并开始加入 USB2.0 阵营。

但是,USB2.0 有一个缺点,它不是点对点传输数据,而是通过 USB2.0 的桥进行传输。因此,IEEE 1394 接口开始崭露头角,特别是在 Mac 苹果机和索尼的产品上到处都能看到 IEEE 1394 的身影。IEEE 1394 的优点就是点对点传输数据,系统资源占用率很低,但 IEEE 1394 卡的价格较贵。现在开始有集成 IEEE 1394 接口的主板,例如技嘉、华硕就有类似的主板推出过。随着 IEEE 1394 卡逐渐放下高贵的姿态,会渐渐被广大用户接受。

IEEE 1394 和 USB2.0 争艳之际,又新涌现了串行 ATA 接口规范。其实早在 2001 年英特尔开发者论坛(IDF2001)上公布的串行 ATA 1.0 标准,就能达到 150Mb/s 的突发数据传输率,甚至超过了最新版的并行 ATA 标准——ATA/133 所能提供的最高数据传输率。串行 ATA 最终将实现存储系统突发数据传输率为 600Mb/s。其次,串行 ATA 在系统复杂程度及拓展性方面,是并行 ATA 所无法比拟的。因为在串行 ATA 标准中,实际只需要四个针脚就能够完成所有工作:第 1 针供电,第 2 针接地,第 3 针作为数据发送端,第 4 针充当数据接收端,由于串行 ATA 使用这样的点对点传输协议,所以不存在主从问题,并且每个驱动器是独享数据带宽。

由此看来,串行 ATA 的优点是显而易见的:第一,用户不需要再为设置硬盘主从跳线器而苦恼;第二,由于它采用点对点的传输模式,所以串行系统将不再受限于单通道只能连接两块硬盘,这对于想连接多硬盘的用户来说,无疑是一大福音。

虽然串行 ATA 具有这些优势,但它有一个致命的缺点,就是完全不兼容现在的并行 ATA 系统。也就是说,现有的大量并行 ATA 设备以后将无法在串行 ATA 系统上正常使用,如果用户仍要使用这些并行 ATA 接口(例如 ATA/100)的硬盘,必须额外添加并行 ATA 到串行 ATA 的适配器。或许,将来会出现更好的解决方案。

6. 无限互联——微星 USBPC2PC

自从 USB 接口规格被提出以来,就以其传输速率较高、支持热插拔、应用方便等优点迅速风靡开来。

微星最新发布的 USBPC2PCLink 技术,通过在主板上集成"Gene Link"USB 网络控制硬件,并结合专门设计的软件,在操作系统中建立一个虚拟的、以 USB 端口为基础的网络机制,并自动绑定 TCP/IP、IPX/TPX、NETBEUI 等最常用的通信协议,形成以太网。

此后,用户便可以利用 USB 线缆把这台计算机与其他任意一台具备 USB 接口的计算机相连(无论台式机还是笔记本电脑,无论是否有 USBPCtoPCLink 特性),构成一个虚拟网络,从而方便地共享设备、传递数据、上网或者是联机游戏。

微星将在未来的新版 K7T Turbo、Pro266 Plus、K7T266 Pro 等多款产品上增加此功能。

7. 超频王——升技 SoftMenuⅢ

升技的 SoftMenu 作为一项能够让用户从 66、75、83 直至 200 针对每个级别轻松调节 CPU 内外频的技术,至今已经发展到了第三代,调节项更是细化到了对 AGP、PCI、内存等设备的逐级分频。而免除烦琐的硬跳线设置,完全依靠软件来完成对 CPU 频率的调节,更使"超频"在国内大行其道。

虽然直接在 BIOS 中设置 CPU 的频率现在已经不新鲜了,各大主板厂商也都有了自己相应的软件超频技术,但是升技当年一手打造了国内第一块软超频主板 BH6,刮起一场超频旋风,更被市场冠以"超频王"的称号,可以说是开主板附加特色功能之先河。而今 SoftMenu 已经开发到了第三代,无论是在人性化操作还是超频的稳定性方面,都已经相当完善了。

8. 智能升级——技嘉

技嘉的@BIOS 是一款在线更新 BIOS 工具。该工具可以帮助用户从互联网下载对应的 BIOS 程序,并自动对 BIOS 进行更新。

不像其他的 BIOS 更新软件要在纯 DOS 环境下运行,@BIOS 是一个基于 Windows 的工具。通过@BIOS 的帮助,用户更新 BIOS 只需要单击鼠标而已。@BIOS 可以检测到用户主板的正确型号,并自动地到最新的技嘉 FTP 站点上下载正确的 BIOS 升级文件。

使用@BIOS 自动更新主板 BIOS,完全不用担心手动更新 BIOS 过程中出错的问题。另外,对于 Win2000/ME 等没有纯 DOS 的操作系统,用户更新 BIOS 的问题也变得简单。该功能适用于所有技嘉主板,用户可以在技嘉网站上免费下载。

9. 拦截者——梅捷

梅捷(SOYO)独家开发的 AI—BIOS(ActiveInterception—BIOS),是以主动拦截技术为基础,发挥事先防卫 BIOS 被破坏的功能。这点与双 BIOS 等事后补救技术不同,双BIOS 技术强调"中毒或 BIOS 毁损后的补救和恢复",而 AI—BIOS 则强调实现预防的重要性,通过软件与硬件双重保护的设计,有效地防止不明资料的入侵。

梅捷在硬件中设计了 BIOS 写入锁定机制,在外界指令欲写入 BIOS 新资料时,必须触动硬件设计信号,写入的动作才能正常开启。任何不明的外界资料,如 CIH 病毒或非梅捷认可的 Flash 程序,都将因为无法打开写入的信号而被拒之门外。

10. 数据卫士——联想 QDI 宙斯盾

宙斯盾(RecoveryEasy)是联想 QDI 主板的看家法宝之一。硬盘被病毒袭击而丢失数据,或用户不小心丢失了重要数据和资料,会给用户带来麻烦。为了防止这类情况的发生,联想 QDI 研发出了宙斯盾。这是一个非常有效的系统,能保护硬盘中的数据或资料不丢失或被病毒感染。

宙斯盾功能可以备份、保护并且立即恢复硬盘资料,防止重要资料丢失。进一步,宙斯盾还能保护和恢复 CMOS 的数据。因为宙斯盾是建在 BIOS 中,只要计算机进入 BIOS 启动步骤后,就可以立即进入宙斯盾界面,用户可以选择是否备份系统盘或数据盘,宙斯盾就会在硬盘中选择一个区域存放备份的资料,从此这块区域就不能再进入,甚至是病毒也无法入侵。

宙斯盾唯一的缺点,是它需要占用不少的硬盘空间,大概会有 2GB 的空间被用来备份系统和数据,不过这应该不是太大的问题,毕竟几十 GB 的硬盘现在已是主流。

2.3　内存

内存是继 CPU 和主机板之后会影响整个系统性能的又一个重要因素。由于配置容量的伸缩性以及价格的敏感性较大,以前人们较为关注容量大小。现在随着内存条价格的不断降低,人们也开始注重速度、稳定性等性能指标。本节从技术的角度介绍各种内存条的型号规格、性能指标和选配原则等。

2.3.1　有关内存的基本概念

1. bit:比特

比特是内存容量的最小单位,也叫"位"。它只有两个状态分别以 0 和 1 表示。

2. byte:字节

8 个连续的比特叫做 1 个字节。常用 B 来表示。

3. ns(nanosecond):纳秒

ns(纳秒)是 1s 的十亿分之一,是内存读写速度的时间单位,ns 前面的数字越小表示速度越快。

4. SIMM(single in-line memory module):单列直插式存储器模块

它是 586 及其较早的 PC 中常采用的内存接口方式。在 486 以前,多采用 30 针的 SIMM 接口,而在 Pentium 中更多的是 72 针的 SIMM 接口,或者与 DIMM 接口类型并存。人们通常把 72 线的 SIMM 类型内存模组直接称为 72 线内存。

5. DIMM(dual in-line memory module):双列直插式存储器模块

也就是说这种类型接口内存的插板两边都有数据接口触片,这种接口模式的内存广泛应用于现在的计算机中,通常为 84 针,由于是双边的,共有 $84 \times 2 = 168$ 线接触,所以人们常把这种内存称为 168 线内存。

6. DRAM(dynamic RAM):动态随机存储器

需要用恒电流以保存信息,一断电,信息即丢失。其接口多为 72 线的 SIMM 类型。虽然它的刷新频率每秒钟可达几百次,但是由于它采用同一电路来存取数据,所以存取时间有一定的间隔,导致了它的存取速度不是很快。在 386、486 时期被普遍应用。

7. FPM DRAM(fast page mode DRAM):快速页面模式内存

这是一种在 486 时期被普遍应用的内存。72 线,5V 电压,带宽 32 位,基本速度 60ns 以上。它的读取周期是从 DRAM 阵列中某一行的触发开始,然后移至内存地址所指位置,即包含所需要的数据。第一条信息必须被证实有效后存至系统,才能为下一个周期做好准备。此时,系统就进入了"等待状态",因为 CPU 必须一直等待内存完成一个周期。随着性价比更高的 EDO DRAM 的出现和应用,它渐渐地退出市场。

8. EDO DRAM(extended data output DRAM):扩展数据输出内存

这是 Micron 公司的专利技术。有 72 线和 168 线之分,5V 电压,带宽 32 位,基本速度 40ns 以上。传统的 DRAM 和 FPM DRAM 在存取每一比特数据时,必须输出行地址和列地址并使其稳定一段时间后,才能读写有效的数据,且下一比特的地址必须等待这次读写操作完成才能输出。EDO DRAM 不必等待资料的读写操作是否完成,只要一到规定的有效时间就可以准备输出下一个地址,由此缩短了存取时间,效率比 FPM DRAM 高 20%～30%。因为它具有较高的性价比,所以成为中低档 Pentium 级别主板的标准内存。

9. SDRAM(synchronous burst DRAM):同步突发内存

168 线,3.3V 电压,带宽 64 位,速度可达 6ns。它是双存储体结构,即有两个储存阵列。当一个被 CPU 读取数据时,另一个已经做好被读取数据的准备,两者相互自动切换,使得存取效率成倍提高。而且由于将 RAM 和 CPU 以相同时钟频率控制,使 RAM 与 CPU 外频同步,取消等待时间,所以其传输速率比 EDO DRAM 快了 13%。SDRAM 采用了多体存储器结构和突发模式,能传输整页数据而不是一段数据。

2.3.2　内存的种类和规格

目前 PC 中所用的内存主要有 SDRAM、DDR SDRAM、RDRAM、DDR2、DDR3 五种类型。

DDR SDRAM(简称 DDR)是采用了 DDR(double data rate SDRAM,双倍数据速度)技术的 SDRAM,与普通 SDRAM 相比,在同一时钟周期内,DDR SDRAM 能传输两次数据,而 SDRAM 只能传输一次数据。从外形上看 DDR 内存条与 SDRAM 相比差别并不大,它们具有同样的长度与同样的引脚距离。只不过 DDR 内存条有 184 个引脚,金手指中也只有一个缺口,而 SDRAM 内存条是 168 个引脚,并且有两个缺口。

根据 DDR 内存条的工作频率,它又分为 DDR200、DDR266、DDR333、DDR400 等多种类型。与 SDRAM 一样,DDR 也是与系统总线频率同步的,不过因为双倍数据传输,因此工作在 133MHz 频率下的 DDR 相当于 266MHz 的 SDRAM,于是便用 DDR266 来表示。

除了用工作频率来标示 DDR 内存条之外,有时也用带宽值来标示,例如 DDR266 的内存带宽为 2100MB/s,所以又用 PC2100 来标示它,于是 DDR333 就标示为 PC2700,DDR400 标示为 PC3200。

小提示:内存带宽也叫"数据传输率",是指单位时间内通过内存的数据量,通常以 GB/s 表示。我们用一个简短的公式来说明内存带宽的计算方法:内存带宽＝工作频率×位宽/8×n(时钟脉冲上下沿传输系数,DDR 的系数为 2)。

由于 DDR 内存条价格低廉,性能出色,因此成为今日主流的内存产品(图 2.35)。

RDRAM(存储器总线式动态随机存储器)是 Rambus 公司开发的一种新型 DRAM。RDRAM 虽然位宽比 SDRAM 及 DDR 的 64 位窄,但其时钟频率要高得多。

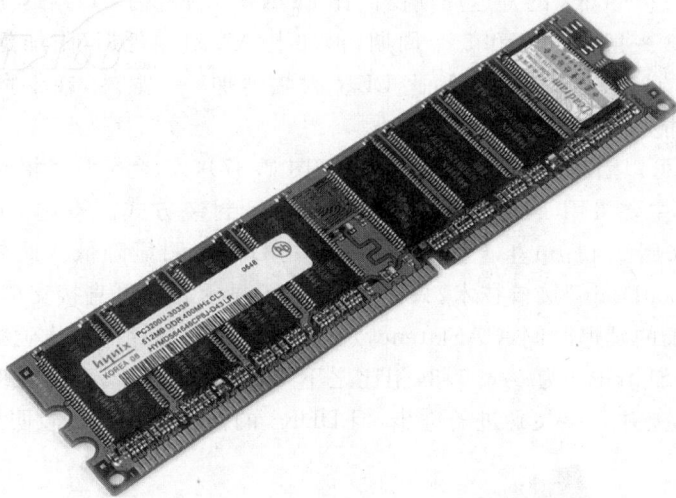

图 2.35　现代 PC3200 DDR400 1GB 内存条

　　从技术上来看，RDRAM 是一种比较先进的内存，但由于价格高，在市场上难以普及。如今的 RDRAM 已经退出了普通台式机市场。

　　DDR2 是英特尔极力推动的新一代内存（图 2.36），DDR2 构建在 DDR 的基础上，通过增加 4 位预取机制使核心频率不变的条件下数据带宽提升 4 倍，为效能提升扫清了障碍。为提高兼容性，DDR2 将终结器直接整合于内存颗粒中，这也有效降低了主板的制造成本。此外，DDR2 在延迟方面的机制也有所改变，增加了 AL 附加延迟的概念，这不可避免地导致 DDR2 延迟时间增加。

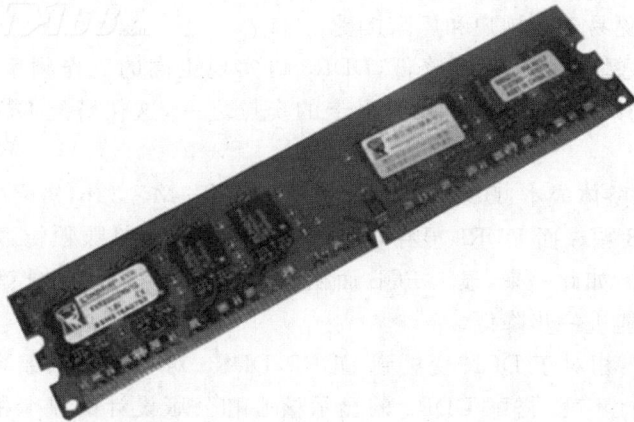

图 2.36　金士顿 2GB DDR2 800 内存条

　　高频率、高带宽是 DDR2 最大的优点，它具有 DDR2-400、DDR2-533、DDR2-667 和 DDR2-800 等规范，最高带宽分别达到 3.2GB/s、4.2GB/s、5.3GB/s 和 6.4GB/s，比目前的 DDR 内存有大幅度提升，但它们的核心频率仍保持在很低的水平，使得产品可在更低的电压下运作（DDR 工作在 2.5V 下，DDR2 仅需要 1.8V 工作电压），功耗也比 DDR 有了明显降低。不过,DDR2 的延迟周期反而比 DDR 长,后者的 CL 延迟一般是 2、2.5 和 3 个周期,而 DDR2 一般为 3、4 和 5 个周期,再加上 AL 附加延迟(附加延迟为 0~4 个周期),使得 DDR2 读数据的延迟时间比 DDR 大幅增加——显然,在带宽相同的情况下,DDR2 的实际性能反而不如 DDR。

DDR3 显存可以看做是 DDR2 的改进版(图 2.37),二者有很多相同之处,例如采用 1.8V 标准电压,主要采用 144 针球形针脚的 FBGA 封装方式。不过 DDR3 核心有所改进:DDR3 显存采用 0.11μm 生产工艺,耗电量较 DDR2 明显降低。此外,DDR3 显存采用了"Pseudo OpenDrain"接口技术,只要电压合适,显示芯片可直接支持 DDR3 显存。当然,显存颗粒较长的延迟时间(CASlatency)一直是高频率显存的一大通病,DDR3 也不例外,DDR3 的 CASlatency 为 5/6/7/8,相比之下 DDR2 为 3/4/5。客观地说,DDR3 相对于 DDR2 在技术上并无突飞猛进的进步,但 DDR3 的性能优势仍比较明显:

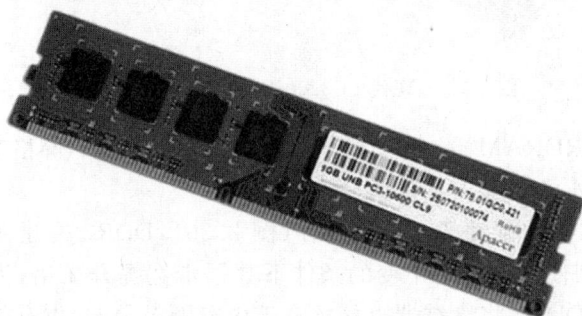

图 2.37 宇瞻 2GB DDR3 1333

(1) 功耗和发热量较小:DDR3 吸取了 DDR2 的教训,在控制成本的基础上减小了能耗和发热量,使其更易于被用户和厂家接受。

(2) 工作频率更高:由于能耗降低,DDR3 可实现更高的工作频率,在一定程度弥补了延迟时间较长的缺点,同时还可作为显卡的卖点之一,这在搭配 DDR3 显存的显卡上已有所表现。

(3) 降低显卡整体成本:DDR2 显存颗粒规格多为 4M×32b,搭配中高端显卡常用的 128MB 显存便需 8 颗。而 DDR3 显存规格多为 8M×32b,单颗颗粒容量较大,4 颗即可构成 128MB 显存。如此一来,显卡 PCB 面积可减小,成本得以有效控制,此外,颗粒数减少后,显存功耗也能进一步降低。

(4) 通用性好:相对于 DDR 变更到 DDR2,DDR3 对 DDR2 的兼容性更好。由于针脚、封装等关键特性不变,搭配 DDR2 的显示核心和公版设计的显卡稍加修改便能采用 DDR3 显存,这对厂商降低成本大有好处。

目前,DDR3 显存在新出的大多数中高端显卡上得到了广泛的应用。

2.3.3 性能参数

1. 时钟频率

它代表了 SDRAM 所能稳定运行的最大频率。现在一般可分为 PC100,PC133,

PC150 三种类型。它们分别表示可在 $100\sim150\mathrm{MHz}$ 的时钟频率下稳定运行。PC150 标准的内存条还不是很常见,目前只有 Kingmax 等为数很少的品牌才有支持此标准的内存。当然,内存时钟频率越高,系统时钟周期越小,其性能也越出众。现在,PC133 占据了大部分的市场份额,PC100 也有一定的市场。

2. 存取时间

存取时间代表了读取数据所延迟的时间。目前大多数 SDRAM 芯片的存取时间为 $5,6,7,8$ 或者 $10\mathrm{ns}$。以前人们有个误区,认为它和系统时钟频率有着某种联系,其实二者在本质上有显著区别,可以说完全是两回事。例如同样是 PC133 的内存,市面上有存取时间分别为 $7\mathrm{ns}$ 和 $6\mathrm{ns}$ 的,但它们的时钟频率均为 $133\mathrm{MHz}$。存取时间越小则越优。

3. CAS 的延迟时间

这是指纵向地址脉冲的反应时间,也是在一定频率下衡量支持不同规范的内存的重要标志之一。它用 CAS Latency(CL)这个指标来衡量。对于 PC100 和 PC133 的内存来说,其规定的 CL 应该为 2(即它读取数据的延迟时间是两个时钟周期)。也就是说,它必须在 CL=2 的情况下在其工作频率下稳定工作。

4. 奇偶校验

数据中每一个字节在存入内存时产生一个奇偶位(比特)来记录此字节中 1 的奇偶数,这样等到 CPU 从内存读取数据时,就会检测所读数据中的奇偶数和奇偶位的记录是否相符,以此判断数据的正确性。

5. ECC

类似奇偶校验,只是在一组数据中多加入几位数据,以记录具体是哪一位数据发生错误,如 8 位数据就需要 4 位错误纠正码。

6. 综合性能的评价

PC 100 内存要求当 CL=3 的时候,系统时钟周期的数值小于 $10\mathrm{ns}$,存取时间的数值小于 $6\mathrm{ns}$。之所以要强调是 CL=3 时的值,是因为同一个内存条当设置成不同 CL 数值时,系统时钟周期的值很可能是不相同的,当然存取时间的值也是不太可能相同的。总延迟时间的计算,一般用公式:

总延迟时间=系统时钟周期×CL 模式数+存取时间

比如,某 PC100 内存的存取时间为 $6\mathrm{ns}$,我们设定 CL 模式数为 2(即 CL=2),则总延迟时间=$10\mathrm{ns}\times2+6\mathrm{ns}=26\mathrm{ns}$。这就是评价内存性能高低的重要数值。

2.3.4 常见内存的编号与标示

1. LGS

曾经是最为多见的内存芯片品牌,但已经被现代公司(HY)所并购,所以现在见到的大多数 HY 就是以前的 LGS。LGS 的 SDRAM 芯片上的标识为以下格式:

GM72V ×× ×× 1× T/× -××

最前面的两个×× 表示容量,其中 16 为 16MB,64 为 64MB,28 为 128MB。最后两个×× 代表速度,其中:7——143MHz;7.5——133MHz;8——125MHz;7K——100MHz(CL 为 2);7J——100MHz(CL 为 3);10K——100MHz(不是 PC100 规格)。从中可见,

常见的 7J 内存只是刚刚达到 PC100 的规格,而 7.5 和 7 两种才可达到 PC133 的水平。

2. 现代(Hyundai)

现代原厂和三星内存是目前兼容性和稳定性最好的内存条,远优于许多大作广告的内存条,此外,现代"Hynix(更专业的称呼是海力士半导体 Hynix Semiconductor Inc.)"的 D43 等颗粒也是目前很多高频内存所普遍采用的内存芯片。目前,市场上比较超值的现代高频条有现代原厂 DDR500 内存,采用了 TSOP 封装的 HY5DU56822CT-D5 内存芯片,其性价比很不错。

3. 金士顿(Kingston)

作为世界第一大内存生产厂商的金士顿,其内存产品在进入中国市场以来,就凭借优秀的产品质量和一流的售后服务,赢得了众多中国消费者的心。

不过,金士顿虽然是世界第一大内存生产厂商,但该品牌的内存产品使用的内存颗粒却五花八门,有金士顿自己颗粒的产品,更多的则是现代(Hynix)、三星(Samsung)、南亚(Nanya)、华邦(Winbond)、英飞凌(Infinoen)、美光(Micron)等众多厂商的内存颗粒。

金士顿 ValueRam 系列的价格与普通的 DDR400 一样,但可以超频到 DDR500 使用。而金士顿 HyperX 系列其超频性也不错,500MHz 的 HyperX 超频内存(HyperX PC4000)有容量 256MB、512MB 单片包装与容量 512MB 与 1GB 双片的包装上市,其电压为 2.6V,采用铝制散热片加强散热,使用三星 K4H560838E-TCCC 芯片,在 DDR400 下的 CAS 值为 2.5,DDR500 下的 CAS 值为 3,所以性能也一般。

4. 胜创(Kingmax)

1989 年成立于中国台湾地区的胜创科技有限公司,是内存模组的引领生产厂商之一。

胜创推出了低价版的 DDR433 内存产品,该产品采用传统的 TSOP 封装内存芯片,工作频率 433MHz。胜创推出的 SuperRam PC3500 系列的售价和 PC3200 处于同一档次,这为那些热衷超频又手头不宽裕的用户提供了一个不错的选择。此外,胜创也推出了 CL-3 的 DDR500 内存产品,其性能和其他厂家的同类产品大同小异。

5. 海盗旗(Corsair)

海盗旗是一个较有特点的内存品牌,其内存条都包裹着一层黑色金属外壳,这层金属壳紧贴在内存颗粒上,可以屏蔽其他的电磁干扰。代表产品如 Corsair TwinX PC3200(CMX512-3200XL)内存,它在 DDR400 下,可以稳定运行在 CL2-2-2-5-T1 下,将潜伏期和寻址时间缩短为原来的一半,这款内存并不比一些 DDR500 产品差,而且 Corsair 为这种内存提供终身保修。

Corsair DDR500 内存采用 Hynix 芯片,这款 XMS4000 能稳定运行在 DDR500,并且可以超频到 DDR530,在 DDR500 下其 CAS 值为 2.5,性能不错。

6. 宇瞻(Apacer)

宇瞻科技隶属宏碁集团,实力非常雄厚。初期专注于内存模组营销,并已经成为全球前四大内存模组供应商之一。

最近,宇瞻推出了"宇瞻金牌内存"系列。宇瞻金牌内存产品线特别为追求高稳定性、高兼容性的内存用户而设计。该内存坚持使用 100%原厂测试颗粒(绝不使用 OEM 颗粒),是基于现有最新的 DDR 内存技术标准设计而成,经过 ISO 9002 认证之工厂完整流程生产制造。采用 $20\mu m$ 金手指高品质 6 层 PCB 板,每条内存都覆盖有美观精质的黄金色金属铭牌,而且通过了最高端的 Advantest 测试系统检测。

2.3.5 内存检测的设置

对内存速度的检测,可按以下步骤设置。

系统开机启动后,按删除键进入 CMOS,在 BIOS 里将"Chipset feature setup"的"SDRAM control by"设置为"SPD","SDRAM CAS latency time"设置为 2。在屏幕上如果提示信息显示为"BY SPD data,suggest SDRAM CAS latency time is 3",则说明内存条的速度比 10ns 还要慢!

2.3.6 内存条的安装和升级

这一部分学习如何将内存条安装到主板上。考虑到还保留 72 线内存条的用户,也简单介绍一下将 72 线内存条的安装方法。

1. 168 线、184 线和 240 线内存条的安装

在 168 线的内存条的两面都有引脚,所以在两面的"金手指"端部,相应都标记有 1、84、85、168 的字样,或者至少标记了"1"即第一引脚的位置;而且内存条的金手指分为不等分的左右两部分,一般不会插错方向。在主板上的 DIMM 插槽两端,也相应标记了 1、84、85、168 的字样,以便与内存条的标记对应。

安装 SDRAM 内存条的步骤如下:

① 选择一个 DIMM 插槽,轻轻拨开插槽两端的塑料卡子。

② 找到插槽端部的"1"标记,将内存条上标有"1"的一侧和主板上的"1"对应起来。

③ 将内存条垂直对准插槽放入。

④ 用大拇指按住内存条两端,均匀用力,将内存条完全插入到 DIMM 插槽中。其判断标准是看两端的塑料卡子能否卡住内存条的缺口。

将内存条拆下的方法是:轻轻掰开两边的塑料卡子,内存条会自动弹出。注意:不要用手触摸内存条的"金手指"。

DDR 是 184 线,DDR 2 和 DDR 3 是 240 线,它们的安装方法与 168 线的安装方法基本相同,只是分隔"金手指"的缺口位置不同。

2. 72 线内存条的安装方法

由于插槽、引脚的设计不同,安装 72 线内存条的方法与安装 168 线内存条的方法略有不同,它的"金手指"分成了等分的两部分,所以只能通过辨认引脚标记或者端部的缺口来保证内存条不会插反。同时要注意,72 线的内存条必须是两条同时使用,并且必须安装到相邻的 SIMM 插槽中。

72 线内存条的安装步骤如下:

① 选择一个 SIMM 插槽,并将内存条上的"1"标记与插槽端部的"1"标记对应起来。

② 将内存条对准插槽,并倾斜大约 45 度角插入,使内存条"金手指"中间的缺口正好对准插槽中的凸起处。

③ 均匀用力推动内存条两端,使其正立起来,当听到两端的塑料卡子发出"咔哒"声时,表示卡子已经卡住了内存条。

④ 轻轻用手推动内存条,确认是否已经安装牢固。

拆卸 72 线内存条的方法和 168 线内存条基本一样。

3. 内存的升级

在所有计算机配件中,内存的价格起伏是最大的,也是最不可捉摸的。所以在高价位时先选配满足基本需要的内存容量,低价位时再升级是最明智的做法。对于一些老用户来说,同样也可以通过升级内存的捷径来获得机器性能的提高。

但是,在升级内存时,应该要注意以下几个方面的问题:

① 如果还在使用 72 线的内存,那么不能在同一组模块内(通常是相邻的两个 SIMM 插槽)使用不同容量的 72 线内存。即每一组模块里的内存容量要一致,如 4MB×2,8MB×2,16MB×2。

② 不要把不同速度的 SIMM 和 DIMM 内存条一起使用,即便它们的容量相同。不同速度的内存条混插会造成系统的不稳定。

③ 在购买和安装内存条之前,最好详细阅读一下主板的说明书,了解主板最大能支持多大的内存容量,以及每个插槽中可以插入的最大内存容量。如果每个插槽最大只支持 64MB 内存,则一条 128MB 内存就无法在主板上使用。

④ 用 DIMM 的用户(也就是 SDRAM)在扩充时最好使用相同品牌甚至是相同内存芯片编号的内存条,这样可以避免不少可能出现的兼容性问题。

⑤ 即使主板上同时具备了 SIMM 插槽和 DIMM 插槽,也不要将两种内存条同时使用。

习题

1. CPU 有哪些重要的性能指标?

2. 主机板的基本组成是什么?除了总线,它的决定性因素是什么?

3. 简述主机板的性能指标。

4. 主机板内有哪些基本的接口和插座?

5. 简述 i815,i850,i845 这几组芯片的性能差别。

6. 什么是 SIMM?

7. 什么是 DIMM? DIMM 与 SIMM 的差异是什么?

8. DDR RAM 是什么?

9. DDR2 RAM 是什么?

10. DDR3 RAM 是什么?

第3章 存 储 系 统

存储系统是指计算机中由存放程序和数据的各种存储设备、控制部件及管理信息调度的设备(硬件)和算法(软件)所组成的系统。由前述已知,在计算机中必须有速度由慢到快、容量由大到小的多级层次存储器,以最优的控制调度算法和合理的成本,构成具有性能可接受的存储系统。存储系统的性能在计算机中的地位日趋重要,主要原因是:①冯·诺伊曼体系结构是建筑在存储程序概念的基础上,访存操作约占中央处理器(CPU)时间的 70% 左右;②存储管理与组织的好坏影响到整机效率;③现代的信息处理,如图像处理、数据库、知识库、语音识别、多媒体等对存储系统的要求很高。

本章介绍的存储系统,主要指各种存储媒介,下面概要介绍它们的工作原理和技术。

3.1 存储的基本原理

3.1.1 存储介质的分类

磁存储介质包括硬盘、软盘、光盘、闪存和磁带等。软盘基本上淡出人们的视野了,磁带一般只用在服务器的数据存储备份上,平时最为常见的是硬盘和闪存。硬盘和软盘的存储原理比较相近,基本上都是在存储介质平面上划分若干同心圆形成磁道,每个磁道又划分成若干扇区,数据就保存在扇区上。参见图 3.1。

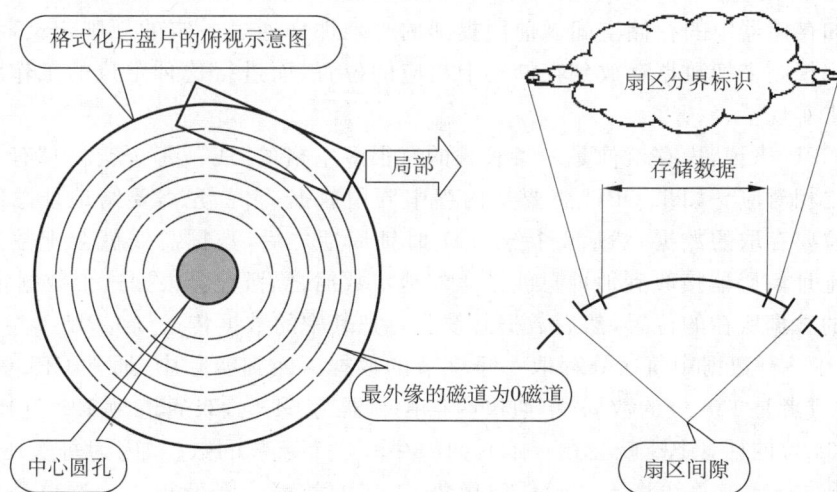

图 3.1　磁盘的数据存储示意图

3.1.2 各种存储介质的存储原理

1. 硬盘数据存储原理

硬盘是一种采用磁介质的数据存储设备,数据存储在密封于洁净的硬盘驱动器内腔的若干个磁盘片上。这些盘片一般是在以铝为主要成分的片基表面涂上磁性介质所形成,在磁盘片的每一面上,以转动轴为轴心、以一定的磁密度为间隔的若干个同心圆就被划分成磁道(track),每个磁道又被划分为若干个扇区(sector),数据就按扇区存放在硬盘上。在每一面上都相应地有一个读写磁头(head),所以不同磁头的所有相同位置的磁道就构成了所谓的柱面(cylinder)。传统的硬盘读写都是以柱面、磁头、扇区为寻址方式的(CHS 寻址)。硬盘在上电后保持高速旋转(5400r/min 以上),位于磁头臂上的磁头悬浮在磁盘表面,可以通过步进电机在不同柱面之间移动,对不同的柱面进行读写。所以在上电期间如果硬盘受到剧烈振荡,磁盘表面就容易被划伤,磁头也容易损坏,这都将给盘上存储的数据带来灾难性的后果。

2. 内存的存储原理

内存(random access memory,RAM),全称是随机存取存储器,主要的作用就是存储代码和数据供 CPU 在需要的时候调用。但是这些数据并不是像用木桶盛水那么简单,而是类似图书馆中用有格子的书架存放书籍一样,不但要放进去还要能够在需要的时候准确地调用出来,因为虽然都是书但是每本书是不同的。对于内存等存储器来说也是一样的,虽然存储的都是代表 0 和 1 的代码,但是不同的组合就是不同的数据。如果有一个书架上有 10 行和 10 列格子(每行和每列都有 0～9 编号),有 100 本书要存放在里面,那么我们使用一个行的编号和一个列的编号就能确定某一本书的位置。如果已知这本书的编号 36,那么我们首先锁定第 3 行,然后找到第 6 列就能准确地找到这本书了。

在内存中也是利用了相似的原理。对于它而言数据总线是用来传入数据或者传出数据的。假如存储器中的存储空间像前面提到的书架那样通过一定的规则定义,我们就可以通过这个规则来把数据存放到存储器上相应的位置,而进行这种定位的工作就要依靠地址总线来实现了。

对于 CPU 来说,内存就像是一条长长的有很多空格的"线",每个空格都有一个唯一的地址与之相对应。如果 CPU 想要从内存中调用数据,它首先需要给地址总线发送地址数据定位要存取的数据,然后等待若干个时钟周期之后,数据总线就会把数据传输给CPU。当地址解码器接收到地址总线送来的地址数据之后,它会根据这个数据定位 CPU想要调用的数据所在的位置,然后数据总线就会把其中的数据传送到 CPU。

CPU 在一行数据中每次只存取一个字节的数据。回到实际中,通常 CPU 每次需要调用 64 位或者是 128 位的数据(单通道内存控制器为 64 位,双通道为 128 位)。如果数据总线是 64 位的话,CPU 就会在一个时间中存取 8 个字节的数据,因为每次还是存取 1个字节的数据,64 位总线将不显示任何优势,工作的效率会降低很多。这也是现在的主板和 CPU 都使用双通道内存控制器的原因。

3. 闪存的存储原理

闪存(flash memory)是非挥发存储的一种,具有关掉电源仍可保存数据,同时又可重复读写且读写速度快、单位体积内可储存最多数据量,以及低功耗特性等优点。其存储物理机制实际上为一种新型电可擦除可编程只读存储(EEPROM),是半导体存储器(SCM)的一种。

一般 MOS 闸极(gate)和通道的间隔为氧化层之绝缘(gate oxide),而闪存的特色是在控制闸(control gate)与通道间多了一层称为"浮闸"(floating gate)的物质。拜这层浮闸之赐,闪存可快速完成读、写、抹除三种基本操作模式;即便在不提供电源给存储的环境下,也能透过此浮闸,来保存数据的完整性。

闪存芯片中单元格里的电子可以被带有更高电压的电子区还原为正常的 1。闪存采用内部闭合电路,这样不仅使电子区能够作用于整个芯片,还可以预先设定"区块"(block)。在设定区块的同时将芯片中的目标区域擦除干净,以备重新写入。传统的 EEPROM 芯片每次只能擦除一个字节,而闪存每次可擦写一块或整个芯片。闪存的工作速度大幅领先于传统 EEPROM 芯片。

4. 光盘的存储原理

有一类非磁性记录介质,经激光照射后可形成小凹坑,每一凹坑为一位信息。这种介质的吸光能力强、熔点较低,在激光束的照射下,其照射区域由于温度升高而被熔化,在介质膜张力的作用下熔化部分被拉成一个凹坑,此凹坑可用来表示一位信息。因此,可根据凹坑和未烧蚀区对光反射能力的差异,利用激光读出信息。

工作时,将主机送来的数据经编码后送入光调制器,调制激光源输出光束的强弱,用以表示数据 1 和 0;再将调制后的激光束通过光路写入系统到物镜聚焦,使光束成为能量状态为 1 大小的光点射到记录介质上,用凹坑代表 1,无坑代表 0。读取信息时,激光束的功率为写入时功率的 1/10 即可。读光束为未调制的连续波,经光路系统后,也在记录介质上聚焦成小光点。无凹处,入射光大部分返回;有凹处,由于坑深使得反射光与入射光抵消而不返回。这样,根据光束反射能力的差异将记录在介质上的"1"和"0"信息读出。

常见的各种光盘就是将模拟数据通过刻录设备在上面刻出的一个信号凹坑,再在光盘的另一面涂上反光材料制成的。而 CD-ROM 的激光头发出的光束照到光盘的平地方和凹地方所反射回的信号不同,CD-ROM 上的光敏元件就根据反射信号的强弱产生高低电平输出到光驱的数字电路中,而高低电平在计算机中分别代表 0 和 1,计算机就根据这些 0 和 1 来完成数据的输出。现在的 DVD 一般用红色激光,HD-DVD、Blue-ray 用蓝紫色激光。蓝紫色激光光盘的储存密度大的多,Blue-ray 达到单碟双层 50GB,HD-DVD 为 30GB,而 DVD 只有 8.5GB。

3.1.3 存储容量单位

存储容量单位:KB(kilobyte),MB(megabyte),GB(gigabyte),TB(terabyte),PB(petabyte),EB(exabyte)。

3.1.4 软磁盘简介

在 PC 诞生初期,软盘就是标准设备之一。

1967 年,IBM 公司推出世界上第一张"软盘",直径 32 英寸。

1971 年，Alan Shugart 推出一种直径 8 英寸的表面涂有金属氧化物的塑料质磁盘，这就是我们常说的标准软盘的鼻祖，容量仅为 81KB。

1976 年，Alan Shugart 研制出 5.25 英寸的软盘，售价 390 美元，后来用在 IBM 早期的 PC 中。Alan Shugart 后来离开 IBM 创办了希捷（Seagate）公司，他也被尊为磁盘之父。

1979 年，索尼公司推出 3.5 英寸的双面软盘，容量 875KB，到 1983 年已达 1MB。

1987 年软盘时代的最后遗孤 3.5 寸高密度软盘最早推出，格式化容量为 1.44MB。由于它采用不同以往的封装结构，携带更方便，保护性更强，容量比 5 英寸盘大，所以很快就流行起来。

20 世纪 90 年代 3.5 英寸/1.44MB 软盘一直是 PC 标准的数据传输方式之一。3.5 英寸软盘如图 3.2 所示。

索尼公司 2009 年 9 月 11 日宣布，公司已于上半年内全面停产 3.5 英寸 FDD 软盘驱动器产品，年内清空库存，彻底退出该市场。这样的经典产品终于要走进博物馆。

随着 U 盘的风靡、光盘刻录的发展、网络应用的普及，曾经是应用最广泛的软盘驱动器将淡出人们的视线，但软盘驱动器为计算机的发展所作出的卓著贡献将永存史册。

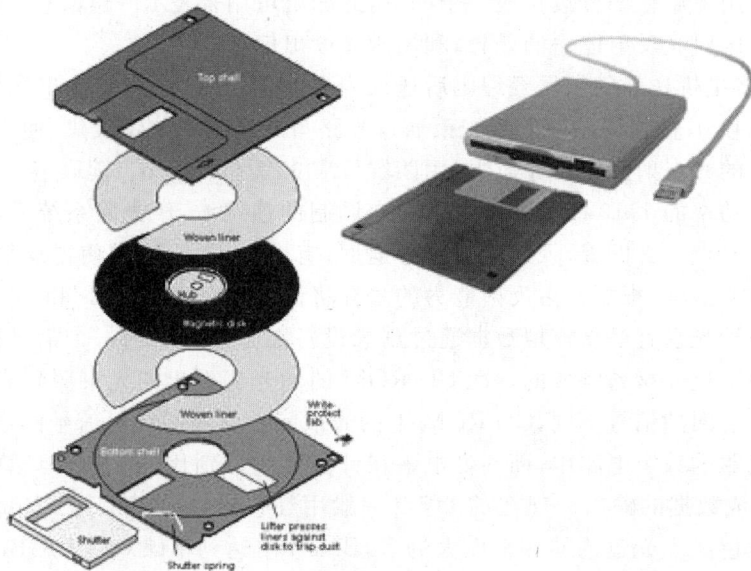

图 3.2　3.5 英寸软盘

3.5 英寸软盘的外观与 5 英寸软盘有很大区别。首先，它的外套采用硬质塑料，保护内部的盘片不受外界的冲击；第二，读写口采用滑动盖加以保护，使内部盘片更加安全，滑动盖片平时是关着的，用于保护盘片，当插入软驱时，滑动打开，就能读写内部磁盘片，另外索引孔也在滑片上，可受到滑动盖片的保护；第三，写保护口改用塑料活动开关，使用起来更加方便，在保护口中把活塞向上打开，就处于只读状态；第四，盘盒左上角有容量定位孔，可确定具体容量，1.44MB 的 3.5 英寸软盘为两个小方孔，2.88MB 软盘为单一方孔。3.5 英寸软盘内部结构与 5 英寸软盘相似，都由一片圆形磁性材料盘片构成，只不过盘片直径略小一些。

软盘驱动器的规格主要由相应的软盘决定。通常有 5 英寸高密、3.5 英寸低密、3.5 英寸高密三种驱动器,不同规格的盘只能使用与其配套的驱动器。软盘驱动器工作原理与硬盘驱动器的原理几乎一样,也包括主轴驱动器系统、磁头读写系统、磁头定位系统和一个控制器,另外增加一个软盘推入和弹出的机械装置。3.5 英寸的软盘的推入和弹出要用手动插取盘,插入时必须关上软驱锁才能正常工作,若没有关上软驱锁则无法读写磁盘。3.5 英寸软盘插入后驱动器内部有卡位装置,不必另外加锁,退出时按一下退出键便可弹出软盘。

由于软驱技术相当成熟,各品牌的软驱之间其接口标准(为专用接口)、传输率(60KB/s)、读取时间(约 10ms)等指标几乎没有差别。因此选择的余地主要集中在读写磁盘的能力,磁头的重复读/写次数的性能指标上。判断读/写能力高低的标准主要看读/写的能力在短时期内是否平衡,读/写的兼容性是否好。一般的磁头重复读/写的能力在短时间内是无法检测的,只有依靠品牌的保证。

3.2 硬盘

3.2.1 硬盘的接口技术

1. IDE

IDE 即 Integrated Drive Electronics 的缩写,其本意是把控制器与盘体集成在一起的硬盘驱动器,而其正式的名称叫做 ATA-1,即 Advanced Technology Attachment 接口(高速硬盘接口)。IDE 接口标准首次以 ATA 的正式名称出现,在主板上有一个 ATA 插口,这个插口能支持一个主设备和一个从设备,每个设备的最大容量为 504MB,这就是 504MB 限制这个历史遗留问题的由来。ATA-1 最早开始只支持 PIO-0、PIO-1 和 PIO-2 模式,其数据传输速度只有 3.3MB/s。

IDE 代表着硬盘的一种类型,但在实际的应用中,人们也习惯用 IDE 来称呼最早出现的 IDE 类型硬盘 ATA-1,这种类型的接口随着接口技术的发展已经被淘汰了,而其后发展分支出更多类型的硬盘接口,比如 ATA、Ultra ATA、DMA、Ultra DMA 等接口都属于 IDE 硬盘。目前硬件接口已经向 SATA 转移,IDE 接口迟早会退出舞台。

IDE 接口的优点是价格低廉、兼容性强、性价比高,缺点是数据传输速度慢、线缆长度过短、连接设备少。

2. EIDE

EIDE 是在 ATA 原有基础上进行改进后推出的 ATA-2,也就是人们常说的 EIDE(Enhanced IDE)或 Fast ATA。它在 ATA 的基础上增加了 2 种 PIO 和 2 种 DMA 模式(PIO-3),不仅将硬盘的最高传输率提高到 16.6MB/s,还同时引进 LBA 地址转换方式,突破了固有的 504MB 的限制,可以支持最高达 8.1GB 的硬盘。但硬盘技术的发展实在太迅速了,很快这个 8.1GB 容量指标也成了大硬盘安装的一个瓶颈问题。在支持 ATA-2 的计算机的 BIOS 设置中,一般可以见到 LBA(logical block address)和 CHS(cylinder, head,sector)的设置。同时在 EIDE 接口的主板上一般有两个 EIDE 接口,这两个 EIDE 接口一般称为 IDE1 和 IDE2,它们也可以分别连接一个主设备和一个从设备,这样一块主板就可以支持四个 EIDE 设备。

3. ATA-3

ATA -3 并没有提高 IDE 接口的工作速度,最高传输速度仍为 16.6MB/s(支持 PIO-3),但引入了密码保护机制,对电源管理方案进行了修改,引入了 S. M. A. R. T(self-monitoring analysis and reporting technology,自监测、自分析和报告技术),这是一个划时代的重大改进。

4. ATA-4

这就是市面上曾较常见的 Ultra ATA/33,支持 Ultra DMA 技术的硬盘上有 DMA(direct memory access,直接内存访问,它是 I/O 设备与主存储器之间由硬件组成的直接数据通道,用于高速 I/O 设备与主存储器之间的成组数据传送)控制器,采用总线主控方式进行数据传输,它将 PIO-4 下的最大数据传输率提高了一倍,达到 33MB/s。Windows98 正式支持这一接口技术,可以在控制面板中的"系统"→"属性"→"设备管理器"→"磁盘驱动器"→"属性"→"设置"中找到"DMA"选项,在其前面的小框内打"√"即可让硬盘工作在 DMA 状态下(不过一些太老的主板可能不支持这一接口,假如勾选后出现问题,可以取消这一设置,或者是升级主板 BIOS)。

5. Ultra ATA/66

Ultra ATA/66 又称为 Ultra DMA66,同时也可以简称为 UDMA4,这个序号是从 UDMA2 和 UDMA3 顺延而来的,所以关于 Ultra ATA/66 名称的叫法有点混乱,实际上它们都是同一回事。Ultra ATA/66 不仅将接口通道的数据交换速度提高了一倍,同时也继承了上一代 Ultra ATA/33 的核心技术——循环冗余校验技术(CRC)。CRC 技术的设计方针是系统与硬盘在进行传输的过程中,随数据发送循环的冗余校验码,对方在收取的时候也对该校验码进行检验,只有在完全核对正确的情况下才接收并处理得到的数据,这对于高速传输数据的安全性是有力的保障。

从硬盘的发展历史可以清楚地看到,从 1986 年的 ATA 到 1993 年的 ATA-2 这 7 年时间里,外部数据传输率仅从 3.3MB/s 增至 16.6MB/s。因此,当英特尔和昆腾公司提出可将外部数据传输速度倍增至 33MB/s 的 Ultra ATA 接口技术时(即常讲的 ATA-4),瞬即得到各大硬盘厂商的响应。Ultra ATA/66 接口技术提供 66MB/s 的最大外部传输率和新的循环冗余校验技术,该传输率有助于进一步提高硬盘和主内存之间的数据交换速度。Ultra DMA66 还有一个核心技术,就是将普通的 UDMA33 排线改成 80 根的排线,也就是常说的 DMA66 线,该线仍然使用 40 针的接口,但传输线增加了一倍。不过,Windows 98 并不支持 Ultra ATA/66 这一新技术,所以当使用这种新型硬盘时,除使用 DMA66 专用数据线连接硬盘与主板外,还必须正确安装主板驱动程序,才能够识别出 Ultra ATA/66 硬盘,否则只能大材小用,当做 Ultra ATA/33 硬盘使用。

6. Ultra ATA/100

Ultra ATA/100 是美国昆腾公司联合几大厂商在原有的 ATA/66 基础上推出的新一代接口类型,它是昆腾公司在硬盘接口开发方面已经申请专利的第三代技术。这个接口得到了英特尔公司和其他一流的芯片制造商的支持。其最大的特点及好处就是将硬盘的最大外部数据传输率提高到了100MB/s。

7. SATA

SATA（Serial Advanced Technology Attachment）是串行 ATA 的缩写，目前有 SATA 1.0 和 SATA 2.0 两种标准，对应的传输速度分别是 150MB/s 和 300MB/s。SATA 主要用于取代已经遇到瓶颈的 PATA（并行 ATA）接口技术。从速度这一点上看，SATA 在传输方式上也比 PATA 先进，已经远远把 PATA 硬盘甩到了后面。其次，从数据传输角度看，SATA 比 PATA 抗干扰能力更强。

SATA 是一种完全不同于并行 ATA 的新型硬盘接口类型，由于采用串行方式传输数据而得名。SATA 总线使用嵌入式时钟信号，具备了更强的纠错能力，与以往相比其最大的区别在于能对传输指令（不仅仅是数据）进行检查，如果发现错误会自动矫正，这在很大程度上提高了数据传输的可靠性。

SATA 1.0 目前已经得到广泛应用，其最大数据传输率为 150MB/s，信号线最长 1m。SATA 一般采用点对点的连接方式，即一头连接主板上的 SATA 接口，另一头直接连硬盘，没有其他设备可以共享这条数据线，而并行 ATA 允许这种情况（每条数据线可以连接 1～2 个设备），因此也就无须像并行 ATA 硬盘那样设置主盘和从盘（见图 3.3）。

图 3.3　主板上的 SATA 接口

另外，SATA 串行接口还具有结构简单、支持热插拔的优点。SATA 所具备的热插拔功能是 PATA 所不能比的，利用这一功能可以更加方便地组建磁盘阵列。串口的数据线由于只采用了四针结构，因此比并口安装起来更加便捷，更有利于缩减机箱内的线缆，快速散热（见图 3.4）。

与并行 ATA 相比，SATA 具有比较大的优势。首先，SATA 以连续串行的方式传送数据，可以在较少的位宽下使用较高的工作频率来提高数据传输的带宽。SATA 一次只传送 1 位数据，从而减少 SATA 接口的针脚数目，使连接电缆数目变少，效率也更高。实际上，SATA 仅用四支针脚就能完成所有的工作，分别用于连接电缆、连接地线、发送数

图 3.4　串口的数据线采用四针结构

据和接收数据,同时这样的架构还能降低系统能耗和减小系统复杂性。其次,SATA 的起点更高、发展潜力更大,SATA 1.0 定义的数据传输率可达 150MB/s,这比目前最快的并行 ATA(即 ATA/133)所能达到 133MB/s 的最高数据传输率还高,而目前 SATA 2.0 的数据传输率已经高达 300MB/s。

SATA 规范不仅立足于未来,而且还保留了多种向后兼容方式,在使用上不存在兼容性的问题。在硬件方面,SATA 标准中允许使用转换器提供同并行 ATA 设备的兼容性,转换器能把来自主板的并行 ATA 信号转换成 SATA 硬盘能够使用的串行信号,目前已经有多种此类转接卡/转接头上市,这在某种程度上保护了我们的原有投资,减小了升级成本;在软件方面,SATA 和并行 ATA 保持了软件兼容性,这意味着厂商不必为使用 SATA 而重写任何驱动程序和操作系统代码。

另外,SATA 接线较传统的并行 ATA(Parallel ATA)接线要简单得多,而且容易收放,对机箱内的气流及散热有明显改善。而且,SATA 硬盘与始终被困在机箱之内的并行 ATA 不同,扩充性很强,即可以外置。外置式的机柜(JBOD)不仅可提供更好的散热及插拔功能,而且更可以多重连接来防止单点故障;由于 SATA 和光纤通道的设计如出一辙,所以传输速度可用不同的通道来作保证,这在服务器和网络存储上具有重要意义。

SATA 2.0 是在 SATA 的基础上发展起来的,其主要特征是外部传输率从 SATA 的 1.5Gb/s(150MB/s)进一步提高到了 3Gb/s(300MB/s),此外还包括原生命令队列(native command queuing,NCQ)、端口多路器(port multiplier)、交错启动(staggered spin-up)等一系列的技术特征。单纯的外部传输率达到 3Gb/s 并不是真正的 SATA 2.0。

SATA 2.0 的关键技术就是 3Gb/s 的外部传输率和 NCQ 技术。NCQ 技术可以对硬盘的指令执行顺序进行优化,避免像传统硬盘那样机械地按照接收指令的先后顺序移动磁头读写硬盘的不同位置,与此相反,它会在接收命令后对其进行排序,排序后的磁头将以高效率的顺序进行寻址,从而避免磁头反复移动带来的损耗,延长硬盘寿命。另外并非所有的 SATA 硬盘都可以使用 NCQ 技术,除了硬盘本身要支持 NCQ 之外,也要求主板芯片组的 SATA 控制器支持 NCQ。此外,NCQ 技术不支持 FAT 文件系统,只支持 NTFS 文件系统。

由于 SATA 设备市场比较混乱,不少 SATA 设备提供商在市场宣传中滥用"SATA Ⅱ"名称的现象愈演愈烈,例如某些号称"SATA 2.0"的硬盘仅支持 3Gb/s 而不支持 NCQ,而某些只具有 1.5Gb/s 的硬盘却又支持 NCQ,所以,由希捷(Seagate)所主导的 SATA-IO(Serial ATA International Organization,SATA 国际组织,原 SATA 工作组)又宣布了 SATA 2.5 规范,收录了原先 SATA 2.0 所具有的大部分功能——从 3Gb/s 和 NCQ 到交错启动、热插拔、端口多路器以及比较新的 eSATA(external SATA,外置式 SATA 接口)等。

值得注意的是,部分采用较早的仅支持 1.5Gb/s 的南桥芯片(例如 VIA VT8237 和 NVIDIA nForce2 MCP-R/MCP-Gb)的主板在使用 SATA Ⅱ 硬盘时,可能会出现找不到硬盘或蓝屏的情况。不过大部分硬盘厂商都在硬盘上设置了一个速度选择跳线,以便强制选择 1.5Gb/s 或 3Gb/s 的工作模式(少数硬盘厂商则是通过相应的工具软件来设置),只要把硬盘强制设置为 1.5Gb/s,SATA 2.0 硬盘照样可以在老主板上正常使用。

SATA 硬盘在设置 RAID 模式时,一般都需要安装主板芯片组厂商所提供的驱动,但也有少数较老的 SATA RAID 控制器在某些打了最新补丁的、集成了 SATA RAID 驱动的版本的 Windows XP 系统里不需要加载驱动就可以组建 RAID。

鉴于 SATA 较并行 ATA 可谓优点多多,因此它成为并行 ATA 的廉价替代方案,并且从并行 ATA 完全过渡到 SATA 也是大势所趋。相关厂商也在大力推广 SATA 接口,例如 Intel 的 ICH6 系列南桥芯片相比于 ICH5 系列南桥芯片,所支持的 SATA 接口从 2 个增加到了 4 个,而并行 ATA 接口则从 2 个减少到了 1 个;而 ICH7 系列南桥则进一步支持了 4 个 SATA 2.0 接口;ICH8 系列南桥则将支持 6 个 SATA 2.0 接口,并完全抛弃并行 ATA 接口;其他主板芯片组厂商也已经开始支持 SATA 2.0 接口;目前 SATA 2.0 接口的硬盘也逐渐成了主流;其他采用 SATA 接口的设备例如 SATA 光驱也已经出现。

无论是 SATA 还是 SATA 2.0,其实对硬盘性能的影响都不大。因为目前硬盘性能的瓶颈集中在由硬盘内部机械机构和硬盘存储技术、磁盘转速所决定的硬盘内部数据传输率上面,就算是目前最顶级的 15000 转 SCSI 硬盘其内部数据传输率也不过才 80MB/s 左右,更何况普通的 7200 转桌面级硬盘了。除非硬盘的数据记录技术产生革命性的变化,例如垂直记录技术等,目前硬盘的内部数据传输率难以得到飞跃性的提高。其实,目前的硬盘采用 ATA/100 已经完全够用,之所以采用更先进的接口技术,是为了获得更高的突发传输率、支持更多的特性、更加方便易用以及更具有发展潜力。

8. SCSI 接口

小型计算机系统接口(small computer system interface,SCSI),是同 IDE(ATA)完全不同的接口。IDE 接口是普通 PC 的标准接口,而 SCSI 并不是专门为硬盘设计的接口,是一种广泛应用于小型机上的高速数据传输技术。SCSI 接口具有应用范围广、多任务、带宽大、CPU 占用率低,以及热插拔等优点,但较高的价格使得它很难如 IDE 硬盘般普及,因此 SCSI 硬盘主要应用于中、高端服务器和高档工作站中。

SCSI 接口从诞生到现在已经历了 20 多年的发展,先后衍生出了 SCSI-1、Fast SCSI、

Fast-Wide-SCSI-2、Ultra SCSI、Ultra2 SCSI、Ultra160 SCSI、Ultra320 SCSI 等,现在市场中占据主流的是 Ultra160 SCSI、Ultra320 SCSI 接口产品。

在系统中应用 SCSI 必须要有专门的 SCSI 控制器,也就是一块 SCSI 控制卡,才能支持 SCSI 设备,这与 IDE 硬盘不同。在 SCSI 控制器上有一个相当于 CPU 的芯片,它对 SCSI 设备进行控制,能处理大部分的工作,减少了中央处理器的负担(CPU 占用率)。在同时期的硬盘中,SCSI 硬盘的转速、缓存容量、数据传输速率都要高于 IDE 硬盘,因此更多是应用于商业领域。

SCSI 最早是 1979 年由美国的 Shugart 公司(希捷公司前身)制定的,在 1986 年获得了美国标准协会(ANSI)的承认,称为施加特联合系统接口(Shugart Associates System Interface,SASI),也就是 SCSI-1。SCSI-1 是第一个 SCSI 标准,支持同步和异步 SCSI 外围设备;使用 8 位的通道宽度;最多允许连接 7 个设备;异步传输时的频率为 3MB/s,同步传输时的频率为 5MB/s;支持 WORM 外围设备。它采用 25 针接口,因此在连接到 SCSI 卡(SCSI 卡上接口为 50 针)上时,必须要有一个内部的 25 针对 50 针的接口电缆。该种接口已基本被淘汰,在相当古老的设备上或个别扫描仪设备上还能看到。

SCSI-2 又被称为 Fast SCSI,它在 SCSI-1 的基础上作出了很大的改进,还增加了可靠性,数据传输率被提高到了 10MB/s,仍旧使用 8 位的并行数据传输,还是最多 7 个设备。后来又进行了改进,推出了支持 16 位并行数据传输的 Wide-SCSI-2(宽带)和 Fast-Wide-SCSI-2(快速宽带),其中 Wide-SCSI-2 的数据传输率并没有提高,只是改用 16 位传输,而 Fast-Wide-SCSI-2 则是把数据传输率提高到了 20MB/s。

SCSI-3 标准版本是在 1995 年推出的,也习惯称为 Ultra SCSI,其同步数据传输速率为 20MB/s。若使用 16 位传输的 Wide 模式时,数据传输率更可以提高至 40MB/s。允许接口电缆的最大长度为 1.5m。

1997 年推出了 Ultra2 SCSI(Fast-40)标准版本,其数据通道宽度仍为 8 位,但其采用了低电平微分(low voltage differential,LVD)传输模式,传输速率为 40MB/s,允许接口电缆的最长为 12m,大大增加了设备的灵活性,支持同时挂接 15 个装置。随后其推出了 Wide Ultra 2 SCSI 接口标准,它采用 16 位数据通道带宽,最高传输速率可达 80MB/s,允许接口电缆的最长为 12m,同样支持同时挂接 15 个装置,大大增加了设备的灵活性。

LVD 可以使用更低的电压,因此可以将差动驱动程序和接收程序集成到硬盘的板载 SCSI 控制器中。老式 SCSI 需要使用独立的、耗电的高压器件。由于 LVD 使用的是低电压和低电流器件,因此可以将差动收发器集成在硬盘的板载 SCSI 控制器中,不再需要单独的高成本外部高电压差动组件。

LVD 硬盘可进行多模式转换,当所有条件都满足时,硬盘就工作在 LVD 模式下;反之如果并非所有条件都满足,硬盘将降为单端工作模式。LVD 硬盘带宽的增加对于服务器环境来说意味着更理想的性能。服务器环境都要求有快速响应、必须能够进行随机访问和大工作量的队列操作。当使用诸如 CAD、CAM、数字视频和各种 RAID 等软件的时候,带宽增加的效果能够立竿见影,信息可以迅速而轻松地进行传输。

Ultra160 SCSI,也称为 Ultra3 SCSI LVD,是一种比较成熟的 SCSI 接口标准,是在 Ultra2 SCSI 的基础上发展起来的,采用了双转换时钟控制、循环冗余码校验和域名确认等新技术。双转换时钟控制在不提高接口时钟频率的情况下使数据传输率提高了一倍，这是 Ultral60 SCSI 接口速率大幅提高的关键。采用 Ultra160 SCSI，实现起来简单容易，风险小。在增强了可靠性和易管理性的同时，Ultra160 SCSI 的传输速率为 Ultra2 SCSI 的 2 倍，达到 160MB/s。

Ultra160 SCSI 接口具备如下特点：

- Ultra2 和 Ultra160 的设备可以同时安装在一条总线上，且 Ultra160 设备性能不会下降；
- 通过提高检纠错能力增强了产品的可靠性；
- 具有监控接口性能和较高可靠传输速率的能力；
- 用于单个设备的电缆长度可达 25m，用于 2 个设备或多个设备的电缆长度可达 12m；
- 在 1 个通道上支持多达 15 个 SCSI 设备。

Ultra320 SCSI，也称为 Ultra4 SCSI LVD，是比较新型的 SCSI 接口标准。Ultra320 SCSI 是在 Ultra160 SCSI 的基础上发展起来的，Ultra160 SCSI 的优势得以继续发扬，Ultra160 SCSI 的 3 项关键技术，即双转换时钟控制、循环冗余码校验和域名确认，都得到保留。以往的 SCSI 接口标准中，SCSI 接口支持异步和同步两种传输模式。Ultra320 SCSI 引入了调步传输模式，在这种传输模式中，简化了数据时钟逻辑，使 Ultra320 SCSI 的高传输速度成为可能。Ultra320 SCSI 传输速率可以达到 320MB/s。

Ultra320 SCSI 主要具有以下特点：
- 双倍速率数据传输，数据传输速率比 Ultra160 SCSI 提高了一倍；
- 分组化的 SCSI，支持分组协议；
- 快速仲裁和选择，大大提高了总线的利用率；
- 读写数据流，把数据传输的开销降到最低；
- 流控制，提高总线利用率。

9. 光纤通道

光纤通道(fibre channel)其实是对一组标准的称呼，这组标准用以定义通过铜缆或光缆进行串行通信从而将网络上各节点相连接所采用的机制。光纤通道标准由美国国家标准协会(American National Standards Institute，ANSI)开发，为服务器与存储设备之间提供高速连接。早先的光纤通道专门为网络设计的，随着数据存储在带宽上的需求提高，才逐渐应用到存储系统上。光纤通道是一种跟 SCSI 或 IDE 有很大不同的接口，它很像以太网的转换开关。光纤通道是可以提高多硬盘存储系统的速度和灵活性而设计的高性能接口。

光纤通道是为像服务器这样的多硬盘系统环境而设计的。光纤通道配置存在于底板上。底板是一个承载物，承载有印刷电路板(PCB)、多硬盘插座和光纤通道主机总线适配器(HBA)。底板可直接连接至硬盘(不用电缆)，并且为硬盘提供电源和控制系统内部所有硬盘上数据的输入和输出。

光纤通道可以采用铜轴电缆和光导纤维作为连接设备，大多采用光纤媒介，而传统的铜轴电缆如双绞线等则可以用于小规模的网络连接部署。但采用铜轴电缆的光纤通道有着铜媒介一样的老毛病，如传输距离短(30m，取决于具体的线缆)以及易受电磁干扰

（EMI）影响等。

虽然铜媒介也适用于某些环境，但是对于利用光纤通道部署的较大规模存储网络来说，光缆是最佳的选择。光缆按其直径和"模式"进行分类。直径以微米为计量单位。光缆模式有两种：单模是一次传送一个单一的信号，而多模则能够通过将信号在光缆玻璃内核壁上不断反射而传送多个信号。现在认可的光缆光纤通道标准和等级有：直径 $62.5\mu m$ 多模光缆 175m 级，直径 $50\mu m$ 多模光缆 500m 级，以及直径 $9\mu m$ 单模光缆 10km 级。

光纤现在能提供 100Mb/s 的实际带宽，而它原本的理论极限值为 1.06Gb/s。不过现在有一些公司开始推出 2.12Gb/s 的产品，它支持下一代的光纤通道（即 Fibre Channel Ⅱ）。为了能得到更高的数据传输率，市面的光纤产品有的使用多光纤通道来达到更高的带宽。

光纤通道的优点：
- 连接设备多，最多可连接 126 个设备；
- 低 CPU 占用率；
- 支持热插拔，在主机系统运行时就可安装或拆除光纤通道硬盘；
- 可实现光纤和铜缆的连接；
- 高带宽，在适宜的环境下，光纤通道是现有产品中速度最快的；
- 通用性强；
- 连接距离大，连接距离远远超出其他同类产品。

光纤通道的缺点：
- 产品价格昂贵；
- 组建复杂。

10. SAS 接口

SAS（Serial Attached SCSI）即串行连接 SCSI，是新一代的 SCSI 技术，和现在流行的 Serial ATA（SATA）硬盘相同，都是采用串行技术以获得更高的传输速度，并通过缩短连结线改善内部空间等。SAS 是并行 SCSI 接口之后开发出的全新接口。此接口的设计是为了改善存储系统的效能、可用性和扩充性，并且提供与 SATA 硬盘的兼容性。

SAS 的接口技术可以向下兼容 SATA。具体来说，二者的兼容性主要体现在物理层和协议层的兼容。在物理层，SAS 接口和 SATA 接口完全兼容，SATA 硬盘可以直接使用在 SAS 的环境中，从接口标准上而言，SATA 是 SAS 的一个子标准，因此 SAS 控制器可以直接操控 SATA 硬盘，但是 SAS 却不能直接使用在 SATA 的环境中，因为 SATA 控制器并不能对 SAS 硬盘进行控制；在协议层，SAS 由 3 种类型协议组成，根据连接的不同设备使用相应的协议进行数据传输。其中串行 SCSI 协议（SSP）用于传输 SCSI 命令；SCSI 管理协议（SMP）用于对连接设备的维护和管理；SATA 通道协议（STP）用于 SAS 和 SATA 之间数据的传输。因此在这 3 种协议的配合下，SAS 可以和 SATA 以及部分 SCSI 设备无缝结合。

SAS 系统的背板（backplane）既可以连接具有双端口、高性能的 SAS 驱动器，也可以连接高容量、低成本的 SATA 驱动器。所以 SAS 驱动器和 SATA 驱动器可以同时存在于一个存储系统之中。但需要注意的是,SATA 系统并不兼容 SAS,所以 SAS 驱动器不能连接到 SATA 背板上。由于 SAS 系统的兼容性,使用户能够运用不同接口的硬盘来满足各类应用在容量上或效能上的需求,因此在扩充存储系统时拥有更多的弹性,让存储设备发挥最大的投资效益。

在系统中,每一个 SAS 端口最多可以连接 16256 个外部设备,并且 SAS 采取直接的点到点的串行传输方式,传输的速率高达 3Gb/s,估计以后会有 6Gb/s 乃至 12Gb/s 的高速接口出现。SAS 的接口也作了较大的改进,它同时提供了 3.5 英寸和 2.5 英寸的接口,因此能够适合不同服务器环境的需求。SAS 依靠 SAS 扩展器来连接更多的设备,目前的扩展器以 12 端口居多,不过根据板卡厂商产品研发计划显示,未来会有 28 端口和 36 端口的扩展器引入,来连接 SAS 设备、主机设备或者其他的 SAS 扩展器。

和传统并行 SCSI 接口比较起来,SAS 不仅在接口速度上得到显著提升(现在主流 Ultra 320 SCSI 速度为 320MB/s,而 SAS 才刚起步速度就达到 300MB/s,未来会达到 600MB/s 甚至更高),而且由于采用了串行线缆,不仅可以实现更长的连接距离,还能够提高抗干扰能力。这种细细的线缆还可以显著改善机箱内部的散热情况。

SAS 目前的不足主要有以下方面:

① 硬盘、控制芯片种类少:只有希捷、迈拓以及富士通等为数不多的硬盘厂商推出了 SAS 接口硬盘,品种少,其他厂商的 SAS 硬盘多数处在产品内部测试阶段。此外周边的 SAS 控制器芯片或者一些 SAS 转接卡的种类较为缺乏。

② 硬盘价格太贵:比起同容量的 Ultra 320 SCSI 硬盘,SAS 硬盘贵了一倍多。一直居高不下的价格直接影响了用户的采购数量和渠道的消化数量,而无法形成大批量生产的 SAS 硬盘,其成本的压力又会反过来促使价格无法下降。如果用户想要做个简单的 RAID 级别,那么不仅需要购买多块 SAS 硬盘,还要购买昂贵的 RAID 卡,价格基本上和硬盘相当。

③ 实际传输速度变化不大:SAS 硬盘的接口速度并不代表数据传输速度,受到硬盘机械结构限制,现在 SAS 硬盘的机械结构和 SCSI 硬盘几乎一样。目前数据传输的瓶颈集中在由硬盘内部机械机构和硬盘存储技术、磁盘转速所决定的硬盘内部数据传输速度,也就是 80MB/s 左右,SAS 硬盘的性能提升不明显。

④ 用户追求成熟、稳定的产品:从现在已经推出的产品来看,SAS 硬盘更多地被应用在高端 4 路服务器上,而 4 路以上服务器用户并非一味追求高速度的硬盘接口技术,最吸引他们的应该是成熟、稳定的硬件产品,虽然 SAS 接口服务器和 SCSI 接口产品在速度、稳定性上差不多,但目前的技术和产品都还不够成熟。

随着英特尔等主板芯片组制造商、希捷等硬盘制造商以及众多的服务器制造商的大力推动,SAS 的相关产品技术会逐步成熟,价格也会逐步滑落,从而成为服务器硬盘的主流接口。

11. eSATA

业界对 eSATA 接口的描述就是,基于标准的 SATA 线缆和接口,连接处加装了金属弹片来保证物理连接的稳固性,eSATA 线缆能够插拔 2000 次。

其实,eSATA 并非什么新技术,eSATA 实际上就是外置式 SATA 2.0 规范,是业界标准接口 SATA 的延伸。注意 eSATA 仅仅是一种扩展 SATA 接口,是用来连接外部而不是内部 SATA 设备。简单地说就是通过 eSATA 技术,让外部 I/O 接口使用 SATA 2.0 功能,例如拥有 eSATA 接口,可以轻松地将 SATA 2.0 硬盘插到 eSATA 接口,而不用打开机箱更换 SATA 2.0 硬盘。

SATA 接口的设计仅供使用于系统机箱内。eSATA 的出现将使得用户可以在计算机外部连接 SATA 硬盘而不像过去只能局限于计算机内部。当然也可以用 USB 或者火线实现这一功能,但是 eSATA 拥有极大的传输速度优势:在目前的市场上,USB2.0 的数据传输速度可以达到 480Mb/s,IEEE1394 的数据传输速度可以达到 400Mb/s,而 eSATA 最高可提供 3000Mb/s 的数据传输速度,远远高于 USB2.0 和 IEEE1394,并且依然保持方便的热插拔功能,用户不需要关机便能随时接上或移除 SATA 装置,十分方便。

虽然 eSATA 接口在理论上可以达到 3Gb/s 的传输率,但实际应用上,受硬盘内部传输率及主板的制约,实际数据传输可能介于 1.5Gb/s 到 3Gb/s 之间,仍高于 IEEE 1394 和 USB2.0 的传输速率。凭借快速的传输速度和方便的移动能力,eSATA 将取代 USB2.0 和 IEEE 1394 成为外部扩展接口的发展趋势。

然而,eSATA 并不是只要将一个 SATA 埠移到 PC 机箱后面就可以了。使用于机箱内的 SATA 缆线和连接器并不适合直接用于外接的方式。为确保将 SATA 安全地移到机箱外,并通过 SATA-IO 国际组织的审核,需要解决下列问题:

- 预防接头在连接时发生静电放电;
- 符合 FCC 与 CE 的电磁干扰规范;
- 开发强韧的缆线和连接器组件,以支持外接式储存的频繁插拔需求(典型的台式 SATA 只需要安装一次即可);
- 外部接头需加装遮蔽。

为了解决这些问题,新一代的 eSATA 规范是由参与 SATA-IO 的会员厂商所拟定,而遵照规范开发方案的会员,可以使用 eSATA 标章作为识别。初期的外接 SATA 方案或许未能符合 eSATA 规范,而唯有取得 eSATA 标志认证的产品才代表其遵循最新的 SATA 规范。

eSATA 是 SATA 的外接式接口,配备更耐用的缆线和连接器。eSATA 可以达到如同 SATA 般的传输速度,例如 SATA 1.5Gb/s 或 SATA 3Gb/s。eSATA 3Gb/s 速度同样向下兼容于 1.5Gb/s,与目前台式硬盘的情况相同。由于硬盘内部的数据持续传输率已高达 75MB/s,因此 USB 和 IEEE 1394 的接口速率成为外接硬盘的瓶颈。同时 eSATA 外设还可以在主机内部的系统崩溃后作为启动盘引导,直接将系统恢复,进一步增大其备份功能的附加值。相比之下,现在的 PC 计算机不太容易从 IEEE 1394 或 USB 接口的硬盘上启动。

eSATA 接口的另一个好处是有利于 RAID 性能的发挥,在端口多路器(port multiplier,PM)的帮助下,即使其接口带宽只有 1.5Gb/s,也足够让 2 个硬盘充分施展(譬如 RAID 0),而如果是 3.0Gb/s,则可以驱动 4 个硬盘而不致成为瓶颈。

要使用 eSATA 功能,PC 必须拥有两个条件:一是主板必须有 SATA 2.0 接口;二是拥有外置的 eSATA 转接口,比如目前华擎 775XFire-eSATA 主板已经整合了 eSATA 转接口,或购买 HighPoint 推出外置 eSATA 转接口。如果具备这两个条件,那么只需要使用一根 SATA 数据将 SATA 接口和 eSATA 接口连接起来,就可以实现 eSATA 功能。

eSATA 的优势:

① 提供更高性能的外接存储方案

当使用者需要高传输速率的单硬盘外接储存时,eSATA 接口可提供配备最佳传输速率的外接备份方案。eSATA0 拥有 SATA 3Gb/s PCI HBAs、RAID 和连接端口扩充器等功能,为使用者带来更优异的外接储存性能。结合多台外接式硬盘将可整合成一组超大容量的外接硬盘,并配备 300MB/s 的高速传输速率;或者可以架构 RAID 0、1、5 甚至 3 的磁盘阵列,不需使用者的操作,便可提供永不间断的数据保护。

② 提供比光盘刻录更佳的数据备份方案

以光盘片备份数据既经济且简单,但是使用者必须随时记得执行备份的工作。然而,借由 eSATA 接口,只需二或三块外接式硬盘,另外再添购一张适合的主机适配卡(从简易的 RAID 0 或 1,到高端的 RAID 3 或 5),通过映像 RAID 磁盘阵列或同位数据保护(parity protection),便可以支持使用者所需之数据保护功能,为使用者提供不间断的数据备援。

既有的台式 SATA 硬盘更可与外接 eSATA 硬盘结合,以提供扩充的储存容量、数据保护和性能。利用连接埠扩充器结合数台外接式 eSATA 硬盘,将可以达到超过 200MB/s 的传输速度性能。

③ 更具弹性的应用方案

eSATA 接口可用来设计成一台单一的储存备份系统,或者也可以组装一组高端的备份与还原系统。可以将硬盘安装于单个不同的机箱中;或者也可以安装两台或多台支持热插拔硬盘至可容纳多个硬盘的机箱,并通过一条单一的 eSATA 缆线连接至主机控制器。目前至少有两家主板制造商,供应配备一组 eSATA 接口和 USB 接口与或 1394b 连接端口的 PC 主板,此外还有 PCI 和 PCI-X HBA 方案可供选择。

这些方案提供简易的安装特性及强大的性能,适合不需复杂的数据保护方案之终端使用者。此外,eSATA 是一个有效率的 IT 备份与还原方案,中小企业的 IT 管理人员能够在短短数分钟内,利用一个 eSATA 机箱配备 SATA 热插拔硬盘,立刻增加 500GB 的储存容量至服务器中。

当储存容量接近饱和时,IT 管理人员不需要关闭系统,便可以移除既有的硬盘并升级到新的 500GB 硬盘。主机控制器可以内建专属的处理器,而不占用服务器 CPU 的资源。或者,服务器的主板也可以整合两个或多个 eSATA 埠;如此一来,只需连接另一台 eSATA 硬盘或机箱就可以升级。大多数的备份与还原方案并未能解决系统停机的问题,而整合 eSATA 的主机方案就能做到永不停机的要求。

④ 更具性价比的外接储存方案

eSATA 的传输速度较 USB 和 1394 接口更快,在某些情形下更可以达到二倍的传输性能,不过,如果 eSATA 与更高端的接口相比,例如 SCSI 和 SAS 接口,又是如何呢? 其差异与硬盘本身的硬件特性较为相关。例如,大多数 SCSI 硬盘的每分钟转速已达 10000 或 15000,具备更高的机械性能,而且在设计上能够承受高度撞击、震动并耐高温,以维持高性能及可靠性。

高容量的 ATA 硬盘、低成本的 SATA 与 eSATA 储存方案，为 SCSI 和 SAS 等高端产品，提供了低成本的替代方案。现今 SATA 硬盘的最大储存容量为 500GB，因此，采用单一硬盘的机箱搭配 eSATA 接口，便可为使用者提供高达 500GB 的外接储存容量，或者在支持多硬盘的机箱内安装三块 500GB 硬盘，更可以达到 1.5 TB 外接储存容量。

总之，eSATA 以经济的价格，为外接储存方案实现了更高层次的优异性能、高容量、高度保护和简易使用性。

3.2.2　硬盘的有关术语和性能指标

硬盘(hard disk,HD)，它是一种储存量巨大的设备，作用是储存计算机运行时需要的数据。计算机的硬盘主要由碟片、磁头、磁头臂、磁头臂服务定位系统和底层电路板、数据保护系统以及接口等组成(见图 3.5)。计算机硬盘的技术指标主要围绕在盘片大小、盘片多少、单碟容量、磁盘转速、磁头技术、服务定位系统、接口、二级缓存、噪音和 S. M. A. R. T. 等参数上。

图 3.5　硬盘结构示意图

碟片：硬盘的所有数据都存储在碟片上，碟片是由硬质合金组成的盘片，现在还出现了玻璃盘片。目前的硬盘产品内部盘片大小有：5.25 英寸，3.5 英寸，2.5 英寸和 1.8 英寸(后两种常用于笔记本及部分袖珍精密仪器中，现在台式机中常用 3.5 英寸的盘片)。

磁头：硬盘的磁头是用线圈缠绕在磁芯上制成的。最初的磁头是读写合一的，通过电流变化去感应信号的幅度。对于大多数计算机来说，在与硬盘交换数据的过程中，读操作远远快于写操作，而且读/写是两种不同特性的操作，这就促使硬盘厂商开发一种读/写分离磁头。在 1991 年，IBM 提出了它基于磁阻(MR)技术的读磁头技术，磁头在和旋转的碟片相接触过程中，通过感应碟片上磁场的变化来读取数据。在硬盘中，碟片的单碟容量和磁头技术是相互制约、相互促进的。

AMR(anisotropic magneto resistive):一种磁头技术,AMR 技术可以支持每平方英寸 3.3GB 的记录密度。在 1997 年,AMR 是当时市场的主流技术。

巨磁阻(giant magneto resistive,GMR):比 AMR 技术磁头灵敏度高 2 倍以上。GMR 磁头是由 4 层导电材料和磁性材料薄膜构成的:一个传感层、一个非导电中介层、一个磁性的栓层和一个交换层。前 3 层控制着磁头的电阻。在栓层中,磁场强度是固定的,并且磁场方向被相邻的交换层所保持,交换层的磁场强度和方向则是随着转到磁头下面的磁盘表面的微小磁化区而改变。这种磁场强度和方向的变化导致明显的磁头电阻变化,在一个固定的信号电压下面,就可以读取供硬盘电路处理的信号。

光学辅助温式技术(OAW):希捷正在开发的 OAW 是未来磁头技术发展的方向,OAW 技术可以在 1 英寸宽内写入 105000 以上的磁道。单碟容量的提高不仅可以提高硬盘总容量、降低平均寻道时间,还可以降低成本、提高性能。

局部响应最大拟然(partial response maximum likelihood,PRML):除了磁头技术的日新月异之外,磁记录技术也是影响硬盘性能非常关键的一个因素。当磁记录密度达到某一程度后,两个信号之间相互干扰的现象就会非常严重。为了解决这一问题,人们在硬盘的设计中加入了 PRML 技术。PRML 读取通道方式可以简单地分成两个部分。首先是将磁头从盘片上所读取的信号加以数字化,并舍弃未达到标准的信号而不输出。这一部分便称为局部响应。最大拟然部分则是以数字化后的信号模型与 PRML 芯片本身的信号模型库对比,找出最接近、失真度最小的信号模型,再将这些信号重新组合而直接输出数据。使用 PRML 方式,不需要像脉冲检测方式那样高的信号强度,也可以避开因为信号记录太密集而产生的相互干扰的现象。磁头技术的进步,再加上目前记录材料技术和处理技术的发展,将使硬盘的存储密度提升到每平方英寸 10GB 以上,这将意味着可以实现 40GB 或者更大的硬盘容量。

间隔因子:硬盘磁道上相邻的两个逻辑扇区之间的物理扇区的数量。因为硬盘上的信息是以扇区的形式来组织的,每个扇区都有一个号码,存取操作要通过这个扇区号,所以使用一个特定的间隔因子来给扇区编号有助于获取最佳的数据传输率。

着陆区(LZ):为使硬盘有一个起始位置,一般指定一个内层柱面作为着陆区,它使硬盘磁头在电源关闭之前停回原来的位置。着陆区不用来存储数据,因此可避免磁头在开、关电源期间紧急降落时所造成数据的损失。目前,一般的硬盘在电源关闭时会自动将磁头停在着陆区,而老式的硬盘需执行 PARK 命令才能将磁头归位。

平均寻道时间(average seek time):指硬盘磁头移动到数据所在磁道时所用的时间,单位为毫秒(ms)。注意它与平均访问时间的差别,平均寻道时间当然是越小越好,现在所使用的高级硬盘完成数据的搜索只需要 7~11ms。一般应该选择平均寻道时间低于 9ms 的产品。

反应时间:指的是硬盘中的转轮的工作情况。反应时间是硬盘转速的一个最直接的反应指标。5400r/min(每分钟旋转数)的硬盘拥有 5.55ms 的反应时间,而 7200r/min 的可以达到 4.17ms。反应时间是硬盘将利用多长的时间完成第一次的转轮旋转。如果确定一块硬盘达到 120r/s 的速度,则旋转一周的时间将是 1/120 即 0.008333 秒的时间。如果硬盘是 0.0041665s/r 的速度,也可称这块硬盘的反应时间是 4.17ms。

平均潜伏期(average latency):指当磁头移动到数据所在的磁道后,等待所要的数据块继续转动(半圈或多些、少些)到磁头下的时间,单位为 ms。平均潜伏期是越小越好,潜伏期小代表硬盘的读取数据的等待时间短,这就等于具有更高的硬盘数据传输率。

道至道时间(single track seek):指磁头从一磁道转移至另一磁道的时间,单位为 ms。

全程访问时间(max full seek):指磁头开始移动直到最后找到所需要的数据块所用的全部时间,单位为 ms。

平均访问时间(average access):指磁头找到指定数据的平均时间,单位为 ms。通常是平均寻道时间和平均潜伏期之和。

最大内部数据传输率(internal data transfer rate):也叫持续数据传输率(sustained transfer rate),单位为 Mb/s。这里是兆位/秒的意思,注意与 MB/s(兆字节/秒)之间的差别:$1MB/s = 8 \times 1Mb/s$。它指磁头到硬盘缓存间的最大数据传输率,一般取决于硬盘的盘片转速和盘片数据线密度(指同一磁道上的数据间隔度)。

外部数据传输率:通常称为突发数据传输率(burst data transfer rate),是指从硬盘缓冲区读取数据的速率,常以数据接口速率代替,单位为 MB/s。目前主流硬盘普遍采用的是 Ultra ATA/66,它的最大外部数据率即为 66.7MB/s。2000 年推出的 Ultra ATA/100,理论上最大外部数据率为 100MB/s,但由于内部数据传输率的制约往往达不到这么高。

主轴转速:是指硬盘内电机主轴的转动速度,目前 ATA(IDE)硬盘的主轴转速一般为 5400~7200r/min,主流硬盘的转速为 7200r/min。至于 SCSI 硬盘的主轴转速一般可达 7200~10000r/min,而最高转速的 SCSI 硬盘高达 15000r/min。

数据缓存:指在硬盘内部的高速存储器,在计算机中就像一块缓冲器一样将一些数据暂时保存起来以供读取和再读取。目前硬盘的高速缓存一般为 512KB~2MB,主流 ATA 硬盘的数据缓存为 2MB,而在 SCSI 硬盘中最高的数据缓存现在已经达到了 16MB。数据缓存大的硬盘在存取零散文件时具有很大的优势。

硬盘表面温度:是指硬盘工作时产生的温度使硬盘密封壳温度上升的情况。硬盘工作时产生的温度过高将影响磁头的数据读取灵敏度,因此硬盘工作表面温度较低的硬盘有更好的数据读、写稳定性。

连续无故障时间(MTBF):指硬盘从开始运行到出现故障的最长时间,单位是小时。

自监测、分析报告技术(S. M. A. R. T.):这是现在硬盘普遍采用的数据安全技术,在硬盘工作的时候监测系统对电机、电路、磁盘、磁头的状态进行分析,当有异常发生的时候就会发出警告,有的还会自动降速并备份数据。

数据保护系统(DPS):昆腾在火球八代硬盘中首次内建了 DPS,在硬盘的前 300MB 内存放操作系统等重要信息,DPS 可在系统出现问题后的 90s 内自动检测恢复系统数据。若还不行,则可用 DPS 软盘启动,它会自动分析故障,尽量保证数据不丢失。

数据卫士:是西部数据(WD)公司特有的硬盘数据安全技术,此技术可在硬盘工作的空余时间里每 8 小时自动扫描、检测、修复盘片的各扇区。

MaxSafe:是迈拓在金钻二代上应用的技术,它的核心是将附加的 ECC 校验位保存在硬盘上,使读写过程都经过校验以保证数据的完整性。

驱动器自我检测技术(DST):是希捷公司在自己的硬盘中采用的数据安全技术,此技术可保证保存在硬盘中数据的安全性。

驱动器健康检测技术(DFT):是 IBM 公司在自己的硬盘中采用的数据安全技术,此技术同以上几种技术一样,可极大提高数据的安全性。

噪音与防震技术:硬盘主轴高速旋转时不可避免地产生噪音,并会因金属摩擦而产生磨损和发热,"液态轴承马达"就可以解决这一问题。它使用的是黏膜液油轴承,以油膜代替滚珠,可有效地降低以上问题。同时液油轴承也可有效地吸收震动,使硬盘的抗震能力由一般的一二百个 G 提高到了一千多个 G,从而提高了硬盘的寿命与可靠性。

昆腾在火球七代(EX)系列之后的硬盘都应用了 SPS 震动保护系统;迈拓在金钻二代上应用了 ShockBlock 防震保护系统,目的都是分散冲击能量,尽量避免磁头和盘片的撞击;希捷的金牌系列硬盘中,SeaShield 系统是用减震材料制成的保护软罩外加磁头臂与盘片间的防震设计来实现的。

RAID:一般称为磁盘阵列,其最主要的用途有二。一是资料备份;另一个就是加速存取。一般所说的 RAID 1 就是指备份功能,而 RAID 0 就是加速功能,如果 RAID 0+1 就是两者兼具。简单地说,RAID 指的就是备份与加速功能。

3.2.3 主流硬盘介绍

1. PC 硬盘

2010 年年初,市场上主流容量已是 1TB 硬盘的天下。下面介绍最热销的三款主流 1TB 硬盘。

• 希捷 7200.12 1TB 硬盘

希捷 7200.12 1TB 硬盘标签如图 3.6 所示。

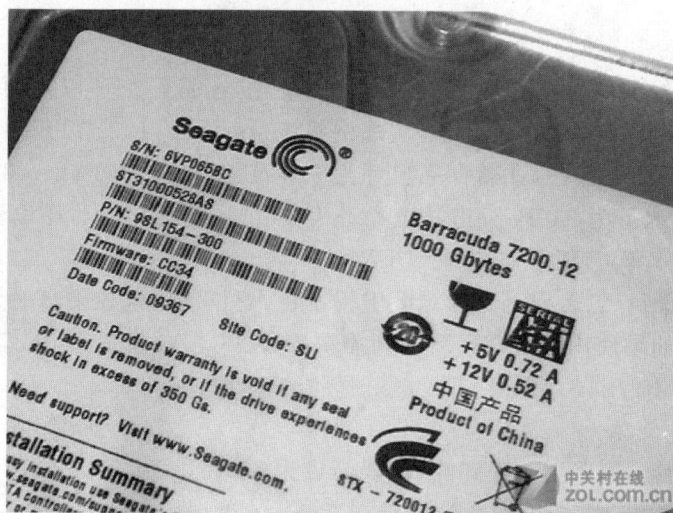

图 3.6   希捷 7200.12 1TB 硬盘标签

希捷这块硬盘隶属于新一代 Barracuda 7200.12 系列,采用双碟片设计,单碟容量为500GB。产品型号"ST31000528AS",其中 ST 代表希捷,3 代表是 3.5 英寸桌面硬盘,1000 代表硬盘容量是 1000GB,528 代表双碟 32MB 缓存设计,AS 代表这块硬盘是SATA 接口,固件版本号是 CC34,产地为中国无锡。

希捷 7200.12 1TB 硬盘与希捷 7200.12 500G 相差不大,区别仅在于增加一张盘片和缓存方面提升至 32MB。

- 西部数据 WD10EARS 1TB 绿版硬盘

西部数据 WD10EARS 1TB 绿版硬盘如图 3.7 所示。

图 3.7 西部数据 WD10EARS 1TB 绿版硬盘

新西数 1TB 绿版硬盘在外观上没什么大的变化,还是延续了以往西数的设计风格。不过外包装标签上多了一片绿色叶子,从规格看该系列有 1TB、1.5TB 和 2TB 三种。

在性能上值得注意的是,此款产品尺寸为 3.5 英寸,接口为 SATA(3Gb/s)。硬盘的噪音情况,空闲情况下为 24dB,寻道状态噪音为 33dB。同时它的功耗也较低,读/写的时候,硬盘功耗为 5.4W,待机状态只有 0.4W。

从图 3.7 中看到,包装袋上那片绿叶上提示说,建议使用这款硬盘时使用 Windows 7或 VISTA 系统,如果使用的是 XP 系统则需要安装 WD ALIGN 程序,登录 WD 官方可免费获得此程序的使用权。

- 日立 1TB 硬盘

日立 1TB 硬盘内部采用 3 张碟片,单碟容量为 334GB,总共有 6 个磁头。该产品使用垂直记录技术生产,接口传输率 3Gb/s,转速 7200r/min,平均延迟 4.17ms,平均寻道时间8.7ms,缓存为 16MB,最大数据传输率 1070Mb/s,最大高度 26.1mm,空闲功耗 9.0W。

如图 3.8 所示,从标签中可以看出,日立 1TB 硬盘编号为 HCT721010SLA360,表示容量为 1TB,转速 7200 转,16MB 缓存和三碟片设计。接口采用 SATA,支持 NCQ 技术,产品生产于中国。

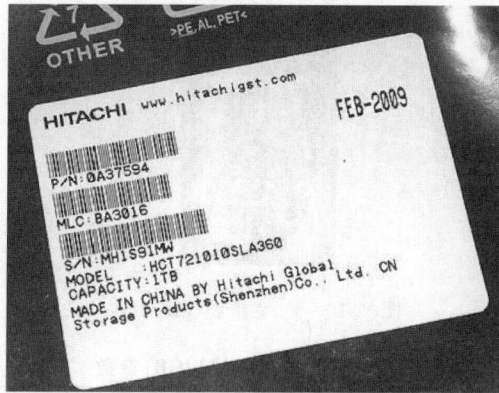

图 3.8　日立 1TB 硬盘规格标签

2. 移动硬盘

• 希捷 FreeAgent Go(ST90500)新款(500GB)

希捷 FreeAgent Go(ST90500)新款的外观与性能参数见图 3.9 和表 3.1。

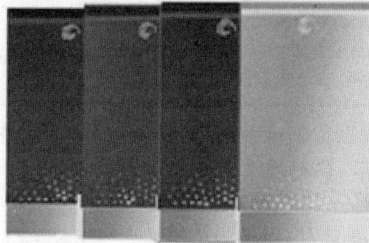

图 3.9　希捷 FreeAgent Go(ST90500)新款

表 3.1　希捷 FreeAgent Go(ST90500)新款(500GB)参数

存储容量	500GB
硬盘尺寸	2.5 英寸硬盘
数据传输率	480Mb/s
接口类型	USB 2.0
缓存	8MB
转速	5400r/min
外形设计	颜色:黑色,银色,红色,蓝色
外形尺寸	12.5mm×80mm×130mm
产品重量	160g
随机附件	USB 连接线、快速安装指南
其他特点	提供有专用底座(需另行购买)和希捷原装硬盘包供消费者挑选,可以让移动硬盘"竖立"在桌面,美观实用
系统要求	Windows XP/Vista

• 纽曼易剑(320GB)

纽曼易剑(320GB)的外观如图 3.10 所示,性能参数见表 3.2。

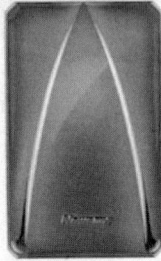

图 3.10　纽曼易剑(320GB)

表 3.2　**纽曼易剑(320GB)参数**

存储容量	320GB
硬盘尺寸	2.5 英寸硬盘
数据传输率	USB 2.0:276.8Mb/s　eSATA:440Mb/s
写入数据传输率	USB 2.0:185.6 Mb/s　eSATA:432Mb/s
接口类型	eSATA 接口和 USB2.0
外形设计	青花蓝、摩卡棕
外形尺寸	63mm×26mm×10mm
其他性能	先进的液压平衡滚轴系统,超强防震,坚固耐用;高速 USB2.0/E 技术,可连接 eSATA 接口,读取速度迅猛无比;采用真空彩镀环保工艺,精致时尚;超大硬盘存储空间,海量数据随身携带,使用更轻松;全机身无螺丝设计,紧随时代步伐,彰显科技魅力;芯片规格:JM20336
其他特点	USB 2.0/E 技术,双通道设计,超强传输速度;时尚外观,真空彩镀环保工艺;USB 2.0/eSATA,两种接口带来迅猛无比读取速度,尽享极速;超大存储空间,海量数据随身携带;全机身无螺丝设计,科技感十足
系统要求	适用于 Windows 98SE/ME/2000/XP/MAC OS9.0 以上版本

• 日立 X320 阿童木(320GB)参数

日立 X320 阿童木(320GB)的外观与参数如图 3.11 和表 3.3 所示。

图 3.11　日立 X320 阿童木(320GB)

表 3.3   日立 X320 阿童木(320GB)参数

存储容量	320GB
硬盘尺寸	2.5 英寸硬盘
数据传输率	写入速率:160Mb/s 读取速率:240Mb/s
接口类型	USB 2.0
缓存	8MB
转速	5400r/min
外形设计	流线型的线条设计,ABS 工程塑料外壳,表面经过磨砂处理,防滑性能出色

- 爱国者青花瓷 H8176(320GB)

爱国者青花瓷 H8176(320GB)的外观与参数如图 3.12 和表 3.4 所示。

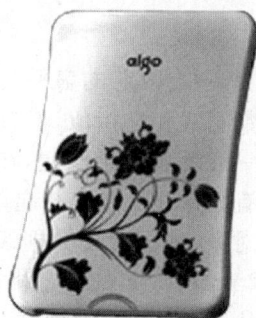

图 3.12   爱国者青花瓷 H8176(320GB)

表 3.4   爱国者青花瓷 H8176(320GB)参数

存储容量	320GB
硬盘尺寸	2.5 英寸硬盘
数据传输率	120~256Mb/s
接口类型	USB2.0
缓存	8MB
转速	5400r/min
外形设计	青花瓷系列产品, 镜面外观, 丝印青花图案, 独特造型
随机附件	用户手册、保修卡等
其他特点	三维动态吸震专利技术,可安装爱国者安全大师实现加密
系统要求	Win2K/ME/XP/VISTA, Linux, MAC
电源性能	USB 供电

3.2.4   硬盘和软盘驱动器的安装

(1) 设置硬盘的跳线

因为计算机上一共可以挂接四个硬盘,那么只要有两个以上的硬盘,就要分出一个主从来。在硬盘的外壳上,一般都印有一个跳线图,可以根据这种跳线图来设置硬盘的主从跳线:操作系统所在的硬盘,一般都作为主硬盘,其他的盘自然就是从硬盘了。

硬盘的跳线位置一般放在后侧面,和数据线插座并排。各种硬盘可能都有自己的跳线规则,最主要的还是看清所附的跳线图。

（2）固定硬盘和软驱

安装硬盘时,只要在机箱的驱动器安装架上找到一个合适的安装位置,将硬盘水平放入,用配套的螺钉将硬盘固定好即可。

软驱的固定方法和硬盘一样,而且相对来说更容易掌握,因为现在的机箱上已经预留了软驱口,而不像以前的机箱那样必须先取下防尘板。只要将软驱水平放入和软驱口相对的那个安装支架,然后用螺丝固定即可。在这种情况下要注意的是,因为软驱口上的出盘按钮必须能推动软驱本身的出盘按钮,以便取出软盘,所以软驱在安装的时候要尽量向前靠,顶住机箱的前面板。

（3）连接数据线

Ultra DMA/33 硬盘的数据线是一根 40 芯的扁平数据线,Ultra DMA/66 的数据线则是一根 80 针的扁平数据线。软驱的数据线和它相似,不过只有 34 针。这些数据线通常随主板一起发售。在数据线的插头上,一般都有一个凸起,在插入硬盘或软驱上的数据接口时,与其缺口相对应,以防插错。但也有数据线上没有凸起,这样就必须将数据线上带有红色标志的一侧与插座上标有"1"的插针对齐,才能保证数据线不会插反。连接牢固后,将主硬盘数据线的另一端与主板上标志为 Primary IDE 的插座相连,同样要注意红线标志与主板 IDE 接口上的"1"号插针对齐。如果是从硬盘,也可以将它的数据线另一端连接到主板的 Second IDE 插座上。软驱的数据线另一端则连接到主板的 Floppy 插座上。

如果主板上没有硬盘接口,就需要一个多功能卡,然后将数据线的另一端与多功能卡上的硬盘接口相连,方法同上。

（4）连接电源线

硬盘电源线和软驱电源线很容易就能区分出来。这两种电源线的插头都是定向的,就是说,方向反了将插不进去。

硬盘和软驱的电源接口都在其后侧面板上,并且一般靠在外侧,也比较容易确认,因为在后侧面板上不会有第二个此类接口用来连接电源线。找到这些插座,将电源线按正确的方法插入。在插硬盘的电源插头时,要稍微用劲才能插紧。

3.3 光驱

3.3.1 深入了解光盘驱动器

光盘驱动器有多种分类,包括 CD-ROM,CD-R/W,DVD-ROM,DVD-R/W,BD-ROM,BD-R/W 等,是计算机的一个重要组成配件。它是一种大容量数据存储设备,即俗称的"光驱",而与之配套进行数据存储工作的盘片介质,则称为"光盘",并且相应地有多种依据存储密度划分的种类,仅 DVD 密度的就有 DVD+R,DVD-R,DVD-RAM,DVD-RW,DVD+R DL,DVD-R DL 等类型的区分。由于多媒体牵涉到的数据量一般都比较庞大,所以光盘自然成为了多媒体数据的一个非常好的载体。另外现在新推出的软件及系统大多也都以光盘的形式发行,故而促进了光驱的普遍使用。在短短的 10 年间,光驱的速度由单速发展到了现在主流光驱的 40 倍速甚至 50 倍速,密度也由 CD,DVD,演变为 HD-DVD,能力则由只读 ROM 发展到可刻录 R/W,令人感叹科技进步之迅猛。

光盘驱动器虽然变化很多,但基本原理一致,这里以 CD-ROM 为例,介绍光驱工作原理。

1. CD-ROM 的工作原理

CD-ROM 的核心部分由激光头、光反射透镜、电机伺服系统和处理信号的集成电路组成。影响 CD-ROM 性能的关键部位就是激光头。

CD-ROM 的激光头通过反射棱镜将激光二极管的光线射向光盘,然后将光盘的反射信号投到光电二极管上还原成电信号。光盘的结构形式和软盘差不多,但是,它的数据存储方式可大不一样。在软盘上,数据是以磁介质为表面涂层,数据以盘心为圆心,组成一组同心圆,而光盘则是以一层反射膜为介质,代表数据的两个二进制位“1”和“0”在光盘上分别为小凹坑和平面,组成一个不间断的螺旋形轨迹。CD-ROM 通过不同的反射光线来判断读取的数据是“0”还是“1”,所以,光盘的质量也直接影响到 CD-ROM 的读盘能力。

影响 CD-ROM 性能的主要是激光头,而影响激光头工作性能的主要因素是它的寻迹和聚焦能力,它们直接对 CD-ROM 的纠错能力和稳定性产生影响。

所谓的“寻迹”,就是指激光头能够始终正确地对准螺旋形轨迹的能力,当光束与轨迹正好重合的时候,寻迹误差信号为 0,否则就会产生正或负的寻迹信号,使激光头产生修正动作。如果寻迹的性能差,或者光盘的质量较差,那么在寻迹的时候会发生“跳轨”现象,造成无法读出数据的情况。

所谓的“聚焦”,就是使激光点能精确地打到光盘上,并得到最强的反射信号,反射回来的光线在四个光电二极管上进行叠加,如果产生误差信号,那么激光头就要产生调整聚焦的动作。如果一个激光头聚焦不好,就像人的近视眼或远视眼一样,看不清光盘上的数据,也就无法读取正确的数据信号了。

2. CD-ROM 的读盘技术

前面说过,光盘存储文件的方式和软盘不一样,自然和硬盘的存储方式也不一样。软、硬盘的文件被存放在称为磁道的许多同心圆中,在读取文件的时候,软、硬盘的盘片是以恒定的角速度旋转的,即所谓的 CAV。而光盘则是以一个连续的、螺旋形的轨道来存放数据,轨道分成等尺寸、等密度的区域,这样就避免了因同心圆的内外圈疏密不均而造成的空间浪费,使得光盘可以容纳更多的数据。早期的 CD-ROM 是以恒定的线速度来读取光盘上的数据的,称为 CLV。这种读盘方式造成读取数据时内、外圈的转速不一致,由于 CD-ROM 转速的提高,这种读盘方式造成频繁变换主轴电机的速度,降低了 CD-ROM 的使用寿命。所以,现在的 CD-ROM 大多采用 CAV 方式来读取数据,有的还采用了 CLV 和 CAV 结合的方式,即在读取内圈数据时用 CLV 方式,读取外圈数据时用 CAV 方式。

3.3.2 有关光驱的术语与技术指标

金盘:是一种 CD-R 盘片,呈金黄色。这是因为制作金盘的有机染料本身是接近透明的浅黄色。制造金盘的公司主要有柯达(Kodak)与三井(MitsuiToatsu)。它们认为制作金盘的这种有机染料有更好的抗光性,能延长存入资料的时间(在 100 年以上)。其实,在CD-R 空白片上,最贵的部分不是黄金而是有机染料层。

绿盘:是一种 CD-R 盘片,制作绿盘的有机染料叫 Cyanine,非常怕强光,制作盘片时要加入适当的铁金属来降低对光的敏感程度。绿盘的颜色有翡翠绿、蓝绿、深蓝色等颜色,这是与黄金反射层组合成的不同颜色。

　　蓝盘:是一种 CD-R 盘片,蓝盘是使用金属化 AZO 有机染料加上低阶银材料作为反射层的光盘,写入与读取数据有较高的准确性,可以保存 100 年。

　　CLV(constant linear velocity)技术:恒定线速度读取方式。它是低于 12 倍速的光驱中使用的技术。它是为了保持数据传输率不变,而随时改变旋转光盘的速度。读取内沿数据的旋转速度比外部要快许多。

　　CAV(constant angular velocity)技术:恒定角速度读取方式。它是用同样的速度来读取光盘上的数据。但光盘上的内沿数据比外沿数据传输速度要低,越往外越能体现光驱的速度,倍速指的是最高数据传输率。

　　PCAV(partial CAV)技术:区域恒定角速度读取方式。它是融合了 CLV 和 CAV 的一种新技术,它在读取外沿数据时采用 CLV 技术,在读取内沿数据时采用 CAV 技术,提高整体数据传输的速度。

　　UDMA(Ultra-DMA/33)模式:1996 年由英特尔和昆腾制定的一种数据传输方式,该方式 I/O 系统的突发数据传输速度可达 33MB/s,还可以降低 I/O 系统对 CPU 资源的占用率。现在又出现了 UDMA/66,速度高出 1 倍。

　　PIO 模式(PIO-mode):以前普遍采用的数据传输模式,每个操作都要经过 CPU 才可完成,占用 CPU 的大量资源。

　　SCSI(small computer system interface)接口:是一种新型的外部接口,可驱动多个外部设备;数据传输率可达 40MB/s,以后将成为外部接口的标准,价格昂贵。但占用 CPU 资源少,工作稳定。

　　IDE(integrated drive electronics)接口:是现在普遍使用的外部接口,主要接硬盘和光驱。采用 16 位数据并行传送方式,体积小,数据传输快。一个 IDE 接口只能连接两个外部设备。

　　数据传输率(data transfer rate):是指光驱每秒钟在光盘上可读取多少千字节的资料量,直接决定了光驱运行速度。

　　倍速:指的是光驱数据传输速度。国际电子工业联合会把 150KB/s 的数据传输率定为单倍速光驱的传输速度。这样,300KB/s 的数据传输率就是双倍速,以此类推。

3.3.3　DVD-ROM 主流光头的几种结构

　　我们来了解一下 DVD-ROM 的核心部件——DVD 光头组件的构成,它在很大程度上决定着一台 DVD-ROM 的性能表现。

　　由于读取 DVD 光盘和普通 CD 光盘需要的激光波长不同,前者为 650nm(纳米)而后者为 780nm,为了解决这个问题,各厂商的 DVD 光头组件采用的技术也不相同,目前 DVD-ROM 主流光头构造可分为以下四种。

1. 双光头双聚透镜

　　即采取两套完全独立的光头,拥有两套不同焦距的透镜,采用各司其职的信号读取系统分别读取 CD/VCD 或 DVD。因此它读碟性能较好,另一大优点就是对 CD-R 和 CD-RW 兼容性好。但因采取双光头,成本最高,且其伺服机构在读盘时需要一个双光头的切换时间,读盘速度慢,加之机械系统复杂,容易出现机械切换故障。

2. 单光头单聚焦镜

采用一个光头和一个全息综合聚焦透镜,其激光束为 650nm 波长,但透镜十分特殊。通过透镜边缘的激光束形成 CD/VCD 信息面的聚焦点,而透镜中间部分的激光束聚焦在 DVD 的信息面上。因只有一个透镜,因此读取数据时不涉及更换镜头,不占用时间,读盘速度快,成本较低,机械结构也相对简单。但此种激光头内部结构十分复杂,且读盘过程中,由于对每一种盘片来说只利用了透镜表面上的部分光束,因此读盘精度较差,且给光头带来较大的负担。

3. 单光头双聚焦镜

使用两个焦距不同的镜片,但共用一个激光发射器和接收器,通过切换透镜来获得不同的波长以实现分别读取 CD/VCD 或 DVD 的目的。它读取信号质量较高,但在读盘时同样涉及光头的机械切换过程,因此占用读盘时间,读碟速度较慢,噪声大,且在精密的激光头内部容易产生机械故障,成本也相对较高。

4. 单光头双波长

此技术采用一个激光头,内部安装两个不同的激光发射器(相当于将两个光头集成在一起),技术含量高。通过使用一组聚焦镜所产生的 650nm 或 780nm 波长的激光读取信号,来分别读取 CD/VCD 或 DVD。在保持单光头单聚焦镜的优势基础上提高了读盘性能和认盘速度,又免去了因更换激光头或聚焦镜所带来的时间占用和机械故障的隐患。这种激光头的兼容性好,能很好地兼容 CD-R 和 CD-RW。这种读取方式最为稳定和先进。

3.3.4 主流 DVD-ROM(R/W)及盘片简介

1. 几款主流光盘片横测对比

以下 5 款产品市场保有量较大,用户选择也较多,主要是用来数据存储。此类盘片中有单独为视频存储作准备的威宝老电影,或者供数据长期保存的超硬盘片等。图 3.13 是中关村在线实测的数据对比。

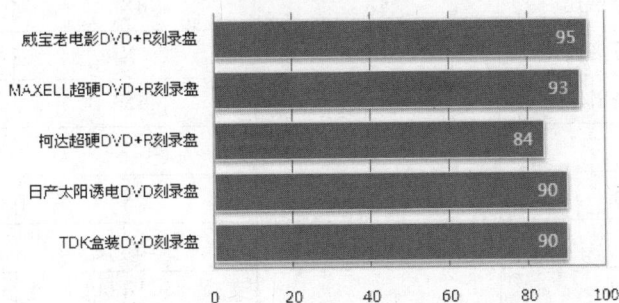

图 3.13 5 款产品横测对比

通过以上测试,我们可以看到这些专用盘片基本测试项目较为出众,大部分盘片得分都在 90 分以上,且 PIE、PIF 控制相当不错。这也为用户完美保存数据打下了基础。除此之外,这类盘片还具有高耐磨,独特技术应用等特性。

在这些盘片中威宝老电影 DVD+R 刻录盘得分达到了 95 分,值得一提的是它的售价也是这些产品中最低的,仅为 1.6 元,性价比突出。麦克赛尔超硬、TDK 盒装等也有不俗的表现,用户可以根据自己的需求选择购买。

2. 主流品牌 DVD 光驱

(1) 先锋主流光驱对比

产品款式	先锋 DVR-218CHV	先锋 蓝光系列 BDR-S05XLB	先锋 DVD-XD01
光驱种类	DVD 刻录机	BD 刻录机	DVD-ROM
安装方式	内置	内置	外置
接口类型	SATA	SATA	USB 2.0
DVD±R 最大读取倍速	—	16X	—
DVD±R 最大刻录倍速	22X	16X	—
DVD+R DL 最大读取倍速	—	8X	—
DVD+R DL 最大刻录倍速	12X	8X	—
DVD-R DL 最大读取倍速	—	8X	—
DVD-R DL 最大刻录倍速	12X	8X	—
DVD-RW 最大读取倍速	—	6X	—
DVD-RW 最大刻录倍速	6X	6X	—
DVD+RW 最大读取倍速	—	8X	—
DVD+RW 最大刻录倍速	8X	8X	—
DVD-RAM 最大擦写倍速	12X	5X	—
DVD-RAM 最大读取倍速	—	5X	8X
BD-R 最大读取倍速	—	12X	—
BD-RE 最大读取倍速	—	2X	—
缓存区容量	2MB	4MB	—
可支持的盘片标准	—	支持 25GB,50GB 蓝光格式光盘的刻录读取,支持最新 BD-R LTH 蓝光格式	各种 12cm 以及 8cm 规格 DVD,CD 盘片

（2）三星主流光驱对比

产品款式	三星 SE-S084C	三星 蓝光康宝 SH-B083A	三星 TS-H663D
光驱种类	DVD 刻录机	BD COMBO	DVD 刻录机
安装方式	外置	内置	内置
接口类型	USB 2.0	SATA	SATA
DVD±R 最大读取倍速	—	16X	6X
DVD±R 最大刻录倍速	8X	16X	24X
DVD+R DL 最大读取倍速	8X	12X	12X
DVD+R DL 最大刻录倍速	6X	8X	16X
DVD-R DL 最大读取倍速	8X	12X	12X
DVD-R DL 最大刻录倍速	6X	8X	12X
DVD-RW 最大读取倍速	8X	12X	2X
DVD-RW 最大刻录倍速	6X	6X	6X
DVD+RW 最大读取倍速	8X	12X	12X
DVD+RW 最大刻录倍速	8X	8X	8X
DVD-RAM 最大擦写倍速	—	12X	12X
DVD-RAM 最大读取倍速	—	12X	12X
CD-RW 擦写倍速	16X	(HS)10X　(US)32X	(HS)10X　(US)32X
CD-RW 读取倍速	24X	40X	40X
CD-R 写入倍速	24X	48X	48X
CDROM 读取倍速	24X	—	48X
BD-R 最大读取倍速	—	8X	—
BD-RE 最大读取倍速	—	8X	—
CD 平均寻道时间	—	＜250ms	—
DVD 平均寻道时间	—	＜240ms	130ms
缓存区容量	2MB	2M	2M
可支持的盘片标准	—	支持单层 25GB 和双层 50GB 的蓝光盘片	—

产品款式	三星 SE-S084C	三星 蓝光康宝 SH-B083A	三星 TS-H663D
其他特性	超薄便携:方形设计,19mm超薄机身,420g重量,适合随身携带。时尚炫彩:钢琴烤漆工艺,釉色表面,七种不同色彩,随心选择。绿色环保:符合欧盟 ROHS 环保标准,最大限度地减少对环境的污染,绿色健康。智能读取:良好盘片兼容性,根据不同的光盘质量,自动调整读取速度,智能纠错。刻录校正:自动分析光盘,调整刻录状态,提高刻盘成功率,实现完美刻录。USB独立供电:无须外接电源,仅用 USB 线即可完成供电和数据传输的双重功能。	整盘访问时间: BD-ROM <300ms BD-ROM/R/RE DUAL 读取速度:4X BD-ROM/R 读取速度:8X DVD-ROM(Single)读取速度:16X DVD-ROM(Dual) 读取速度:12X CD-ROM 读取速度:48X CD-R 读取速度:40X CD-DA 读取速度:48X	DVD-ROM(Single)读取速度:16X DVD-ROM(Dual) 读取速度:12X CD-R 读取速度:40X CD-DA 读取速度:40X
外形尺寸	—	148.2mm(宽)×(41.5±0.5)mm(高)×184mm(长)	148.2mm(宽)×(41.5±0.5)mm(高)×170mm(长)

(3)华硕主流光驱对比

产品款式	华硕 全能王 DRW-22B1S	华硕 SBC-04D1S-U 超薄蓝光王	华硕 BR-04B2T
光驱种类	DVD 刻录机	BD 刻录机	BD 光驱
安装方式	内置	外置	内置
接口类型	ATAPI-IDE	USB 2.0	—
DVD±R 最大读取倍速	—	—	8X
DVD±R 最大刻录倍速	22X	8X	—
DVD+R DL 最大读取倍速	—	—	6X
DVD+R DL 最大刻录倍速	12X	4X	—
DVD-R DL 最大读取倍速	—	—	6X
DVD-R DL 最大刻录倍速	12X	4X	—
DVD-RW 最大读取倍速	—	—	8X
DVD-RW 最大刻录倍速	6X	6X	—
DVD+RW 最大读取倍速	—	—	8X
DVD+RW 最大刻录倍速	8X	8X	—
DVD-RAM 最大擦写倍速	—	5X	5X

产品款式	华硕 全能王 DRW-22B1S	华硕 SBC-04D1S-U 超薄蓝光王	华硕 BR-04B2T
DVD-RAM 最大读取倍速	12X	—	5X
CD-RW 擦写倍速	32X	—	24X
CD-R 写入倍速	48X	—	—
CDROM 读取倍速	—	—	24X
BD-R 最大读取倍速	—	8X	4X
BD-RE 最大读取倍速	—	8X	—
缓存区容量			2MB
其他特性	—	—	TTHD 影像升频技术,光盘加密技术,镜面超薄外观,五段蓝色 LED 调节,E-Green 智能休眠技术

3.3.5 光驱的安装

IDE 接口的 CD-ROM 安装方法比较简单,完全可以把它看成另一块硬盘。通常情况下,CD-ROM 以 Master 方式(主盘)安装在 IDE2 口上,但也可和硬盘合用一根数据线,连接于 IDE1 口上,并设置为 Slave 方式(从盘),这样就可以节省出一个 IDE 接口。下面以 Master 方式为例来介绍安装过程。

1. 调整主从跳线

由于要将驱动器以 Master 方式安装在 IDE2 接口上,所以必须将光驱跳线调整为 Master 方式。在 CD-ROM 的外壳上,一般都清楚地标记出了跳线图,可以参照这个跳线图,将 CD-ROM 的跳线设置为 Master。

2. 固定 CD-ROM 驱动器

关掉计算机电源,卸下机壳,然后拆掉机箱前面板安装槽位置的防尘面板,将 CD-ROM 驱动器水平推入安装槽中,再将光驱两侧的螺丝拧紧。拧螺丝的时候注意四个螺丝要均匀拧紧,即不要一次性将一个螺丝完全拧紧,以免使光驱偏斜。

3. 连线

首先找到主板上 IDE2 接口插座,将 40 芯扁平数据线分别插入 IDE2 及光驱后部的数据线插座中,注意连接方向,数据线红色标记一端应与插座 1 号脚对齐。在 CD-ROM 的数据线插座中一般有一个缺口,和数据线插头上的凸起相对应。在插的时候要使插头正对插座,均匀用力将插头推进插座,不要斜着插入,以免将引脚弄弯。

其次从电源盒引出的电源线中,选取一根 4 芯"D"型电源线,插入驱动器的电源插座。电源线插头上带有导角,和 CD-ROM 电源插座中的导角相对应,反了就插不进去。插入电源线时要稍用力,使其插到底,以免接触不良。

最后是连接音频线,CD-ROM 驱动器普遍使用标准音频线,CD-ROM 上的音频线接头通常标示为 AUDIO OUT,在光驱的背面或接头旁边通常印有它的标识图;L 代表左声道,R 代表右声道,GND 代表接地。在声卡上通常也有多个音频线接头,找到与标准音频线相匹配的 4 针音频线接头,该音频线接头各针通常标示为 LGGR。将音频线的一端与 CD-ROM 音频线插座相连,另一端与声卡音频线插座相连,要注意方向不能接反。

3.4 可移动存储器

3.4.1 刻录机

所谓光盘刻录("CD-R"和"CD-RW")是指在 CD-ROM 基础上发展起来的两种 CD 存储技术。

"CD-R"是"CD-Recordable"的英文简写,是指一种允许对 CD 进行一次性刻写的特殊存储技术;而"CD-RW"是"CD-Rewritable"的英文简写,它是指一种允许对 CD 进行多次重复擦写的特殊存储技术。这两种技术借以实现的存储介质分别被称为 CD-R 盘片和 CD-RW 盘片,而实现这两种技术的设备,就是 CD-R 驱动器和 CD-RW 驱动器。目前单纯的 CD-R 驱动器已经很少见,本书所谈的"光盘刻录机"是 CD-R 和 CD-RW 驱动器的统称。

由于 CD-R/RW 具有大容量(640MB)、每兆字节成本极低、记录介质在所有 PC 上都可用、记录可靠(光盘理论上可保存 100 年以上)等明显的优点,光盘刻录机越来越受到广大计算机爱好者的青睐,成为可移动存储设备的选购焦点。

1. 刻录原理

CD-R 采用一次写入技术,刻入数据时,利用高功率的激光束反射到 CD-R 盘片,使盘片上的介质层发生化学变化,模拟出二进制数据 0 和 1 的差别,把数据正确地存储在光盘上,可以被几乎所有 CD-ROM 读出和使用。由于化学变化产生的质的改变,盘片数据不能再释放空间重复写入。CD-RW 则采用先进的相变(phase-change)技术,刻录数据时,高功率的激光束反射到 CD-RW 盘片的特殊介质,产生结晶和非结晶两种状态,并通过激光束的照射,介质层可以在这两种状态中相互转换,达到多次重复写入的目的。更准确地说,CD-RW 应该叫可擦写光盘刻录机。

与 CD-R 不同的是,受 CD-RW 盘片介质材料的限制,它对激光头的反射率只有 20%,远低于 CD-ROM 和 CD-R 的 70% 和 65%,而且只有具有多线程功能的 CD-ROM 才能读出刻录的数据。不过现在 24 倍速以上的 CD-ROM 基本已支持多线程功能。

CD-R 光盘中不论存储的是音乐、数据还是其他影音视讯,这些资料都是经过数字化处理变成 0 与 1,然后再存于 CD 光盘上,其对应的就是光盘上的凹点与平面。所有的凹点有着相同的深度与宽度,但是长度却不同。一个凹点大约只有半微米宽,一片 CD 光盘上总共有约 28 亿个凹点。当 CD-ROM 的激光照在光盘上时,如果是照在平面上,会有 70%~80% 反射回来,这样 CD 读取头可顺利读取到反射信号;如果是照在凹点上,则造成激光散射,CD 读取头无法接收到反射信号。利用这两种状况就可以解读为数字信号 (0 与 1),进而转换成音乐或数据。

CD 光盘的直径是 12cm,厚度为 1mm,重量为半盎司,组成部分包括最厚的合成塑胶层,加上一层薄薄的铝,以及染料层和保护漆层(UV-lacquer)。

2. 光盘刻录机的性能指标和选购原则

(1) 读写速度

读写速度是标志光盘刻录机性能的主要技术指标,包括数据的读取传输率和数据的写入速度,理论上速度越快性能就越好。

(2) 接口方式

光盘刻录机按接口方式划分,内置的有 SCSI 接口和 IDE 接口,外置的有 SCSI 接口,以及目前最新的 USB 接口等。

(3) 缓存容量

缓存的大小是衡量光盘刻录机性能的重要技术指标之一,刻录时数据必须先写入缓存,刻录软件再从缓存区调用要刻录的数据,在刻录的同时后续的数据再写入缓存中,以保持要写入数据良好的组织和连续传输。如果后续数据没有及时写入缓冲区,传输的中断将导致刻录失败。因而缓冲区的容量越大,刻录的成功率就越高。

市场上的光盘刻录机的缓存容量一般在 512KB~2MB,最大的有 8MB 缓存的产品。建议选择缓存容量较大的产品,尤其对于 IDE 接口的刻录机,缓存容量很重要。

(4) 盘片兼容性

盘片是刻录数据的载体,包括 CD-R 和 CD-RW 盘片。

(5) 其他衡量因素

刻录机的性能还包括许多方面,比如是否支持 AudioCD、PhotoCD、CD-I、CD-EXTRA 等多种光盘格式,是否支持 DAO(Disk-At-One)、TAO(TrackAtOnce)、MS(Multi-Session)等多种刻录方式,是否使用 FlashROM 以便于更新 Firmware 版本等。

3. 刻录机的安装

(1) IDE 接口刻录机的安装

安装 IDE 接口刻录机,非常简单。就像装普通光驱或硬盘一样,设置好主从跳线,接好电源,然后接在 IDE 口上即可。当然最好将刻录机作为主盘,单独接在 IDE2 上。接好连线后,不需要在 Windows 9x 里安装驱动程序,Windows 9x 会自动辨认它,只需直接安装 CDR 烧录软件(例如 ADAPTEC 的 EasyCD 系列等)便可以使用了。见图 3.14。

图 3.14 硬盘光驱扁平线图

图 3.15 16 位和 8 位 SCSI 接口

(2) SCSI 接口刻录机的安装

SCSI 接口刻录机的安装,略为复杂。首先需要正确安装好 SCSI 卡。与安装计算机的其他扩展卡类似,安装 SCSI 卡应注意 IRQ 等资源的设置,避免与机内其他板卡冲突,并安装最新的 SCSI 驱动程序。安装好 SCSI 卡后,刻录机的安装就与 IDE 接口类似了。

见图 3.15。

（3）外置刻录机的安装

安装 SCSI 接口的外置刻录机，也首先需要正确安装好 SCSI 卡，对于并口等其他接口的外置刻录机还需安装其附带的专用驱动程序。

此外安装内置刻录机时，最好将刻录机外壳接地，可防止许多影响录制的信号电平问题。

4. 刻录时的注意事项

刻录光盘时最大的问题就是缓冲区欠载，导致光盘报废。由于 CD 刻录时必须在由硬盘传送到录制器的数据流连续和不中断的情况下才能进行录制，所有的 CD 录制器都有某类内部缓冲数据存储区，能容纳 512KB～8MB 的数据。在录制期间输入的数据首先传送到缓冲区中，然后该缓冲区可连续地将数据流送到录制器的激光写机构，即使来自硬盘的数据流临时被中断也能如此。

在实际操作中，只要 CD 录制器缓冲区内有数据，录制均可流畅地进行。一旦该缓冲区的数据用完，到激光写机构的数据流就会中止，从而出现缓冲区欠载，光盘报废的情况。为最大限度防止缓冲区欠载的出现，在刻录 CD 时，需要注意以下问题：

（1）经常运行磁盘碎片整理程序。一个已整理完碎片的硬盘可提供对文件的快速访问，因为文件不再零散地分布在硬盘上。文件能被快速检索，所以录制性能能够得到改进。刻录前应录制一个物理盘片映像，然后再由该映像进行 CD 录制。几乎所有的 CD-R 软件都支持这种盘片的创建方式。如果用户的系统有多个驱动器，则应确保该物理盘片映像被存储在快速的硬盘驱动器中。

（2）在开始录制一张 CD 前，应关闭任何运行在计算机中的 TSR 应用软件，如屏幕保护程序、计时器、电源管理程序、防毒检测程序；或其他应用软件的警报和类似的内存驻留软件处于激活状态，都能瓦解录制操作。

（3）写 AudioCD 时，用一般的速度较妥，使用高速会多 1/3 的几率烧坏光盘。这是因为 AudioCD 上的"Red Book"（红皮书，即激光唱盘标准，CD 工业的最基本标准）音频对数据流附加了少量的校正代码，且必须保持更多的数据通过接口。例如，若以一倍速的录制速度，计算机数据要求的传输率为 150KB/s，则音频数据的传输率必须为 172KB/s；如以二倍速的录制速度，则音频数据的传输率必须是 344KB/s，而计算机数据的传输率为 300KB/s。如果用户正在进行音频录制，则系统性能必须要相当好。

（4）要选择合适的刻录软件。刻录软件五花八门，多种多样。例如，APAPTEC 的 EasyCD CreatorDeluxe 比较好。一些差的软件不恰当地使用缓存，后果就是常烧坏光盘。

（5）计算机的配置要足够高。否则，大量的数据会使机器负荷不了。起码需要有 200MHz 以上的 CPU、32MB 内存和较快的硬盘。

（6）尽量使用品质比较好的空盘。市面上空盘品种繁多，让人眼花缭乱。好的光盘必须刻录稳定正确，读取顺畅，保存性要好。并不是可以成功刻录的光盘就是好盘，有的虽然刻录成功，但是无法读取，或者是过了一段时间就读不到了。另外，某些劣质的盘片甚至可能损伤刻录机，更得不偿失。

（7）刻录机应保持良好的散热。刻录机本身就是一个相当严重的热源，散热不良，轻则刻录失败，重则机器会损伤。不要连续刻录，以免由于刻录机温度过高，造成坏片。外置刻录机在这点上很占优势。

（8）刻录好的光盘，应注意保存。尽管现在各类盘片都声称可以保存数据 100 年以上，但实际上 CD-R 从诞生到现在也不过 10 来年的历史，保存数据的年限还缺乏实践的检验，只是一种理论上的预测。正因为如此，目前对重要档案数据的保存还大多使用磁带。阳光是 CD-R 光盘的大敌，有"CD-R 见光死"一说，因此首先应防止阳光直射；二是盘片上不要贴标签，否则当光盘在光盘机中高速旋转时，会产生重心不稳的情况，对于光盘机的读取会产生一定程度的影响；三是防止刮伤，如果伤及资料储存用的染料层，资料就全报废了；四是防水防潮，长期放在潮湿阴暗的环境中，烧录面会生出一层霉菌，很容易毁坏资料面。

3.4.2 闪存

1. 闪存的概念

闪存（flash memory）是一种长寿命的非易失性（在断电情况下仍能保持所存储的数据信息）的存储器，数据删除不是以单个的字节为单位而是以固定的区块为单位（注意：NOR flash 为字节存储）。区块大小一般为 256KB 到 20MB。闪存是电子可擦除只读存储器（EEPROM）的变种，EEPROM 与闪存不同的是，它能在字节水平上进行删除和重写而不是整个芯片擦写，因而闪存比 EEPROM 的更新速度快。由于其断电时仍能保存数据，闪存通常被用来保存设置信息，如在计算机的基本输入输出程序（BIOS）、个人数字助理（PDA）、数码相机中保存资料等。另外，闪存不像随机存取存储器（RAM）一样以字节为单位改写数据，因此不能取代 RAM。闪存的图示见图 3.16。

图 3.16　单片机闪存

闪存卡（flash card）是利用闪存技术达到存储电子信息的存储器，一般应用在数码相机、掌上计算机、MP3 等小型数码产品中作为存储介质，样子小巧，犹如一张卡片，所以称为闪存卡。根据不同的生产厂商和不同的应用，闪存卡大概有 SmartMedia（SM 卡）、Compact Flash（CF 卡）、MultiMedia Card（MMC 卡）、Secure Digital（SD 卡）、Memory Stick（记忆棒）、XD-Picture Card（XD 卡）和微硬盘（microdrive）等形式。这些闪存卡虽然外观、规格不同,但是技术原理都是相同的。

2. 闪存技术及特点

NOR 型与 NAND 型闪存的区别很大。打个比方说,NOR 型闪存更像内存,有独立的地址线和数据线,但价格比较贵,容量比较小;NAND 型更像硬盘,地址线和数据线是共用的 I/O 线,类似硬盘的所有信息都通过一条硬盘线传送,而且 NAND 型闪存的成本比 NOR 型闪存低,容量还大得多。因此,NOR 型闪存比较适合频繁随机读写的场合,通常用于存储程序代码并直接在闪存内运行,手机就是使用 NOR 型闪存的大户,所以手机的"内存"容量通常不大;NAND 型闪存主要用来存储资料,我们常用的闪存产品,如闪存盘、数码存储卡都是用 NAND 型闪存。

这里需要认识一个概念,那就是闪存的速度其实很有限,它本身操作速度、频率就比内存低得多,而且 NAND 型闪存类似硬盘的操作方式效率也比内存的直接访问方式慢得多。因此,不要以为闪存盘的性能瓶颈是在接口,甚至想当然地认为闪存盘采用 USB2.0 接口之后会获得巨大的性能提升。

前面提到 NAND 型闪存的操作方式效率低,这和它的架构设计和接口设计有关,它操作起来像硬盘,它的性能特点也很像硬盘:小数据块操作速度很慢,而大数据块速度就很快,这种差异远比其他存储介质大得多。

闪存存取比较快速,无噪音,散热小。

3. 闪存的分类

(1) 目前市场上常见的闪存种类

- U 盘
- CF 卡
- SM 卡
- SD/MMC 卡
- 记忆棒
- XD 卡
- MS 卡
- TF 卡

(2) 国内市场常见的品牌

金士顿、索尼、晟碟、Kingmax、鹰泰、创见、爱国者、纽曼、威刚、联想、台电等。

(3) 决定 NAND 型闪存的因素

① 页数量

前面已经提到,越大容量闪存的页越多、页越大,寻址时间越长。但这个时间的延长不是线性关系,而是一个一个的台阶变化。譬如 128Mb、256Mb 的芯片需要 3 个周期传送地址信号,512Mb、1Gb 的需要 4 个周期,而 2Gb、4Gb 的需要 5 个周期。

② 页容量

每一页的容量决定了一次可以传输的数据量,因此大容量的页有更好的性能。前面提到大容量闪存(4Gb)提高了页的容量,从 512B 提高到 2KB。页容量的提高不但易于提高容量,更可以提高传输性能。我们可以举例子说明。以三星 K9K1G08U0M 和

K9K4G08U0M 为例,前者为 1Gb,页容量 512B,随机读(稳定)时间 12μs,写时间为 200μs;后者为 4Gb,页容量 2KB,随机读(稳定)时间 25μs,写时间为 300μs。假设它们工作频率为 20MHz。

③ 块容量

块是擦除操作的基本单位,由于每个块的擦除时间几乎相同(擦除操作一般需要 2ms,而之前若干周期的命令和地址信息占用的时间可以忽略不计),块的容量将直接决定擦除性能。大容量 NAND 型闪存的页容量提高,而每个块的页数量也有所提高,一般 4Gb 芯片的块容量为 2KB×64 页=128KB,1Gb 芯片的为 512B×32 页=16KB。在相同时间之内,前者的擦速度为后者的 8 倍。

④ I/O 位宽

以往 NAND 型闪存的数据线一般为 8 条,不过从 256Mb 产品开始,就有 16 条数据线的产品出现了。由于控制器等方面的原因,x16 芯片实际应用的相对比较少,但将来数量上还是会呈上升趋势的。虽然 x16 的芯片在传送数据和地址信息时仍采用 8 位一组,占用的周期也不变,但传送数据时就以 16 位为一组,带宽增加一倍。K9K4G16U0M 就是典型的 64M×16 芯片,它每页仍为 2KB,但结构为(1K+32)×16bit。

可以看到,相同容量的芯片,将数据线增加到 16 条后,读性能提高近 70%,写性能也提高 16%。

⑤ 频率

工作频率的影响很容易理解。NAND 型闪存的工作频率在 20~33MHz,频率越高性能越好。前面以 K9K4G08U0M 为例时,我们假设频率为 20MHz,如果我们将频率提高一倍,达到 40MHz,则 K9K4G08U0M 读一个页需要:6 个命令、寻址周期×25ns+25μs+(2K+64)×25ns=78μs。K9K4G08U0M 实际读传输率:2KB÷78μs=26.3MB/s。可以看到,如果 K9K4G08U0M 的工作频率从 20MHz 提高到 40MHz,读性能可以提高近 70%。

⑥ 制造工艺

制造工艺会影响晶体管的密度,也对一些操作的时间有影响。譬如前面提到的写稳定和读稳定时间,它们在我们的计算当中占去了时间的重要部分,尤其是写入时。如果能够降低这些时间,就可以进一步提高性能。90nm 的制造工艺能够改进性能吗?答案恐怕是否定的。目前的实际情况是,随着存储密度的提高,需要的读、写稳定时间是呈现上升趋势的。前面的计算所举的例子中就体现了这种趋势,否则 4Gb 芯片的性能提升更加明显。

综合来看,大容量的 NAND 型闪存芯片虽然寻址、操作时间会略长,但随着页容量的提高,有效传输率还是会大一些,大容量的芯片符合市场对容量、成本和性能的需求趋势。而增加数据线和提高频率,则是提高性能的最有效途径,但由于命令、地址信息占用操作周期,以及一些固定操作时间(如信号稳定时间等)等工艺、物理因素的影响,它们不会带来同比的性能提升。

4. 闪存应用及前景

"U 盘"是闪存走进日常生活的最明显写照,其实早在 U 盘之前,闪存已经出现在许多电子产品之中。传统的存储数据方式是采用 RAM 的易失存储,电池没电了数据就会丢失。采用闪存的产品，克服了这一毛病，使得数据存储更为可靠。除了闪存盘，闪存还被应用在计算机中的 BIOS、PDA、数码相机、录音笔、手机、数字电视、游戏机等电子产品中。

追溯到 1998 年，U 盘进入市场。接口由 USB1.0 发展到 2.0，速度逐渐提高。U 盘的盛行还间接促进了 USB 接口的推广。为什么 U 盘这么受到人们欢迎呢？

U 盘可用来在计算机之间交换数据。从容量上讲，U 盘的容量从 16MB 到 2GB 可选，突破了软驱 1.44MB 的局限性。从读写速度上讲，U 盘采用 USB 接口，读写速度比软盘高许多。从稳定性上讲，U 盘没有机械读写装置，不像移动硬盘那样容易因碰伤、跌落等原因造成损坏。部分款式 U 盘具有加密等功能，令用户使用更具个性化。U 盘外形小巧，更易于携带，且采用支持热插拔的 USB 接口，使用非常方便。

目前，闪存正朝大容量、低功耗、低成本的方向发展。与传统硬盘相比，闪存的读写速度高、功耗较低，目前市场上已经出现了闪存硬盘，也就是 SSD 硬盘，目前该硬盘的性价比进一步提升。随着制造工艺的提高、成本的降低，闪存将更多地出现在日常生活之中。

3.4.3 移动硬盘

移动硬盘(mobile hard disk)顾名思义是指以硬盘为存储介质，计算机之间交换大容量数据，强调便携性的存储产品(图 3.17)。市场上绝大多数的移动硬盘都是以标准硬盘为基础的，而只有很少部分是微型硬盘(1.8 英寸硬盘等)，但价格因素决定着主流移动硬盘还是以标准笔记本硬盘为基础。因为采用硬盘为存储介质，因此移动硬盘在数据的读写模式与标准 IDE 硬盘是相同的。移动硬盘多采用 USB、IEEE1394 等传输速度较快的接口，可以较高的速度与系统进行数据传输。截至 2009 年，主流 2.5 英寸品牌移动硬盘的读取速度约为 15～25MB/s，写入速度约为 8～15MB/s。

图 3.17　移动硬盘

1. 移动硬盘特点

(1) 容量大

移动硬盘可以提供相当大的存储容量，是较具性价比的移动存储产品。大容量"闪盘"的价格还无法被用户所接受，而移动硬盘能在用户可以接受的价格范围内，提供较大的存储容量和不错的便携性。市场中的移动硬盘能提供 80GB、120GB、160GB 直至 4TB 的容量，一定程度上满足了用户的需求。

(2) 传输速度高

移动硬盘大多采用 USB、IEEE1394 接口，能提供较高的数据传输速度。不过移动硬盘的数据传输速度一定程度上受到接口速度的限制，尤其在 USB1.1 接口规范的产品上，在传输较大数据量时，将考验用户的耐心。而 USB2.0 和 IEEE1394 接口就相对好很多。USB2.0 接口传输速率是 60MB/s，IEEE1394 接口传输速率是 50～100MB/s，在与主机交换数据时，读 GB 数量级的大型文件只需几分钟，特别适合视频与音频数据的存储和交换。

（3）使用方便

主流的 PC 基本都配备了 USB 功能，主板通常可以提供 2～8 个 USB 口，一些显示器也提供了 USB 转接器，USB 接口已成为个人计算机中的必备接口。USB 设备在大多数版本的 Windows 操作系统中，都不需要安装驱动程序，具有真正的"即插即用"特性，使用起来灵活方便。但大容量硬盘（160GB 以上，对笔记本而言 160GB 很高了）由于转速高（7200 转，笔记本多在 5400 转以下），所以需要外接电源（USB 供电不足），在一定程度上限制了硬盘的便携性。

（4）可靠性提升

数据安全一直是移动存储用户最为关心的问题，也是人们衡量该类产品性能好坏的一个重要标准。移动硬盘以高速、大容量、轻巧便捷等优点赢得许多用户的青睐，而更大的优点还在于其存储数据的安全可靠性。这类硬盘与笔记本电脑硬盘的结构类似，多采用硅氧盘片。这是一种比铝、磁更为坚固耐用的盘片材质，并且具有更大的存储量和更好的可靠性，提高了数据的完整性。移动硬盘采用以硅氧为材料的磁盘驱动器，以更加平滑的盘面为特征，有效地降低了盘片可能影响数据可靠性和完整性的不规则盘面的数量，更高的盘面硬度使 USB 硬盘具有很高的可靠性。

另外它还具有防震功能，在剧烈震动时盘片自动停转并将磁头复位到安全区，防止盘片损坏。

2. 移动硬盘容量

1.5 英寸移动硬盘大多提供 10、20、40、60、80GB 的容量，2.5 英寸的还有 120、160、200、250、320、500、640GB，以及 1TB 的容量，3.5 英寸的移动硬盘盒还有 500、640、750GB，以及 1、1.5、2TB 的大容量，除此之外还有桌面式的移动硬盘，容量更达到 4TB（图 3.18）的超大容量。随着技术的发展，移动硬盘将容量越来越大，体积越来越小。

图 3.18　4TB 的桌面式移动硬盘

3. 移动硬盘尺寸

移动硬盘（盒）的尺寸分为 2.5 英寸和 3.5 英寸两种。2.5 英寸移动硬盘盒可以使用笔记本电脑硬盘。2.5 英寸移动硬盘盒体积小、重量轻，便于携带，一般没有外置电源。

移动硬盘绝大多数是 USB 接口的，但是由于 USB 接口功能有限，所以移动硬盘使用的 2.5 英寸硬盘实际上同笔记本上使用的硬盘是不一样的。笔记本要求硬盘快速启动，所以笔记本硬盘的启动电流大一些,约 900mA 左右。移动硬盘使用的盘片启动时间略长,启动电流略小,一般 700mA 左右。如果自己组装移动硬盘,还是需要找专门的移动硬盘版的盘芯。

3.5 英寸的硬盘盒使用台式计算机硬盘,体积较大,便携性相对较差,但性价比好,容量大。3.5 英寸的硬盘盒内一般都需自带外接电源和散热风扇。

3.4.4 固态硬盘

固态硬盘(solid state disk 或 solid state drive,SSD),也称为电子硬盘或者固态电子盘,是由控制单元和固态存储单元(DRAM 或闪存芯片)组成的硬盘(见图 3.19)。由于固态硬盘没有普通硬盘的旋转介质,因而抗震性极佳。

固态硬盘的接口规范和定义、功能及使用方法与普通硬盘相同,在产品外形和尺寸上也与普通硬盘一致。其芯片的工作温度范围很宽($-40\sim85$℃)。固态硬盘目前被广泛应用于军事、车载、工控、视频监控、网络监控、网络终端、电力、医疗、航空、导航设备等领域。

图 3.19　固态硬盘

由于固态硬盘技术与传统硬盘技术不同,所以产生了不少新兴的存储器厂商。厂商只需购买 NAND 存储器,再配合适当的控制芯片,就可以制造固态硬盘了。新一代的固态硬盘普遍采用 SATA-2 接口。

1. 固态硬盘分类

固态硬盘的存储介质分为两种:一种是采用闪存作为存储介质,另外一种是采用 DRAM 作为存储介质。

基于闪存的固态硬盘(IDE flash disk,Serial ATA flash disk):采用闪存芯片作为存储介质,这也是我们通常所说的 SSD。它的外观可以被制作成多种模样,例如笔记本硬盘、微硬盘、存储卡、U 盘等样式。这种 SSD 固态硬盘最大的优点是可以移动,而且数据保护不受电源控制,能适应于各种环境,但是使用年限不长,适合于个人用户使用。在基于闪存的固态硬盘中,存储单元又分为两类:单层单元(single layer cell,SLC)和多层单元(multi-level cell,MLC)。SLC 的特点是成本高、容量小,但是速度快,而 MLC 的特点是容量大、成本低,但是速度慢。MLC 的每个单元是 2 位的,相对 SLC 来说整整多了一倍。不过,由于每个 MLC 存储单元中存放的资料较多,结构相对复杂,出错的几率会增加,必须进行错误修正,这个动作导致其性能大幅落后于结构简单的 SLC 闪存。此外,SLC 闪存的优点是复写次数高达 10 万次,比 MLC 闪存高 10 倍。此外,为了保证 MLC 的寿命,控制芯片都校验和智能磨损平衡技术算法,使得每个存储单元的写入次数可以平均分摊,达到 100 万小时故障间隔时间(MTBF)。

基于 DRAM 的固态硬盘:采用 DRAM 作为存储介质,目前应用范围较窄。它仿效传统硬盘的设计,可被绝大部分操作系统的文件系统工具进行卷设置和管理,并提供工业标准的 PCI 和 FC 接口用于连接主机或者服务器。应用方式可分为 SSD 硬盘和 SSD 硬盘阵列两种。它是一种高性能的存储器,而且使用寿命很长,美中不足的是需要独立电源来保护数据安全。

2. 固态硬盘的优点

固态硬盘与普通硬盘比较,拥有以下优点:

(1) 启动快,没有电机加速旋转的过程。

(2) 不用磁头,快速随机读取,读延迟极小。根据相关测试,在相同的配置下,搭载固态硬盘的笔记本从开机到出现桌面画面一共只用了 18s,而搭载传统硬盘的笔记本总共用了 31s,两者几乎有将近一半的差距。

(3) 相对固定的读取时间。由于寻址时间与数据存储位置无关,因此磁盘碎片不会影响读取时间。

(4) 基于 DRAM 的固态硬盘写入速度极快。

(5) 无噪音。因为没有机械马达和风扇,工作时噪音值为 0 分贝。某些高端或大容量产品装有风扇,因此仍会产生噪音。

(6) 低容量的基于闪存的固态硬盘在工作状态下能耗和发热量较低,但高端或大容量产品能耗会较高。

(7) 内部不存在任何机械活动部件,不会发生机械故障,也不怕碰撞、冲击、振动。这样即使在高速移动甚至伴随翻转倾斜的情况下也不会影响到正常使用,而且在笔记本电脑发生意外掉落或与硬物碰撞时能够将数据丢失的可能性降到最小。

(8) 工作温度范围更大。典型的硬盘驱动器只能在 5～55℃ 范围内工作。而大多数固态硬盘可在 -10～70℃ 工作,一些工业级的固态硬盘还可在 -40～85℃,甚至更大的温度范围下工作(例如 RunCore 军工级产品的温度范围为 -55～135℃)。

(9) 低容量的固态硬盘比同容量硬盘体积小、重量轻。但这一优势随容量增大而逐渐减弱。直至 256GB,固态硬盘仍比相同容量的普通硬盘轻。

3. 固态硬盘的缺点

固态硬盘与传统硬盘比较,具有以下缺点:

(1) 成本高。每单位容量价格是传统硬盘的 5～10 倍(基于闪存),甚至 200～300 倍(基于 DRAM)。

(2) 容量低。目前固态硬盘最大容量远低于传统硬盘。传统硬盘的容量仍在迅速增长,据称 IBM 已测试过 4TB 的传统硬盘。

(3) 由于不像传统硬盘那样屏蔽于法拉第笼中,固态硬盘更易受到某些外界因素的不良影响,如断电(基于 DRAM 的固态硬盘尤甚)、磁场干扰、静电等。

(4) 写入寿命有限(基于闪存)。一般闪存写入寿命为 1 万到 10 万次,特制的可达 100 万到 500 万次,然而整台计算机寿命期内文件系统的某些部分(如文件分配表)的写入次数仍将超过这一极限。特制的文件系统或者固件可以分担写入的位置,使固态硬盘的整体寿命达到 20 年以上。

(5) 数据损坏后难以恢复。一旦在硬件上发生损坏,如果是传统的磁盘或者磁带存储方式,通过数据恢复也许还能挽救一部分数据。但是如果是固态存储,一旦芯片发生损坏,要想在碎成几瓣或者被电流击穿的芯片中找回数据几乎是不可能的。当然这种不足也可以通过牺牲存储空间来弥补,主要用 RAID 1 来实现的备份,和传统存储的备份原理相同。由于目前 SSD 的成本较高,采用这种方式备份还是价格不菲。

(6) 根据实际测试,使用固态硬盘的笔记本电脑在空闲或低负荷运行下,电池航程短于使用 5400RPM 的 2.5 英寸传统硬盘。

(7) 基于 DRAM 的固态硬盘在任何时候的能耗都高于传统硬盘,尤其是关闭时仍需供电,否则数据丢失。

(8) 据用户反映,使用 MLC 的固态硬盘在 Windows XP 系统下运行会几率性出现假死现象。这是由于 Windows XP 系统的文件系统机制不适于固态硬盘。而在 Windows 7 中则为固态硬盘进行了优化,禁用了 SuperFetch、ReadyBoost 以及启动和程序预取等传统硬盘机制,可更好地发挥固态硬盘的性能。

习题

1. 硬盘存在哪几种接口技术? 分别对它们进行阐述。
2. 硬盘有哪些重要的性能指标?
3. CD-ROM 的工作原理是什么?
4. 如何评价 CD-ROM 的好坏?
5. 什么是 CD-R?
6. 选购刻录机时要注意什么?
7. 什么是 USB 接口?
8. 什么是 IEEE 1394 规范? 试比较它与 USB 接口的异同点。

第4章 输 出 系 统

本章介绍输出系统。显而易见,计算机系统中的数据信息是要通过文字、声音、图形图像等形式表现出来,这些都依赖于输出系统的工作。因此它的重要性可见一斑。输出系统主要由显示系统、音效系统、打印系统等构成。

4.1 显示系统

4.1.1 显示卡

如今在计算机配件的选购中,最难以选择的恐怕就是显示卡(显卡)了。显示卡也就是通常所说的图形加速卡,它的基本作用就是控制计算机的图形输出。可以说它是一个"中间人",它工作在 CPU 和显示器之间。通常显示卡是以附加卡的形式安装在计算机主板的扩展槽中,或集成在主板上(这种方式多为品牌机使用)。

4.1.1.1 显示卡的基本原理

显示卡的主要作用是对图形函数进行加速。早期的计算机中,CPU 和标准的 EGA 或 VGA 显示卡以及帧缓存(用于存储图像),可以对大多数图像进行处理,但是它们只是起一种传递作用,所看到的就是 CPU 所提供的。它们对于旧有的操作系统 DOS,以及文本文件的显示是足够的,但是这种组合对复杂的图形和高质量的图像处理就显得力不从心了,特别是当用户使用 Windows 操作系统后,CPU 已经无法对众多的图形函数进行处理,而最根本的解决方法就是图形加速卡。图形加速卡拥有自己的图形函数加速器和显存,这些都是专门用来执行图形加速任务,因此大大减少了 CPU 所必须处理的图形函数。比如想画个圆圈,如果单单让 CPU 做这个工作,它就要考虑需要多少个像素来实现,还要想想用什么颜色,但是如果图形加速卡芯片具有画圈这个函数,CPU 只需要告诉它"给我画个圈",剩下的工作就由加速卡来进行,这样 CPU 就可以执行其他更多的任务,从而提高了计算机的整体性能。显示卡如图 4.1 所示。

实际上现在的显示卡都已经是图形加速卡,它们不同程度地都可以执行一些图形函数。通常所说的加速卡的性能,是指加速卡上的芯片集能够提供的图形函数计算能力,这个芯片集通常也称为加速器或图形处理器。一般来说,在芯片集的内部会有一个时钟发生器、VGA 核心和硬件加速函数,很多新的芯片集在内部还集成了 RAM 数模转换器(random access memory digital-to-analog converter,RAMDAC)。芯片集可以通过它们的数据传输带宽来划分,最近的芯片多为 64 位或 128 位,而早期的显卡芯片为 32 位或 16 位。更多的带宽可以使芯片在一个时钟周期中处理更多的信息。但是不要以为 128 位芯片就会比 64 位芯片快两倍,更大的带宽带来的是更高的解析度和色深,加速卡的速

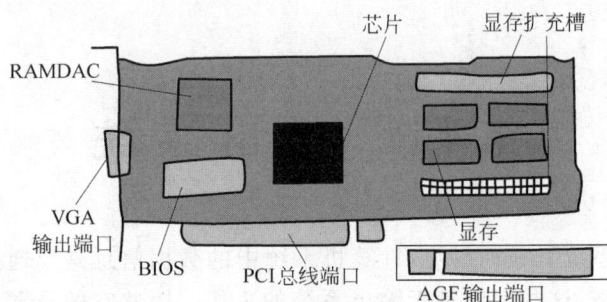

图 4.1　显示卡示意图

度在很大程度上受所使用的显存类型以及驱动程序的影响。

显卡的工作原理是:在显卡开始工作(图形渲染建模)前,通常把所需要的材质和纹理数据传送到显存里面。开始工作时(进行建模渲染),这些数据通过 AGP 总线进行传输,显示芯片将通过 AGP 总线提取存储在显存里面的数据。除了建模渲染数据外,还有大量的顶点数据和工作指令流需要进行交换,这些数据通过 RAMDAC 转换为模拟信号,输出到显示端,最终就是我们看见的图像。

4.1.1.2　显示卡的基本性能指标和接口标准

1. 显存及类型

显存是显卡上的关键核心部件之一,它的优劣和容量大小会直接关系到显卡的最终性能表现。可以说显示芯片决定了显卡所能提供的功能和基本性能,而显卡性能的发挥则在很大程度上取决于显存。无论显示芯片的性能如何出众,最终其性能都要通过配套的显存来发挥。

显存,也被叫做帧缓存,它的作用是存储显卡芯片处理过或者即将提取的渲染数据。如同计算机的内存一样,显存是用来存储要处理的图形信息的部件。在显示屏上看到的画面是由一个个的像素点构成的,而每个像素点都以 4 至 32 甚至 64 位的数据来控制它的亮度和色彩,这些数据必须通过显存来保存,再由显示芯片和 CPU 调配,对这些数据进行控制,RAMDAC 读入这些数据并把它们输出到显示器。有一些高级加速卡不仅将图形数据存储在显存中,而且还利用显存进行计算,特别是具有 3D 加速功能的显示卡更是需要显存进行 3D 函数的运算。因为在显存中的数据交换量越来越大,所以更新的显存也不断涌现。最初使用的显存是 DRAM(基本已经绝迹),后来低端加速卡使用的是EDO DRAM,随后被广泛使用的是 SDRAM 和 SGRAM,这些都是单端口存储器。还有一类就是当时较昂贵的双端口 VRAM 和 WRAM。从性能上来说,VRAM 和 WRAM 比较适合加速卡使用。双端口显存可以在从芯片集中得到数据的同时向 RAMDAC 输送数据。而单端口显存不能实现输入和输出的同时进行,进行数据交换时,只有当芯片集完成对显存的写操作后,RAMDAC 才能从显存中得到数据。在高解析度和色深的环境下,这会影响加速卡的性能,因为此时的数据量更大,所要等待的时间更多。经历过 VRAM 和WRAM 以及 SGRAM 之后,到今天广泛采用的 DDR SDRAM 显存,经历了很多代的进步。目前市场上主要以 DDR2 和 DDR3 为主。而新一代的芯片则支持 DDR4 显存。

显示芯片性能的日益提高,其数据处理能力越来越强,使得对显存数据传输量和传输率的要求越来越高,显卡对显存的要求也更高。对于现在的显卡来说,显存是承担大量的三维运算所需的多边形顶点数据以及作为海量三维函数的运算的主要载体,这时显存交换量的大小、速度的快慢,对于显卡核心的效能发挥,都是至关重要的。而如何有效地提高显存的效能,也就成了提高整个显示卡效能的关键。

目前,市场中所采用的显存类型,主要有 SDRAM、DDR SDRAM、DDR SGRAM 三种。

SDRAM 目前主要应用在低端显卡上,频率一般不超过 200MHz,在价格和性能上,它与 DDR 相比都没有什么优势,因此逐渐被 DDR 取代。

DDR SDRAM 是市场中的主流,一方面,是工艺的成熟,批量的生产,导致成本下跌,使得它的价格便宜;另一方面,它能够提供较高的工作频率,且带来优异的数据处理性能。

至于 DDR SGRAM,它是显卡厂商特别针对绘图者需求,为了加强图形的存取处理以及绘图控制效率,从同步动态随机存取内存(SDRAM)所改良而得的产品。SGRAM 允许以块(blocks)为单位,个别修改或者存取内存中的资料,它能够与中央处理器(CPU)同步工作,可以减少内存读取次数,增加绘图控制器的效率。尽管它稳定性不错,而且性能表现也很好,但是它的超频性能很差。

(1) FPM 显存

快速页面模式内存(fast page mode RAM,FPM DRAM)是一种在 486 时期被普遍应用的内存(也曾应用为显存)。72 线、5V 电压、带宽 32 位、基本速度在 60ns 以上。它的读取周期是从 DRAM 阵列中某一行的触发开始,然后移至内存地址所指位置,即包含所需要的数据。第一条信息必须被证实有效后存至系统,才能为下一个周期做好准备。这样就引入了"等待状态",因为 CPU 必须傻傻地等待内存完成一个周期。FPM 之所以被广泛应用,重要原因在于它是一种标准而且安全的产品,价格还很便宜。但其性能上的缺陷,导致此种显存的显卡不久就被 EDO DRAM 取代,现在已不使用了。

(2) EDO 显存

EDO(extended data out)DRAM 与 FPM 相比,速度要快 5%,这是因为 EDO 内设置了一个逻辑电路,借此 EDO 可以在上一个内存数据读取结束前,将下一个数据读入内存。设计为系统内存的 EDO DRAM 原本是非常昂贵的,只是因为 PC 市场急需一种替代 FPM DRAM 的产品,所以被广泛应用在第五代 PC 上。EDO 显存可以工作在 75MHz 或更高,但是其标准工作频率为 66MHz,不过其速度还是无法满足显示芯片的需要,也早成为"古董级"产品。

(3) SGRAM 显存

同步图形 RAM(synchronous graphics DRAM,SGRAM)是一种专为显卡设计的显存,也是一种图形读写能力较强的显存,由 SDRAM 改良而成。它改进了过去低效能显存传输率较低的缺点,为显示卡性能的提高创造了条件。SGRAM 读写数据时,不是一一读取,而是以块为单位,从而减少了内存整体读写的次数,提高了图形控制器的效率。但其设计制造成本较高,更多的是应用于当时较为高端的显卡。目前,此类显存也已基本不被厂商采用,被 DDR 显存所取代。

（4）SDRAM 显存

同步动态随机存储器（synchronous DRAM，SDRAM）曾经是 PC 上最为广泛应用的一种内存类型，即便在今天，SDRAM 仍旧还在市场上占有一席之地。既然是"同步动态随机存储器"，那就代表着它的工作速度是与系统总线速度同步的。SDRAM 内存又分为 PC66、PC100、PC133 等不同规格，而规格后面的数字，就代表着该内存最大所能正常工作的系统总线速度，比如 PC100，那就说明此内存可以在系统总线为 100MHz 的计算机中同步工作。

与系统总线速度同步，也就是与系统时钟同步，这样就避免了不必要的等待周期，减少数据存储时间。同步还使存储控制器知道在哪一个时钟脉冲期由数据请求使用，因此数据可在脉冲上升期便开始传输。SDRAM 采用 3.3V 工作电压，168 针的 DIMM 接口，带宽为 64 位。SDRAM 不仅应用在内存上，在显存上也较为常见。

SDRAM 可以与 CPU 同步工作，无等待周期，减少数据传输延迟。优点是价格低廉，曾在中低端显卡上得到了广泛的应用。SDRAM 在 DDR SDRAM 成为主流之后，就风光不再。目前，只能在最低端的产品或旧货市场，才能看到此类显存的产品了。

（5）DDR SDRAM 显存

DDR 显存分为两种：一种是大家习惯上的 DDR 内存，严格说来应该叫 DDR SDRAM；另外一种是 DDR SGRAM，此类显存应用较少、不多见。

双倍速率同步动态随机存储器（double data rate SDRAM，DDR SDRAM）是在 SDRAM 基础上发展而来的，仍然沿用 SDRAM 生产体系，因此对于内存厂商而言，只需对制造普通 SDRAM 的设备稍加改进，即可实现 DDR 内存的生产，可有效降低成本。

SDRAM 在一个时钟周期内只传输一次数据，它是在时钟的上升期进行数据传输；而 DDR 内存则是一个时钟周期内传输两次数据，它能够在时钟的上升期和下降期各传输一次数据，因此称为双倍速率。DDR 内存可以在与 SDRAM 相同的总线频率下，达到更高的数据传输率。

与 SDRAM 相比，DDR 运用了更先进的同步电路，使指定地址、数据的输送和输出主要步骤既独立执行，又保持与 CPU 完全同步；DDR 使用了延时锁定回路（delay locked loop，DLL）技术提供一个数据滤波信号，当数据有效时，存储控制器可使用这个数据滤波信号来精确定位数据，每 16 次输出一次，并重新同步来自不同存储器模块的数据。DDL 本质上不需要提高时钟频率，就能加倍提高 SDRAM 的速度，它允许在时钟脉冲的上升沿和下降沿读出数据，因而其速度是标准 SDRAM 的两倍。DDR SDRAM 是目前应用最为广泛的显存类型，90% 以上的显卡都采用此类显存。

（6）DDR SGRAM

DDR SGRAM 是从 SGRAM 发展而来，同样也是在一个时钟周期内传输两次数据，它能够在时钟的上升期和下降期各传输一次数据。可以在不增加频率的情况下，把数据传输率提高一倍。DDR SGRAM 在性能上强于 DDR SDRAM，但其成本高于 DDR SDRAM，只在较少的产品上得到应用。而且其超频能力较弱，因其结构问题，超频容易损坏。

（7）DDR2 显存

DDR2 显存可以看做是 DDR 显存的一种升级和扩展，DDR2 显存把 DDR 显存的

"2bit prefetch(2 位预取)"技术升级为"4bit prefetch(4 位预取)"机制,在相同的核心频率下,其有效频率比 DDR 显存整整提高了一倍,在相同显存位宽的情况下,把显存带宽也整整提高了一倍,这对显卡的性能提升是非常有益的。从技术上讲,DDR2 显存的 DRAM 核心可并行存取,在每次存取中处理 4 个数据而非 DDR 显存的 2 个数据,这样,DDR2 显存便实现了在每个时钟周期处理 4 比特数据,比传统 DDR 显存处理的 2 比特数据提高了一倍。相比 DDR 显存,DDR2 显存的另一个改进之处在于,它采用 144 针球形针脚的 FBGA 封装方式,替代了传统的 TSOP 方式,工作电压也由 2.5V 降为 1.8V。

由于 DDR2 显存提供了更高频率,性能相应得以提升,但也带来了高发热量的弊端。加之结构限制,无法采用廉价的 TSOP 封装,不得不采用成本更高的 BGA 封装(DDR2 的初期产能不足,成本问题更甚)。发热量高、价格昂贵成为采用 DDR2 显存显卡的通病,如率先采用 DDR2 显存的 GeForce FX 5800/5800Ultra 系列显卡,就是比较失败的产品。基于以上原因,DDR2 并未在主流显卡上广泛应用。

(8) DDR3 显存

DDR3 显存,可以看做是 DDR2 的改进版,二者有很多相同之处。例如,采用 1.8V 标准电压、主要采用 144 针球形针脚的 FBGA 封装方式。不过 DDR3 核心有所改进:DDR3 显存采用 $0.11\mu m$ 生产工艺,耗电量较 DDR2 明显降低。此外,DDR3 显存采用了"pseudo open drain"接口技术,只要电压合适,显示芯片可直接支持 DDR3 显存。当然,显存颗粒较长的延迟时间(CAS latency)一直是高频率显存的一大通病,DDR3 也不例外。DDR3 的 CAS latency 为 5/6/7/8,长于 DDR2 的 3/4/5。客观地说,DDR3 相对于 DDR2 在技术上并无突飞猛进的进步,但 DDR3 的性能优势仍比较明显:

① 功耗和发热量较小:吸取了 DDR2 的教训,在控制成本的基础上,减小了能耗和发热量,使得 DDR3 更易于被用户和厂家接受。

② 工作频率更高:由于能耗降低,DDR3 可实现更高的工作频率,在一定程度弥补了延迟时间较长的缺点,同时还可作为显卡的卖点之一,这在搭配 DDR3 显存的显卡上已有所表现。

③ 降低显卡整体成本:DDR2 显存颗粒规格多为 4M×32b,搭配中、高端显卡常用的 128MB 显存便需 8 颗。而 DDR3 显存规格多为 8M×32b,单颗颗粒容量较大,4 颗即可构成 128MB 显存。如此一来,显卡 PCB 面积可减小,成本得以有效控制,此外,颗粒数减少后,显存功耗也能进一步降低。

④ 通用性好:相对于 DDR 变更到 DDR2,DDR3 对 DDR2 的兼容性更好。由于针脚、封装等关键特性不变,搭配 DDR2 的显示核心和公版设计的显卡,稍加修改便能采用 DDR3 显存,这对厂商降低成本大有好处。

目前,DDR3 显存在新出的大多数中、高端显卡上,得到了广泛的应用。

2. RAMDAC

在显存中存储的当然是数字信息,因为计算机是以数字方式运行的,对于显示卡来说这一堆 0 和 1 控制着每一个像素的色深和亮度。然而显示器并不以数字方式工作,它工作在模拟状态下,这就需要在中间有一个"翻译",RAMDAC 的作用就是将数字信号转换为模拟信号使显示器能够显示图像。RAMDAC 的另一个重要作用就是提供显示卡能够达到的刷新率,它也影响着显示卡所输出的图像质量。

3. 刷新频率

刷新频率是指 RAMDAC 向显示器传送信号,使其每秒重绘屏幕的次数,它的标准单位是赫兹(Hz)。如今 RAMDAC 所提供的刷新率最高可达到 250Hz。影响刷新率的因素有两个:一是显示卡每秒可以产生的图像数目,二是显示器每秒能够接收并显示的图像数目。刷新率可以分为 56,60,65,70,72,75,80,85,90,95,100,110 和 120Hz 数个档次。过低的刷新率会使屏幕严重闪烁,时间一长就会使用户眼睛感到疲劳,所以刷新率应该大于 72Hz。分辨率指的是在屏幕上所显现出来的像素数目,它由两部分来计算,分别是水平行的点数和垂直行的点数。例如,如果分辨率为 800×600,那就是说这幅图像由 800 个水平点和 600 个垂直点组成。通常分辨率分为 640×480,800×600,1024×768,1152×864,1280×1024 和 1600×1200 或更高。更高的分辨率可以在屏幕上显示更多的内容。如果使用 1024×768 的分辨率,可以在写作时看到更多的文字,可以在制表时一屏显示更多的单元格,更可以在桌面上放更多的图标。色深可以看做一个调色板,它决定屏幕上每个像素由多少种颜色控制。众所周知,每一个像素都由红、绿、蓝三种基本颜色组成,像素的亮度也是由它们控制。三种颜色都设定为最大值时,像素就呈现为白色,当它们设定为零时,像素就呈现为黑色。通常色深可以设定为 4 位/8 位/16 位/32 位色。当然色深的位数越高,所能够得到的颜色就越多,屏幕上的图像质量就越好。但是当色深增加时,它也增大了显示卡所要处理的数据量,而随之带来的是速度的降低或是屏幕刷新率的降低。颜色与色素、数据量等的关系如表 4.1 所示。

表 4.1 颜 色

色深	所显示色数	每像素数据量/B	一般名称
4 位色	16	0.5	标准 VGA
8 位色	256	1.0	256 色
16 位色	65 536	2.0	高彩
32 位色	16 777 216	4.0	真彩

显示卡上的 BIOS 的功能与主板上的一样,它可以执行一些基本的函数,并在打开计算机时对显示卡进行初始化设定。现在很多显示卡上都使用 Flash BIOS,可以通过软件对 BIOS 进行升级。驱动程序对于显示卡来说是极其重要的,它告诉芯片集怎样对每个绘图函数进行加速,不断更新的驱动程序使显示卡日趋完美。

4. 显示芯片

即图形处理芯片,也就是我们常说的图形处理单元(graphic processing unit,GPU)。它是显卡的"大脑",负责了绝大部分的计算工作,在整个显卡中,GPU 负责处理由计算机发来的数据,最终将产生的结果显示在显示器上。显卡所支持的各种 3D 特效由 GPU 的性能决定,GPU 也就相当于 CPU 在计算机中的作用,一块显卡采用何种显示芯片便大致决定了该显卡的档次和基本性能,它同时也是 2D 显示卡和 3D 显示卡区分的依据。2D 显示芯片在处理 3D 图像和特效时主要依赖 CPU 的处理能力,这称为"软加速"。而 3D 显示芯片是将三维图像和特效处理功能集中在显示芯片内,即所谓的"硬件加速"功能。

因为显示芯片的复杂性,目前设计、制造显示芯片的厂家只有 nVidia、ATI、SIS、VIA 等公司。家用娱乐性显卡都采用单芯片设计的显示芯片,而在部分专业的工作站显卡上有采用多个显示芯片组合的方式。现在市场上的显卡大多采用 nVidia 和 ATI 两家公司的图形处理芯片,诸如 nVidia FX5200、FX5700、RADEON 9800 等就是显卡图形处理芯片的名称。不过,虽然显示芯片决定了显卡的档次和基本性能,但只有配备合适的显存才能使显卡性能完全发挥出来。

5. 显存频率

显存频率是指在默认情况下,该显存在显卡上工作时的频率,以 MHz(兆赫兹)为单位。显存频率一定程度上反映着该显存的速度。显存频率随着显存的类型、性能的不同而不同,SDRAM 显存工作在较低的频率上,一般是 133MHz 和 166MHz,此种频率早已无法满足现在显卡的需求。DDR SDRAM 显存则能提供较高的显存频率,主要在中低端显卡上使用,DDR2 显存由于成本高并且性能一般,因此使用量不大。DDR3 显存是目前高端显卡采用最为广泛的显存类型。不同显存能提供的显存频率也差异很大,主要有 400MHz、500MHz、600MHz、650MHz 等,高端产品中还有 800MHz、1200MHz、1600MHz,甚至更高。

显存频率与显存时钟周期是相关的,二者成倒数关系,也就是显存频率=1/显存时钟周期。如果是 SDRAM 显存,其时钟周期为 6ns,那么它的显存频率就为 1/6ns=166 MHz。而对于 DDR SDRAM 或者 DDR2、DDR3,其时钟周期为 6ns,那么它的显存频率就为 1/6ns=166 MHz,但要了解的是这是 DDR SDRAM 的实际频率,而不是我们平时所说的 DDR 显存频率。因为 DDR 在时钟上升期和下降期都进行数据传输,其一个周期传输两次数据,相当于 SDRAM 频率的两倍。习惯上称呼的 DDR 频率是其等效频率,是在其实际工作频率上乘以 2,就得到了等效频率。因此 6ns 的 DDR 显存,其显存频率为 1/6ns×2=333 MHz。具体情况可以看下面关于各种显存的介绍。

但要明白的是显卡制造时,厂商设定了显存实际工作频率,而实际工作频率不一定等于显存最大频率。此类情况现在较为常见,如显存最大能工作在 650 MHz,而制造时显卡工作频率被设定为 550 MHz,此时显存就存在一定的超频空间。这也就是目前厂商惯用的方法,显卡以超频为卖点。此外,用于显卡的显存,虽然和主板用的内存同样叫 DDR、DDR2 甚至 DDR3,但是由于规范参数差异较大,不能通用,因此也可以称显存为 GDDR、GDDR2、GDDR3。

6. 显存位宽

显存位宽是显存在一个时钟周期内所能传送数据的位数,位数越大则瞬间所能传输的数据量越大,这是显存的重要参数之一。目前市场上的显存位宽有 64 位、128 位和 256 位三种,人们习惯上叫的 64 位显卡、128 位显卡和 256 位显卡就是指其相应的显存位宽。显存位宽越高,性能越好,价格也就越高,因此 256 位宽的显存更多应用于高端显卡,而主流显卡基本都采用 128 位显存。

大家知道显存带宽=显存频率×显存位宽/8,那么在显存频率相当的情况下,显存位宽将决定显存带宽的大小。比如说同样显存频率为 500MHz 的 128 位和 256 位显存,那么两者的显存带宽将分别为:128 位显存带宽=500MHz×128/8=8GB/s,而 256 位显存带宽=

$500\mathrm{MHz} \times 256/8 = 16\mathrm{GB/s}$,是 128 位的 2 倍,可见显存位宽在显存数据中的重要性。

显卡的显存是由一块块的显存芯片构成的,显存总位宽同样也是由显存颗粒的位宽组成。显存位宽=显存颗粒位宽×显存颗粒数。显存颗粒上都带有相关厂家的内存编号,去网上查找其编号,就能了解其位宽,再乘以显存颗粒数,就得到显卡的位宽。这是最为准确的方法,但施行起来较为麻烦。

7. 接口类型

前面介绍了显示卡的基本组成和术语,但是还有一点没有说到,这就是显示卡的接口类型。随着图形应用软件的发展,在显示卡和 CPU 及内存中的数据交换量越来越大,而显示卡的接口正是连接显示卡和 CPU 的通道。

接口类型是指显卡与主板连接所采用的接口种类。显卡的接口决定着显卡与系统之间数据传输的最大带宽,也就是瞬间所能传输的最大数据量。不同的接口决定着主板是否能够使用此显卡,只有在主板上有相应接口的情况下,显卡才能使用,并且不同的接口能为显卡带来不同的性能。

目前各种 3D 游戏和软件对显卡的要求越来越高,主板和显卡之间需要交换的数据量也越来越大,过去的显卡接口早已不能满足这样大量的数据交换,因此通常主板上都带有专门插显卡的插槽。假如显卡接口的传输速度不能满足显卡的需求,显卡的性能就会受到巨大的限制,再好的显卡也无法发挥。显卡发展至今主要出现过 ISA、PCI、AGP、PCI Express 等几种接口,所能提供的数据带宽依次增加。其中 2004 年推出的 PCI Express(简称 PCI-E)接口已经成为主流,以解决显卡与系统数据传输的瓶颈问题,而 ISA、PCI 接口的显卡已经基本被淘汰。目前市场上显卡一般是 AGP 和 PCI-E 这两种显卡接口。

图形加速端口(accelerated graphics port,AGP)是显示卡的专用扩展插槽,它是在PCI 图形接口的基础上发展而来的。AGP 规范是英特尔公司解决计算机处理(主要是显示)3D 图形能力差的问题而出台的。AGP 并不是一种总线,而是一种接口方式。随着3D 游戏做得越来越复杂,使用了大量的 3D 特效和纹理,使原来传输速率为 $133\mathrm{MB/s}$ 的PCI 总线越来越不堪重负,于是英特尔推出了拥有高带宽的 AGP 接口。这是一种与 PCI总线迥然不同的图形接口,它完全独立于 PCI 总线之外,直接把显卡与主板控制芯片连在一起,使得 3D 图形数据省略了越过 PCI 总线的过程,从而很好地解决了低带宽 PCI 接口造成的系统瓶颈问题。可以说,AGP 代替 PCI 成为新的图形端口是技术发展的必然。AGP 接口的相关规格如表 4.2 所示。

表 4.2　AGP 接口不同规格比较

	AGP 1.0		AGP 2.0 (AGP 4X)	AGP 3.0 (AGP 8X)
	AGP 1X	AGP 2X		
工作频率/MHz	66	66	66	66
传输带宽/(MB/s)	266	533	1066	2132
工作电压/V	3.3	3.3	1.5	1.5
单信号触发次数	1	2	4	4
数据传输位宽/b	32	32	32	32
触发信号频率/MHz	66	66	133	266

PCI-E 采用了目前业内流行的点对点串行连接,比起 PCI 以及更早期的计算机总线的共享并行架构,每个设备都有自己的专用连接,不需要向整个总线请求带宽,而且可以把数据传输率提高到一个很高的频率,达到 PCI 所不能提供的高带宽。相对于传统 PCI 总线在单一时间周期内只能实现单向传输,PCI-E 的双单工连接能提供更高的传输速率和质量,它们之间的差异跟半双工和全双工类似。

PCI-E 的接口根据总线位宽不同而有所差异,包括 X1,X4,X8 以及 X16,而 X2 模式将用于内部接口而非插槽模式。PCI-E 规格从 1 条通道连接到 32 条通道连接,有非常强的伸缩性,以满足不同系统设备对数据传输带宽不同的需求。此外,较短的 PCI-E 卡可以插入较长的 PCI-E 插槽中使用,PCI-E 接口还能够支持热插拔,这也是个不小的飞跃。PCI-E X1 的 250MB/s 传输速度已经可以满足主流声效芯片、网卡芯片和存储设备对数据传输带宽的需求,但是远远无法满足图形芯片对数据传输带宽的需求。因此,用于取代 AGP 接口的 PCI-E 接口位宽为 X16,能够提供 5GB/s 的带宽,即便有编码上的损耗但仍能够提供 4GB/s 左右的实际带宽,远远超过 AGP 8X 的 2.1GB/s 的带宽。

尽管 PCI-E 技术规格允许实现 X1(250MB/s),X2,X4,X8,X12,X16 和 X32 通道规格,但是依目前形式来看,PCI-E X1 和 PCI-E X16 已成为 PCI-E 主流规格,同时很多芯片组厂商在南桥芯片当中添加对 PCI-E X1 的支持,在北桥芯片当中添加对 PCI-E X16 的支持。除去提供极高数据传输带宽之外,PCI-E 因为采用串行数据包方式传递数据,所以 PCI-E 接口每个针脚可以获得比传统 I/O 标准更多的带宽,这样就可以降低 PCI-E 设备生产成本和体积。另外,PCI-E 也支持高阶电源管理,支持热插拔,支持数据同步传输,为优先传输数据进行带宽优化。

在兼容性方面,PCI-E 在软件层面上兼容目前的 PCI 技术和设备,支持 PCI 设备和内存模组的初始化,也就是说过去的驱动程序、操作系统无须推倒重来,就可以支持 PCI-E 设备。目前 PCI-E 已经成为显卡的接口的主流。

8. 输出端口

输出端口就是显卡上输出信号的接口,分为以下几种。

(1) VGA

显卡所处理的信息最终都要输出到显示器上,显卡的输出接口就是计算机与显示器之间的桥梁,它负责向显示器输出相应的图像信号。CRT 显示器因为设计制造上的原因,只能接受模拟信号输入,这就需要显卡能输入模拟信号。视频图形阵列(video graphics array,VGA)接口是显卡上输出模拟信号的接口,也就是 D-Sub15 接口。虽然液晶显示器可以直接接收数字信号,但很多低端产品为了与 VGA 接口显卡相匹配,采用 VGA 接口。VGA 接口是一种 D 型接口,上面共有 15 针孔,分成 3 排,每排 5 个(见图 4.2)。VGA 接口是显卡上应用最为广泛的接口类型,绝大多数的显卡都带有此种接口。

图 4.2　VGA 接口

目前大多数计算机与外部显示设备之间都是通过模拟 VGA 接口连接,计算机内部以数字方式生成的显示图像信息,被显卡中的数字/模拟转换器转变为 R、G、B 三原色信号和行、场同步信号,信号通过电缆传输到显示设备中。对于模拟显示设备,如模拟 CRT 显示器,信号被直接送到相应的处理电路,驱动控制显像管生成图像。而对于 LCD、DLP 等数字显示设备,显示设备中需配置相应的模拟/数字(A/D)转换器,将模拟信号转变为数字信号。在经过 D/A 和 A/D 两次转换后,不可避免地造成了一些图像细节的损失。VGA 接口应用于 CRT 显示器无可厚非,但用于连接液晶之类的显示设备,则转换过程的图像损失会使显示效果略微下降。

　　(2) DVI

　　数字视频接口(digital visual interface,DVI)是 1999 年由 Silicon Image、英特尔(Intel)、康柏(Compaq)、IBM、惠普(HP)、NEC、富士通(Fujitsu)等公司共同组成数字显示工作组(digital display working group,DDWG)推出的接口标准。它是以 Silicon Image 公司的 PanalLink 接口技术为基础,基于最小化传输差分信号(Transition Minimized Differential Signaling,TMDS)电子协议作为基本电气连接。TMDS 是一种微分信号机制,可以将像素数据编码,并通过串行连接传递。显卡产生的数字信号由发送器按照 TMDS 协议编码后通过 TMDS 通道发送给接收器,经过解码送给数字显示设备。一个 DVI 显示系统包括一个传送器和一个接收器。传送器是信号的来源,可以内置在显卡芯片中,也可以以附加芯片的形式出现在显卡 PCB 上;而接收器则是显示器上的一块电路,它可以接受数字信号,将其解码并传递到数字显示电路中,通过这两者,显卡发出的信号成为显示器上的图像。

　　目前的 DVI 接口分为两种。一种是 DVI-D 接口,只能接收数字信号,接口上只有 3 排 8 列共 24 个针脚,其中右上角的一个针脚为空。它不兼容模拟信号(见图 4.3)。

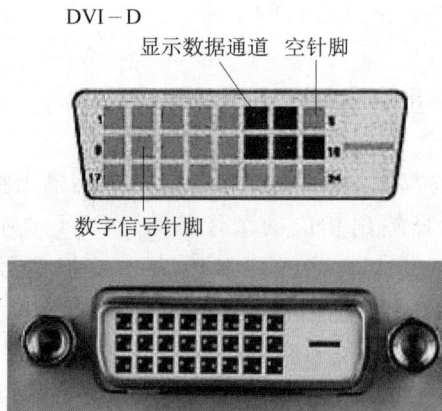

图 4.3　DVI-D 接口

　　另一种则是 DVI-I 接口,可同时兼容模拟和数字信号(见图 4.4)。兼容模拟信号并不意味着模拟信号的接口 D-Sub 接口可以连接在 DVI-I 接口上,而是必须通过一个转换接头才能使用,一般采用这种接口的显卡都会带有相关的转换接头。

　　显示设备采用 DVI 接口具有以下两大优点。

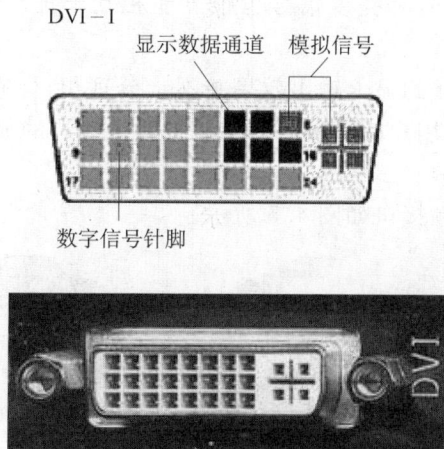

DVI－I

显示数据通道　模拟信号

数字信号针脚

图 4.4　DVI-I 接口

• 速度快。DVI 传输的是数字信号,数字图像信息不需经过任何转换,就会直接被传送到显示设备上,因此减少了烦琐的数字→模拟→数字转换过程,大大节省了时间,因此它的速度更快,有效消除拖影现象,而且使用 DVI 进行数据传输,信号没有衰减,色彩更纯净、更逼真。

• 画面清晰。计算机内部传输的是二进制的数字信号,使用 VGA 接口连接液晶显示器的话就需要先把信号通过显卡中的 D/A 转换器转变为 R、G、B 三原色信号和行、场同步信号,这些信号通过模拟信号线传输到液晶内部还需要相应的 A/D 转换器将模拟信号再一次转变成数字信号才能在液晶上显示出图像来。在上述的 D/A、A/D 转换和信号传输过程中不可避免会出现信号损失和干扰,导致图像出现失真甚至显示错误,而 DVI接口无须进行这些转换,避免了信号的损失,使图像的清晰度和细节表现力大大提高。

（3）TV-out

TV-out 是指显卡具备输出信号到电视的相关接口。目前普通家用的显示器尺寸不会超过 19 英寸,显示画面相比于电视机的尺寸来说小了很多。尤其在观看电影、玩游戏时,更大的屏幕能给人带来更强烈的视觉享受,而更大尺寸的显示器价格是普通用户无法承受的,将显示画面输出到电视机就成了一个不错的选择。输出到电视机的接口目前主要有三种。

第一种是采用 VGA 接口,VGA 接口是绝大多数显卡都具备的接口类型,但这需要电视机上具备 VGA 接口才能实现,而带有此接口的电视机相对还较少,同时多是一些价格较贵的产品,普及程度不高。此种方法一般不多采用,也不是人们习惯意义上说的视频输出。

第二种则是复合视频 AV 接口。复合视频接口采用 RCA 接口标准。AV 接口是目前电视设备上应用最广泛的接口,几乎每台电视机上都提供了此类接口,用于视频输入。虽然 AV 接口实现了音频和视频的分离传输,这就避免了因为音/视频混合干扰而导致的图像质量下降,但由于 AV 接口传输的仍然是一种亮度/色度（Y/C）混合的视频信号,需要显示设备对其进行亮/色分离和色度解码才能成像,这种先混合再分离的过程必然会造成色彩信号的损失,色度信号和亮度信号也很可能相互干扰,从而影响最终输出的图像质量。

采用 AV 接口输出视频的显卡输出效果并不十分理想,但它是电视机上都具备的接口,因此此类接口受到某些用户的喜爱。目前此种输出接口的显卡产品较少,大多都提供输出效果更好的 S 端子接口。

电视机提供的复合视频接口如图 4.5 所示。

图 4.5 左侧浅色为 AV 接口,右侧深色为 S 端子

第三种则是目前应用最广泛、输出效果更好的 S 端子接口。S 端子也就是 separate video,而"separate"的中文意思就是"分离"。它是在 AV 接口的基础上将色度信号 C 和亮度信号 Y 进行分离,再分别以不同的通道进行传输,减少影像传输过程中的"分离"、"合成"的过程,减少转化过程中的损失,以得到最佳的显示效果。

通常显卡上采用的 S 端子有标准的 4 针 5 芯接口(不带音效输出,由两路视频亮度信号、两路视频色度信号和一路公共屏蔽地线共 5 条芯线组成)和扩展的 7 针接口(带音效输出)。S 端子相比于 AV 接口,由于它不再进行 Y/C 混合传输,因此也就无须再进行亮色分离和解码工作,而且使用各自独立的传输通道,在很大程度上避免了视频设备内信号串扰而产生的图像失真,极大地提高了图像的清晰度。

但 S 端子接口仍要将两路色差信号混合为一路色度信号 C 进行传输,然后再在显示设备内解码进行处理,这样多少仍会带来一定信号损失而产生失真(这种失真很小),而且由于混合导致色度信号的带宽也有一定的限制。S 端子接口虽不是最好的,但考虑到目前的市场状况和综合成本等其他因素,它还是应用最普遍的视频接口。

(4) Video-in

Video-in 是指显卡上具备用于视频输入的接口,并能把外部视频源的信号输入到系统内。这样就可以把电视机、录像机、影碟机、摄像机等视频信号源输入到计算机中。带视频输入接口的显卡,通过在显卡上加装视频输入芯片,再整合入显卡自带的视频处理能力,提供更灵活的驱动和应用软件,这样就能给显卡集成更多的功能。显卡上支持视频输入的接口有 RF 射频端子、复合视频接口、S 端子和 VIVO 接口等。

• RF 射频端子

RF 射频端子最早是在电视机上出现的（见图 4.6），原意为无线电射频（radio frequency）。它是目前家庭有线电视采用的接口模式。RF 的成像原理是将视频信号（CVBS）和音频信号（audio）相混合编码后，然后在显示设备内部进行一系列分离／解码的过程输出成像。由于步骤烦琐且音视频混合编码会互相干扰，所以它的输出质量也是最差的。带此类接口的显卡只需把有线电视信号线连接上，就能将有线电视的信号输入到显卡内。

• 复合视频接口

• S 端子

复合视频接口和 S 端子在 TV-out 中已经介绍过了，不再赘述。

• VIVO(video in and video out)接口

VIVO 接口如图 4.7 所示。

图 4.6　RF 射频端子

图 4.7　VIVO 接口

VIVO 接口其实就是一种扩展的 S 端子接口，它在扩展型 S 端子接口的基础上又进行了扩展，针数要多于扩展型 S 端子 7 针。VIVO 接口必须要用显卡附带的 VIVO 连接线（见图 4.8），才能实现 S 端子输入与 S 端子输出功能。

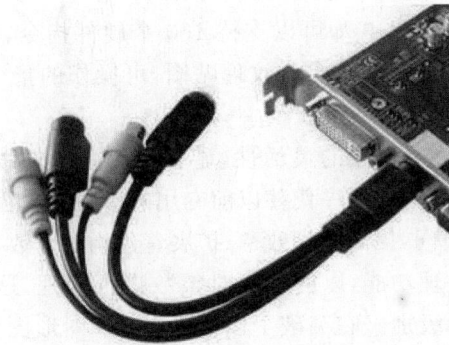

图 4.8　VIVO 连接线

9. DirectX 技术

微软自 Windows 95 起推出了可直接访问低层硬件的 DirectX 技术（包括 Direct

Draw 和 Direct 3D)，为统一 3D 图形加速接口标准提供了基础。

DirectX 并不是一个单纯的图形 API，它是由微软公司开发的用途广泛的 API，它包含有 Direct Graphics(Direct 3D＋Direct Draw)、Direct Input、Direct Play、Direct Sound、Direct Show、Direct Setup、Direct Media Objects 等多个组件，提供了一整套的多媒体接口方案。只是其在 3D 图形方面的优秀表现，让它的其他方面显得暗淡无光。DirectX 开发之初是为了弥补 Windows 3.1 系统对图形、声音处理能力的不足，而今已发展成为对整个多媒体系统的各个方面都有决定性影响的接口。下面介绍常用版本。

(1) DirectX 5.0

微软公司并没有推出 DirectX 4.0，而是直接推出了 DirectX 5.0。此版本对 Direct3D 作出了很大的改动，加入了雾化效果、Alpha 混合等 3D 特效，使 3D 游戏中的空间感和真实感得以增强，还加入了 S3 的纹理压缩技术。同时，DirectX 5.0 在其他各组件方面也有加强，在声卡、游戏控制器方面均作了改进，支持了更多的设备。因此，DirectX 发展到 DirectX 5.0 才真正走向了成熟。此时的 DirectX 性能完全不逊色于其他 3D API，而且大有后来居上之势。

(2) DirectX 6.0

DirectX 6.0 推出时，其最大的竞争对手之一 Glide 已逐步走向没落，而 DirectX 则得到了大多数厂商的认可。DirectX 6.0 中加入了双线性过滤、三线性过滤等优化 3D 图像质量的技术，游戏中的 3D 技术逐渐走入成熟阶段。

(3) DirectX 9.0

2002 年年底，微软发布 DirectX 9.0。DirectX 9.0 中 PS 单元的渲染精度已达到浮点精度，传统的硬件 T&L 单元也被取消。全新的顶点渲染引擎(VertexShader)编程比以前复杂得多，新的 VertexShader 标准增加了流程控制，更多的常量，每个程序的着色指令增加到了 1024 条。

PS 2.0 具备完全可编程的架构，能对纹理效果即时演算、动态纹理贴图，还不占用显存，理论上对材质贴图的分辨率的精度提高无限多；另外 PS1.4 只能支持 28 个硬件指令，同时操作 6 个材质，而 PS2.0 却可以支持 160 个硬件指令，同时操作 16 个材质数量，新的高精度浮点数据规格可以使用多重纹理贴图，可操作的指令数可以任意长，电影级别的显示效果轻而易举地实现。

VS 2.0 通过增加 Vertex 程序的灵活性，显著地提高了老版本(DirectX 8.0)的 VS 性能，新的控制指令，可以用通用的程序代替以前专用的单独着色程序，效率提高许多倍；增加循环操作指令，减少工作时间，提高处理效率；扩展着色指令个数，从 128 个提升到 256 个。

增加对浮点数据的处理功能，以前只能对整数进行处理，这样提高渲染精度，使最终处理的色彩格式达到电影级别。它突破了以前限制 PC 图形图像质量在数学上的精度障碍，每条渲染流水线都升级为 128 位浮点颜色。

(4) DirectX 10

在 DirectX 10 的图形流水线体系中，最大的结构性变化就是在几何处理阶段增加了几何渲染单元(Geometry Shader)。几何渲染单元被附加在顶点渲染单元之后，但它并不像顶点渲染单元那样输出一个个顶点，而是以图元作为处理对象。图元在层次上比顶点高一级,它由一个或多个顶点构成。由单个顶点组成的图元被称为"点",由两个顶点组成的图元被称为"线",由三个顶点组成的图元被称为"三角形"。几何渲染单元支持点、线、三角形、带邻接点的线、带邻接点的三角形等多种图元类型,它一次最多可处理 6 个顶点。借助丰富的图元类型支持,几何渲染单元可以让 GPU 提供更精细的模型细节。

几何渲染单元赋予 GPU 自行创造新几何物体、为场景添加内容的神奇能力。灵活的处理能力使 GPU 更加通用化,以往很多必须倚靠 CPU 才能完成的工作,现在完全可交由 GPU 处理。如此一来,CPU 就有更多时间处理人工智能、寻址等工作。更令人惊喜的是,几何渲染单元还让物理运算的加入变得更简单,DirectX 10 可创建具备物理特性的盒子、模拟刚性物体,物理运算有望在它的带领下逐渐走向普及。

10. OpenGL

OpenGL 是专业的 3D 程序接口,是一个功能强大、调用方便的底层 3D 图形库。OpenGL 的前身是 SGI 公司为其图形工作站开发的 IRIS GL。IRIS GL 是一个工业标准的 3D 图形软件接口,功能虽然强大但是移植性不好,于是 SGI 公司便在 IRIS GL 的基础上开发了 OpenGL。OpenGL 的英文全称是"Open Graphics Library",顾名思义,OpenGL 便是"开放的图形程序接口"。虽然 DirectX 在家用市场全面领先,但在专业高端绘图领域,OpenGL 是不能被取代的主角。

OpenGL 是一个与硬件无关的软件接口,可以在不同的平台如 Windows 95、Windows NT、Unix、Linux、MacOS、OS/2 之间进行移植。因此,支持 OpenGL 的软件具有很好的移植性,可以获得非常广泛的应用。由于 OpenGL 是 3D 图形的底层图形库,没有提供几何实体图元,不能直接用以描述场景,但是,通过一些转换程序,可以很方便地将 AutoCAD、3DS 等 3D 图形设计软件制作的 DFX 和 3DS 模型文件转换成 OpenGL 的顶点数组。

在 OpenGL 的基础上还有 Open Inventor、Cosmo3D、Optimizer 等多种高级图形库,适应不同应用。其中,Open Inventor 应用最为广泛。该软件是基于 OpenGL 面向对象的工具包,提供创建交互式 3D 图形应用程序的对象和方法,提供了预定义的对象和用于交互的事件处理模块,创建和编辑 3D 场景的高级应用程序单元,有打印对象和用其他图形格式交换数据的能力。

目前,随着 DirectX 的不断发展和完善,OpenGL 的优势逐渐丧失,至今虽然已有 3D Labs 提倡开发的 2.0 版本面世,在其中加入了很多类似于 DirectX 中可编程单元的设计,但厂商的用户的认知程度并不高,未来的 OpenGL 发展前景有待观察。

11. 高清播放能力

最后说到高清播放能力。目前最新的 nVidia 显卡(65nm)和近两代的 AMD-ATI 显卡都可以完全硬解码所有 1080p 高清视频(包括 H.264、VC-1 等编码格式),GMA X4500 则只能部分解码 VC-1,但面对 H.264 依然起不到任何作用。

需要注重的是,这些显卡只是分担原本属于处理器的解码工作,把处理器解放出来做别的事。因此即使没有显卡的帮助,主频在 1.8GHz 以上的双核处理器也能流畅播放大部分高清视频,只是在面对最为复杂的 H.264 编码的 1080p 高清时会比较吃力。

4.1.1.3　主流显卡产品介绍

常见的显示芯片厂商有 Intel、AMD-ATI、nVidia、VIA(S3)、SIS、Matrox、XGI、3D

Labs。其中 Intel、VIA(S3)、SIS 主要生产集成芯片；AMD-ATI 和 nVidia 以独立芯片为主，目前是市场上的主流；而 Matrox 和 3D Labs 则主要面向专业图形市场。

台式机方面，现在的显卡市场主要由 nVidia 和 AMD-ATI 承担，呈现出两强争霸的局面。而移动显卡市场（包括集显）主要由 Intel、nVidia 和 AMD-ATI 三家瓜分。

其中 Intel 皆为集成显卡，它们的型号很好区分，从 2008 年的 GMA 950 到 2009 年的 GMA X3100、再到 2010 年的 GMA X4500 HD，每一代产品都有 50% 左右的性能提升，而且在高清播放方面也略有进步。

nVidia 和 AMD-ATI 常年耕耘在独立显卡领域，在型号命名方面也有一些相似之处，即性能高低主要由第 2～3 位数字决定，第 1 位数字仅表明它是第几代产品。比如，9300M 比 9200M 略强一些，但依然落后于 8600M 甚至是 7600M；同理，HD 3470 比 HD 3450 好，但远不如 HD 2600。另外在 nVidia 方面，还有后缀字母来进一步细分性能，通常都是 GT>GS>G。

2009 年年底，网罗家电网(www.wljd.org.cn)经过网络调查，做了一个主流显卡性能排行。

(1) 台式机主流显卡性能排行榜（前 10 名）

1. 4870 X2

2. GTX 280

3. 9800 GX2，GTX 260，4870

4. 8800 GTX，8800 Ultra，9800 GTX，9800 GTX ，3870 X2，4850

5. 8800 GT 512MB，8800 GTS 512MB，9800 GT

6. 8800 GTS 640 MB，9600 GT，HD 2900 XT，3870

7. 8800 GS，9600 GSO ，3850 512MB

8. 8800 GT 256MB，8800 GTS 320MB，HD 2900 PRO，3850 256MB

9. 7950 GX2 ，X1950 XTX

10. 7800 GTX 512，7900 GTO，7900 GTX，X1900 XT，X1950 XT，X1900 XTX

(2) 主流移动显卡性能排行榜

2009 年笔记本电脑显卡性能排名和档次划分如下所示，类别排名越后，性能越低。

第一类笔记本电脑显卡排名（顶级，不常见）：

1. GeForce 8800M GTX SLI

2. GeForce Go 7950 GTX SLI

3. GeForce Go 7900 GTX SLI

4. Quadro FX 3600M

5. GeForce 8800M GTX

6. GeForce Go 7950 GTX

7. Quadro FX 3500M

8. GeForce 8800M GTS

9. GeForce 8700M GT SLI

10. Mobility Radeon HD 3870

第二类笔记本电脑显卡排名（常见中高端）：

1. Mobility Radeon HD 3670

2. Mobility Radeon HD 3650

3. GeForce 9500M GS

4. Quadro FX 570M

5. GeForce 8600M GT

6. Mobility Radeon HD 2700

7. GeForce Go 7600 GT

8. Mobility Radeon HD 2600

9. GeForce 8600M GS

10. GeForce Go 7700

第三类笔记本电脑显卡排名(常见中低端):

1. Mobility Radeon X2500

2. Mobility Radeon X1450

3. Mobility Radeon X700

4. Mobility FireGL V5000

5. Mobility Radeon X1350

6. Mobility Radeon X1400

7. GeForce 8400M GT

8. Quadro NVS 140M

9. GeForce 9300M G

10. Mobility Radeon HD 3470

第四类笔记本电脑显卡排名(板载集成系列):

1. Mobility Radeon HD 3200

2. Radeon Xpress X1270

3. Graphics Media Accelerator (GMA) X4500HD

4. Radeon Xpress X1250

5. Graphics Media Accelerator (GMA) X3100

6. Radeon Xpress X1200

7. Radeon Xpress 1250

8. Radeon Xpress 1150

9. GeForce 7150M

10. GeForce Go 6150

4.1.1.4 显示卡的安装和设置

显示卡的安装比较简单,关闭电源,打开机箱,参照说明书把卡上的跳线设置好(一般情况下不需设置跳线),将显示卡插在正确的主板扩展槽中(AGP、PCI、PCI-E 的插槽明显不同),然后用螺丝固定好,装好机箱,打开计算机电源。通常情况下,系统会自动检测到新安装的显示卡,接着提示安装显示卡驱动程序,将随卡附带的驱动盘插入,按提示信息将驱动程序装入,如果顺利的话,这时系统用新的显示卡进行工作。如果系统未能正确找到显示卡(仍然在 VGA16 色模式下工作),则需要手工设置。步骤如下:在系统的"控制面板"中双击"添加新硬件"快捷图标,得到如图 4.9 所示的"添加新硬件向导"窗口,根据系统的提示逐次单击"下一步"按钮,直到完成新设备的安装,重新启动机器即可。

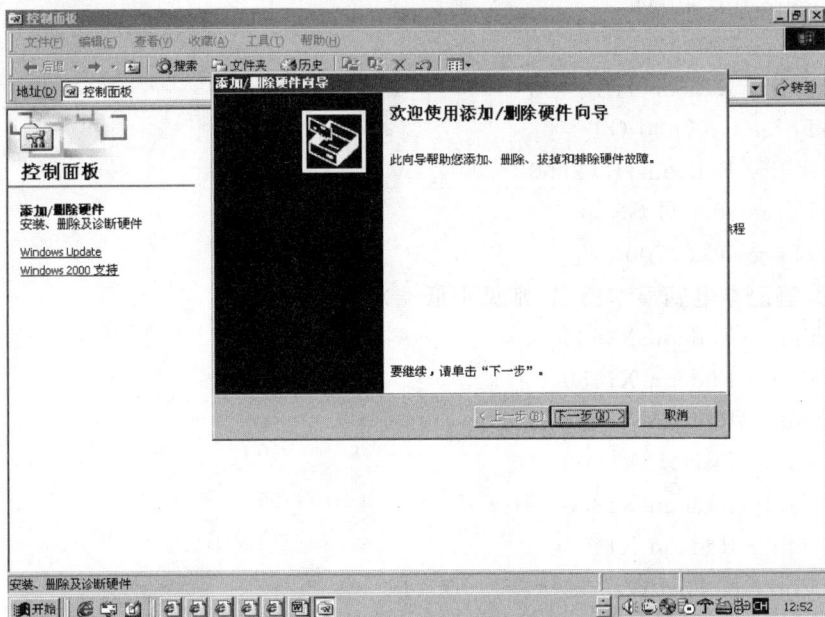

图 4.9　"添加新硬件向导"窗口(Windows 2000)

如果这时显示卡还是无法正常工作,则可能是显示卡与系统资源有冲突,需要仔细查看系统的资源。排除冲突的方法是:打开"控制面板"中的"系统"快捷图标,出现如图所示的"系统属性"窗口(如图 4.10 所示),在"设备管理器"页中选择"显示适配器"中的内容并单击"属性"按钮。

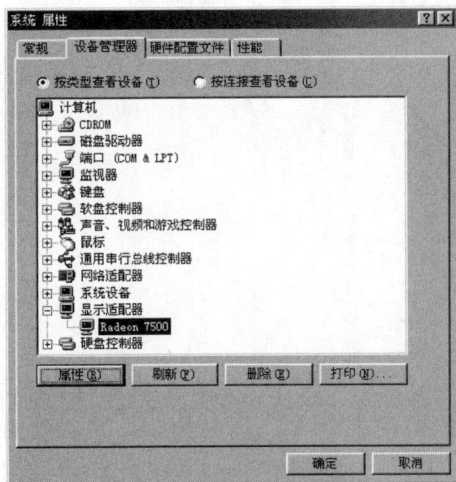

图 4.10　"系统属性"窗口

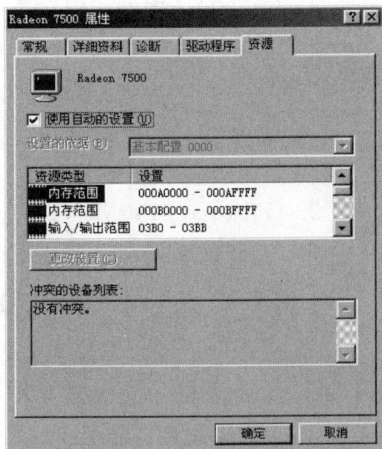

图 4.11　显示卡属性窗口

在出现的显示卡属性窗体中选择"资源"页,如图 4.11 所示,找到冲突的资源,想办法解决。如果仍无法解决资源冲突或不愿费事,找销售商调换产品即可。

如果显示卡工作正常,即可在 Windows 中设置显示模式:在桌面上单击鼠标右键(或打开"控制面板"中的"显示"快捷图标),得到"显示属性"窗口,在"设置"页中,可以看到目前正在使用的显示器及显示器类型、显示分辨率、显示的颜色数目,单击"高级"按钮,在随后出现的显示卡属性窗口中,设置显示卡的硬件加速、屏幕刷新频率等高级属性。

4.1.2 显示器

4.1.2.1 CRT 显示器的有关术语

(1)阴极射线管(CRT)

阴极射线管是一根真空管,里面有一个或多个电子枪,电子枪射出电子束,电子束射到真空管前表面的内侧时,前表面内侧上的发光涂料受到电子束的击打而发光。

(2)电子枪

显示器的中心处就是电子枪,位于 CRT 的最底端。从本质上讲,电子枪不过是体积更大、功率更大的二极管。电子从电子枪获得动能,电子到达 CRT 前表面内侧时撞击荧光粉(磷质)而失去动能,荧光粉受到撞击而发光、发热,这是一个动能向光能、热能的转换过程。

(3)偏转线圈

从电子枪射出的电子束是直线发射的,显示器要成像,电子束必须连续不断地从左到右、从上到下地向 CRT 前面板发射电子束,那么电子束怎样才能改变发射方向呢? 这就需要用到偏转线圈。它能产生强大的、不断变化的磁场,电子束通过该磁场时发生偏转;磁场方向不断变化,电子束就能连续不断地对荧光屏进行扫描。

当电子束射到平面时,图像的左右边缘看起来就有些弯曲。这是因为电子束只能在有限范围内发生偏转,到达荧光屏时会丢失一些目标(荧光粉),于是电子束就会激活离目标最近的荧光粉,这样电子束的目标就从一个增加到数个,因而造成图像边缘看起来就有些"弯曲"(实质上并没弯曲)。

(4)彩色图像的产生

单色 CRT 显示器只有单独一支电子枪,只能产生黑色或白色图像。而所谓的彩色显示器、彩色电视机都有三支电子枪,分别发射红色、蓝色和绿色电子束。红、蓝、绿三种色彩混合,改变它们各自比例就能产生不同色彩。彩色显示器、彩色电视机也是同样的道理,改变电子束的发射强度,也就改变了红、蓝、绿三种颜色各自所占的比例,从而产生不同的色彩。

电子枪的数量增加带来的后果是分辨率降低。在过去,由于技术和成本的原因,三支电子枪只能共用一个偏转线圈,所以彩色显示器的分辨率反而比单色显示器要低。现在不同了,彩色显示器都是三支电子枪各拥有一个自己的偏转线圈,不仅分辨率比过去更高,而且能生成 1600 万种色彩。

(5)回程转换器

电子束的扫描顺序是从左到右、从上到下的,当电子束扫完从一端到另一端的扫描路线后,需要回到起始方向再进行下一次扫描,这项返回工作由回程转换器完成。回程转换器的工作特点与引擎点火线圈很相似。在电子束扫描过程中,回程转换器输入低电压,把电能转换成磁场能并贮存在其中;当电子束走完一次路线后,回程转换器切断输入电压,并在瞬间把磁场能转换成电能进行放电,放电时的电压是非常高的,它为偏转线圈在返回电子束到起始方向时提供高电压。

(6) 垂直和水平同步

有了电子枪、偏转线圈、回程转换器等器件后,显示器是如何让它们协同工作的呢?这些器件都必须同步工作。在 CRT 中,需要应用两种同步信号:一种是水平同步信号,它决定了 CRT 在屏幕上从左到右扫描一条信号线所需的时间;另一种是垂直同步信号,它决定了 CRT 在屏幕上从上到下再返回到开始位置扫描所需的时间。

描绘一幅图像涉及 2 个重要参数:描完一条线所需的时间和绘完整个帧(也就是整幅屏幕大小的图像)所需的时间,前者由水平同步信号决定,后者由垂直同步信号决定,也就是通常所说的刷新率。现在的显示卡都能为显示器提供合适的水平和垂直同步信号。显示器接收到显示卡传来的信号后,内部电路就开始工作,如发射电子束、磁场偏转、击打发光涂料。

在显示器内部,有一些振荡电路。人们通常所说的刷新频率,指的就是振荡电路的频率。刷新频率的计算公式是:水平同步扫描线×帧频 = 刷新频率。普通显示器的刷新频率在 $15.75\text{kHz} \sim 95\text{kHz}$。$15.75\text{kHz}$ 是人体对显示器最低要求的刷新频率,是由 525 (线)×30(fps)=15.75kHz 计算所得。由此,可以逆推出显示器扫描一条水平线所花的时间。众所周知,时间和频率是倒数关系,即 1/频率 = 时间。在这里,$1/15.75\text{kHz} = 63.5\mu s$(微秒),也就是说在每帧 525 线、每秒 30 帧的模式下,显示器扫描一条水平线所花的时间是 $63.5\mu s$。

如果再追根究底,525 线又是怎么来的呢?很简单,前面已经介绍了垂直同步信号从上到下扫描完一条竖线后,必须再回到起始位置进行下一次扫描。在此过程中,电子枪关闭,回程转换器放电。525 就是指垂直同步信号从终点回到起点、又从起点到终点重复的次数。比如,在 $63.5\mu s$ 这段时间内,显示器需完成 1 帧画面的描绘工作,那么电子枪从上到下、从左到右要扫描 525 次。

(7) 隔行扫描

显示器显示的画面,无论是动态还是静态的,都是重复显示的。不要以为静态画面显示器只显示"1 次",实际上在这段时间内已经显示了 n 次,只不过重复显示的画面是相同的,人们感觉不到显示器是在重复显示。如果重复显示的画面有差异,则画面就开始动起来了。动画片也正是由此原理制作的。

在播放动态图像的时候,如果上一帧和下一帧的画面不相同,在连续显示时就会感到画面是"抖动"的,或者说不平滑,看上去很不舒服。怎样来消除抖动呢?是不是把刷新率提高就行了呢?事实上,这种方法并不通用,而是有更简单的方法去实现。

CRT 显示器在描绘整个帧的画面时,分 2 个步骤进行。首先扫描完所有奇数行(从上到下所有水平线定义为奇数行或偶数行),再扫描所有偶数行。采用隔行扫描方式,不仅有效减小了画面的抖动感,而且避免了电子枪高频工作带来的老化问题。

（8）耐久性

CRT 采用的发光涂料是固态磷质晶体。尽管 CRT 名义上称是真空管,但实际很难做到绝对的真空。因此,磷晶体在电子束长期的击打下,会发生老化。老化的后果就是亮度降低,所以人们经常就会看到上了年头的显示器的色彩没有新买的亮丽。

（9）荫罩板

为了增加显示亮度,人们不得不增加电子枪的电流强度。但随之而来的问题是,加快了磷晶体的发热,磷晶体在温度高的条件下显示是模糊的,而且也加快了它的老化。解决这个矛盾的办法就是使用荫罩板。

荫罩板上有许多微小细孔,孔的大小和数量决定了显示的清晰程度。如今,荫罩板已经从点状面板演变到了沟状面板。面板的形状也从球形、柱形演变到了"纯平面"。如今纯平面被市场炒得火热,但它再怎么变也是荫罩板。为尽量吸收显示时所产生的热量,多数荫罩板采用了镍铁合金。

4.1.2.2　CRT 显示器的技术指标

1. 分辨率指标

CRT 的最小显示单位称为像素(pixel)或图形元素(picture element),显示器的分辨率(resolution)是指显示屏幕上最多能同时显示的像素总数,用"水平像素数×垂直像素数"表示。显示器的分辨率越高,整屏所能容纳的像素信息就越多,图像的颗粒也就越细小。目前市场上最常见的显示器的分辨率是 1024×768 或 1280×1024。1600×1200 及以上的分辨率需要较高的价格,因而尚未全面普及。

必须注意,显示器的分辨率指标同实际所取显示模式的分辨率是两个概念,显示器的分辨率指它所能容许的最大显示分辨率。如 1024×768 的显示器除了能支持 1024×768 的显示模式外,还能支持 800×600 或 640×480 的显示模式,但是 1024×768 的显示器是不可能支持 1280×1024 显示模式的。下述的刷新率指标和带宽指标也同样如此。

从 VGA 开始,水平分辨率与垂直分辨率之比一般为 4∶3,这是为了与屏幕的宽高比相对应,以保证像素呈"正方形"。如果实际所取水平分辨率与垂直分辨率之比不是 4∶3,则像素将呈"长方形"。

2. 点距(栅距)指标

（1）点距

点距(dot pitch)是针对荫罩式显示器的指标。荫罩式显像管中的荫罩上有许多小圆孔,其中每个圆孔分别透过红、绿、蓝三种原色光中的某一种,2 个透过同一种光的相距最近的圆孔之间的圆心距离就是点距。点距可简单地理解为同色像点之间的最近距离。

显然,点距越小,像素看上去越紧密,图像就显得越清晰,当然价格也相应提高。2 个横向相邻的同色圆孔并不在同一水平位置,而 3 个相邻的同色圆孔恰好构成一个等边三角形,所以点距也可以理解为斜线点距和水平点距两种。显然对同一个显像管而言,水平点距 ＝ 斜线点距×0.866。故衡量显示器的好坏不能只看点距大小,还要看以何种点距为基准。传统上以斜线点距为基准,感觉上点距较大,因此有的厂商出于商业目的以水平点距作为点距指标,但又不标"水平"两字,以造成点距较小的假象。现在不少厂商开始以水平点距作为点距指标,但是应标明是"水平点距"。

点距指标有(单位 mm):

① 0.39(水平点距 0.337):已淘汰。

② 0.28(水平点距 0.242):最常见。

③ 0.27(水平点距 0.234):较少见。

④ 0.26(水平点距 0.225):见于高档显示器。

⑤ 0.25(水平点距 0.217):见于专业显示器。

(2) 栅距

栅距是针对荫栅式显示器的指标,定义为荫栅式显像管的 2 个相邻栅格之间的水平距离。类似的,栅距越小图像越清晰。不难看出,荫栅式显示器的栅距相当于荫罩式显示器的水平点距。

常见的栅距为 0.25mm,其清晰度与点距为 0.27mm 的荫罩式显示器相当。

3.刷新率及视频带宽指标

(1) 场频

场频指整屏的扫描频率,也就是每秒钟整个屏幕刷新的次数,又称垂直扫描频率,也称"刷新率"或"帧速率"。场频用 Hz 表示,一般显示器的场频范围为 40～120Hz,比较高档的显示器的场频可高达 160Hz 以上。场频的范围大小反映了显示器对于各种显示分辨率的适应能力以及屏幕图像是否稳定,有否抖动现象。一般认为,85Hz 的场频是保证图像相对稳定的基本要求,而 75Hz 则比较勉强。

显示器具体的场频表现应与显示分辨率有关,所以显示器的显示能力一般表示为:

水平分辨率×垂直分辨率@场频

如 1024×768@85Hz,1280×1024@60Hz 等。

(2) 行频

行频是指整行的扫描频率,也就是每秒钟扫描过的水平线总数,又称水平扫描频率。其单位用 kHz 表示,一般显示器的行频范围为 28～82kHz,比较高档的显示器的行频可高达 100kHz 以上。行频的高低同样反映了屏幕图像的稳定程度。

(3) 行频、场频与垂直分辨率的关系

在显示器的实际使用过程中,显示器所取行频、场频与显示模式的垂直分辨率之间有如下关系:

行频=场频×垂直分辨率

如显示模式 1024×768@85Hz 的行频要求是 768×85Hz=65.28kHz。

应该强调一点:行频、场频是显示器的基本电路性能,而分辨率不是显示器本身的固有物理特性。只能说:计算机要显示一幅图像,图像分辨率为 1024×768,刷新频率为 85Hz,这种显示要求能否在显示器上得到支持。也就是说,显示器是用来显示图像的,某种分辨率和刷新频率的图像能否在显示器上显示出来,表明显示器能否支持这种分辨率和刷新频率。

(4) 视频带宽与过扫描系数

视频带宽简单地讲就是显示器的电子枪每秒扫描过的像素总和,以 MHz 为单位,它反映了显示器的图像刷新能力,也是衡量显示器电气性能的一个综合指标。它一般应大于水平分辨率、垂直分辨率和场频三者的乘积。从理论上说:

$$理论带宽=水平分辨率×垂直分辨率×场频$$

但为避免信号在扫描边缘衰减,保证屏幕四周清晰,实际上需要电子束水平扫描能力大于实际分辨率。一般在水平方向要大 25%,在垂直方向要大 8%,这就是所谓的"过扫描系数"。所以,实际视频带宽的计算公式应修正为:

$$实际带宽=水平分辨率×125\%×垂直分辨率×108\%×场频$$
$$=水平分辨率×行频×135\%$$

如显示模式 $1024×768@85Hz$ 的实际带宽至少为 $1024×768×85Hz×1.35=90.24MHz$。由此可见,分辨率和刷新率的提高需要增大带宽,显示器成本会增加很多,且技术上不易达到。一般普通显示器的带宽为 60MHz 左右,高分辨率、高场频显示器的带宽可达 100~200MHz。

4. 屏幕形状

(1) 球面

球面显示器的屏幕向水平和垂直两个方向弯曲,多见于荫罩式显像管。这种显像管的制造技术最为成熟,应用也最广泛,因而价格相对低廉。球面显示器的缺点是:随观察角度的改变,屏幕图像会产生变形,同时也容易因外部光线的反射而使对比度降低。球面显示器比较适合于文字显示和通用显示。

(2) 柱面

柱面显示器一般是荫栅式显像管,它的屏幕沿水平方向呈曲线状,垂直方向则是笔直的,整个屏幕呈圆柱面状。这种显示器显示图像较清晰,同时聚集性也好,适合图像编辑工作。

(3) 直角平面

直角平面显示器的显像管采用一种称为 FTM(flat tension mask)的扩张技术,使传统的球面在水平和垂直方面向外扩张,从而达到直角平面的效果,还可减少屏幕的眩光和反射,是一种较佳的选择。当然,其屏幕并非真正平面,只是弯曲程度小一点,与直角平面电视机屏幕类似。这是目前最流行的显示器,市场上 15 英寸及以上的显示器大都是直角平面的。

(4) 超平面

超平面显示器采用了先进技术使屏幕表面比平面直角更为平坦、可视区更大、视觉感受更完整,还更多地减少外部光线反射。超平面显示器品种不多,因其工艺要求较高,制造技术复杂,所以一般仅用于 17 英寸以上的显示器而且价格较贵。

(5) 纯平面

纯平面显示器又称为镜面显示器,它的显像管屏幕呈现真正的平面状,满足了人们的视觉要求,当然成本要增加不少。现在已经有不少显示器厂商掌握了这项显像管制造的最新技术。

5. 控制调节方式和可调项目

• 模拟式调控调节

- 数字式控制调节
- 先进数字调节技术
- 混合调节技术

6. 安全认证和节能规范

- 低辐射,如满足 TCO'99 环保安全规范
- 省电,如满足能源之星标准

7. 其他有关功能

- 电源管理
- 消磁功能
- 即插即用
- DDC 接口形式
- USB 集线器

4.1.2.3 LCD 显示器的原理

1. 单色液晶(LCD)显示器的原理

LCD 技术是把液晶灌入两个列有细槽的平面之间。这两个平面上的槽互相垂直(相交成 90°)。也就是说,若一个平面上的分子南北向排列,则另一平面上的分子东西向排列,而位于两个平面之间的分子被强迫进入一种 90° 扭转的状态。由于光线顺着分子的排列方向传播,所以光线经过液晶时也被扭转 90°。但当液晶上加一个电压时,分子便会重新垂直排列,使光线能直射出去,而不发生任何扭转。

LCD 依赖极化滤光器(片)和光线本身。自然光线是朝四面八方随机发散的。极化滤光器实际是一系列越来越细的平行线。这些线形成一张网,阻断不与这些线平行的所有光线。极化滤光器的线正好与第一个垂直,所以能完全阻断那些已经极化的光线。只有两个滤光器的线完全平行,或者光线本身已扭转到与第二个极化滤光器相匹配,光线才得以穿透。如图 4.12 所示。

LCD 正是由这样两个相互垂直的极化滤光器构成,所以在正常情况下应该阻断所有试图穿透的光线。但是,由于两个滤光器之间充满了扭曲液晶,所以在光线穿出第一个滤光器后,会被液晶分子扭转 90°,最后从第二个滤光器中穿出。另外,若为液晶加一个电压,分子又会重新排列并完全平行,使光线不再扭转,所以正好被第二个滤光器挡住。总之,加电将光线阻断,不加电则使光线射出,如图 4.13 所示。

图 4.12 光线穿透示意图

图 4.13 光线阻断示意图

158

当然,也可以改变 LCD 中的液晶排列,使光线在加电时射出,而不加电时被阻断。但由于计算机屏幕几乎总是亮着的,所以只有"加电将光线阻断"的方案才能达到最省电的目的。

从液晶显示器的结构来看,无论是笔记本电脑还是桌面系统,采用的 LCD 显示屏都是由不同部分组成的分层结构。LCD 由两块玻璃板构成,厚约 1mm,其间由包含有 $5\mu m$ 的液晶材料均匀间隔隔开。因为液晶材料本身并不发光,所以在显示屏两边都设有作为光源的灯管,而在液晶显示屏背面有一块背光板(或称匀光板)和反光膜。背光板是由荧光物质组成的,可以发射光线,其作用主要是提供均匀的背景光源。背光板发出的光线在穿过第一层偏振过滤层之后进入包含成千上万水晶液滴的液晶层。液晶层中的水晶液滴都被包含在细小的单元格结构中,一个或多个单元格构成屏幕上的一个像素。在玻璃板与液晶材料之间是透明的电极,电极分为行和列,在行与列的交叉点上,通过改变电压而改变液晶的旋光状态,液晶材料的作用类似于一个个小的光阀。在液晶材料周边是控制电路部分和驱动电路部分。当 LCD 中的电极产生电场时,液晶分子就会产生扭曲,从而把穿越其中的光线进行有规则的折射,然后经过第二层过滤层的过滤在屏幕上显示出来。

2. 彩色液晶显示器的工作原理

笔记本电脑或者桌面型的 LCD 显示器等需要采用更加复杂的彩色显示器,还要具备专门处理彩色显示的色彩过滤层。通常,在彩色 LCD 面板中,每一个像素都是由三个液晶单元格构成,其中每一个单元格前面都分别有红色、绿色或蓝色的过滤器。这样,通过不同单元格的光线就可以在屏幕上显示出不同的颜色。

LCD 克服了 CRT 体积庞大、耗电和闪烁的缺点,但也同时带来了造价过高、视角不广以及彩色显示不理想等问题。CRT 显示可选择一系列分辨率,而且能按屏幕要求加以调整,但 LCD 屏只含有固定数量的液晶单元,只能在全屏幕使用一种分辨率显示(每个单元就是一个像素)。

CRT 通常有三个电子枪,射出的电子流必须精确聚集,否则就得不到清晰的图像显示。但 LCD 不存在聚焦问题,因为每个液晶单元都是单独开关的。这正是同样一幅图在 LCD 屏幕上为什么如此清晰的原因。LCD 也不必关心刷新频率和闪烁,液晶单元要么开,要么关,所以在 40～60Hz 这样的低刷新频率下显示的图像不会比 75Hz 下显示的图像更闪烁。不过,LCD 屏的液晶单元会很容易出现瑕疵。对 1024×768 的屏幕来说,每个像素都由三个单元构成,分别负责红色、绿色和蓝色的显示,所以总共约需 240 万个单元(1024×768×3＝2 359 296)。很难保证所有这些单元都完好无损。最有可能的是,其中一部分已经短路(出现"亮点"),或者断路(出现"黑点")。所以说,并不是价格如此高昂的显示产品一定不会出现瑕疵。

LCD 显示屏包含了在 CRT 技术中未曾用到的一些东西。为屏幕提供光源的是盘绕在其背后的荧光管。有些时候,会发现屏幕的某一部分出现异常亮的线条。也可能出现一些不雅的条纹,一幅特殊的浅色或深色图像会对相邻的显示区域造成影响。此外,一些相当精密的图案(比如经抖动处理的图像)可能在液晶显示屏上出现难看的波纹或者干扰纹。

现在,几乎所有的应用于笔记本或桌面系统的 LCD 都使用薄膜晶体管(TFT)激活液晶层中的单元格。该技术能够显示更加清晰、明亮的图像。早期的 LCD 由于是非主动发光器件、速度低、效率差、对比度小，虽然能够显示清晰的文字，但是在快速显示图像时往往会产生阴影，影响视频的显示效果，如今只被应用于需要黑白显示的掌上计算机、呼机或手机中。

4.1.2.4 LCD 显示器的有关术语和指标性能

1. 分辨率

LCD 的分辨率与 CRT 显示器不同，一般不能任意调整，它是制造商所设置和规定的。分辨率是指屏幕上每行有多少像素点、每列有多少像素点，一般用矩阵行列式来表示，其中每个像素点都能被计算机单独访问。现在 LCD 的分辨率一般是 800×600 的 SVGA 显示模式和 1024×768 的 XGA 显示模式。

2. 刷新率

LCD 刷新频率是指显示帧频，即每个像素为该频率所刷新的时间，与屏幕扫描速度及避免屏幕闪烁的能力相关。也就是说刷新频率过低，可能出现屏幕图像闪烁或抖动。

3. 防眩光防反射

防眩光防反射主要是为了减轻用户眼睛疲劳所增设的功能。由于 LCD 屏幕的物理结构特点，屏幕的前景反光，屏幕的背景光与漏光，以及像素自身的对比度和亮度都将对用户眼睛产生不同程度的反射和眩光。特别是视角改变时，表现更明显。

4. 观察屏幕视角

是指操作员可以从不同的方向清晰地观察屏幕上所有内容的角度，这与 LCD 是 DSTN 还是 TFT 有很大关系。因为前者是靠屏幕两边的晶体管扫描屏幕发光，后者是靠每个像素后面的晶体管发光，其对比度和亮度的差别，决定了它们观察屏幕的视角有较大区别。DSTN LCD 一般只有 60°，TFT LCD 则有 160°。

5. 可视角度

一般而言，LCD 的可视角度都是左右对称的，但上下可就不一定了。而且，常常是上下角度小于左右角度。当然了，可视角是愈大愈好。然而，大家必须要了解的是可视角的定义。当我们说可视角是左右 80°时，表示站在始于屏幕法线 80°的位置时仍可清晰看见屏幕图像，但每个人的视力不同，因此以对比度为准。在最大可视角时所量到的对比愈大愈好。一般而言，业界有 CR3 10 及 CR3 5 两种标准（CR: contrast ratio，即对比度）。

6. 亮度和对比度

TFT 液晶显示器的可接受亮度为 150cd/m² 以上。目前国内能见到的 TFT 液晶显示器亮度都在 300cd/m² 左右，亮度低则感觉暗，再亮当然更好，然而对绝大多数用户而言没有什么实际意义。

7. 响应时间

响应时间愈小愈好，它反映了液晶显示器各像素点对输入信号反应的速度，即像素由暗转亮或由亮转暗的速度。响应时间越小，在观看运动画面时越不会有尾影拖拽的感觉。一般将响应时间分为暗转亮(rising)和亮转暗(falling)两个部分，而表示时以两者之和为准，也有分别标记为 tr 与 tf 的。

8. 灰阶响应时间

说到灰阶响应时间,首先来看一下什么是灰阶。我们看到液晶屏幕上的每一个点(像素),都是由红、绿、蓝(RGB)三个子像素组成的,要实现画面色彩的变化,就必须对 RGB 三个子像素分别作出不同的明暗度的控制,以"调配"出不同的色彩。这中间明暗度的层次越多,所能够呈现的画面效果也就越细腻。以 8 位的面板为例,它能表现出 256 个亮度层次(2 的 8 次方),我们就称之为 256 灰阶。

由于液晶分子的转动,LCD 屏幕上每个点由前一种色彩过渡到后一种色彩的变化,这会有一个时间的过程,也就是我们通常所说的响应时间。每一个像素点不同灰阶之间的转换过程,是长短不一、错综复杂的,很难用一个客观的尺度来表示。因此,传统的关于液晶响应时间的定义,试图以液晶分子由全黑到全白之间的转换速度作为液晶面板的响应时间。由于液晶分子"由黑到白"与"由白到黑"的转换速度并不是完全一致的,为了能够尽量有意义地标示出液晶面板的反应速度,传统的响应时间的定义,基本以"黑—白—黑"全程响应时间作为标准。

但是当我们玩游戏或看电影时,屏幕内容不可能只是做最黑与最白之间的切换,而是五颜六色的多彩画面,或深浅不同的层次变化,这些都是在做灰阶间的转换。事实上,液晶分子转换速度及扭转角度由施加电压的大小来决定。从全黑到全白液晶分子面临最大的扭转角度,需施以较大的电压,此时液晶分子扭转速度较快。但涉及不同明暗的灰度切换,实现起来就困难了,并且日常在显示器上看到的所有图像,都是灰阶变化的结果,因此黑白响应的测量方式已经不能正确地表达出实际的意义,为此,灰阶响应时间的概念就顺应而出了。

需要说明的是,虽然灰阶响应更难控制,需要的时间更长,但实际情况却有可能完全相反。因为厂商可以通过特殊的技术,使灰阶响应时间大大提高,反过来比传统的黑白响应时间短很多。比如使用响应时间加速芯片,可以使 25ms 黑白响应时间的产品拥有 8ms 的灰阶响应时间。灰阶响应时间与原来的黑白响应时间含义和性质差别很大,两者之间没有明确的对应关系,但又都是对液晶响应时间的描述。

从 2005 年开始灰阶响应逐渐为众多厂商所使用,总的来说,这些产品通常使用了更好的响应时间控制方式,比如各个像素的响应时间更加稳定、统一。灰阶响应时间短的产品脱影现象更少,画面质量也更好,尤其在播放运动图像的时候,因此游戏玩家或者爱看影碟的用户可以更多考虑液晶显示器的这个参数。

4.1.2.5 LED 液晶显示器

LED 液晶显示器,无疑是现今显示器市场上的热门词汇。无论是显示器还是电视,都有大量的产品上市。当然,由于这类产品往往价格较高,往往将其视作高端机型。但是什么是 LED 液晶显示器呢?

LED 是 light-emitting diode 的缩写。在某些半导体材料的 PN 结中,注入的少数载流子与多数载流子复合时会把多余的能量以光的形式释放出来,从而把电能直接转换为光能。PN 结加反向电压,少数载流子难以注入,故不发光。这种利用注入式电致发光原理制作的二极管叫发光二极管,通称 LED。

1. 解析 LED 液晶显示器

事实上,现在所谓的 LED 液晶显示器,并不是一个准确的叫法,它只是人们为了方便而为其给出的简称,其全称应该是 LED 背光源液晶显示器。根据液晶显示器的原理,液晶显示器是由液晶分子折射背光源的光线来呈现出不同的颜色,液晶分子自身是无法发光的,主要通过背光源的照射来实现。LED 液晶显示器的工作原理如图 4.14 所示。目前,绝大部分液晶显示器的背光源都是 CCFL(也就是常说的冷阴极射线管),它的原理近似于日光灯管。而 LED 背光则是用于替代 CCFL 的一个新型背光源。

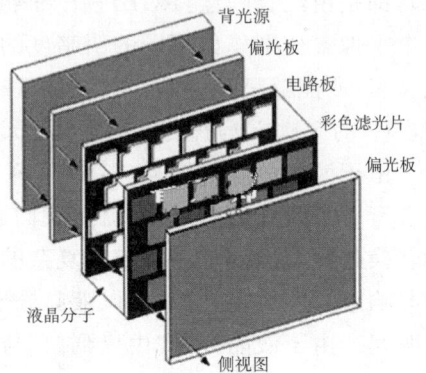

图 4.14　LED 液晶显示器工作原理图

既然是 CCFL 背光的替代者,LED 背光源到底比 CCFL 背光好在什么地方?

第一,发光更均匀。由于 CCFL 背光的灯管通常为条形或者 U 形,很容易出现发光不均匀的问题,而 LED 背光由于原理的不同,其发光体分布均匀,根本不用担心发光不均匀的问题。

第二,寿命更长。普通 CCFL 背光源的使用寿命为 50000h,而 LED 的使用寿命则大于 100000h。因此使用 LED 背光源的液晶显示器或液晶电视在使用时间较长后,背光源的亮度衰减情况要好于 CCFL 背光。

第三,环保性更好。采用 CCFL 背光,永远无法解决"汞"这个有毒物质,这是由其发光原理所决定的。平日使用的日光灯管均含有"汞"元素,和日光灯管原理相似的 CCFL 背光自然也无法解决这个问题。但是,LED 就没有这一个问题。还有一点,LED 背光的显示器比 CCFL 背光的显示器更节能,以 21.6 英寸的显示器为例,LED 背光源液晶显示器功耗约为 CCFL 背光源显示器的六成。

2. LED 液晶显示器的优势

与 LCD 显示器相比,LED 显示器在亮度、功耗、可视角度和屏幕更新速率等方面,都更具优势。LED 与 LCD 的功耗比大约为 10:1,而且更高的更新速率使得 LED 在影像方面有更好的性能表现,能提供宽达 160°的视角,可以显示各种文字、数位、彩色图像及动画资讯,也可以播放电视、录像、VCD、DVD 等彩色视频信号,多幅显示幕还可以进行联网播出。而有机 LED 显示幕(OLED)的单个元素反应速度更是 LCD 液晶屏的 1000倍,在强光下也可以照看不误,并且适应 −40℃ 的低温。采用 LED 技术可以制造出比 LCD 更薄、更亮、更清晰的显示器,拥有广泛的应用前景。

具体优点如下:

· 光效率高:光谱几乎全部集中于可见光频率,效率可以达到 80%～90%。而光效差不多的白炽灯可见光效率仅为 10%～20%。

· 节能:单体功率一般在 0.05～1W,通过集群方式可以量体裁衣地满足不同的需要,浪费很少。以其作为光源,在同样亮度下耗电量仅为普通白炽灯的 1/10～1/8。

· 寿命长:光通量衰减到 70% 的标准寿命是 10 万小时。一个半导体照明灯具正常情况下可以使用 50 年,用户一生最多用 2～3 个 LED 灯具。

- 可靠耐用:没有钨丝、玻壳等容易损坏的部件,非正常报废率很小,维护费用极为低廉。
- 应用灵活:体积小,可以平面封装,易开发成轻薄短小的产品,做成点、线、面各种形式的具体应用产品。

因此,无论是家电还是计算机,现在 LED 液晶显示器都是热门产品。

4.1.2.6 当前主流液晶显示器的简介

1. 热门小尺寸 19 英寸产品

(1) 飞利浦 193E1(Philips 193E1) VS 优派 VX1932wm-5

飞利浦 193E1 液晶显示器和优派 VX1932wm-5 液晶显示器如图 4.15 和图 4.16 所示。这两款液晶显示器拥有很多相似的地方,如屏幕尺寸和规格都完全相同,并且都采用了白光 LED 背光源,具备 1000 万:1 超高动态对比度,并且配备的是目前 19 英寸宽屏中少见的 D-Sub 和 DVI-D 双接口。这两款液晶显示器的参数和性能对比如表 4.3 所示。

图 4.15　飞利浦 193E1 液晶显示器

图 4.16　优派 VX1932wm-5 液晶显示器

表 4.3　显示器性能对比

产品名称	优派 VX1932wm-5	飞利浦 193E1
可视面积	408.24mm×255.15mm	408.24mm×255.15mm
是否宽屏	是	是
屏幕比例	16:10	16:10
可视角度	170°/160°	170°/160°
面板类型	TN	TN
背光类型	LED 背光	LED 背光
亮度/(cd/㎡)	250	250
动态对比度	1000 万:1	1000 万:1
黑白响应时间/ms	5	5
显示色彩	16.7M	16.7M
最佳分辨率	1440×900	1440×900
接口类型	D-Sub,DVI-D	D-Sub,DVI-D
音频性能	内置 2W×2	无
节能标准	通过 ROHS 认证产品符合绿色环保规范	EPEAT 银奖,RoHS,能源之星
安规认证	Energy Star 5.0,CCC,RoHS,China Energy,BSMI,CB,PSB,KCC(MIC),SASO,CE,C-tick	CE 标记,FCC,B 类,CCC,UL/cUL

（2）LG W1942SP LCD 液晶显示器

该款属于传统 LCD 产品，如图 4.17 所示，16∶10 宽屏，全黑色外观设计，锐比技术高对比度，4∶3 智能屏幕显示，使用更方便；通过 Windows Vista Premium 认证。其点距为 0.285mm，接口类型为 15 针 D-Sub 接口，动态对比度为 30000∶1，分辨率为 1440×900，响应速度为 5ms。

图 4.17　LG W1942SP LCD 液晶显示器

图 4.18　三星 P2250W 液晶显示器

2. 热门大尺寸产品

（1）三星 P2250W（Samsung P2250W）LCD 液晶显示器

三星这款 21.5 英寸显示器钢琴烤漆的镜面设计融入 TOC 琉晶工艺（见图 4.18），流畅的直线条设计凸显出时尚科技感。外观大方，画面明亮。灰阶响应速度快，游戏性能出色。

（2）AOC iF23 LCD 液晶显示器

AOC 这款产品是 IPS 炫彩硬屏，广视角产品，超高性价比（见图 4.19）。最大特点就是 IPS 炫彩硬屏的应用，由于面板成本的降低，让普通消费者享受广视角效果成为现实，全高清的分辨率，能够顺应全新的显示规格趋势，iF 系列的模具也相当漂亮，沿用了早前 AOC 比较成功的 913Fw 的设计，很吸引眼球。

（3）长城 L2280（Great Wall L2280）LED 液晶显示器

长城这款 21.5 英寸显示器轻薄的设计以及圆滑的外观，注塑工艺和透明亚克力的材质让机身显得更加时尚，的确让人耳目一新，使显示器不仅仅是桌面上的工具，并且成为一种装饰品，受到不少消费者的喜爱（见图 4.20）。

图 4.19　AOC iF23 液晶显示器

图 4.20　长城 L2280 液晶显示器

这三种显示器的具体参数对比见表 4.4。

表 4.4　三种显示器性能对比

所选商品	三星 P2250	长城 L2280	AOC iF23
外观颜色	黑色	黑色烤漆	前深蓝色烤漆,后白色烤漆
外形设计	—	底边框三种颜色:红色/蓝色/绿色	—
外形尺寸	519.5mm×425mm×189.4mm	520mm×397mm×183mm	557.8mm×397mm×191mm
产品重量	5.4	3.5	5
显示屏尺寸	21.5	21.5	23
可视面积	—	476.64mm×268.11mm	509.76mm×286.74mm
是否宽屏	是	是	是
屏幕比例	16∶9	16∶9	16∶9
可视角度	170°/160°	170°/160°	178°/178°
面板类型	TN	—	IPS
背光类型	CCFL 背光	LED 背光	CCFL 背光
亮度/(cd/m²)	300	250	250
对比度	5 万∶1	100 万∶1	10 万∶1
灰阶响应时间/ms	2	2	6
点距/mm	0.248	0.248	0.265
显示色彩	16.7M	16.7M	16.7M
最佳分辨率	1920×1080	1920×1080	1920×1080
接口类型	D-Sub, DVI-D(支持 HDCP)	DVI-D,VGA	D-Sub, DVI-D(支持 HDCP 协议)
带宽	—	180	148.5
电源性能	—	外置电源 100-240V	90-240VAC, 50/60Hz
消耗功率/W	—	24	45
待机功耗/W	—	1	1
节能标准	—	—	CCC, FCC, cULus,CE, TUV-bauart, ROHS, EPEAT,Windows 7
安规认证	CCC	CCC	—
其他特点	触摸按键	LED 白色背光面板	DCB 活彩技术,5 种增彩模式 Eco Mode5 种亮度情景模式,4∶3/宽屏切换功能(有热键)

4.1.2.7　显示器的安装

显示器的安装较其他部件简单得多。它后面只有两根线,一根是电源线,另一根是与显示卡相接的信号线。电源线的接法有两种。一种是电源线与计算机电源相连,这种接法的优点是非常方便。由于显示器由计算机电源供电,因此显示器的开关可以一直处于开启状态。开启计算机时,主机电源开始工作,显示器也同时被打开。而关闭计算机时,主机供电被切断,显示器也就停止了工作。这种接线方式已被大多数用户采用。另一种接线法是显示器使用一根电源线直接与插座相接。这种接线法的优点是可以单独打开显示器而不必同时开启主机。而它的缺点是开关不方便,每次打开主机前先要开显示器,而在关闭主机后还要关上显示器的开关。不过,采用这种接线方式的人大多是身不由己,因为他们中的多数都购买了一种没有显示器电源线接口的机箱电源。

如果安装好显示器,开启电源后 PC 喇叭鸣响而显示器无任何显示(高档显示器会出现接收不到显示信息的图像),有很大可能是在接显示器信号线时由于用力过猛导致显示卡松动而造成的(也有可能是内存等部件没插好)。出现不同部件故障时,PC 喇叭的响声不一样。一般情况下,只要安紧显示卡就可以解决问题。如果显示器的图像有时会不断变换颜色,并产生剧烈跳动,用户往往觉得是显像管出现了质量问题,其实显像管出现问题的情况很少见,这通常是因为显示器与显示卡之间的信号线未插紧,传送显示信号的质量得不到保证而造成的。只需将信号线插紧即可。当然,如果还是不能解决问题,就要找厂商更换产品。

4.2 音效系统

4.2.1 声卡

4.2.1.1 声卡的规格术语

1. 取样频率

人们将声音储存至计算机中,必须经过一个录音转换的过程,把声音这种模拟讯号转成计算机可以辨识的数字讯号。在转换过程中将声波的波形以微分方式切开成许多单位,再把每个切开的声波以一个数值来代表该单位的一个量,以此方式完成取样的工作,而在单位时间内切开的数量便是所谓的取样频率,换句话说,就是模拟转数字时每秒对声波取样的数量。例如 CD 音乐的标准取样频率为 44.1kHz,这是目前声卡与计算机作业间最常用的取样频率。

在单位时间内取样的数量越多就会越接近原始的模拟讯号,在将数字讯号还原成模拟讯号时也就越能接近真实的原始声音。取样率越高,资料量就越大,当然也就越真实。数字资料量的大小与声道数、取样率、音质分辨率有着密不可分的关系。

CD 音乐的取样率为 44.1kHz,而在计算机上的 DVD 音效则为 48kHz(经声卡转换),一般的电台 FM 广播为 32kHz。其他的音效则因不同的应用有不同的取样率,像 Net Meeting 之类的应用就不要使用高的取样率,否则在传递这些声音资料时会增加很多的网络信息流量,可能造成网络拥堵,信号延迟。

在一般的声卡上,取样频率至少要能提供 22.05、32、44.1 或 48kHz,如果能够提供更多的选择会更好。不过目前的一般声卡最高的取样率都是在 48kHz,若需要更高的取样率,就必须选择较为专业的录音卡。

2. 音质分辨率

声波在转为数字的过程中，不是只有取样率会影响原始声音的完整性，另一个参数——音质分辨率——也是相当重要。一般来说，音质分辨率就是大家常说的位数。目前一般的声卡最高为 16 位的音质分辨率。

前面所说的取样频率，是指每秒钟所取样的数量，而音质分辨率则是对于声波的"振幅"进行切割，形成类似阶梯的度量单位。如果说取样频率是对声波水平进行的 X 轴切割，那么音质分辨率则是对 Y 轴的切割，切割的数量是以最大振幅切成 2 的 n 次方计算，n 就是位数。如果是 8 位，那么在振幅方面的取样就有 256 阶；若是 16 位，则振幅的计量单位便会成为 65536 阶。越多的阶数就越能精确描述每个取样的振幅高度，如此也就越接近原始声波的"能量"，再还原的过程也就越接近原始的声音。

整个声波的数字化取样的精准性不是单由取样频率或音质分辨率决定的，它必须是二者同时配合才能达到最佳的效果。

3. 信噪(S/N)比

信噪比是在音频产品中最常见的一个规格术语，通常是用来度量声音讯号的品质。它是在音频线路中某一个参考点的播放讯号的功率与没有讯号时既有的噪音功率的比值，单位是 dB，例如某个 CODEC 的信噪比为 85dB，就代表了输出的讯号功率比噪音的功率大 85dB，而信噪比的数值越高就代表噪音越小，信噪比当然是越高越好。根据 AC'97 的规范，信噪比至少要在 85dB 以上。一般的声卡其标示的信噪比应在 85～95dB。

4. 最大同时发声数

由字面上的意思来看，它是指在同一个时间内可以发出的声音数量，但有一点很重要，这里是指 MIDI 的乐器声音，而不是一般的声波。

最大同时发声数可分为两个部分来看。一是硬件部分，是指音效芯片最多可同时处理多少个 MIDI 乐器的讯号。一般来说，大概都是在 24～32 个声音，这对于普通的 MIDI 音乐来说应该是足够了，但若是遇上较为复杂的 MIDI 乐曲，可能就会显得捉襟见肘。例如同时有数样乐器在进行和弦的伴奏，一个和弦至少有 3 个声音（这是理论值）在同一时间发出，若是钢琴的和弦可能会同时出现 4 个以上的声音，而吉他则会出现 5 个以上的声音，再加上其他的乐器与打击乐器，复杂或多乐器的乐曲往往有时候会出现超过 20～30 个以上的声音。这时候可能就会有一些声音被取消掉。

二是软件部分，目前的声卡大多数会附赠一套软件音源，以使声卡在播放 MIDI 乐曲时能够发出较高品质的乐器声音，而这时的最大发声数是指软件音源所提供的处理讯号的能力，普通的软件音源至少能有 64 个同时发声数，最多的还可以提供 1024 个同时发声数。

虽然说最大发声数可以通过软件音源来弥补，但对于 MIDI 的爱好者来说，硬件的最大同时发声数要比软件重要多了，这个数量当然是越大越好。

5. 软件音源和 FM 音源

音源基本上是专供 MIDI 所使用的。它的主要内容是各种不同的乐器声音，而早期的 FM 音源是属于一种"频率调变"的方式产生仿真乐器的声音，但这种方式所产生出来的乐器声，不真实的情况可想而知，所以后来就出现了录下真实乐器声音并经处理之后所制作的音源。在声卡还只有 ISA 接口的时代,这些音源被放在声卡的硬件之中,以供 MIDI 音乐之用。但放在硬件之中的音源存在着不易升级与扩充的问题,便产生了 DLS (downloadable sound)音源,这种音源可以存放在硬盘之上,只要在使用前利用特定程序将其加载内存中便可以使用。

当声卡演进至 PCI 接口的时代,由于 PCI 接口信道比起 ISA 来宽得多,在资料的传递上也相对快不少,所以厂商将原来放在硬件中的音源全改成软件的形式放在硬盘之中,并在操作系统或是应用程序中指定选用,以供 MIDI 作业的使用,这就成了所谓的软件音源。

软件音源中大家最耳熟能详的应属 Yamaha S-YXG 50,同系列的还有 S-YXG 100,而在 MIDI 业界的另一个龙头 Roland 也有其软件音源产品——VSC-88。Yamaha 与 Roland 的音源规格并不相同,主要是其乐器排列的方式及乐器的数量不同,所取样的乐器也不一样,所以在声音上就各有千秋。

6. 定位音效

定位音效应用在声卡上大概是在三四年前的 A3D 定位音效,这是由 Aureal 公司应用在其音效芯片上的一个音效定位算法,主要目的在于使用 2 只音箱仿真声音在 3D 空间中的位置。由于当时声卡还没有出现多声道的产品,所以 A3D 定位音效的推出,震撼了喜好计算机游戏的使用者。在当时,许多游戏标榜使用 A3D 定位音效,一时蔚为风潮,也促使其成为业界的一个标准。

除了 A3D 之外,还有其他的定位音效算法,其中一种是目前使用较为广泛的 Q3D,中国台湾大部分的声卡都是采用此定位音效。另一种则是 Sensaura,此种定位音效则较常被国外产品所采用。虽说以 2 只音箱就可仿真出 3D 空间的位置感觉,但毕竟是"仿真"的。

7. 环境音效

在空旷的地方与在室内说话,听到的声音是不一样的,这种在不同的环境中所产生的不同声音效果就是环境音效。计算机可利用不同的演算方式,将声音仿真成不同环境中的效果。差别只是在于效果的真实度以及效果是否明显。目前 Creative 的 EAX 环境音效是较好的。环境音效的应用最常出现在计算机游戏之中,特别是属于 3D 实时的游戏。

此外,也有其他的定位音效程序包含了环境音效的应用,使用者甚至可以将 WAV 或 MP3 档案加入特定的效果而改变听觉感受。例如加上演奏厅的效果,就可以产生身处演奏厅中聆听音乐的感觉。

8. CODEC

CODEC 是由 coder 与 decoder 组合而成的缩写字。由这两个词直接翻译,意思是编码器及译码器,而运用在声卡上就是指可将模拟讯号转成数字讯号,及将数字讯号还原成模拟讯号的组件。早期 CODEC 是内置在音效芯片之中,而近来因 AC'97 规范的讯号品质要求,CODEC 便从音效芯片中独立出来,在音质上便不会受到音效芯片中线路干扰的影响。

声卡的声音品质与 CODEC 有相当密切的关系。但由于目前应用在多声道声卡上的 CODEC 大概就属 Sigmatel 及 Wolfson 这两家的产品最普遍,在品质上也没有强烈的区别,反而是声卡设计布线的差异成为声卡品质的主要依据了。

CODEC 最主要的工作有两项。一个就是将由外界录进来的声波,从模拟转成为数字的讯号交由计算机系统处理,不论是从 Mic In 或是 Line In 录进来的模拟讯号都必须经过这个程序,才能够让计算机读懂这些资料。

另一个则是反向的流程工作,就是将储存在计算机中的数字音讯资料,透过 CODEC 还原成模拟的声音,由 Line Out 或是多声道声卡的各声道输出口(不含 S/PDIF)送出讯号。由此可知 CODEC 在声卡的组件之中所扮演的角色相当关键,没有 CODEC 就无法转换讯号的类型,其重要性不下于音效芯片。

9. 全双工与半双工

全双工与半双工的问题也和功率放大问题一样,近来已经很少有人提及,主要原因在于新的音效芯片都已完全支持全双工的作业方式。

当打电话时,在说话的同时还可以听到对方的声音,这就是基本的全双工概念。但是声卡上的全双工概念不只是这样,严格来说,它是指在录音的同时可以进行播放声音的工作,反之亦然,这是真正的全双工作业。但是全双工与否的问题最常出现在使用网络会议或是网络电话之类的应用上。如果声卡真正支持全双工,那么使用网络会议或是网络电话应该与一般打电话是相同的;若是半双工的话,只要有一方讲话便听不见对方的声音。

也许部分使用者会理解为所谓的全双工是指在同一个时间内可以播放两个以上的声音,其实这是误解。声卡在设计上要完成录音和放音两种基本工作,只有这两种工作可以同时进行才叫做真正的全双工。

10. AC3 和 DTS

AC3 与 DTS 都是 DVD 的声音压缩格式。AC3 由 Dolby 公司在 1992 年提出,它提供了多声道的功能,AC3 的压缩率最大约为 12:1,也就是经 AC3 压缩过的声音资料容量只有原来的 1/12,不过由于压缩率相当大,在音质上就会有相对的牺牲。DTS 是另一种声音压缩格式,同样也支持多声道,不过它没有 AC3 那样高的压缩率,其压缩率约在 4:1,资料量比 AC3 高出不少,自然声音的讯号就能保留更多,因此在声音的层次感、连续性、宽广度会比 AC3 好很多。

4.2.1.2 声卡的主流音频处理芯片

1. Trident 家族

这个生产显示卡久负盛名的厂家也研发音效芯片。它大约在 1998 年中期开始涉足音效芯片领域,首款产品是 4D Wave-DX,针对低档声卡设计的,后来又推出了其旗舰音效芯片 4D Wave-NX。

4D Wave-DX 芯片本身信噪比达到 90dB 以上,3D 环绕方面使用 QSound 最新开发的 3D 效果器,支持 HRTF 的声音能量密度与声音延时差异演算、多普勒效应模拟与延迟,并可用软件模拟 A3D,具有 64 个硬件复音,最高支持 6MB 波表样本容量。其明显不足是 DOS 兼容性不好,不支持 4 声道输出。

4D Wave-NX 芯片是 Trident 与 Qsound Labs 合作开发的产品,全面汲取了 Qsound Labs 特有的 3D 定位技术,是在 DX 基础上改进而来的,采用 $0.35\mu m$ 工艺制造,完全支持 4 音箱输出和 SPDIF 输出,CPU 占用率不到 10%,支持 Direct Sound/Direct Sound 3D

和创新的 EAX 环境音效,MIDI 方面支持 64 个复音,音色库容量最大 6MB。

2. 创新家族

声卡巨人创新早先并不生产音效芯片,其著名的 SB Live! 系列声卡等都是采用其他公司的音效芯片。不过自从收购了 Ensoniq 等公司以后,创新也开始研发自己的音效芯片了。

CT-5507 芯片:其性能和 Ensoniq 的 ES137X 非常相似,只是 5507 已能真正支持 4 声道环绕输出,而 ES1371 则是通过软件模拟来产生 4 声道输出效果的。

CT-2518 芯片:该芯片主要面向低端市场,但其功能不可低估,具有 8 点插值运算功能,是一款 32 位音频处理器,具有 128 复音的波表合成功能,支持 DLS 音色库和最高 8MB 的波表容量,支持 EAX 环境音效扩展。缺点是只提供立体声输出,无法支持如今流行的多声道技术。

CT-5880 芯片:该芯片定位在中档市场,具有数码功能,支持 4 声道,是一款性价比非常高的产品,与 5507 相比,增加了对数字音频的支持。例如创新公司的 Sound Blaster PCI128 声卡,最初用的是 Ensoniq 的 ES1370 芯片,后来改用 CT5880 音效芯片。

3. Ensoniq 家族

Ensoniq 公司的音效芯片在 ISA 时代的中低档声卡领域,具有较高的知名度。PCI 声卡时代,Ensoniq 的音效芯片被创新等大厂采用,如今 Ensoniq 已被创新收购。

Ensoniq 的音效芯片有 ES1370、ES1371 和 ES1373 三款。ES1370 芯片支持 4 声道系统(需 AK4531 Codec 配合使用),可以在 4 声道模式下获得较好的 3D 定位,被应用于低档声卡中提供廉价的 4 声道支持。而 ES1371 不支持 4 声道,只能通过软件模拟 4 喇叭输出效果。ES1370/ES1371 芯片本身的信号/噪声比较高(大于 90dB),在 WAVE 通道的声音测试中能得到满意的音质;支持 DS3D、A3D 和 EAX 环境音效;MIDI 方面支持 128 个复音,音色库早期为 4MB,后来为 8MB;支持 SPDIF 输出功能实现 3D 音效。不足之处是 MIDI 整体效果不出色,不支持多音频流回放。此外 ES1370 的驱动程序不能用在 ES1371 上。ES1373 芯片主要用于主板集成,性能与 ES1371 相同。

4. ESS 家族

ISA 声卡时代,ESS 公司的声卡可谓风光无限,在当时中低档市场中占了相当大的份额。在 PCI 声卡时代,ESS 也陆续推出了 Maestro-1(ES1948F)和 Maestro-2(ES1968S)音效芯片,被帝盟等厂商广泛采用,其中 Maestro-2 是 ESS 比较成功的第二代 PCI 音效芯片,性能和音质上都有较大的提高,如今 ESS 最强大的音效芯片是 Canyon3D。

Maestro-1 是 ESS 最早推出的 PCI 声卡芯片,最大特点是兼容性好,软件支持 A3D 1.0 标准,但效果不明显。它采用 DLS 技术,提供了一个 64 复音的波表合成器,在 3D 音效上采用 Spatializar 3D 技术,提供硬件加速 Direct Sound/Direct Sound 3D 的功能。

Maestro-2 系列具有良好的音质和较低的 CPU 占用率,性价比不错。该系列有 Maestro-2、Maestro-2E 和 Maestro-2EM 三款产品,其中后两款产品支持 SPDIF 输出,而 Maestro-2EM 还支持 modem。Maestro-2 系列与 Maestro-1 一样内建双声道引擎,32 位处理技术降低了 CPU 的占有率;支持较新的 ACAPI v1.1 与 APM v2.1 能源管理规范,特别适合笔记本电脑使用;MIDI 方面支持最大 64 个复音;提供 4MB 音色库,音质较出色,信噪比达 85dB;支持 Direct Sound/Direct Sound 3D,3D 音效上比使用 Q3D 的 Maestro-1 有一定提高;支持两路立体声音频输出,可营造一个模拟的环绕效果。不足之处是 MIDI 合成效果欠佳。

Canyon3D 芯片是 ESS 公司的旗舰芯片,硬件特性方面完全可以与 EMU10K1 芯片竞争,而且处理音效时 CPU 占用率也很低。它具有很强的数据处理能力,数据处理能力达 500MIPS,可并行处理 32 个 3D 音效流;真正支持 4 声道,并单独提供了可独立控制的低音炮输出接口(与 Line In 共用),支持 5.1 多音箱系统,在 4 声道模式下能提供较好的环绕效果;音质非常好。不足之处是在 MIDI 合成方面没有本质上的改进,连回馈、和声等基本的特性也不能明显地表现出来,另外由于通过软件模拟音效变化,加重了 CPU 负担。

5. 骅讯家族

台湾骅讯电子(C-Media)的 CMI-8338/8738 芯片,是目前市面上低档声卡广泛采用的芯片,低端市场中的 4 声道声卡大部分采用该芯片,也有不少厂商把它集成在主板中。该芯片支持 4 声道环绕声输出,最大的特点是同时提供 SPDIF 输入和输出,而且通过子卡支持光纤输入和输出,这是以前高档声卡才有的功能;在 3D 音效方面支持 A3D 1.0 和 DS3D,兼容创新的 EAX 环境音效,可通过升级驱动程序用软件来模拟 EAX;音色库支持 DLS 技术;信噪比达到 120dB。不足之处是硬波表合成器效果差,需要安装软波表来弥补该缺陷。

CMI-8338 推出较早,而 8738 是 8338 的改进版本,在 8338 基础上进行了适当的调整和改进,比较明显的改进是增加了软 modem 功能。现在市场上常见的大都采用 8338 芯片,除了丽台 4XSound 和夜莺 6400,采用该芯片的声卡价格都很便宜。如果想体验 4 声道又要价格低,不妨选择此类声卡。

6. E-MU 家族

E-MU 在电子音乐合成及音效制造领域知名度极高,它研发的音效芯片闻名于世,如今是创新公司的子公司。最早的音效芯片 E-MU8000,被创新公司作为主芯片用于 SB AWE32/64 系列声卡,而该系列声卡当时红极一时。在 E-MU8000 基础上改进而来的 E-MU8008 音效芯片,继承了原有的优点,融入了 PCI 技术,风靡一时的 SB AWE64 GOLD/DIGITAL 声卡使用的就是该芯片;如今 E-MU 最强大的音效芯片是 EMU10K1,创新的旗舰声卡 SB Live! 系列就采用该芯片作为核心。

EMU10K1 是当今世界上功能最强大的音效芯片,采用 $0.35\mu m$ 工艺制造,后期有 $0.25\mu m$ 的产品,集成了 200 多万个晶体管,数据处理能力达到 1000MIPS,可以轻松地进行专业级数字式混音和效果处理。EMU10K1 芯片最引人注目的地方是它的新一代环境音效系统,提供了 7.1 通道环境音效,32 位的数字处理(高达 192dB 的信噪比),64 复音的硬件波表合成器,128 个独立的音频通道,支持创新的新技术 CMSS 多音箱环绕系统。它的另一大优点是可编程 DSP,可通过外界程序升级芯片,通过软件来改变芯片逻辑结构从而达到硬件升级的效果,这是其他声卡所做不到的,所以它的升级性能最佳。在混音或定位音效处理时,最多拥有 131 个硬件 DMA 通道;音效处理时对 CPU 的占用率不高。EMU10K1 美中不足的是 MIDI 合成能力相对较弱,整体效果无法超越 Yamaha 软波表。

7. Aureal 家族

Aureal 公司是最早涉足 3D 音效的厂商之一,由于 Aureal 采取开放的策略,它的音效芯片被其他声卡大厂广泛采用,许多高档声卡采用它的音效芯片,例如帝盟著名的 MX300 就采用了 Aureal 的音效芯片。由它所倡导的 A3D 标准的最新版本是 A3D 3.0,具有基于几何的即时混响、杜比数字、个人化的 HRTF 设置和空间范围音源等划时代功能。不过目前仍以 A3D 2.0 较为普遍,A3D 2.0 增加了"WaveTracing"功能,是目前计算机游戏支持度最广的音效规格。

Aureal 公司的旗舰音效芯片有 Vortex-1(AU8820)和 Vortex-2(AU8830),都是采用 A3D 技术的最正统芯片,音质表现很好,兼容性强,美中不足的是在处理音效时 CPU 占用率要高于同档次产品。

Vortex-1 是首款真正支持 A3D 1.0 标准的声卡芯片,完全支持 A3D 1.0 标准和 DS 3D;数据处理能力达到 300MIPS;双声道模式下可获得较好的虚拟环绕效果;MIDI 方面具有 64 个硬件复音并支持 DLS,最多可使用 4MB 的 GM、GS 音色库和两种特殊合成效果;进行定位音效处理时拥有 48 个 DMA 通道;芯片本身的信噪比高于 90dB;内部采用了新的 Sound Blaster/Pro 模拟技术,可有效支持 DOS 环境,而且还支持 MPU-401,可以连接使用 ISA modem 和 Motorola 的 56011 DSP 芯片来加快解码速度。

Vortex-2 是 Vortex-1 的升级产品,也是少数可与 EMU10K1 芯片竞争的芯片。它完全支持 A3D 2.0 规范,具有一流的 WAVE 处理能力;支持 4 音箱系统;集成了 330 万晶体管,数据处理能力达到 600MIPS;在 MIDI 方面支持 320 个复音;拥有 96 个 DMA 通道,可同时硬件渲染 76 个 3D 音源;通过内部的数据总线(VDB)传送音效流,最多可传送 183 个音效流。AU8830A2 是 Aureal 的旗舰芯片,基本上使用全硬件方式实现 3D 算法,许多大厂生产的高档声卡都采用该芯片。

8. Yamaha 家族

Yamaha 公司的电子合成器和音效芯片在用户中口碑一直较好。在 FM 合成器一统天下的年代,YMF719 芯片几乎被所有的中低档声卡所采用。进入 PCI 时代,YMF-724 芯片成为低档声卡芯片的霸主。除了 724 定位于低档市场以外,Yamaha 的 YMF-744 主要面向中档用户。总的来讲,Yamaha 目前主要有 724E、740 和 744 三个系列,面向中低档市场。

4.2.1.3 安装声卡

声卡的安装比较简单。在切断电源的情况下,先选择一个空闲的插槽:如果声卡是 PCI 总线类型的,就选择一个空闲的 PCI 插槽;如果声卡是 ISA 总线类型的,则选择一个空闲的 ISA 插槽。然后,像安装显示卡一样将它们插入插槽中,并参照安装 CD-ROM 时的方法,将 CD-ROM 的音频线连接到声卡的音频插座上。安装完毕,加电开机,在操作系统中运行声卡驱动程序的"SETUP"即可。如果想省事,对于大多数声卡来说,Windows 都能正确识别出来,可以在开机时让 Windows 安装相应的驱动程序。不过这样的驱动程序往往功能是最小化的,除了可以发出声音,其他的功能就谈不上了。

4.2.2　音箱

多媒体计算机没有音箱是不可想象的。如果认为音箱只要能发声、外观漂亮就行，那就理解错了。在各种计算机配件中，音箱最难选，讲究也最多——毕竟选音箱是一个"仁者见仁，智者见智"的难题。下面介绍音箱的基础知识。

4.2.2.1　音箱的分类、性能指标

1. 音箱的分类

音箱可以有多种分类方法。

一种常见的分类方法是按其结构分为敞开式、封闭式和倒相式三类。敞开式音箱已经淘汰，市面上已很少见到。封闭式音箱就是它的箱体上除了有个安喇叭的孔外，其余部分都是密闭的。虽说密闭，但一般在音箱的某个部位还是有一个小的泄漏孔，它的作用是使音箱内外的大气压均衡。采用这种音箱的好处是可以获得很好的低频性能。封闭式音箱的内壁上一般都贴有许多纤维状的吸音材料，这种吸音材料可以吸收和削弱声波的反射，调节谐振频率处的响应；另外还可使箱内的空气处于等温压缩状态，从而使箱体的有效容积增大。封闭式音箱一般应用在音箱的高端产品，其价格较贵。

大多数计算机音箱都是倒相式音箱，而倒相式音箱又有许多变种，如迷宫式、声阻式、喇叭式等。它的特点就是在音箱的箱板上多了个倒相孔或倒相管。倒相式音箱的原理是，如果合理设计倒相管的尺寸和位置，可以使原来喇叭盆体后面发出的声波再通过倒相孔在某一频段倒相，使其和喇叭前面发出的声波迭加起来，变成同相辐射，从而减少了箱体内的杂波，增加了低频的声辐射效果，提高了音箱的工作效率。倒相式音箱和封闭式音箱相比，进一步扩展了音箱的低频下限，一般可达到 20Hz，并减少了其下限处声波的非线性失真。

除此之外，音箱还可以有其他分类方法。按照音箱系统组合形式，可分为 2.1 音箱、2.1+1 音箱、笔记本音箱、2.0 音箱、5.1 音箱、7.1 音箱。按照产品定位，可分为家用、HiFi、iPod 专用、游戏影音类音箱。按照音箱材质，可分为木质、塑料、金属类音箱。

2. 分频器

在 300 元以下的音箱中，有很多本身就没有加装高音或中音单元（喇叭），也就没有采用分频器。这种连高中音单元也没有的音箱，音质不会理想。而一些 300 元左右的音箱虽然加装了高音或高中音单元，但一般采用的是音箱内置的音量控制板上极其简单的电子分频方式，最多不过是在上边多焊了两三个电容而已，起不到太好的分频效果。作为一款合格的音箱，分频器的采用是必不可少的。

如果音箱中有两个或两个以上的扬声器，比如一个高音，一个低音，它们可以分别重放不同频率的信号。因为输入的音频信号是全频带的，因此需要增设一个分频网络，以便把整个音频信号分配到各个单元去，分频网络就简称分频器。

分频器的主要作用一是把音频信号中的各个频段成分分开，二是可以保护高、中频扬声器，因为一般高、中频喇叭的膜片较小，当加入低频大振幅信号时，容易产生过载而失真，甚至损坏。因此，多单元的音箱安装了合格的分频器，才符合优质音箱的最低标准，否则更不用谈什么立体声。一些低档次的多单元音箱如果没有分频器，最好应买来加上，音

箱的音质肯定会有很大改善。

3. 喇叭

音箱中最重要的部件就是喇叭。它的性能好坏决定了音箱的优劣。按其工作原理，喇叭可分为电动式、电磁式、压电陶瓷式、电容式、离子式等，其中使用最多的是电动式的纸盆扬声器。如果按喇叭的放音频率来划分，又可分为全频带扬声器（能重放全部音频信号的扬声器，常见的有双盆扬声器和同轴扬声器两种）、低频扬声器、高频扬声器和中频扬声器。除此之外还有所谓的平板扬声器、折环式扬声器之类。

在此主要介绍使用最为广泛的电动式扬声器，日常见到的喇叭基本上都是这种扬声器。它的基本工作原理就是利用了磁场和载流导体之间的相互推动力来带动其周围空气的振动而产生声波。它的性能指标主要有标称功率、阻抗、频率响应、灵敏度以及失真等。这些指标也是在选购音箱时必须考虑的。

（1）标称功率

标称功率即额定功率，它是喇叭的正常工作功率，喇叭只有在该条件下长期工作才不至于被损坏。这就涉及最大输入峰值功率（最大允许输入功率）问题，它是指喇叭所能承受的最大功率。由于各国及各大音响厂家对功率的定义和标准不同，这些值便有很大的差别，在选购时需留意。按照我国的规定，喇叭的最大功率不能超过其标称功率的 $1\sim2$ 倍。而一些进口的音箱却未必如此。有一些厂家喜欢将峰值功率当做额定功率标注在音箱，千万不要盲目信以为真，其"号称"的 300W 或 500W 的额定功率值，也许能达到 10W 就算了不起了。还要注意，所选音箱的标称功率值最好不要严重小于声卡或功放的输出功率。

（2）阻抗

喇叭的标称阻抗是指喇叭在某一特定工作频率时，在其音圈两端呈现的阻抗值，喇叭在这个阻抗值上运行时就能获得最大的功率。音箱的阻抗值常见的主要有 $4\Omega,5\Omega,6\Omega,8\Omega$ 和 16Ω 等几种，选购时要注意音箱的阻抗值不要小于声卡或功放的阻抗值，两者应相同或大于声卡。如对声卡的输出阻抗值不了解，也可选用阻抗为 8Ω 的音箱，它的适应面最广。

（3）频率响应

当喇叭的输入端被加上一个恒定电压时，喇叭的轴向某点的声压级就会随频率变化而变化，这关系称为频率响应，是音箱的一个重要指标。如果按喇叭来分，通常低频喇叭的频率范围在 $20\sim3000$Hz；中频喇叭的频率范围在 $500\sim5000$Hz，而高频喇叭的频率范围则在 $3000\sim20000$Hz。但并不是说喇叭能达到这样的频响，音箱就会有这样的频响指标，它与喇叭的质量、音箱的做工和用料都有很大关系。现今一款优秀音箱的频响范围一般可达 $60\sim20000$Hz。

（4）失真

指的是非线性失真。它又分为谐波失真、互调失真和瞬态互调失真三类。谐波失真是指声音回放中增加了原信号没有的高次谐波成分而导致的失真，所以谐波失真主要产生在低频，尤其在共振频率处最为明显。互调失真影响到的主要是声音的音调方面。瞬态互调失真是指在低频放大或功放级中引入的补偿电容器在放大器输入脉冲信号时，因该电容使负反馈发生延迟，从而使输入级瞬间过载而产生瞬态互调失真，它将严重影响声音还原重放质量。所以说它在音箱与扬声器系统中更为重要,它的指标与音箱的品质密切相关。它常以百分数表示,数值越小表示失真度越小。普通音箱的失真度一般应小于0.5%,而低音炮之类的音箱要小于5%。

(5)动态范围

动态范围是指在规定的不失真指标的情况下,喇叭发出的最强音和最弱音的声压级差,其计量单位为 dB。动态范围越宽越好,音箱的动态范围宽,则在一般音箱上收听不到的音乐细节就可在此音箱上细致地表现出来。当音响水平差不多时,喇叭的动态范围宽,音响效果就好。

(6)纯音

纯音也是判断喇叭质量的重要指标之一。纯音就是指在额定功率和额定频率范围内,给喇叭加上某一频率的正弦信号,喇叭应无机械杂声、碰圈声和垃圾声。对于那些做工粗糙的小厂或小作坊生产的喇叭而言,音色不纯是普遍现象。产生纯音不良的原因就是喇叭的做工不好,如纸盆压边或定心支片黏接不牢;盆架导磁板连接不牢;音圈、防尘罩黏接不牢;音圈变形,放置不正;磁隙内有铁屑或灰尘等。

(7)喇叭材质

最后再看看喇叭的用料。现今计算机音箱流行的高音喇叭主要采用了钛膜球顶和软球顶两种材质,各有优劣。而低音喇叭除了采用传统的纸盆作为材质之外,有的还采用了羊毛编织布、防弹布、聚丙烯(PP)膜等作为喇叭的用料。具体选哪种就要看各人的喜好了。

4. 音箱箱体

现在市面上常见的计算机音箱主要有塑料和木质两类。塑料主要用在较低档次和对听音效果要求不高的音箱;中低价位的木质音箱大多采用中密板作为箱体材质,高价位的大多采用真正的纯木板作为箱体材料,在选购时要注意区分。假冒木质音箱大多是用胶合板甚至纸板加工而成,鉴别时除了仔细看其外观上的差别之外,可以用利物如手指甲轻轻划下音箱的裸露层,真木板和胶合板还是很容易区分"原形"的。其次可用手敲一下箱体,听听发出的声音,材料的区别就会暴露无遗。再者可拿起音箱看看底部,这是最容易"现原形"的地方,也是造假者最容易忽视的细节。最后也可掂掂音箱的重量,越重越真,这是关键。

5. 音箱电源

现在大多数的计算机音箱都是有源音箱,其内置电源的好坏,也直接关系到音箱的品质。优秀的音响器材就优在电源上。欧美的一些音响厂家甚至认为,一个好的器材,其电源的成本要占到整个器材的一半左右,可见其重要。它里边的电源变压器如果品质太劣,例如采用了劣质的铁芯变压器,将严重影响音箱的品质。一个好的有源音箱,首先要求电源变压器有足够的功率储备,从变压器到滤波电路都要有很高的反应速度,从而保证为功放电路和喇叭能瞬间快速反应提供足够的能量。

一般来说,一款高档的音箱里边大都采用了优质的铁芯变压器或品质远远优于铁芯变压器的"环牛"(环形变压器)。

6. 音箱的选购

(1) 掂重量

这是选购音箱的第一步,可用手捧起音箱掂一下重量。一般来说同档次的音箱,其重量越重质量越好。这种方法可广泛适用于选购其他音响产品。重量越重,表明音箱的各种材料正宗没有偷工减料。音箱材料从所用木料到喇叭、功放板、电源,要想达到品质超群,哪样都不能"缺斤少两"。

(2) 看外观

这也是重要的一步。先看一下箱体的整体外形是否令人满意;再仔细看看音箱外贴层,是否有明显的起泡、划伤和贴层粗糙不平等现象;其次再仔细检查箱板之间结合是否紧密整齐,可取下前面板上的防尘纱罩仔细检查高低音喇叭的用料、材质、规格是否和说明书一致,另可重点检查高低音喇叭、倒相管与箱体是否固定得牢固紧密等。最后可看看音箱上的紧固螺丝是不是用的内六角螺丝,这是个细节,一般档次较低或假冒伪劣的产品大多采用的是普通自攻螺丝。

(3) 了解性能指标

作为一款品牌音箱,说明书上给出的性能指标数据虽不可全信,但作为选购时的参考,还是很有必要的。这其中除了了解音箱的重量、外观尺寸、配件是否和标称大概相当外,还可了解该音箱的标称功率、阻抗、频响、失真度、动态范围等,是否真实可信,是否夸大其词,其喇叭是否是防磁喇叭等。

(4) 耳听为实

在选音箱时可同时挑几款不同牌子或不同档次的品牌音箱来试听。由于一般销售音箱的地方声音很嘈杂,需要竖起耳朵仔细听。最好是到有试音间的音箱专卖店或代理店去选购,它们一般能提供较全面的服务,且其音箱品质一般要比杂卖店正宗可靠。在大多数没有这种环境条件的地方,可自带一个平时常听的音乐碟进行放音试听,哪款音箱表现力较好,一般就能心中有数。当然如果实在是心中无数,也可直接到代理店去挑市场上口碑较好的名品。

4.2.2.2 多媒体音箱产品品牌

发展到今天,音箱的品牌种类繁多,技术各异。音箱的选择,考虑到价格、场合、技术、品牌,可谓萝卜青菜各有所爱。尤其是,国内品牌不但从数量上,而且从质量上都有很大发展。所以现如今,购买一款合适的音箱才是最重要的。

根据 2010 年 5 月的最新数据,前三名名牌的市场占有率分别是:漫步者 33.33%,麦博 14.03%,惠威 9.37%,其他还有三诺 4.62%,朗琴 3.15%,Sansui 3.01%,轻骑兵 2.68%,慧海 2.64%,雅兰仕 2.59%,奋达 2.41%,飞利浦 1.74%。

1. 国外品牌简介

(1) Yamaha

Yamaha 公司由山叶寅楠(Torakusu Yamaha)于 1887 年在日本创立,该公司是一家已有百余年历史的老牌厂家,公司成立前期主要从事乐器产品制造,至今乐器产品仍为该公司的强项。世界上第一台 DSP 数码音场处理系统就是该公司推出的,它已成为业界内 DSP 技术的权威。它的声卡芯片、波表合成和 DSP 技术在计算机界是众人皆知的。该公司在音箱方面也独树一帜,例如采用有源伺服技术的 YST-1 音箱、采用近声场技术的 NS-10 音箱,在音响界中有良好的口碑。

（2）Philips

Philips 公司是由 Gerard Philips 和 Anton Philips 于 1891 年在荷兰的埃因霍恩市成立的。该公司成立后,一直从事照明设备、家庭电器、测量仪器、电子元器件、通信设备和医疗器械方面的产品制造。众所周知,现行的 CD 格式就是由 Philips 和 Sony 共同制定的,最早的 CD 机也是由这两家公司推出的。Philips 公司的多媒体音箱产品目前有普通和 USB 两个系列。

（3）JBL

JBL 公司是世界上最大的专业音响制造厂家,它的产品以品质好、价格高闻名。JBL 公司的创办人是詹姆士·巴罗·兰辛(James Bullough Lansing)。兰辛在 20 世纪 20 年代成立了 Lansing 公司。1941 年 Lansing 公司被 Altec Service 收购后,仍然从事喇叭制造工作。1946 年兰辛离开了该公司并成立了 JBL 公司。JBL 公司目前主要从事专业音箱和高级(发烧级)音箱制造,在音响行业内有着很高的地位。该公司的多媒体音箱设计很有特点,比如,为了防止放大器有源部分占用音箱的有限空间而影响声音的质量,该公司的多媒体音箱中的放大器部分与音箱部分基本上都是分开的。

（4）Bose

Bose 公司成立于 1964 年。该公司由麻省理工学院电机工程系教授阿玛尔(Amar G. Bose)博士创办,公司成立后一直从事音箱、扬声器和电声理论方面的研究、开发和制造工作。该公司在喇叭单元制造、电声理论的实用化上很有成就,特别是在大功率、小尺寸、全频带喇叭的研究制造上,在行业内首开先河,创造了一种全新的概念。该公司目前主要的产品是专业音响、家用音响和多媒体音箱产品。由于该公司将其高品质喇叭用于多媒体音箱上,因而生产的多媒体音箱体积小巧、音质优异。

2. 国内品牌简介

（1）塑胶箱

① JS

JS 是淇誉电子有限公司的品牌。该公司目前是国内最大的多媒体音箱制造厂家,产品种类比较齐全,包括 2.0,2.1,4.1,5.1(杜比数字)和 USB 音箱,也有采用 NXT 技术的超薄平板音箱。公司的产品主要投放国外和国内整机厂 OEM 市场(如联想、海尔、海信、TCL 等,也给上述的个别国际品牌做 OEM)。JS 在零售市场上只在上海和南方个别城市有售,而且几乎见不到广告宣传。JS 公司的产品与国际市场比较贴近,无论造型、工艺还是款式,均比较优秀。在品质和总体素质上,虽与上面提到的国际名牌有一定差距,但在国内来说应算是比较优秀的。可推荐的产品有 J-7904 和 J-9902 两款,J-9902 比较适宜于游戏玩家和用于欣赏 AV 影院。

② DIBO

迪波(DIBO)或迪霸(DIBA)是上海新捷超电子电器有限公司的品牌,该公司是在国内最早生产多媒体音箱的厂家。其产品以塑胶箱为主,近年来也开始生产少量的高档木质箱。由于该公司是外资背景,加之从事该行业时间较早,因此多媒体音箱产品在整体品质上与国外产品相近。该公司的产品在音质上、工艺上应算是国内一流的,当然价格也不低。产品有初级系列、中级系列、高级系列。这里推荐 555 和 999 两款产品,在国内外市场都是"久经考验"和值得信赖的。其中 999 的音质和听感均不错,适合于一些对音质要求较高的用户。

③ 三诺

三诺公司从事多媒体音箱制造虽然才几年,但由于具有较强的模具制造实力,它的产品一上市就给国内多媒体音箱制造行业带来了一股春风。三诺公司的产品造型丰富、款式变化多,既有塑胶箱又有木质箱,而且价格比较贴近市场。新近推出的几款 2.1 产品更给人以全新的形象,其综合品质已处于国内一流水平。其中 SR-1000 和 SR-1200 两款产品的两个主箱为塑胶箱,超低音音箱为木质箱。超低音音箱的外观、工艺和效果都非常不错。SR-1000 的音质及效果在这样的价位上相当出色,值得重点推荐。SR-1200 为数控音箱,控制均在主音箱的前面板上,为轻触控制,比较前卫。

(2) 木质箱

木质多媒体音箱应该是具有中国特色的多媒体音箱,因为国外很少生产木质多媒体音箱。由于木质多媒体音箱便于小规模生产,而且能以较低的制造成本获得比塑胶箱更好的效果,比较适合国情。国内生产木质多媒体音箱的厂家特别多,其中漫步者、轻骑兵、国立和奋达等品牌的产品较为出色。

① 漫步者

"漫步者"是北京爱德发高科技集团的多媒体音箱产品品牌,从木质多媒体音箱的市场占有率来看,该品牌的产品在国内应是排在第一位的。爱德发公司生产多媒体音箱的时间虽不是最早,但也已有数年的经验,并已得到了市场认可。公司的产品品种较多,可推荐的两款一款是中低价位的 R1000TC,另一款是中价位的 R1900T。前一款较适合个人使用,后一款可兼顾家庭使用。另外还有 R800TC 和 R1800AFT 可以选择。

② 轻骑兵

"润宝轻骑兵"是北京另一家多媒体音箱生产厂家——中北高科技公司的品牌,该公司是国内多媒体音箱制造行业的元老厂家之一。该公司的产品在市场上占有率也是很高的,基本在全国各地多媒体音箱市场上均能见到。该品牌值得推荐的产品是 M3 和 M4.2,这两款产品都是经过市场考验和受到使用者好评的。

4.2.2.3 5 款时尚外观 2.1 音箱及其特色

1. 做工精细:麦博 FC330 纪念版 2.1 音箱

麦博 FC330 十周年纪念版音箱的额定输出功率达到 54W,扬声器方面采用了 5.25 英寸低音单元和 2.5 英寸全频带单元组成,配置表现不凡。在声音方面,该款音箱低音表现到位,量感十足,中高频层次感强,音域较广,可以满足用户日常的听音需要。值得一提的是,该款音箱采用全木质箱体,有效地抑制了谐振和箱声,带来纯净自然的声音表现。

点评:麦博梵高 FC330 十周年纪念版音箱设置有红色的 LED 光圈,并在低音箱前面板采用了金属拉丝铝制饰板,整体造型前卫动感。音箱还设置了极具金属质感的音量调节和高低音增益旋钮,方便用户根据自己的听音喜好进行调节。另外,麦博 FC330 十周年纪念版音箱的背部采用了大面积金属散热片,保护了音箱内部元件,延长了使用寿命。

2. 功能全面:兰欣 V-5805 主流镜面 2.1 音箱

兰欣 V-5805 音箱额定功率为 20W,扬声器由 4 英寸低频单元和两个 2.75 英寸全频带单元组成。声音表现上,该款音箱低频表现强劲,中高频层次感较强,能满足多种风格音乐的演绎。另外,该款音箱做工非常细致,全木质箱体提升了音箱的声音表现。

点评:兰欣 V-5805 音箱采用黑色高光表面设计,并在前面板上搭配亮红色环形装饰,整体造型时尚动感。音箱设置有 SD/MMC 卡插槽和 USB 接口,并设有丰富的操作按钮,使用非常方便。另外,音箱还外设了多功能遥控器,方便用户进行远距离操作。

3. 特设平衡旋钮:唯歌 E3600 强劲 2.1 音箱

唯歌 E3600 的额定输出功率为 45W,扬声器方面由 5.25 英寸低音单元和 3 英寸高音单元组成,配置在同级产品中较为突出。音箱设置有 3.5mm 音频输入接口,可与多种音频设备连接使用。另外,该款音箱采用全木质箱体结构,有效抑制了谐振和箱声,声音表现更加纯净自然。

点评:唯歌 E3600 音箱外观以黑色为主色调,红色的环形装饰搭配以黑色的高光设计,显得高雅时尚。音箱整体做工出众,前面板上设置有音量调节和高低音增益旋钮,方便用户根据个人使用需要进行调节。值得一提的是,该款音箱还特别设计了声道平衡旋钮,方便喜欢看电影的用户使用。

4. 密码箱设计:多彩 X555 一线 2.1 音箱

多彩 X555 音箱额定输出功率为 30W,扬声器方面由一个 5.25 英寸的低音单元、两个 3 英寸的中音单元和两个 1 英寸的高音单元构成,音箱整体采用了防磁设计,有效地减少了与电器之间的相互干扰。音箱的箱体采用了八边形设计,并使用了木质箱体结构,带来更加优秀的声音表现。

点评:多彩 X555 整体以黑色调为主,前面板采用高光设计,并在前面板搭配以条形的红色 LED 灯光,整体感觉时尚动感。音箱将音量调节和高低音增益旋钮都设置于同一个轴心上,外观酷似一个密码锁,操作起来非常方便。声音表现方面,该款音箱低频突出,声音还原能力较强,适合播放多种风格的音乐。

5. 超薄卫星箱:耳神 ER-2809 精致 2.1 音箱

耳神 ER2809 音箱额定功率为 20W,扬声器方面由一个 5 英寸的低音单元和分布于两个卫星箱上的四个 1.5 英寸高音单元组成,配置表现较为出众。在声音表现方面,该款音箱低频下潜到位,中高音饱满清晰,可以满足用户多数情况下的听音需求。

点评:耳神 ER2809 音箱采用的纯黑色为主色调,前面板采用高光工艺,外露式设计的扬声器采用黑白搭配的色调,整体造型前卫炫酷。音量调节和高低音增益旋钮设置在音箱的侧面,用户可根据个人听音喜好进行调节。小巧的体积加上卫星箱所采用超薄设计,非常适合桌面空间并不宽裕的用户。

4.3 打印系统

4.3.1 打印机

目前市场上常见的打印机有三大类:针式、喷墨和激光打印机。它们各有特点:针式打印机成本低、噪音大、打印效果差,如今只用在打印计算机源程序、文字清样等对文字或图像效果要求不高的场合,故在此不作讨论;单色激光打印机虽然价格在逐渐下降,但彩色激光打印机价格却仍居高不下,故适合于办公环境;喷墨打印机以其价格低廉、单色彩色自主可换的特点,占据了大部分家庭市场。

4.3.1.1 激光打印机

激光打印机是近几年才出现的一种新型打印机。激光打印机打印的文字及图像非常清晰,针式打印机无法与之抗衡;而其打印速度快、单张打印成本低的特性又为喷墨打印机难以企及。

激光打印机的客户主要集中在办公领域,一个办公室或一个部门的人员往往需要使用同一台激光打印机,而最为有效的使用方法就是通过网络来共享打印机。共享的方法有两种:一种是将打印机通过并口连接到位于网络中的一台计算机上,这台计算机通过共享设置来允许其他计算机使用打印机;另一种是把专用的打印服务器(通常是一块特殊型号的网卡)安装到打印机之中,然后将打印机直接挂在网络上,由打印服务器负责接收打印数据,并交给打印机来输出。第二种方法是真正意义上的网络打印,可以实现高速打印,并且不会因为计算机未开机或出现故障而无法打印。

1. 激光打印机的性能指标

一般来说,激光打印机的整体性能是由打印速度、分辨率、打印机语言以及其他一些指标综合作用的结果。

(1) 打印速度

激光打印机的速度用每分钟打印张数(pages per minute,ppm)来表示。打印机厂商所标注的打印速度是打印机引擎能处理纸张的最快速度。实际打印速度与被打印的内容有很大关系。从打印机驱动程序把打印内容转换成页面语言描述,到最终打印图像的输出,中间有许多环节,每一个环节对打印速度都有影响。其中激光打印机控制器中的光栅转换部分,对打印速度的影响最大,因为这一步涉及曲线到点阵的转换、字库解释等,技术比较复杂。对于比较复杂的打印文档,花费的时间就更多,以致实际的打印输出速度远远低于打印机的标称速度。另一个对打印速度影响较大的是打印机的缓存,因为光栅转换后的页面点阵要经过缓存送到打印引擎中去打印,如果没有足够多的缓存,可能要影响光栅转换的速度。尤其是对于非常简单的打印文档,由于这时光栅转换的速度很快,如果缓存太小,就会成为打印速度的一个瓶颈。

激光打印机的分类有时也以打印速度来划分,家用打印机的速度一般为 4~5ppm,办公用打印机速度一般为 8~12ppm,工作组打印机的速度一般能达到 15~30ppm。

(2) 分辨率

激光打印机的另一个重要指标是分辨率,分辨率是指在一定面积内激光打印机所能打印的单个点数。大部分激光打印机都能在 1 平方英寸内打印 300×300 个点数。由于大部分激光打印机在水平和垂直方向上的分辨率相同,因此分辨率通常用每英寸打印点数(dots per inch,dpi)来表示。一般来讲,分辨率越高,则输出的图像就越精细,越没有颗粒感。

(3) 打印机语言

打印机语言是激光打印机的另一个重要特性。它是决定激光打印机输出复杂版面能力的指标之一。打印机语言就是一个命令集,它告诉打印机如何组织被打印的文档。这些命令不是被单独地传送,而是由打印机驱动程序把它们嵌在打印数据中传送给打印机,并由打印机的打印控制器再分开解释。

打印机语言很多,但总的来说可以分成两类,一类是页面描述语言(page descriptional language,PDL),另一类是嵌入式语言(如 ESCape Code Language)。页面描述语言非常复杂,命令多,功能强大,几乎能描述任何复杂的打印文档,特别适合于专业印刷、广告、高级字处理等领域。PDL 虽然能描述复杂的文档,但正是由于它的复杂性,使得打印机处理起来也比较慢。嵌入式语言的名字来自于它使用命令的方式,它的每一个命令都以一个特征码(如 ESC)为前缀,以此表明该字符串是一个命令而不是一般的打印数据。嵌入式语言没有页面描述语言复杂,它适用于描述相对比较简单的文档。

页面描述语言和嵌入式语言的代表分别是 Adobe 公司的 PostScript 语言和 HP 公司的 PCL 语言,它们已经成为业界标准。

2. 网络激光打印机

网络激光打印机是计算机网络技术和 Web 应用广泛普及之后的标准信息输出设备,它既适应于网络高速发展的需要,也满足办公集中管理的需要,并能在网络环境下极大地提高打印速度、打印质量和系统打印管理效率。

网络激光打印机和一般激光打印机的本质区别在于,网络激光打印机的工作核心表现为可通过打印机携带的打印服务器直接与网络连接,并能以网络传输速度实现打印数据的传输。所以,网络激光打印机不仅在打印精度、打印品质上具有优秀的输出性能,在打印速度上也要远远高于一般激光打印机,尤其是在打印机设备管理、用户文件管理等方面,由于充分利用了网络打印管理软件,管理员可以随时监控多台网络激光打印机的情况,即使管理员外出,也可通过互联网远程控制来解决所发生的任何问题,使得网络激光打印机具有现代网络管理的优越性。因此,网络激光打印机带给企业和办公室的不仅仅是技术、产品和应用的升级,也不仅仅是高质量的输出效果和更加及时的输出速度,还带来了计算机网络应用和办公室管理的全新秩序。

网络激光打印机的主要特点为:

(1) 高速、高分辨率、高品质、高输出量的网络打印特点

网络激光打印机一般都采用了 64 位 100MHz 以上的 RISC 处理器、先进的页面描述语言、分辨率增强技术、图形图像增强技术(PGI)、灰度级调整技术、色阶扩展技术。因此,在标准技术环境下,它普遍支持 A4 和 A3 纸张的多介质自动选纸打印输出功能,具有高分辨率和黑白或彩色打印能力,其标准文本打印速度为 20ppm 左右,最高时则可达到 40ppm 的超高速打印。在使用 1200dpi 高分辨率或 2400dpi 超级分辨率输出时,可以达到精美照片的效果。有的网络激光打印机在利用图文自动识别技术后,可对同一页纸内的图像、图形、文字等不同部分进行自动识别,并分别设置最佳打印模式,从而在保证每个部分都可实现最优效果的同时,极大地提高了打印速度。

(2) 强大的纸张处理能力和友好的用户界面

网络激光打印机普遍在底部配置多个纸匣和送纸器,每个纸匣多则可装千余张,少则也可装 200 张各种规格的打印纸。具有一定容量的送纸器则可使用各种定义尺寸的纸

张,以及不同厚度的信封、标签、卡片、透明胶片或胶纸等。

（3）灵活快速的联网功能和性能优异的网络驱动程序

网络激光打印机内置的网络打印服务器都配有满足 10M/100M 标准的自适应网卡接口,用户可以方便地通过该接口直接用双绞线连接到以太网上。另外,网络激光打印机普遍配有功能齐全的打印驱动程序,不仅可以大大简化安装和相关功能的设置过程,而且驱动程序的界面上还能显示网络打印的多种编辑功能,如水印打印、4 页合一、50%～200% 的缩放、自动适应纸张尺寸、打印方向任意旋转和格式嵌套功能等。为了保证在多主机环境下无故障的网络运行,驱动程序还普遍支持 Windows、Macintosh、UNIX 操作系统。当然,内置的网卡和相关接口,也支持 IPX/SPX、TCP/IP 和 AppleTalk 等网络协议。

（4）较低的维护费用和廉价的打印成本

网络激光打印机性能优异,其坚固的结构可确保设备长年可靠运行和极少维护。从长远的观点来看,网络激光打印机的打印成本要低于普通激光打印机。由于网络打印能保证包括纸张和墨粉在内的所有打印耗材的集中使用,因此在确保网络打印高效率的同时,还限制了用户在纸张和墨粉方面的无谓消耗,保证了系统在长期的打印过程中的低费用输出。

3. 彩色激光打印机

当人们开始厌倦针式打印机粗糙的字迹和烦人的噪音时,打印机市场被激光打印机和彩色喷墨打印机悄然占领,昔日烦噪的办公环境变得安静了许多。整机价格低廉的彩色喷墨打印机安静地输出色彩亮丽的文稿资料,打印质量优秀、快捷的单色激光打印机让文稿输出变成弹指一挥间的事情。它们凭借对纸张的低要求和输出的高速度而迅速成为现代办公的首选输出设备。

但用户经过使用和检验发现,两者都有一些其自身无法克服的缺陷:单色激光打印机无法打印彩色文件,彩色喷墨打印机打印彩色文件的成本过高,而且对纸张的要求也很高,成为"低价买入,高价使用"的奢侈品。因此,整合了彩色喷墨打印机和单色激光打印机的优点,同时摒弃了二者缺点的彩色激光打印机便应运而生,并彻底地解决了以上的问题。彩色激光打印机所拥有的专业水准打印品质和自动双面打印功能,可为用户创造出令人赏心悦目的新闻稿、宣传手册和广告传单。目前,市场上的彩色激光打印机种类较多、价位档次各不相同,如何选购一台适合自己的彩色激光打印机呢? 下面就从打印质量、打印速度、打印成本、可靠性、网络性能、售后服务等方面谈谈选购要略。

（1）整机价格

价格对一件商品的销售有着不可低估的推动作用。虽然"一分货一分价"是市场竞争永恒不变的法则,但价格往往左右着消费者的购买欲。几年前彩色喷墨打印机价格高昂,而如今身价大跌,成为众多 PC 商的一种赠品。彩色激光打印机也一样,从起初价格贵得令人咋舌到眼下已初步变得平易近人,成为家庭用户开始考虑配备的输出设备。市场上常见的有 HP、Epson、Canon、Lexmark 和联想等几种品牌,价格在 5000～14000 元,可根据自己的实际情况灵活选用。

（2）打印质量

打印质量也就是时常所说的打印效果,它是指彩色激光打印机在打印不同对象时所表现出来的效果。这是选购彩色打印机最基本也是最重要的因素之一。事实上，打印彩色图像与打印彩色图形和表格时，对彩色的合理分配是完全不同的，用户利用已经得到的品质优良的彩色图像效果，不一定能获得引人注目的彩色图案、图形和表格。若能采用优秀的彩色图形处理软件来重新调整打印，用户就有可能获得意想不到的打印效果。例如某些打印软件不仅能正确区分不同算法处理点阵图像、矢量图形和文本等，还支持众多行业色彩匹配标准，可以对用户在彩色图像输出过程中正确处理图像的色彩关系起到重要作用。所以用户在选择彩色激光打印机时，首先要了解设备在彩色输出方面所拥有的彩色打印新技术和软件功能有多少，以及这些新技术与新功能是否适应自己彩色打印中的需求。

（3）打印速度

打印速度也与许多因素相关联，如标称的引擎速度、处理器的主频、是否配备专用图像处理芯片、内部数据通道位数、能否同时处理多幅图像、采用的网络接口技术、是否支持100M 高速以太网等等。一般用户特别关心引擎速度，也就是常说的 ppm。因此，在选购时必须注意厂商所标称的 ppm 数值。在大多数情况下，人们关注的都是最佳质量打印模式下的 ppm 数，而有些厂家在宣传时所说的打印速度是指草稿模式下的打印速度，这和最佳模式下的速度相去甚远，这一点，在购买彩色激光打印机时尤需加以注意。

（4）打印可靠性

可靠性是选购任何电器产品时首先考虑的因素。这里所说的可靠性，并非单纯指彩色激光打印机的质量，而是侧重于指彩色输出品质、效果、引擎速度、打印速度以外的对打印负荷的承受能力。衡量打印机的可靠性的很重要的技术指标就是打印负荷，这个指标以月为衡量单位。如果某台打印机 A 的打印负荷达到每月 6 万页，那它就比打印负荷仅为每月 1.2 万页的打印机 B 可靠性要高很多。所以，用户在为自己选择彩色激光打印机时，可以偏向于选择负荷量较大一点的设备。此外有些打印机还提供新颖的基于控制面板的真正的在线式帮助，当打印机显示错误信息时，用户可以通过打印机的控制面板得到有效的帮助和提示，可以自己动手排除故障，省心省事。

（5）网络性能

彩色激光打印机主要应用于工作组以上的商用办公领域，因此彩色激光打印机的网络性能也是不可忽视的重要一项。网络性能主要包括网络打印速度、对各种网络设备的支持情况、打印机在网络上的安装难易程度以及打印机的网络管理功能等。能良好地与各种设备进行连接使用，在各种网络中（如以太网、Novell NetWare、AppleTalk 等）中可以正常使用，支持多种网络操作系统（如 Novell NetWare、Microsoft Windows NT Server、IBM OS/2）等，都是衡量彩色激光打印机网络性能的重要指标。

（6）售后服务

售后服务是商家争夺市场的一张王牌。一般来说，厂家都承诺一年的免费维修，可是彩色激光打印机是大块头的电器，无法像笔记本电脑那样轻松移动，这就要求厂商在全国范围内提供免费的上门服务，若厂家无法或无力做到上门服务，用户自己搬运是相当麻烦的。

4. 激光打印机的流行品牌简介

(1) 惠普 HP Laserjet 1020plus(CC466A)桌面激光打印机。

惠普 HP LaserJet 系列可以说是在办公环境中最流行的激光打印机,可参见图 4.21。

基于对用户需求的深切关注和全面了解,HP Laserjet 1020plus 作为 Laserjet 1020 的升级产品,其首页输出时间不到 10s,打印速度为每分钟 14 页(A4 尺寸),标配 2MB 打印内存,打印分辨率达到了 1200×600dpi,打印速度更是达到了 14ppm,采用 USB2.0 打印接口,5000 页的月打印负荷,具有单页多功能输入插槽以及一个 150 页进纸盒和专用的纸张输入插槽,完全可以满足中小企业或小型办公组的日常办公需求。

此外,作为专门针对中国市场推出的产品,在外观上,HP LaserJet 1020plus 除了延续惠普(HP)产品一贯简约时尚的风格外,还进行了更有针对性的设计改进。考虑到中国中小企业的特点,制造业占了很大比例,办公环境中可能会存在大量粉尘,影响打印的使用和打印机寿命,HP LaserJet 1020plus 在设计上加入了纸盒盖,有效防止灰尘等杂物的侵袭;同时纸盒盖还起到了防潮的作用,保证打印机良好地运行,更易于维护。

自以"添彩"、"精彩"对彩色激光打印机市场进行细分取得了料想中的成功之后,惠普(HP)又将黑白单功能激光打印机进一步细分为主攻普及型市场和主攻专业型市场的两大系列产品。主攻普及型市场的产品易于操作及维护,满足普通用户的打印需求;而主攻专业型市场则体现出高端黑白打印的高品位特征和创新理念,能够满足用户更专业的打印需求。作为针对中国市场专门推出的普及型系列首发新品 HP Laserjet 1020plus,无疑值得人们高度关注。

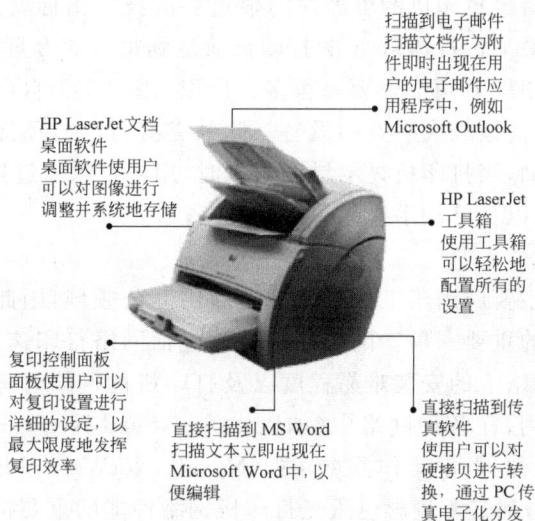

HP LaserJet 文档
桌面软件
桌面软件使用户
可以对图像进行
调整并系统地存储

扫描到电子邮件
扫描文档作为附
件即时出现在用
户的电子邮件应
用程序中, 例如
Microsoft Outlook

HP LaserJet
工具箱
使用工具箱
可以轻松地
配置所有的
设置

复印控制面板
面板使用户可以
对复印设置进行
详细的设定, 以
最大限度地发挥
复印效率

直接扫描到 MS Word
扫描文本立即出现在
Microsoft Word 中, 以
便编辑

直接扫描到传
真软件
使用户可以对
硬拷贝进行转
换, 通过 PC 传
真电子化分发

图 4.21　HP LaserJet 的文档管理功能

(2) 惠普 Color LaserJet CP1215(CC376A)彩色激光打印机

利用新一代 HP ColorSphere 碳粉和 HP ImageREt 2400,使用台式机即可始终获得生动色彩和专业效果。创新打印技术实现自行制作高质量的市场营销文档。

该款打印机设计精巧,可节省空间并符合 ENERGY STAR® 的能效标准。控制面板直观方便并采用正面检修门设计,让使用和管理更加轻松。

采用 0s 预热技术,在低功耗模式下完成时间(TTC)仅为 52s。In-line 打印技术实现一次打印 4 种颜色,让打印更快捷、更流畅。

最大打印幅面为 A4,黑白打印速度为 12ppm,彩色打印速度为 8ppm,最高分辨率为 600×600dpi,首页出纸时间为 24s。

4.3.1.2　喷墨打印机

喷墨打印机是在针式打印机之后发展起来的,采用非打击的工作方式。比较突出的优点有:体积小,操作简单方便,打印噪声低,使用专用纸张时可以打出和照片相媲美的图片等。经过若干年的磨炼,喷墨打印机的技术已经取得了长足的发展。在 1995 年,4000元左右的彩色喷墨打印机印出的图像效果尚不能令人满意;而现在,1000 多元的彩色喷墨打印机已经足够应付一般家庭的所有需求了。即使是像摄影爱好者这样对图片质量要求很高的用户,也能在 2000～3000 多元的彩色喷墨打印机中找到比较理想的产品。

目前喷墨打印机按打印头的工作方式可以分为压电喷墨技术和热喷墨技术两大类型。按照喷墨的材料性质又可以分为水质料、固态油墨和液态油墨等类型的打印机。压电喷墨技术是将许多小的压电陶瓷放置到喷墨打印机的打印头喷嘴附近,利用它在电压作用下会发生形变的原理,适时地把电压加到它的上面,压电陶瓷随之产生伸缩使喷嘴中的墨汁喷出,在输出介质表面形成图案。用压电喷墨技术制作的喷墨打印头成本比较高,所以为了降低用户的使用成本,一般都将打印喷头和墨盒做成分离式结构,更换墨水时不必更换打印头。这种技术由爱普生公司独创,因为打印头的结构比较合理,可通过控制电压来有效调节墨滴的大小和使用方式,从而获得较高的打印精度和打印效果。它对墨滴的控制能力强,容易实现高精度的打印,现在 1440dpi 的超高分辨率就是由爱普生公司保持的。当然它也有缺点,假设使用过程中喷头堵塞了,无论是疏通或更换费用都比较高而且不易操作,甚至整台打印机都有可能报废。目前采用压电喷墨技术的产品主要是爱普生公司的喷墨打印机。

1. 喷墨打印机的性能指标

为了较为全面地认识喷墨打印机,下面归纳一些能够体现性能差别的主要性能指标。

(1) 分辨率

单色打印时 dpi 值越高打印效果越好。而彩色打印时情况比较复杂。通常打印质量的好坏要受 dpi 值与色彩调和能力的双重影响。由于一般彩色喷墨打印机的黑白打印分辨率与彩色打印分辨率可能会有所不同,所以选购时一定要注意看商家标称的分辨率是哪一种分辨率,是否是最高分辨率。一般至少应选择在 360dpi 以上的喷墨打印机。

(2) 色彩调和能力

对于使用彩色喷墨打印机的用户而言,打印机的色彩调和能力是一个非常重要的指标。传统的喷墨打印机在打印彩色照片时,若遇到过渡色,就会在三种基本颜色的组合中选取一种接近的组合来打印,即使加上黑色,这种组合一般也不超过 16 种,对色阶的表达能力是难以令人满意的。

为了解决这个问题,早期的喷墨打印机又采用了调整喷点疏密程度的方法来表达色阶。但对于当时彩色分辨率只有 300dpi 左右的产品,调整疏密程度的结果是过渡色效果很差,看上去会有很多斑点。现在的彩色喷墨打印机,一方面通过提高打印密度(分辨率)来使打印出来的点变细,从而使图变得更为细腻;另一方面在色彩调和方面改进技术,常见的有增加色彩数量、改变喷出墨滴的大小、降低墨盒的基本色彩浓度等几种方法。其中增加色彩数量最为行之有效。目前通常采用五色的彩色墨盒,加上原来的黑色墨盒,形成所谓的六色打印。这样一来排列组合得到的色彩组合数一下子提高了好多倍,效果改善自然非常明显。

改变喷出墨滴大小的原理是在打印中需要色彩浓度较高的地方用标准大小的墨滴喷出,而在需要色彩浓度较低的地方喷射小墨滴,同样实现了更多的色阶。而降低墨盒色彩浓度其实是在高色彩浓度的地方采用反复喷墨的方法来形成更多色阶。

(3) 打印速度

喷墨打印机的打印速度一般以每分钟打印的页数来统计。但因为每页的打印量并不完全一样,所以这个数字只是一个平均数字。对于家用打印机,由于打印量一般不会太大,选购时不必特别注意打印速度。

(4) 打印驱动程序

打印驱动程序是一个非常重要但又常被忽视的环节。许多先进的打印技术都和配套的打印驱动程序有密切关系。请一定使用厂商原配的驱动程序,并随时注意更新。

(5) 打印幅面

一般喷墨打印机的打印幅面有 A4 和 A3 两种。一般家庭用户使用 A4 幅面的就可以了。

毫无疑问,喷墨打印机是最适合家庭用户的打印机产品。目前喷墨式打印机市场主要由 Canon、Epson 和 HP 三大品牌所占领,竞争策略精彩纷呈,技术上各有所长,新品不断推出,价格不断下降,使得喷墨打印机迅速进入家庭。不过目前耗材价格过高是影响喷墨打印机市场发展的重要原因之一,耗材成为市场关注的焦点。

2. 喷墨打印机的流行品牌简介

喷墨打印机目前国内市场乃至整个大市场都被三个研发大户统治着,它们分别是爱普生、佳能和惠普,形成了喷墨市场的三足鼎立,各有优势。

惠普和佳能采用的是气泡喷墨打印技术。该技术特点是比较成熟,喷头的生产成本较低,并且多采用喷头墨盒一体化设计,其直接好处是便于加散墨。但是这种技术决定了其打印分辨率不可能很高。不过惠普和佳能都采用了一些分辨率增强技术(富丽图、墨滴调整、多重色控等),在很大程度上弥补了这个缺陷,用户可以不必太在意实际的 dpi 数值。爱普生采用的是其独特的微电压控制技术,可以轻易达到很高的打印分辨率(720dpi或 1440dpi),配合其独特的墨水工艺,可以获得完美的照片打印效果。但缺点是喷头过于精密,并且防护措施不很得力,使用不当容易出故障。另外其墨盒喷头分离设计,因此考虑使用非原装墨水需要慎重。下面是几款具有代表性的机型。

(1) 低档机型

代表性的是佳能 PIXMA iP1180,家用型。这款属四色打印机,它的文本打印质量相当不错。优点:①购机价格便宜;②黑白打印速度是同等价位机型中最快的;③墨盒比惠普便宜,填充墨水的话也比惠普相对简单方便;④进纸是在同等价位机型中最好的;⑤是佳能唯一支持只安装 1 个黑色墨盒就可以打印的机型(有的机型要安装 2 个墨盒,再选择单黑色打印)⑥废墨量比爱普生少得多;⑦喷头清洁单元有吸墨泵,轻微堵头在清洗后可以解决。

缺点:①目前还没有成熟的、通过大规模测试的黑色颜料墨水;②彩色墨盒不耐用;③没有出纸托盘,不方便;④打印时噪声大;⑤打印彩色文档可以,打印照片不行,哪怕是黑白的也不行;⑥墨车导轨是滑槽结构的,没有惠普(圆形滑竿)的耐用。

总结:适合入门者使用;适合打印量少且只打印黑白文档的用户使用。

(2) 中档机型

这个价位基本代表了当前主流喷墨打印机的市场价位,也是市场竞争最为激烈的一个价格段。这类喷墨打印机有很高的性价比,是较兼顾家用的一类打印机。代表性的产品主要有爱普生 Stylus Photo R230,惠普 Officejet 7000 E809(C9299A)以及佳能 iP4760。

这三款产品性能十分接近,都具备优秀的文本打印能力,在普通复印纸上都能生成激光打印质量的文本效果。爱普生 Stylus Photo R230 打印机是 6 色墨盒,佳能 iP4760 是 5 色墨盒,惠普 Officejet 7000 E809 是 4 色墨盒。在打印效果方面,三台打印机表现出了不同的特点:①在专用相纸上,效果都非常出色(最佳精细模式),色彩鲜艳,过渡自然,接近传统的照片质量,但细看可以发现不同程度的颗粒状效果。爱普生 Stylus Photo R230 打印机借助于 6 色墨水,在色彩过渡方面略胜一筹,特别对于人物皮肤微小的色彩变化表现相当准确。②当采用高级喷墨纸时,爱普生仍旧保持了高质量的输出,与采用专用相纸相比,质量稍降;而佳能和惠普的打印效果有一定影响,打印精度下降。

(3) 高档机型

这个价位的打印机性能上的提升主要表现在照片打印上。另外,增加了对大幅面纸张的支持,可达 A3+。这其中,非常出色的照片打印机有爱普生 Stylus Photo R2880,惠普 Photosmart Pro B8558 以及佳能 PIXMA Pro9000 Mark Ⅱ,详细参数可参见厂商宣传材料。

这几款产品均面向商业用途,高分辨率,以其高精度取胜,其输出质量已非常接近传统照片,用肉眼很难看出颗粒状效果,色彩也十分准确。

4.3.1.3 打印机的使用与维护

1. 喷墨打印机的维护技巧

自行加墨:爱普生的 StylusColor440 系列可以自行加墨,这个系列的返修率并不高,喷头出现轻微的堵塞可以用温水适当浸泡一下,只是注意不要弄湿电极部分,一般都能够解决。不要试图对 StylusPhoto 系列加墨,特别是 StylusPhoto750,它的墨水工艺达到了 6 微升,市场上没有一种兼容墨水能够胜任,强行灌注会造成喷头堵塞。佳能 BJC-4310/4550 的彩色墨盒(不是 Photo 墨盒)是与喷头分离设计的,单独彩色喷头的市价约 200 元,因此加墨需要谨慎。

墨盒保存:佳能 BJC-4310/4550 系列打印机还有一个小问题,就是打印机内同时只能放一个墨盒(彩色或黑白)。如果有两个以上的墨盒,不用时一定要保存在专用的保存盒中,不然,喷头中的墨水会干掉,堵住喷头。如果没有保存盒,可以放在原先的塑料盒中,用胶带封住,也能起到隔绝空气的效果。

正常关机:无论是哪种型号的打印机,必须做到正常关机(按打印机上的 POWER 键),让打印头复位。另外,打印机的驱动程序对打印效果也有一定影响,应尽量选用最新的。

2. 激光打印机的维护管理

目前市场上可以见到的激光打印机种类较多,比如佳能、惠普、方正文杰等,但工作原理及使用都有相似之处。这里以佳能 LBP 系列的 KT、BX、BXⅡ等为例来谈谈打印机的日常维护和保养。

(1) 正确选择复印纸

激光打印机是用来输出纸样的,因此首先要选择纸张。最好选用静电复印纸,纸张的范围在 $60\sim105g/m^2$ 为宜,一般常使用 $70g/m^2$ 复印纸,太薄或太厚的纸张都容易造成卡纸,使用太厚的纸张还可能会造成机械磨损。最好不要自己裁纸,否则毛边的纸毛在机器内聚积会对机件造成损害,同时也可能会划伤感光鼓。纸张在使用前,不要直接放入纸盒,应将纸张打散,仔细检查纸上是否有纸屑、灰尘或其他硬物,以免带入机内,刮伤感光鼓等机件。

(2) 正确使用碳粉盒

激光打印机中最常用的耗材为碳粉盒,不同型号的激光打印机所使用的碳粉盒是不同的。因此正确地使用碳粉盒,可以保障打印机长时间地正常工作,减少机器停机维修时间,同时也可以大大降低碳粉盒的消耗量,降低生产成本,增加经济效益。

首先,要选对同打印机相匹配的碳粉盒,不要选用其他型号打印机的耗材,以免损坏机器。其次,碳粉盒的感光鼓十分敏感,绝对禁止暴露在阳光下强光照射,也禁止在室内高亮度下暴露达 5 分钟以上,否则会损伤感光鼓。第三,如果需要用打印机出成品(如硫酸纸、涤纶薄膜等),最好选用原装碳粉盒,灌过粉的碳粉盒最好用来出大样。长期重复灌粉或是将感光鼓更换成长寿命感光鼓重复使用的碳粉盒容易出现漏粉等故障,还会对机器零件造成损害,输出质量也不如以前好。因此,有条件的单位可以专门抽出一台打印机只使用原装碳粉盒,用其他打印机使用重复利用的碳粉盒,这样既能出高质量的成品,也能最大限度地节约成本。

在使用原装碳粉盒时,假设输出 A4 幅面纸,图像比率 5%,浓度调整到中央位置,则EP-K 粉盒的平均寿命为 5000 张,EP-BⅡ粉盒的平均寿命为 4000~5000 张。如果碳粉盒只使用一次就报废实在可惜,可以采取重复灌粉的方法来延长其寿命,这样可以多输出几倍的纸张,而且输出纸样基本没有什么问题。当原装碳粉盒中的感光鼓正常损耗不能再用时,可以重新换上一只长寿命感光鼓,装入墨粉,打印机又能正常使用了。长寿命感光鼓的造价比较低,原装碳粉盒可以重复更换,使得长寿命感光鼓长期使用,这样就大大节约了成本。

(3) 适时对打印机进行清洁

碳粉盒中墨粉用完后,打印机的缺粉指示灯亮,应给碳粉盒重新加粉。加粉后粉盒四周应用软布或毛刷清洁干净。同时应将打印机电源线拔掉,并将激光打印机前置部打开,用吸尘器吸去残留在机内的墨粉、纸屑(一定不要用嘴去吹,否则会对机件造成损害),并用软布擦干净,然后再放入碳粉盒。这样长期坚持下去,可以延长打印机的使用寿命,并使其处于良好的工作状态,减少频繁更换常用零部件的费用。激光打印机外部可用干净的湿布或专用清洁剂擦净,并用柔软的干布擦干即可。打印机不需要加注任何润滑剂,较长时间使用打印机后,可以将打印机拆开进行除尘去脏。

(4) 纸故障的排除

① 卡纸是打印机的一种常见故障,不正确的排除方法可能会对机器造成更大的损害。发生卡纸故障后,应先关闭电源,再打开前门,查明卡纸部位。若纸卡在定影组件前面,可直接向打印机内侧方向抽出(取出纸张时,请注意其碳粉颗粒未经加温、加压,否则会溅出碳粉,请留意)。若纸卡在定影组件附近时,请向内侧方向轻拉出,不要用力向外拉出,避免碳粉污损前置部内部。若纸张完全在定影组件中,可向外拉出。若纸已在出纸部位时,可轻轻地将纸张拉出。若纸卡在定影器内,挤成一团,无法由出纸口拉出时,可将托盘打开,中央处有一排纸标示符号,可打开此处而将卡纸取出。

② 佳能 LBP-KT/BX/BXⅡ 打印机经常会出现出纸打皱的现象,出来的纸张成波浪状,严重时可能纸张刚露出头就卡住。这种故障主要是由于出纸辊上的橡胶圈老化,与纸张接触时打滑,导致出纸口的出纸速度低于定影器的出纸速度,纸张在出纸口堆积而起皱。橡胶圈老化严重时,甚至不能将纸排出,造成卡纸。因此这种故障只需更换新的出纸辊即可排除。如果暂时没有新的出纸辊可供更换,可用锉刀将橡胶圈表面锉一遍,即可正常使用一段时间。

③ 使用纸盒送纸方式时,经常不进纸。此类故障主要是由于纸盒搓纸轮太脏或磨损,搓纸时打滑,造成不进纸。如果搓纸轮太脏,清洗干净即可正常使用。如果搓纸轮磨损严重,就必须更换。如果经常或只使用 A4 纸,搓纸轮只是内侧的橡胶圈磨损了,外侧的橡胶圈未磨损且暂时没有新的搓纸轮可更换,则可将搓纸轮清洗干净后,将内外侧橡胶圈互换,也可正常使用一段时间。

(5) 纸样深度较浅,且纸样一边深一边浅

激光打印机在使用一段时间后,输出纸样深度越来越浅,并且纸样左右深度不同,呈由深到浅或由浅到深渐变。若经过更换新硒鼓发现情况没有实质性好转,可初步断定是激光器长时间工作后受灰尘污染所致。这时可拔下打印机电源线,打开顶盖,取下接口板和主板,露出激光器组件。拆下激光器组件,打开激光器的密封塑料盖,用专用镜头纸或无水酒精棉球对各光学透镜、棱镜、反光镜等轻轻擦拭(注意不要用力触动各光学镜片的固定位置),待酒精自然挥发完后,重新装机运行即可。

4.3.2 绘图仪

绘图仪是一种图形输出设备,它将计算机绘制的工程技术方面各种图形(如机械上的轴侧图、透视图、各种管道布置图、建筑结构设计图等)硬拷贝输出在绘图纸上,可以永久保存。与打印机不同,它是专业设备,有特殊应用场合。

绘图仪工作原理类似于显示器,同样分为随机扫描和光栅扫描两类。随机绘图机中最常见的是笔式绘图机,也称为 x-y 绘图机。光栅绘图机主要是静电绘图机。

下面重点介绍 HP 公司的一款绘图仪,以便让大家能够感性地认识其性能及常规维护方法。现以 HP DesignJet 350C 为例,介绍其产品使用和维护技巧。

4.3.2.1 使用技巧

1. 与计算机的连接

绘图仪新购买后,并不提供与计算机连接的接口电缆,用户可自行制作一根。它的接口标准有串行和并行两种。串行接口:绘图仪(25 针)～计算机(9 针);并行接口:绘图仪(36 针)～计算机(25 针)。

由于速度上的原因,建议使用并口作为接口标准。

2. 测试与计算机的连接

第一次与绘图仪连接好后,可在 DOS 下测试计算机和绘图仪是否正常,可用如下方法测试:

① 使用串口通信时,先在绘图仪的设定页上初始设置 9 600 波特率、无校验;如果使用并口通信不用做任何设置。

② 在 DOS 提示符下输入 mode coml:9600,n,8,1,p。

若是并口:mode lptl:p。

③ 再输入 echo in;spl;PA01,0;PD1000,1000;sp0;PG;$ #@62;coml。

若是并口:echo in;spl;PA01,0;PD1000,1000;sp0;PG;$ #@62;lptl。

如果绘图仪可以绘出一条 25mm 长的斜线,说明绘图仪与计算机连接无误。

3. I/O 热切换功能

I/O 热切换是指一种设备的不同端口具备自动切换接收数据的能力,HP 绘图仪 650CA/B,750C/755CM,330,350C,700,750C plm 都具有 I/O 热切换功能。

例如,先通过并口发送一个打印作业,然后通过串口发送另一个打印作业,如果设备没有 I/O 热切换能力,则必须关机才能从另一个端口发送作业。

4. 绘图仪的内部设定

新机购回后,可测试其"Setup Sheet"(设定页),通过测试"Setup Sheet",可对绘图仪与计算机通信以及绘图仪自身的一些特性进行设置。测试方法是:开机自检后,待就绪指示灯亮时,装放 A4 大小复印纸,按下"设定键"即可。项目更改完毕后,将页面朝下送入绘图仪,再次按"设定键"即可。其主要项目为:

I/O 超时(I/O time out):有些软件可能没有在文件的末尾写上正确的终止符,这种情况下,绘图仪可能不知道文件已经结束,而会等待更多数据,直到 I/O 超时结束。默认时间为 30 分钟,可更改此值。

绘图语言(graphics language):应用程序通过绘图语言与计算机进行通信,HP350C 支持 HP-GL(7568B),HP-GL/2 及 HP RTL。绘图仪默认为 HP-GL(7568B),它可成功地应用于多种应用程序。

5. 安装驱动程序

绘图仪本身带有 DOS 下和 Windows 下的驱动程序盘各一张。安装完毕后,在 Command 下输入 Hpconfig 命令,出现用户界面,其中有关于绘图质量、绘图色彩、笔、绘图状态等一系列针对绘图仪的描述,不同的用户可根据自己的喜好及实际情况确定其中的各项。

4.3.2.2 维护技巧

HP DesignJet 350c 是一种彩色喷墨绘图仪,它可以进行彩色或单色绘图,内含黄色、青色、洋红色和黑色墨盒,其他色彩均从这四种颜色中产生。如果只需要绘制黑色,虽然可以只用一个黑色墨盒,但 HP 公司建议不要只装入一个黑色墨盒进行操作,这样对机器的正常运行不利。黑色墨盒的型号为 HP51640,其余三个墨盒型号分别为:黄色 HP51644Y;青色 HP51644C;洋红色 HP51644M。在墨盒的中部有一小窗,指示墨量的多少,墨满时小窗呈绿色,随着墨量的逐渐减少,绿色指示器向左移动,墨量用尽后,小窗呈全黑色,此时需要换墨盒。每一个墨盒在墨盒小车均有固定的位置,当安装好新墨盒后,绘图仪就绪指示灯会闪动三下,以示墨盒已经装好。如果墨盒出现故障时,可用此法检测出量盒好坏,坏墨盒在安装后,就绪指示灯没有闪动。

关于墨头的清洗,可以有两种方法。一种是用机器自带的清洗柱塞,在墨盒前方可看到四个按键,对应于不同的墨盒。清洗时,按下要清洗墨盒的按键,然后用力将右侧的柱塞按下,松手后柱塞返回原位,多次按下柱塞,可以起到较好的清洗效果。另一种是人工清洗,方法是取下墨盒,将喷嘴朝上,用餐巾纸(切勿用药棉清洗,那样会堵塞喷嘴)轻轻擦拭即可。喷嘴脏时,可能引起出墨不均匀或者线段周围有毛刺的现象,所以建议定期清洗墨头,以保证良好的绘图质量。

由于在步进电机的走纸和墨盒小车的水平移动之间有一些差异,绘图仪本身提供了黑色和彩色墨盒的校正功能。对黑色墨盒方法是:就绪指示灯亮时,装入一张 A4 大小介质(复印纸即可),然后同时按下"设定"和"重绘",绘图仪将打印出校准页。做观察,在最直的一组椭圆框中涂上标记。如果对照最直的一组正好是当前要接受的选择,则必须选择新的设定,然后按照指示,将标准页朝下,再次装入绘图仪,待就绪指示灯亮时,按下"设定页",绘图仪将自动读取并进行调整。

彩色墨盒的调整同黑色墨盒基本相同,只是在一开始时按下"进纸"和"继续绘图"键,其余操作步骤一样。

绘图仪支持多种介质的使用,对于不同的介质,应在控制面板上选择对应项,具体的介质类型,此处不再详述,可参阅有关手册。建议使用卷筒介质,因为它的进纸很方便,无须像单张介质那样经过多次标准设定。绘图完毕后,可用裁纸刀一次性将图纸裁下。

习题

1. 显示卡的基本工作原理是什么?
2. 显示卡的接口标准是什么?
3. 图形加速卡一般具有哪些功能?
4. 显示器主要可分为哪几类? 对比它们的性能指标。
5. 简述 LCD 的工作原理。
6. 声卡的有关性能参数是什么?
7. 购买音箱时需注意什么?
8. 对比激光打印机和喷墨打印机的区别。
9. 如何使用绘图仪?

第 5 章　网络系统与输入系统

信息和数据只有输入计算机系统中，才能被机器所处理和加工。信息的来源可以是手工方式输入，也可以通过网络来交换。本章主要围绕这两个系统来讨论，并对计算机系统进行总览。

5.1　网络系统

5.1.1　modem

5.1.1.1　modem 常识介绍

人们常说的 modem，其实是 modulator(调制器)与 demodulator(解调器)的简称，中文称为调制解调器。计算机内的信息是由"0"和"1"组成的数字信号，而在电话线上传递的却只能是模拟电信号。两台计算机通过电话线进行数据传输时，发送方需要先由 modem 把数字信号转换为相应的模拟信号(这个过程称为"调制")，经过调制的信号通过电话载波传送到另一台计算机之前，再由接收方的 modem 负责把模拟信号还原为计算机能识别的数字信号(这个过程称为"解调")。正是通过这样一个"调制"与"解调"的数模转换过程，实现了两台计算机之间的远程通信。

必须强调的是，随着通信技术的发展，特别是 ADSL 等宽带通信技术的普及应用，以 modem 调制解调器(卡)方式上网的技术已经基本被淘汰，只在少数场合使用。

1. modem 的类别

根据 modem 的形态和安装方式，可以分为以下四类。

(1) 外置式 modem

外置式 modem 放置于机箱外，通过串行通信口与主机连接(见图 5.1)。这种 modem 方便灵巧，易于安装，闪烁的指示灯便于监视 modem 的工作状况。但外置式 modem 需要使用额外的电源与电缆。

(2) 内置式 modem

内置式 modem 在安装时需要拆开机箱，并且要对中断和 COM 口进行设置，安装较为烦琐。这种 modem 要占用主板上的扩展槽，但无须额外的电源与电缆，且价格比外置式 modem 便宜。

(3) 插卡式 modem

插卡式 modem 主要用于笔记本电脑，体积纤巧，配合移动电话，可方便地实现移动办公。

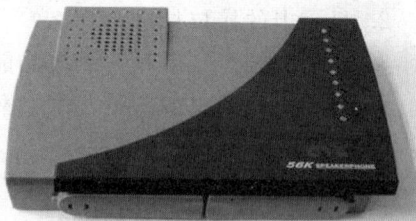

图 5.1　外置式 modem

（4）机架式 modem

机架式 modem 相当于把一组 modem 集中于一个箱体或外壳里，并由统一的电源进行供电。机架式 modem 主要用于 Internet/Intranet、电信局、校园网、金融机构等网络的中心机房。

除以上四种常见的 modem 外，现在还有 ISDN 调制解调器和有线电视调制解调器，另外还有一种 ADSL 调制解调器。有线电视调制解调器利用有线电视的电缆进行信号传送，不但具有调制解调功能，还集路由器、集线器、桥接器于一身，理论传输速度更可达 10Mb/s 以上。通过有线电视调制解调器上网，每个用户都有独立的 IP 地址，相当于拥有了一条个人专线。目前一些地方有线电视台已推出这种基于有线电视网的 Internet 接入服务，接入速率为 2～10Mb/s。

2. modem 的传输模式

modem 最初只是用于数据传输，然而，随着用户需求的不断增长以及厂商之间的激烈竞争，目前市场上越来越多的出现了一些"二合一"、"三合一"的 modem。这些 modem 除了可以进行数据传输以外，还具有传真和语音传输功能。

（1）传真模式（fax modem）

通过 modem 进行传真，除省下一台专用传真机的费用外，还有很多好处：可以直接把计算机内的文件传真到对方的计算机或传真机，而无须先把文件打印出来；可以对接收到的传真方便地进行保存或编辑；可以克服普通传真机由于使用热敏纸而造成字迹逐渐消退的问题；由于 modem 使用了纠错技术，传真质量比普通传真机好，尤其是对于图形的传真更是如此。目前的 fax modem 大多遵循 V.29 和 V.17 传真协议，其中 V.29 支持 9600b/s 传真速率，而 V.17 则可支持 14400b/s 的传真速率。

（2）语音模式（voice modem）

语音模式主要提供了电话录音留言和全双工免提通话功能，真正使电话与计算机融为一体。在这里，主要讨论一种新的语音传输模式——DSVD（Digital Simultaneous Voice and Data）。DSVD 是由 Hayes、Rockwell、U. S. Robotics 和 Intel 等公司在 1995 年提出的一项语音传输标准，是现有的 V.42 纠错协议的扩充。DSVD 通过采用 Digi Talk 的数字式语音与数据同传技术，使 modem 可以在普通电话线上一边进行数据传输一边进行通话。

DSVD modem 保留了 8Kb/s 的带宽（也有的 modem 保留 8.5Kb/s 的带宽）用于语音传送，其余的带宽则用于数据传输。语音在传输前会先进行压缩，然后与需要传送的数据综合在一起，通过电话载波传送到对方用户。在接收端，modem 先把语音与数据分离开来，再把语音信号进行解压和数/模转换，从而实现数据/语音的同传。DSVD modem 在远程教学、协同工作、网络游戏等方面有着广泛的应用前景。但在目前，由于 DSVD modem 的价格比普通的 Voice modem 高，而且要实现数据/语音同传功能时，需要对方也使用 DSVD modem，从而在一定程度上阻碍了 DSVD modem 的普及。

3. modem 的传输速率

modem 的传输速率，是指 modem 每秒传送的数据量大小。人们平常所说的 14.4Kb/s、28.8Kb/s、33.6Kb/s 等，指的就是 modem 的传输速率。传输速率以 b/s（比特/秒)为单位。因此,一台 33.6Kb/s 的 modem 每秒钟可以传输 33600 比特的数据。由于目前的 modem 在传输时都对数据进行了压缩,因此 33.6Kb/s 的 modem 的数据吞吐量理论上可以达到 115200b/s,甚至 230400b/s。

modem 的传输速率,实际上是由 modem 所支持的调制协议决定的。平时在 modem 的包装盒或说明书上看到的 V.32、V.32bis、V.34、V.34+、V.fc 等,指的就是 modem 的所采用的调制协议。其中 V.32 是非同步/同步 4800/9600b/s 全双工标准协议;V.32bis 是 V.32 的增强版,支持 14400b/s 的传输速率;V.34 是同步 28800b/s 全双工标准协议;而 V.34+ 则为同步全双工 33600b/s 标准协议。以上标准都是由国际电信联盟(ITU)制定的,而 V.fc 则是由 Rockwell 提出的 28800b/s 调制协议,但并未得到广泛支持。

说到 modem 的传输速率,就不能不说被炒得火热的 56Kb/s modem。其实,56Kb/s 的标准已提出多年,但由于长期以来一直存在以 Rockwell 为首的 K56flex 和以 U.S. Robotics 为首的 X2 两种互不兼容的标准,使得 56Kb/s modem 迟迟得不到普及。值得庆幸的是,在国际电信联盟的努力下,56Kb/s 的标准终于统一为 ITU V9.0,众多的 modem 生产商亦纷纷出台了升级措施,而且真正支持 V9.0 的 modem 也已经遍地开花。56Kb/s 已成为市场的主流。另外,在购买 56Kb/s modem 前,最好先向 ISP 服务商打听清楚是否提供 56Kb/s 的接入服务,以免造成浪费。

上述的传输速率,均是在理想状况下得出的,而在实际使用过程中,modem 的速率往往不能达到标称值。实际的传输速率主要取决于以下几个因素。

(1) 电话线路的质量

因为调制后的信号是经由电话线进行传送,如果电话线路质量不佳,modem 将会降低速率以保证准确率。为此,在连接 modem 时,要尽量减少连线长度,多余的连线要剪去,切勿绕成一圈堆放。另外,最好不要使用分机,连线也应避免在电视机等干扰源上经过。

(2) 是否有足够带宽

如果在同一时间上网的人数很多,就会造成线路的拥挤和阻塞,modem 的传输速率自然也会随之下降,因此 ISP 是否能供足够的带宽非常关键。另外,避免在繁忙时段上网也是一个解决方法。尤其是在下载文件时,在繁忙时段与非繁忙时段下载所费的时间会相差几倍之多。

(3) 对方的 modem 速率

modem 所支持的调制协议是向下兼容的,实际的连接速率取决于速率较低的一方。因此,如果对方的 modem 是 14.4Kb/s 的,即使你用的是 56Kb/s 的 modem,也只能以 14.4Kb/s 的速率进行连接。

4. modem 的传输协议

modem 的传输协议包括调制协议(Modulation Protocols)、差错控制协议(Error Control Protocols)、数据压缩协议(Data Compression Protocols)和文件传输协议。调制协议在前面已经讨论论过,下面着重介绍其余的 3 种传输协议。

(1) 差错控制协议

随着 modem 的传输速率不断提高,电话线路上的噪声和电流的异常突变等,都会造成数据传输的出错。差错控制协议要解决的就是如何在高速传输中保证数据的准确率。目前的差错控制协议存在两个工业标准：MNP4 和 V4.2。其中 MNP（Microcom Network Protocols）是 Microcom 公司制定的传输协议，包括了 MNP1～MNP10。由于商业原因，Microcom 目前只公布了 MNP1～MNP5，其中 MNP4 是目前被广泛使用的差错控制协议之一。而 V4.2 则是国际电信联盟制定的 MNP4 改良版，它包含了 MNP4 和 LAP-M 两种控制算法。因此，一个使用 V4.2 协议的 modem 可以和一个只支持 MNP4 协议的 modem 建立无差错控制连接，反之则不能。所以在购买 modem 时，应选择支持 V4.2 协议的 modem。

市面上某些廉价的 modem 卡为降低成本，并不具备硬纠错功能，而是使用了软件纠错方式，在购买时要注意鉴别，不要为包装盒上的"带纠错功能"等字眼所迷惑。

（2）数据压缩协议

为了提高数据的传输量，缩短传输时间，现时大多数 modem 在传输时都会先对数据进行压缩。与差错控制协议相似，数据压缩协议也存在两个工业标准：MNP5 和 V4.2bis。MNP5 采用了 Rnu-Length 编码和 Huffman 编码两种压缩算法，最大压缩比为 2：1。而 V4.2bis 采用了 Lempel-Ziv 压缩技术，最大压缩比可达 4：1。这就是 V4.2bis 比 MNP5 快的原因。要注意的是，数据压缩协议建立在差错控制协议的基础上，MNP5 需要 MNP4 的支持，V4.2bis 也需要 V4.2 的支持。并且，虽然 V4.2 包含了 MNP4，但 V4.2bis 却不包含 MNP5。

（3）文件传输协议

文件传输是数据交换的主要形式。在进行文件传输时，为使文件能被正确识别和传送，需要在两台计算机之间建立统一的传输协议。该协议包括文件的识别、传送的起止时间、错误的判断与纠正等内容。常见的传输协议有以下几种。

ASCII：这是最快的传输协议，但只能传送文本文件。

Xmodem：这种古老的传输协议速度较慢，但由于使用了 CRC 错误侦测方法，传输的准确率可高达 99.6%。

Ymodem：这是 Xmodem 的改良版，使用了 1024 位区段传送，速度比 Xmodem 快。

Zmodem：Zmodem 采用了串流式（streaming）传输方式，传输速度较快，而且具有自动改变区段大小和断点续传、快速错误侦测等功能，是目前最流行的文件传输协议。

除以上几种外，还有 Imodem、Jmodem、Bimodem、Kermit、Lynx 等协议，由于没有多数厂商支持，这里略去不谈。

5. modem 的安装

modem 的安装过程可以分为两方面：硬件安装和软件安装。

（1）modem 的硬件安装

① 外置式 modem 的安装

第 1 步：连接电话线。把电话线的 RJ11 插头插入 modem 的 Line 接口，再用电话线把 modem 的 Phone 接口与电话机连接。

第 2 步：关闭计算机电源，将 modem 所配的电缆的一端（25 针阳头端）与 modem 连接，另一端（9 针或者 25 针插头）与主机上的 COM 口连接。

第 3 步：将电源变压器与 modem 的 POWER 或 AC 接口连接。接通电源后，modem 的 MR 指示灯应长亮。如果 MR 灯不亮或不停闪烁，则表示未正确安装或 modem 自身存在故障。对于带语音功能的 modem，还应连接 modem 的 SPK 接口与声卡上的 Line In 接口，当然也可直接与耳机等输出设备连接。

另外，modem 的 MIC 接口用于连接驻极体麦克风，但最好还是把麦克风连接到声卡上。

② 内置式 modem 的安装

第 1 步：根据说明书的指示，设置好有关的跳线。由于 COM1 与 COM3、COM2 与 COM4 共用一个中断，因此通常可设置为 COM3/IRQ4 或 COM4/IRQ3。

第 2 步：关闭计算机电源并打开机箱，将 modem 卡插入主板上任一空置的扩展槽。

第 3 步：连接电话线。把电话线的 RJ11 插头插入 modem 卡上的 Line 接口，再用电话把 modem 卡上的 Phone 接口与电话机连接。此时拿起电话机，应能正常拨打电话。

（2）modem 的软件安装

当硬件安装完成后，打开计算机，外置式 modem 还应打开 modem 的开关。对于大多数 modem，Windows 系统会报告"找到新的硬件设备"，此时只需选择"硬件厂商提供驱动程序"，并插入 modem 的驱动程序盘即可。如果 Windows 系统启动后未能侦测到 modem，也可以按以下步骤完成安装。

第 1 步：进入 Windows 系统的"控制面板"，双击"调制解调器"图标，并在属性窗口中单击"添加"按钮。

第 2 步：选中"不检测调制解调器，而将从清单中选定一个"，然后单击"下一步"。

第 3 步：在 modem 列表中选择相应的厂商与型号，然后单击"下一步"；或者插入 modem 的驱动程序盘后，选择"从磁盘安装"。

要证明 modem 是否安装成功，可使用 Windows 系统附件中的电话拨号程序拨打电话，如果成功，说明 modem 已被正确安装。对于上网用户，还需要安装拨号网络和协议（属于 Windows 操作系统的组件）。

下面是 modem 指示灯的含义。

MR：modem 已准备就绪，并成功通过自检。

TR：终端准备就绪。

SD：modem 正在发出数据。

RD：modem 正在接收数据。

OH：摘机指示，modem 正占用电话线。

CD：载波检测，modem 与对方连接成功。

RI：modem 处于自动应答状态。某些 modem 用 AA 表示。

HS：高速指示，速率大于 9600b/s。

6. 其他

（1）modem 的芯片

modem 的芯片与处理器的品牌一样，有不同厂家的产品。其中占有量最大的是 Rockwell 芯片，它占全球市场份额的 70%左右，地位如同处理器市场上的 Intel，目前国内大多数外置 modem 产品采用的都是 Rockwell 芯片。其次是 TI 芯片,著名的 USR"大黑猫"用的就是 TI 芯片。此外还有 Curiss Logic 的产品,不过使用这种芯片的外置 modem 比较少。总的来看,采用 Rockwell 芯片的 modem 的性能和稳定性都比采用其他芯片的 modem 好,但 USR 的"大黑猫"是个例外。

(2) 性能与价格

虽然使用的都是 Rockwell 芯片,但是有的 modem 容易掉线,有的 modem 速率无法达到标称性能。modem 在性能上的差异是由于多种原因造成的,首先是所用的 modem 的芯片,其次是选料和电路设计。一般 modem 的电路采用的都是芯片厂商推荐的公板设计,而在选料上差别就大了。有些小厂生产的 modem 采用的是二手元器件或者质量低劣的元器件,导致 modem 长时间工作后由于发热等原因出现不稳定的现象。知名厂商为了维护自己的信誉,一般采用高可靠性的元件,其产品的性能和稳定性都超过小厂的产品。正因为如此,同样是使用 Rockwell 的外置 modem,最贵的要 800 多元,而最便宜的只要 300 多元。

5.1.1.2 modem 的主要品牌简介

1. 国外产品

国外外置 modem 的品牌非常多,比较知名的有:贺氏、USR、Diamond 和美式坦克等。USR 的"大黑猫"在很多发烧友心中算是一种极品,尽管它使用的是 TI 芯片,但是无论从性能还是稳定性上来说都是首屈一指的,而且它内置的喇叭的音量可以自由调节。"大黑猫"的一个绝技就是不掉线,除非把它关掉,否则会一直挂在网上。Diamond 是国外很有名的多媒体设备制造厂商,其生产的 modem 外形小巧、选料讲究、价格适中,是 modem 中的精品。

2. 国产产品

国内的 modem 市场绝对是国产 modem 的天下,因为国产 modem 同国外 modem 相比,优势在于其专门针对中国的线路状况较差的国情而对 modem 进行了一些优化,使国内用户用起来更稳定。其中国内较有名气、市场占有量较大的 modem 的品牌主要有:GVC、实达、联想、全向、TP-LINK 等。

(1) GVC(致福)

GVC 的 modem 在国内很受欢迎,其主要产品"超级魔电"、"金/银梭"等几乎是家喻户晓。其 A2A 型 56Kb/s 内置 modem,采用了朗讯的主芯片,支持 V.90 协议。R21 型 56Kb/s 外置串口 modem,采用了 Rockwell ACFII RC56D 主芯片,支持 V.90+K56 等标准协议;另一款大众 R21X 型 56Kb/s 外置 modem,也同样采用了 Rockwell 主芯片,支持 V.90+K56 协议,适合一般家庭用户选用。而 GVC"超级魔电 500"型外置 modem,则采用了 Rockwell 双芯片,功能强大,使用起来更稳定,适合要求较高的用户选用。

(2) 实达

实达较有名的产品是"网上之星"和"飞侠"系列。"网上之星"56Kb/s 内置 modem 采用了 Rockwell 的主芯片,支持 V.90 等协议;另一款外置的"网上之星",功能大同小异。"小飞侠"型 56Kb/s 外置 modem 则采用了 TI 的主芯片,支持 X2+V.90 等协议,它专门针对国内线路进行了优化,性能不错。

（3）联想

联想的主要 modem 产品是其"射雕"系列。"射雕Ⅰ"56Kb/s 外置 modem,采用了 TI 的主芯片,支持 V.90 等协议,这款 modem 做工不错,含语音功能;"射雕Ⅱ"56Kb/s 外置 modem,采用了 Rockwell 的芯片,支持 V.90 协议,带语音,带防雷设备等功能。

（4）帝盟

帝盟的板卡一向都很不错,它的 modem 自然也是如此。SupraExpress 56Kb/s 外置 modem,采用了 Rockwell 的主芯片,支持 V.90＋K56 等协议,双频,外观小巧玲珑,并采用了其独有的 ShotGun 技术。而 SupraExpress 56e 型 USB 接口 modem,则采用了朗讯的主芯片,支持 V.90＋K56 等协议。

（5）全向

全向的 modem 在国内也很有名气,是许多爱好者的首选产品之一。全向"精品 2000"56Kb/s 外置 modem,采用了 Rockwell R6764 主芯片,支持 V.90＋K56 等协议,支持数据压缩、传真、语音、FDSP/ASVD、视频会议、简单防雷等功能;而全向大众型 56Kb/s 外置 modem,也支持数据传输、传真、语音、简单防雷等功能。上两款 modem 都是 modem 用户最好的选择之一。而全向 PCI HSF 56Kb/s 内置软 modem,采用了 Rockwell R6793 主芯片,支持 V.90＋K56 等协议,具有简单防雷功能;另一款全向 PCI HCF 56Kb/s 内置硬 modem,采用了 Rockwell R6795 主芯片,也支持 V.90＋K56 等协议。

（6）TP-LINK

TP LINK 的网络产品在国内也有很大的市场占有量,它的产品以性价比闻名,花钱不多,性能却一点也不差。在购买 TP-LINK 的产品时认准主芯片就行了。采用 Rockwell 主芯片的 56Kb/s 内置 modem,支持 V.90＋K56 等协议;采用 Cirrus Logic 主芯片的内置 modem 则支持 V.90＋X2 等协议。采用 Cirrus Logic 芯片的外置 modem,支持 V.90＋X2 协议;而采用 Rockwell 芯片的外置 modem,则支持 V.90＋K56 等协议。

5.1.2　网卡

5.1.2.1　网卡的基本概念

网卡也称网络接口卡,是将 PC 机和局域网连接起来的网络适配器(NIC)。它涉及网络物理层和数据链路层,其基本功能为:数据转换(并行到串行),包的装配和拆卸,网络存取控制,数据缓存和网络信号。

网卡是工作在物理层的网路组件,是局域网中连接计算机和传输介质的接口,不仅能实现与局域网传输介质之间的物理连接和电信号匹配,还涉及帧的发送与接收、帧的封装与拆封、介质访问控制、数据的编码与解码以及数据缓存的功能等。

以前由于宽带上网很少,大多都是 modem 拨号上网,网卡并非计算机的必备配件,因而板载网卡芯片的主板很少,如果要使用网卡就只能采取扩展卡的方式。现在随着宽带上网的流行,网卡逐渐成为计算机的基本配件之一,板载网卡芯片的主板也越来越多了。

在使用相同网卡芯片的情况下,板载网卡与独立网卡在性能上没有什么差异,而且相对于独立网卡,板载网卡也具有独特的优势。首先,降低了用户的采购成本,例如现在板载千兆网卡的主板越来越多,而购买一块独立的千兆网卡却需要额外投资;其次,可以节约系统扩展资源,不占用独立网卡需占用的 PCI 插槽或 USB 接口等;再次,能够实现良好的兼容性和稳定性,不容易出现独立网卡与主板兼容不好或与其他设备资源冲突的问题。

网卡驱动程序和 I/O 技术是网络适配器两大必备技术,驱动程序使网卡与网络操作系统兼容,从而实现 PC 机间的通信。目前流行的网卡驱动程序工业标准有:Microsoft 与 3Com 开发的 NDIS(Network Drive Interface Specification)以及 Novell 公司提出的 ODI(Open Data Interface)。利用 I/O 技术可以通过数据总线实现 PC 机和网卡间的通信。目前广泛采用的 I/O 技术有:编程 I/O,直接存储器访问(DMA),共享存储器和总线主控 DMA。

网卡作为一种 I/O 接口卡插在主机板的扩展槽上,基本上由接口控制电路、数据缓冲器、数据链路控制器、编码解码电路、内收发器、介质接口装置六大部分构成。网卡是网络的瓶颈之一,它的品质和兼容性直接影响着网络的功能和性能,参见图 5.2。

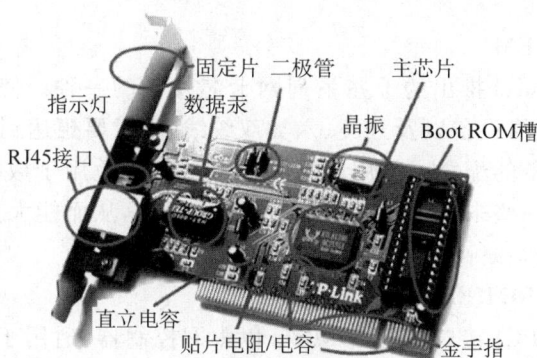

图 5.2　网卡部件组成图

5.1.2.2　网卡芯片

网卡的主控制芯片是网卡的核心元件,一块网卡性能的好坏,主要是看这块芯片的质量。网卡的主控制芯片一般采用 3.3V 的低耗能设计、$0.35\mu m$ 的芯片工艺,这使得它能快速计算流经网卡的数据,从而减轻 CPU 的负担。

板载网卡芯片以速度划分可分为 10/100Mb/s 自适应芯片和千兆网卡芯片;以芯片类型划分可分为芯片组内置的网卡芯片(某些芯片组的南桥芯片,如 SIS963)和主板所附加的独立网卡芯片(如 Realtek 8139 系列)。部分高档家用主板、服务器主板还提供了双板载网卡。

板载网卡芯片主要生产商有英特尔,3Com,Realtek,VIA 和 Marvell 等。

以下是目前常用的网卡控制芯片。

1. Realtek 8201BL

Realtek 8201BL 是一种常见的主板集成网络芯片(又称为 PHY 网络芯片)。PHY 芯片是指将网络控制芯片的运算部分交由处理器或南桥芯片处理,以简化线路设计,从而降低成本。

2. Realtek 8139C/D

Realtek 8139C/D是目前使用最多的网卡芯片之一。8139D主要增加了电源管理功能,其他则基本上与8139C芯片无异。该芯片支持10/100Mb/s。

3. Intel Pro/100VE

英特尔公司的入门级网卡芯片。

4. nForce MCP NVIDIA/3Com

nForce2内置了两组网卡芯片功能:Realtek 8210BL PHY网卡芯片和Broabcom AC101L PHY网卡芯片。

5. 3Com 905C

3Com 905C网卡芯片支持10/100Mb/s速度。

6. SiS900

SiS900原本是单一的网络控制芯片,但现在已经集成到南桥芯片中。支持100Mb/s。

7. Intel RC82545EM

RC82545EM是Intel推出的千兆系列网卡芯片中的一种。使用该芯片生产的吉网卡,可以支持普通的网络设备以及五类、六类双绞线,不过要想达到千兆级别的传输速度,还需要其他吉级别设备的配合。使用该芯片的网卡比较适用于数据处理量大的服务器,因为该芯片能"接管"一些来自计算机CPU的网管任务,从而能大大降低系统CPU的占用率,确保服务器系统始终高效地运行。

8. Davicom DM9102HEP

DM9102HEP是PCI接口10/100Mb/s以太网控制器,适用于主芯片带PCI总线的嵌入式应用。

9. DM9000AEP/CEP

DM9000AEP/CEP是Local Bus总线接口10/100Mb/s以太网控制器,适用于用ARM、DSP等开发的各种带网络功能的产品。

5.1.2.3 网卡的分类

按照不同的考察因素,网卡的分类也彼此不同。这些分类,也是在选购网卡时要考虑的因素。

1. 网络类型

可分为ATM网卡、FDDI网卡、令牌环网卡和以太网网卡等。据统计,目前约有80%的局域网采用以太网技术。

2. 应用对象

可分为普通工作站网卡和服务器专用网卡。

3. 传输速率

可分为10Mb/s网卡、100Mb/s网卡、10/100Mb/s自适应网卡、1000Mb/s网卡、10Gb/s网卡(万兆,服务器专用)。

4. 总线类型

可分为ISA网卡、EISA网卡、PCI网卡、PCI-E和PCMCIA网卡。ISA总线网卡的带宽一般为 10Mb/s,PCI 总线网卡的带宽从 10Mb/s 到 10GMb/s 不等。台式机工作站一般可用 PCI 或 ISA 总线的普通网卡,笔记本电脑则用 PCMCIA 总线的网卡或采用并行接口的便携式网卡。

5. 接口类型

可分为 AUI 接口(粗缆接口)、BNC 接口(细缆接口)和 RJ-45 接口(双绞线接口)、FDDI 光纤接口、ATM 接口等类型。目前常见的接口主要有以太网的 RJ-45 接口、细同轴电缆的 BNC 接口和粗同轴电 AUI 接口等。有的网卡为了适用于更广泛的应用环境,提供了两种或多种类型的接口,如有的网卡同时提供 RJ-45、BNC 接口或 AUI 接口。

(1) RJ-45 接口:这是最常见的一种网卡,也是应用最广的一种接口类型网卡,这主要得益于双绞线以太网应用的普及。因为这种 RJ-45 接口类型的网卡就是应用于以双绞线为传输介质的以太网中,它的接口类似于常见的电话接口 RJ-11,但 RJ-45 是 8 芯线,而电话线的接口是 4 芯的,通常只接 2 芯线(ISDN 的电话线接 4 芯线)。在网卡上还自带两个状态提示灯,通过这两个指示灯颜色可初步判断网卡的工作状态。

(2) BNC 接口:这种接口网卡对应用于用细同轴电缆为传输介质的以太网或令牌网中,目前这种接口类型的网卡较少见,主要是因为用细同轴电缆作为传输介质的网络比较少。

(3) AUI 接口:这种接口类型的网卡用于以粗同轴电缆为传输介质的以太网或令牌网中,这种接口类型的网卡目前更是很少见。

(4) FDDI 接口:这种接口的网卡应用于 FDDI(光纤分布数据接口)网络中,这种网络具有 100Mb/s 的带宽,但它所使用的传输介质是光纤,所以这种 FDDI 接口网卡的接口也是光纤接口。随着快速以太网的出现,它的速度优越性已不复存在,但它须采用昂贵的光纤作为传输介质的缺点并没有改变,所以目前也非常少见。

(5) ATM 接口:这种接口类型的网卡应用于 ATM(异步传输模式)光纤(或双绞线)网络中。它能提供物理的传输速度达 155Mb/s。

5.1.2.4 网卡的优劣

一款优质网卡应该具备的条件如下。

(1) 采用喷锡板。优质网卡的电路板一般采用喷锡板,网卡板材为白色,而劣质网卡为黄色。

(2) 采用优质的主控制芯片。主控制芯片是网卡上最重要的部件,它往往决定了网卡性能的优劣,所以优质网卡所采用的主控制芯片应该是市场上的成熟产品。市面上很多劣质网卡为了降低成本而采用版本较老的主控制芯片,这无疑给网卡的性能打了一个折扣。

(3) 大部分采用 SMT 贴片式元件。优质网卡除电解电容以及高压瓷片电容以外,其他阻容器件大部分采用比插件更加可靠和稳定的 SMT 贴片式元件。劣质网卡则大部分采用插件,这使网卡的散热性和稳定性都不够好。

(4) 镀钛金的金手指。优质网卡的金手指选用镀钛金制作,既增加了自身的抗干扰能力又减少了对其他设备的干扰,同时金手指的节点处为圆弧形设计。而劣质网卡大多采用非镀钛金,节点也为直角转折,影响了信号传输的性能。

5.1.2.5　无线网卡

无线网卡是无线网络的终端设备。所谓无线网络,就是利用无线电波作为信息传输的媒介构成的无线局域网(WLAN),与有线网络的用途十分类似,最大的不同在于传输媒介的不同,利用无线电技术取代网线,可以和有线网络互为备份。

无线网卡是在无线局域网的覆盖下通过无线连接网络进行上网使用的无线终端设备。具体来说无线网卡就是使计算机可以利用无线上网的一个装置。但是有了无线网卡也还需要一个可以连接的无线网络,如果在家里或者所在地有无线路由器或者无线接入点(accesspoint,AP)的覆盖,就可以通过无线网卡以无线的方式连接无线网络上网。

无线网卡的工作原理是微波射频技术,笔记本目前可通过 WIFI、GPRS、CDMA 等几种无线数据传输模式上网,后两者由中国移动和中国联通来实现。无线上网遵循 802.1q 标准,通过无线传输,由无线接入点发出信号,用无线网卡接收和发送数据。

按照 IEEE802.11 协议,无线局域网卡分为媒体访问控制(MAC)层和物理层(PHY Layer),在两者之间,还定义了一个媒体访问控制—物理(MAC-PHY)子层(Sublayers)。MAC 层提供主机与物理层之间的接口,并管理外部存储器,它与无线网卡硬件的 NIC 单元相对应。

物理层具体实现无线电信号的接收与发射,它与无线网卡硬件中的扩频通信机相对应。物理层提供空闲信道估计(CCA)信息给 MAC 层,以便决定是否可以发送信号,通过 MAC 层的控制来实现无线网络的 CCSMA/CA 协议,而 MAC-PHY 子层主要实现数据的打包与拆包,把必要的控制信息放在数据包的前面。

IEEE802.11 协议指出,物理层必须有至少一种提供空闲信道估计(CCA)信号的方法。无线网卡的工作原理如下:当物理层接收到信号并确认无错后提交给 MAC-PHY 子层,经过拆包后把数据上交 MAC 层,然后判断是不是发给本网卡的数据,若是,则上交,否则,丢弃。

如果物理层接收到的发给本网卡的信号有错,则需要通知发送端重发此包信息。当网卡有数据需要发送时,首先要判断信道是否空闲。若空闲,随机退避一段时间后发送,否则,暂不发送。由于网卡为时分双工工作,所以,发送时不能接收,接收时不能发。

无线网卡的标准:
- IEEE 802.11a:使用 5GHz 频段,传输速度为 54Mb/s,与 802.11b 不兼容;
- IEEE 802.11b:使用 2.4GHz 频段,传输速度为 11Mb/s;
- IEEE 802.11g:使用 2.4GHz 频段,传输速度为 54Mb/s,可向下兼容 802.11b;
- IEEE 802.11n(Draft 2.0):用于 Intel 新的迅驰 2 笔记本和高端路由上,可向下兼容,传输速度为 300Mb/s。

5.1.2.6　无线上网卡

现在,一台计算机是否拥有无线上网功能已经成为广大消费者衡量是否高档的主要指标之一了。但事实上,很多人对无线网卡和无线上网卡都是只知其然,不知其所以然。二者虽然仅仅相差一个字,但却是两个概念。

前面讲过,无线网卡的作用、功能跟普通计算机网卡一样,是用来连接到局域网上的。它只是一个信号收发的设备,只有在找到上互联网的出口时才能实现与互联网的连接,所以无线网卡只能局限在已布有无线局域网的范围内。如果要在无线局域网覆盖的范围以外,也就是通过无线广域网实现无线上网功能,计算机就要在拥有无线网卡的基础上,同时配置无线上网卡。

无线上网卡的作用、功能相当于有线的调制解调器,也就是俗称的"猫"。它可以在拥有无线电话信号覆盖的任何地方,利用手机的 SIM 卡连接到互联网上。

通过这一比较可见,二者虽然都可以实现无线上网功能,但其实现的方式和途径却大相径庭。由于手机信号覆盖的地方远远大于无线局域网的环境,所以无线上网卡大大减少了对地域方面的依赖,对广大个人用户而言更加方便实用。

中国的无线广域网有中国移动推出的 GPRS 和中国联通推出的 CDMA 1X 两种。

1. GPRS 无线网络

一般而言,GPRS 只能实现与笔记本电脑的对接,不含台式机等。主要有三种方式:

(1) GPRS 手机通过红外线接口或者蓝牙接口与笔记本电脑对接,再通过相关的软件连上互联网。因此若在笔记本电脑和手机都有的条件下还不能实现无线上网,完全是因为没有相关的软件支持。

(2) 手机通过数据线,连接到笔记本电脑的串口上,通过 GPRS 手机充当无线 modem 的功能上网。

(3) 通过 PCMCIA 或 USB 接口的 GSM/GPRS 无线上网卡,即 GPRS modem 与笔记本电脑进行数据通信,连接到互联网上。这种方式最为简单易行,更受消费者的青睐。GPRS 的覆盖面积比较广泛,所以即使通过 GPRS 无线上网卡存在上网速度较慢的缺点,基本和 56Kb/s 的 modem 速度持平,但依然可以吸引大量的消费者解囊购买。

2. CDMA 1X 无线网络——"掌中宽带"

基于 CDMA 1X 业务提供的移动互联接入设备可以插入任何台式计算机、笔记本或手持终端设备的 USB 接口,利用联通新时空的 CDMA 1X 无线网络实现互联网访问,一般可以达到 153Kb 的传输速度。由于这一传输速度几乎是 GPRS 的 4 倍,所以 CDMA 1X 在无线上网技术上占有了一定优势。

如今,CDMA 1X 无线上网卡也已经细分为许多种类,用以满足不同消费者的需求。这里以两款依托 CDMA 1X 无线上网技术的无线上网卡,"无线之星"STAR WM-200P 和 STAR WM-200U 为例,介绍一下它们的区别。

"无线之星"STAR WM-200P 依靠的是 CDMA 800MHz、CDMA1900MHz 双频段支持,只要在中国联通 CDMA 网络覆盖下,就可以尽情享受广泛、可靠、高速、便捷的无线通信服务。用户可以通过 STAR WM-200P 实现快速连接、永远在线的联网需求。同时它还可以在 DOS,MAC,Linux,Windows 系列,以及 PocketPC 等多种操作系统下运行。简易轻便,只需插入计算机相应 PCMCIA 接口,即可在 CDMA 的网络中随时上网,收发短信,进行语音通话;智能的语音通话功能,上网、拨打电话两不误。STAR WM-200P 所拥有的这些功能均为笔记本电脑的用户带来了更多的便利。

"无线之星"STAR WM-200U 与 STAR WM-200P 的不同之处就在于它采用的是

USB1.1插卡式设计。这不仅可以满足广大 CDMA 手机用户在笔记本上实现上网、通话和短信等应用需求,同时在台式机上也可以实现同样的功能;它支持 DOS,MAC,Linux,Windows 系列,PocketPC 等多种操作系统,产品轻巧细小,简单易用,只需插入计算机相应 USB 接口,即可在 CDMA 的网络范围内随时上网,收发短信,进行语音通话;独具的 GPSONE 功能加配专用天线就可以实现全球定位。"无线之星"STAR WM-200U 为移动语音与数据通信领域提供了更为宽泛的自由。

3. 两项平台自由选择

在中国移动推出的 GPRS 和中国联通推出的 CDMA 1X 两项平台的支持下,目前市场上已经诞生了一大批优秀无线上网卡生产商,它们的产品时刻冲击着中国计算机消费者的选择标准——对于 GPRS 和 CDMA 1X 在技术和性能上的优劣,各类媒体众说纷纭。作为一名消费者,到底应该怎样选择无线上网卡呢?

专家给消费者提出了以下建议:基于 GPRS 与 CDMA 1X 在网络连接速度和资费方面的差别,办公一族、注重效率的消费者,应该选择网络连接速度快,而且较为稳定的 CDMA 1X 平台支持下的无线上网卡产品;如果更看重上网价格,则包月制的 GPRS 将是较好的选择。

5.1.2.7 网卡特殊功能

1. 远程唤醒功能

远程唤醒技术(Wake-on-LAN,WOL)是由网卡配合其他软硬件,可以通过局域网实现远程开机的一种技术,无论被访问的计算机有多远、处于什么位置,只要处于同一局域网内,就能够被随时启动。这种技术非常适合具有远程网络管理要求的环境。

可被远程唤醒的计算机对硬件有一定的要求,主要表现在网卡、主板和电源上。

(1)网卡:能否实现远程唤醒,其中最主要的一个部件就是支持 WOL 的网卡。远程被唤醒计算机的网卡必须支持 WOL,而用于唤醒其他计算机的网卡则不必支持 WOL。另外,当一台计算机中安装有多块网卡时,只将其中的一块设置为可远程唤醒。

(2)主板:也必须支持远程唤醒,可通过查看 CMOS 的"Power Management Setup"菜单中是否有"Wake on LAN"项而确认。另外,支持远程唤醒的主板上通常都配有一个专门的 3 芯插座,以给网卡供电(PCI2.1 标准)。由于现在的主板通常支持 PCI 2.2 标准,可以直接通过 PCI 插槽向网卡提供+3.3V Standby 电源,即使不连接 WOL 电源线也一样能够实现远程唤醒,因此,可能不再提供 3 芯插座。主板是否支持 PCI2.2 标准,可通过查看 CMOS 的"Power Management Setup"菜单中是否有"Wake on PCI Card"项来确认。

(3)电源:若欲实现远程唤醒,计算机安装的必须是符合 ATX 2.01 标准的 ATX 电源,+5V Standby 电流至少应在 600mA 以上。

2. 支持无盘技术

如果想要建立一个由无盘(无硬盘)工作站组成的局域网,就应该选择一款支持无盘技术的网卡,这种类型的网卡上要具有 BOOTROM 芯片,安装在每台工作站上。通过厂家提供的无盘制作技术,把微机的操作系统和所有的文件都保留在一台服务器上,而工作站上只有一块预先固化了基本 BIOS 的 BOOTROM 芯片网卡。无盘微机加电时,自动寻找指定服务器,可以像正常的有盘微机一样启动操作系统和使用各种软件,使投资得到最大的节约。

(a) 光纤口   (b) USB无线网卡

图 5.3   两款万兆网卡

5.1.2.8   万兆网卡及选择

万兆网卡(图 5.3),是速率高达 10GMb/s 的超高速网卡,价格不菲。万兆网卡可以实现两台服务器间的连接通信,所以选择时要根据情况选合适型号,依据适用于骨干网、局域网,还是高密机群等来定,不必为没用的功能买单。

从传输介质看,万兆网卡主要有光纤和铜线两类。目前英特尔主流的万兆以太网卡主要有 Intel PRO/10GbELR 光纤万兆网卡、Intel PRO/10GbESR 光纤万兆网卡、Intel PRO/10GbECX4 铜线万兆网卡等多款产品。

从传输距离看,英特尔万兆网卡可实现从 15m、300m 到 10km 的服务器互联,为网络用户提供了极大的方便。

1. 10km 互联

Intel PRO/10GbE LR 是一款 10Gb/s 单模光纤网卡,属于其第二代万兆以太网卡,传输距离 10km,适合大型骨干网络、服务器集群、网络存储、医疗成像和图形设计等服务器带宽密集型应用。

2. 300m 互联

Intel PRO/10GbE SR 服务器网卡,传输距离为 300m,首次解决了以前万兆以太网服务器连接无法在数据中心进行大规模部署的难题。

3. 10m 互联

Intel PRO/10GbE CX4 服务器网卡,同属于英特尔第二代万兆以太网(10GbE)网卡,标志着英特尔首次通过铜线实现 10GbE,传输距离为 15m。这使得英特尔 PRO/10GbE CX4 服务器网卡成为高性能计算集群中高带宽网络连接以及短距离配线柜的理想解决方案。高速服务器连接一度依赖昂贵的专有技术,现在则可以通过英特尔 PRO/10GbE CX4 服务器网卡的标准化连接轻松实现。

英特尔对服务器万兆网技术的极力推动,使得全球万兆网卡的安装量从最初的数千个上升到超过百万个,一些大型机构高性能服务器应用正在加速万兆网卡的普及,现在板载或采用 PCI-E 接口的万兆网卡成为刀片服务器选用的主流。

5.1.2.9　网卡的集中品牌简介

1. 英特尔

英特尔是个老品牌了,早期的台式机有很多都采用英特尔的入门级网卡产品——lntel Pro/100VE。在 AMD 还没与英特尔形成明显的竞争关系之前,这个网卡在市场中很常见,后来英特尔又推出了 Pro 10/100 和 Pro 100/1000,后两个产品现在大多集成到英特尔自主品牌的主板中,DIY 市场已经不多见了。8254X 系列是早期的吉芯片。目前性能最好的是其万兆网卡产品。

2. Realtek

Realtek 的中文名是瑞昱。瑞昱半导体成立于 1987 年,位于中国台湾"硅谷"的新竹科学园区,旗下的网卡芯片和声卡芯片被广泛应用于台式计算机中。它凭借成熟的技术和低廉的价格,走红于 DIY 市场,是许多带有集成网卡、声卡的主板的首选。尤其是8139D 网卡芯片,在市场上占有绝对的优势。吉芯片则有 8110S、8110SB、8110SC,高端一点的有 8169S、8169SB 和 8169SC。如果主板集成了吉网卡,可以从芯片表面来判断是Realtek 的哪个吉芯片。

3. Broadcom

Broadcom 公司创立于 1991 年,是世界上最大的无生产线半导体公司之一,总部位于美国加利福尼亚州的尔湾。NetLink 440X 系列可以说是与 Realtek 8139 最有竞争力的网卡芯片,其市场份额也不小,一部分品牌机和独立网卡采用的都是这种芯片。它的驱动非常完善,支持大部分操作系统。NetLink 57XX 系列都是吉芯片,其中有 5781、5786、5787、5788、5789,市面上吉网卡中也能经常见到 57XX 系列的芯片。一些笔记本电脑配备的吉网卡也有很多采用了 57XX 系列芯片。在有线芯片方面,Atheros 只有两款吉产品——AR8021 和 AR8216。8021 就是一个标准的吉网卡芯片,没有什么特点可言。8216 在 8021 的基础上增加了对 802.1p 的支持,加入 Qos 系统,支持 IPv6 和 VLAN功能。

4. VIA 和 SIS

SIS 的网卡芯片一般只出现在采用了 SIS 芯片组的主板上,独立网卡市场几乎销声匿迹。由于 SIS 官方网站上只有 SIS900,所以其他型号的网卡驱动都是主板厂商直接提供的,如果网卡是 SIS 的芯片,在下载驱动程序时去主板厂商的网站找会更方便。VIA的网卡芯片曾经有过一段辉煌的历史,当时 8000 系列的板载网卡芯片非常流行,许多大的主板厂商都采用其网络芯片,后来由于 Realtek 发展壮大,其产品逐渐被人们所遗忘。加上 VIA 主板芯片组的地位被 nVIDIA 取代,就更没有人去注意 VIA 的网络芯片了。但是现在仍然能够看到 VIA 的主板芯片组和网卡芯片。VT8231 是一个经典的网卡芯片型号,它是标准的百兆网卡芯片,采用传统、成熟的技术制作而成,缺点就是稳定性稍弱。

5.1.3　网络互联设备及技术

这一部分介绍与网络有关的一些网络支持环境与设施。要涉及的内容有:网线,ISDN,ADSL,集线器,交换机和路由器。

5.1.3.1 网线

网线,即网络连接线(network cable),是从一个网络设备(例如计算机)连接到另外一个网络设备传递信息的介质,是网络的基本构件。在通常情况下,一个典型的局域网是不会使用多种不同种类的网线来连接网络设备的。在大型网络或者广域网中为了把不同类型的网络连接在一起就会使用不同种类的网线。在众多种类的网线中,具体使用哪一种要根据网络的拓扑结构、网络结构标准和传输速度来进行选择。

了解网线的种类和特征,对于正确设计和建设网络是很重要的。下面按类别来考察有什么种类的网线以及它们的技术特征。

(1) 双绞线

双绞线分为屏蔽(shielded twisted pair,STP)和非屏蔽(unshielded twisted pair,UTP)两种。所谓的屏蔽就是指网线内部信号线的外面包裹着一层金属网,在屏蔽层外面才是绝缘外皮,屏蔽层可以有效地隔离外界电磁信号的干扰。

UTP 是目前局域网中使用频率最高的一种网线。这种网线在塑料绝缘外皮里面包裹着 8 根信号线,它们每两根为一对相互缠绕,形成总共四对,双绞线也因此得名。双绞线这样互相缠绕的目的,就是利用铜线中电流产生的电磁场互相作用抵消邻近线路的干扰,并减少来自外界的干扰。每对线在每英寸长度上相互缠绕的次数决定了抗干扰的能力和通信的质量,缠绕得越紧密其通信质量越高,就可以支持更高的网络数据传送速率,当然它的成本也就越高。电子工业协会和国际电信委员会(Electronic Industry Association/ Telecommunication Industry Association,EIA/TIA)已经制订了 UTP 网线的国际标准并根据使用的领域分为 5 个类别(Categories 或者简称 CaT),每种类别的网线生产厂家都会在其绝缘外皮上标注其种类,例如 CaT-5 或者 Categories-5,在选购的时候需要注意。

CaT-3 和 CaT-5 是计算机网络中使用最多的类型,在不增加其他网络连接设备(如集线器)的情况下,单段 CaT-3、CaT-5 的最大允许使用长度是 100m,增强型 100Base-TX 网络也不超过 220m。平时常说的所谓超五类线,只是厂家为了保证通信质量单方面提高的 CaT-5 标准,目前并没有被 EIA/TIA 认可。

UTP 网线使用 RJ-45 接头(俗称水晶头)进行连接。RJ-45 接头是一种只能固定方向插入并自动防止脱落的塑料接头,网线内部的每一根信号线都需要使用专用压线钳使它与 RJ-45 的接触点紧紧连接,根据网络速度和网络结构标准的不同,接触点与网线的接线方式也不同。UTP 网线适用于 10Base-T、100Base-T、100Base-TX 标准的星形拓扑结构网络。

STP 使用金属屏蔽层来降低外界的电磁干扰(EMI),当屏蔽层被正确地接地后,可将接收到的电磁干扰信号变成电流信号,与在双绞线形成的干扰信号电流反向。只要两个电流是对称的,它们就可抵消,而不给接收端带来噪声。但屏蔽层不连续或者屏蔽层电流不对称时,就会降低甚至完全失去屏蔽效果而导致噪声。STP 线缆只有当端对端链路均完全屏蔽及正确接地后,才能防止电磁辐射及干扰,使噪声减到最小,提高信噪比。这种抗干扰、防辐射的能力,就是所谓的电磁兼容性(EMC)。

STP 线缆的缺点是,在高频传输时衰减增大,如果没有良好的屏蔽效果,平衡性会降低,也会导致串扰噪声。而屏蔽的效果取决于屏蔽材料、屏蔽层密度、屏蔽的连续性和所采用的接地结构,以及电磁干扰信号的类型、频率、噪声源至屏蔽层的距离等。

STP 一般用在易于受电磁干扰和无线频率干扰的环境中。

(2) 同轴电缆

同轴电缆(coaxial cable)是指有两个同心导体,而导体和屏蔽层共用同一轴心的电缆。它是计算机网络中另外一种使用广泛的线材。由于它在主线外包裹绝缘材料,在绝缘材料外面又有一层网状编织的屏蔽金属网线,所以能很好地阻隔外界的电磁干扰,提高通信质量。

同轴电缆的优点是可以在相对长的无中继器的线路上支持高带宽通信,而其缺点也是显而易见的:一是体积大,细缆的直径就有 3/8 英寸粗,要占用电缆管道的大量空间;二是不能承受缠结、压力和严重的弯曲,这些都会损坏电缆结构,阻止信号的传输;三是成本高。而所有这些缺点正是双绞线能克服的,因此在现在的局域网环境中,同轴电缆基本已被基于双绞线的以太网物理层规范所取代。

同轴电缆分为细缆(RG-58)和粗缆(RG-11)两种。

细缆的直径为 0.26cm,最大传输距离为 185m,使用时用 50Ω 终端电阻、T 型连接器、BNC 接头与网卡相连,线材价格和连接头成本都比较便宜,而且不需要购置集线器等设备,十分适合架设终端设备较为集中的小型以太网络。缆线总长不要超过 185m,否则信号将严重衰减。细缆的阻抗是 50Ω。

粗缆(RG-11)的直径为 1.27cm,最大传输距离达到 500m。由于直径相当粗,因此弹性较差,不适合在室内狭窄的环境内架设,而且 RG-11 连接头的制作方式也相对复杂,并且不能直接与计算机连接,需要通过一个转接器转成 AUI 接头,然后再接到计算机上。由于粗缆的强度较强,最大传输距离也比细缆长,因此粗缆的主要用途是扮演网络主干的角色,用来连接数个由细缆所结成的网络。粗缆的阻抗是 75Ω。

(3) 光纤

光纤(fiber optic cable)以光脉冲的形式来传输信号,因此材质也是以玻璃或有机玻璃为主。它由纤维芯、包层和保护套组成。

光纤的结构和同轴电缆很类似,是中心为一根由玻璃或透明塑料制成的光导纤维,周围包裹着保护材料,根据需要还可以多根光纤并合在一根光缆里面。根据光信号发生方式的不同,光纤可分为单模光纤和多模光纤。

光纤的最大特点是传导的是光信号,因此不受外界电磁信号的干扰,信号的衰减速度很慢,所以信号的传输距离比以上传送电信号的各种网线要远得多,并且特别适用于电磁环境恶劣的地方。由于光纤的光学反射特性,一根光纤内部可以同时传送多路信号,所以光纤的传输速度可以非常高,目前 1Gb/s 的光纤网络已经成为主流高速网络,理论上光纤网络最高可达到 50000Gb/s(50Tb/s)的速度。光纤由于其传输方式的巨大不同,具有自己的一套网络模型,那就是 10BaseF、100BaseF、1000BaseF 局域网标准,单段最大长度可达 2km。

光纤网络由于需要把光信号转变为计算机的电信号,因此在接头上更加复杂,除了具有连接光导纤维的多种类型接头(如 SMA、SC、ST、FC 光纤接头)以外,还需要专用的光纤转发器等设备,负责把光信号转变为计算机电信号,并且把光信号继续向其他网络设备发送。

光纤是前景非常看好的网络传输介质。但由于目前价格昂贵,中小型的办公用局域网没有必要选它。目前光纤的主要应用是在大型的局域网中用作主干线路。但随着成本的降低,在不远的未来,光纤会到楼、到户,甚至会延伸到桌面,给人们带来全新的高速体验。

5.1.3.2 ISDN

综合业务数字网(Integrated Service Digital Network,ISDN)是以综合数字电话网(IDN)为基础发展演变而成的通信网,能提供端到端的数字连接,用来支持包括语音和非语音在内的多种电信业务,有以 64Kb/s 为基础的 N-ISDN 和以异步转移模式(ATM)为核心的 B-ISDN 两种发展模式。作为关键技术,多用途的用户—网络接口有 3 个功能分层:物理层提供 BRI(2B+D)和 PRI(30B+D)的标准速率接口;链路层和网络层使用DSS1(0.1 数字用户信令),向用户提供承载、用户终端及补充业务,实现电路、分组和帧的交换方式,具有广播式数据链路和寻线功能,显示主叫号码和计费信息,传递 UUS(用户—用户信令),暂停及恢复呼叫等。ISDN 的应用几乎涉及有通信需求的各行各业和信息交换的各种方式,如局域网互联、多媒体信息存取、文件快速传送、桌面系统、POS 业务等。

5.1.3.3 ADSL

ADSL 的英文全称为 Asymmetrical Digital Subscriber Loop——非对称数字用户环路。它是一种能够在现有的双绞线及普通电话线上根据当地线路状况提供 2~8Mb/s 的下行速率和 64~640Kb/s 的上行速率的上网传输方式。这种下行速率远大于上行速率的非对称结构特别适合高速上网、宽带视频点播、远程局域网络等应用需求。ADSL 技术最大的成功之处就是不需要对原有线路进行改造,也不需要增加昂贵的终端设备,它充分利用了现有电话线路,在用户端只需加装一个 ADSL modem 设备,降低了成本,减少了用户上网费用。同时它的传输距离较远,ADSL 传输距离可达 3~5km。

ADSL 也记作 Asymmetric Digital Subscriber Line(非对称数字用户专线),是一种新的数据传输方式。它采用频分复用技术把普通的电话线分成了电话、上行和下行 3 个相对独立的信道,从而避免了相互之间的干扰。即使边打电话边上网,也不会发生上网速率和通话质量下降的情况。通常 ADSL 在不影响正常电话通信的情况下可以提供最高3.5Mb/s 的上行速度和最高 24Mb/s 的下行速度。

ADSL 工作时需要 ADSL 终端,也就是 ADSL 调制解调器。目前被广泛应用的ADSL 调制解调技术有两种:CAP 和 DMT,其中 DMT 调制解调技术是目前最具前景、技术最为成熟的调制解调技术。在 DMT 调制解调技术中,一对铜制电话线上用 0~4kHz频段传输电话音频,用 26kHz~1.1MHz 频段传送数据,并以 4kHz 的宽度划分为 25 个上行子通道和 249 个下行子通道。输入的数据经过比特分配和缓存变为比特块,再经TCM 编码及 QAM 调制后送上子通道。理论上每赫兹可以传输 15 比特数据,所以ADSL 的理论上行速度为 1.5Mb/s,而下行速度为 14.9Mb/s。当然实际传输速度要受各种因素制约,如各种干扰是不可能避免的,一般来说 ADSL 的实际上行速度为 1Mb/s,而下行速度为 8Mb/s 左右。CAP 技术相对来说比较陈旧,速度比较低,所以在选择 ADSL modem 时一定要注意所支持的调制技术标准。

ADSL 掉线涉及多方面的问题,包括线路故障(线路干扰)、ADSL modem 故障(发热、质量、兼容性)、网卡故障(速度慢、驱动程序陈旧)等。运营商与用户应做以下常规检查:ADSL 电话线接头是否稳妥可靠;是否远离电源线和大功率电子设备;ADSL 入户线和分离器之间是否安装电话分机、传真机、计费器等设备;是否正确安装分离器;淘汰老式的 ISA 网卡,换成 10/100Mb/s 的 PCI 网卡及最新驱动程序;ADSL modem 散热是否良好;ADSL modem 指示灯状态是否正常。

ADSL 掉线的原因和处理方法如下。

(1) 接地线质量问题

PC 接地性能一定要好,否则静电会影响 ADSL 的传输速率甚至会引起掉线。一般 PC 接地电阻应小于 10Ω。另外,由于施工时电源布放不规范,有的没有接地线,或地线质量不合格,也会影响网络设备的正常使用,甚至出现掉线问题,应及时整改。

(2) 线路有强干扰源

距离用户电缆线路 100m 内的无线电发射塔、电焊机、电车或高压电力变压器等强信号干扰源,使用户下线接收杂波(铜包钢线屏蔽弱,接收信号能力强),对用户线引起强干扰。受干扰的信号往往从无屏蔽的下线部分进入,因为中继电缆有屏蔽层,干扰影响很小,如果在干扰大的地方用一些带屏蔽的下线,就会减少因干扰造成的速率不稳定或掉线。另外,电源线不可与 ADSL 线路并行,以防发生串扰导致 ADSL 故障。

(3) 网卡质量不稳定

故障现象是网络只要一断开,再也连不上。用户 modem 的 DSL 灯常亮,基本排除线路故障,问题多数出在网卡上。如果排除了网线、微机、插槽的问题,一般为网卡质量不稳定,应及时更换网卡。

(4) 用户线路距离远

不规则掉线多由线路质量差或距离远引起,可用 ADSL 测试仪测试信号衰减和干扰强弱,找出比较好的线路替换。一般用户中继线路不应超过 5km,从分线箱进入用户房间的电话下线不应超过 100m。

(5) 能上网,但电话掉线

原因多为交接间端子板线卡断,因断线头和端子板距离很近,因此数据感应能通过,而语音过不去;如用户距局端很近,室内线混线也可造成上述故障。

(6) 上网、通话不兼顾

一般为外线绝缘不良或有接头接触不良。用户端外线绝缘不良,用户上网时一拿电话手柄告警灯就闪,WAN 灯熄灭,修好外线后故障立刻解除。

(7) 能通话,但上网掉线

一般用户接错线的情况是把接 modem 的线接在话机上,就会出现话机能用,而上网掉线。这时 ADSL modem 状态灯 LINE 灯不亮。在查故障时应先仔细查看设备使用接线位置,平时尽量少变动,以免接错线。

（8）错误串接电话分机

由于不正确串接电话分机，从而造成串扰，引起上网数据畸变。如果必须使用电话分机，则应串接一个分离器。

5.1.3.4 集线器

1. 集线器的基本概念

集线器（hub）是计算机网络中连接多个计算机或其他设备的连接设备，是对网络进行集中管理的最小单元。它的英文就是中心的意思，像树的主干一样，它是各分支的汇集点。许多种类型的网络都依靠集线器来连接各种设备，并把数据分发到各个网段。集线器基本上是一个共享设备，实质是一个中继器，主要提供信号放大和中转的功能，它把一个端口接收的全部信号向所有端口分发出去。一些集线器在分发之前将弱信号加强后重新发出，一些集线器则排列信号的时序以提供所有端口间的同步数据通信。

集线器主要用于星形以太网，它是解决从服务器直接到桌面的最经济的方案。使用集线器组网灵活，它处于网络的一个星形节点，对节点相连的工作站进行集中管理，不让出问题的工作站影响整个网络的正常运行，并且用户的加入和退出也很自由。

如果想建立星形网络，且有两台以上的主机（含服务器），那么就需要集线器。当然也可以通过给服务器多加网卡的方式解决。

2. 集线器的种类

集线器有多种类型，各个种类具有特定的功能，提供不同等级的服务。依据总线带宽的不同，集线器分为 10Mb/s、100Mb/s 和（10Mb/s）/（100Mb/s）自适应三种；若按配置形式的不同可分为独立型、模块化和堆叠式三种；根据端口数目的不同主要有 8 口、16 口和24 口等；根据工作方式可分为智能型和非智能型两种。目前所使用的集线器基本是前三种分类的组合，如常在广告中看到的 10/100Mb/s 自适应智能型、可堆叠式集线器等。

对集线器依据工作方式区分有较普遍的意义，可以进一步划分为被动集线器、主动集线器、智能集线器和交换集线器四种。

（1）被动集线器（passive hub）

被动集线器只把多段网络介质连接在一起，允许信号通过，不对信号做任何处理，它不能提高网络性能，也不能帮助检测硬件错误或性能瓶颈，只是简单地从一个端口接收数据并通过所有端口分发，这是集线器可以做的最简单的事情。被动集线器是星形拓扑以太网的入门级设备。

被动集线器通常有一个 10Base-2 端口和一些 RJ-45 接口。10Base-2 接头可以用于连接主干。有些集线器还有可连到收发器的 AUI 端口以建立网络主干。

（2）主动集线器（active hub）

主动集线器拥有被动集线器的所有性能，此外还能监视数据。在以太网实现存储转发功能中，主动集线器在转发之前检查数据，纠正损坏的分组并调整时序，但不区分优先次序。

如果信号比较弱但仍然可读，主动集线器在转发前将其恢复到较强的状态。这使得一些性能不是特别理想的设备也可正常使用。如果某设备发出的信号不够强，使得被动集线器无法识别，那么主动集线器的信号放大器可以使该设备继续正常使用。此外，主动集线器还可以报告哪些设备失效,从而提供了一定的诊断能力。

主动集线器提供一定的优化性能和一些诊断能力,还可以配以多种端口,因此,它比简单的被动集线器贵。

(3) 智能集线器(intelligent hub)

智能集线器比前两种提供更多的功能,可以使用户更有效地共享资源。除了主动集线器的特性外,智能集线器提供了集中管理功能。如果连接到智能集线器上的设备出了问题,可以很容易地识别、诊断和修补。

智能集线器另一个出色的特性是可以为不同设备提供灵活的传输速率。除了上连到高速主干的端口外,智能集线器还支持到桌面的 10/16/100Mb/s 的速率,即支持以太网、令牌环和 FDDI。

(4) 交换集线器(switching hub)

交换集线器就是在一般智能集线器功能上又提供了线路交换能力和网络分段能力的一种智能集线器。由于集线器基本上是作为一种共享设备来定义的,因此很多时候也把它划入入门级的交换机类型。

高端集线器还提供其他一些特性,如冗余交流电源、内置直流电源、冗余风扇,以及线缆连接的自动中断、模块的热插拔、自动调整 10Base-T 接头的极性,再如冗余配置存储、冗余时钟,有些集线器还集成了路由和桥接功能。

5.1.3.5 交换机

1. 交换的概念和原理

交换是按照通信两端传输信息的需要,用人工或设备自动完成的方法,把要传输的信息送到符合要求的相应路由上的技术统称。广义的交换机(switch)就是一种在通信系统中完成信息交换功能的设备。

交换和交换机最早起源于电话通信系统(PSTN),过程是主叫用户拿起话筒来一阵猛摇,局端是一排插满线头的机器,戴着耳麦的话务员接到连接要求后,把线头插在相应的出口,为两个用户端建立连接,直到通话结束。这个过程就是通过人工方式建立起来的交换。当然现在早已普及了程控交换机,交换的过程都是自动完成的。

在计算机网络系统中,交换概念的提出是对于共享工作模式的改进。前面介绍过的集线器就是一种共享设备。集线器本身不能识别目的地址,当同一局域网内的 A 主机给 B 主机传输数据时,数据包在以集线器为架构的网络上是以广播方式传输的,由每一台终端通过验证数据包头的地址信息来确定是否接收。也就是说,在这种工作方式下,同一时刻网络上只能传输一组数据帧的通信,如果发生碰撞还得重试。这种方式就是共享网络带宽。

交换机拥有一条很高带宽的背部总线和内部交换矩阵。交换机的所有端口都挂接在这条背部总线上,控制电路收到数据包以后,处理端口会查找内存中的地址对照表以确定目的 MAC(网卡的硬件地址)的 NIC(网卡)挂接在哪个端口上,通过内部交换矩阵迅速将数据包传送到目的端口,目的 MAC 若不存在才广播到所有的端口,接收端口回应后交换机就会"学习"新的地址,并把它添加入内部地址表中。

使用交换机也可以把网络"分段",通过对照地址表,交换机只允许必要的网络流量通过交换机。通过交换机的过滤和转发,可以有效地隔离广播风暴,减少误包和错包的出现,避免共享冲突。

交换机在同一时刻可进行多个端口对之间的数据传输。每一端口都可视为独立的网段,连接在其上的网络设备独自享有全部的带宽,无须同其他设备竞争使用。当节点 A 向节点 D 发送数据时,节点 B 可同时向节点 C 发送数据,而且这两个传输都享有网络的全部带宽,都有着自己的虚拟连接。假如这里使用的是 10Mb/s 的以太网交换机,那么该交换机这时的总流通量就等于 $2 \times 10Mb/s = 20Mb/s$,而使用 10Mb/s 的共享式集线器时,一个集线器的总流通量也不会超出 10Mb/s。

总之,交换机是一种基于 MAC 地址识别、能完成封装转发数据包功能的网络设备。交换机可以"学习"MAC 地址,并把其存放在内部地址表中,通过在数据帧的始发者和目标接收者之间建立临时的交换路径,使数据帧直接由源地址到达目的地址。

2. 交换机的分类及功能

从广义上看,交换机分为两种:广域网交换机和局域网交换机。广域网交换机主要应用于电信领域,提供通信用的基础平台。而局域网交换机则应用于局域网络,用于连接终端设备,如 PC 及网络打印机等。从传输介质和传输速度上可分为以太网交换机、快速以太网交换机、千兆以太网交换机、FDDI 交换机、ATM 交换机和令牌环交换机等。从规模应用上又可分为企业级交换机、部门级交换机和工作组交换机等。各厂商划分的尺度并不是完全一致的,一般来讲,企业级交换机都是机架式,部门级交换机可以是机架式(插槽数较少),也可以是固定配置式,而工作组级交换机为固定配置式(功能较为简单)。另一方面,从应用的规模来看,作为骨干交换机时,支持 500 个信息点以上大型企业应用的交换机为企业级交换机,支持 300 个信息点以下中型企业的交换机为部门级交换机,而支持 100 个信息点以内的交换机为工作组级交换机。本书所介绍的交换机指的是局域网交换机。

交换机的主要功能包括物理编址、网络拓扑结构、错误校验、帧序列以及流控。目前交换机还具备了一些新的功能,如对虚拟局域网(VLAN)的支持、对链路汇聚的支持,有的甚至还具有防火墙的功能。

交换机除了能够连接同种类型的网络之外,还可以在不同类型的网络(如以太网和快速以太网)之间起到互联作用。如今许多交换机都能够提供支持快速以太网或 FDDI 等的高速连接端口,用于连接网络中的其他交换机或者为带宽占用量大的关键服务器提供附加带宽。

一般来说,交换机的每个端口都用来连接一个独立的网段,但是有时为了提供更快的接入速度,可以把一些重要的网络计算机直接连接到交换机的端口上。这样,网络的关键服务器和重要用户就拥有更快的接入速度,支持更大的信息流量。

3. 交换机的交换方式

交换机通过以下三种方式进行交换。

(1) 直通式

直通方式的以太网交换机可以理解为在各端口间是纵横交叉的线路矩阵电话交换机。它在输入端口检测到一个数据包时,检查该包的包头,获取包的目的地址,启动内部的动态查找表转换成相应的输出端口,在输入与输出交叉处接通,把数据包直通到相应的端口,实现交换功能。由于不需要存储,延迟非常小、交换非常快,这是它的优点。缺点是,因为数据包内容并没有被以太网交换机保存下来,所以无法检查所传送的数据包是否有误,不能提供错误检测能力。由于没有缓存,不能将具有不同速率的输入输出端口直接接通,而且容易丢包。

(2) 存储转发

存储转发方式是计算机网络领域应用最为广泛的方式。它把输入端口的数据包先存储起来,然后进行循环冗余码校验(CRC)检查,在对错误包处理后才取出数据包的目的地址,通过查找表转换成输出端口送出包。正因为如此,存储转发方式在数据处理时延时大,这是它的不足之处。但是它可以对进入交换机的数据包进行错误检测,有效地改善网络性能。尤其重要的是它可以支持不同速度的端口间的转换,保持高速端口与低速端口间的协同工作。

(3) 碎片隔离

这是介于前两者之间的一种解决方案。它检查数据包的长度是否够 64B,如果小于64B,说明是假包,则丢弃该包;如果大于 64B,则发送该包。这种方式也不提供数据校验。它的数据处理速度比存储转发方式快,但比直通式慢。

4. 交换机的应用

作为局域网的主要连接设备,以太网交换机成为应用普及最快的网络设备之一。随着交换技术的不断发展,以太网交换机的价格急剧下降,交换到桌面已是大势所趋。

如果以太网络上拥有大量的用户、繁忙的应用程序和各式各样的服务器,而且未对网络结构作出任何调整,那么整个网络的性能可能会非常低。解决方法之一是在以太网上添加一个 10/100Mb/s 的交换机,它不仅可以处理 10Mb/s 的常规以太网数据流,而且可以支持 100Mb/s 的快速以太网连接。

如果网络的利用率超过了 40%,并且碰撞率大于 10%,交换机可以帮助解决一些问题。带有 100Mb/s 快速以太网和 10Mb/s 以太网端口的交换机以全双工方式运行,可以建立专用的 20Mb/s 到 200Mb/s 连接。

不仅不同网络环境下交换机的作用各不相同,在同一网络环境下添加新的交换机和增加现有交换机的交换端口对网络的影响也不尽相同。充分了解和掌握网络的流量模式是能否发挥交换机作用的一个非常重要的因素。因为使用交换机的目的就是尽可能减少和过滤网络中的数据流量,所以如果网络中的某台交换机由于安装位置设置不当,几乎需要转发接收到的所有数据包,交换机就无法发挥其优化网络性能的作用,反而降低了数据的传输速度,增加了网络延迟。

除安装位置之外,如果在那些负载较小、信息量较低的网络中盲目添加交换机,同样也可能起到负面影响。受数据包的处理时间、交换机的缓冲区大小以及需要重新生成新数据包等因素的影响,在这种情况下使用简单的集线器要比交换机更为理想。因此不能一概认为交换机就比集线器有优势,尤其当用户的网络并不拥挤,尚有很大的可利用空间时,使用集线器能够更充分地利用网络的现有资源。

5.1.3.6 路由器

路由器是互联网络的枢纽和"交通警察"。目前路由器已经广泛应用于各行各业,各种不同档次的产品已经成为实现各种骨干网内部连接、骨干网间互联以及骨干网与Internet互联互通业务的主力军。

1. 路由器综述

路由器是 Internet 的主要节点设备。路由器通过路由决定数据的转发。转发策略称为路由选择(routing),这也是路由器名称的由来(router,转发者)。

路由器通常用于节点众多的大型网络环境,它处于 ISO/OSI 模型的网络层。与交换机和网桥相比,在实现骨干网的互联方面,路由器特别是高端路由器有着明显的优势。路由器高度的智能化,对各种路由协议、网络协议和网络接口的广泛支持,还有其独具的安全性和访问控制等功能和特点,是网桥和交换机等其他互联设备所不具备的。路由器的中低端产品可以用于连接骨干网设备和小规模端点的接入,高端产品可以用于骨干网之间的互联以及骨干网与互联网的连接。特别是对于骨干网的互联和骨干网与互联网的互联互通,不但技术复杂,涉及通信协议、路由协议和众多接口,信息传输速度要求高,而且对网络安全性的要求也比其他场合高得多。因此采用高端路由器作为互联设备,有着其他互联设备不可比拟的优势。

2. 路由器的作用

路由器的一个作用是连通不同的网络,另一个作用是选择信息传送的线路。选择通畅快捷的近路,能大大提高通信速度,减轻网络系统通信负荷,节约网络系统资源,提高网络系统畅通率,从而让网络系统发挥更大的效益。

从过滤网络流量的角度来看,路由器的作用与交换机和网桥非常相似。但是与工作在网络物理层,从物理上划分网段的交换机不同,路由器使用专门的软件协议从逻辑上对整个网络进行划分。例如,一台支持 IP 协议的路由器可以把网络划分成多个子网段,只有指向特殊 IP 地址的网络流量才可以通过路由器。对于每一个接收到的数据包,路由器都会重新计算其校验值,并写入新的物理地址。因此,使用路由器转发和过滤数据的速度往往比只查看数据包物理地址的交换机慢。但是,对于那些结构复杂的网络,使用路由器可以提高网络的整体效率。路由器的另外一个明显优势就是可以自动过滤网络广播。从总体上说,在网络中添加路由器的整个安装过程要比即插即用的交换机复杂很多。

3. 路由器的类型及特点

互联网各种级别的网络中随处都可见到路由器。接入网络使得家庭和小型企业可以连接到某个互联网服务提供商;企业网中的路由器连接一个校园或企业内成千上万的计算机;骨干网上的路由器终端系统通常是不能直接访问的,它们连接长距离骨干网上的 ISP 和企业网络。互联网的快速发展无论是对骨干网、企业网还是接入网都带来了不同的挑战。骨干网要求路由器能对少数链路进行高速路由转发。企业级路由器不但要求端口数目多、价格低廉,而且要求配置起来简单方便,并提供服务质量(QoS)。

(1) 接入路由器

接入路由器连接家庭或 ISP 内的小型企业客户。接入路由器已经开始不只是提供 SLIP 或 PPP 连接,还支持诸如 PPTP 和 IPSec 等虚拟私有网络协议。这些协议要能在每个端口上运行。诸如 ADSL 等技术将很快提高各家庭的可用带宽,这将进一步增加接入路由器的负担。由于这些趋势,接入路由器将来会支持许多异构和高速端口,并能够在各个端口运行多种协议,同时还要避开电话交换网。

（2）企业级路由器

企业或校园级路由器连接许多终端系统,其主要目标是以尽量便宜的方法实现尽可能多的端点互联,并且进一步要求支持不同的服务质量。许多现有的企业网络都是由集线器或网桥连接起来的以太网段。尽管这些设备价格便宜、易于安装、无须配置,但是它们不支持服务等级。相反,有路由器参与的网络能够将机器分成多个碰撞域,并因此能够控制一个网络的大小。此外,路由器还支持一定的服务等级,至少允许分成多个优先级别。但是路由器的每端口造价要贵些,并且在能够使用之前要进行大量的配置工作。因此,企业路由器的成败就在于是否提供大量端口且每端口的造价很低,是否容易配置,是否支持 QoS。另外还要求企业级路由器有效地支持广播和组播。企业网络还要处理历史遗留的各种 LAN 技术,支持多种协议,包括 IP、IPX 和 Vine。它们还要支持防火墙、包过滤、大量的管理和安全策略以及 VLAN。

（3）骨干级路由器

骨干级路由器实现企业级网络的互联。对它的要求是速度和可靠性,而成本则处于次要地位。硬件可靠性可以采用电话交换网中使用的技术,如热备份、双电源、双数据通路等来获得。这些技术对所有骨干路由器而言差不多是标准的。骨干 IP 路由器的主要性能瓶颈是在转发表中查找某个路由所耗的时间。当收到一个包时,输入端口在转发表中查找该包的目的地址以确定其目的端口,包越短或者当包要发往许多目的端口时,势必增加路由查找的代价。因此,将一些常访问的目的端口放到缓存中能够提高路由查找的效率。不管是输入缓冲还是输出缓冲路由器,都存在路由查找的瓶颈问题。除了性能瓶颈问题外,路由器的稳定性也是一个常被忽视的问题。

（4）太比特路由器

在未来核心互联网使用的三种主要技术中,光纤和 DWDM 都已经是很成熟的并且是现成的。如果没有与现有的光纤技术和 DWDM 技术提供的原始带宽对应的路由器,新的网络基础设施将无法从根本上得到性能的改善,因此开发高性能的骨干交换/路由器(太比特路由器)已经成为一项迫切的要求。太比特路由器技术现在还主要处于开发实验阶段。

4. 路由器技术

（1）路由器的体系结构

从体系结构上看,路由器可以分为第一代单总线单 CPU 结构路由器、第二代单总线主从 CPU 结构路由器、第三代单总线对称式多 CPU 结构路由器、第四代多总线多 CPU 结构路由器、第五代共享内存式结构路由器、第六代交叉开关体系结构路由器和基于机群系统的路由器等多类。

（2）路由器的构成

路由器具有四个要素:输入端口、输出端口、交换开关和路由处理器。

输入端口是物理链路和输入包的进口处。端口通常由线卡提供,一块线卡一般支持

4、8或16个端口,一个输入端口具有许多功能。第一个功能是进行数据链路层的封装和解封装。第二个功能是在转发表中查找输入包目的地址从而决定目的端口(称为路由查找),路由查找可以使用一般的硬件来实现,或者通过在每块线卡上嵌入一个微处理器来完成。第三,为了提供QoS,端口要对收到的包分成几个预定义的服务级别。第四,端口可能需要运行诸如串行线网际协议(SLIP)和点对点协议(PPP)这样的数据链路级协议或者诸如点对点隧道协议(PPTP)这样的网络级协议。一旦路由查找完成,必须用交换开关将包送到其输出端口。如果路由器是输入端加队列的,则几个输入端共享同一个交换开关。这样输入端口的最后一项功能是参加对公共资源(如交换开关)的仲裁协议。

交换开关可以使用多种技术来实现。迄今为止使用最多的交换开关技术是总线、交叉开关和共享存储器。最简单的开关使用一条总线来连接所有输入和输出端口,总线开关的缺点是其交换容量受限于总线的容量以及为共享总线仲裁所带来的额外开销。交叉开关通过开关提供多条数据通路,具有 $N \times N$ 个交叉点的交叉开关可以被认为具有 $2N$ 条总线。如果一个交叉是闭合,输入总线上的数据在输出总线上可用,否则不可用。交叉点的闭合与打开由调度器来控制,因此,调度器限制了交换开关的速度。在共享存储器路由器中,进来的包被存储在共享存储器中,所交换的仅是包的指针,这提高了交换容量,但是,开关的速度受限于存储器的存取速度。尽管存储器容量每 18 个月能够翻一番,但存储器的存取时间每年仅降低 5%,这是共享存储器交换开关的一个固有限制。

输出端口在包被发送到输出链路之前对包进行存储,可以实现复杂的调度算法以支持优先级等要求。与输入端口一样,输出端口同样要能支持数据链路层的封装和解封装,以及许多高级协议。

路由处理器计算转发表实现路由协议,并运行对路由器进行配置和管理的软件。同时,它还处理那些目的地址不在线卡转发表中的包。

5.2 输入系统

5.2.1 键盘

键盘由一组作用不同的按钮组成,可以分成以下 3 方面的键。

1. 字符键

用来产生字符,包括大小写英文字母、数字和各种符号。

2. 功能键

用来检测被按下(启动)的键,通过查询键功能表,并调用相应的子程序,以实现此功能键代表的功能处理。功能键由系统设置,包括程序功能键、编辑功能键和图形功能键。它们将产生相应的控制命令传送给计算机,完成程序控制功能、文字编辑功能和图形编辑及变换等功能。

3. 控制键

用来对系统的运行进行人工控制,完成各种中断操作,屏幕硬拷贝,光标移动控制(如方向键)。在软件配合下,可以完成对图形的各种操作。

键盘主要由按键开关矩阵和一个键盘控制器组成,它和主机之间用一根 4 线 5 芯插头座相连。键盘的基本功能是通过用户按键,将键开关信息经编码转换成系统可接收的二进制字符编码信息,通过串行数据传送方式,输入计算机系统。当主机收到信息后,通过查表程序将其转换成相应的 ASCII 码。这种软件编码方式为读取字符键、功能键、控制键提供了很大方便。键盘编码缓冲区是一个用来临时保存从键盘输入字符的内存空间,它是环形队列结构,通过键盘中断(INT 9)使尾指针不断增加,当尾指针超过队列末端时,则使尾指针又回到队列的开始端。在 BIOS 数据区中,1E~3E 之间的 32 个字节就是键盘缓冲区。每个按键占两个字节,第一个字节输入码为字符码即 ASCII 码,第二个字节为扫描码又称为扩充码,这两个字节构成键的内码,即缓冲区可存储 16 个键值,键盘上字符键如 A 可用字符码(ASCII 码)65 唯一标识,其他字符键的字符码可参阅有关资料。键盘上的特殊键是指功能键 F1~F10、光标控制键和部分组合键。如 F10 可使用扩充码表示 0068 即第一个字节字符码为 00,第二个字节扫描码为 68,其他特殊键的扩充码参阅有关资料。

如图 5.4 所示,编码器将按键动作转换成数字代码,并将它存储在编码缓冲寄存器中,然后送往计算机。

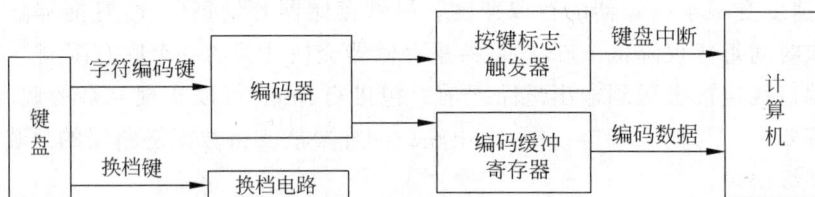

图 5.4　键盘逻辑框图

5.2.2　鼠标

鼠标和键盘一样,是计算机中最重要也是最普通的外设之一。鼠标可以完成键盘能做的大部分工作,而且更加方便和快捷。现在图形化的操作系统也是为鼠标"量身定做"的,如 Windows 9x 和 Windows 2000 系列在没有鼠标的情况下几乎无法使用。

1. 鼠标的分类

根据鼠标的工作原理,可以将其分为两大类:机械式鼠标和光电鼠标。这两类鼠标的主要区别在于其传动结构。机械式鼠标是靠滚球带动传动轴末端滚轮上的栅格来转换信号;而光电式鼠标是由鼠标内的水平和垂直两个发光二极管发出红外线,经专用的鼠标垫反射后进入鼠标内,由接收管将鼠标产生的明暗变化转换为电信号。

光电鼠标的优点是取样精度高,移动精确,可靠性高,不易产生磨损。缺点是制造成本高,对初学者使用要求高(有些鼠标在移动时对方向性有要求),配件缺乏。机械式鼠标的优点是使用和维护方便,价格便宜,精度能满足大多数使用者的要求。缺点是容易沾染灰尘,使用时间长了之后工作可靠性降低。

为了降低成本和使用方便,现在市场上的鼠标基本上都是机械鼠标。而且,由于制造工艺的提高,机械鼠标的精度也越来越高,已经基本接近光电式鼠标的精度。

与键盘的分类类似,根据鼠标的接口可以将其分成:串口(COM)鼠标,PS/2口鼠标,USB接口鼠标。另外,还有少数厂家推出了利用红外线或无线电作为传输介质的"无线鼠标",不过市场上非常少见。

串口鼠标和PS/2口鼠标可以通过一个转换器,进行相互转换。前几年,在主板上还有25针的串口,也可以通过9针至25针的转换器对两种类型的串口进行相互转换。如果按照鼠标的按键数来分类,通常可以分为三键鼠标和两键鼠标。在大多数情况下,用户使用的都是两键鼠标。三键鼠标在Windows操作系统中,中键的效果和右键功能一样,如果鼠标厂家提供了可编程的驱动程序,可以对中键的功能进行自定义。随着Internet的流行,现在又推出了所谓3D和4D的鼠标,它们都是在三键或两键鼠标的基础上,增加具有特殊功能的滚轮或按键,使用户可以用鼠标翻页、放大屏幕,不用键盘就可以浏览整个网页等功能,不过这些功能都需要专门的驱动程序支持。

2. 鼠标的选购

选购鼠标时,要考虑以下几个因素。

(1) 滚球重量

越重的滚球质量当然越好。这是因为滚球的表面和重量决定了滚球与鼠标垫的摩擦力的大小,而摩擦力大的滚球长期使用也不容易出现停顿的现象。

(2) 滚球直径、传动轴直径和转盘栅格数量

这些因素决定了鼠标的灵敏度,滚球直径越大,传动轴直径越小,则转盘转得就越快,灵敏度也就越高;转盘上栅格数越多,灵敏度也越高。因此,传动比＝滚球直径÷传动轴直径,总传动比＝传动比×栅格数。总传动比相当于鼠标的真实灵敏度(通常以×××dpi表示),类似于扫描仪的光学分辨率。

(3) 取样频率

相当于扫描仪的最大分辨率。它是鼠标的一个重要性能。

(4) 各种配件

选购时要注意配线长度是否足够,包装内的配件是否齐全,以及是否包含驱动程序等,这一点名牌鼠标厂家都做得比较好。

(5) 手感

手感往往因人而异。一般情况下应在单击时感到要轻而有弹性,不能有太重或不灵敏的感觉。按键板的键程是指按下到实现单击过程的长度。该长度要满足使用者自身的需要。同时,单击按键板的不同部位反应应该相同,不能出现弯曲变形或单击失效的现象。

(6) 使用测试

主要检测鼠标在Windows桌面上的移动和在游戏中的表现如何,感觉鼠标是否移动准确而无凝滞或跳动,游戏中转动鼠标时是否准确灵活。

另外,在选购鼠标的时候不要忘了购买一块合适的鼠标垫,它可以增加鼠标滚球的摩擦力,并且减少对滚球和传动轴的污损。

5.2.3 扫描仪

5.2.3.1 工作原理和主要性能指标

扫描仪内部的基本组成部件是光源、光学透镜、感光元件，还有一个或多个的模拟—数字转换电路。感光元件一般是电荷耦合器(CCD)排列成横行，电荷耦合器里的每一个单元对应着一行里的一个像素。在扫描一幅图像的时候，光源照射到图像反射回来，穿过透镜到达感光元件，每一个电荷耦合器把这个光信号转换成模拟信号(即电压)，同时量化出像素的灰暗程度，接着模拟—数字转换电路再把模拟信号转换成数字信号进行保存。

1. 光学分辨率

光学分辨率是扫描仪最重要的性能指标之一，它直接决定了扫描仪扫描图像的清晰程度。扫描仪的分辨率通常用每英寸长度上的点数，即 dpi 来表示，市场上售价在 1000 元以下的扫描仪其光学分辨率通常为 300×600dpi，而价格在 1000~2000 元的扫描仪其光学分辨率通常为 600×1200dpi。另外，除了光学分辨率之外，扫描仪的包装箱上通常还会标注一个最大分辨率：光学分辨率为 300×600dpi 的扫描仪一般为 4800dpi，而 600×1200dpi 的则高达 9600dpi。这实际上是通过软件在真实的像素点之间插入经过计算得出的额外像素，从而获得的插值分辨率。插值分辨率对于图像精度的提高并无用处，事实上只要软件支持而机器性能好，这种分辨率完全可以做到无限大。从个人用户的应用角度来看，考虑到性价比，还是应选择 600×1200dpi 的扫描仪。

2. 色彩深度与灰度值

就像显卡输出图像有 16b、24b 色之分一样，扫描仪也有自己的色彩深度值，较高的色彩深度位数可以保证扫描仪反映的图像色彩与实物的真实色彩尽可能一致，而且图像色彩会更加丰富。扫描仪的色彩深度值一般有 24b、30b、32b、36b 几种，一般光学分辨率为 300×600dpi 的扫描仪其色彩深度为 24b、30b，而 600×1200dpi 的为 36b，最高的为 48b。灰度值是指进行灰度扫描时对图像由纯黑到纯白整个色彩区域进行划分的级数，编辑图像时一般取 8b，即 256 级，而主流扫描仪通常为 10b，最高可达 12b。

3. 感光元件

感光元件是扫描图像的拾取设备，相当于人的眼球，其重要性不言而喻。目前扫描仪所使用的感光器件有三种：光电倍增管、电荷耦合器(CCD)和接触式感光器件(CIS 或 LIDE)。

光电倍增管实际上是一种电子管，感光材料主要是金属铯的氧化物及其他一些活性金属(主要是镧系金属)氧化物的掺杂物。用这种材料制成的光电阴极，在光线的照射下能够发射电子，经栅极加速放大后冲击阳极，形成电流。在各种感光器件中，光电倍增管是性能最好的一种，无论是灵敏度、噪声系数还是动态范围都遥遥领先于其他感光器件。更难能可贵的是，它的输出信号在相当大范围上保持着高度的线性输出，使输出信号几乎不用做任何修正就可以获得准确的色彩还原。同时，光电倍增管的温度系数极低，可以忽略不计，因此它几乎不受周围环境温度的影响。不过光电倍增管在各种感光器件中是生产成本最高的，而且由于一次只能扫描一个像素，因此扫描速度很慢，扫描一张图需要几十分钟，所以现在它一般只使用在昂贵的专业滚筒式扫描仪上。

CCD 与我们日常使用的半导体集成电路相似,在一片硅单晶上集成了几千到几万个光电三极管。这些光电三极管分为三列,分别用红绿蓝色的滤色镜罩住,从而实现彩色扫描。光电三极管在受到光线照射时可以产生电流,经放大后输出。采用 CCD 的扫描仪技术经过多年的发展已经比较成熟,是市场上主流扫描仪主要采用的感光元件。CCD 的优势主要在于:成像质量近年性能提高很大,其高端产品的性能已经接近低档的光电倍增管产品;在物体表面进行成像,具有一定的景深,能够扫描凹凸不平的物体;温度系数比较低,对于一般的工作,周围环境温度的变化可以忽略不计。CCD 的缺陷主要有:由于数千个光电三极管的距离很近(μm 级),在各光电三极管之间存在明显的漏电现象,各感光单元的信号产生干扰,降低了扫描仪的实际清晰度;由于采用了反射镜和透镜,会产生图像色彩偏差和像差,需要通过软件进行校正;抗震能力较差;扫描仪体积不可能做得很小。

接触式感光元件,又称 CIS 技术,其推广相当迅速,现在几乎每家扫描仪生产厂商都推出了数款使用 CIS 作感光元件的扫描仪。其实,这种技术与 CCD 技术几乎是同时出现的,它使用的感光材料一般是硫化镉,由于尺寸太大,无法使用镜头成像,只能依靠贴近目标来识别目标,因此光学分辨率最高只能达到 200dpi,曾广泛用在低档手持式黑白扫描仪上。随着扫描仪的彩色化和高精度化,CIS 基本上从扫描仪市场上销声匿迹了。1998年后,CIS 技术有了重大突破,极限分辨率被提高到 600dpi,再加上其生产成本只有 CCD的 1/3,所以得到广泛应用。

不过就性能而言,接触式感光器件存在严重的先天不足。由于不能使用镜头,只能贴近稿件扫描,其实际清晰度远远达不到标称指标;而且没有景深,不能扫描立体物体;硫化镉光敏电阻本身漏电很大,各感光单元之间干扰严重,进一步降低了清晰度。由于无法实现同时制造三条平行的感光单元用于实现同时三色扫描,接触式感光器件只好使用 LED发光二极管阵列作为光源,可是这种光源无论在光色还是在光线的均匀度上都比较差。LED 阵列是由数百个发光二极管组成,一旦有一个损坏就意味着整个阵列的报废,因此这种产品的寿命比较短。

不过,由于这类扫描仪具有体积小、重量轻、器件少和抗震性较高的优点,而且生产成本很低,所以市场上能够见到的 1000 元甚至 1500 元以下的 600×1200dpi 扫描仪几乎都是采用 CIS 作感光元件的。

4. 扫描仪的接口

扫描仪的接口是指与计算机主机的连接方式,通常分为 SCSI、EPP 和 USB 三种,后两种是近几年才开始使用的新型接口。传统的扫描仪都使用 SCSI 卡作为接口,SCSI 接口速度快,连接设备多而且系统资源占用率低。但是,为了降低成本,很多扫描仪厂商都会自己开发精简过的扫描仪专用 SCSI 卡,这样的 SCSI 接口与 EPP、USB 相比在传输速度上几乎没有优势,而且因为要拆开机箱进行安装,也显得比较麻烦。当然也有不少厂商使用标准的 SCSI 卡连接扫描仪,在扫描速度上会快很多。因此在购买 SCSI 接口扫描仪时,应尽量购买带标准 SCSI 接口的。EPP 并口扫描仪使用普通并行线即可与计算机相连,这种扫描仪上一般还会有一个转接口用于连接打印机,但同时只能有一个设备占用并口,如果同时进行打印和扫描,速度会慢到不堪忍受。EPP 并口的优势在于安装简便、价格相对低廉,而且不需要设置中断、地址等,不会与其他硬件发生冲突,弱点就是比

SCSI 接口传输速度稍慢,当然比普通并口的速度要快得多,对于个人用户来说足够。USB 接口是最新的接口,它的优点几乎与 EPP 并口一样,只是速度更快(USB 接口最高传输速率 2Mb/s),使用更方便(支持热插拔)。它的缺点与其他 USB 设备一样,因为没有USB 在 DOS 环境的驱动程序,所以不支持 DOS 系统,不过现在只支持 DOS 系统的应用软件已经很少了,而其中的扫描和图像编辑软件就更少。对于一般个人用户,最好使用USB 接口的扫描仪。

5.2.3.2　检测技巧

对扫描仪的检测主要包括对感光元件排列情况、传动部件、图像分辨率、色彩位数、灰度的检测。为了简便起见,可只扫描一张图片进行综合检测:看水平线条是否有断裂情况来检测感光元件的排列;纵向线条是否有断裂来检测传动部件;将图片放大后仔细观察来检测图像的光学分辨率;观察图像彩色部分颜色是否丰富,有无偏色情况,黑白部分过渡是否均匀,黑、白色是否纯净,以检测扫描仪的色彩和灰度。如果要求比较严格的话,也可分别使用特殊的图片扫描来进行检测。如彩色和灰度检测可使用一张标准色标卡,用Photoshop 的 Eyedropper 选项读出扫描图像的解析度,以及纯黑和纯白区域的 RGB 值,灰度检测应在 20 级以上,而彩色检测中读出的 RGB 值纯黑的越接近 0 越好,纯白的越接近 255 越好。

5.2.3.3　主流扫描仪产品简介

1. 入门级产品

Acer ScanPrisa 640U 是一款适合家用及小型办公用扫描仪(见图 5.5),它具有 A4幅面、600×1200dpi 分辨率以及 48b 色彩深度。它是传统造型白色机身,采用了 CCD 感光器件。Acer ScanPrisa 640U 提供了 USB 接口,整机接口比较少,简单易用。Acer ScanPrisa 640U 采用单次智能扫描技术,机身没有控制按钮,所有功能均通过配套的应用软件完成。Acer ScanPrisa 640U 附带专用的 Copier、Scan Button、Photoexpress 和OCR 等软件。

图 5.5　Acer ScanPrisa 640U

2. 办公级产品

(1) HP ScanJet 4300C

HP ScanJet 4300C 除了扫描外,还具备彩色复印机的功能,它是 HP 公司第一台面板上有液晶显示的扫描仪。HP ScanJet 4300C 是一款 A4 幅面、光学分辨率为 600dpi、色彩深度为 36b 的 CCD 彩色平板式扫描仪。它提供了单键彩色/黑白复印,并可以通过数字液晶屏设置复印份数,只要连接到打印机就相当于拥有了一台 A4 幅面的彩色复印机。HP ScanJet 4300C 提供了 USB/EPP 接口。HP ScanJet 系列扫描仪使用集成化的扫描界面——HP PrecisionScan LTX 1.0。PrecisionScan LTX 除集成智能化的页面分析外,还提供了自动曝光、自动色彩纠正、自动纠斜、自动去网等功能;可以直接输出到各种应用软件中,支持多种文件格式;内嵌的 OCR 功能可以直接识别文字,并能依据版面自动分析。

（2）紫光 Uniscan O2000

Uniscan O2000 是紫光系列扫描仪中极具特色的一款扫描仪。它采用独特线阵 CCD 设计，传感器单元为 10200 个，在 A4 幅面扫描时，可以实现真正的水平光学分辨率 1200dpi(10200/8.5＝1200)。色彩深度为 48b。O2000 为扫描底片的用户设计了透明胶片适配器(TMA)，可扫描 35mm 幻灯片及最大面积 140mm×196mm 的投影片和底片。实用的透射稿定位辅助框和底片固定框，可以有效防止因底片移动而带来的图像变形或发虚现象。Uniscan O2000 能满足高精度、高速度的文档、图像数字化以及广告宣传、产品手册、专业网页设计等方面的应用需求。

Uniscan O2000 随机赠送扫描仪专业软件包——"扫描大师"，包括影像处理、文字处理、高效办公、网络应用等各个方面的 20 个优秀软件。

3. 专业级产品

专业级扫描仪，主要适用于一般高端使用者，如专业美工设计等需求。专业级扫描仪一般都具有 1200dpi 分辨率，在硬件设计上普遍地具有扫描透射稿的功能，有的还设计了更为快速、节省计算机 CPU 资源的 SCSI 接口。

（1）Canon CanoScan FB1210U

Canon 新近推出的 CanoScan FB1210U 扫描仪是一款面向专业市场的产品。它采用平板式单次扫描方式，光学分辨率达 1200×2400dpi，配合佳能的伽利略镜头，使其扫描精度很高。它具有 42b 彩色深度和 14b 灰度。配合 FAU-S11(可选的透扫组件)，用户可以实现对胶片、底片的扫描。

随 CanoScan FB1210U 扫描仪还附送了 Adobe 的 PhotoShop 5.0 LE，Caere 的 PageKeeper(管理文件)和 OmniPage(英文 OCR)等实用办公软件，便于用户使用。

（2）清华紫光 Uniscan D2000

紫光 Uniscan D2000 是紫光首次推出的具有非常专业品质的高档扫描仪，见图 5.6。它的光学分辨率达 1200×2400dpi，最大分辨率为 9600dpi，具有 42b 彩色深度和 14b 灰度。采用纯黑机身设计。采用独特的"位增强"技术，在保证扫描品质的前提下，实现了对扫描图像的超精细加工处理。智能硬件去网技术，消除了以往扫描稿件因去网而丧失原有的锐利边界出现模糊的弊病，得到清晰的扫描图像。色彩校正及特有的 CMYK 直接四色扫描技术，解决了在 RGB 与 CMYK 色彩转换上并非一一对应的难题，特别适合专业印刷领域。随机配套的驱动程序功

图 5.6　紫光 Uniscan D2000

能完备，色调曲线调节，各种滤镜效果设定，可获得更高质量的扫描图像。

5.2.4　智能输入设备

5.2.4.1　手写输入设备

说到手写系统，手写板和手写笔自然是必不可少的。

1. 手写板

从技术发展的角度说,更为重要的是手写板的性能。手写板主要分为三类:电阻式压力板、电磁式感应板和近期发展的电容式触控板。目前电阻式压力手写板技术落后,几乎已经被市场淘汰。电磁式感应手写板是现在市场上的主流产品。电容式触控手写板作为市场的新力量,由于具有耐磨损、使用简便、敏感度高等优点,是今后手写板的发展趋势。

(1) 电阻式压力板

电阻式压力板是由一层可变形的电阻薄膜和一层固定的电阻薄膜构成,中间由空气相隔离。其工作原理是:当用笔或手指接触手写板时,对上层电阻加压使之变形并与下层电阻接触,下层电阻薄膜就能感应出笔或手指的位置。

优点:原理简单,工艺不复杂,成本较低,价格也比较便宜。

缺点:

① 由于它是通过感应材料的变形才能判断位置,材料容易疲劳,使用寿命较短。

② 感触不是很灵敏,使用时压力不够则没有感应,压力太大时又易损伤感应板,而且用力过大长时间使用起来会很疲劳。

(2) 电磁式感应板

电磁式感应板是通过在手写板下方的布线电路通电后,在一定空间范围内形成电磁场,来感应带有线圈的笔尖的位置进行工作。这种技术目前得到广泛使用,主要是由其良好的性能决定的。使用者可以用它进行流畅地书写,手感也很好,在绘图方面很有用。电磁式感应板分为"有压感"和"无压感"两种,其中有压感的输入板可以感应到手写笔在手写板上的力度,这样的手写板对于从事美工的人员来说是很好的工具,可以直接用手写板来进行绘画,非常方便。(注意:压感是评价手写板性能的一个很重要的指标,目前主流的电磁式感应板的压感已经达到了 512 级,压感级数越高越好。)

电磁式感应板的缺点:

① 对电压要求高,如果使用电压达不到规定的要求,就会出现工作不稳定或不能使用的情况。而且相对耗电量大,不适宜在笔记本电脑上使用。

② 电磁式感应板抗电磁干扰较差,在使用手机时电磁式感应板不能正常工作。

③ 手写笔笔尖是活动部件,使用寿命短(一般为 1 年左右)。电磁式感应板虽然对手的压力感应有较强的辨别力,但必须用手写笔才能工作,不能用手指直接操作。

(3) 电容式触控板

电容式触控板的工作原理是通过人体的电容来感知手指的位置,即当使用者的手指接触到触控板的瞬间,就在板的表面产生了一个电容。在触控板表面附着有一种传感矩阵,这种传感矩阵与一块特殊芯片一起,持续不断地跟踪着使用者手指电容的"轨迹",经过内部一系列的处理,从而能够每时每刻精确定位手指的位置(X 和 Y 坐标),同时测量由于手指与板间距离(压力大小)形成的电容值的变化,确定 Z 坐标,最终完成 X、Y、Z 坐标值的确定。因为电容式触控板所用的手写笔无须电源供给,特别适合于便携式产品。这种触控板是在图形板方式下工作的,其 X、Y 坐标的精度可高达每毫米 40 点(即每英寸 1000 点)。

与电阻式压力板和电磁式感应板相比而言,电容式触控板表现出了更加良好的性能。由于它轻触即能感应,用手指和笔都能操作,使用方便。而且手指和笔与触控板的接触几乎没有磨损,性能稳定,经机械测试使用寿命长达 30 年。另外,整个产品主要由一块只有一个高集成度芯片的印刷电路板(print circuit board,PCB)组成,元件少,同时产品一致性好、成品率高,这两方面使得电容式触控板大量生产时成本较低。而且电容触控技术在笔记本电脑中已经采用多年,实践证明了其性能极其稳定。从压感上来说,采用电容式触控技术的手写板也同样具有 512 级压感,达到了目前压感的最高水平。无论是从技术角度还是从厂商的倾向方面都可以看出,电容式触控手写板是未来手写板发展的趋势。

除了手写板工作机理的不同所导致的性能上的差异,手写板还有一些通用的评测指标,如压感级数及精度等。精度又称分辨率,指的是单位长度上所分布的感应点数,精度越高对手写的反应越灵敏,对手写板的要求也越高。面积则是手写板一个很直观的指标,手写板区域越大,书写的回旋余地就越大,运笔也就更加灵活方便,输入速度往往会更快,当然价格也相应更高。书写面板的尺寸大体有以下几种:76mm × 51mm,76mm × 114mm,10mm×13mm 和 11mm×15mm。

2. 手写笔

手写笔也是手写系统中一个很重要的部分。早期的输入笔要从手写板上输入电源,因此笔的尾部均有一根电缆与手写板相连,这种输入笔也称为有线笔。较先进的输入笔在笔壳内安装有电池,或者借助于一些特殊技术而不需要任何电源,因此无须用电缆连接手写板,这种笔也称为无线笔。无线笔的优点是携带和使用起来非常方便,同时也较少出现故障。输入笔一般还带有两个或三个按键,其功能相当于鼠标按键,这样在操作时就不用在手写笔和鼠标之间来回切换了,在选购时最好选择这类产品。

早期的手写笔只有一级压感功能,只能感应到单一的笔迹,而现在不少产品都具有压力感应功能,即除了能检测出用户是否划过了某点外,还能检测出用户划过该点时的压力有多大,以及倾斜角度是多少。有了压感能力之后,用户就可以把手写笔当做画笔、水彩笔、钢笔和喷墨笔来进行书法书写、绘画或签名,远远超出了一般的写字功能。另外,在手写设备中集成语音识别功能也是一大趋势,许多厂商均已将语音识别技术整合到产品中,如汉王笔等。

除了硬件外,手写笔的另一项核心技术是手写汉字识别软件,目前各类手写笔的识别技术都已相当成熟,识别率和识别速度完全能够满足实际应用的要求。

5.2.4.2 数码相机

数码相机已经不仅仅是用来代替传统胶片相机,它的发展已经开始朝着新的数字化交流沟通的方向迈进。现在的数码相机不仅具有传统相机的影像拍摄功能,而且能够记录多媒体信息(声音和动画),可以通过互联网和电子邮件快速交流信息,可以直接回放欣赏也可以快速打印出来,数字时代的精粹从数码相机开始得以完美的体现。

1. 购买数码相机时需考虑的因素

(1) 速度问题

数码相机的速度问题主要有两个方面。

拍摄延迟:数码相机在按下快门后并不能像传统相机那样立刻记录影像,其间需要进行一系列的电子处理过程和运算,因此往往不能够立刻捕捉到拍摄者原本想获取的场景。

连续拍摄速度:这里的连续拍摄速度指数码相机的两种能力。首先是单张接连拍摄的功能,数码相机需要一定的时间进行照片存储,因此在拍摄这一张与下一张之间有一段时间间隔;其次是连续拍摄模式下的速度。

(2) 电池使用时间

这是一个很重要的参数指标。任何人都不愿意在拍摄兴头上相机由于没有电力而停止工作。数码相机电池的使用时间和工作状态(如拍摄、回放等)设置有关,其中 LCD 显示屏是最大的耗电因素,闪光灯的使用也会消耗大量电力。

(3) 易用性

目前大多数的数码相机都有较好的人机界面设计,操作起来就如同使用传统的傻瓜相机一般简单,有些相机还内置了丰富的拍摄模式,用户无须关心光圈和快门的复杂设置就可以拍摄出良好的照片。数码相机基本上都有菜单操作系统,对于很多用户来说一开始比较难以掌握,因此菜单系统是否设计良好、操作简单也是一个需要注意的问题。

5.3　计算机系统总览

前面章节里,把计算机系统硬件的各个组成部分分门别类地做了介绍。现在可以对计算机系统再做一个总览。

5.3.1　硬件集成总览

硬件部分包括:主机和外部设备。

1. 主机

(1) 中央处理器(central processing unit,CPU)

(2) 芯片组(chipset)

(3) 高速缓冲存储器(cache memory)

(4) 内存储器(internal memory)

只读存储器(read only memory,ROM)

随机存取存储器(random access memory,RAM)

(5) 输入输出接口(input/output interface,I/O)

2. 外部设备(peripherals)

(1) 外存(external memory)

① 主外存

硬盘驱动器(hard disk drive,HDD)

软盘驱动器(floppy disk drive,FDD)

② 辅助外存

CD/DVD-ROM 驱动器

磁光软盘驱动器(floptical drive)

CD-R/CD-RW(DVD-R/DVD-RW)刻录机

活动硬盘(removable hard disk)

磁光盘 MO(magneto-optical disk)

(2) 输入设备(input device)

① 主输入设备

键盘(keyboard)

鼠标(mouse)

② 辅助输入设备

扫描仪(scanner)

数码相机(digital camera)

摄像头(PC-camera)

数字化仪(digitizer)

(3) 输出设备(output device)

① 显示器(monitor)

② 辅助输出设备

打印机(printer)

绘图仪(plotter)

(4) 通信配件(communicational adapter)

① modem/ISDN 适配器

② 网卡(network adapter)

(5) 多媒体配件(multimedia adapter)

① 声卡(audio card)

② 视频压缩卡(video card)

③ 电视接收卡(TV card)

5.3.2 软件集成总览

1. 系统软件

(1) 操作系统(operating system, OS)

操作系统有早期的 MS-DOS,后来的 Windows 9x,现在的 Windows 系列(基于 NT 技术),还有 Linux 和 UNIX 等。

(2) 图形操作环境

(3) 中文环境

在微机中处理汉字信息有两种途径:一是在西文操作系统基础上加上汉化的中文环境,如 UC-DOS,中文之星等;二是直接使用中文版的操作应用环境或操作系统,如 Windows 系统中文版等。

2. 系统维护软件

诊断测试软件

磁盘集成管理软件

病毒防治软件(比如诺顿,金山毒霸,KV3000 等)

3. 实用工具软件

文件压缩软件（WinZip，WinAce 等）

软盘复制及映像文件还原软件

其他工具软件

4. 语言系统

汇编程序

BASIC 语言系统

C 语言系统

其他语言系统（Java，C++ ）

直观语言系统或系统开发工具

5. 应用软件

文字处理与编辑排版软件（Word 等）

辅助设计 CAD 软件

数据库及管理系统（Oracle 等）

电子表格软件（Excel 等）

图形图像处理软件（Photoshop 等）

多媒体制作和应用软件（3Dmax 等）

辅助翻译软件（东方快车、金山快车等）

互联网相关软件（网络蚂蚁、网际快车等）

财务软件

企业管理软件

教育软件

游戏软件

习题

1. 网卡有哪些分类？各有何特点？

2. 什么是 ISDN？

3. 什么是 ADSL？

4. 网线都有哪几种？

5. 什么是集线器？有什么作用？

6. 交换机是什么？

7. 路由器有什么作用？它的特点是什么？

8. 如何使用绘图仪？

9. 如何选购鼠标？

10. 扫描仪的工作原理如何？它有哪些性能指标？

11. 阐述计算机系统的组成。

软件篇：计算机的软件环境

第 6 章　硬盘分区与 Windows 系统安装

在前述章节介绍了计算机的体系结构及计算机系统的构成之后,本章主要介绍硬盘分区与 Windows 操作系统的安装。为了安装操作系统并合理使用硬盘空间,需要对硬盘进行硬盘分区、格式化等操作。本章先介绍操作系统基础知识,再介绍硬盘分区、Windows 安装。为方便大家查阅和掌握 DOS 的基本命令和用法,将用一节的篇幅介绍常用 DOS 命令以及实用程序。

硬盘分区与 Windows 系统及其他软件程序的安装顺序如图 6.1 所示。

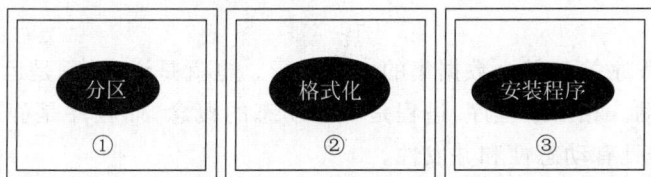

图 6.1　硬盘分区与软件安装的顺序

如前所述,计算机系统是由计算机硬件系统(简称硬件)和计算机软件系统(简称软件)组成的。硬件构成了计算机系统的物质基础,软件是计算机系统的灵魂。软件通常分为系统软件和应用软件两大类。系统软件又可细分为操作系统、语言处理程序、支持软件3 类,其中操作系统是所有软件的核心。

操作系统是计算机资源的管理者,其功能包括处理器管理、存储管理、设备管理和文件管理。操作系统的类型可以分为单用户操作系统、多用户操作系统、分布式操作系统、网络操作系统等。其中,在微型计算机操作系统的发展进程中,DOS 有着重要的位置。

6.1　操作系统基础知识

本节介绍操作系统的类型、功能、层次结构和进程概念,以及作业、处理器、存储、文件和设备等管理的原理和方法。

6.1.1　操作系统类型和功能

根据使用环境和对用户作业的处理方式划分,操作系统的基本类型可以分为批处理操作系统、分时操作系统和实时操作系统3大类型。

批处理是指用户将一批作业提交给操作系统后就不再干预,由操作系统控制它们自动运行。这种采用批量处理作业技术的操作系统称为批处理操作系统。

分时操作系统使多个用户同时以会话方式控制自己程序的运行,每个用户都感到似乎各自有一台独立的、支持自己请求服务的系统。

实时系统往往是专用的,系统与应用很难分离,常常紧密结合在一起。实时系统并不强调资源利用率,而更关心及时性(时间紧迫性)、可靠性和完整性。实时系统又分为实时过程控制与实时信息处理两种。

网络环境下的操作系统又分为网络操作系统和分布式操作系统。分布式操作系统要求一个统一的操作系统,负责全系统的资源分配和调度,为用户提供统一的界面,它是一个逻辑上紧密耦合的系统。网络操作系统用户则需指明欲使用哪一台计算机上的哪个资源。

操作系统主要有5个功能模块:处理器管理、存储管理、设备管理、文件管理和用户接口。

6.1.2　进程和进程管理

(1)进程

进程是一个程序关于某个数据集的一次运行。也就是说,进程是运行中的程序,是程序的一次运行活动。相对于程序,进程是一个动态的概念,而程序是静态的概念,是指令的集合,因而进程具有动态性和并发性。

在操作系统中进程是进行系统资源分配、调度和管理的最小单位,注意,现代操作系统中还引入了线程(thread)这一概念,它是处理器分配资源的最小单位。

(2)进程的状态及其转换

多道系统中,进程的运行是时走时停的。它在处理器上的交替运行,使它的运行状态不断地变化着。其最基本的状态有3种:运行、就绪和阻塞。

- 运行:正占用处理器。
- 就绪:只要获得处理器即可运行。
- 阻塞:正等待某个事件的发生。

(3)进程控制块

进程是一个动态的概念,在操作系统中,引入数据结构进程控制块(简记为PCB)来标记进程。PCB是进程存在的唯一标志,PCB描述了进程的基本情况。从静态的观点看,进程由程序、数据和进程控制块组成;从动态的观点看,进程是计算机状态的一个有序集合。

程序是进程运行所对应的运行代码,一个进程对应一个程序,一个程序可以同时对应多个进程。这个程序代码在运行过程中不会被改变,常称为纯码程序或可重入程序,它们是可共享的程序。

进程控制块保存进程状态、进程性质(如优先程度)、与进程有关的控制信息(如参数、信号量和消息等)、相应队列和现场保护区域等。进程控制块随着进程的建立而产生,随着进程的完成而撤销。

PCB是操作系统核心中最主要的数据结构之一,它既是进程存在的标志和调度的依据,又是进程可以被打断并能恢复运行的基础。操作系统核心通过PCB管理进程,一般PCB是常驻内存的,尤其是调度信息必须常驻内存。

(4) 进程管理

在操作系统中有许多进程,它们对应着不同的或相同的程序,竞争地使用系统的资源。进程管理涉及进程控制、队列管理和进程调度等。

进程的生命过程从它被创建时开始,直至任务终止而撤销,其间会经历各种状态的转换,它们都是在操作系统控制下完成的。操作系统提供了对进程的基本操作,也称为原语。这些原语包括创建原语、阻塞原语、终止原语、优先级原语和调度原语。

进程调度即处理器调度,它的主要功能是确定在什么时候分派处理器,并确定分给哪一个进程。在分时系统中,一般有一个确定的时间单位(时间片)。当一个进程用完一个时间单位时,就会发生进程调度,即让正在运行的进程改变状态并转入就绪队列的队尾,再由调度原语将就绪队列的首进程取出,投入运行。

进程调度的方法基本上分为两类:非剥夺调度与剥夺调度。所谓非剥夺调度是指一旦某个作业或进程占用了处理器,别的进程就不能把处理器从这个进程手中夺走;相反,如果别的进程可将处理器从这个进程手中夺走则是剥夺调度。

进程调度的算法采用服务于系统目标的策略,对于不同的系统与系统目标,常采用不同的调度算法,如先来先服务、优先数调度和轮转法等。

(5) 管程

管程是一种并发性的构造,包括用于分配一个特定的共享资源或一组共享资源的数据和过程。为了完成分配资源的功能,进程必须调用特定的管程入口。许多进程可能打算在不同的时间进入管程,但在管程边界上严格地实施互斥,在某一时刻,只允许一个进程进入。当管程中已有一个进程时,其他希望进入管程的进程必须等待。这种等待是由管程自动管理的。

管程中的数据或者是管程中所有的全局变量,或者是某个特定过程的局部变量。所有这些数据只能在管程内访问,在管程外的进程无法访问管程内的数据,这称为信息掩蔽。

6.1.3 存储管理

现代计算机系统中的存储系统通常是多级存储体系,至少有主存(内存)和辅存(外存)两级,有的系统有更多级数。主存大小由系统硬件决定,是实实在在的存储,它的存储容量受到实际存储单元的限制。虚拟存储(简称虚存)不考虑实际主存的大小和数据存取的实际地址,只考虑相互有关的数据之间的相对位置,其容量由计算机的地址的位数决定。

6.1.4　设备管理

设备管理是对计算机输入输出系统的管理。其主要任务有：实现对外部设备的分配和回收；启动外部设备；控制输入输出设备与处理器或主存间交换数据；实现对磁盘的调度；处理设备的中断；实现虚拟设备等。

外部和主存之间常用的传输控制方式有 4 种：程序控制方式、中断方式、直接存储访问(DMA)方式和通道方式。

6.1.5　文件管理

(1) 文件系统

操作系统的文件系统包括两个方面：一方面包括负责管理文件的一组系统软件；另一方面包括被管理的对象文件。文件系统的主要目标是提高存储器的利用率，接受用户的委托，实施对文件的操作。主要问题是管理辅助存储器，实现文件从名字空间到辅存地址空间的转换，决定文件信息的存放位置、存放形式和存放权限，实现文件和目录的操作，提供文件共享能力和安全设施，提供友好的用户接口。

(2) 文件的结构和组织

文件的结构是指文件的组织形式。从用户观点所看到的文件组织形式，称为文件的逻辑结构；从实现观点考查文件在辅助存储器上的存放方式，常称为文件的物理结构。

文件的逻辑组织是为了方便用户使用。一般文件的逻辑结构可以分为无结构的字符流文件和有结构的记录文件两种，后者也称为有格式文件。优化文件的物理结构是为了提高存储器的利用效率和降低存取时间。文件的存储设备通常被划分为大小相同的物理块，物理块是分配和传输信息的基本单位。文件的物理结构是指文件在存储设备上的存储方法。文件的物理结构涉及文件存储设备的组块策略和文件分配策略，决定文件信息在存储设备上的存储位置。

6.1.6　作业管理和用户界面

作业(job)是系统为完成一个用户的计算任务或一次事务处理所做的工作的总和。操作系统中用来控制作业的进入、执行和撤销的一组程序称为作业管理程序，这些控制功能也能通过把作业步细化、通过进程的执行来实现。

用户的作业可以通过直接的方式，由用户自己按照作业步顺序操作；也可以通过间接的方式，由用户事先编写作业步依次执行的说明，一次交给操作系统，由系统按照说明依次处理。前者称为联机方式，后者称为脱机方式。

一般操作系统提供两种作业控制方式：一种为联机作业方式，另一种为脱机作业方式。联机作业方式是通过直接输入作业控制命令来提交和运行用户作业。脱机作业方式是通过作业控制语言(JCL，也称为作业控制命令)编写用户作业说明书。在这种方式中，用户不直接干预作业的运行，而是把作业与作业说明书一起交给系统(称为提交)。

作业调度主要是从后备状态的作业中挑选一个(或一些)作业投入运行。根据不同的调度目标，有不同的算法。作业调度算法有许多种，它们与进程调度相似，有的适宜单道系统,有的适宜多道系统。它们是先来先服务(FCFS)、短作业优先(SJF)、响应比(HRN)高者优先和成先级调度等。

6.1.7 其他管理

(1) 死锁问题

如果一个进程正在等待一个不可能发生的事件,则称该进程处于死锁状态。系统发生死锁是指一个或多个进程处于死锁状态。产生死锁的主要原因是共享的系统资源不足,资源分配策略和进程的推进顺序不当。系统资源既可能是可重用的永久性资源,也可能是消耗性的临时资源。处于死锁状态的进程不能继续运行又占用了系统资源,阻碍其他进程的运行。对待死锁的策略主要有:

① 死锁的预防。不让任一产生死锁的必要条件发生就可以预防死锁。

② 死锁的避免。这种策略不对用户进程的推进顺序进行限制,在进程申请资源时先判断这次分配是否安全,只有安全才实施分配,典型的算法是银行家算法。

③ 死锁的检测。这种策略采用资源请求分配图的化简方法来判断是否发生了不安全状态。资源请求分配图是一种有向图,表示进程与资源之间的关系。死锁的检测是在需要的时刻执行的,当发现系统处于不安全状态时,即执行死锁的解除策略。

④ 死锁的解除。解除死锁的基本方法是剥夺。一种方法是把资源从一些进程处剥夺分给别的进程,被剥夺资源的进程则需回退到请求资源处重新等待执行;另一种主法是终止一个进程,剥夺其全部资源,以后再重新运行被终止的进程。

(2) 多重处理器系统与线程

多重处理系统的主要目标是提高系统的处理能力,以及提高系统的可靠性。多重处理系统的操作系统除了具有单处理器操作系统的功能以外,还应提供处理器的负载平衡、处理器发生故障后的结构重组等功能。一般多重处理系统的操作系统可以分为主从式、分离执行式和移动执行式 3 类。

对称多处理器(SMP)系统是由若干同构甚至相同的处理器构成的一个系统。Solaris和 Windows NT 等操作系统支持 SMP 系统。操作系统提供了线程机制以发挥多个处理器的作用。在多线程系统中,一个进程可以由一个或多个线程构成。进程是资源分配的基本单位,也是被保护的基本单位。一个进程对应于一个保存进程映像的虚地址空间,每一线程可以独立运行一个进程的线程共享这个进程的地址空间。有多种方法可以实现多线程系统,一种方法是核心级线程,另一种方法是用户级线程,也可以把两者组合起来。

6.2 Windows 操作系统

Windows 操作系统是 PC 桌面操作系统的主流。在过去的几十年中,Windows 操作系统经历了一个从无到有,从低级到高级的发展过程,总体趋势是功能越来越强大,用户使用起来越来越方便。但其发展进程并非是一帆风顺的,中间也曾多次出现曲折。

应用最广泛的 Windows 操作系统在不断地发展,其发展进程充满了不确定性。Windows 的成功与处理器速度的提高和内存容量的增加可谓"休戚与共"。微软依靠大量第三方软件让用户喜欢上了 Windows。

6.2.1　Windows 操作系统的产生和发展

1. Windows 1.0

Windows 1.0 用户界面如图 6.2 所示。

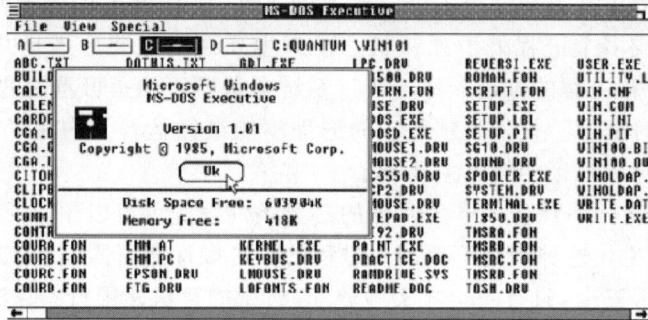

图 6.2　Windows 1.0

微软第一款图形用户界面 Windows 1.0 的发布时间是 1985 年 11 月，比苹果 Mac 晚了近两年。由于微软与苹果间存在一些法律纠纷，Windows 1.0 缺乏一些关键功能，例如重叠式窗口和回收站。用现在的眼光看，它的失败并不令人感到意外。Windows 1.0 只是对 MS-DOS 的一个扩展，它本身并不是一款操作系统，但它确实提供了有限的多任务能力，并支持鼠标。

2. Windows 2.0

微软很快与苹果签订了在 Windows 中使用 Mac 图形用户界面元素的许可协议，这确实是微软的一招妙棋。Windows 2.0 如图 6.3 所示，它完全支持图标和重叠式窗口。

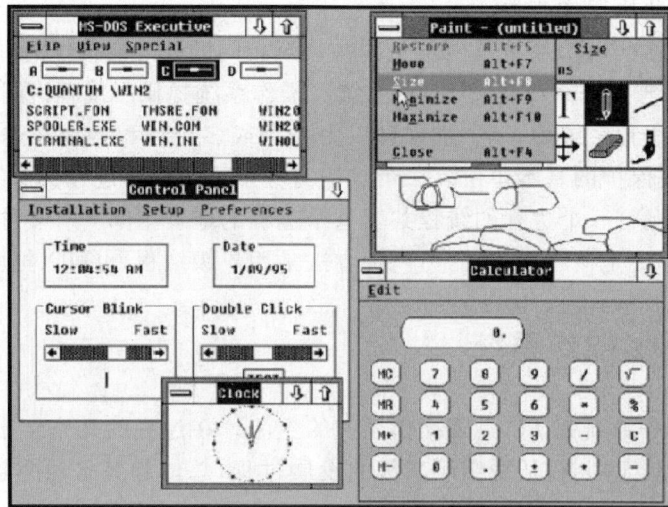

图 6.3　Windows 2.0

除了用户界面外,Windows 2.0 还获得了一些重要应用软件的支持。早期版本的 Word 和 Excel 就利用 Windows 作为用户界面。当时只能在 Mac 上运行的颇为流行的桌面出版软件 Aldus PageMaker 也有了能够在 Windows 2.0 上运行的版本。这对 Windows 非常重要,其用途和市场都得到了大幅扩展。

3. Windows 3.0

1990 年发布的 Windows 3.0 是一个全新的 Windows 版本。借助全新的文件管理系统和更好的图形功能,Windows PC 终于成为 Mac 的竞争对手。Windows 3.0 不但拥有全新外观,其保护和增强模式还能够更有效地利用内存。Windows 3.0 获得了巨大成功,两年内销售量就达到了 1000 万份拷贝。开发人员开始开发大量的第三方软件,这也是促使消费者购买 Windows 的一个重要因素。图 6.4 给出了 Windows 3.0 的界面。

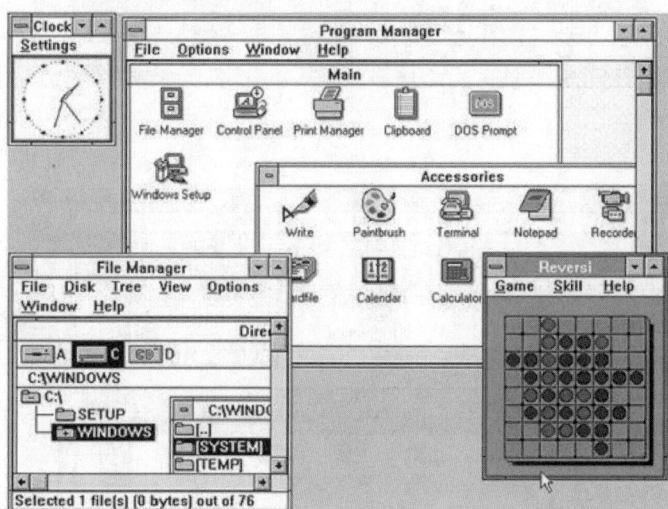

图 6.4   Windows 3.0

4. Windows 3.11

Windows 3.11 是对 Windows 3.0 的优化,支持 TrueType 字体、多媒体功能和对象连接与嵌入功能。Windows 3.11 中还包含自 Windows 3.0 发布以来的许多补丁软件和升级包。Windows 3.11 如图 6.5 所示。

5. Windows 3.11 NT

Windows 3.11 NT 是功能更强大的 Windows 版本,它的开发完全独立于消费者版 Windows 3.11,适合企业和工程技术人员使用。与 Windows 3.11 不同的是,NT 面向 32 位处理器。不幸的是,Windows 3.11 NT 没有获得硬件厂商的支持,它们认为使产品与 NT 兼容太麻烦了,而且 NT 市场份额也很小。Windows 3.11 NT 如图 6.6 所示。

6. Windows 95

Windows 95 使得 PC 和 Windows 真正实现了平民化。由于捆绑了 IE,Windows 95 成为用户访问互联网的"门户"。Windows 95 还首次引进了"开始"按钮和任务栏,目前这两种功能已经成为 Windows 的标准配置。Windows 95 用户界面如图 6.7 所示。

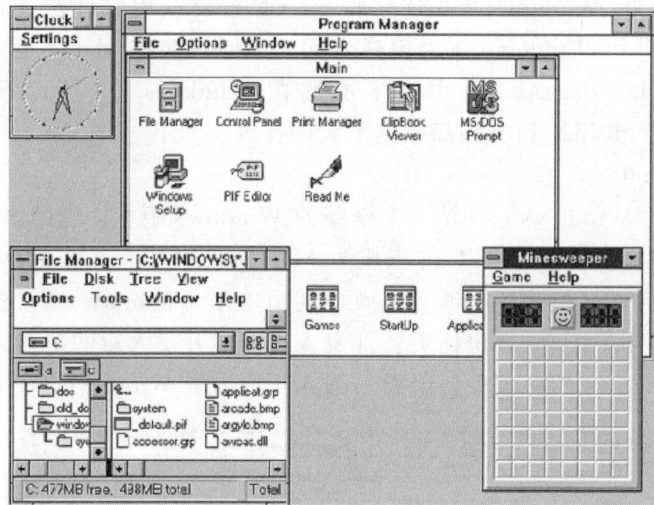

图 6.5　Windows 3.11

图 6.6　Windows 3.11 NT

　　Windows 95 彰显出一直困扰微软的后向兼容问题。包括一些设计缺陷在内的 Windows 3.11 大部分架构都被移植到了 Windows 95 中,Windows 95 一部分代码在 32 位模式下运行,另一部分代码则仍然在 16 位模式下运行,系统运行时经常需要在这两种模式间切换。大多数用户不会注意到这一问题,但这却成为系统不稳定的隐患。微软也被迫不断发布补丁软件,解决 Windows 95 存在的问题。

　　7. Windows 98

　　Windows 98 提高了 Windows 95 的稳定性,但它并非一款新版操作系统。其用户界面如图 6.8 所示。它支持多台显示器和互联网电视,新的 FAT32 文件系统可以支持更大容量的硬盘分区。Windows 98 还将 IE 集成到了图形用户界面中,为后来的微软反垄断

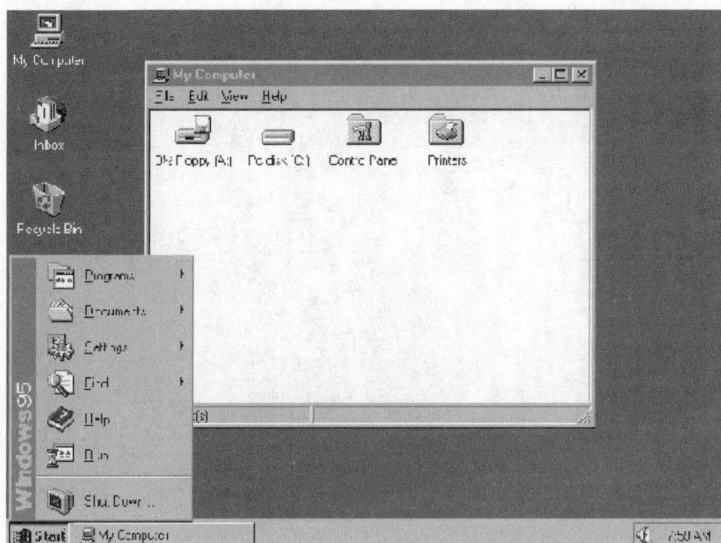

图 6.7　Windows 95

案埋下了祸根。

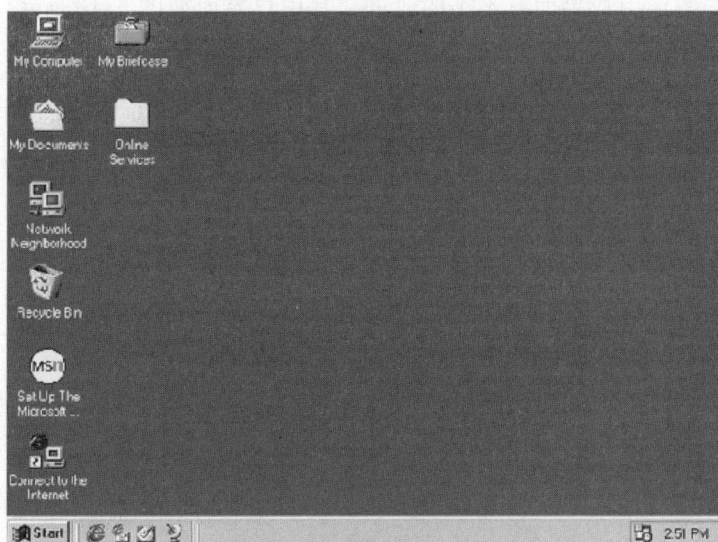

图 6.8　Windows 98

不久后发布的 Windows 98 SE 增添了包括共享互联网连接在内的一系列新功能。

8. Windows 2000

2000 年 2 月发布的 Windows 2000 是 Windows NT 的升级产品，也是首款引入自动升级功能的 Windows 操作系统。其用户界面如图 6.9 所示。

9. Windows ME

Windows ME 被戏称为"错误的版本"(Mistake Edition)，它遭遇了许多问题，其中包

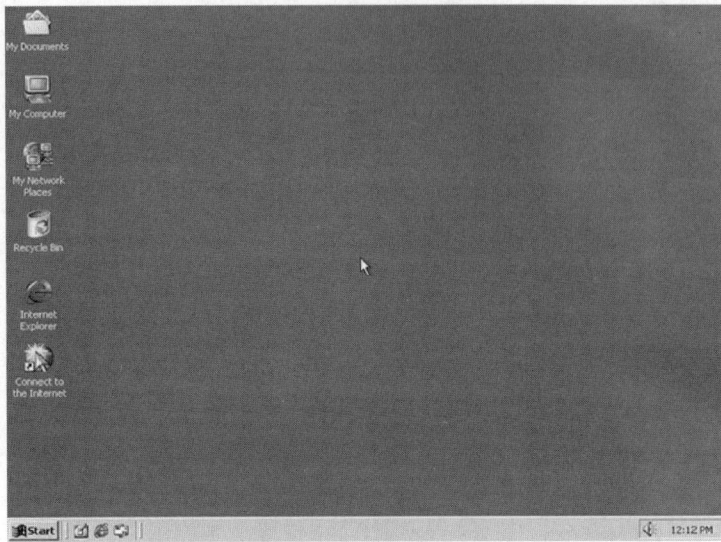

图 6.9 Windows 2000

括稳定性问题。但与 Windows 98 和 Windows 2000,甚至当时尚未发布的 XP 相比,
Windows ME 的图形用户界面有不小的改进。其用户界面如图 6.10 所示。

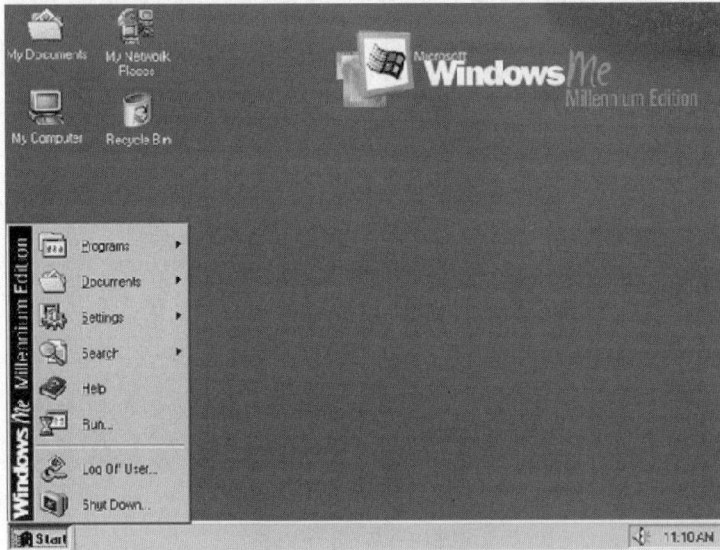

图 6.10 Windows ME

10. Windows XP

2001 年发布的 Windows XP 集 NT 架构与 Windows 95/98/ME 对消费者友好的界
面于一体。尽管安全性遭到批评,但 Windows XP 在许多方面都取得了重大进展,例如文
件管理、速度和稳定性。Windows XP 图形用户界面(见图 6.11)得到了升级,普通用户也
能够轻松愉快地使用它了。

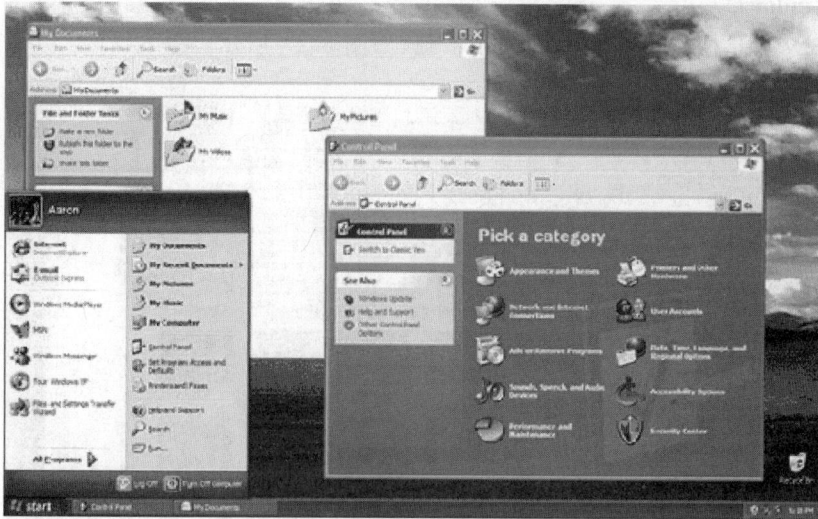

图 6.11　Windows XP

11. Windows Vista

Windows Vista 在 2007 年 1 月高调发布,采用了全新的图形用户界面(见图 6.12)。但软、硬件厂商没有及时推出支持 Vista 的产品,因此有关它的负面消息比比皆是,特别是在硬件支持度方面较差,销售也受到了严重影响。直到目前,许多 Windows 用户仍然坚持使用 Windows XP。微软后来发布了 Vista SP1,修正了 Vista 存在的许多问题。

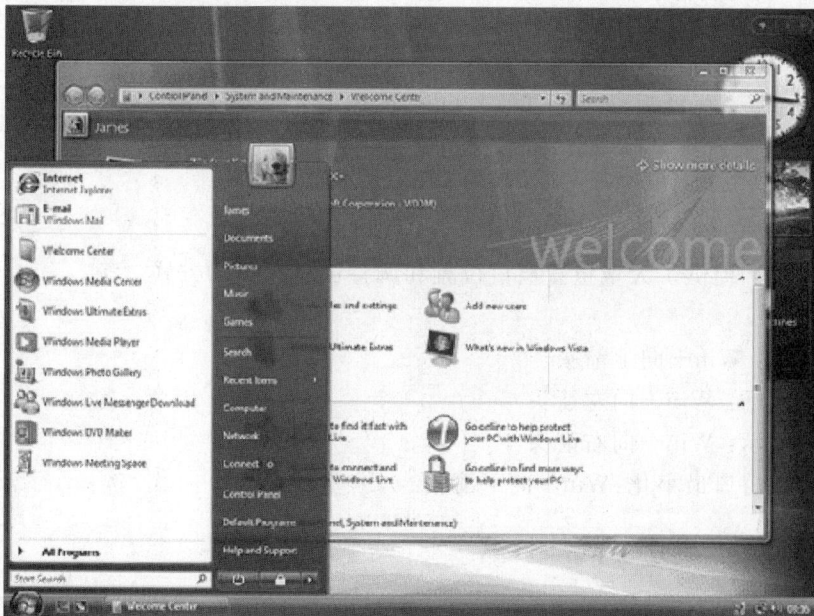

图 6.12　Windows Vista

12. Windows 7

Windows 7 是微软最新版本的操作系统,如图 6.13 所示。

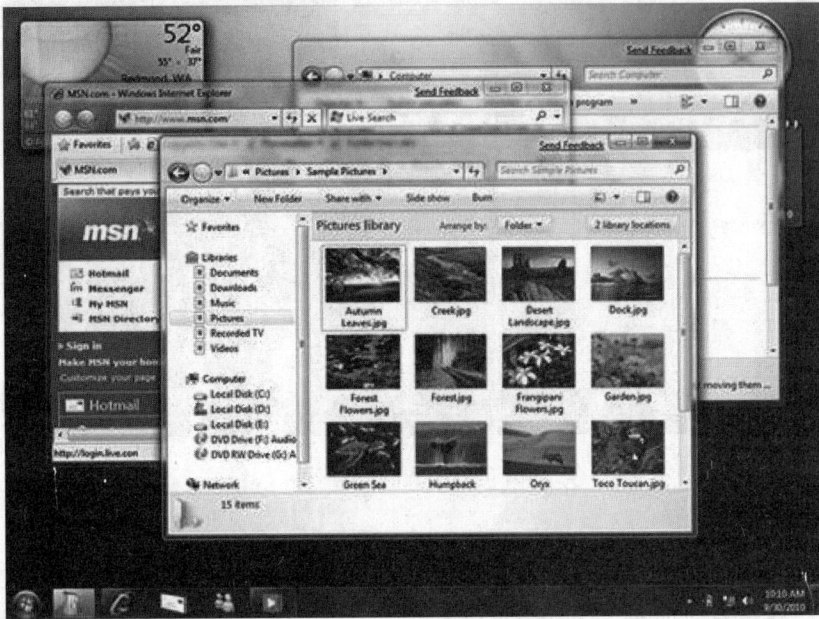

图 6.13　Windows 7

Windows 7 同样具有 Aero 特效,并且相对于 Vista 的 Aero 特效有较大改进。
Windows 7 增加了 Aero Shake 和 Aero Peek、Aero Snap 等功能,但在实际操作中,作用
并不大。

Aero Shake：摇动窗口 2 次其他窗口最小化。

Aero Peek：所有窗口变成透明,只留下边框。

操作：

将鼠标置于任务栏右下角 1 秒钟,或者 Win 键+空格键。

Aero Snap：提供了大量重置窗口位置和调整窗口大小的方式。

操作：

- 最大化：Win+向上箭头
- 靠左显示：Win+向左箭头
- 靠右显示：Win+向右箭头
- 还原或窗口最小化：Win+向下箭头

6.2.2　Windows 操作系统的特点

Windows 具有如下共同特点：

- 具有友好的图形用户界面;
- 具有强大的内存管理功能(可直接管理 4GB 内存);
- 允许多任务操作(可同时运行多个程序),且速度较快;

- 主要用鼠标操作；
- 在线帮助（随时提供帮助）；
- 更容易、快捷地使用互联网；
- 支持新硬件，即插即用，如 DVD、数字相机等；
- 可靠性更强。

6.2.3 Windows 操作系统的启动过程

很多人每天都在和 Windows 打交道，要面对多次 Windows 的启动过程，可是大家知道在 Windows 的启动过程背后，隐藏着什么秘密吗？在这一系列过程中都用到了哪些重要的系统文件？系统的启动分为几个步骤？在这些步骤中计算机中发生了什么？

我们以目前来说最普遍的、在 x86 架构的系统上安装的 32 位 Windows XP Professional 为例介绍 Windows 的启动过程。

基本上，操作系统的引导过程是从计算机通电自检完成之后开始进行的，而这一过程又可以细分为预引导、引导、载入内核、初始化内核以及登录五个阶段。

在继续阅读之前，首先请注意 Windows XP 的操作系统结构图（见图 6.14），其中包括了一些在后台工作的组件以及经常用到的程序。在了解 Windows XP 的启动过程之前，对系统结构有一个初步概念是很重要的。

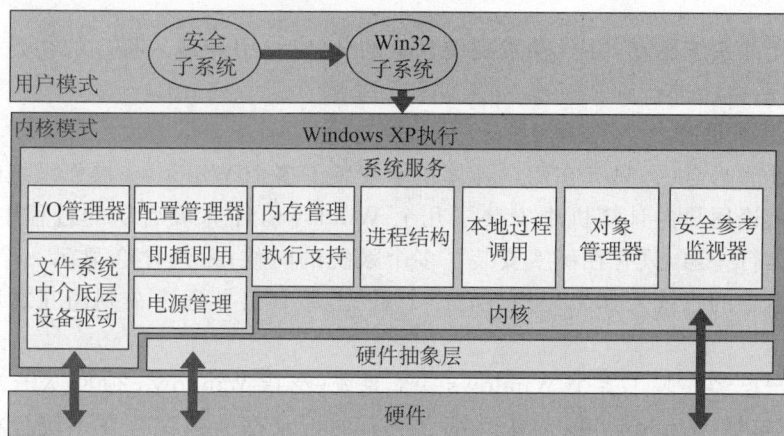

图 6.14 Windows XP 的内部结构

1. 预引导阶段

当打开计算机电源后，预引导过程就开始运行了。在这个过程中，计算机硬件首先要完成通电自检（power-on self test，POST），这一步主要会对计算机中安装的处理器、内存等硬件进行检测，如果一切正常，则会继续下面的过程。

如果用户的计算机 BIOS（固化在计算机主板芯片中的一些程序）是支持即插即用的（基本上，现阶段能够买到的计算机和硬件都是支持这一标准的），而且所有硬件设备都已经被自动识别和配置，接下来计算机将会定位引导设备（例如第一块硬盘，设备的引导顺序可以在计算机的 BIOS 设置中修改），然后从引导设备中读取并运行主引导记录

(master boot record,MBR)。至此,预引导阶段成功完成。

2. 引导阶段

引导阶段又可以分为初始化引导载入程序、操作系统选择、硬件检测、硬件配置文件选择四个步骤。在这一过程中需要使用的文件包括 ntldr,boot. ini,ntdetect. com,ntoskrnl. exe,ntbootdd. sys,bootsect. dos(非必需)。

3. 初始化引导载入程序

在这一阶段,首先出场的是 ntldr,该程序会将处理器由实模式(real mode)切换为 32 位平坦内存模式(32-bit flat memory mode)。不使用实模式的主要原因是,在实模式下,内存中的前 640 KB 是为 MS-DOS 保留的,而剩余内存则会被当做扩展内存使用,这样 Windows XP 将无法使用全部的物理内存。而在 32 位平坦内存模式下就好多了,Windows XP 自身将能使用计算机上安装的所有内存(其实最多也只能用 2 GB,这是 32 位操作系统的设计缺陷)。

接下来 ntldr 会寻找系统自带的一个微型的文件系统驱动。大家都知道,DOS 和 Windows 9x 操作系统是无法读写 NTFS 文件系统的分区的,那么 Windows XP 的安装程序为什么可以读写 NTFS 分区呢? 其实这就是微型文件系统驱动的功劳了。只有在载入了这个驱动之后,ntldr 才能找到用户硬盘上被格式化为 NTFS 或者 FAT/FAT32 文件系统的分区。如果这个驱动损坏了,就算用户的硬盘上已经有分区,ntldr 也是认不出来的。

读取了文件系统驱动,并成功找到硬盘上的分区后,引导载入程序的初始化过程就已经完成了,随后将会进行到下一步。

4. 操作系统选择

这一步并非必需的,只有在用户计算机中安装了多个 Windows 操作系统的时候才会出现。不过无论用户的计算机中安装了几个 Windows,计算机启动的过程中,这一步都会按照设计运行一遍,只有在确实安装了多个系统的时候,系统才会显示一个列表,让用户选择想要引导的系统。如果用户只有一个系统,那么引导程序在判断完之后会直接进入下一阶段。

如果用户已经安装了多个 Windows 操作系统(泛指 Windows 2000/XP/2003 这类较新的系统,不包括 Windows 9x 系统),那么所有的记录都会被保存在系统盘根目录下一个名为 boot. ini 的文件中。ntldr 程序在完成了初始化工作之后就会从硬盘上读取 boot. ini 文件,并根据其中的内容判断计算机上安装了几个 Windows,它们分别安装在第几块硬盘的第几个分区上。如果只安装了一个,那么就直接跳过这一步。但如果安装了多个,那么 ntldr 会根据文件中的记录显示一个操作系统选择列表,并默认持续 30 秒。只要用户作出选择,ntldr 就会自动开始装载被选择的系统。如果用户没有选择,那么 30 秒后,ntldr 会开始载入默认的操作系统。至此操作系统选择这一步已经成功完成。

系统盘(system volume)和引导盘(boot volume)有什么区别? 这是两个很容易令人产生误解的概念。根据微软的定义,系统盘是指保存了用于引导 Windows 的文件(根据前面的介绍,已经清楚,这些文件是指 ntldr、boot. ini 等)的硬盘分区/卷;而引导盘是指保存了 Windows 系统文件的硬盘分区/卷。如果只有一个操作系统的话,通常会将其安装在第一个物理硬盘的第一个主分区(通常被识别为 C 盘)上,那么系统盘和引导盘属于同一个分区。但是,如果用户将用户的 Windows 安装到了其他分区,例如 D 盘中,那么系统盘仍然是用户的 C 盘(因为尽管 Windows 被安装到了其他盘,但是引导系统所用的文件还是会保存在 C 盘的根目录下),但用户的引导盘将会变成 D 盘。很奇怪的规定,保存了引导系统所需文件的分区被称为"系统盘",而保存了操作系统文件的分区则被称为"引导盘",正好颠倒了。不过微软就是这样规定的。

5. 硬件检测

这一过程中主要需要用到 ntdetect.com 和 ntldr。当在前面的操作系统选择阶段选择了想要载入的 Windows 系统之后,ntdetect.com 首先要将当前计算机中安装的所有硬件信息收集起来,并列成一个表,接着将该表交给 ntldr(这个表的信息稍后会被用来创建注册表中有关硬件的键)。这里需要被收集信息的硬件类型包括:总线/适配器类型、显卡、通信端口、串口、浮点运算器(CPU)、可移动存储器、键盘、指示装置(鼠标)。至此,硬件检测操作已经成功完成。

6. 配置文件选择

这一步也不是必需的。只有在计算机中创建了多个硬件配置文件的时候(常用于笔记本电脑)才需要处理这一步。

硬件配置文件这个功能比较适合笔记本电脑用户。如果用户有一台笔记本电脑,主要在办公室和家里使用,在办公室的时候用户可能会使用网卡将其接入公司的局域网上,公司使用了 DHCP 服务器为客户端指派 IP 地址;但是回到家之后,没有了 DHCP 服务器,启动系统的时候系统将会使用很长的时间寻找那个不存在的 DHCP 服务器,这将延长系统的启动时间。在这种情况下就可以分别在办公室和家里使用不同的硬件配置文件,可以通过硬件配置文件决定在某个配置文件中使用哪些硬件、不使用哪些硬件。例如前面列举的例子,可以为笔记本电脑在家里和办公室分别创建独立的配置文件,而家庭用的配置文件中会将网卡禁用。这样,回家后使用家用的配置文件,系统启动的时候会直接禁用网卡,从而避免寻找不存在的 DHCP 服务器延长系统启动时间。

如果 ntldr 检测到系统中创建了多个硬件配置文件,那么它就会将所有可用的配置文件列表显示出来,供用户选择。这里其实和操作系统的选择类似,不管系统中有没有创建多个配置文件,ntldr 都会进行这一步操作,不过只有在确实检测到多个硬件配置文件的时候才会显示文件列表。

7. 载入内核阶段

在这一阶段,ntldr 会载入 Windows XP 的内核文件 ntoskrnl.exe,但这里仅仅是载入,内核此时还不会被初始化。随后被载入的是硬件抽象层(hal.dll)。

硬件抽象层其实是内存中运行的一个程序,这个程序在 Windows XP 内核和物理硬件之间起到了桥梁的作用。正常情况下,操作系统和应用程序无法直接与物理硬件打交道,只有 Windows 内核和少量内核模式的系统服务可以直接与硬件交互。而其他大部分系统服务以及应用程序,如果想要和硬件交互,必须透过硬件抽象层进行。

硬件抽象层的使用主要有两个原因:①忽略无效甚至错误的硬件调用。如果没有硬件抽象层,那么硬件上发生的所有调用甚至错误都将会反馈给操作系统,这可能会导致系统不稳定。而硬件抽象层就像工作在物理硬件和操作系统内核之间的一个过滤器,可以将认为会对操作系统产生危害的调用和错误全部过滤掉,从而直接提高了系统的稳定性;②多平台之间的转换翻译。这个原因可以列举一个形象的例子,假设每个物理硬件都使用不同的语言,而每个操作系统组件或者应用程序则使用了同样的语言,那么不同物理硬件和系统之间的交流将会是混乱而且很没有效率的。如果有了硬件抽象层,等于给软硬件之间安排了一位翻译,这位翻译懂所有硬件的语言,并会将硬件说的话用系统或者软件能够理解的语言原意转达给操作系统和软件。通过这个机制,操作系统对硬件的支持可以得到极大的提高。

硬件抽象层被载入后,接下来要被内核载入的是 HKEY_LOCAL_MACHINE\ System 注册表键。ntldr 会根据载入的 Select 键的内容判断接下来需要载入哪个 Control Set 注册表键,而这些键会决定随后系统将载入哪些设备驱动或者启动哪些服务。这些注册表键的内容被载入后,系统将进入初始化内核阶段,这时候 ntldr 会将系统的控制权交给操作系统内核。

8. 初始化内核阶段

当进入这一阶段的时候,计算机屏幕上就会显示 Windows XP 的标志了,同时还会显示一条滚动的进度条,这个进度条可能会滚动若干圈(图 6.15)。从这一步开始,才能从屏幕上对系统的启动有一个直观的印象。在这一阶段中主要会完成四项任务:创建 Hardware 注册表键、对 Control Set 注册表键进行复制、载入和初始化设备驱动,以及启动服务。

9. 创建 Hardware 注册表键

首先要在注册表中创建 Hardware 键,Windows 内核会使用在前面的硬件检测阶段收集到的硬件信息来创建 HKEY_

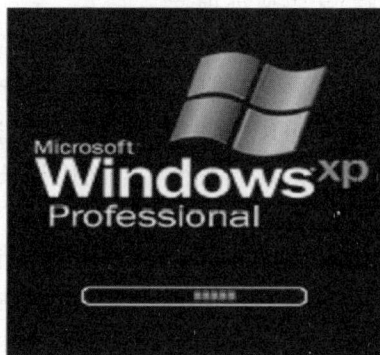

图 6.15 Windows XP 的初始化内核阶段

LOCAL_MACHINE\Hardware 键,也就是说,注册表中该键的内容并不是固定的,而是会根据当前系统中的硬件配置情况动态更新。

10. 对 Control Set 注册表键进行复制

如果 Hardware 注册表键创建成功,那么系统内核将会对 Control Set 键的内容创建一个备份。这个备份将会被用在系统的高级启动菜单中的"最后一次正确配置"选项。例如,如果安装了一个新的显卡驱动,重启动系统之后 Hardware 注册表键还没有创建成功系统就已经崩溃了,这时如果选择"最后一次正确配置"选项,系统将会自动使用上一次的 Control Set 注册表键的备份内容重新生成 Hardware 键,从而可以撤销掉之前因为安装了新的显卡驱动对系统设置的更改。

11. 载入和初始化设备驱动

在这一阶段,操作系统内核首先会初始化之前在载入内核阶段载入的底层设备驱动,然后内核会在注册表的 HKEY_LOCAL_MACHINE\ System\ CurrentControlSet\

Services 键下查找所有 Start 键值为"1"的设备驱动。这些设备驱动将会在载入之后立刻进行初始化,如果在这一过程中发生了任何错误,系统内核将会自动根据设备驱动的 ErrorControl 键的数值进行处理。ErrorControl 键的键值共有四种,分别具有如下含义:

0,忽略,继续引导,不显示错误信息。

1,正常,继续引导,显示错误信息。

2,恢复,停止引导,使用"最后一次正确配置"选项重启动系统。如果依然出错则会忽略该错误。

3,严重,停止引导,使用"最后一次正确配置"选项重启动系统。如果依然出错则会停止引导,并显示一条错误信息。

12. 启动服务

系统内核成功载入,并且成功初始化所有底层设备驱动后,会话管理器会开始启动高层子系统和服务,然后启动 Win32 子系统。Win32 子系统的作用是控制所有输入输出设备以及访问显示设备。当所有这些操作都完成后,Windows 的图形界面显示出来,同时能使用键盘以及其他 I/O 设备。

接下来会话管理器会启动 Winlogon 进程,至此,初始化内核阶段已经成功完成,这时候用户可以开始登录。

13. 登录阶段

在这一阶段,由会话管理器启动的 winlogon.exe 进程将会启动本地安全性授权 (Local Security Authority,lsass.exe)子系统。到这一步之后,屏幕上将显示 Windows XP 的欢迎界面或者登录界面,这时候用户可以顺利登录了。不过此时系统的启动还没有彻底完成,后台可能仍然在加载一些非关键的设备驱动。

随后系统会再次扫描 HKEY_LOCAL_MACHINE\System\CurrentControlSet\Services 注册表键,并寻找所有 Start 键的数值是"2"或者更大数字的服务。这些服务就是非关键服务,系统直到用户成功登录之后才开始加载这些服务。

至此 Windows XP 的启动过程全部完成。

6.2.4 虚拟 DOS 环境与 VDM

Windows 3.x 之前的视窗操作系统,其运行离不开 DOS 的优先启动,并且 Windows 实质上是 DOS 环境中的一个应用程序。自 Windows 95 系统推出以来,由于操作系统在系统运行机制方面有了根本性的改变,开始有了虚拟 DOS 环境。虚拟 DOS 环境的设计,是为了继续照顾 DOS 用户的使用习惯,同时更重要的是为了使已有的 DOS 程序(包括系统程序和应用程序)能够在 Windows 环境下正常运行。

VDM 是 Virtual Dos Machine 的缩写,中文译作虚拟 DOS 机。VDM 是在 Windows NT/2000 操作系统环境下产生的一个新术语。在 Windows NT/2000 中,基于 MS-DOS 的应用程序的运行正是通过 NTVDM 实现的。所谓 NTVDM,实际上是一个特殊的 Win32 应用程序,它可以为基于 MS-DOS 的应用程序提供仿真 DOS 环境。

每一个基于 MS-DOS 的应用程序运行时都有自己的 NTVDM,而每一个 NTVDM 都有独自的线程。每一个 NTVDM 都有自己独立的地址空间,所以一旦某个 NTVDM

运行失败,可单独将其关闭,而不会影响其他的 NTVDM。

NTVDM 的核心内容由以下成分组成:

① ntvdrm. exe,以保护模式运行。这个程序提供 DOS 仿真并管理 NTVDM。

② ntio. sys,相当于 MS-DOS 的 io. sys。

③ ntdos. sys,相当于 MS-DOS 的 msdos. sys。

④ 一个指令执行单元(instruction execution unit),用于仿真 Intel 80486 处理器(对于基于 RISC 的计算机而言)。

由于 Windows NT/2000 禁止应用程序直接访问硬件,而许多 DOS 程序需要访问硬件,所以,NTVDM 使用虚拟设备驱动程序(virtual device driver,VDD)来允许 DOS 程序访问系统硬件。Windows NT/2000 为鼠标、键盘、打印机和 COM 端口提供 VDD。

当一个 DOS 程序运行时,一个新的 NTVDM 就自动产生。通过改变程序信息文件(program information file,PIF)的设置,可以为一个具体的 DOS 程序定制 NTVDM。但是,毕竟 VDM 不是真正的 DOS,所以在某些方面,诸如对系统资源的支配方式、对 DOS 命令的支持数量等都有比较明显的差别。因为在 Windows 环境下,VDM 只不过是操作系统的一个线程,这个任务可根据需要(特别是在运行不良时)随时关闭而不会影响操作系统的正常运行。

6.2.5　DOS 程序的执行

前面介绍过,DOS 程序无论是在 DOS 系统中还是在虚拟 DOS 环境里,都是以命令行方式工作的。

在 DOS 环境中,程序的运行是非常简单的。将路径切换到程序所在位置,在系统提示符后输入程序文件名,即可运行程序。也可将程序所在的位置路径通过 PATH 命令来设置(如在 autoexec. bat 中添加),这样无论 DOS 系统当前是在任何位置,直接输入程序文件名即可运行。如果需要,在程序文件名的后边还需加上若干参数。

在 Windows 环境下,DOS 程序的运行有多种方法和途径。

(1) 单击"开始"菜单中的"运行",打开 DOS 程序"运行"对话框,输入 DOS 程序文件名,然后单击"确定"按钮或输入回车键,如图 6.16 所示。

图 6.16　DOS 程序"运行"对话框

(2) 通过 Windows 资源管理器,找到 DOS 程序文件所在文件夹,直接双击 DOS 程序文件或单击 DOS 程序文件后再按回车键,如图 6.17 所示。

(3) 单击"开始"→"程序"→"附件"→"命令提示符",进入虚拟 DOS 环境窗口,可运

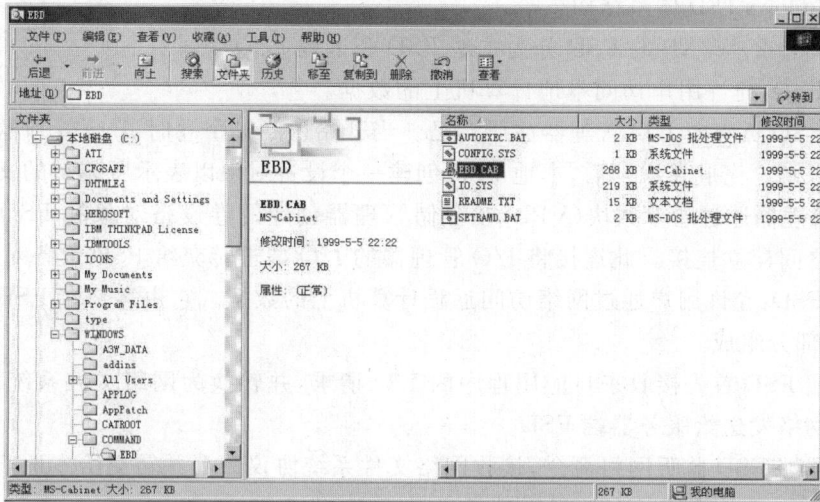

图 6.17　Windows 资源管理器中双击 DOS 程序文件

行多个 DOS 程序或命令,如图 6.18 所示。

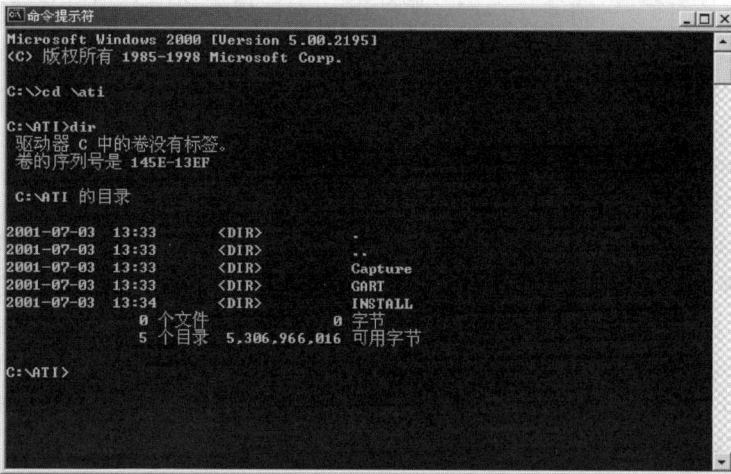

图 6.18　虚拟 DOS 环境窗口

6.3　文件系统与格式化

6.3.1　Windows 文件系统

文件系统是操作系统的重要组成部分,直接影响系统的性能。在 Windows 系列操作系统中,通过文件系统驱动程序(file system driver,FSD),支持多种文件系统格式,有着不同的特点。

1．Windows FSD 体系结构

Windows 2000/XP 的 FSD 分为本地 FSD 和远程 FSD。

本地 FSD：允许用户访问本地计算机上的数据。

本地 FSD 负责向 I/O 管理器注册自己。当开始访问某个卷时，I/O 管理器调用 FSD 来进行卷识别。完成卷识别后，本地 FSD 创建一个设备对象以表示所装载的文件系统。

I/O 管理器通过卷参数块（VPB）在存储管理器创建的卷设备对象和 FSD 创建的卷设备对象之间建立连接。此连接将 I/O 管理器的 I/O 请求转交给 FSD 设备对象。

远程 FSD：允许用户通过网络访问远程计算机上的数据。它由客户端 FSD 和服务器端 FSD 两部分组成。

客户端 FSD 首先接收来自应用程序的 I/O 请求，并转换为网络文件系统协议命令，然后通过网络发送给服务器端 FSD。

服务器端 FSD 监听网络命令，接收网络文件系统协议命令并转交给本地 FSD 执行。

Windows 文件系统的有关操作都是通过 FSD 完成的。

- 显示文件 I/O：应用程序通过 I/O 接口函数如 CreateFile，ReadFile，WriteFile 等来访问文件。
- 高速缓存延迟写：此线程定期对高速缓存中已被修改的页面进行写操作。
- 高速缓存提前读：此线程负责提前读数据。
- 内存脏页写：此线程定期清洗缓冲区。
- 内存缺页处理。

2．Windows 2000/XP 支持的文件系统

CDFS 与 UDF

CDFS(CDROM File System)即只读光盘文件系统，现已被 UDF 标准取代。

特点：文件和目录名长度必须少于 32 个字符；目录树深度不能超过 8 层。

Windows 2000/XP 通过\Winnt\System32\Drivers\Cdfs. sys 实现 CDFS 的支持。

UDF(Universal Disk Format)即通用磁盘格式。

特点：文件名可以区分大小写；文件名可以有 255 字符长；最长路径为 1023 个字符。

Windows 2000/XP 通过\Winnt\System32\Drivers\Udfs. sys 实现 UDF 的支持。

FAT12，FAT16，FAT32

Windows 2000/XP 通过\Winnt\System32\Drivers\Fastfat. sys 提供文件分配表(file allocation table，FAT)文件系统驱动程序。

FAT 文件系统用数字来标识磁盘上簇号的位数。FAT12 簇标识为 12 位（FAT12 是 5.25 英寸和 3.5 英寸软盘的标准格式），FAT16 簇标识为 16 位。

所有 FAT 格式的文件有着共同的特点，即每个文件或者文件夹都有 3 个属性可供选择：H(是否隐藏)，R(是否只读)，A(是否存档)，如图 6.19 所示。

FAT16 之前的 FAT 格式还有一个属性：S(系统)，用于区分是不是系统文件，FAT32 中取消了。这些属性只在 MS-DOS 窗口中还有些意义，例如一个文件如果具有 R 属性，则不能用 DEL 命令删除之；如果具有 H 属性，则用 DIR 命令查看显示文件时看不到；A 属性则用来判断一个文件在被复制后是否又做了修改，可结合文件复制命令减少

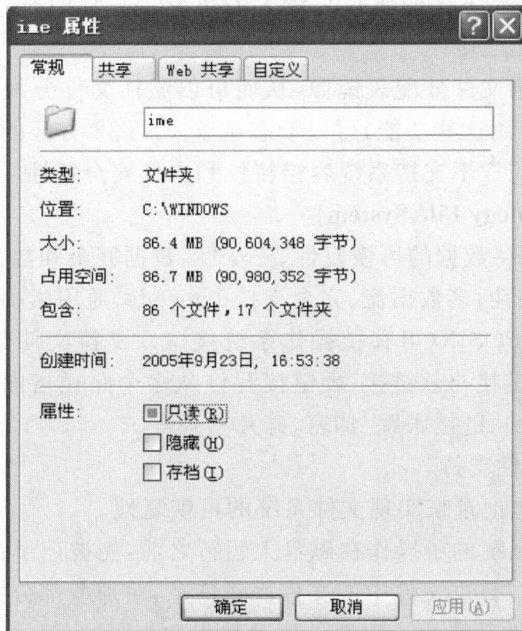

图 6.19　FAT 格式的文件的 3 个属性

备份的文件数量。在 Windows 资源管理器中,这些属性已经几乎没有实际作用——所有文件都可以看到,所有文件都可能被删除。因此,FAT 文件系统没有安全性。

FAT 格式的文件保存在 FAT 卷上,占用若干数量的簇。FAT 卷分为几个区域:引导区、文件分配表(包含一个卷上所有簇的条目,并保留备份)、根目录(FAT12 和 FAT16 最多只能存放 256 个文件或目录)、其他目录和文件。

FAT16 的优点是可以被多种操作系统访问,缺点是不支持长文件名;最大分区为 2GB;不支持系统容错特性;不支持内部安全特性。

FAT32 文件分配表簇标识扩充为 32 位,主要应用于 Windows 98 之后的 OS 版本中。

FAT32 的优点:

(1) 具有强大的寻址能力。支持最大为 2TB 的驱动器,能比 FAT16 更有效地管理磁盘。

(2) FAT32 更灵活。FAT32 驱动器上的根文件夹是一个普通的簇链,因此它可以位于驱动器的任意位置。先前对根文件夹项目数量的限制已经取消。根目录下的文件数目不受最多 256 的限制。

(3) FAT32 更可靠。FAT32 可以重新定位根文件夹,并使用文件分配表的备份副本,而不是默认副本。FAT32 驱动器上的引导记录也得到扩展,它将包括关键数据结构的备份副本。因此,与 FAT16 驱动器相比,FAT32 驱动器不容易受到单点故障的影响,因而分区不易受单点的错误影响。

(4) 支持长文件名格式。

(5) FAT32 可以更有效地使用空间。FAT32 使用较小的簇(即对于大小高达 8GB

的驱动器,它使用大小为 4KB 的簇),与较大的 FAT 或 FAT16 驱动器相比,可以提高 10%~15%的磁盘空间利用率。

(6) 此外,可以禁用文件分配表镜像,从而可以激活文件分配表的副本,而不是激活第一个文件分配表。使用这些功能,可以动态调整 FAT32 分区的大小。

FAT32 的缺点是同样不支持系统容错特性和内部安全特性。

NTFS(New Technology File System)

NTFS 文件系统支持数据的可恢复性、安全性、数据冗余和数据容错。

它具有其他高级特性:多数据流、完全支持 Unicode、通用索引机制、动态坏簇重新映射(热修复)、完全支持 POSIX(可移植操作系统接口)、支持文件数据的压缩、日志记录、支持用户磁盘限额、硬链接与软链接(硬链接允许从多个路径指向同一文件和目录,软链接允许重定向一个目录)、链接跟踪、加密、碎片整理等。

(1) NTFS 可恢复性支持

• NTFS 通过日志记录来实现文件系统的可恢复性。

• 所有改变文件系统的子操作在磁盘上运行之前,先被记录在日志文件中。在恢复阶段,NTFS 根据记录在日志文件中的文件操作信息,对那些部分完成的事务进行重做或撤销,以保证磁盘上文件系统的一致性。这种技术称为"预写日志记录"。

(2) NTFS 坏簇恢复支持

• Windows 2000/XP 卷管理功能分别通过用于基本磁盘的 FtDisk 和用于动态磁盘的 LDM(Logical Disk Manager)的卷管理工具来实现坏簇的修复。

• NTFS 在运行时动态收集有关坏簇的资料,并存储在系统文件中,而在应用程序环境中不必知道坏簇的存在。当扇区发生错误时,容错驱动程序给 NTFS 发出该扇区损坏的通知,NTFS 将分配一个新簇来取代坏扇区中的簇,并将数据复制到新簇中,NTFS 将标记该坏扇区并不再使用它。

(3) NTFS 安全性支持

• NTFS 把文件和目录看成对象和对象的集合,文件和目录对象都带有安全描述符,并作为文件的一部分存储在磁盘上。进程在打开对象句柄前验证该进程是否具有足够的权限。

• NTFS 支持加密文件系统(EFS),以阻止非授权用户访问加密文件。

6.3.2 NTFS 文件系统

NTFS 是随着 Windows NT 操作系统而产生的,并随着 Windows NT 4 跨入主力分区格式的行列,它的优点是安全性和稳定性出色,在使用中不易产生文件碎片。NTFS 分区对用户权限作出了非常严格的限制,每个用户都只能按照系统赋予的权限进行操作,任何试图越权的操作都将被系统禁止,同时它还提供了容错结构日志,可以将用户的操作全部记录下来,从而保护了系统的安全。但是,NTFS 格式的兼容性不好,而且小于大约 400 MB 的卷不适合使用 NTFS,因为它会带来较大的系统开销。Windows 2000 之后的操作系统都基于 NT 技术(NTFS 5.0),提供完善的 NTFS 分区格式的支持。

1. NTFS 系统的磁盘结构

(1) 卷(volume)

• NTFS 是以卷为基础的。卷建立在磁盘分区之上。

• 分区是磁盘的基本组成部分,是一个能够被格式化和单独使用的逻辑单元。当以 NTFS 格式来格式化磁盘分区时就创建了 NTFS 卷。

• 一个磁盘可以有多个卷,一个卷也可以由多个磁盘组成。Windows 2000/XP 常使用 FAT 卷和 NTFS 卷。一个 36GB 硬盘的三种磁盘配置的实例如图 6.20 所示。

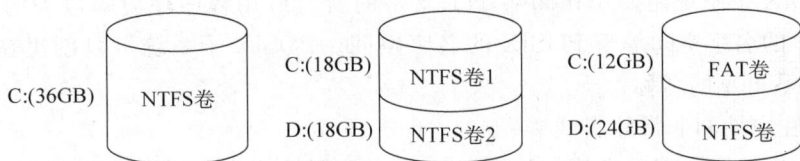

图 6.20 三种磁盘配置实例

(2) 簇(cluster)

• NTFS 与 FAT 一样,使用簇作为磁盘空间分配和回收的基本单位。即一个文件占用若干个整簇,而最后一簇的剩余空间不再使用。

• 在内部,NTFS 仅引用簇,而不知道磁盘扇区的大小。这样使 NTFS 保持了与物理扇区大小的独立性,能够为不同大小的磁盘选择合适的簇。

• 卷上簇的大小(称为簇因子)是用户使用 FORMAT 命令或其他格式化程序格式化卷时确定的,它随着卷的大小而不同,但都为物理扇区的整数倍。

• 簇的定位可使用逻辑簇号(LCN)和虚拟簇号(VCN):

▷ LCN 对卷中所有的簇从头到尾进行简单编号。簇因子乘以 LCN 可获得卷上的物理字节偏移量,从而得到物理磁盘地址。

▷ VCN 对属于特定文件的簇从 $0 \sim m$ 编号,以便引用文件中的数据。VCN 不要求在物理上连续,可以映射到卷上任何号码的 LCN。

(3) 主控文件表(MFT)

• 在 NTFS 中,卷中存放的所有数据,包括用于定位和恢复文件的数据结构、引导程序数据和记录整个卷的分配状态的位图(NTFS 元数据),都包含在一个称为主控文件表(MFT)的文件中。

• MFT 是 NTFS 卷结构的核心,是 NTFS 最重要的系统文件。MFT 以文件记录数组实现,每个文件大小为 1KB,卷上每个文件(包括 MFT 本身)都有一行 MFT 记录。

(4) 文件引用号

• NTFS 卷中的文件是通过称为"文件引用号"的 64 位值来标识的。

• 文件引用号由文件号(低 48 位)和文件顺序号(高 16 位)组成。

▷ 文件号对应文件在 MFT 中的位置。

▷ 顺序号随文件记录的重用而增加,从而使 NTFS 完成内部的一致性检查。

(5) 文件记录

• NTFS 不是将文件仅仅视为一个文本库或二进制数据,而是将文件作为许多属性/属性值的集合来处理。

• 除数据属性外，其他文件属性包括文件名、文件时间标记、文件拥有者等。

（6）文件名

• NTFS 和 FAT 路径中的每个文件名/目录名长度可达 255 个字节，可以包含 Unicode 字符、多个句点和空格。

• MS-DOS 不能正确识别 Win32 的文件名，因此 NTFS 自动生成 8 字符（加 3 字符扩展名）以内的 MS-DOS 文件名。

• POSIX 子系统需要 Windows NT 支持的所有应用程序环境中最大的名字空间，因此，NTFS 的名字空间等于 POSIX 的名字空间。POSIX 子系统可以创建在 Win32 和 MS-DOS 中不可见的名称。

（7）常驻属性和非常驻属性

• 若文件的属性值能直接存放在 MFT 中，该属性称为常驻属性。

• 小文件或小目录的所有属性均可在 MFT 中常驻。如果属性值直接存放在 MFT 中，则 NTFS 只需访问磁盘一次即可获得数据；而 FAT 文件系统必须先在 FAT 表中查找文件，再读出连续分配的单元，才能找到文件数据。

（8）文件名索引

• 在 NTFS 中，文件目录仅仅是文件名的一个索引，即为了便于快速访问而用一种特殊的方式组织起来的文件名的集合。

• 要创建一个目录，NTFS 应对目录中文件的文件名属性进行索引。

（9）数据压缩

• NTFS 压缩功能可以对单个文件、整个目录或卷上的整个目录树进行压缩。NTFS 压缩只能在用户数据上执行，而不能在文件系统元数据上执行。

• Win32 中的 GetVolumeInformation 函数可以判断一个卷是否已被压缩；GetCompressedFileSize 函数可以得到一个文件的实际压缩大小；DeviceIoControl 函数可以检查或改变一个文件或目录的压缩设置。

• 数据压缩可以减少磁盘使用空间，但每次解压缩需要大量数据运算。如果要复制一个压缩文件，过程是解压缩、复制、重新压缩复制的文件。

2. NTFS 系统的权限特性

NTFS 格式的文件，其文件属性通过对登录用户的许可权限来体现（见图 6.21，图 6.22），其中文件可以有 5 个权限（图 6.21(a)），文件夹可以有 6 个（图 6.21(b)）。

用 NTFS 权限来指定哪个用户、组和计算机可以在何种程度上对特定的文件和文件夹进行访问、作出修改。

（1）对于文件，可以赋予用户、组和计算机以下权限。

读：可以读取文件，查看文件的属性、所有者以及权限。

写：可以写入数据、覆盖文件、修改文件属性，以及查看文件权限和所有权。

读和运行：可以读取文件，查看文件的属性、所有者、权限，还可以运行应用程序。

修改：可以读取并写入/修改文件，查看并更改文件的属性、所有者、权限，还可以运行应用程序以及删除文件。

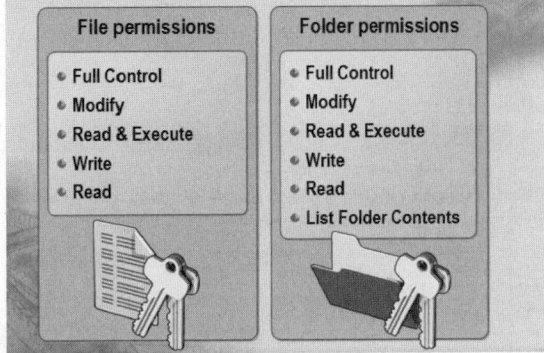

(a) 对于文件　　　　　(b) 对于文件夹

图 6.21　NTFS 格式的文件的许可权限

　　完全控制：对文件的最高权力，在拥有上述所有权限以外，还可以修改文件权限以及替换文件所有者。

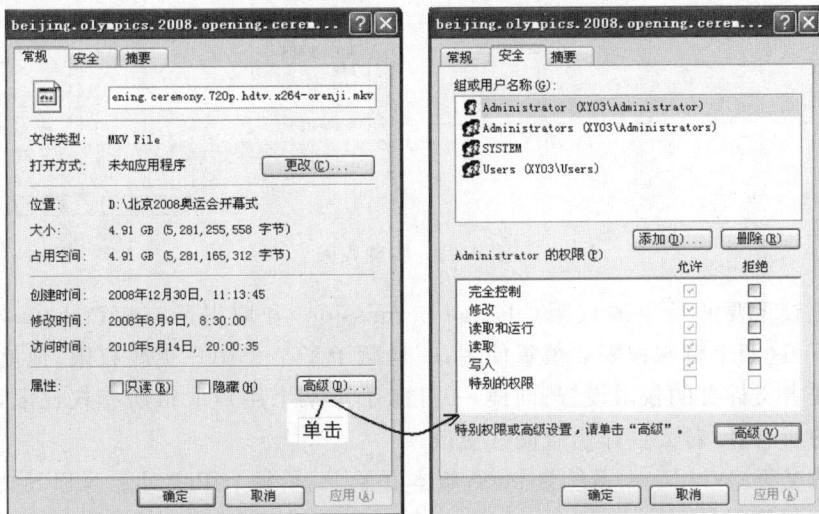

图 6.22　对文件的权限

　　(2) 对于文件夹，可以赋予用户、组和计算机以下权限。

　　读：读取文件和查看子文件夹，查看文件夹属性、所有者和权限。

　　写：创建文件夹、修改文件夹属性、查看文件夹权限和所有者。

　　列出文件夹内容(list folder contents)：查看此文件夹中的文件和子文件夹。

　　读和运行：遍历文件夹，查看并读取文件和查看子文件夹，查看文件夹属性、所有者和权限。

　　修改：除了查看并读取文件和查看子文件夹，创建文件和子文件夹，查看和修改文件夹属性，所有者和权限以外，还可以删除文件夹。

　　完全控制：文件夹的最高权限，在拥有上述所有文件夹权限以外，还可以修改文件夹权限、替换所有者以及删除子文件夹。

（3）NTFS 的特殊权限

除此以外，NTFS 还有一些特殊权限，图 6.23 显示了文件"olympic2008.wma"被赋予某类用户特殊权限的情况。

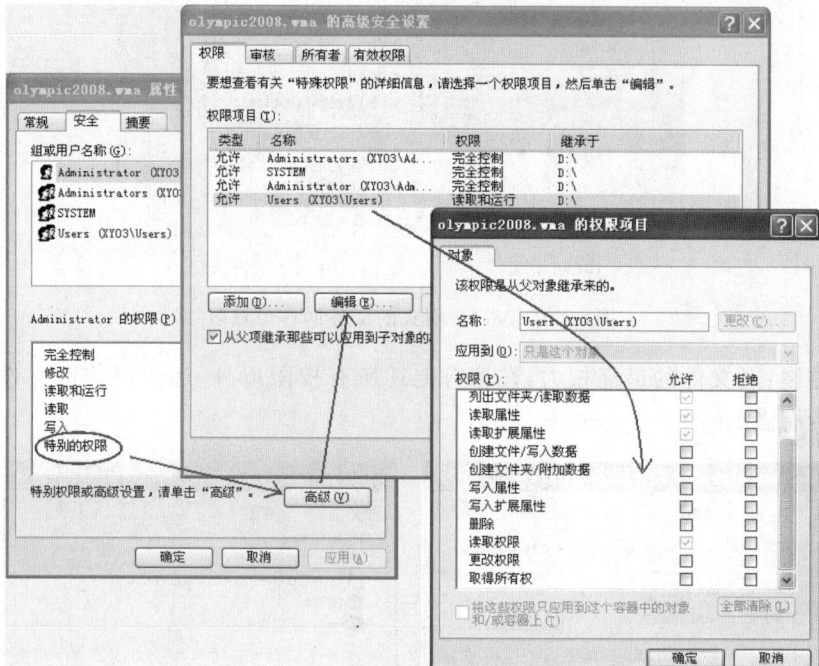

图 6.23　特殊权限

其中比较重要的是更改权限（change permission）和取得所有权（take ownership）。通常情况下，这两个特殊权限要慎重使用，一旦赋予了某个用户更改权限，他就可以改变相应文件或者文件夹的权限设置；同样，一旦赋予了某个用户取得所有权权限，他便可以作为文件的所有者，对文件作出查阅并更改。

默认情况下，Windows 系统自 2000 版本开始，赋予每个用户对于 NTFS 文件和文件夹的完全控制权限。

当在 NTFS 分区内、分区间复制文件或者在 NTFS 分区间移动文件或文件夹时，文件或文件夹将继承目标文件夹的权限。而当在同一 NTFS 分区内移动文件或文件夹时，权限将被保留。

无论是将文件或文件夹复制还是移动到 FAT 分区，所有权限信息将丢失。

3. Windows 分区的格式化

（1）格式化的定义

格式化是指对磁盘或磁盘中的分区（partition）进行初始化的一种操作。这种操作通常会导致现有的磁盘或分区中所有的文件被清除。格式化通常分为高级格式化（high-level format）和低级格式化（low-level format）两种。

新购买的磁盘在使用之前，要让操作系统认得它，应先写入一些磁性的记号到磁盘上的每一扇区,以便在该操作系统下取用磁盘上的数据,这就是格式化的实质。

软盘只有高级格式化,而硬盘不仅有高级格式化,还有低级格式化的动作。低级格式化都是针对硬件的磁道为单位来工作的,这个格式化动作是在硬盘分区和高级格式化之前做的,通常一般的使用者并不会执行这个动作。

若未特别指明,一般格式化的动作所指的都是高级格式化。在 MS-DOS 操作系统中,可以使用 FORMAT 指令来格式化硬盘与软盘。例如,要格式化一片在磁盘驱动器 A 中的磁盘,并将开机文件放入该磁盘当中,可使用"FORMAT A:/S"指令,而在 Windows 操作系统中,格式化的动作则由"资源管理器"来执行(右键单击磁盘名称>"格式化……")。

格式化的动作通常是在磁盘的开端写入启动扇区(boot sector)的数据、在根目录记录磁盘标签(volume label)、为文件分配表(FAT)保留一些空间,以及检查磁盘上是否有损坏的扇区,若有的话则在文件分配表标上损毁的记号(一般用大写字母"B"代表"BAD"),表示该扇区并不用来储存数据。

(2) 格式化时文件系统的选择

Windows 2000/XP 在文件系统上是向下兼容的,它可以很好地支持 FAT16/FAT32 和 NTFS。其中 NTFS 是 Windows NT/2000/XP/VISTA/7 专用格式,它能更充分有效地利用磁盘空间,支持文件级压缩,具备更好的文件安全性。如果只安装 Windows 2000/XP/VISTA/7,建议选择 NTFS 文件系统。如果是多重引导系统,则系统盘(C 盘)必须为 FAT16 或 FAT32,否则不支持多重引导。当然这时其他分区的文件系统可以为 NTFS。

(3) 如何将 FAT 分区转换为 NTFS

Windows 2000/XP/7 提供了分区格式转换工具"convert. exe"。convert. exe 是 Windows 附带的一个 DOS 命令行程序,通过这个工具可以直接在不破坏 FAT 文件系统的前提下,将 FAT 转换为 NTFS。它的用法很简单,先在 Windows 环境下切换到 DOS 命令行窗口,然后在提示符下输入:

D:\>convert 需要转换的盘符 /FS:NTFS

如:D:\>convert e:/FS:NTFS

所做的转换将在系统重新启动后生效完成。

此外,还可以使用专门的转换工具,如著名的硬盘无损分区工具 Partition Magic。使用它可轻松地完成磁盘文件格式的转换。首先在界面中的磁盘分区列表中选择需要转换的分区。从界面按钮条中选择"Convert Partition"按钮,或者是从界面菜单条"Operations"选项下拉菜单中选择"Convert"命令。激活该项功能界面。在界面中选择转换输出为"NTFS",之后单击"OK"按钮返回程序主界面。单击界面右下角的"Apply"添加设置。此后系统会重新引导启动,并完成分区格式的转换操作。

6.4 常用 DOS 命令及实用程序

DOS 命令分为内部命令和外部命令两大类。内部命令包含在 command. com 中,在 DOS 启动后,DOS 的内部命令就常驻内存,因此它们能够直接运行;DOS 的外部命令以文件的形式存放在磁盘上,在执行这些外部命令之前,需要将其调入内存。

由于 DOS 的不同版本之间有一定的差异,这里以 DOS 6.22 的功能为例进行说明。VDM 也可参照此使用。在命令格式中,命令关键字大写,[ ]表示参数(可选项)。

6.4.1 常用文件操作命令

1. 显示文件和子目录命令:DIR

功能:显示指定目录下的文件和子目录列表。当不带开关项使用 DIR 命令时,显示磁盘卷标和序列号;每行显示一个目录或文件,其中包括它们的扩展名、文件大小(所占字节数)、上次修改的日期和时间,所列文件的总数及所占空间,以及磁盘的剩余空间。

类型:内部命令。

格式:

DIR [drive:] [path] [filename] [/P] [/W]
[/A[[:] attributes]] [/O[[:] sortorder]] [/S] [/B] [/L]

参数:

[drive:] [path] 指定要列表的驱动器和目录。

[filename] 指定要列表的文件或文件组。

开关项:

/P 每次显示一屏,按任意键可显示下一屏。

/W 按宽行显示方式显示文件列表,即每行尽可能多地显示文件或目录。

/A[[:] attributes] 显示具有给定属性的文件和目录,如果没有该开关项,DIR 命令将显示除隐含文件以外的所有文件。如果使用该开关项,但不指定属性,则 DIR 命令将显示所有文件,包括隐含文件和系统文件。下面给出了属性列表。冒号(:)是可选项。属性可组合,属性之间不要用空格分开。

H 隐含文件

-H 非隐含文件

S 系统文件

-S 非系统文件

D 目录

-D 文件(非目录)

A 需备份的文件

-A 上次备份以来没有改变的文件

R 只读文件

-R 非只读文件

/O[[:] sortorder] 控制显示文件和目录的次序。如果略去此开关项,DIR 命令将按它们在目录中的次序显示名字。如果使用此开关项,但没有指定排序方式,DIR 命令将按字母顺序显示目录和文件名。冒号(:)是可选项。下面给出了所有排序方式。这些方式可组合使用,中间不要用空格隔开。

N	以文件名的顺序排列
-N	以文件名的字母逆序排列(Z~A)
E	以扩展名的顺序排列
-E	以扩展名的字母逆序排列(Z~A)
D	以日期和时间的顺序排列,早的在前
-D	以日期和时间的顺序排列,晚的在前
S	以文件大小的顺序排列,短的在前
-S	以文件大小的逆序排列,长的在前
G	目录在前,文件在后
-G	目录在后,文件在前
C	按压缩比例,最小的在前
-C	按压缩比例,最大的在前
/S	列表显示在指定目录和其所有子目录中的所有的指定文件。

/B　　每行列出一个目录或文件名(包括扩展名)。此开关项不显示头信息和总计。/B会屏蔽/W开关项。

/L　　以小写方式,显示非排序的目录和文件名。此开关项不将扩展字符转换为小写。

例 6.1 显示文件和目录。

输入命令:DIR

Volume in drive C is MASTER622

Volume Serial Number is 20E3-451D

Directory of C:\FOXPRO

.		<DIR>		15-05-80	0:24
..		<DIR>		15-05-80	0:24
D1		<DIR>		15-05-80	0:33
JIJIAN	TXT		171	27-05-99	5:19
KJ01	SCT		3 946	26-09-99	11:13
KJ01	SCX		2 014	26-09-99	11:13
KJ02	SCT		3 655	26-09-99	13:49
KJ02	SCX		2 014	26-09-99	13:49
KJ03	SCT		1 2 938	26-09-99	13:50
D2		<DIR>		15-05-80	0:34
D3		<DIR>		15-05-80	0:39
D4		<DIR>		15-05-80	0:39
MAIN	MPX		1 078	26-09-99	12:18
MAIN	PRG		122	23-09-99	22:25
MIMA1	CDX		3 072	23-09-99	21:58

MIMA1	DBF	428	26-09-99	13:51
STUDENT	FPT	512	29-08-99	7:39
STUDENT	SCT	5 852	26-09-99	11:13
STUDENT	SCX	2 450	26-09-99	11:13
WIZSTONE	BMP	13 354	09-07-98	0:00
WZCLOSE	BMP	358	09-07-98	0:00
WZCLOSE	MSK	142	26-09-99	9:47
WZDELE	BMP	358	09-07-98	0:00
WZDELE	MSK	142	26-09-99	9:47
WZEDIT	BMP	358	09-07-98	0:00
WZEDIT	MSK	142	26-09-99	9:47

26 file(s)   53 106 bytes

53 243 904 bytes free

2. 复制文件命令:COPY

功能:对一个或多个文件进行复制或合并。

类型:内部命令。

格式:

COPY [/Y| /-Y] [/A| /B] source [/A| /B] [+ source [/A| /B] [+…]] [destination [/A| /B]] [/V]

参数:

source   指定要复制的一个或一组文件的文件名和路径。

destination   指定要复制生成的一个或一组文件的路径和名字。destination 可由一个驱动器加冒号、一个目录名、一个文件名或它们的组合形式构成。

开关项:

/Y 表明无须确认便可用 COPY 替换现存的文件。默认情况下,如果用户把一个现存文件指定为目标文件,COPY 会询问用户是否要覆盖该文件(MS-DOS 以前的版本不进行确认)。如果 COPY 命令是某批处理文件的一部分,那么 COPY 也不进行确认。给定这一开关将覆盖 COPYCMD 环境变量的所有默认与当前设置。

/-Y 表明用户希望在 COPY 命令要替换现存文件时给出提示进行确认。给定这一开关将覆盖 COPYCMD 环境变量的所有默认与当前设置。

/A 表明是一个 ASCII 文本文件。当/A 开关放在命令行的一串文件名之前时,它将作用于所有跟在其后的文件,直到遇到/B 开关,这种情况下,/B 将取代/A 作用于/B 前面的那个文件。当/A 跟在一个文件名后面时,它将作用于它前面的这个文件和跟在它后面的所有文件,直到 COPY 遇到/B,这时/B 作用于紧靠它前面的那个文件。ASCII 文本文件可用文件结束符(CTRL+Z)来指示文件尾。合并文件时,COPY 在默认情况下将文件视为文本文件。

/B 表明是一个二进制文件。当/B 在命令行的一串文件名之前时,它将作用于所有跟在它后面的文件,直到 COPY 遇到/A 开关,这时/A 作用于它前面的这个文件。当/B 跟在一个文件名后时,它将作用于它前面的这个文件以及跟在它后面的所有文件,直到 COPY 遇到一个/A 开关,这时/A 将作用于它前面的这个文件。/B 开关指定命令解释程序去读由该目录中的文件大小所指定数目的字节。/B 开关是 COPY 的默认设定,除非是 COPY 用来合并文件。

/V　　验证新文件是否正确写入。

说明:

(1) COPYCMD 环境变量

COPYCMD 环境变量的设置通常在自动批处理文件 autoexec.bat 里进行。通过设置 COPYCMD 环境变量,可以控制 COPY、MOVE 和 XCOPY 命令在覆盖一个文件之前是否给出提示,并要求用户进行确认。

使用上述命令时的/Y 或/-Y 开关将覆盖 COPYCMD 环境变量的所有默认值和当前设置值。

(2) 对设备的拷入和拷出

可以用一个设备名来代替一个或多个源或目标。

(3) 复制到设备

当目标是一个设备(如 COM1 或 LPT1)时,/B 开关指示 MS-DOS 以二进制形式复制数据。在二进制模式下,所有的字符(包括 CTRL+C、CTRL+S、CTRL+Z 和回车换行这样的特殊字符)都作为数据复制到设备上。省掉/B 开关,MS-DOS 则以 ASCII 形式将数据复制到设备上。

(4) 使用默认目标文件

如果没有指定目标文件,DOS 将创建一个与源文件同名、创建日期和时间相同的副本,并将它置于当前驱动器的当前目录下。如果源文件在当前驱动器且在当前目录下,而没有为目标文件指定一个不同的驱动器或目录的路径,则 COPY 命令终止执行,DOS 显示如下错误信息:

File cannot be copied onto itself

0 File(s)copied

(5) 用 COPY 命令合并文件

如果指定了多于一个的源文件,且各文件之间用"+"分隔,COPY 命令将会把这些文件合并,生成一个新的文件。若在源文件中使用了通配符,但目标只指定了一个文件名,COPY 命令将把通配符匹配的源文件合并到由目标文件指定的那个文件名中。

如果目标文件名与被复制的文件中的某个同名(第一个文件名除外),则目标文件原来的内容将丢失。这时,COPY 命令将显示如下信息:

Content of destination lost before copy

例 6.2　　将文本文件 FILE1、FILE2 合并后复制到 A 盘的 F 文件。

输入命令:COPY FILE1+FILE2 A:F

3. 删除文件命令：DEL(ERASE)

功能：删除指定的文件。

类型：内部命令。

格式：

DEL [drive:] [path] filename [/P]

ERASE [drive:] [path] filename [/P]

参数：

[drive:] [path] filename 指定需要删除的一个或一组文件名和路径。

开关项：

/P 在删除文件前进行确认提示。

例 6.3 删除 A 盘 STU 目录下的所有文件。

输入命令：DEL A:\STU\ * . *

4. 改变文件名命令：RENAME(REN)

功能：改变一个或多个文件名。该命令可以改变所有匹配指定文件的文件名，但不能跨越驱动器改变文件名，也不能将文件移到其他目录。

类型：内部命令。

格式：

RENAME [drive:] [path] filename1 filename2

REN   [drive:] [path] filename1 filename2

参数：

[drive:] [path] filename1 指定要改名的一个或多个文件的位置和名称。

filename2 指定新的文件名。可以使用通配符指定多个新的文件名(不能指定新的驱动器和路径)。

说明：

(1) 在 RENAME(REN)命令中使用通配符

两个文件名参数中都可以使用通配符"*"和"?"。如果在 filename2 中使用通配符，则通配符表示的字符等同于 filename1 的相应字符。

(2) 如果 filename2 已经存在，则 RENAME(REN)命令不能工作

如果指定的 filename2 已经存在，则 RENAME(REN)命令显示以下信息：

Duplicate file name or file not found

例 6.4 将扩展名为 .pas 的文件改为以 .txt 为扩展名的文件。

输入命令：RENAME * . pas * . txt

5. 显示文本文件内容：TYPE

功能：显示文本文件内容。

类型：内部命令。

格式：

TYPE［drive：］［path］filename

参数：

［drive：］［path］filename 指定要查看的文本文件的位置和名字。

说明：

在 TYPE 命令中不能使用通配符"＊"和"？"。

例 6.5 显示文件 abc. txt 的内容。

输入命令：type abc. txt

屏幕显示：

Hello!
Copies one file to xyz. txt
Goodbye!

6.4.2 常用目录操作命令

1. 改变当前目录命令：CHDIR(CD)

功能：显示当前目录的名称或改变当前目录。

类型：内部命令。

格式：

CHDIR［drive：］［path］
CHDIR［..］

或

CD［drive：］［path］
CD［..］

参数：

［drive：］［path］指定欲切换为当前目录的驱动器（若不是当前驱动器）和目录。若无此选项，则表示显示当前路径。

.. 代表父目录。

2. 删除目录树命令：DELTREE

功能：删除一个目录及目录下的所有文件和子目录。

类型：外部命令。

格式：

DELTREE［/Y］［drive：］path［［drive：］path［…］］

参数：

［drive：］path 指定需要删除的目录名。DELTREE 命令将删除该目录下的所有文件和子目录。

开关项：

/Y 直接执行 DELTREE 命令，无须确认。

3. 创建目录命令:MKDIR(MD)

功能:创建目录。

类型:内部命令

格式:

MKDIR [drive:] path
MD [drive:] path

参数:

drive:指定待创建目录所在的驱动器。

path 指定新目录的名字和位置。从根目录到新目录的每条路径的名称最多可以包含 63 个字符(包括反斜线)。

4. 指定可执行文件搜索目录命令:PATH

功能:指定 DOS 搜索可执行文件的目录。

类型:内部命令。

格式:

PATH [[drive:] path [;…]]

参数:

[drive:] path 指定要搜索的驱动器、目录和子目录。使用该参数时,将清除当前目录外的所有搜索路径。

说明:

(1) 先搜索当前目录

DOS 在搜索路径中的目录前,总是先搜索当前目录。

(2) PATH 命令的长度限制

PATH 命令的最大长度为 127 个字符。

(3) 文件名相同,但扩展名不同

在一个目录中,可能有若干个文件名相同,但扩展名不同的文件。DOS 搜索文件扩展名的次序是:.com,.exe 和.bat。如果有文件 a.com,想运行 a.bat,则必须在命令行输入扩展名.bat。

(4) 在搜索路径中有多个同名文件

在搜索路径中可能有多个文件名和扩展名都相同的文件。DOS 先在当前目录中搜索指定文件,然后再按 PATH 命令中指定的目录顺序搜索文件。

(5) 指定多个搜索路径

在 PATH 命令中指定多个搜索路径时,可以用分号";"将各目录分开。

(6) 在 autoexec.bat 文件中使用 PATH 命令

将 PATH 命令放在 autoexec.bat 文件中,即可在启动计算机时自动指定搜索路径。

例 6.6 指定搜索目录为 C:\,C:\DOS,C:\TC,C:\TC\BIN。

输入命令:PATH C:\;C:\DOS;C:\TC;C:\TC\BIN

5. 删除目录命令:RD(RMDIR)

功能:删除目录。在删除目录前,必须先删除它的所有文件和子目录。目录中除"."和".."符号外必须为空。

类型:内部命令。

格式:

RD［drive:］path
RMDIR［drive:］path

参数:

［drive:］path 指定要删除的目录的位置和名称。

6. 显示目录结构命令:TREE

功能:图形化地显示目录结构。

类型:外部命令。

格式:

TREE［drive:］［path］［/F］［/A］

参数:

drive:指定要显示结构的磁盘驱动器。

path 指定要显示结构的目录。

开关项:

/F 显示在每个目录中的文件名。

/A 指定 TREE 命令使用文本字符替代图形字符显示子目录之间的连线。

说明:

TREE 命令显示的结构根据命令行中指定的参数而定。若未指定驱动器或路径,则显示当前驱动器当前目录的树结构。

7. 复制目录及其子目录和文件命令:XCOPY

功能:复制目录及其子目录和文件(除隐含和系统文件)。

类型:外部命令。

格式:

XCOPY source［destination］［/Y］［/-Y］［/A ｜/M］［/D:date］［/P］［/S［/E]］［/V］［/W］

参数:

source 指定要复制的文件名和位置,必须包含驱动器或路径。

destination 指定复制的目标位置,可包含驱动器、目录名、文件名或它们的组合。

开关项:

/Y 指定让 XCOPY 在替换原有文件时不进行确认。默认情况下,若目录文件已经存在,XCOPY 命令会询问是否替换原有文件。

/-Y 指定让 XCOPY 在替换原有文件时进行确认。

/A 只复制那些档案文件属性已设置的源文件。

/M 复制档案文件属性已设置的源文件。和 A 开关不同,/M 开关关闭源文件的档案文件属性。

/D:date 只复制那些在指定日期之后修改过的源文件。

/P 在创建每一个目标文件时提示确认该文件。

/S 复制目录和子目录,空目录除外。

/E 复制目录和子目录,包括空目录。

/V 每次写目标文件时,检验目标文件和源文件是否完全相同。

/W 在复制文件之前显示如下信息并等待回答:

"按任意键开始复制文件"。

说明:

(1) 目标位置的默认值

如果默认了目标位置,XCOPY 命令就将文件复制到当前目录下。

(2) 指定目标是文件还是目录

如果目标位置中不包含已存在的目录,并且没有用反斜杠"\"结束,XCOPY 命令就提示如下格式的信息:

Does destination specify a file name or directory name on the target(F = file, D = directory)?

如果希望文件被复制到一个文件就按 F;如果希望文件被复制到一个目录就按 D。

(3) XCOPY 命令不复制隐含文件和系统文件

(4) XCOPY 命令的退出码

XCOPY 命令的退出码及简要描述:

0 文件复制没有发生错误。

1 没有文件要复制。

2 用户按 Ctrl+C 终止 XCOPY 命令。

4 初始化错误。没有足够的内存或磁盘空间,或是命令行输入了非法的驱动器名或语法。

5 发生磁盘写错误。

例 6.7 将 A 盘一级子目录 FOXPRO 及其子目录的内容复制到 D 盘。

输入命令:XCOPY   A:\FOXPRO   D:\   /S

6.4.3 常用磁盘操作命令

1. 磁盘复制命令:DISKCOPY

功能:将一个磁盘中的内容复制到另一个磁盘。复制时,DISKCOPY 命令将按磁道进行复制,覆盖目的盘中的已有内容。

类型:外部命令。

格式:

DISKCOPY [drive1:] [drive2:]] [/1] [/V] [/M]

参数:

drive1：指定源盘驱动器。

drive2：指定目的盘驱动器。

开关项：

/1 仅复制软盘的第一面（现已较少使用）。

/V 验证复制信息是否正确。该开关项将放慢复制速度。

/M 强制 DISKCOPY 命令只能使用内存保存中间信息。

DISKCOPY 命令退出码及其意义：

0 复制操作成功。

1 非致命的读/写错误出现。

2 按 Ctrl＋C 终止复制。

3 严重错误出现。

4 初始化错误出现。

2. 磁盘比较命令：DISKCOMP

功能：比较两个磁盘中的内容。该命令按磁道进行比较，一般在执行完 DISKCOPY 命令后运行。

类型：外部命令。

格式：

DISKCOMP［drive1：［drive2：］］［/1］［/8］

参数：

drive1：指定第一个驱动器。

drive2：指定第二个驱动器。

开关项：

/1 仅比较磁盘的第一面。

/8 仅比较每磁道的前 8 个扇区。

DISKCOMP 命令的退出码及其意义：

0 两盘相同。

1 发现不同。

2 按 Ctrl＋C 终止比较。

3 出现严重错误。

4 出现初始化错误。

3. 格式化磁盘命令：FORMAT

功能：格式化磁盘。该命令除了创建新的磁盘根目录和文件分配表以外，还能检查出磁盘上的坏区并删除磁盘上的所有数据。新盘在使用之前必须格式化。

类型：外部命令。

格式：

FORMAT drive：［/V：label］］［/Q］［/U］［/T：tracks /N：sectors］［/B| /S］［/C］［/1］［/4］
［/8］［/F：size］

参数：

drive：指定要格式化的磁盘所在的驱动器。此参数不可省略。

开关项：

/V：label 指定卷标。卷标用于识别磁盘，最多可以有 11 个字符。若不使用/V 开关或是未指定卷标，则格式化完成之后 DOS 会提示输入卷标。使用 FORMAT 命令格式化多个磁盘时，所有磁盘都将使用在此指定的同一个卷标。/V 和/8 开关不能一起使用。

/Q 快速格式化磁盘。使用此开关时，FORMAT 命令只是删除已格式化过的磁盘的文件分配表和根目录，而不检查磁盘上的坏区。此开关只能在确信已格式化过的磁盘上没有坏区时使用。

/U 无条件格式化磁盘。无条件格式化删除磁盘上的所有数据，并且不能用 UNFORMAT 命令恢复。当使用磁盘出现读写错误时，应使用此开关。

/F：size 指定要格式化的磁盘容量。允许取值如下：

160(或 160K 或 160KB)	160KB，单面双密，5.25 英寸磁盘。
180(或 180K 或 180KB)	180KB，单面双密，5.25 英寸磁盘。
320(或 320K 或 320KB)	320KB，双面双密，5.25 英寸磁盘。
360(或 360K 或 360KB)	360KB，双面双密，5.25 英寸磁盘。
720(或 720K 或 720KB)	720KB，双面双密，3.5 英寸磁盘。

1200(或 1200K 或 1200KB 或 1.2 或 1.2M 或 1.2MB) 1.2MB，双面双密，5.25 英寸磁盘。

1440(或 1440K 或 1440KB 或 1.44 或 1.44M 或 1.44MB) 1.44MB，双面双密，3.5 英寸磁盘。

2880(或 2880K 或 2880KB 或 2.88 或 2.88M 或 2.88MB) 2.88MB，双面双密，3.5 英寸磁盘。

/B 在新格式化的磁盘上为系统文件 io. sys 和 ms-dos. sys 保留空间。

/S 把操作系统文件 io. sys、ms-dos. sys 和 command. com 从系统启动驱动器复制到新格式化的磁盘上。这样，就可以把新格式化的磁盘作为系统盘使用。若 FORMAT 命令找不到操作系统文件，则会提示插入系统盘。

/T：tracks 指定磁盘的磁道数。尽可能使用/F 开关来代替此开关。此开关必须和/N 开关同时使用。此开关不能和/F 开关同时使用。

/N：sectors 指定每个磁道的扇区数。尽可能使用/F 开关来代替此开关。此开关必须和/T 开关同时使用。此开关不能和/F 开关同时使用。

/1 只格式化磁盘的一面。

/4 在 1.2MB 驱动器上格式化 5.25 英寸、360KB、双面双密的软盘。此开关和/1 开关同时使用，将格式化为 5.25 英寸、180KB 的单面软盘。

/8 按每磁道 8 个扇区格式化 5.25 英寸软盘。

/C 重新检测坏扇区。

说明：

(1) 格式化软盘

不要将磁盘格式化为超过设计容量大小。使用 FORMAT 命令时，若未指定软盘容量,则 DOS 以驱动器容量格式化软盘。

(2) 输入卷标

格式化软盘后,FORMAT 命令显示下列信息:

Volume label (11 characters, ENTER for none)?

卷标最多只能有 11 个字符(包括空格)。若不想让磁盘有卷标,则按回车键。

(3) 格式化硬盘

使用 FORMAT 命令格式化硬盘时,在格式化硬盘之前 DOS 显示如下信息:

WARNING:ALL DATA ON NON-REMOVABLE DISK DRIVE x:WILL BE LOST!
Proceed with Format (Y/N)_

要格式化硬盘,按"Y";否则,按"N"。

(4) 安全格式化

若未使用/U 开关或其他以不同容量格式化磁盘的开关,则 FORMAT 命令进行安全格式化。安全格式化只清除磁盘文件分配表和根目录而不删除任何数据,以后可以用 UNFORMAT 命令恢复被格式化的磁盘。FORMAT 命令将检查磁盘的每个扇区,标记不能存储数据的扇区,以阻止 DOS 使用。

(5) 快速格式化

使用/Q 开关可以加快格式化的速度。

(6) 格式化新盘

格式化从未使用过的磁盘时,使用/U 开关可使格式化时间最短。

(7) FORMAT 命令退出码

FORMAT 命令退出码及简要描述:

0　格式化操作成功。

3　按 Ctrl+C 或 Ctrl+Break 中断操作。

4　发生致命错误。

5　当提示"Proceed with Format(Y/N)?"时,用户按"N"终止操作。

4. 创建、修改或删除磁盘卷标命令:LABEL

功能:创建、修改或删除磁盘卷标。

类型:外部命令。

格式:

LABEL [drive:] [label]

参数:

drive：指定要创建卷标的驱动器。

label　指定新的卷标。

说明:

(1) LABEL 命令信息

在使用 LABEL 命令时,若不指定卷标,则 DOS 显示如下格式的信息:

Volume in drive A is xxxxxxxxxxx

Volume Serial number is xxxx-xxxx

Volume label (11 characters，ENTER for none)？

若磁盘无系列号,则不显示"Volume Serial number is xxxx-xxxx"。然后可以输入卷标或按回车键删除当前卷标。若按回车键,DOS 将提示如下信息:

Delete current volume label (Y/N)？

按"Y",删除卷标;按"N",则保留当前卷标。

(2) 卷标名的限制

卷标最多可以使用 11 个字符。卷标中不能使用下列字符:

* ？/ \ | . ，；: + = [ ] ( ) & ^ < > "

5. 制作启动盘命令:SYS

功能:将隐含的系统文件(io. sys 和 msdos. sys)和 DOS 命令解释程序(command. com)的 DOS 部分复制到磁盘上以创建启动盘。

类型:外部命令。

格式:

SYS [drive1:] [path] drive2:

参数:

[drive1:] [path]　指定系统文件的位置。若未指定路径,则 DOS 在当前驱动器的根目录查找系统文件。

drive2:指定系统文件要复制到的驱动器。这些文件只能复制到根目录,不能复制到子目录。

例 6.8　从驱动器 B 中的磁盘,复制 DOS 系统文件到驱动器 A 中的磁盘。

输入命令:SYS B:A:

6.4.4　其他内部命令

1. 清屏幕命令:CLS

功能:清屏。

类型:内部命令。

格式:

CLS

说明:

清屏后的屏幕只出现命令提示符和光标。

2. 显示和修改日期命令:DATE

功能:显示日期,并可根据需要修改日期。

类型:内部命令。

格式:

DATE [mm-dd-yy]

参数：

mm-dd-yy 设置指定的日期。

若要改变日期的格式（默认为 mm-dd-yy），可在 config. sys 文件中加入 COUNTRY
命令。日期格式可改为欧洲标准格式（dd-mm-yy）或国际科学量度格式（yy-mm-dd）。

例 6.9 将系统日期改为 2000 年 10 月 1 日。

输入命令：DATE 10-01-2000

3. 改变命令提示符命令：PROMPT

功能：改变命令提示符。

类型：内部命令。

格式：

PROMPT [text]

参数：

text 指定在系统提示符中要包括的信息：

$Q   =（等于符）

$$ $（美元符）

$T   当前时间

$D   当前日期

$P   当前驱动器和路径

$V   DOS 版本号

$N   当前驱动器

$G   ＞（大于符）

$L   ＜（小于符）

$B |（管道符）

$_   回车/换行

$E   Esc 的 ASCII 码（27）

$H   Backspace（删除已写到命令行的一个字符）

4. 显示或设置系统内部时钟命令：TIME

功能：显示系统时间或设置计算机的内部时钟。DOS 在创建或改变文件时使用时间
信息更新目录。

类型：内部命令。

格式：

TIME [hours：[minutes [：seconds [. hundredths]]] [A| P]

参数：

hours 指定小时，合法值在 0～23 之间。

minutes 指定分钟，合法值在 0～59 之间。

seconds 指定秒,合法值在 0~59 之间。

hundredths 指定百分秒,合法值在 0~99 之间。

A|P　为 12 小时格式指定 AM 或 PM。默认为 AM。

5. 显示 DOS 版本号命令:VER

功能:显示 DOS 版本号。

类型:内部命令。

格式:

VER

6.4.5　实用网络命令程序

下面介绍几个 DOS 实用网络命令程序,它们时常在 Windows 系统中使用。除非注明,否则它们在任何 Windows 系统中都有效。

1. 查看本机网络配置信息命令:WINIPCFG(Windows 9x/Me 中有效)

命令格式:WINIPCFG

说明:

虽然此命令是以 DOS 命令行方式运行的,但其显示结果却以 Windows 窗口形式呈现(参见图 6.24)。通过单击窗口中的"详细信息"按钮,可以获得更详细的网络配置信息。

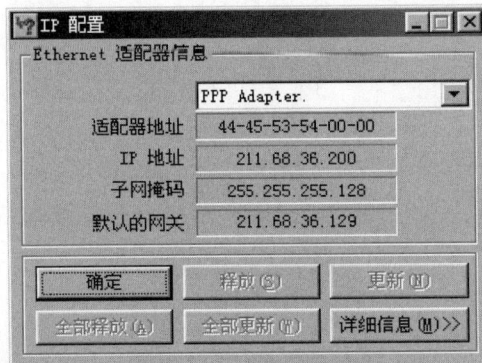

图 6.24　显示网络配置中文信息(Windows 窗口)

2. TCP/IP 网络配置诊断命令:IPCONFIG

该诊断命令显示所有当前的 TCP/IP 网络配置值。该命令在运行 DHCP 系统方面的特殊用途在于允许用户决定 DHCP 配置的 TCP/IP 配置值。

命令格式:IPCONFIG [/all | /renew [adapter] | /release [adapter]]

参数说明:

/all:产生完整显示。在没有该开关的情况下,IPCONFIG 只显示 IP 地址、子网掩码和每个网卡的默认网关值。

/renew [adapter]:更新 DHCP 配置参数。该选项只在运行 DHCP 客户端服务的系统上可用。要指定适配器名称,请输入使用不带参数的 IPCONFIG 命令显示的适配器名称。

/release[adapter]:发布当前的 DHCP 配置。该选项禁用本地系统上的 TCP/IP,并只在 DHCP 客户端上可用。要指定适配器名称,请输入使用不带参数的 IPCONFIG 命令显示的适配器名称。

如果没有参数,则 IPCONFIG 实用程序将向用户提供所有当前的 TCP/IP 配置值,包括 IP 地址和子网掩码。该程序在运行 DHCP 的系统上特别有用,允许用户决定由 DHCP 配置的值,参见图 6.25。

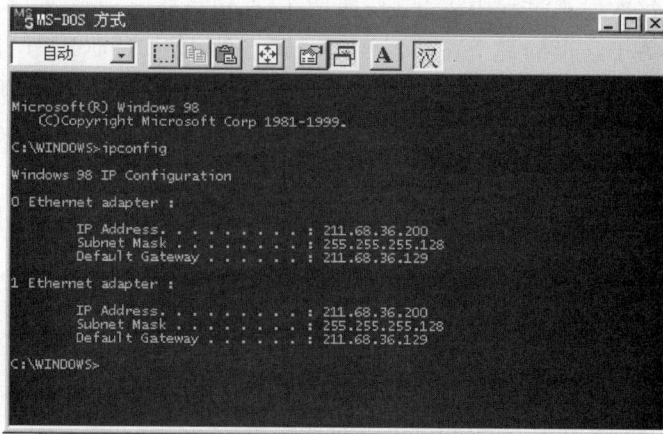

图 6.25 显示网络配置英文信息(DOS 方式)

3. TCP/IP 配置测试命令:PING

(1) 要快速获取计算机的 TCP/IP 配置,请打开 MS-DOS 窗口,然后输入"IPCONFIG",参见图 6.25。

(2) 在命令提示行,通过输入"PING 127.0.0.1"测试环回地址的连通性。

如果 PING 命令失败,请验证安装和配置 TCP/IP 之后是否重新启动了计算机。

(3) 使用 PING 命令检测计算机 IP 地址的连通性。

如果 PING 命令失败,请验证安装和配置 TCP/IP 之后是否重新启动了计算机。

(4) 使用 PING 命令检测默认网关 IP 地址的连通性。

如果 PING 命令执行失败,请验证默认网关 IP 地址是否正确以及网关(路由器)是否运行。

(5) 使用 PING 命令检测远程主机(不同子网上的主机)IP 地址的连通性。

如果 PING 命令失败,请验证远程主机的 IP 地址是否正确,远程主机是否运行,以及该计算机和远程主机之间的所有网关(路由器)是否运行。

(6) 使用 PING 命令检测 DNS 服务器 IP 地址的连通性。

如果 PING 命令失败,请验证 DNS 服务器的 IP 地址是否正确,DNS 服务器是否运行,以及该计算机和 DNS 服务器之间的网关(路由器)是否运行。

注意:

- 要打开"命令提示符",请单击"开始",指向"程序"、"附件",然后单击"命令提示符"。

- 如果找不到"PING"命令或者命令执行失败,可以使用事件查看器检查系统日志,并寻找安装程序或互联网协议(TCP/IP)服务所报告的问题。

4. 跟踪路径命令:TRACERT

该诊断实用程序把包含不同生存时间(TTL)值的互联网控制消息协议(ICMP)回显数据包发送到目标上,以决定到达目标采用的路由。数据包上的 TTL 到达 0 时,路由器应该会把"ICMP 已超时"的消息发送回源系统。TRACERT 先发送 TTL 为 1 的回显数据包,并在随后的每次发送过程中将 TTL 递增 1,直到目标响应或 TTL 达到最大值,从而确定路由,产生关于经过的每个路由器及每个跃点的往返时间(RTT)的命令行报告输出。路由通过检查中级路由器发送回的"ICMP 已超时"的消息来确定路由。如果 TRACERT 失败,可以使用命令输出来帮助确定哪个中介路由器转发失败或耗时太多。不过,有些路由器悄悄地下传包含过期 TTL 值的数据包,而 TRACERT 看不到。

命令格式:TRACERT [-d] [-h maximum_hops] [-j computer-list] [-w timeout] target_name

参数说明:

/d:指定不将地址解析为计算机名。

-h maximum_hops:指定搜索目标的最大跃点数。

-j computer-list:指定沿 computer-list 的稀疏源路由。

 w timeout:指定每次应答的等待时间(以微秒计)。

target_name:目标计算机的名称或 IP 地址。

例如,要跟踪从本计算机到 www.microsoft.com 的连接路由,请在命令提示行输入:

TRACERT www.microsoft.com

5. 路由跟踪命令:PATHPING(Windows 2000 有效)

该命令结合了 PING 和 TRACERT 命令的功能,可提供这两个命令都无法提供的附加信息。经过一段时间,PATHPING 命令将数据包发送到最终目标位置途中经过的每个路由器,然后根据从每个跃点返回的数据包统计结果。因为 PATHPING 显示指定的所有路由器和链接的数据包的丢失程度,所以用户可据此确定引起网络问题的路由器或链接。

PATHPING [-n] [-h maximum_hops] [-g host-list] [-p period] [-q num_queries] [-w timeout] [-T] [-R] target_name

参数说明:

-n :不将地址解析为主机名。

-h maximum_hops:指定搜索目标的最大跃点数。默认值为 30 个跃点。

-g host-list:允许沿着 host-list 将一系列计算机按中间网关(松散的源路由)分隔开来。

-p period:指定两个连续的探测(PING)之间的时间间隔(以毫秒为单位)。默认值为

250ms(1/4 s)。

 -q num_queries:指定对路由所经过的每个计算机的查询次数。默认值为 100 次。

 -w timeout :指定等待应答的时间(以毫秒为单位)。默认值为 3000ms(3s)。

 -T:在向路由所经过的每个网络设备发送的探测数据包上附加一个 2 级优先级标记(例如 802.1p)。这有助于标识没有配置 2 级优先级的网络设备。该参数必须大写。

 -R:查看路由所经过的网络设备是否支持"资源预留设置协议"(RSVP),该协议允许主机计算机为某一数据流保留一定数量的带宽。该参数必须大写。

 target_name:指定目的端,可以是 IP 地址,也可以是主机名。

6.5 硬盘分区

分区从实质上说就是对硬盘的一种格式化。当 创建分区时,就已经设置好了硬盘的各项物理参数,指定了硬盘主引导记录(master boot record,MBR)和引导记录备份的存放位置。而对于文件系统以及其他操作系统管理硬盘所需要的信息,则是通过之后的高级格式化,即 FORMAT 命令来实现的。用一个形象的比喻,分区就好比在一张白纸上画一个大方框,而格式化好比在方框里打上格子,安装各种软件就好比在格子里写上字。可以看得出来,分区和格式化就相当于为安装软件打基础,实际上它们起到为计算机在硬盘上存储数据进行标记定位的作用。

硬盘分区操作通常发生在以下情况下:

(1)一块物理硬盘从未使用,需要通过分区及格式化操作,为使用做准备。

(2)一块物理硬盘已经使用,但分区容量大小规划不合理,需要通过重新分区及格式化操作,为使用做准备。

(3)一块物理硬盘已经使用,但不同分区采用了不同的文件系统(如 FAT 与 NTFS 并存等),为了调整为相同的文件系统,需要进行分区及格式化操作,为使用做准备。

6.5.1 硬盘分区准备

需要说明的是,硬盘分区操作通常是在 DOS 环境下进行的。但对于一些操作系统如 Windows 2000 等,在 CMOS 中参数设定好的情况下,支持从 CD-ROM 自行启动机器并进行系统分区、格式化和系统安装。

本节介绍的是在 DOS 环境下进行的硬盘分区。进行硬盘分区,最常用的软件工具是 FDISK。

为了使 DOS 环境下进行的硬盘分区及系统安装工作顺利进行,需要做好以下准备工作之一:

(1)准备好一张 DOS(建议 6.22 以上版本)启动盘,并包含几个重要的文件:fdisk.exe、format.com、smartdrv.exe、mscdex.exe、sys.com、himem.sys 等。另外,准备好本台计算机光驱的驱动程序(或通用光驱驱动程序)。在此情况下,先由 FDISK 进行分区,接着由 FORMAT 进行格式化,在 mscdex.exe 的配合下安装好光驱的驱动程序,运行 smartdrv.exe 加速光驱的读取速度,即可进行软件安装。

（2）准备好一张 Windows 98 启动盘，并包含几个重要的文件：fdisk.exe、smartdrv.exe、sys.com 等。另外，最好准备好本台计算机光驱的驱动程序（或通用光驱驱动程序）。在此情况下，先由 Windows 98 启动盘启动机器（选择支持光驱菜单项），并由 FDISK 进行分区，接着由 FORMAT 进行格式化，运行 smartdrv.exe 加速光驱的读取速度，即可进行软件安装。

6.5.2 硬盘分区操作

1. 建立分区时需要注意的问题

（1）主分区和逻辑分区

一块物理硬盘可以划分为最多 4 个主分区，用于安装不同的操作系统。但主分区的特性是在任何时刻只能有一个是活动的，当一个主分区被激活以后，同一硬盘上的其他主分区就不能再被访问。因此，一个主分区中的操作系统不能再访问同一物理硬盘上其他主分区上的文件，也就是说，在某次机器启动后，只能看到所选择的操作系统主分区里的文件。而逻辑分区并不属于某个操作系统，只要它的文件系统与启动的操作系统兼容，则该操作系统就能访问它（如图 6.26 所示）。

主分区和逻辑分区的一个重要区别是：每个逻辑分区分配唯一的驱动器名（盘符），而在同一硬盘上的所有主分区共享同一个驱动器名，因为某一时刻只能有一个主分区是活动的。这就意味着某一时刻只能用共享驱动器名访问活动的那个主分区。系统支持多达 24 个逻辑分区，可能有许多人都会有一个认识误区，那就是在对硬盘进行分区时最好多创建几个逻辑分区，从而避免出现问题的分区影响到保存在其他分区中的数据。但

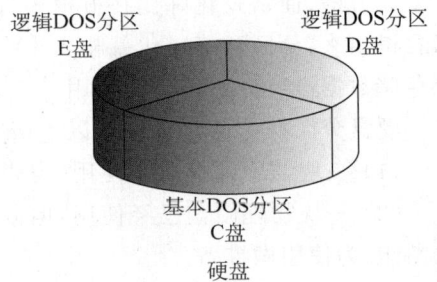

图 6.26　硬盘分区示意图

是事实并非如此，一个被损坏的分区往往会导致整个硬盘无法正常使用。已经在前面提到过主分区和扩展分区的信息都被保存在 MBR 中，如果由于某种原因使 MBR 受到破坏，硬盘主分区将无法使用，进而使包含操作系统的启动盘也无法使用。

也许有人会认为逻辑分区的信息并不保存在 MBR 中，因此逻辑分区并不会受到任何影响。其实他们忽略了这样一个事实，那就是虽然逻辑分区的信息保存在扩展分区内，但是扩展分区的信息却被保存在 MBR 中。这样，通过相互之间的作用，逻辑分区最终也不能免受影响。不过一般情况下，一个分区受到损坏而其他分区仍然可以正常工作。例如，如果一个逻辑分区出现问题，很多时候其他的逻辑分区以及主分区和扩展分区都不会受到任何影响。但是话又说回来，出现问题的分区往往就是那些使用最频繁的分区，也就是 MBR。

（2）驱动器名的分配

启动系统时，活动分区上的操作系统将执行一个被称为驱动器映像的过程，它给主分区和逻辑分区分配驱动器名。所有的主分区首先被映像，而逻辑分区用后续的字母指定。一般来说，主分区将被定义为 C，然后，系统会根据逻辑分区的多少依次给出 D，E，…，Z。

当然,如果有两块以上的硬盘,情况又会发生变化。以两块硬盘为例,将每块硬盘都分为两个区,第一个硬盘的第一分区为主分区(盘符 C),则第二个硬盘的第一分区为 D,第一个硬盘的第二分区为 E,第二个硬盘的第二分区为 F。

(3) 容量的分配

要分割成几个分区以及第一个分区占多大容量,取决于使用者自己的想法。有些人喜欢将整个硬盘规划单一分区,有些人则认为分割成几个分区比较利于管理。例如,分割成两个分区,一个储存操作系统文件,另一个储存应用程序文件;或者一个储存操作系统和应用程序档案,另一个储存个人和备份的资料。至于分区所使用的文件系统,则取决于要安装的操作系统。一般来说,主分区由于经常会进行数据的交换,因此容量不宜太小。其他的分区的大小分配则完全取决于个人喜好了。

2. 硬盘分区操作

需要指出的是,FDISK 的不同版本在运行时主菜单及其他画面会有少量差异,但主体结构及功能大体不变。下面就以 Windows 98 启动盘启动机器为例,介绍 FDISK 的一些功能和使用。

在用 Windows 98 启动盘正常启动了机器以后(选择支持光驱菜单项),进入 DOS 系统提示符状态。在此情况下,系统会利用一部分内存建立一个虚拟磁盘,并在此磁盘上存放系统诊断程序和工具。

此时,在系统提示符(如 A:\>)后输入 FDISK,然后按回车键,屏幕上会出现信息,问是否要支持大容量硬盘,即是否启用 FAT32 文件系统(见图 6.27),回答“Y”会建立 FAT32 分区,回答“N”则会使用 FAT16。

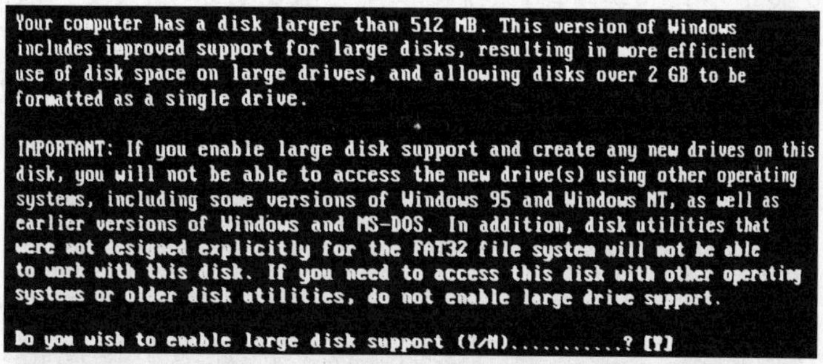

```
Your computer has a disk larger than 512 MB. This version of Windows
includes improved support for large disks, resulting in more efficient
use of disk space on large drives, and allowing disks over 2 GB to be
formatted as a single drive.

IMPORTANT: If you enable large disk support and create any new drives on this
disk, you will not be able to access the new drive(s) using other operating
systems, including some versions of Windows 95 and Windows NT, as well as
earlier versions of Windows and MS-DOS. In addition, disk utilities that
were not designed explicitly for the FAT32 file system will not be able
to work with this disk. If you need to access this disk with other operating
systems or older disk utilities, do not enable large drive support.

Do you wish to enable large disk support (Y/N)...........? [Y]
```

图 6.27　是否要支持大容量硬盘

早期的 Windows 95 及 DOS 并不支持 FAT32 结构,如果想要安装此类操作系统,还是选择 FAT16 为好。但 FAT16 系统有一个明显的缺憾,就是每个逻辑分区(也称做逻辑盘,下同)不能大于 2GB,所以遇到大容量硬盘就被迫分为许多逻辑盘。而今,40GB 以上的大容量硬盘已成主流,Windows 98 业已成主流操作系统,所以绝大多数情况下都会选择支持 FAT32。

在这里,所演示的硬盘容量是 4.3GB,并打算做如下安排:全盘共分为 3 个子空间,即 3 逻辑盘。其中设 1 个主分区命名为 C 盘,1 个扩展 DOS 分区分作两个逻辑分区,命名为 D 盘和 E 盘,参见图 6.26。

由于每个空间都不大,故选择的文件系统是 FAT16,因此在输入"N"表示不采用 FAT32 系统之后,进入硬盘分区操作主菜单,如图 6.28 所示。

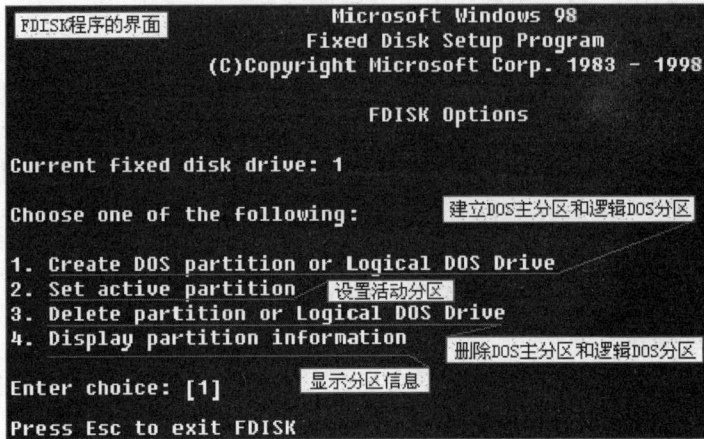

图 6.28　硬盘分区操作主菜单

屏幕上显示以下 4 个选项:

建立 DOS 主分区或逻辑 DOS 分区

设置活动分区

删除 DOS 主分区或逻辑 DOS 分区

显示分区信息

如果系统安装了不只一块硬盘,系统菜单还会出现第 5 项"改变当前的硬盘驱动器"。

(1) 建立主分区

这里,默认的选项是"1"。如果硬盘还没有建立过分区,直接按回车键即可。

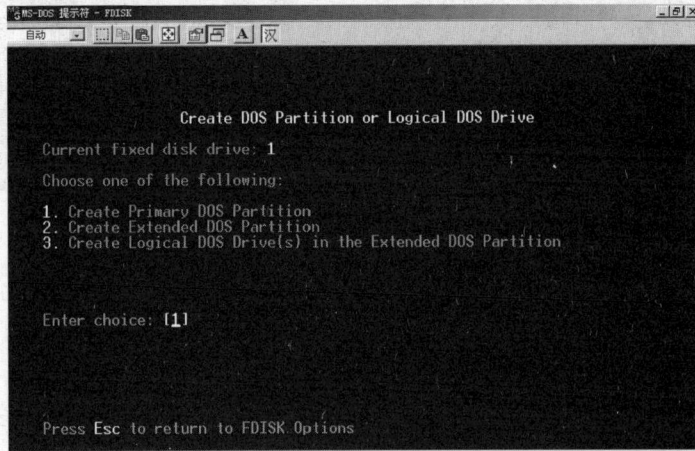

图 6.29　创建主分区或逻辑分区

然后,在如图 6.29 所示的对话框中选择"建立主分区(Primary Partition)",选择"1"再按下回车键。系统会询问是否使用最大的可用空间作为主分区,默认的回答是"Y",只要直接按下回车键即可。当然,当程序问是否要使用最大的可用空间作为主分区时,也可以回答"N"然后按回车键。系统会要求输入主分区的大小,输入以后按回车键。这时,系统将会自动为主分区分配逻辑盘符"C"。然后屏幕将提示主分区已建立,并显示主分区容量和所占硬盘全部容量的比例,此后按"Esc"键返回 FDISK 主菜单。

（2）建立扩展分区

在 FDISK 主菜单中继续选择"1"进入建立分区菜单,再选择"2"建立扩展分区,屏幕将提示当前硬盘可建为扩展分区的全部容量。此时如果不需要为其他操作系统(如 NT、Linux 等)预留分区,那么建议使用系统给出的全部硬盘空间,此时可以直接回车建立扩展分区,然后屏幕将显示已经建立的扩展分区容量。

（3）设置逻辑盘数量和容量

扩展分区建立后,系统提示用户还没有建立逻辑驱动器,此时按"Esc"键开始设置逻辑盘,提示用户可以设为逻辑盘的全部硬盘空间,用户可以根据硬盘容量和自己的需要来设定逻辑盘数量和各逻辑盘容量。设置完成后,屏幕上将会显示用户所建立的逻辑盘数量和容量,然后返回 FDISK 主菜单。

（4）激活硬盘主分区

在硬盘上同时建有主分区和扩展分区时,必须进行主分区激活,否则以后硬盘无法引导系统。在 FDISK 主菜单上选择"2"(Set Active Partition),此时屏幕将显示主硬盘上所有分区供用户进行选择(见图 6.30)。

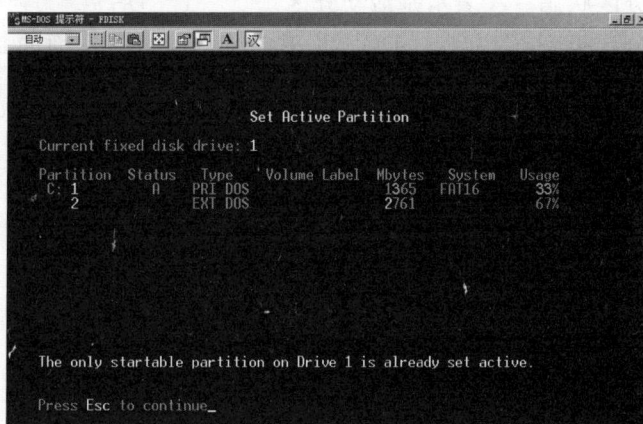

图 6.30 设置活动分区

主盘上只有主分区"1"和扩展分区"2",当然选择主分区"1"激活,然后退回 FDISK 主菜单。

一切结束以后,退出 FDISK 程序。继续按"Esc"键退出至屏幕提示用户必须重新启动系统,然后才能继续对所建立的所有逻辑盘进行格式化操作。

（5）分区信息的查看

分区建立完毕后,接下来应该查看具体的分区内容,做到心中有数。在 FDISK 主界面上,按"4",按回车键。如图 6.31 所示,A 区显示了当前的分区情况,B 区显示了硬盘的总容量,C 区则进一步询问是否要显示详细的逻辑分区情况。

图 6.31　分区信息显示

对各部分逐一进行分析。如图 6.32 所示,在分区信息中:

① 第 1 行是当前硬盘编号,因为只有一个硬盘,所以硬盘号为 1。下面几行是分区信息。

② 第 1 栏是当前分区,有 1 和 2 两部分,分别表示基本分区和扩展分区。

③ 第 2 栏是分区状态。A 表示是活动分区。

④ 第 3 栏是分区类型,C 为 PRI DOS,即基本 DOS 分区,下面的是 EXT DOS 即扩展 DOS 分区。

图 6.32　A 区局部

⑤ 第 4 栏是分区卷标,就是对每个分区的命名。

⑥ 第 5 栏是分区容量,用多少兆字节(MB)来表示。

⑦ 第 6 栏是分区文件系统类型,显示 FAT16 或 FAT32。

⑧ 第 7 栏是基本和扩展分区占总容量的比例。

接下来再来看 B 区中的硬盘的容量,图 6.31 中表示"硬盘的总容量为 4126MB",即通常所说的 4.3GB 的硬盘。

这时候,系统会询问是否查看扩展 DOS 分区的信息,选"Y"则进入下一项(见图 6.33)。

因为只有一个扩展分区,所以只有 D 盘和 E 盘的信息显示出来,虽然现在扩展分区分成了两个逻辑分区,但只能将逻辑分区称为 D 盘和 E 盘,而不能称这个扩展分区为 D 盘和 E 盘(如图 6.34)。这里显示按"Esc"键继续。

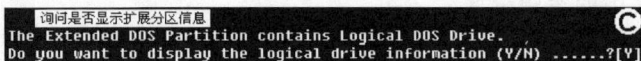

询问是否显示扩展分区信息
The Extended DOS Partition contains Logical DOS Drive.
Do you want to display the logical drive information (Y/N) ......?[Y]

图 6.33　C 区局部

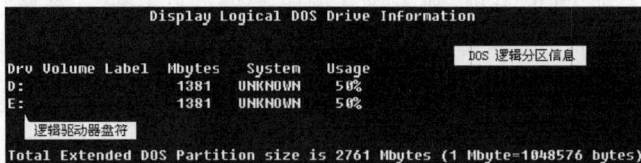

图 6.34　显示逻辑分区信息

至此,完成了分区的建立。如果对现行的分区不满意,可以将分区删除后重新设置。在建立分区时,遵循的步骤是:建立基本分区→建立扩展分区→分成一个或几个逻辑分区。在删除分区时则需要遵循以下原则:删除逻辑分区→删除扩展分区→删除基本分区。

(6) 分区的删除

要想删除逻辑分区,需进入 FDISK 主界面(如图 6.35 所示)。

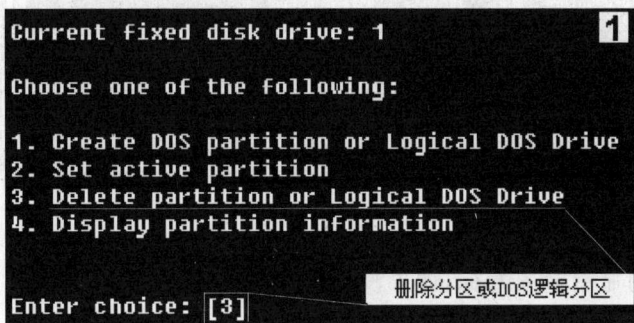

图 6.35　删除分区

选择"3",按回车键。这时,又出现下一级子菜单,包括如下内容(见图 6.36):

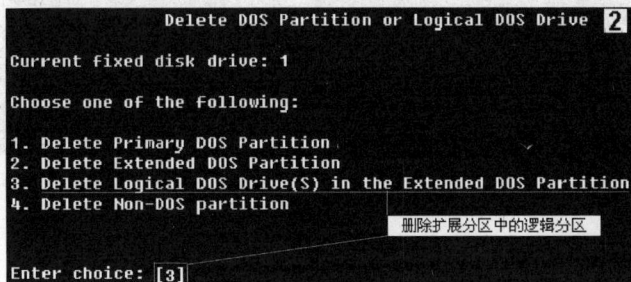

图 6.36　先删除逻辑分区

删除主 DOS 分区。

删除扩展 DOS 分区。

删除扩展分区中的逻辑分区。

删除非 DOS 分区。

关于删除分区时的先后顺序,在上文中已经说过,这里不再重复。需要补充的是,如果硬盘上有非 DOS 的分区,则应先将它删除,再删除逻辑分区。

这里,硬盘没有非 DOS 分区,故直接从删除逻辑分区开始。选择"3",按回车键。系统会用一个不断闪动的"WARNING!"提出警告,同时提示输入要删除的逻辑分区号。输入"E",再按回车键(见图 6.37)。

这时候,系统提示输入 E 分区的卷标号(见图 6.38)。

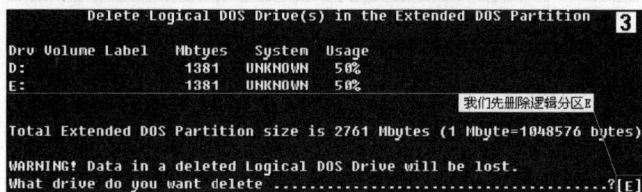

图 6.37　先删除最后一个逻辑盘

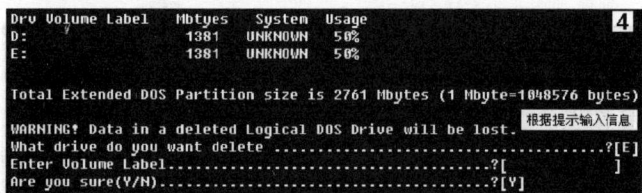

图 6.38　输入相关信息

按屏幕上方的显示输入卷标,如果没有,直接按回车键跳过即可。

系统会再提示确认,输入"Y",按回车键,E 分区就被删除了。

采用类似操作,把 D 分区也删除。系统则提示扩展分区中所有逻辑分区均被删除(见图 6.39)。

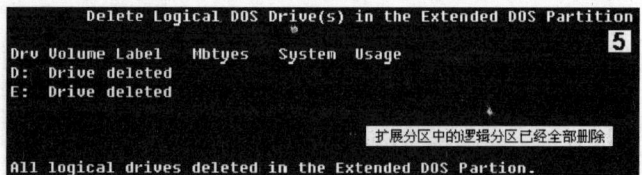

图 6.39　逻辑分区均被删除

删除完了所有的逻辑分区,再回到主界面,准备删除扩展分区。

这时还要选择"3"(见图 6.40),进入删除界面,然后选"2",删除扩展 DOS 分区(见图 6.41)。

按提示输入"Y",按回车键,扩展分区就被删除了(见图 6.42)。删除后如图 6.43 所示。

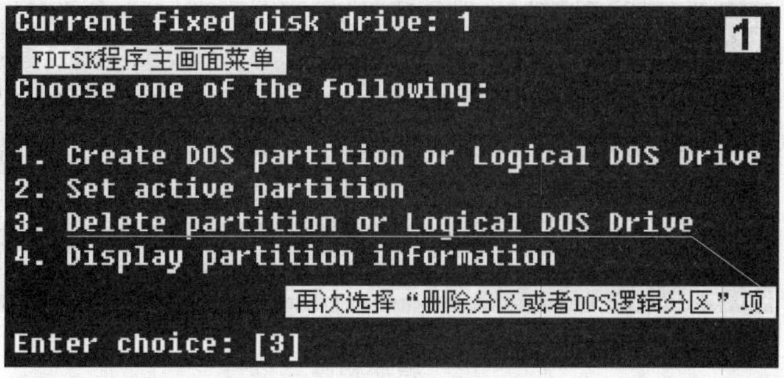

图 6.40 再次选择删除

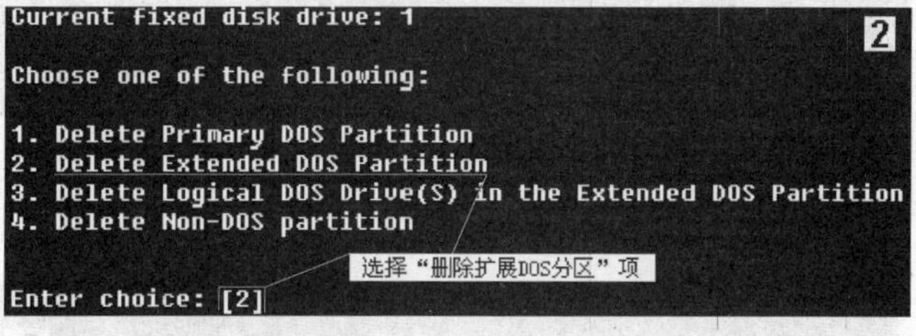

图 6.41 选择删除扩展分区

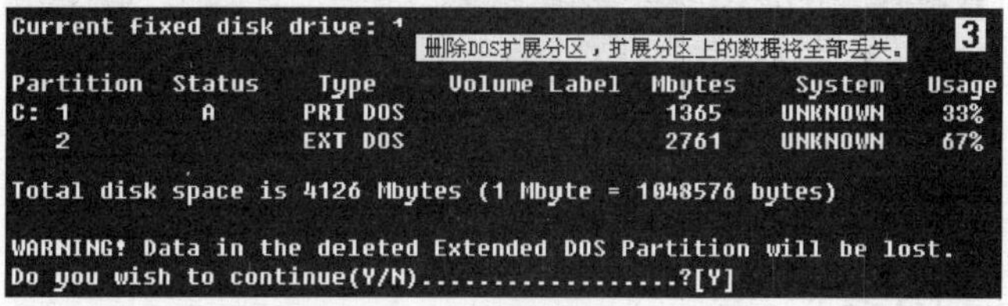

图 6.42 警告信息

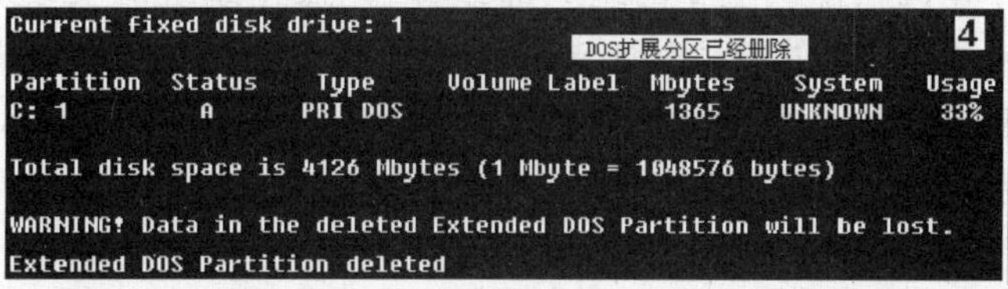

图 6.43 DOS扩展分区已删除

删除了扩展分区后就要删除基本 DOS 分区了。按"Esc"键返回主菜单,选第 1 项删除基本 DOS 分区(见图 6.44)。

与其他分区的操作步骤一样,还要输入卷标、输入"Y"确认后按回车键,基本分区就被删除了。至此,删除分区的工作全部完成(见图 6.45)。

删除完毕,可再次查看分区的情况,屏幕会显示当前硬盘还没有分区(见图 6.46)。

现在,硬盘又恢复到初始的状态。如果对上次的硬盘分区不满意,现在可以重新开始。不过,在分区之前还是应该多思考,设想成熟了再动手。

图 6.44　选择删除主分区

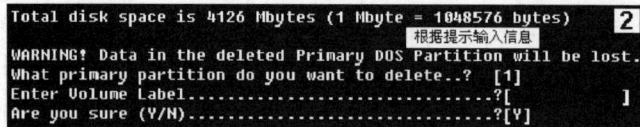

图 6.45　删除主分区时的警告及信息填写

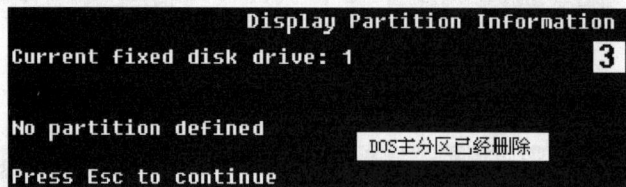

图 6.46　主分区删除后无任何分区信息

6.6　Windows 安装

操作系统是计算机软件最主要的组成部分,因此操作系统的安装就是重中之重。而在微软的 Windows 家族中,由于 Windows XP 的用户占绝大多数,因此这里的操作系统安装就以 Windows XP 第二版为例进行说明,Windows 2000 Professional 可参照进行。

6.6.1　安装方式

1. 全新安装

如果硬盘以前没有安装过操作系统或者操作系统被删除了,则需要重新安装,一般首先要对操作系统所在分区进行格式化。完成后,会带来一个全新的系统。

2. 升级安装

从老版本的 Windows 升级到新版本的 Windows,这样的安装方式就是升级安装。如果安装合理,日后还可以卸载新的系统并恢复以前的设置。

3. 覆盖安装

重新安装硬盘上已存在的同版本的操作系统,一般用来解决 Windows 的异常问题。

但如果并非是病毒或软件破坏了 Windows 的核心文件而导致异常,重装后问题依旧会存在。

4. 自动安装

以上的方式都需要人工干预,其实只要一个小小的程序就可以让计算机实现自动安装。可以事先准备好需要填入的各种信息,生成一个应答程序,让安装程序自动填写,省时省力。

5. 系统克隆

如果觉得安装缓慢麻烦,那么系统克隆一定是最佳选择。这种方法需要借助第三方软件(著名的有 Norton Ghost 和 Drive Image)。这种方法又分为两种:①文件镜像。将已经安装好的系统做成镜像保存以后,在将来需要时只用几分钟就可以恢复。不过用系统克隆的方法,被克隆分区上所有已安装资料都会丢失,需要事先做好备份。②硬盘克隆。将已经安装好系统的硬盘上的数据原样复制到另一块相同容量与型号的硬盘上。这尤其适用于在大批量同型号的计算机上安装相同的系统。

6.6.2 安装步骤

可以使用 Windows XP 安装程序对硬盘进行分区和格式化。要执行此操作,请按照下列步骤操作:

1. 步骤一:对硬盘进行分区

(1) 将 Windows XP CD 插入 CD 或 DVD 驱动器,或者将第一张 Windows XP 安装盘插入软盘驱动器,然后重新启动计算机以启动 Windows XP 安装程序。

(2) 注意:如果使用的是 Windows XP 安装盘,请根据提示插入其余各张磁盘,并在插入每张磁盘之后按回车键以继续安装。

(3) 如果出现提示,请选中从 CD 或 DVD 驱动器启动计算机所需的任何选项。

(4) 如果硬盘控制器需要第三方原始设备制造商(OEM)驱动程序,则按 F6 指定该驱动程序。在 Windows XP 和 Windows Server 2003 安装过程中按 F6 即可获得受限制的 OEM 驱动程序支持。

(5) 屏幕上出现"欢迎使用安装程序"后,按回车键。

(6) 注意:如果使用安装盘(6 张引导磁盘),安装程序将提示您插入 Windows XP CD。

(7) 按 F8 以接受《Windows XP 许可协议》。

(8) 如果检测到现有的 Windows XP 安装,则将提示您对其进行修复。如果不想进行修复,请按 Esc 键。

(9) 将列出每个物理硬盘的所有现有分区和未分区空间。请使用箭头键选择现有分区,或通过选择要在其中创建新分区的未分区空间创建新分区。也可以按 C 来使用未分区空间创建新分区。

(10) 注意:如果要在已存在一个或多个分区的空间上创建分区,则必须先删除现有的分区,然后再创建新分区。可以按 D 删除现有分区,然后按 L(如果是系统分区,则先按回车键,然后按 L)确认要删除此分区。对要包含在新分区中的每个现有分区重复此步骤。删除所有分区以后,选择其余未分区空间,然后按 C 创建新分区。

(11) 要以最大容量创建分区,请按回车键。要指定分区容量,请为新分区输入以兆字节(MB)为单位的容量,然后按回车键。

(12) 如果要创建其他分区,请重复上面的两个步骤。

(13) 要格式化分区并安装 Windows XP,请转到步骤(2)。

如果不想安装 Windows XP,则按两次 F3 退出 Windows 安装程序。

要格式化分区但不安装 Windows XP,请使用其他实用工具。

2. 步骤二:格式化硬盘并安装 Windows XP

(1) 用箭头键选择要安装 Windows XP 的分区,然后按回车键。

(2) 选择要用于格式化分区的格式化选项。可以从下列选项中选择:

- 使用 NTFS 文件系统格式化分区(快速)
- 使用 FAT 文件系统格式化分区(快速)
- 使用 NTFS 文件系统格式化分区
- 使用 FAT 文件系统格式化分区
- 保持现有文件系统(无变化)

注意:

- 如果所选的分区是一个新分区,则用于保持现有文件系统的选项不可用。
- 如果所选分区的大小超过 32 GB,则不能使用 FAT 文件系统选项。
- 如果所选分区的大小超过 2 GB,则 Windows 安装程序将使用 FAT32 文件系统(必须按回车键加以确认)。
- 如果分区小于 2 GB,则 Windows 安装程序使用 FAT16 文件系统。
- 如果删除并创建了新的系统分区,但正在另一分区上安装 Windows XP,则会提示用户为系统和启动盘分区选择文件系统。

(3) 按回车键。

Windows 安装程序格式化分区以后,请按照屏幕上出现的说明来安装 Windows XP。执行完 Windows 安装程序并重新启动计算机后,可以使用 Windows XP 中的磁盘管理工具创建或格式化更多分区。

综上所述,现在 Windows 的安装完全是在图形界面下完成,又是中文提示的,即使是初学者也可以轻松掌握。另外,Windows 的组件其实就是 Windows 的组成成分。系统安装后,如果想添加某个组件或者想删除某个组件,一切都很简便。添加和删除组件都在"控制面板→添加删除程序"中进行。进入"添加删除程序",选择"Windows 安装程序"页,如果想添加组件,就在想添加的组件前打钩;如果是要删除组件,就将组件前的钩去掉。等一切都设置好之后,选择"确定"即可。

习题

1. Windows 的特点是什么?

2. Windows 3. x 及以前的视窗操作系统与 Windows 95 以后的操作系统有什么根本

性的不同？

    3．操作系统的主要功能是什么？

    4．什么是 VDM？NTVDM 的核心内容由哪些成分组成？

    5．在 Windows 环境中，DOS 程序的运行有哪些方法？

    6．常用的文件操作命令有哪些？

    7．常用的磁盘操作命令有哪些？

    8．比较 IPCONFIG 与 WINIPCFG 命令的异同。

    9．怎样决定文件系统的选取？

    10．主分区与逻辑分区有什么不同？

    11．如果对一个 40GB 的新硬盘进行分区并安装 Windows，应怎样设置与安排？（提示：可有多种方法）

第 7 章　深入掌握 Windows 操作系统

在第 6 章初步认识 Windows 操作系统的基础上,本章将要更深入地了解 Windows 操作系统的有关内容,包括其体系结构、控制面板、内存管理、注册表管理、动态链接库等方面的知识。这些对于 Windows 操作系统的功能和运行来说,都是核心内容。

7.1　Windows 操作系统的体系结构

Windows 操作系统的体系结构如图 7.1 所示。

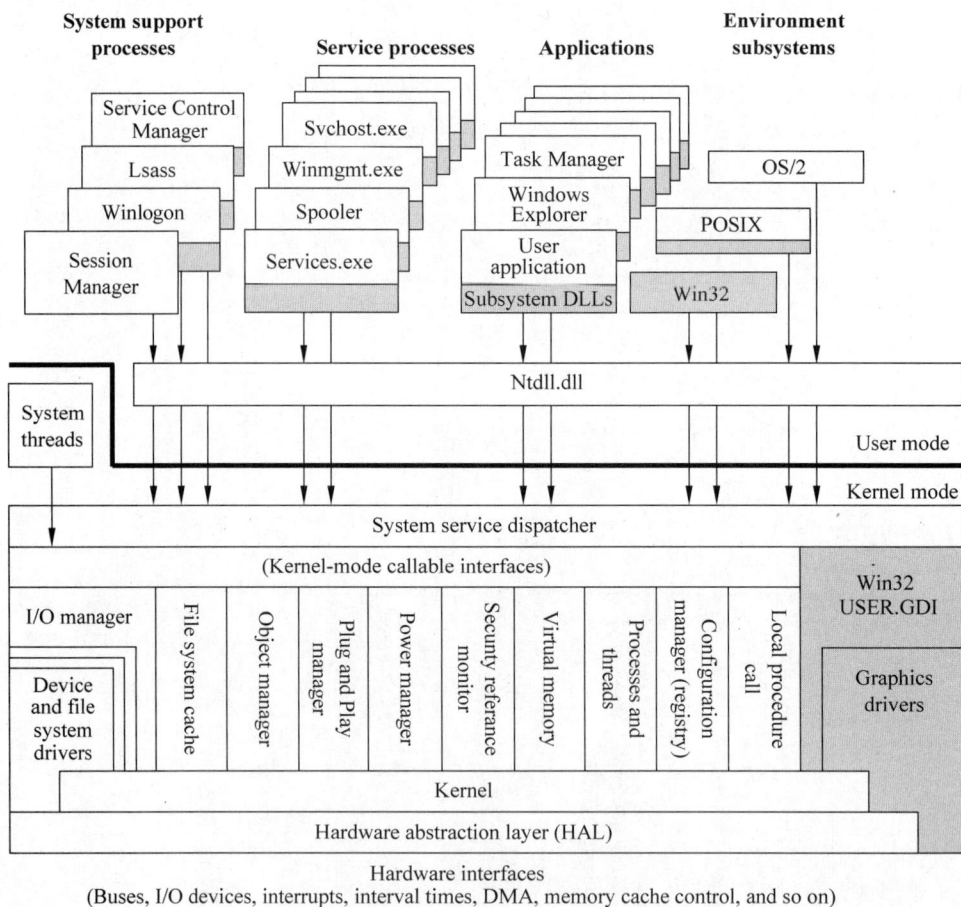

图 7.1　Windows 操作系统的体系结构

这是整个 Windows 的体系结构的总览。从图中可以看出,系统被分成内核模式和用户模式。

内核模式的构成文件是系统的核心文件,主要包含 hal. dll、ntoskrnl. exe、设备驱动、文件系统驱动、图形设备驱动(graphics drivers)、win32k. sys。

7.1.1 第一层——HAL(硬件抽象层)

HAL 使得操作系统的内核可以运行在不同的 X86 母板上。HAL 为不同母板定义一种抽象的接口,向上提供一种标准的接口调用。

Windows 的一个目标是使操作系统可跨平台移植。理想情况下,当一种新机器问世时,使用新机器的编译器来重新编译这个操作系统,就应该让它首次运行。但是现实中并不能这样做。虽然上层的操作系统能够完全移植(因为它们处理的大多是内部数据结构),但底层处理的是设备寄存器、中断、DMA 和其他的硬件特性,这些都是因机器而不同的。即使大部分底层代码是用 C 语言编写的,它也不能单纯地从 X86 上拿出来放到 Alpha 上,然后重新编译、重新启动,因为 X86 和 Alpha 之间存在许多小的硬件差别,它们和不同的指令集相关并且不能被编译器隐藏。

微软认识到了这一点并尝试做一个很小的底层,以隐藏不同机器间的差异,这一层被称为硬件抽象层(Hardware Abstraction Layer,HAL)。

HAL 的作用是将操作系统的其余部分表示为抽象的硬件设备,特别是去除了真正硬件可能有的瑕疵和特征。这些设备表现为操作系统的其他部分和设备可以使用的独立于机器的服务的形式(函数调用和宏)。通过使用 HAL 服务,当移植到新的硬件上时,驱动程序和核心只需做很少的改动。移植 HAL 是直接的,因为所有的机器相关代码都集中在一个地方,并且移植的目标是充分定义的,即实现所有的 HAL 服务。

选择 HAL 中的服务是和主板上的芯片相关的,因为这些芯片从一个机器到另一个机器的变化是具有可预见限度的。换句话说,设计它是为了隐藏不同厂商主板之间的差别,而不是 X86 和 Alpha 之间的差别。HAL 服务包括对设备寄存器的访问、总线独立的设备寻址、中断处理和复位、DMA 传输、定时器和实时时钟的控制、底层的自旋锁(spin lock)和多处理机同步、BIOS 接口以及 CMOS 配置内存。HAL 没有提供对特殊 I/O 设备(如键盘、鼠标、硬盘和内存管理单元)的抽象或服务。

举一个例子来说明硬件抽象层的功能。考虑内存映射 I/O 和 I/O 端口的对比。一些机器具有前者,一些机器具有后者。驱动程序该怎样编写? 是否使用内存映射呢? 强制选择会使驱动程序无法移植到另一种实现方式的机器上,为此,HAL 专为驱动程序的编写者提供了三个读设备寄存器的函数和三个写寄存器的函数:

uc=READ_PORT_UCHAR(port); WRITE_PORT_UCHAR(port,uc)

us=READ_PORT_USHORT(port); WRITE_PORT_USHORT(port,us)

ul=READ_PORT_ULONG(port); WRITE_PORT_LONG(port,ul)

这些函数分别读写无符号 8 位、16 位、32 位的证书到特定的端口。由 HAL 决定是否需要内存映射 I/O,这样,一个驱动程序可以不被修改而在具有不同设备寄存器实现的机器间移植。

驱动程序常由于各种原因而访问特定的 I/O 设备。在该硬件层上,一个设备的某个总线上会有一个或多个地址。由于现代计算机常有多种总线（PCI、PCI-E、SCSI、USB等），很可能两个或更多设备具有相同的总线地址，因此需要通过某种方式来区分它们。HAL 提供了一项服务，该服务通过将总线相连的设备地址映射到系统范围内的逻辑地址来识别设备。这样，驱动程序就不需要知道哪条总线上有哪个设备了。这些逻辑地址与操作系统为用户程序提供的指向文件和其他系统资源的句柄是类似的。这种机制也使总线结构的属性和寻址方式对于高层不可见。

中断也存在类似的问题——它们也是总线相关的。同样，HAL 为系统范围内的中断提供命名服务，并允许驱动程序以可移植的方法将中断服务例程和中断联系起来，而不用知道哪个中断向量对应于哪条总线。此外，中断请求级别管理也在 HAL 处理。

HAL 提供的另一项服务是以一种设备独立的方式设置并管理 DMA 传输。系统范围内的 DMA 引擎与特定 I/O 卡上的 DMA 引擎都可以操作。对设备的访问是通过其逻辑地址进行的。HAL 还实现了软件的分散、聚集（scatter/gather）（对非连续的物理存储块进行写或读）。

此外，HAL 还以一种可移植的方式管理时钟与定时器。这种时间服务将驱动程序从始终运行的实际频率中分离出来。

内核组件（kernel component）有时需要在非常低的层次上同步，特别是为了避免多处理器系统中的竞争状态。HAL 提供了一些原子方法来管理这种同步，如自旋锁——一个 CPU 仅仅等待一个由其他 CPU 占用的系统资源被释放，尤其是在资源只被几条机器指令所占用的情况下。

最后，当系统启动以后，HAL 与 BIOS 进行对话，并检查 CMOS 配置内存（如果有的话），以查明该系统包含了哪些总线和 I/O 设备，以及它们是如何配置的。之后这一信息会被存入注册表，这样，其他系统组件就能够查询它，而不必了解 BIOS 或配置内存如何工作。

由于 HAL 高度依赖于机器，它必须与其所装入的系统完全匹配，因此，Windows 的安装光盘上提供了许多种 HAL。系统安装时，选择一种合适的 HAL 并以 hal. dll 为名复制到硬盘上的系统目录/windows/system32 下。之后所有的启动都使用该版本的HAL，删除这个文件将导致系统无法启动。

尽管 HAL 已经相当高效，但对于多媒体应用而言，它的速度可能还不够快。为此，微软公司另外提供了一个名为 DirectX 的软件包，它用附加的过程增强了 HAL，并允许用户对硬件进行更直接的访问。

7.1.2 ntoskrnl(内核)

内核分成两层：第一层称为核心层（core），提供非常原始且基本的服务，如多处理器的同步、线程调度、中断分派等等；第二层是内核执行体（executive），提供系统的服务，这里的服务不是指 Windows 服务管理器看到的那些服务，而是一些系统函数。这些函数被划分成不同的类别：

具备虚拟存储的内存管理：采用分段和分页以及虚拟内存的方式管理内存的使用。

对象管理：采用面向对象的思想，用 C 来实现。在 Windows 中一切资源都被抽象为对象,如文件对象,进程线程对象等。

　　进程线程管理:负责创建和终止进程、线程。

　　配置管理:负责管理注册表。

　　安全引用监视:在本地计算机上执行安全策略,保护计算机的资源。

　　I/O 管理:实现 I/O 的设备无关性,并负责把 I/O 请求分配给相应的设备驱动程序以进一步处理。

　　即插即用管理器(PNP):确定设备应该由哪个驱动程序来支持并负责加载相应驱动。在启动时的枚举过程中,它收集每个设备所需要的硬件资源,并根据设备的需要来分配合适的硬件资源如 I/O 端口、IRQ、DMA 通道之类,当系统中的设备发生变化时它负责向系统和应用程序发送通知消息。

　　电源管理:协调电源时间,通过合理的配置,使 CPU 降低电源消耗。

　　缓冲管理器:将最近使用过的数据留在缓存中来提高系统的整体性能。

　　本地过程调用(LPC)管理。

7.1.3　设备驱动程序

　　设备驱动程序是核心态可加载模块(以.sys 为扩展名,存放在 system32\drivers),它们是 I/O 管理器和相关硬件设备的接口。设备驱动程序采用一种 I/O 管理所规定的接口标准来编写,因此可以被内核执行体的 I/O 管理单元调用来驱动硬件的工作。

7.1.4　文件系统驱动程序

　　文件系统驱动程序也是核心态可加载模块,文件系统其实是强加给存储硬件的一种文件存放规则。某类文件系统其实就是按照其文件存取规则在存储器上组织文件的信息。比如 FAT32 按照 FAT32 的存储规则来存放文件,Ext2 按照 Ext2 的文件规则存放文件。

　　文件系统按照 I/O 管理的接口标准来实现一组存储规则,同时文件系统也可以将信息按照自己的存储方式请求 I/O 管理单元,让 I/O 管理单元通过这个设备的设备驱动程序将信息存放到该设备上。

　　这样的方式使文件系统只负责存储规则的定义,驱动程序处理硬件的调度(比如如何移动磁头臂,采用什么调度算法等),而 I/O 管理仅仅是它们之间的协调员,至于如何协调,I/O 管理向外定义了自己的标准。

7.1.5　图形设备驱动

　　在 Windows 操作系统中,图形的绘制由一个三层结构来实现,最上层是应用程序,用户通过调用图形 API 函数在屏幕上绘制千变万化的图形,在编写程序的过程中,用户完全可以忽略显示硬件之间的区别,只要按照 API 的调用约定,就能使同一段程序在不同的硬件上产生同样的效果。而 API 函数与硬件实际操作之间的协调则是由位于中层的 GDI32.dll 来完成。中间层一般被称为 GDI 层,是 Windows 操作系统的一部分,它向上提供一套与硬件无关的 API 套接应用程序,向下定义一个标准的显示驱动程序接口,与硬件图形设备驱动套接。通过调用图形设备驱动的绘图函数,实现图形 API。而图形设备驱动位于这个三层结构的最底层,为绘图操作提供最终的实现。为了使 GDI 层能够成功调用图形设备驱动,使之执行所需的操作,二者之间存在一个被调用函数的列表,这个列表一般被称为 DDI(Display Driver Interface)。在 DDI 中定义了若干必需的图形基本操作,一个硬件要在 Windows 下工作正常,硬件驱动程序必须实现 DDI 中的所有函数。

7.1.6　win32k

win32k 是 win32 子系统的内核部分(原生子系统,其他的子系统是可以分割的),如果没有这个子系统,Windows 就不能运行。win32 的文档化的 API 都是通过这个子系统实现的。

win32k 被划分成两个部分:第一个是 USER32,第二个是 GDI32。

USER32

包含了 Windows 管理的操作,比如如何创建窗口,显示窗口,隐藏窗口,移动窗口,排列窗口 Z 轴,对拥有窗口的 Z 轴排序,Region(可视区域)操作,鼠标集中测试等。

GDI32

包含图形设备的绘制操作(这些操作也可以叫服务),比如画点、画线、位图操作等。GDI 会将一些复杂的绘图操作转变成简单的绘制请求发送给图形驱动程序(如果这个图形驱动程序不支持复杂绘制),还有就是一些与设备无关的位图操作,有的可以保存在内存或文件,而如果将与设备无关的位图输出的话就会被转换成与设备相关的位图然后再输出。

7.2　控制面板

控制面板基本可以说是计算机系统的控制中心。

控制面板(control panel)是 Windows 图形用户界面一部分,可通过"开始"菜单访问。它是 Windows 用来配置计算机软件、硬件环境的工具,它允许用户查看并操作基本的系统设置和控制,包括系统属性设置、硬件管理(硬件添加/删除、硬件驱动程序安装)、添加/删除程序、电源管理、网络配置、控制用户账户、更改辅助功能选项等等。

图 7.2 给出了 Windows XP 控制面板的分类视图模式。

对 Windows 控制面板了解得越多,对于计算机的工作就会了解得越多。有时可能会发现,即使操作系统均是 Windows XP,控制面板中的一些按钮也不尽相同,或者根本没有某按钮,这取决于系统是否安装了 Service Pack 包,以及安装的应用程序的多少。

7.2.1　打开"控制面板"

控制面板可通过在 Windows 95,Windows 98 和 Windows Me 中的"开始"→"设置"→"控制面板"访问,或者在 Windows XP 之后版本中的开始菜单直接访问。同时它也可以通过运行命令"control"命令直接访问。如图 7.2 和图 7.3 所示。

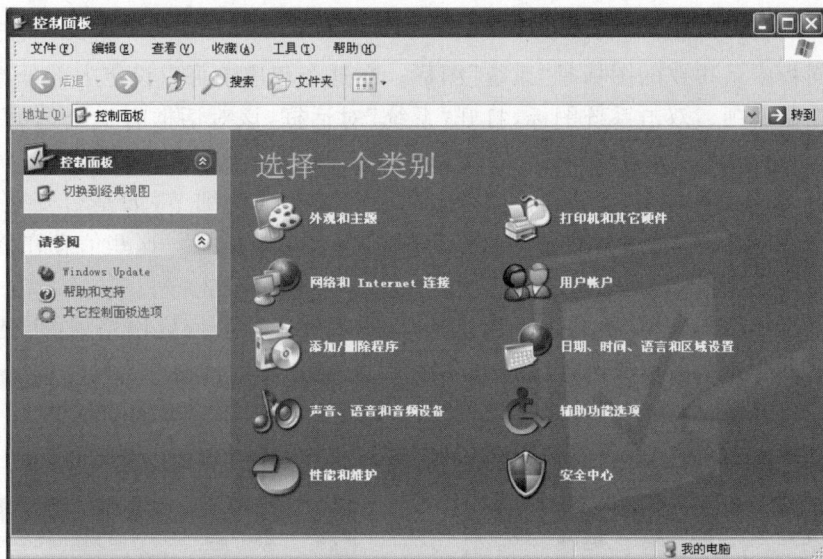

图 7.2　Windows XP 控制面板的分类视图模式

7.2.1.1　控制面板概述

单击 Windows"开始"按钮,在弹出菜单中选择"控制面板",就可以进入到控制面板当中了。在 XP 中控制面板的图标可以以"分类视图"查看,这样方便了人们按主题进行设置,参见图 7.2。这项功能在较早版本的 Windows 中不提供,控制面板都是以"经典视图"模式出现。以下均以经典视图为例,介绍其使用。

要切换到经典视图模式,在左边面板上有标明"切换到经典视图"的链接,单击该链接就切换到经典视图模式,参见图 7.3。可以看到窗口变为一系列的图标,每个图标联系着系统中的一部分。要访问某个控制面板图标,只需双击之即可。

图 7.3　Windows XP 控制面板的经典视图模式

7.2.1.2 访问"系统"图标

控制面板中最重要的图标是"系统"图标。在这个程序中可以设定大部分与计算机工作相关的控制选项。双击系统图标,打开"系统"对话框,该对话框有 7 个选项页,第一页为常规页。参见图 7.4。

在这个"常规"页中显示了操作系统版本号,以及其他细节,如是否安装了 Service Pack 1、2 或 3,中央处理器类型、速度,计算机内存大小等信息。这些信息在诊断错误或与技术支持人员交流时会很有用。

第二个选项页是"计算机名"(见图 7.5)。如果处于一个家庭网络,这个选项页很有用。单击"更改"按钮可以更改计算机的名字,或者变更这台机器加入网络的联网方式(工作组还是域模式)。如果管理员已经设置了计算机名,一般用户不要随意更改。即使没有建立内部网络,这个选项也仍然会存在,只不过更改计算机名没有任何作用。

图 7.4　Windows XP 的"系统"窗口　　　　图 7.5　Windows XP 的"计算机名"选项页

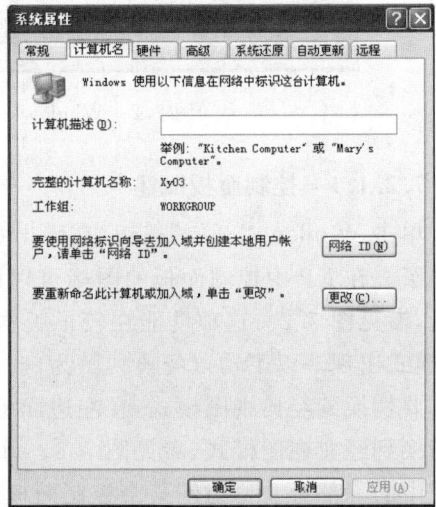

第三个选项页是"硬件",可以检查或更改计算机硬件的设置,包括外部设备和内部设备。这里最重要的是"设备管理器",对硬件设备的控制管理,多是由这里完成的。

单击"设备管理器"按钮,将会出现一个窗口,列出计算机中的所有硬件,包括磁盘驱动器、监视器、网卡、modem、扫描仪等,所有的设备按目录排列。参见图 7.6。

要查看设备目录下面的设备,单击目录左边的"+"号,目录扩展开来并显示出相关的设备。设备旁边如果有黄色警告标志,表明它是一个有问题的设备,不能正常工作。一般可通过升级或选择合适的驱动程序解决。若还有问题,可以记录下这些问题设备,然后告诉技术支持人员或者在在线求助论坛中寻求帮助。在展开到具体设备层次以后,单击某种设备,即可对之进行设置。参见图 7.7 和图 7.8。

随意更改设备管理器的设置可能会让计算机停止工作,所以在没有得到正确指导的情况下要格外小心操作。

单击系统属性硬件页的"驱动程序签名"按钮可以选择是否接受没有微软签名认证的

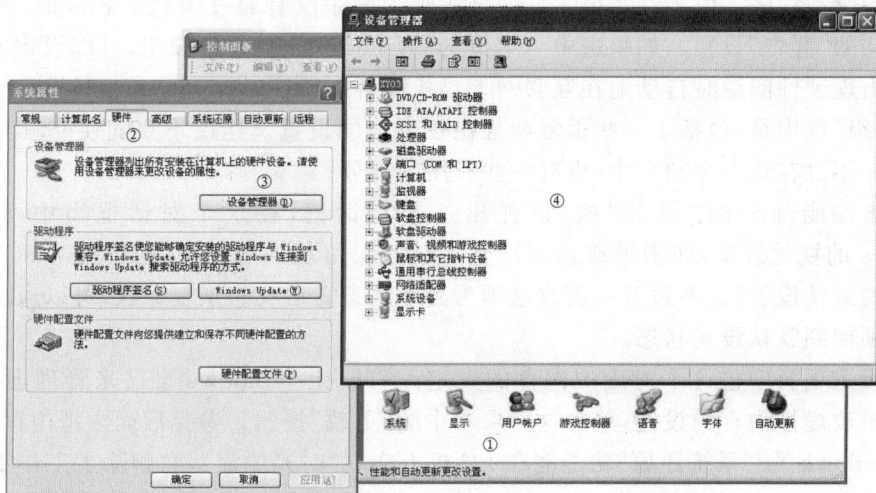

图 7.6　Windows XP 的"设备管理器"窗口

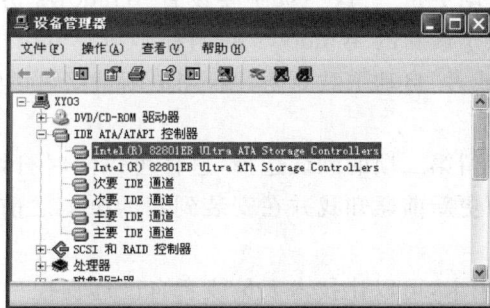

图 7.7　展开到具体设备层次

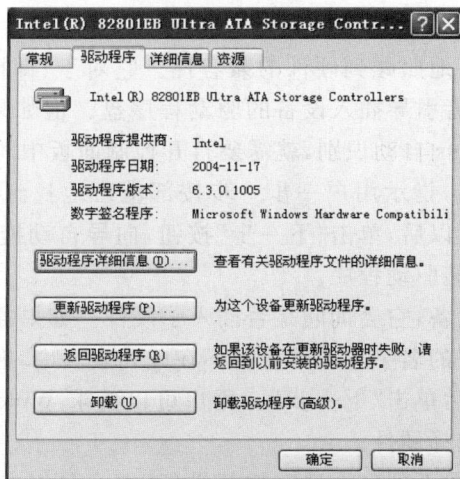

图 7.8　显示选定设备的属性

硬件设备驱动程序。由于许多第三方的合法驱动程序没有通过微软签名认证,所以最好保持默认的"警告"设置。如果选中了本页的"Windows Update"按钮,可以设定本 PC 机是否在出现硬件问题时自动地在互联网上寻找设备驱动程序。

"高级"选项页,包括了一些很复杂且比较危险的设置。建议不要随便修改其中的任何设置。不过在这个选项页中,也有一些有用的部分。

单击性能部分的"设置"按钮,弹出一个对话框,在这个对话框当中可以设置 Windows 的视觉效果,如阴影或透明设置。最好保留默认的设置,即"让 Windows 选择计算机的最佳设置"。不过万一更改这项为其他的设置后又想恢复原状,可以通过重新选中默认项回到默认设置状态。

高级选项页中包含了对虚拟内存的设定。一般让 Windows 自己来管理虚拟内存。如果要更改虚拟内存的设置,单击这一项当中的"更改"按钮。参见后面虚拟内存一节。

Windows XP"系统还原"功能能在 PC 机上实现"时光倒流",它删除了工作不正常的驱动程序的设置变更,又回到以前正常工作的状态;对于这个部分最好轻易不要做任何更改。

下一个选项页是"自动更新"。这一页主要设置 Windows 访问 Windows XP 的更新网站的频率,该网站提供了最新的 Windows 漏洞补丁包。可以把访问频率设定为"自动下载并安装所有更新",或者"自动下载更新并且当更新就绪可以安装时通知我",或者"从不下载任何更新"。

如果是宽带上网,保留第二项的默认选择,这样可以随时打好补丁包;对于拨号上网用户可以选择"下载任何更新前通知我并在安装到我的电脑之前再通知我一次",因为有些升级包会非常大。

最后一个"远程"选项卡,可以让技术人员或者自己远程控制这台 PC 机并解决问题。不过对于家用计算机来说这一项功能不常用,而且为了防止他人非授权访问,最好不要启用第二项,即"允许用户远程连接到这台计算机"。

7.2.1.3 添加硬件

Windows XP 能很好地照顾到硬件的兼容性。它对于"即插即用"设备的支持,能自动安装硬件驱动程序,或者引导插入设备的驱动程序盘。但如果是第一次安装一个新硬件,而且它没有被 Windows 自动识别,就需要打开控制面板中的"添加新硬件"。

它事实上是一个向导,指示用户一步一步按部就班地找到安装的新硬件。出现"添加/删除硬件向导"对话框以后,单击"下一步"按钮,向导自动搜索设备,如果发现了新设备,向导又进一步引导安装驱动程序。

如果向导不能发现设备,它会询问是否插入了硬件。如果插入了新硬件,向导会让用户从一个列表中选择设备的名字。如果设备不在此列表当中,拖动列表滚动条到最底部,选择"添加新设备"项,然后单击"下一步"。用户可以要求 Windows 再搜索一次新硬件,或者自己从一个列表中选择硬件。

如果 Windows 还是找不到也无法定位新设备,那么最好自己亲自来找出这个设备。选择"我想从列表中选择硬件"按钮,然后单击"下一步"。系统会给用户列出一系列的硬件类型。选择最合适的设备类型,单击"下一步",然后在列表中找出设备生产商和型号。

如果有驱动程序盘,单击"从磁盘安装"按钮,然后按照提示完成硬件安装过程。

7.2.1.4 添加或删除程序

"添加或删除程序"功能主要是用来进行软件管理的,也可以调整 Windows 自身组件。

通常情况下,要安装一个新软件,只需要插入程序光盘,然后等待安装程序自动运行即可。如果由于种种原因导致安装程序不能自动运行,可以通过控制面板中的"添加/删除程序"来完成程序的安装。

打开"添加或删除程序",在左边的面板中选择"添加新程序",然后选择"光盘或软盘",按照指示一步步安装。用户也可以在"添加/删除程序"中通过访问 Windows Update 网站升级 Windows。

"添加或删除程序"向导在删除程序时显得更为有用。可以通过在开始菜单中找到某程序的子菜单,选择"卸载"来删除程序。这时会弹出一个对话框,引导用户卸载应用程序。但有的应用程序不提供这种卸载服务,要删除此类程序就需要用到控制面板里的"添加/删除程序"。

在"添加或删除程序"对话框中,默认选项页是"更改或删除程序"有一系列的软件列表,列出了在用户的计算机中目前安装的所有软件,也显示出软件所占用的磁盘空间。如果选中列表中的某一个软件,还会显示出软件的使用频率和最近一次的使用时间,同时会出现一个"更改/删除"按钮或者两个单独的"更改"、"删除"按钮。参见图 7.9。

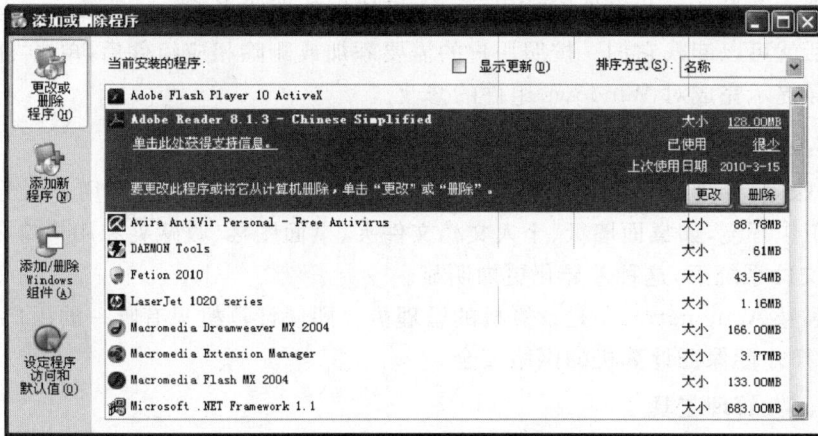

图 7.9 "添加/删除程序"对话框窗口

选择以上两个按钮之一会弹出一个对话框,引导用户修改或者删除应用程序。注意删除本机软件列表中的一些 Windows 核心程序和升级补丁包会导致系统不稳定或不安全。

另外,一些应用程序(以及大多数游戏程序)卸载时会删除安装时产生的数据和设置文件,比如收藏的 Web 站点,如果用户希望保存这些数据,请在卸载前做好备份。

不能使用控制面板来卸载 Windows,但可以添加或删除 Windows 组件。打开"添加/删除程序"对话框,在左边面板上选择"添加/删除 Windows 组件",将会出现"Windows 组件向导",包括了所有的 Windows 组件列表。参见图 7.10。

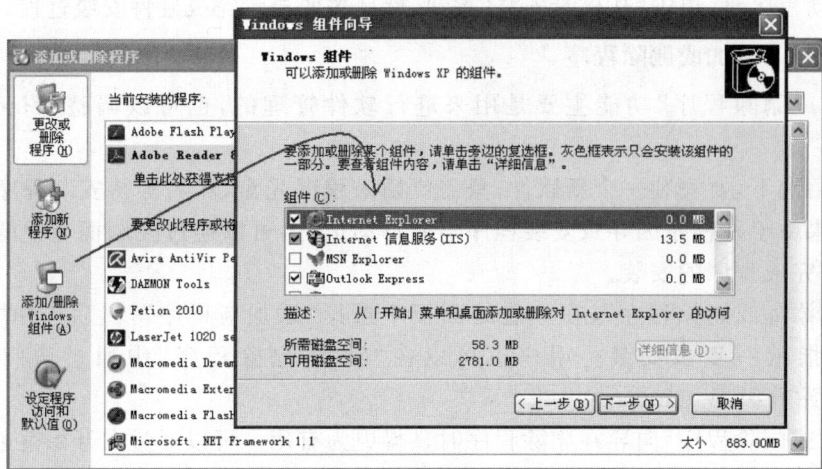

图 7.10　添加/删除 Windows 组件

在这个列表中，被选中的项表示已经安装的 Windows 组件。清除某项前边的选中标记可以卸载该组件，反之打上选中标记则可以安装该组件。一些组件项可以展开：当"详细信息"按钮可用的时候，单击该按钮，就会弹出对话框让用户选择有关该组件项的详细选项。

一些 Windows 组件，如 Internet Explorer 和网络服务，是 Windows 的核心部分，不要删除它们。而另外一些组件，如 Windows 媒体播放器或者 Outlook Express，包括 IIS，不需要的话就可以卸载它们。按照用户的需要添加或删除相应组件后，单击"下一步"，然后按照向导提示完成对 Windows 组件的修改。

7.2.1.5　用户账号

"用户账号"管理计算机的多个用户，比方说各个家庭成员。每个用户账号信息包含了用户的工作环境，如桌面墙纸、个人文档文件夹、桌面图标、收藏夹和用户口令。特别是在 NTFS 文件系统下，这种差异化更加明显。

内置账号 Administrator 是计算机的管理员。即使计算机只有唯一的用户，也需要设定密码，这样才能保证计算机的网络安全。

7.2.1.6　管理工具

顾名思义，是管理计算机的工具，为系统管理员提供了多种工具，包括安全、性能和服务配置。参见图 7.11(有些工具是安装应用软件后才有的)。

计算机管理：用于从单个的统一桌面实用程序管理本地或远程计算机。"计算机管理"将几个 Windows XP 管理工具合并为一个单独的控制台树，从而更容易访问特定的计算机管理属性。

数据源："开放式数据库连接"(ODBC)是一个编程接口，它允许程序访问使用结构化查询语言（SQL）作为数据访问标准的数据库管理系统中的数据。

组件服务：系统管理员用于从图形用户界面部署和管理 COM+ 程序，或者用脚本或编程语言使管理任务自动化。软件开发人员可以使用"组件服务"来可视地配置例程组件

图 7.11　管理工具

和程序行为,例如安全性和参与事务,并且可以将组件集成到 COM+ 程序中。

事件查看器:用于查看和管理计算机上的系统日志、程序以及安全性事件。"事件查看器"中收集关于硬件和软件问题的信息,并监视安全事件。

性能:用于收集和查看与内存、磁盘、处理器、网络以及图形、直方图或者报表中其他活动有关的实时数据。

服务:用于管理计算机上的服务,设置要发生的恢复操作(如果服务失败)以及为服务创建自定义名字和描述从而能够方便地识别它们。参见图 7.12。

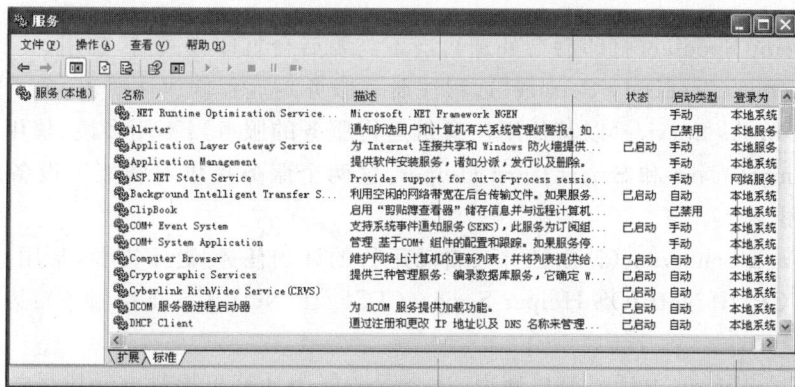

图 7.12　服务控制台的服务列表

服务列表报告了系统提供的服务运行情况。有些服务是 Windows 运行所必需的,不能关闭,否则将会造成系统崩溃。但为了改善计算机运行的性能甚至减少风险,有些服务在特定情况下是可以关闭甚至禁用的。各项服务的功能,可以通过双击该服务或将鼠标悬停在该服务名上查看。下面是一些服务的说明,可以根据实际情况被禁止:

(1) Application Management(应用程序管理):应用程序管理,管理软件的安装与卸载。经测试,禁用没有关系。

(2) ClipBook(剪贴簿):网络中的复制的内容,是否保存在本机的剪贴簿,禁用。

(3) Computer Browser(计算机浏览器):更新网络邻居中的机器列表,假如不需要共享服务,禁用。

(4) DHCP Client(动态主机配置协议客户端):动态 IP 分配服务客户端,开机是否搜索网络中的 DHCP 服务器。假如使用的是静态 IP 地址,不需要此服务,禁用。

(5) Distributed Link Tracking Client(分布式连接跟踪客户端):跟踪 NTFS 格式文件在局域网中的移动。如果不在局域网中复制文件,可设置为禁用。

(6) DNS Client(域名系统客户端):虽然是域名解析客户端,但禁用后,没有影响。

(7) Fax Service(传真服务):系统自带的传真服务,不需要,禁用。

(8) Indexing Service(索引服务):为磁盘中的文件建立索引服务,加快查找速度。可以禁用。

(9) Internet Connection Sharing(Internet 连接共享):Internet 共享服务,也就是代理服务,客户机不需要,禁用。

(10) IPSEC Policy Agent(IP 安全策略代理):IP 安全策略设置管理服务,禁用。

(11) Messenger(信使服务):信使服务,如不禁止,曾经常会收到广告信息和一些网络广告,影响正在进行的操作,强烈要求禁用。

(12) Net Logon(网络登录):一般没有使用域管理模式而只是工作组方式,可禁用。

(13) NetMeeting Remote Desktop Sharing(NetMeeting 远程桌面共享):远程管理桌面共享,用不到,禁用。

(14) Network DDE(网络动态数据交换)和 Network DDE DSDM:有安全风险,全部禁用。

(15) Print Spooler(打印后台处理):当不需要后台打印模式时,禁用。

(16) Remote Registry Service(远程注册表服务):远程修改注册表,为了安全,禁用。

(17) Run As Service(以其他用户身份运行服务的服务):不用多说,禁用。

(18) Smart Card 和 Smart Card Helper:这两个服务提供对智能卡设备的支持。一般没有,禁用。

(19) Task Scheduler(计划任务):自动运行的计划任务,若不需要,禁用。

(20) TCP/IP NetBIOS Helper Service(TCP/IP NetBIOS 支持服务):为了提高网络访问速度,禁用。

(21) Telephony(电话):简单地说,这个服务能为计算机提供电话拨号的能力。用不到,设置为禁用。

(22) Uninterruptible Power Supply(不间断电源):管理连接到计算机的不间断电源(UPS)的服务。一般没有 UPS,禁用。

7.2.1.7 安全中心

安全中心仅在 Windows XP Service Pack 2 之后版本中可用。它是一个允许用户查看并设置多种安全特性状态的部件,包括 Windows 防火墙、自动更新、病毒防护。它会在这些特性被启用、禁用或者有另外的安全威胁时通报用户。参见图 7.13 和图 7.14。

7.2.1.8 其他设置图标

• 日期和时间

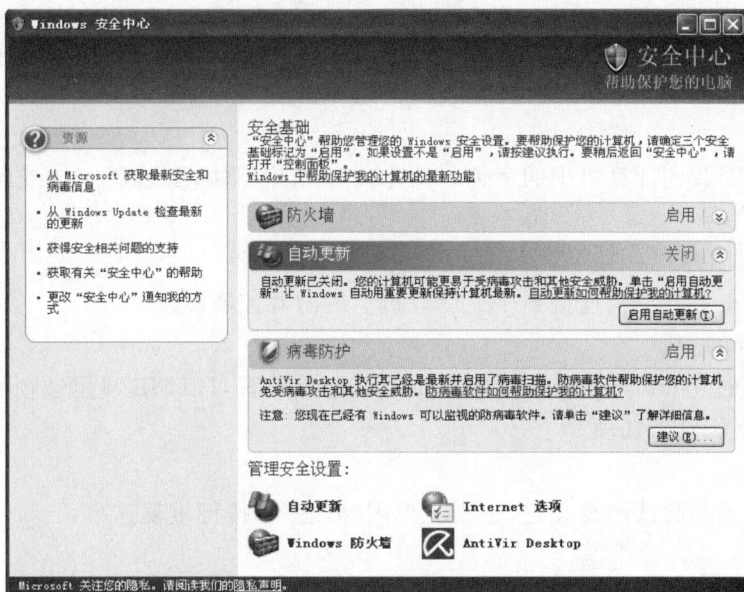

图 7.13　安全中心

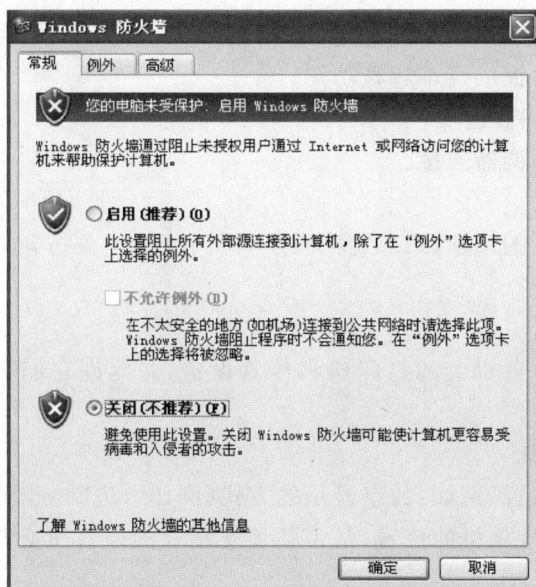

图 7.14　Windows 防火墙查看和设置

允许用户更改存储于计算机 BIOS 中的日期和时间,更改时区,并通过互联网时间服务器同步日期和时间。

· 个性化

加载允许用户改变计算机显示设置如桌面壁纸、屏幕保护程序、显示分辨率等的显示属性窗口。

- 文件夹选项

这个项目允许用户配置文件夹和文件在 Windows 资源管理器中的显示方式。它也被用来修改 Windows 中文件类型的关联;这意味着使用何种程序打开何种类型的文件。

- 字体

显示所有安装到计算机中的字体。用户可以删除字体,安装新字体或者使用字体特征搜索字体。

- 游戏控制器

允许用户查看并编辑连接到个人计算机上的游戏控制器。

- Internet 选项

允许用户更改 Internet 安全设置,Internet 隐私设置,HTML 显示选项和多种诸如主页、插件等网络浏览器选项。

- 键盘

让用户更改并测试键盘设置,包括光标闪烁速率和按键重复速率。

- 邮件

允许用户配置 Windows 中的电子邮件客户端,通常为 Microsoft Outlook。Microsoft Outlook Express 无法通过此项目配置;它只能通过自身的界面配置。

- 网络连接

显示并允许用户修改或添加网络连接,诸如 LAN 和互联网连接。它也在一旦计算机需要重新连接网络时提供疑难解答功能。

- 电话和调制解调器选项

管理电话和调制解调器连接。

- 电源选项

包括管理能源消耗的选项,来决定当按下计算机的开/关按钮时计算机的动作,或不激活休眠模式。

- 打印机和传真

显示所有安装到计算机上的打印机和传真设备,并允许它们被配置或移除,或添加新的。

- 区域和语言选项

可改变多种区域设置,例如:数字显示的方式(例如十进制分隔符)、默认的货币符号、时间和日期符号、用户计算机的位置、是否必须安装亚洲语言所必需的文件、已被安装的代码页。

- 扫描仪和照相机

显示所有连接到计算机的扫描仪和照相机,并允许它们被配置、移除或添加新设备。

- 声音和音频设备

用来设置与声音相关的功能,例如:更改声卡设置,更改系统声音,或者在特定事件发生时播放的特效声音,更改针对不同目的(回放、录音等)的默认设备,显示安装在计算机上的音频设备,并允许其被用户配置。

- 显示

设置桌面工作环境,包括分辨率、刷新率、屏保、色彩、外观等。

7.2.2 控制面板的禁用与解除

为了在一个多用户机器上进行安全控制,管理员有时候需要设置控制面板为禁用,有时候又需要将其恢复正常。这就是控制面板的禁用与解除。

在"开始→运行"中输入"gpedit.msc",打开"组策略",依次展开"用户配置→管理模板→控制面板",右边找到"禁止访问控制面板"→双击"禁止访问控制面板",弹出属性窗口。该窗口默认值为"未配置",表示属于正常的未禁用状态。参见图 7.15 和图 7.16。

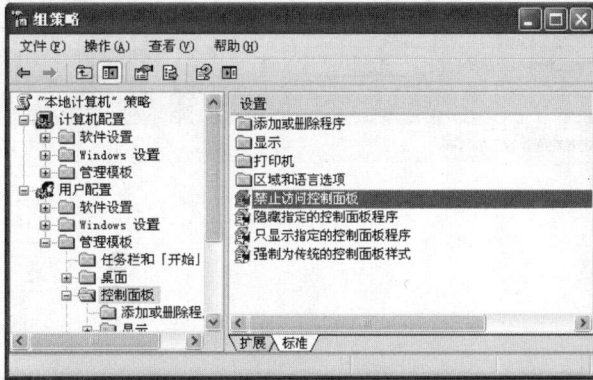

图 7.15 "组策略"设置窗口

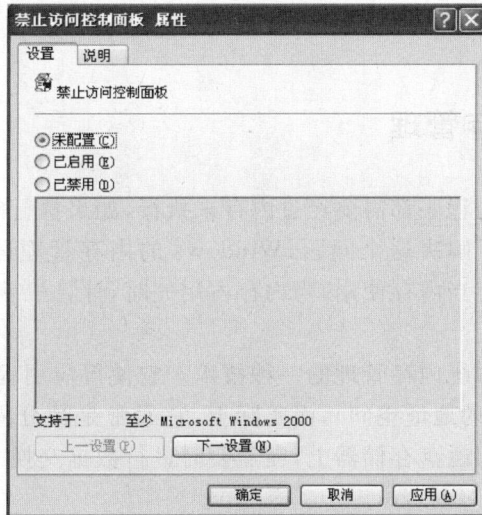

图 7.16 "禁止访问控制面板属性"窗口

1. 全面禁用

在弹出窗口中选择"已禁用",单击"应用"按钮,确定退出即可。

2. 解除禁用

在弹出窗口中选择"未配置",单击"应用"按钮,确定退出即可。参见图 7.16。

3. 部分项目程序禁用

在弹出窗口中选择"已启用",单击下方的"显示"按钮,在"显示内容"窗口中单击"添加"按钮,在随后弹出的窗口中设定欲禁用的项目,依次单击"确定"按钮退出即可。参见图 7.17。

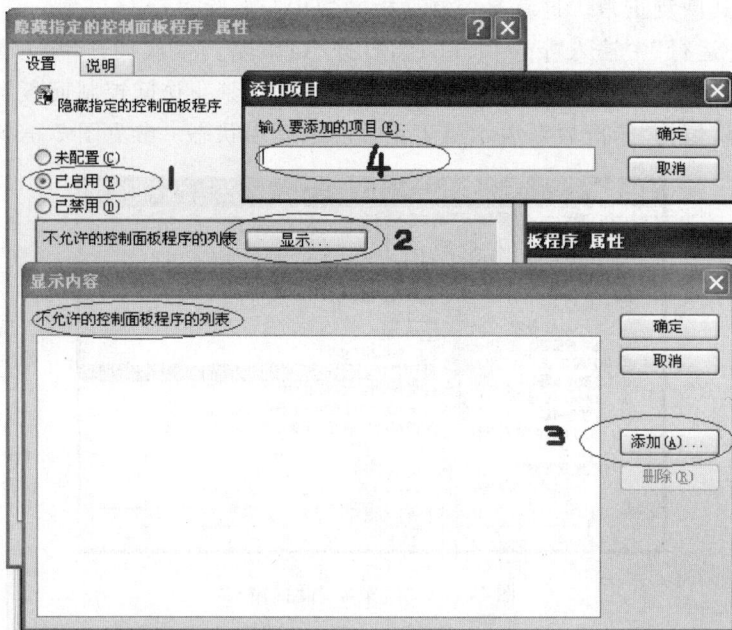

图 7.17　隐藏特定的控制面板项目程序

7.3　Windows 内存管理

计算机中所有运行的程序都需要经过内存来执行,如果执行的程序很大或很多,就会导致内存消耗殆尽。为了解决这个问题,Windows 的内存管理运用了虚拟内存技术,即拿出一部分硬盘空间来充当内存使用,当内存占用完时,计算机就会自动调用硬盘来充当内存,以缓解内存的紧张。

虚拟内存是计算机系统内存管理的一种技术。它使得应用程序认为它拥有连续的可用的内存(一个连续完整的地址空间),而实际上,它通常是被分隔成多个物理内存碎片,还有部分暂时存储在外部磁盘存储器上,在需要时进行数据交换。为此,会在磁盘上产生用于交换的页面文件 pagefile.sys。

7.3.1　虚拟内存概述

如果计算机缺少运行程序或操作所需的随机存取内存(RAM),则 Windows 使用虚拟内存(virtual memory)进行补偿。虚拟内存将计算机的 RAM 和硬盘上的临时空间组合在一起。当 RAM 运行速度缓慢时,虚拟内存将数据从 RAM 移动到称为"分页文件"的空间中。将数据移入与移出分页文件可以释放 RAM,以便完成工作。

一般而言,计算机的 RAM 越多,程序运行得越快。如果计算机的速度由于缺少 RAM 而降低,则可以尝试增加虚拟内存来进行补偿。但是,计算机从 RAM 读取数据的速度要比从硬盘读取数据的速度快得多,因此增加 RAM 是更好的方法。

7.3.2　虚拟内存的产生

虽然在运行速度上硬盘不如内存,但在容量上内存是无法与硬盘相提并论的。当运行一个程序需要大量数据、占用大量内存时,内存就会被"塞满",并将那些暂时不用的数据放到硬盘中,而这些数据所占的空间就是虚拟内存。这就是为什么 pagefile.sys 的大小会经常变化。

内存在计算机中的作用很大,计算机中所有运行的程序都需要经过内存来执行,如果执行的程序分配的内存的总量超过了内存大小,就会导致内存消耗殆尽。为了解决这个问题,Windows 中运用了虚拟内存技术,即拿出一部分硬盘空间来充当内存使用,当内存占用完时,计算机就会自动调用硬盘来充当内存,以缓解内存的紧张。

举个例子来说,压缩程序在压缩时,有时候需要读取文件的很大一部分并保存在内存中作反复的搜索。假设内存大小是 128MB,而要压缩的文件有 200MB,且压缩软件需要保存在内存中的大小也是 200MB,那么这时操作系统就要权衡压缩程序和系统中的其他程序,把多出来的那一部分数据放进交换文件。

7.3.3　虚拟内存运行原理及过程

一般说法,虚拟内存就是当物理内存不足够的时候,把硬盘的一部分当做内存来使用,这样理解其实不够准确。

物理内存就是大家平时经常说的 1GB 内存、512MB 内存。要知道,打开任何一个程序,都是要占用物理内存的,当关闭这个程序的时候,系统也将会从物理内存中删除这个程序的信息。

以下分两方面理解虚拟内存。

假设计算机物理内存是 512MB,系统都安装在 C 盘。

(1) 当物理内存足够大的时候

假设运行的程序占用了 215MB,此时物理内存绝对够用了,但是不要以为此时系统没有用虚拟内存,系统照样用了虚拟内存技术。当我们打开 QQ 的时候,系统就为 QQ 这个程序指定了一个虚拟空间,只是此时这个虚拟空间里面没有信息而已。

(2) 当物理内存不足的时候

假设计算机运行"迅雷"和"IE"这两个软件的时候物理内存已经达到 512MB,此时再启动 QQ,如果没有虚拟内存技术,根本不能启动,因为 QQ 不能在内存中写入相关信息。现在有了虚拟内存技术,此时系统将会释放一部分物理内存给 QQ 使用,假设释放的是迅雷所占用的物理内存,那么迅雷所占用的物理内存信息将会保存到硬盘上的一个称为 pagefile.sys 的文件中。当我们想再运行迅雷的时候,此时系统会从 pagefile.sys 查找相应的迅雷信息,同时把这些信息重新载入到物理内存里面,并且把 QQ 的信息释放到 pagefiles.sys 里面。这样一个循环交换过程就是虚拟内存技术。为什么叫它虚拟呢?因为系统把文件释放到了硬盘上,而这个硬盘空间可不是内存,只是临时的保存内存信息的地方。

一句话,虚拟内存就是用诸如硬盘、U 盘等不是内存的介质来存储内存的信息。Windows XP 系统里面的 c:\Windows\prefetch 这个文件夹里面的文件是虚拟内存技术的扩展,这些预读(prefetch)文件可以提升程序的运行速度。当运行程序时候,系统会依据内存记录这个程序经常用到的文件,并且把这个程序读取信息记录下来,同时在 c:\Windows\prefetch 下创建一个后缀是. pf 的文件,并且把读取的信息保存到. pf 文件夹里。假设再次运行已经被记录过的 Photoshop 程序,当双击桌面上的 Photoshop 图标时,系统会先从 c:\Windows\prefetch 中查找 Photoshop 的相关记录,而不是继续运行 Photoshop,系统根据以前记录 Photoshop 用到的相关文件载入到内存中,载入好后,Photoshop 才可以继续运行,这样运行 Photoshop 的速度就会提升了。如果没有预读文件,打开 Photoshop 的速度会很慢。

c:\Windows\prefetch 里面还有一个 Layout. ini 文件,这个文件的作用就是排列文件载入的次序。如果 c:\Windows\prefetch 里面的预读文件很多,那么每运行一个程序时,系统都要花大量的时间去搜索这个程序有没有预读文件,从而有可能导致程序启动很慢。所以,预读文件很多的时候,需要删除它们。

7.3.4 虚拟内存之设置

7.3.4.1 合理设置虚拟内存

如何确定虚拟内存的大小呢?一般说来,原则上是按照物理内存的 1.5～2 倍的倍数关系来设置虚拟内存的大小。但事实上,严格按照 1.5～2 倍的倍数关系来设置并不科学,特别是物理内存本身已经很大的情况下。因此可以根据系统的实际应用情况进行设置。在这过程中需要用到 Windows 2000/XP Pro/2003 自带的性能监视器来做更精确的测试。

(1) 运行"perfmon. msc"打开性能监视器,展开左侧的性能日志和警报,并单击选择"记数器日志",在右侧的面板中空白处单击鼠标右键,选择"新建日志设置",并命名为"Pagefile",然后按回车键确认。参见图 7.18。

(2) 在常规选项卡下,单击添加记数器按钮,在新弹出的窗口的性能对象下拉菜单中选择"Paging File",并选择"从列表选择记数器",然后单击"% Usage Peak",在范例中选择"_Total",并接着单击"添加"按钮。参见图 7.19。

(3) 然后关闭这个窗口,并单击"确定"按钮。单击"是"创建日志文件。接着打开"日志文件"选项卡,在日志文件类型下拉菜单中选则"文本文件(逗号分隔)",然后记住"例如"框中显示的日志文件的路径。参见图 7.20。

(4) 这样,单击确定后记数器已经开始运行了,可以在计算机上进行日常操作,并尽可能多地打开和关闭各种经常使用的应用程序和游戏。经过几个小时的使用,基本上记数器已经可以对使用情况作出一个完整的评估。

(5) 这时需要先停止这个记数器的运行,同样是在"记数器日志"窗口中,选中新建的 Page File 记数器,然后右键单击,并且选择"停止"。用记事本打开日志文件。参见

图 7.18　新建记数器日志

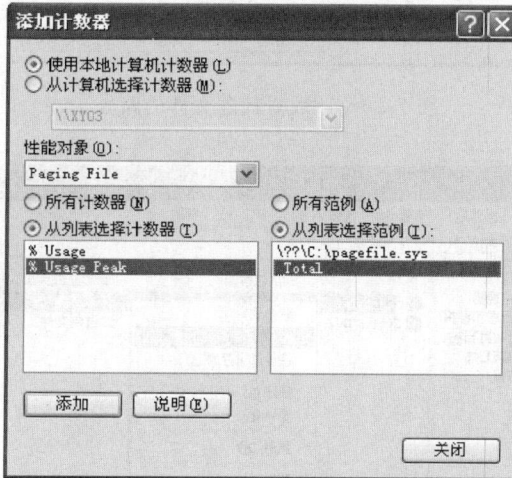

图 7.19　为计数器日志设定监测内容

图 7.21 和图 7.22。

　　（6）需要注意的是，在日志中的数值并不是分页文件的使用量，而是使用率。也就是说，根据日志文件的显示，该系统计数刚开始时刻的分页文件只使用了 5％左右，一般情况下的分页文件也只使用了 25％左右，而系统当前设置的分页文件足有 2GB，那么为了节省硬盘空间，完全可以把分页文件最大值缩小为 512MB。而对于最小值，可以先根据日志中的占用率求出平均占用率，然后再与最大值相乘。

　　在设置虚拟内存的时候还需要注意，如果有超过一块硬盘，那么最好能把分页文件设置在没有安装操作系统或应用程序的硬盘上，或者所有硬盘中速度最快的硬盘上。这样在系统繁忙的时候才不会产生同一个硬盘既忙于读取应用程序的数据又同时进行分页操作的情况。相反，如果应用程序和分页文件在不同的硬盘上，这样才能最大程度降低硬盘利用率，同时提高效率。当然，如果只有一个硬盘，就完全没必要将分页文件设置在其他分区了，同一个硬盘上不管设置在哪个分区中，对性能的影响都不是很大。

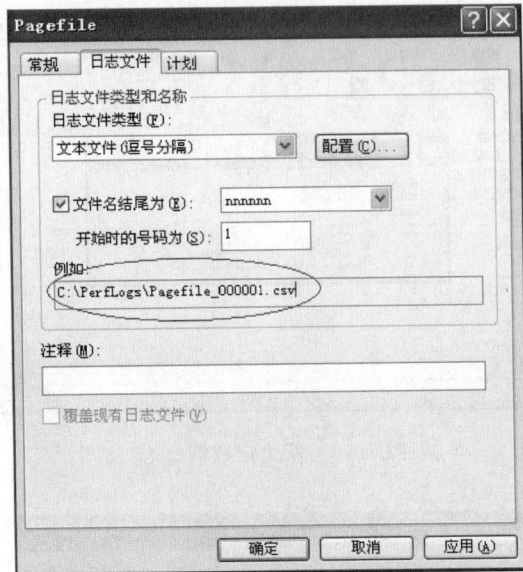

图 7.20　计数器日志文件的路径

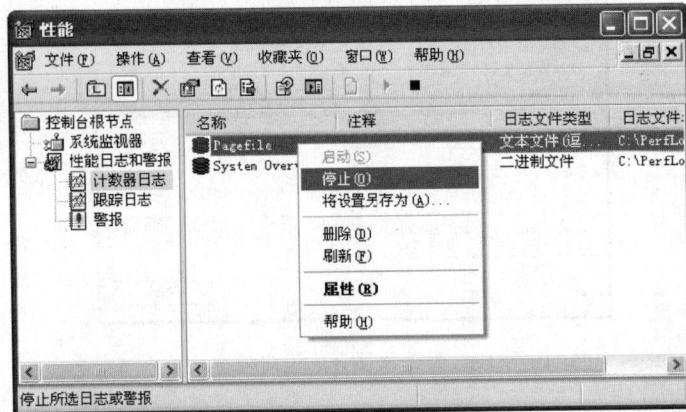

图 7.21　停止计数器

图 7.22　查看计数器日志文件

7.3.4.2　虚拟内存页面文件与磁盘碎片

由于虚拟内存使用了硬盘,硬盘上非连续写入的文件会产生磁盘碎片,因此一旦用于实现虚拟内存的文件或分区过于零碎,会加长硬盘的寻道时间,影响系统性能。

有观点误认为 Windows 系统频繁读写 pagefile.sys 就会产生磁盘碎片,实则不然。因为 pagefile.sys 文件一旦创立,在分区中的分布连续形式就固定下来,文件内部读写并不增加或减少 pagefile.sys 的文件大小。仅当页面文件告罄后系统创建的 temppf.sys 会带来磁盘碎片。

而在 Linux 系统中,将用于虚拟内存的部分置于单独的分区中,不影响其他的分区或文件,基本杜绝了磁盘碎片带来的影响。

一般 Windows XP 默认情况下是利用 C 盘的剩余空间来充当虚拟内存,因此,C 盘的剩余空间越大,系统运行就越好。虚拟内存随着使用而动态地变化,因而 C 盘容易产生磁盘碎片,影响系统运行速度。所以,最好将虚拟内存设置在其他分区,如 D 盘中。

7.3.4.3 虚拟内存人工设置方法

对于虚拟内存的设置主要注意两点,即内存大小和存放位置。内存大小就是设置虚拟内存最小为多少和最大为多少;而存放位置则是设置虚拟内存应使用哪个分区中的硬盘空间。除了系统默认的自动管理以外,更多时候是人工设置。有多种方法启动,这里介绍一种最快捷的方法。

① 用右键单击桌面上的"我的电脑"图标,在出现的右键菜单中选"属性"选项打开"系统属性"窗口。在窗口中单击"高级"选项卡,出现高级设置的对话框。

② 单击"性能"区域的"设置"按钮,在出现的"性能选项"窗口中选择"高级"选项卡,打开其对话框。

③ 在该对话框中可看到关于虚拟内存的区域,单击"更改"按钮进入"虚拟内存"的设置窗口。选择一个有较大空闲容量的分区,勾选"自定义大小"前的复选框,将具体数值填入"初始大小"、"最大值"栏中,而后依次单击"设置"→"确定"按钮,最后重新启动计算机使虚拟内存设置生效。

7.3.4.4 页面文件的禁用与清理

系统允许设置的虚拟内存最小值为 2MB,最大值不能超过当前硬盘的剩余空间值,同时也不能超过 32 位操作系统的内存寻址范围——4GB。

1. 禁用页面文件

当拥有了 1GB 以上的内存时,页面文件的作用将不再明显,因此也可以将其禁用。

方法是:依次进入注册表编辑器"HKEY_LOCAL_MACHINE\SYSTEM\CurrentControlSet\Control\SessionManager\MemoryManagement"下,在"DisablePaging Executive"(禁用页面文件)选项中将其值设为"1"即可。

此项禁用操作有可能会造成系统不稳定,某些程序无法运行或死机。请根据自己实际情况更改。

2. 清理页面文件

在同一位置上有一个"ClearPageFileAtShutdown"(关机时清除页面文件),将该值设为"1"。这里所说的"清除"页面文件并非是指从硬盘上完全删除 pagefile.sys 文件,而是对其进行"清洗"和整理。根据微软的说法,这是一个安全选项,与性能无关。

也可以使用 SweepRAM 工具操作，适用于 Windows 2000 以上版本。该程序最大的作用是把所有进程的工作集清空。所谓工作集是指进程已映射的物理内存部分（即这些内存块全在物理内存中，并且 CPU 可以直接访问），还有一部分不在工作集中的虚拟内存则可能在转换列表中（CPU 不能通过虚地址访问，需要 Windows 映射之后才能访问），还有一部分则在磁盘上的页面文件里。工作集在进程运行时会被 Windows 自动调整，频繁访问的页面（4KB 的块）会留在内存中，而不频繁访问的页面在内存紧张时会被从工作集中移出，暂时保存在内存中的"转换列表"中，或者进一步换出到页面文件中。当应用程序再次访问某一页面时，操作系统会将它重新加入工作集中。

SweepRAM 工具以一种适中的频率（大约 40min/次）反复运行，可以将各进程的工作集清空，而之后各进程的工作集会慢慢恢复。这样可以保持更好的工作集平衡，从而提高系统性能。

7.3.5 虚拟内存使用技巧

对于虚拟内存如何设置的问题，微软已经提供了官方的解决办法。一般情况下，推荐采用如下设置方法。

(1) 在 Windows 系统所在分区设置页面文件，文件的大小由用户对系统的设置决定。具体设置方法如下：打开"我的电脑"的"属性"设置窗口，切换到"高级"选项卡，在"启动和故障恢复"窗口的"写入调试信息"栏，如果用户采用的是"无"，则将页面文件大小设置为 2MB 左右，如果采用"核心内存存储"和"完全内存存储"，则将页面文件值设置得大一些，跟物理内存差不多就可以了。

提示：对于系统分区是否设置页面文件，这里有一个矛盾。如果设置，则系统有可能会频繁读取这部分页面文件，从而加大系统盘所在磁道的负荷；但如果不设置，当系统出现蓝屏死机（特别是 STOP 错误）的时候，无法创建转储文件（memory.dmp），从而无法进行程序调试和错误报告。所以折中的办法是在系统盘设置较小的页面文件，只要够用就行了。

(2) 单独建立一个空白分区，在该分区设置虚拟内存，其最小值设置为物理内存的1.5 倍，最大值设置为物理内存的 3 倍，该分区专门用来存储页面文件，不要再存放其他任何文件。之所以单独划分一个分区用来设置虚拟内存，主要是基于两点考虑：其一，由于该分区上没有其他文件，这样分区不会产生磁盘碎片，能保证页面文件的数据读写不受磁盘碎片的干扰；其二，按照 Windows 对内存的管理技术，Windows 会优先使用不经常访问的分区上的页面文件，从而减少了读取系统盘里的页面文件的机会，减轻了系统盘的压力。

(3) 如果已经设置了一个分区的页面文件，则其他硬盘分区不设置任何页面文件。因为在过多的分区设置页面文件，会导致硬盘磁头反复地在不同的分区来回读取。这样既耽误了系统速度，也会减少硬盘的寿命。当然，如果用户有多个硬盘，则可以为每个硬盘都创建一个页面文件。当信息分布在多个页面文件上时，硬盘控制器可以同时在多个硬盘上执行读取和写入操作。这样系统性能将得到提高。

7.3.6 虚拟内存不足的原因

1. 感染病毒

有些病毒发作时会占用大量内存空间,导致系统出现内存不足的问题。用户必须定期杀毒,升级病毒库,然后把防毒措施做好。

2. 虚拟内存设置不当

虚拟内存设置不当也可能导致出现内存不足问题,一般情况下,虚拟内存大小为物理内存的 2 倍即可,如果设置得过小,就会影响系统程序的正常运行。

3. 系统空间不足

虚拟内存文件默认是在系统盘中,如 WinXP 的虚拟内存文件名为"pagefile. sys",如果系统盘剩余空间过小,导致虚拟内存不足,也会出现内存不足的问题。系统盘至少要保留 300MB 剩余空间,当然这个数值要根据用户的实际需要而定。用户尽量不要把各种应用软件安装在系统盘中,保证有足够的空间供虚拟内存文件使用,而且最好把虚拟内存文件安放到非系统盘中。

4. 系统用户权限设置不当

基于 NT 内核的 Windows 系统启动时,系统用户会为系统创建虚拟内存文件。有些用户为了系统的安全,采用 NTFS 文件系统,但却取消了系统用户在系统盘"写入"和"修改"的权限,这样就无法为系统创建虚拟内存文件,运行大型程序时,也会出现内存不足的问题。这个问题很易解决,只要重新赋予系统用户"写入"和"修改"的权限即可,不过这仅限于使用 NTFS 文件系统的用户。

7.4 注册表管理

Windows 注册表(registry)用来存放用户信息、硬件配置、各种系统设置以及 Windows 应用程序的配置信息。当安装一个 Windows 应用程序时,则与这个应用程序的配置和参数选择有关的登录项就被加入到注册表里。当安装一个即插即用的硬件设备时,Windows 在启动以后就会在注册表里增加一个合适的登录项。

因此,Windows 的注册表实质上是一个庞大的数据库,它存储着下述内容:软硬件的有关配置和状态信息,应用程序和资源管理器外壳的初始条件、首选项和卸载数据;计算机整个系统的设置和各种许可,文件扩展名与应用程序的关联,硬件的描述、状态和属性;计算机性能记录和底层的系统状态信息,以及各类其他数据。

7.4.1 打开注册表编辑器

要编辑或查看注册表,就需要打开注册表编辑器。Windows 操作系统提供两个版本的注册表编辑器:regedit.exe(16 位应用程序),regedt32.exe(只用于基于 NT 技术的操作系统)。regedit. exe 位于％ SystemRoot％ 系统文件夹,regedt32. exe 位于％ SystemRoot％\system32\文件夹。

1. 最简单的方法:regedit.exe

在"开始"菜单"运行"项的对话框里输入 regedit.exe,就可以启动注册表编辑器。之所以称为最简单的方法,在于它适用于所有版本的 Windows。

regedit.exe 是从 Windows 98 沿袭下来的,本身是 16 位的应用程序编辑器。过去它用于修改 Windows 98 的注册数据库。此数据库位于 Windows 目录下,名称是 reg.dat。数据库中包含有关 16 位应用程序的信息,文件管理器用它来打开和打印文件。支持对象链接和嵌入(OLE)的应用程序也使用此数据库。WOW(Windows on Windows)和 16位 Windows 应用程序使用并维护着 reg.dat。WOW 层位于虚拟 DOS 机器(VDM)层之上。

2. regedt32.exe:32 位的注册表编辑器

regedt32 提供了比 regedit 更友好的操作界面和更加强大的功能,所支持的数据类型也有增加。利用 regedt32.exe 还可以打开位于远程计算机上的注册表,从而在本地机上对远程计算机上的注册表进行编辑。

打开方法:在"开始"菜单"运行"项的对话框里输入 regedt32.exe,如图 7.23 所示(这里是 Windows XP 的截图)。

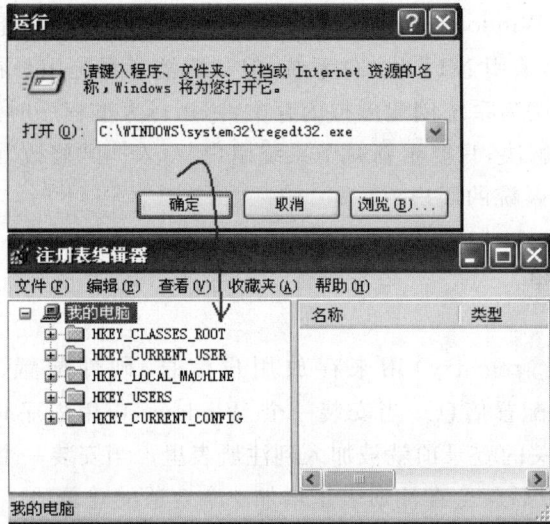

图 7.23 Windows XP 的注册表

regedt32 是一个功能强大的工具,使用它修改注册表值时必须格外小心,注册表中的值丢失或不正确将导致安装的 Windows 无法使用。因此一般不主张直接去修改注册表中的值,代之以对控制面板操作。

基于 NT 技术的 Windows 操作系统开始有权限控制,因此在 Windows 2000 之后,打开注册表,就可以设置对注册表的操作权限。

在注册表编辑器右侧窗口选中一个键值,单击"编辑"菜单项,在下拉菜单中就可以看到一个选项——"权限",用鼠标单击这个选项以后会出现权限窗口。用鼠标分别单击各个用户组就可以看到不同的权限限制(目前是以管理员身份登录),参见图 7.24。要调整某一个用户组的权力,就可以在下方修改权限。

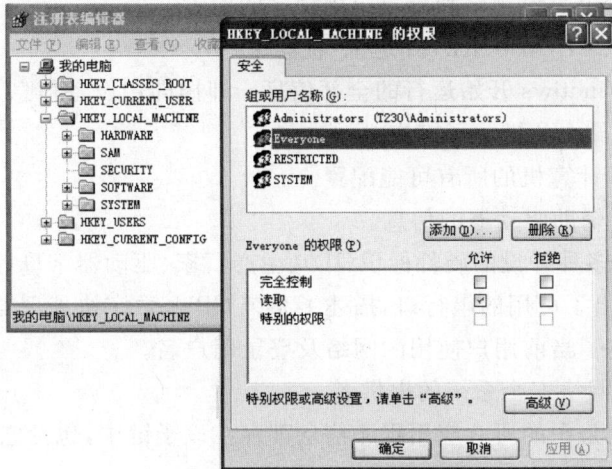

图 7.24 可以设定不同用户组对注册表的权限

必须赋予 Administrators 组用户完全控制权限(系统默认值),否则一旦用户安装的软件、驱动程序需要修改注册表,而所有的组用户都没有权限修改,将不能成功安装。

7.4.2 注册表的结构

注册表是一个树形结构,它可分为主键和键值,键值可以是字符串值、二进制值、DWORD 值。

注册表主要由六大部分组成(Windows 2000 之后取消了第六项),即启动注册表编辑器时出现在窗口左边的六个主键。每个主键都是以 HKEY 开头,包含一类特殊种类的信息。

1. HKEY_CLASSES_ROOT(种类_根键)

包含了所有已装载的应用程序、OLE 或 DDE 信息,以及所有文件类型信息。

每一个用圆点开始的子键表示一种文件类型。例如.avi,在右边列表框中显示.avi 对象的"Content Type"为一视频文件。注册表称之为"avifile"。在文件扩展项目后是按字母顺序排列的列表,包括所有应用程序和实用工具的文件名。在应用程序列表中,可以找到应用程序的描述、图标文件信息应用程序在 OLE 和 DDE 被激活时的默认形式。

2. HKEY_USERS(当前_用户键)

记录了有关登记计算机网络的特定用户的设置和配置信息。其子键有:

AppEvent:与 Windows 中特定事件相关联的声音及声音文件的路径。

Control Panel:包含了一些存储在 win.ini 及 system.ini 文件中的数据,并包含了控制面板中的项目。

Install_Location_MRU:记录了最近装载应用程序的驱动器。

Keyboard Layout:识别普遍有效的键盘配置。

Network:描述固定网与临时网的连接。

RemoteAccess：描述了用户拨号连接的详细信息。

Software：记录了系统程序和用户应用程序的设置。

3. HKEY_LOCAL_MACHINE(定位_机器键)

该键存储了 Windows 开始运行的全部信息。即插即用设备信息、设备驱动器信息等都通过应用程序存储在此键。子键有：

Config：记录了计算机的所有可能配置。

Driver：记录了辅助驱动器的信息。

Enum：记录了多种外设的硬件标识(ID)、生产厂家、驱动器字母等。

Hardware：列出了可用的串行口，描述了系统 CPU、数字协处理器等信息。

Network：描述了当前用户使用的网络及登录用户名。

Security：标识网络安全系统的提供者。

Software：微软公司的所有应用程序信息都存在该子键中，包括它们的配置、启动、默认数据。

System：记录了第一次启动 Windows 时的大部分信息。

4. HKEY_USER(用户键)

描述了所有同当前计算机联网的用户简表。如果用户独自使用该计算机，则仅 Dfault 子键中列出了有关用户信息。该子键包括了控制面板的设置。

5. HKEY_CURRENT_CONFIG(当前_配置键)

该键包括字体、打印机和当前系统的有关信息。

6. HKEY_DYN_DATA(动态_数据键)

该键存储了系统的动态信息，这些信息保存在随机存储器中。此键能用于系统快捷操作，可以看到网络统计和当前系统配置的任何信息。

7.4.3 注册表中的键值项数据

注册表通过键(项)和子键(项)来管理各种信息。注册表中的所有信息都是以各种形式的键值项数据保存的，在注册表编辑器右窗格中显示的都是键值项数据。这些键值项数据可以分为三种类型。

1. 字符串值

在注册表中，字符串值一般用来表示文件的描述和硬件的标识。通常由字母和数字组成，也可以是汉字，最大长度不能超过 255 个字符。在本书中均以"a"="＊＊＊"的形式来表示。

2. 二进制值

在注册表中二进制值是没有长度限制的，可以是任意字节长。在注册表编辑器中，二进制以十六进制的方式表示。在本书中均以"a"=hex:01,00,00,00 方式表示。

3. DWORD 值

DWORD 值是一个 32 位(4 个字节)的数值。在注册表编辑器中也是以十六进制的方式表示。

7.4.4　注册表的备份与恢复

如果注册表遭到破坏，Windows 将不能正常运行，为了确保 Windows 系统安全，必须经常备份注册表。

Windows 每次正常启动时，都会对注册表进行备份，system. dat 备份为 system. da0，user. dat 备份为 user. da0。它们存放在 Windows 所在的文件夹中，属性为系统和隐藏。

以下为两种备份注册表的方法：

（1）利用 Windows 中的注册表编辑器（regedit. exe）进行备份。运行 regedit. exe，单击"文件"→"导出注册表文件"命令，选择保存的路径，保存的文件为＊. reg，可以用任何文本编辑器进行编辑。

（2）利用安装光盘上\Other\Misc\ERU\ERU. EXE 紧急事故恢复工具（Emergency Recovery Utility）。事实上，利用这个工具不但可以备份和恢复注册表，还可以备份硬盘中的任何文件。

恢复：

当注册表损坏时，启动时 Windows 会自动用 system. dat 和 user. dat 的备份 system. da0 和 user. da0 进行恢复工作，如果不能自动恢复，可以运行 regedit. exe（它可以运行在 Windows 或 DOS 下），导入. reg 备份文件。也可以运行 eru. exe 进行恢复。

如果没有进行备份或者注册表损坏非常严重，可以试试最后一招：在 c：\下有一个 system. 1st 文件，属性为隐藏和只读，它记录着安装 Windows 时的计算机硬件软件信息，用这个文件覆盖 system. dat。但是这样的话以前安装的应用软件可能会无法运行，必须重新安装。

7.4.5　注册表的几种修改方法

通过修改注册表可以实现一些特殊的功能，但是注册表又是十分脆弱的，一不小心就会出现错误。那么怎样来修改注册表呢？可以用以下方法。

1. 软件修改（安全）

通过一些专门的修改工具来修改注册表，比如：MagicSet、TweakUI、WinHacker 等等。其实控制面板就是一个这样的工具，只不过相比起来功能简单一些。

2. 间接修改（比较安全）

将要修改的内容写入一个. reg 文件中，然后导入注册表中。. reg 文件的基本格式为：

REGEDIT4

[HKEY_LOCAL_MACHINE\SOFTWARE\Super Rabbit\MagicSet]
"@"="Super Rabbit Magic Set For Windows xp sp2"
"a"=dword：00000001
"b"=hex：02，05，00，00
…

[HKEY_LOCAL_MACHINE\SOFTWARE\SCC\QuickViewer]
…

说明：

第 1 行为"REGEDIT4"，必须大写。

第 2 行为空行。

自第 3 行起使用［　］括起各子键分支，其中 HKEY＿LOCAL＿MACHINE＼SOFTWARE＼Super Rabbit＼MagicSet 以及 HKEY_LOCAL_MACHINE＼SOFTWARE＼SCC＼QuickViewer 就是举例的两个子键分支。

第 4～6 行是该子键下的设置数据。其中@表示注册表编辑器右窗格中的"默认"键。其余类似。

这样做的好处是可以避免错误的写入或删除等操作，但是要求用户了解注册表的内部结构和.reg 文件的格式。

3. 直接修改(最不安全,最直接有效)

就是通过注册表编辑器直接修改注册表的键值数据项。这样做会避免在注册表中留下垃圾(虽然都很小,但累积下来会影响系统速度),但要求用户有一定的注册表知识,熟悉注册表内部结构而且一定要小心谨慎。

7.4.6　注册表应用实例

控制面板和专用应用程序已允许用户对操作系统和一些专用程序运行的方法作出改变和调整,为什么还要对注册表进行修改呢? 这是因为控制面板不能解决所有问题,有些变更根本不可能实现,例如:不能为回收站更名;不能从桌面上移走"我的电脑"图标;不能调整弹出式菜单的速度。

通过修改注册表,可以实现很多特殊的功能,但修改注册表时一定要小心从事,而且应该先进行备份,以防万一。为了充分发挥系统的性能,有必要对注册表进行适当的修改(但是千万要注意,如果对注册表不太熟悉,请不要轻易修改它)。

1. 自动刷新

每次在窗口添加一个文件夹或删除一个对象后,通过修改注册表可以达到自动刷新的目的。单击 HKEY_LOCAL_MACHINE＼SYSTEM＼CurrentContro Lset＼Control＼Update,修改"Update Mode"值,由"1"改为"0"。

2. 修改系统版权信息

单击 HKEY_LOCAL_MACHINE＼SOFTWARE＼Microsoft＼Deveoper＼Setup,在其右窗口中保存着安装 Windows 时产生的所有版权信息,用鼠标右键单击这些串值键可以随便修改,这样不须重新安装 Windows 就可修改系统原有的版权信息。

3. 加快 Windows 启动速度

Windows 在启动时能自动加载一些程序运行,有的程序放在"开始"菜单中的启动组里,一些重要的、不须用户干涉的或者不想让用户知道的系统程序,则存放在注册表中。如果想加快 Windows 的启动速度,可以适当地删除这些程序。在启动组中的程序可以通过"任务栏"很方便地删除。如果程序不在启动组中,则须要通过修改注册表来删除。

逐层找到 HKEY＿LOCAL＿MACHINE＼SOFTWARE＼Microsoft＼Windows＼CurrentVersion＼Run,选择右边窗口中出现的开机自启动程序,将之删除。

逐层找到 HKEY _ LOCAL _ MACHINE \ SOFTWARE \ Microsoft \ Windows \ CurrentVersion\RunServices,单击右边窗口中出现的开机自启动程序,将之删除。

Run 和 RunServices 的区别是,Run 中的程序是 Windows 初始化后才运行的,而 RunService 中的程序是在操作系统启动时就开始运行的,也就是说 RunServices 中的程序先于 Run 中的程序运行,比如电源管理程序就是这样。

4. 删除"开始"菜单中的"收藏夹"

"收藏夹"是为了便于快速访问主页而设计的,在"开始"菜单中出现的意义不大,可以删除它。单击 HKEY _ CURRENT _ USER \ SOFTWARE \ Microsoft \ Windows \ CurrenVersion\Policles\Explorer,在右边窗口中单击鼠标右键,然后选择"新建"菜单中的"DWORD"命令,命名为 NoFavoritesMenu,并将其值设置为 "1"。再重新启动计算机。

5. 扩充"回收站"的鼠标右键功能

"回收站"是 Windows 中的一个系统级桌面图标,由于其鼠标右键菜单功能不够强大,如"回收站"鼠标右键菜单中没有"删除"和"改名"功能,给实际应用带来一定不便,为此可以通过修改注册表来为其扩充菜单功能。使用注册表编辑器,打开到 HKEY_ CLASSES_ROOT \CLSID\\ShellFolder。看到右边名为 Attributes 的值是 40 01 00 20,这就是关键! 大家知道,FAT 格式的文件有只读、隐含、系统和文档共四种属性,每种属性有一个具体数字,如果文件具有多种属性,只须将所有数字加起来就行了,这里也是这个道理。下面是第一个字符所表示的意义:

```
值            鼠标右键能出现的菜单
01 00 00 00 复制
02 00 00 00 剪切
03 00 00 00 复制和剪切
10 00 00 00 重命名
20 00 00 00 删除
30 00 00 00 重命名和删除
40 00 00 00 属性
50 00 00 00 重命名和属性
53 00 00 00 复制、剪切、重命名、属性
60 00 00 00 删除和属性
63 00 00 00 删除、属性、复制、剪切
70 00 00 00 重命名、删除和属性
73 00 00 00 重命名、删除、属性、复制、剪切
```

6. 提高光驱的读写能力

为光驱增加缓存是提高光驱读写速度的一个有效方法。由于 Windows 推荐使用 4 倍速或更高速的光驱访问方式,与目前所流行的光驱不相符合,可以通过修改注册表来提高光驱缓存的大小和预读取性能,以加快光驱的运行速度,将光驱性能发挥到极限。

单击 HKEY _ LOCAL _ MACHINE \ SYSTEM \ CurrentControlSet \ Control \ FileSystem\CDFS,在该项右边窗口中找到 Cachesize 和 Prefetch 两项,如果选择的是

Windows 推荐的 4 倍速或更高速的光驱访问方式,这两项的值分别是"6B020000"和"E4000000"。这时可以针对光驱的实际使用情况来修改,如果光驱常用于多媒体的播放,可以把 Cachesize 值修改为"D6040000","AC090000"是光驱缓存的最大值。为保证高速光驱始终如一的速度,可以对 Prefetch 值进行修改,如 8 倍速为"C0010000",16 倍速为"80030000",24 倍速为"40050000",32 倍速以上为"00070000"。

注意:如果修改了两个键值导致光驱不能正常工作,请降低一个档次的值。

7. 禁用"设置"菜单中的"控制面板"和"打印机"选项

"控制面板"和"打印机"是 Windows 系统配置的一个重要组成部分,为了避免让别人随便修改,可以将"设置"菜单中的"控制面板"和"打印机"选项禁用。

打开 HKEY _ CURRENT _ USER \ SOFTWARE \ Microsoft \ Windows \ CurrentVersion \ Policies \ Explore 分支,在右窗格内新建一个 DWORD 值 "NoSetFolders",然后双击"NoSetFolder"键值,在出现的对话框中的"键值"框内输入 1。

经过了以上设置,可以禁止普通用户更改"控制面板"与"打印机"了。

8. 扩充鼠标的右键功能,增加"快速启动"和"关闭系统"

在 Windows 系统中,鼠标的右键功能虽然很强但还可以改进,这里为其增加"快速启动"和"关闭系统"两个选项,来完善鼠标的右键功能。

找到 HKEY_LOCAL_MACHINE\SOFTWARE\Classes\Directory\Shell,用鼠标右键单击 Shell,选择"新建"菜单中的"主键"命令,命名为"快速启动系统",修改默认值为"快速启动系统"。

找到 HKEY_LOCAL_MACHINE\SOFTWARE\Classes\Directory\Shell\快速启动系统,用鼠标右键单击"快速启动系统",选择"新建"菜单中的"主键"命令,命名为"Command",修改默认值为"c:\Windows\system32\RUNDLL32. EXE USER. EXE,EXITWINDOWS"。

找到 HKEY_LOCAL_MACHINE\SOFTWARE\Classes\Directory\Shell,用鼠标右键单击 Shell,选择"新建"菜单中的"主键"命令,命名为"快速关闭计算机",修改默认值为"快速关闭计算机"。

找到 HKEY_LOCAL_MACHINE\SOFTWARE\Classes\Directory\Shell\快速关闭计算机,用鼠标右键单击"快速关闭计算机",选择"新建"菜单中的"主键"命令,命名为"Command",修改默认值为"c:\Windows\system32\RUNDLL32. EXE USER. EXE,EXITWINDOWS"。

9. 快速打开文件编辑

也许用户经常使用某个程序来打开文件进行编辑,而这些文件的扩展名是随意且不与之关联的,为了方便可以将这个程序加入到右键菜单中去。以记事本为例,在 HKEY_CLASSES_ROOT\ * 下新建"Shell"子键,在其下新建"Notepad"子键,双击该键右面窗口的"默认"处并在"键值"栏内输入"写字板",接着在" Notepad"子键下建立下一级子键"Command",在"默认"的"键值"栏内输入"c:\Windows\notepad. exe %1"。不用重启系统,现在回到"我的电脑"或 "资源管理器"中右键单击任意文件(当然是记事本能加载的,不论关联与否),选"记事本"即可快速打开文件进行编辑了。

10. 对某一文件夹打开一个窗口

执行 Regedit，选中 HKEY_LOCAL_MACHINE\SOFTWARE\Classes\Directory\Shell，右键单击视窗右栏，建立主键，命名为 Openw，设定默认值为在新窗口中打开，在Openw 底下再建立一个主键，命名为"Command"，默认值设定为 explorer. exe %1。对准一文件夹单击右键，就可以选择在新窗口中打开了。

11. 如何快速关机

有的计算机的系统关机时，会等上好长时间才关机。打开"我的电脑\HKEY_LOCAL_MACHINE\SYSTEM\CurrentControlSet\Control\Shutdown"，在文件夹下创建一个名为 FastReboot 的字符串键，输入键值为 1，就可以实现快速关机了。

12. 为特定的应用程序增加声音效果

在注册表编辑器中，打开 HKEY_CURRENT_USER\AppEvents\Schemes\Apps。右击 Apps，选择新建主键，键名是要增加声效的应用程序名，然后右击刚建的主键，在其下建一系列主键。键名可为：AppGPFault；Close；Maximize；MenuCommand；MenuPopup； Minimize； Open； RestoreDown； RestoreUp； SystemAsterisk；SystemExclamationSystemHand；SystemQuestion。然后关闭编辑器，回到"控制面板/声音"，会看到想增加声效的应用程序的标签，这时就可以将其连接到喜欢的音乐上。

13. 隐藏桌面上的所有图标

打开 HKEY _ CURRENT _ USER \ SOFTWARE \ Microsoft \ Windows \ CurrentVersion\ Policies\Explorer，在右边空白处单击鼠标右键，选择"新建"的"DWORD"，然后输入名字为"NoDesktop"，再双击它，修改 NoDesktop 为"1"表示没有桌面，"0"则相反。重新启动计算机后生效。

14. 删除桌面上的"系统级"图标

当欲删除桌面上的回收站、收件箱、网上邻居的图标时，这三个系统级图标是无法直接用 Shift＋Del 删除的。但按下述步骤，可以很容易删除它们。

打开 HKEY _ LOCAL _ MACHINE \ SOFTWARE \ Microsoft \ Windows \ CurrentVersion\ Explorer\ Desktop\NameSpace，单击 NameSpace 旁的"＋"号将出现几个数字域，单击其中想删除的任何一个，按删除键，它就会从桌面消失。

15. 让 Windows 启动时自动执行某一程序

这个问题比较普通的解决方法是在[开始/程序/启动]文件夹中放置程序的快捷方式。不过使用者仍然可以在开机时按住 Shift，让 Windows 忽略[启动]文件夹中的程序，有什么方法可以让程序一定执行呢？

答案是把程序的注册码(Registry)放在以下的子键中：HKEY_LOCAL_MACHINE\SOFTWARE\Microsoft\Windows\CurrentVersion\Run。

16. 右键单击"开始"菜单关闭计算机

关闭机器是日常使用频率最高的操作之一，下面的设置可以简化关机过程。

打开 HKEY_CLASSES_ROOT\Directory\Shell，选择编辑/新建主键，命名为Close，双击 Close 子键窗口右面的默认处并在键值栏内输入"关闭计算机"，它就是在右键快捷菜单中出现的提示信息，若省略此项将在右键菜单中显示主键名称 Close，用 & 隔开可定义快捷键,然后再在 Close 下建立下一级子键 Command,双击该子键窗口右面的默认处并在键值栏内输入"Rundll32. exe User. exe,ExitWindows"字符串。以后直接右键单击"开始"菜单选"关闭计算机"就可关闭机器。

17. 提高菜单的显示速度

运行注册表编辑器,打开:HKEY_CURRENT_USER\ControlPanel\Desktop,从"编辑"菜单中选"新建"串值,串值名取 MenuShowDelay,按回车键,再双击 MenuShowDelay,改动 MenuShowDelay 的数字就可调节速度,范围是 1~2000,默认是 400。

18. 防止 CD 自动播放

当把一张 CD 放入 CD-ROM 时,CD 上的程序就会开始运行,用户不需要进入资源管理器或使用 Start 菜单上的运行命令,这就是 Windows 的自动播放功能。要暂时关闭这种功能,需要在插入 CD 盘时按住 Shift 键,如果想永久关闭这种功能,就需要修改注册表,方法如下。

启动注册表编辑器,使用编辑菜单中的查找命令,找到 AutoInsertNotification 这个键值,将其数据由 01 改为 00 即可。

19. 扩充鼠标右键的功能

启动计算机后,当人们在资源管理器中用右键单击某一驱动器、文件夹或文件时,都会弹出一份快捷菜单,其中包含几个常用的命令选项。人们可以通过修改注册表,来增加或删除这些命令。例如,要为驱动器增加一个杀毒命令,其具体操作方法如下。

在注册表中找到 HKEY_LOCAL_MACHINE\SOFTWARE\Classes\Drive 键,用鼠标右键单击其下的 Shell 子键,新建一个主键,将其命名为"杀毒",然后用鼠标右键单击刚刚建立的"杀毒"键,为其新建一个主键,命名为 Command,再在右边窗口中修改其键值,即输入要执行的命令,例如:"c:\RXSD\RAV\rav. exe"。这样,当在资源管理器中用右键单击驱动器时,弹出的快捷菜单中就包含了"杀毒"这一选项。同样,对文件夹进行操作时,只需找到 HKEY_LOCAL_MACHINE\SOFTWARE\Classes\File 键,后面的操作方法同上。

20. 为回收站更名

用户要为桌面上的图标更名,只需用右键单击该图标,选择"重命名"命令即可实现,然而对于回收站,却不能这样做,要想为回收站更名,就必须修改注册表。具体的修改方法如下。

启动注册表编辑器,找到:HKEY_LOCAL_MACHINE\SOFTWARE\Classes\CLSID\{645FF040-5081-101B-9F08-00AA002F954E}键,在其右边的窗口中可以看到它包含两个键值,一个值为"回收站",即它的名称;另一个则为鼠标指向回收站时显示的提示信息:"包含可以恢复或永久删除的已删除项目"。用户可以在这里直接修改回收站的名称和提示信息。这样,当重新启动计算机,就可以看到更改以后的效果。

21. 锁定桌面

桌面设置包括壁纸、图标以及快捷方式,它们的设置一般都是经过精心选择才设定好的。大多数情况下,人们不希望他人随意修改桌面设置或随意删除快捷方式。其实,修改注册表可以锁定桌面,这里"锁定"的含义是对他人的修改不做储存,不管别人怎么改,只要重新启动计算机,原有设置就会出现在面前。

(1) 运行 regedit 进入注册表编辑器,找到如下分支:HKEY_USERS\SOFTWARE\Microsoft\Windows\CurrentVersion\Policies\Explores。

(2) 双击"No Save Setting",并将其键值从 0 改为 1。

(3) 确认后退出注册表编辑器,重新启动即可。

上面的修改是把计算机上所有用户的桌面设置全部锁定了,如果只想锁定自己的桌面,而不理会别人的设置是否被修改,可以在下面的路径中执行相同的操作:HKEY_CURRENT_USER\SOFTWARE\Microsoft\Windows\CurrentVersion\Policies\Explores。

7.4.7　注册表修改的禁止与允许设置

关注注册表的计算机爱好者经常会对注册表进行一些修改来允许或限制某一功能。但是人们进行修改时一般是按照报刊或杂志上的文章介绍进行设置的,日久天长,原来的更改位置已不再记得。问题积累越来越多,当想还原为原始的系统设置时,便无从下手了。

其实,只要在修改注册表时多做一个操作即可免除上述烦恼。以下以禁止和允许使用注册表编辑器 regedit.exe 来举例说明。

运行 regedit,找到 HKEY_USERS\DEFAULT\Software\Microsoft\Windows\CurrentVersion\Policies\System 主键,在右边的窗口中创建一个 DWORD 值"DisableRegistryTools",这时默认值为"0",表明允许使用注册表编辑器。利用注册表的"导出注册表文件"功能,将当前分支导出到某一特定目录,命名为 enableregedit.reg。然后,将数值数据改为"1",即禁止注册表编辑器使用,再次导出当前分支,命名为 disableregedit.reg。而后,退出注册表编辑器。

此时,若再次运行 regedit,马上会出现管理员禁用注册表编辑窗口,说明注册表编辑器已被禁用。

此后,要想再次使用注册表编辑器 regedit.exe,只需找到刚才导出的 enableregedit.reg,双击后,单击提示窗口中的"是"按钮,即可再次使用注册表编辑器。要想关闭注册表编辑器,只需找到刚才导出的 disableregedit.reg,双击后选择"是",立即就可以禁止regedit.exe。

可见,上面的两次导出操作对注册表编辑来说,一是在导出"锁",一是在导出"钥匙"。只要人们在进行注册表禁止与允许操作时,分别导出允许和禁止的设置,以后再转换时就非常方便了。

不过,将注册表编辑器设为禁用比将其他功能设置为禁用要更加危险。其他禁用一般还可以通过注册表编辑器来修改,而注册表编辑器禁用后就不能再次直接打开了。如果有用户正好把自己"锁在了家门外",下面是一把"万能钥匙"。

新建一个记事本文档,输入以下内容:

REGEDIT4[HKEY_USERS\DEFAULT\Software\Microsoft\Windows\CurrentVersion\Policies\System]
"DisableRegistryTools"=dword:00000000

存盘后将文件保存为 enableregedit. reg,然后双击,选择提示窗口中的"是",就可以进行注册表编辑了,不过这次千万不要再把自己锁在门外了。

7.5 动态链接库文件

动态链接库文件(dynamic linkable library,DLL)是一种可执行文件,它允许程序共享执行特殊任务所必需的代码和其他资源。Windows 提供的 DLL 文件中包含了允许基于 Windows 的程序在 Windows 环境下操作的许多函数和资源。一般被存放在 c:\Windows\System 目录下。

7.5.1 动态链接库的产生及特点

比较大的应用程序都由很多模块组成,这些模块分别完成相对独立的功能,它们彼此协作来完成整个软件系统的工作。可能存在一些模块的功能较为通用,在构造其他软件系统时仍会被使用。在构造软件系统时,如果将所有模块的源代码都静态编译到整个应用程序 EXE 文件中,会产生一些问题:一是增加了应用程序的大小,它会占用更多的磁盘空间,程序运行时也会消耗较大的内存空间,造成系统资源的浪费;另一点是,编写大的EXE 程序时,每次修改重建都必须调整编译所有源代码,增加了编译过程的复杂性,也不利于阶段性的单元测试。

为此,Windows 系统平台上提供了一种全新的有效编程和运行环境,可以将独立的程序模块创建为较小的 DLL 文件,并可对它们单独编译和测试。在运行时,只有当 EXE程序确实要调用这些 DLL 模块的情况下,系统才会将它们装载到内存空间中。这种方式不仅减少了 EXE 文件的大小和对内存空间的需求,而且使这些 DLL 模块可以同时被多个应用程序使用。Windows 自己就将一些主要的系统功能以 DLL 模块的形式实现。

一般来说,DLL 是一种磁盘文件,以 .dll、.drv、.fon、.sys 和许多以 .exe 为扩展名的系统文件都可以是 DLL。它由全局数据、服务函数和资源组成,在运行时被系统加载到调用进程的虚拟空间中,成为调用进程的一部分。如果与其他 DLL 之间没有冲突,该文件通常映射到进程虚拟空间的同一地址上。DLL 模块中包含各种导出函数,用于向外界提供服务。DLL 可以有自己的数据段,但没有自己的堆栈,使用与调用它的应用程序相同的堆栈模式;一个 DLL 在内存中只有一个实例;DLL 实现了代码封装性;DLL 的编制与具体的编程语言及编译器无关。

DLL 文件向运行于 Windows 操作系统下的程序提供代码、数据或函数。程序可根据 DLL 文件中的指令打开、启用、查询、禁用和关闭驱动程序。

在 Windows 操作系统中,DLL 对于程序执行是非常重要的,因为程序在执行的时候,必须链接到 DLL 文件,才能够正确地运行。而有些 DLL 文件可以被许多程序共用。因此,程序设计人员可以利用 DLL 文件,使程序不至于太过巨大。但是当安装的程序越来越多,DLL 文件也就会越来越多。当删除主程序的时候,如果这些没用的 DLL 文件没有被删除的话,久而久之就造成系统的负担了。

7.5.2　动态链接库的优势

动态链接库具有下列优点。

（1）节省内存和减少交换操作。很多进程可以同时使用一个 DLL，在内存中共享该 DLL 的一个副本。相反，对于每个用静态链接库生成的应用程序，Windows 必须在内存中加载库代码的一个副本。

（2）节省磁盘空间。许多应用程序可在磁盘上共享 DLL 的一个副本。相反，每个用静态链接库生成的应用程序均具有作为单独的副本链接到其可执行图像中的库代码。

（3）升级到 DLL 更为容易。当 DLL 中的函数发生更改时，只要函数的参数和返回值没有更改，就不需重新编译或重新链接使用它们的应用程序。相反，静态链接的对象代码要求在函数更改时重新链接应用程序。

（4）提供售后支持。例如，可修改显示器驱动程序 DLL 以支持当初交付应用程序时不可用的显示器。

（5）支持多语言程序。只要程序遵循函数的调用约定，用不同编程语言编写的程序就可以调用相同的 DLL 函数。程序与 DLL 函数在下列方面必须是兼容的：函数期望其参数被推送到堆栈上的顺序，是函数还是应用程序负责清理堆栈，以及寄存器中是否传递了任何参数。

（6）提供了扩展 MFC 库类的机制。可以从现有 MFC 类派生类，并将它们放到 MFC 扩展 DLL 中供 MFC 应用程序使用。

（7）使国际版本的创建轻松完成。通过将资源放到 DLL 中，创建应用程序的国际版本变得容易得多。可将用于应用程序的每个语言版本的字符串放到单独的 DLL 资源文件中，并使不同的语言版本加载合适的资源。

使用 DLL 存在一个潜在缺点，那就是应用程序不是独立的，它取决于是否存在单独的 DLL 模块。

V C++ 、C++ Builder、Delphi 都可以编写 DLL 文件。Visual Basic 5.0 以上版本也可以编写一种特殊的 DLL，即 ActiveX DLL。因此，可以方便地扩展 Windows 系统的功能。

7.5.3　动态链接库的相关知识

对于 DLL 文件的其他相关知识如下。

1. 如何了解某应用程序使用了哪些 DLL 文件

右键单击该应用程序并选择快捷菜单中的"快速查看"命令，在随后出现的"快速查看"窗口的"引入表"一栏中将看到其使用 DLL 文件的情况。

2. 如何知道 DLL 文件被几个程序使用

运行 regedit，进入 HKEY_LOCAL_MACHINE\SOFTWARE\Microsrft\Windows\Current

Version\SharedDLLs 子键查看，其右边窗口中就显示了所有 DLL 文件及其相关数据，其中数据右边小括号内的数字就说明了被几个程序使用，(2)表示被两个程序使用，

（0）则表示无程序使用，能将其删除。

3. 如何解决 DLL 文件丢失的情况

在卸载文件时会提醒用户，删除某个 DLL 文件可能会影响其他应用程序的运行。所以当卸载软件后，就有可能误删共享的 DLL 文件。一旦出现了丢失 DLL 文件的情况，如果能确定其名称，能在 Sysbackup（系统备份目录）中找到该 DLL 文件，将其复制到 System 目录中。如果这样不行，在计算机启动时又总是出现"＊＊＊dll 文件丢失……"的提示框，可以在"开始/运行"中运行 Msconfig，进入系统设置实用程序对话框以后，单击选择"System.ini"标签，找出提示丢失的 DLL 文件，使其不被选中，这样开机时就不会出现错误提示了。

4. 病毒青睐 DLL 文件格式

正因为 DLL 有占用内存小、容易使用多种工具编辑生成等特点，有很多计算机病毒都是 DLL 格式文件出现，但不能单独运行，需伪装后被加载。

总之，动态链接库通常都不能直接运行，也不能接收消息。它们是一些独立的文件，却不是独立运行的程序，是某个程序的一个部分，只能由所属的程序调用。只有在其他模块调用动态链接库中的函数时，它们才发挥作用。

一般情况下，用户不应该也不需要单独打开动态链接库文件。

7.6 动态链接库注册服务 Regsvr32

Regsvr32 命令是 Windows 系统提供的一个实用工具，是微软提供的动态链接库注册服务（MicroSoft DLL Registry Service）。利用该命令可以注册或卸载系统控件，以修复系统丢失的功能。

Regsvr32 以命令行方式运行，同时，Regsvr32 命令的正常运行还需要 Kernel32.dll、User32.dll 和 Ole32.dll 文件的支持。

在 Windows XP 操作系统中，很多系统功能都和控件（如扩展名为.dll，.ocx，.cpl 的文件）有关，必须对控件注册才能实现这些对应功能。通常情况下，在安装操作系统时，控件会自动进行注册，但由于使用过程中被病毒破坏、系统故障或者人为原因，常会导致部分控件注册信息丢失，造成系统部分功能出现故障。一旦遇到这种情况，就可以使用 Regsvr32 命令来帮助解决控件的注册问题。

Regsvr32.exe 是系统文件，位于 Windows 的 System32 文件夹下，本质是 Windows 提供的 ActiveX 注册和反注册工具。这个命令行工具将动态链接库文件注册到注册表中。

7.6.1 Regsvr32 的用法

Regsvr32 的语法格式为：

Regsvr32 [/u] [/s] [/n] [/i[:cmdline]] dllname

其中 dllname 为 ActiveX 控件文件名，建议在安装前复制到 System 文件夹下。

参数意义：

/u——反注册控件

/s——不管注册成功与否,均不显示提示框

/c——控制台输出

/i——跳过控件的选项进行安装(与注册不同)

/n——不注册控件,此选项必须与/i选项一起使用

执行该命令的方法：

(1)可以通过"开始"→"运行",调出"运行"对话框,也可以使用 Win+R 热键,然后直接在输入栏输入。

(2)在"开始"→"运行"对话框中输入"cmd",调出'命令提示符'窗口,然后再执行 Regsvr32 命令。

图 7.25 是执行 Regsvr32 命令没有带上 DLL 文件时的信息提示。

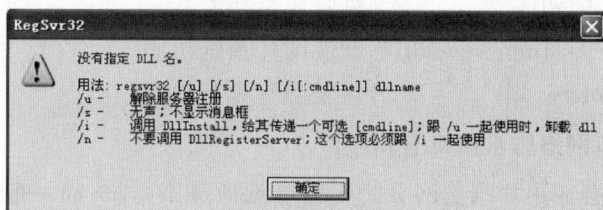

图 7.25　Regsvr32 命令运行不带参数时的提示

7.6.2　Regsvr32 的主要功能应用举例

Regsvr32 命令的使用很简单,下面通过一些实例看看如何使用 Regsvr32 命令解决所遇到的实际问题。

7.6.2.1　轻松修复 IE 浏览器

很多经常上网的用户都有过这样的经历:IE 不能打开任何新的窗口。用鼠标单击超链接,也没有任何的反应。一般情况下需要重新启动机器或者重新安装 IE 解决问题。

其实根本没有这么麻烦,使用运行以下命令就可以轻松地搞定。

Regsvr32 Shdocvw. dll

Regsvr32 Oleaut32. dll

Regsvr32 Actxprxy. dll

Regsvr32 Mshtml. dll

Regsvr32 Urlmon. dll

Regsvr32 browseui. dll

作用:同时运行以上命令不仅可以解决 IE 不能打开新的窗口,用鼠标单击超链接也没有任何反应的问题;还能解决大大小小的其他 IE 问题,比如网页显示不完整,JAVA 效果不出现,网页不自动跳转,打开某些网站时总提示"无法显示该页"等。

结果:重新启动计算机后 IE 被轻松修复。上网一切正常如初。

7.6.2.2 解决 Windows 无法在线升级的问题

Windows 漏洞被经常发现,每隔一段时间都需要使用 Windows Update 来升级系统。可这个程序有时出现无法使用的情况。使用 Regsvr32 . exe 可以帮助解决这个问题。

执行 Regsvr32 . exe wupdinfo. dll,系统重新注册 Update 的组件。重新启动机器后系统正常。

7.6.2.3 卸载 Windows XP 中的鸡肋功能

Windows XP 系统中有的服务不仅严重占用系统资源,而且有些功能像鸡肋,根本不如一些专业的软件方便。比如它的图片预览功能和 ZIP 压缩功能就是这样,可以使用 Regsvr32 工具来卸载掉这些鸡肋。

Regsvr32 . exe /u zipfldr. dll　　卸载压缩功能

Regsvr32 zipfldr. dll　　恢复压缩功能

Regsvr32 . exe /u thumbvw. dll　　卸载图片预览功能

Regsvr32 thumbvw. dll　　恢复图片预览功能

7.6.2.4 防范网络脚本病毒有新招

网络脚本病毒会在用户浏览网页时不知不觉地感染系统,而一般的杀毒软件有时还查不到。其实这种病毒很多情况下都是调用了 FSO(file system object,文件系统对象)。因此只要禁止 FSO 就可以有效地防止这种病毒的传播。操作方法也很简单。

Regsvr32 . exe /u scrrun. dll　　禁用 FSO

Regsvr32 . exe scrrun. dll　　恢复 FSO

7.6.2.5 修复无法用缩略图查看文件

Windows 2000：Regsvr32 thumbvw. dll

Windows XP： Regsvr32 shimgvw. dll

7.6.2.6 Windows Media Player 播放器支持 RM 格式

很多人喜欢用 Windows Media Player(以下简称 WMP)播放器,但是它不支持 RM格式。为此以 Win XP 为例,首先下载一个 RM 格式插件,解压缩后得到两个文件夹:Release(用于 Windows 9x)和 Release Unicode(用于 Windows 2000/XP)。将 Release Unicode 文件夹下的 RealMediaSplitter. ax 文件复制到"\Windows\System32\"目录下;运行"Regsvr32 RealMediaSplitter. ax",单击"确定"。接着下载解码器,如 Real Alternative,安装后就能用 WMP 播放 RM 格式的影音文件了。

7.6.2.7 解决打开系统功能时无反应

Regsvr32 shdocvw. dll

有时从"开始"菜单里单击 XP 系统的搜索功能、帮助和支持或管理工具等,但就是无任何反应,这是它们的打开方式缺少关联,所以只要用 Regsvr32 注册它们需要调用的动态链接库文件就行了。

7.6.2.8   解决添加/删除程序打不开问题

当打开控制面板中的"添加/删除程序"时,双击它的图标后无反应,或者打开后自动关闭了,可以尝试使用以下命令解决。

Regsvr32 mshtml. dll

Regsvr32 jscript. dll

Regsvr32 msi. dll

Regsvr32 ″c:\program files\common files\system\ole db\oledb32. dll″

Regsvr32 ″c:\program files\common files\system\ado\msado15. dll″

Regsvr32 mshtmled. dll

Regsvr32 /i shdocvw. dll

Regsvr32 /i shell32. dll

7.6.2.9   XP 的用户账户打不开

Regsvr32 nusrmgr. cpl

Regsvr32 mshtml. dll

Regsvr32 jscript. dll

Regsvr32 /i shdocvw. dll

7.6.2.10   恢复"显示桌面"快捷图标

在进行日常的计算机操作时,有时会急需调出桌面,但又不关闭已打开的窗口,Windows 为此添加了显示桌面的快捷键,默认在"开始"右边的第一个快捷方式。但有时快捷栏里显示桌面图标会丢失,或被误删除。这时可以用 Regsvr32 命令来解决。

Regsvr32 /n /i:u shell32

7.6.3   Regsvr32 . exe 错误消息解析

以下介绍了 Regsvr32 错误消息和可能原因。

1. Unrecognized flag:/invalid_flag

输入的标志或开关组合无效。

2. No DLL name specified

未包括 . dll 文件名。

3. Dllname was loaded,but the DllRegisterServer or DllUnregisterServer entry point was not found

Dllname 不是. dll 或. ocx 文件。例如,输入 Regsvr32 wjview. exe 就会生成该错误消息。

4. Dllname is not an executable file and no registration helper is registered for this file type

Dllname 不是可执行文件(. exe, . dll 或 . ocx)。例如,输入 Regsvr32 autoexec. bat 就会生成该错误消息。

5. Dllname was loaded,but the DllRegisterServer or DllUnregisterServer entry point

was not found

Dllname 可能未导出，或者内存中可能有损坏的 Dllname 版本。请考虑使用 Pview 来检测该文件并删除它。

6. Dllname is not self-registerable or a corrupted version is in memory

例如，输入 Regsvr32 icwdial.dll 后就会返回该错误消息，因为 Icwdial.dll 文件不能自行注册。如果怀疑内存中有损坏的 Dllname 版本，可以尝试重新启动计算机，或重新提取该文件的原始版本。

7. OleInitialize failed (or OleUninitialize failed)

Regsvr32 必须先初始化 COM 库，然后才能调用所需的 COM 库函数并在关闭时撤销对该库的初始化。如果对 COM 库进行初始化或撤销初始化的尝试失败，就会出现这些错误消息。例如，Ole32.dll 文件可能已经损坏，或者其版本有误。

8. LoadLibrary("Dllname") failed. GetlastError returns 0x00000485

在 Winerror.h 中，0x00000485 = 1157 (ERROR_DLL_NOT_FOUND)，表示"找不到运行该应用程序所需的某个库文件"。例如，输入 Regsvr32 missing.dll 后，如果找不到 Missing.dll 文件，就会返回该错误消息。

9. LoadLibrary("Dllname") failed. GetLastError returns 0x00000002

在 Winerror.h 中，0x00000002 = 2 (ERROR_FILE_NOT_FOUND)，表示"系统找不到指定的文件"。换言之，系统找不到相关的 DLL。例如，如果输入 Regsvr32 icwdial.dll，而此时缺少 Tapi32.dll(依赖项)，就会返回该错误消息。

10. LoadLibrary("dskmaint.dll") failed. GetLastError returns 0x000001f

在 Winerror.h 中，0x000001f = 31 (ERROR_GEN_FAILURE)，表示"附加到系统上的设备不能正常工作"。如果用户尝试注册 Win16.dll 文件，就会发生此现象。例如，输入 Regsvr32 dskmaint.dll 会返回该错误消息。

11. DllRegisterServer(or DllUnregisterServer)in Dllname failed

返回代码是：字符串

在 Winerror.h 中搜索相应的字符串。

习题

1. Windows 系统的体系结构是怎样的？有哪些组成？
2. Windows 的安全中心有什么作用？有哪些组成？
3. 怎样进入设备管理器？
4. 什么是虚拟内存，虚拟内存不足之原因有哪些？
5. Windows 注册表有什么意义？
6. 修改 Windows 注册表为什么要特别细心？
7. 动态链接库具有哪些优点？
8. 什么是 Regsvr32？有什么作用？

第8章 桌面信息管理工具 Outlook 2007

本章介绍桌面信息管理工具 Outlook 2007 的主要功能及使用。Outlook 2007 是一个集成的桌面信息管理工具,可以用于管理邮件、日历、联系人和任务。Outlook 2007 不仅可以作为个人信息管理器,而且可以通过局域网或广域网与工作组成员或其他人员共享电子邮件,协同办公,共享信息。

Outlook 2007 是微软推出的 Office 2007 集成办公套件的一个组件。与以往的版本相比,Office 2007 以其华丽的界面、齐全的功能和迥异的风格吸引了众多人士。但其设置、工作界面和步骤与 Office 2003 等以前的版本有很多不同,因而不少人最初在设置及使用上颇不适应。本章以图文并茂的方式,介绍 Outlook 2007 的基本配置和使用过程,以及一些应注意的细节。

8.1 中文 Outlook 2007 基础

首先,让我们来熟悉中文 Outlook 2007 的启动、初始设置与视窗环境等有关操作。

8.1.1 Outlook 2007 的启动

中文版 Outlook 2007 的启动可通过以下几种方法。

(1) 单击屏幕左下角任务栏上的"开始"按钮,在"开始"菜单中依次选择"所有程序","Microsoft Outlook 2007"(或者"Microsoft Office"项目组下的"Microsoft Outlook 2007"),如图 8.1 所示,即可启动 Outlook 2007。

(2) 在 Windows 桌面上双击 Outlook 2007 的图标。

(3) 单击任一网页上的邮件链接时,在没有安装 Outlook Express 的情况下,会自动触发 Outlook 2007。

8.1.2 Outlook 2007 的初始设置

无论何种原因,第一次启动运行中文 Outlook 2007 时,屏幕将显示"Outlook 2007 启动"对话框(如图 8.2 所示),要求用户根据实际情况输入邮件的基本资料,并设置服务器。初始设置的步骤如下:

(1) 单击"Outlook 2007 启动"对话框中的"下一步"按钮,系统即从计算机上进行电子邮件程序检测,并打开"电子邮件账户"配置对话框,如图 8.3 所示。

(2) 单击"下一步"按钮,进一步设定新增加的"电子邮件账户"的类型。系统将检测目前可以使用的服务,提供相关的安装选项,如图 8.4 所示。

(3) 接受默认的第一项,即 Microsoft Exchange、POP3、IMAP 或 HTTP 等类型,然

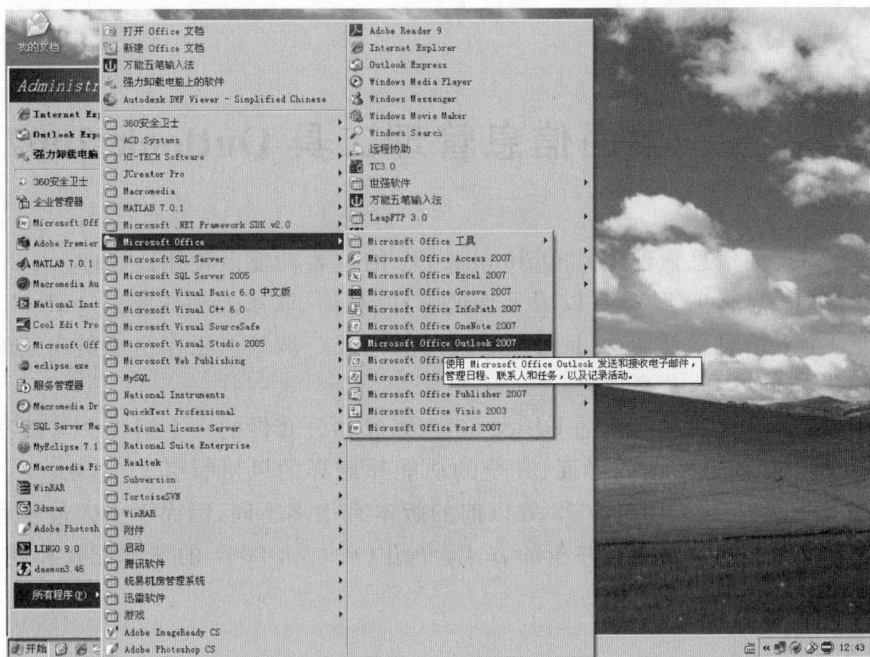

图 8.1　中文 Outlook 2007 的启动

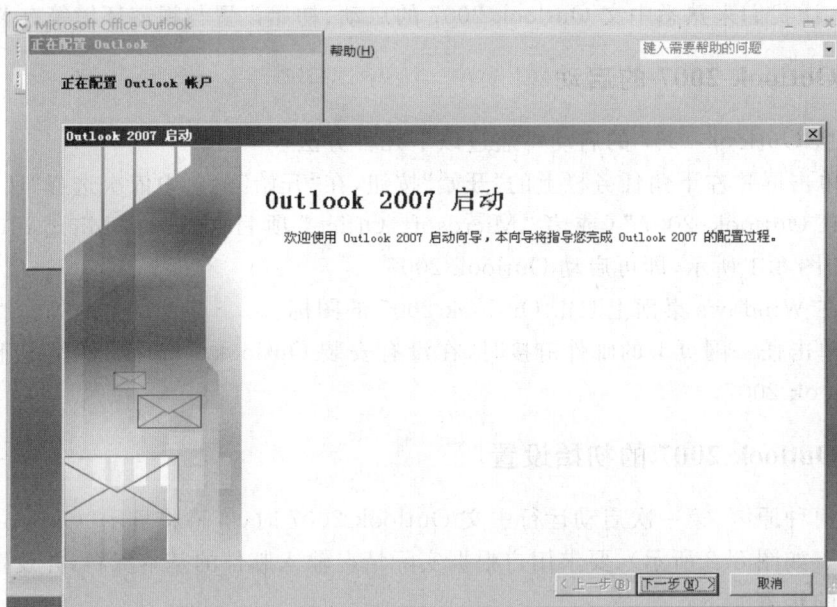

图 8.2　"Outlook 2007 启动"对话框

后单击"下一步"按钮,进入邮件账户的配置窗口。可填写有关栏目(如图 8.5 所示)。若想手工配置参数,可以勾选左下角的"手动配置服务器设置",这里选择了自动配置。

（4）填写好姓名、电子邮箱地址、登录密码后,单击"下一步"按钮。由于选择了自动

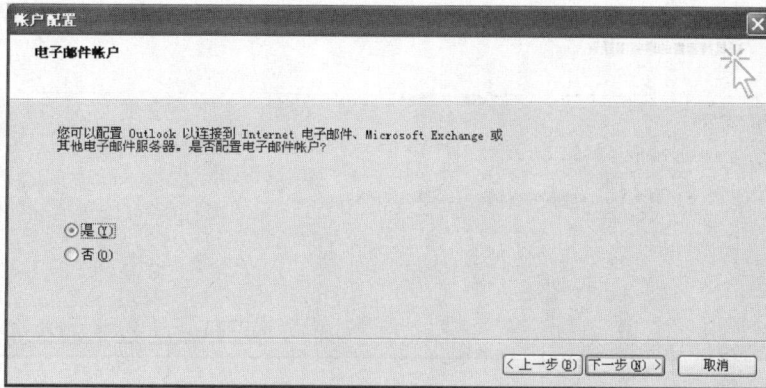

图 8.3 "电子邮件账户"配置对话框

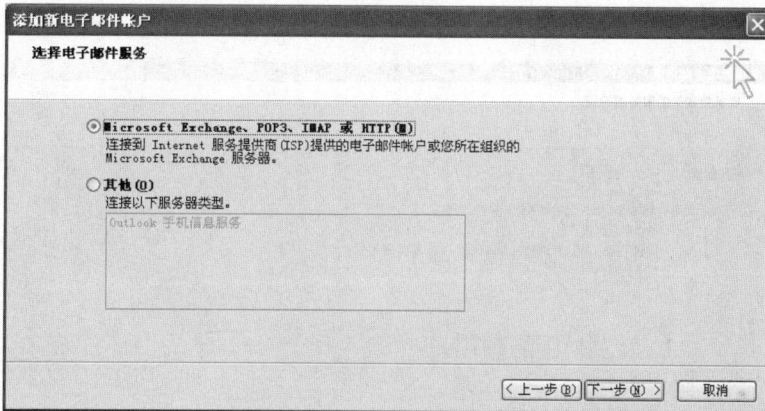

图 8.4 选择"电子邮件账户"服务器的类型

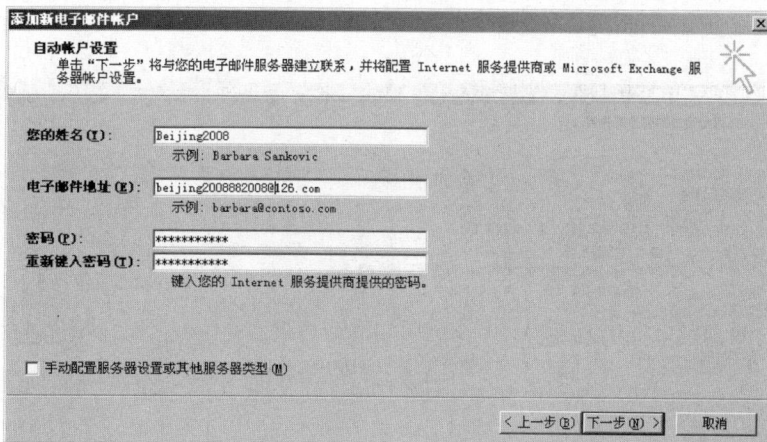

图 8.5 设定连接邮件账户的参数

配置,系统开始自动连接服务器,如图 8.6 所示。

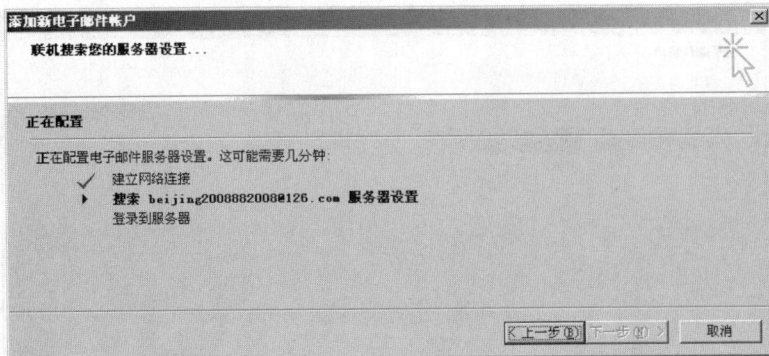

图 8.6　按照参数自动搜索连接服务器

（5）在自动搜索服务器时，系统会尝试先进行加密连接，若不成功，则再进行非加密连接。至于何种连接成功，取决于服务商的设定要求，如图 8.7、图 8.8 所示。

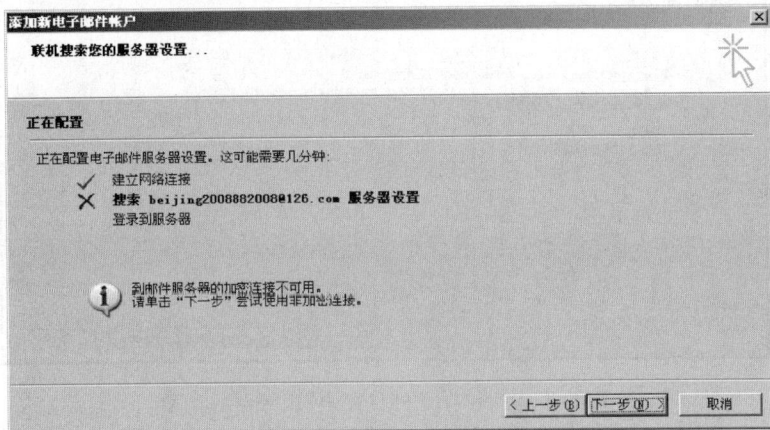

图 8.7　系统先尝试与 ISP 服务器加密连接

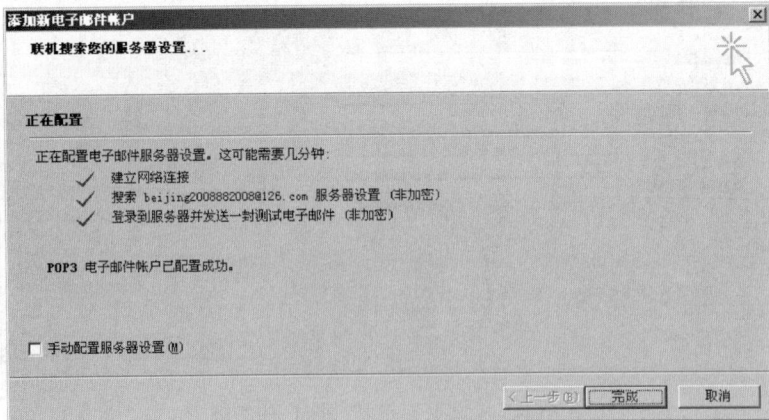

图 8.8　POP3 账户连接成功

（6）此时，屏幕将提示用户已成功输入了设置账号所需的信息，单击"完成"按钮保存设置。系统将进入最后一个步骤，如图 8.9 所示。

（7）Outlook 2007 增加了对 RSS 源的下载支持，因此进入主工作界面之前，系统提示是否要"同步源"的对话框。单击"是"即可自动打开设定成功的账户，进入工作主界面，如图 8.10 所示。

图 8.9 "RSS 源"同步对话框

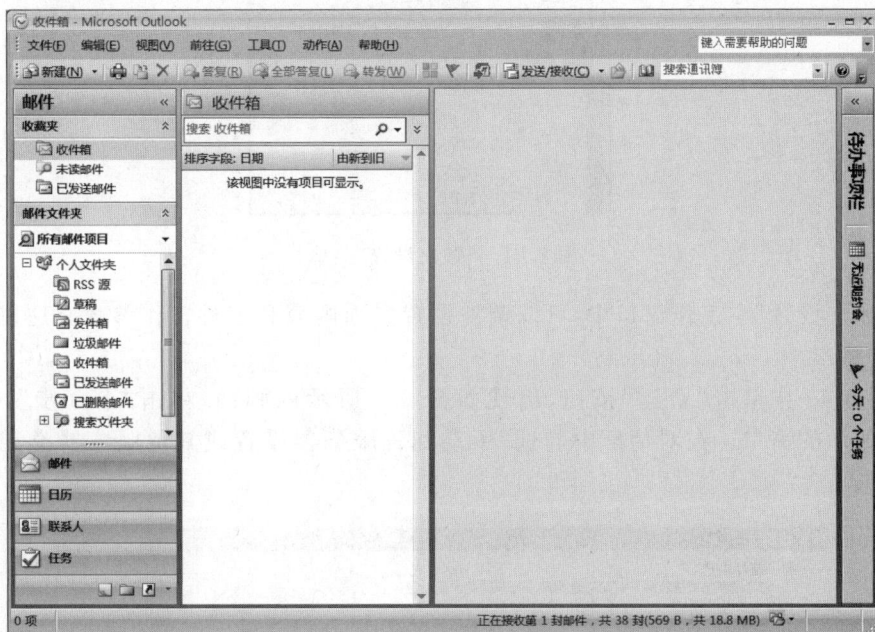

图 8.10 Outlook 2007 工作主界面

8.1.3 增加或更改邮件账户

当 Outlook 2007 关于邮件账户的初始设置完成后，系统将开始代理职能，Outlook 2007 工作主窗口将自动显示"收件箱"的内容（如图 8.10 所示）。通过该工作窗口，用户可以查看电子邮件、日历和任务等信息。

如果用户只有一台可移动的笔记本电脑，以默认的方式来收发邮件并无不妥。但是用户如果是多处办公，这样就会有问题了：依据默认设置，邮件账户会把 ISP 服务器上的电子邮件全部下载到本地，并将邮箱清空。这样一来，如果在办公室里接收了邮件，回家后家用计算机就不可能再接收相同的邮件，因为 ISP 服务器上自己的信箱已被清空，反之亦然。为此，需要调整邮件账户的参数设置。

另外，Outlook 2007 可代行管理多个电子邮件账户，免去了用户到多家 ISP 服务器上收发邮件的奔波之苦，也节省了上网时间。因此增加邮件账户也是必需的。

下面介绍手工添加新邮件账户的步骤，同时说明调整邮件参数的做法。

在 Outlook 2007 中，单击"工具"→"账户设置"，出现"账户设置"对话框，如图 8.11、

图 8.12 所示。

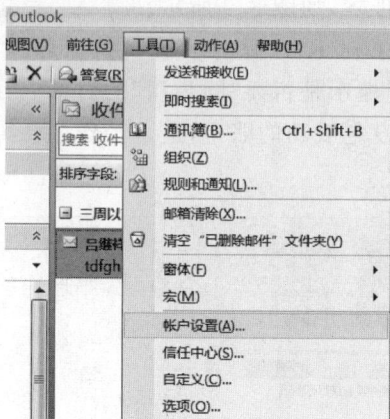

图 8.11 "账户设置"菜单

在"账户设置"主工作窗口中,可以调整设置多项内容和多种工作参数。这里先讨论增加邮件账户。

在图 8.12 中单击"新建"按钮,出现如图 8.4 所示的画面,单击"下一步",可见如图 8.13 所示的窗口。在对话框中勾选"手动配置服务器设置或其他服务器类型",单击"下一步"。

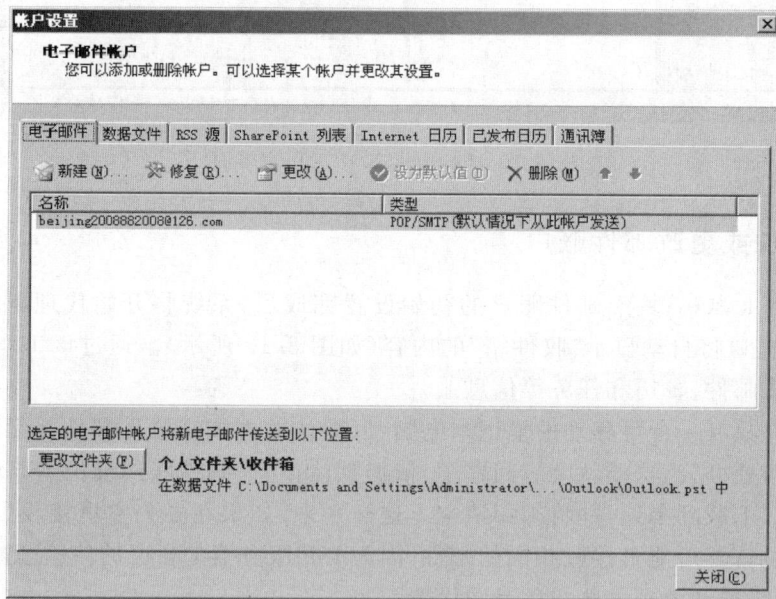

图 8.12 "账户设置"主工作窗口

在出现的图 8.14 画面中勾选"Internet 电子邮件(I)"单选按钮,并单击"下一步"按钮。

在出现的提示界面中输入相关资料(如图 8.15 所示,此处以 163 信箱为例):

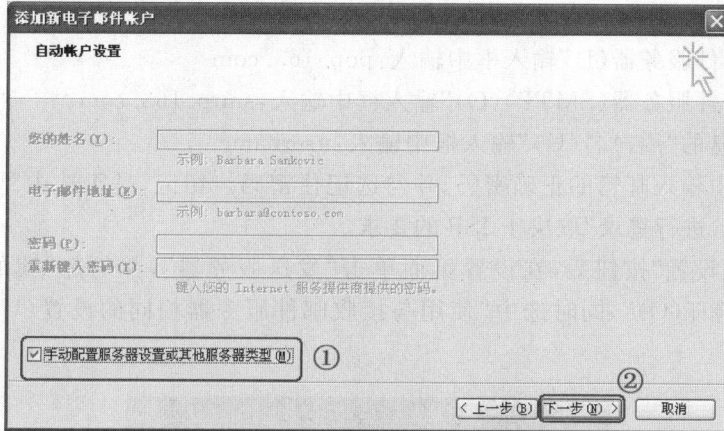

图 8.13　手动配置服务器设置

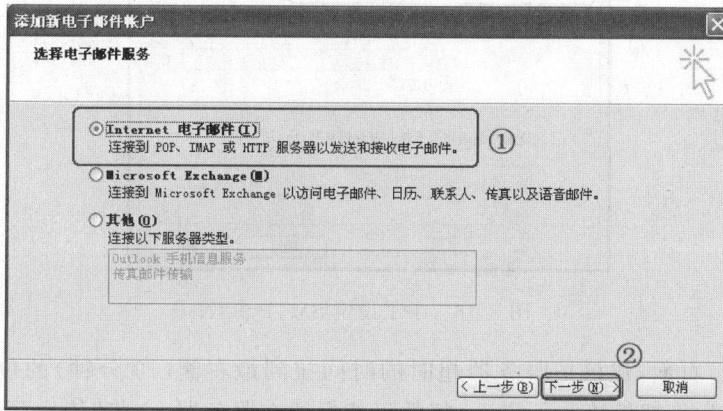

图 8.14　选中 Internet 电子邮件

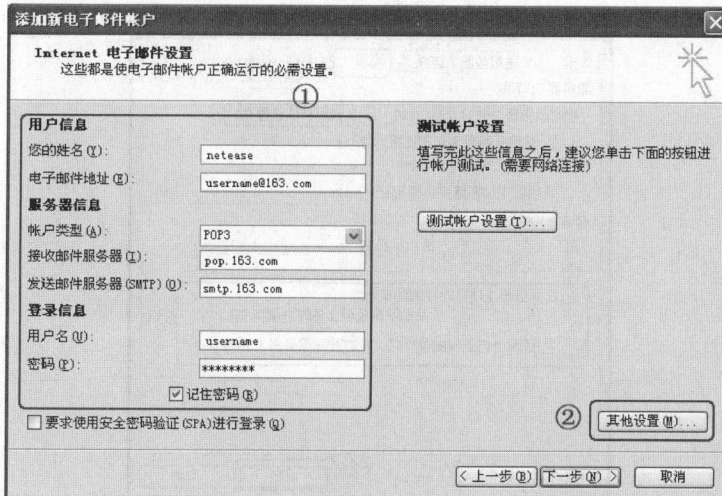

图 8.15　手工设定电子邮件账户参数

账户类型选择：POP3

在"接收邮件服务器（I）"输入框中输入：pop.163.com

在"发送邮件服务器（SMTP）（O）"输入框中输入：smtp.163.com

在登录信息的"用户名（U）"输入框中输入：username

在密码框中输入邮箱的正确密码，并勾选记住密码。切记，是否选中"要求使用安全密码验证（SPA）进行登录"取决于 ISP 的要求。

单击"其他设置"按钮后，在设置页面单击"发送服务器"，并勾选"我的发送服务器（SMTP）要求验证（O）"，同时选中"使用与接收邮件服务器相同的设置（U）"，如图 8.16 所示。

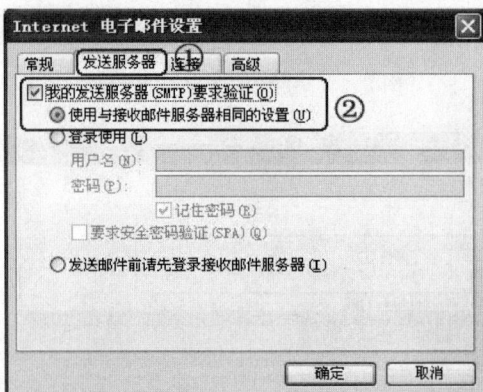

图 8.16　手工设定 SMTP 参数

单击"高级"页面，建议把服务器超时的时间拉到最右侧（10 分钟）的位置，如果希望用 Outlook 2007 将邮件接收下来后，邮件仍然保留在服务器上，将"传递"下面的"在服务器上保留邮件的副本"前面的复选框打上钩即可，参见图 8.17。

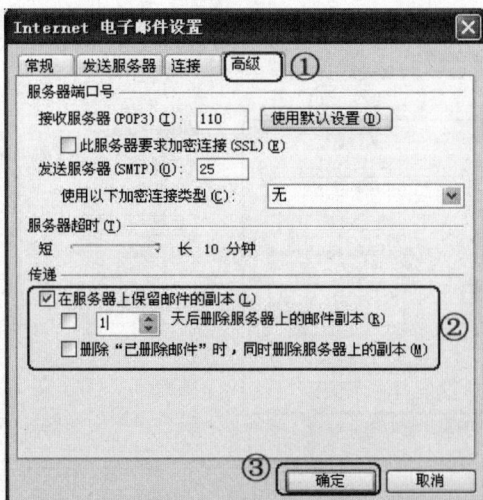

图 8.17　设定在服务器上保留邮件的副本

单击"确定"按钮,结束定义,返回邮件账户设置界面。

单击"关闭",返回"账户设置"主工作窗口,参见图 8.18。

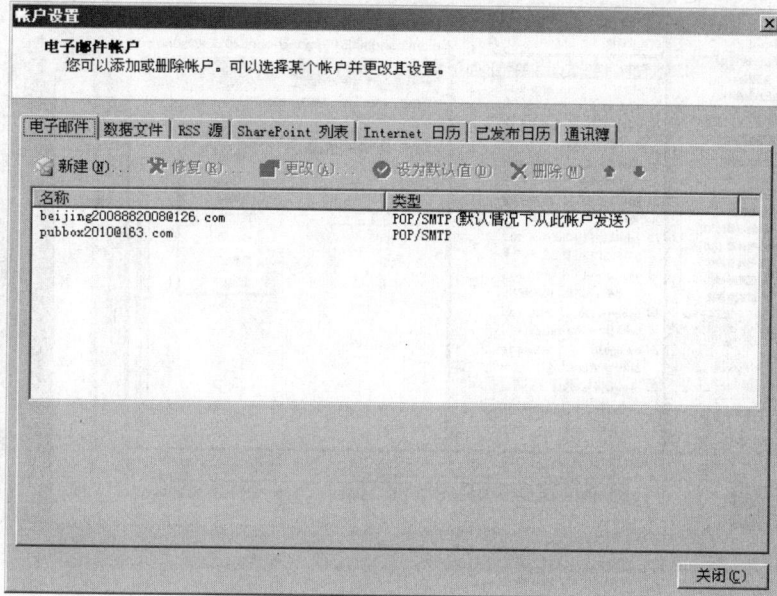

图 8.18　增加新邮件账户后的主窗口

除了增加、删除或编辑更改邮件账户外,在 Outlook 2007"账户设置"主窗口中,还可以从数据文件、RSS 源、SharePoint 列表、Internet 日历、已发布日历、通信簿等选项页中,就与邮件账户相关的内容和工作参数环境进行调整设置。这里不再赘述。

Outlook 2007 不只是用于邮件管理,在信息管理方面还有许多丰富多彩的其他功能。下面分别加以介绍。

8.2　邮件管理

8.2.1　邮件的接收和发送

设定好邮件账户之后,用户不用特意收发,Outlook 2007 会定期轮询各个 ISP 服务器,把邮件下载到本地计算机上。用户只需单击 Outlook"收件箱",即可在中间窗口显示来自各邮箱的汇总邮件列表。单击某邮件标题,可在右侧查看详细内容。若有附件,可单击查看,参见图 8.19、图 8.20。

而对于当前查看的邮件,若要回复对方,只需单击上方菜单中的"答复"按钮,即可编辑回复,参见图 8.21。编辑完毕,单击"发送"按钮,即可将邮件发送。

注意,此时,该邮件并未真正发送出去,而是暂时保存在本地计算机的"发件箱"中,参见图 8.22。

待系统约定的时间间隔(默认值是 15 分钟)到后,邮件才真正发送给对方。因此,可以撤除尚在"发件箱"中的邮件。若要立即紧急送出,可以单击窗口上方菜单栏的"动作"

图 8.19 Outlook"收件箱":邮件无内容有附件

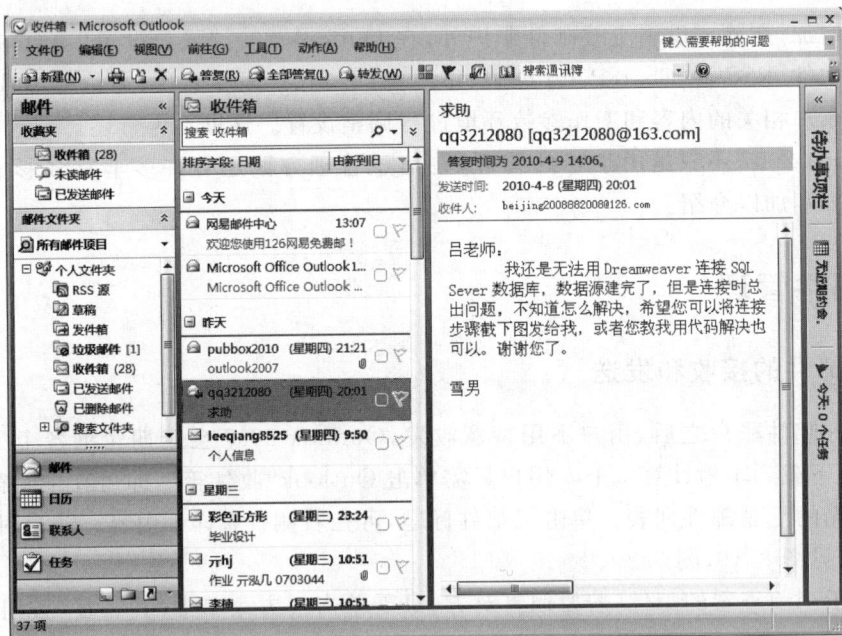

图 8.20 Outlook"收件箱":邮件有内容无附件

菜单,在菜单项中选择"接收和发送",即可强制立即收发。

如果单纯新建邮件,只需单击"新建"按钮,出现画面同答复邮件,参见图 8.21。

另外,系统还可能有误判的情况,即把正常邮件判定为垃圾邮件,需要将其恢复。单

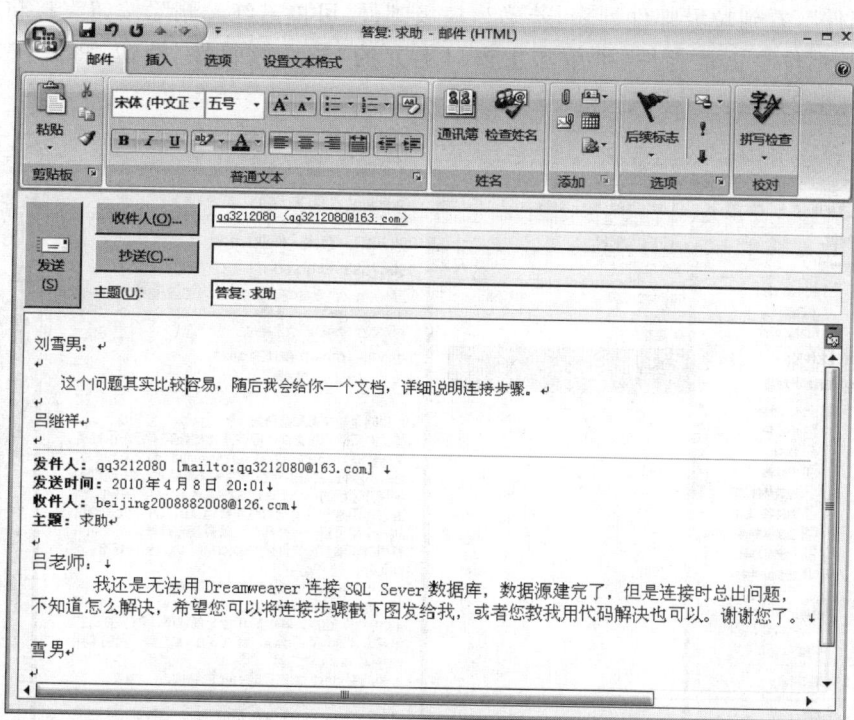

图 8.21　答复对方邮件

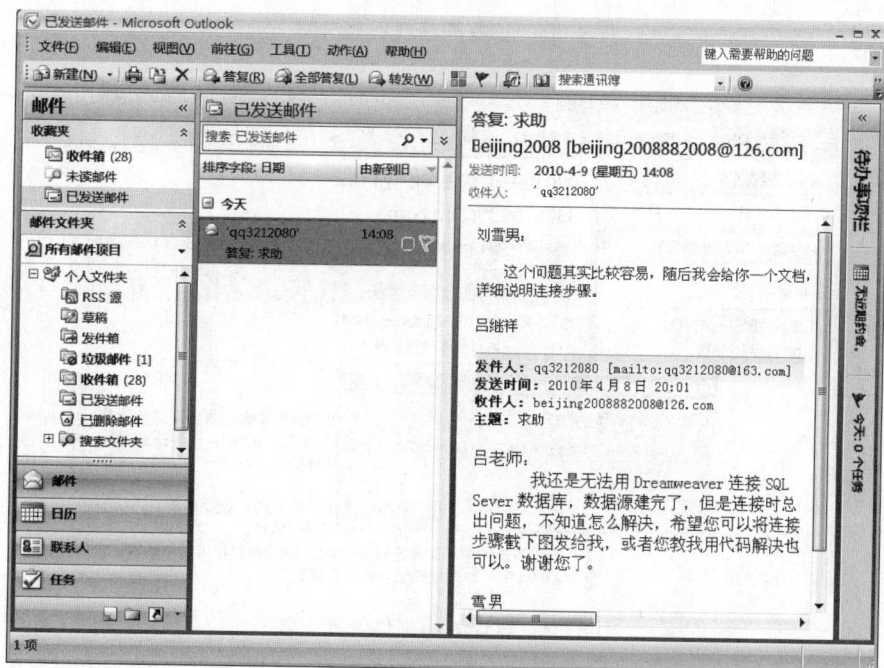

图 8.22　已发送邮件保存在发件箱中

击"垃圾邮件",看到垃圾邮件列表,若确为垃圾邮件,可单击红叉删除按钮直接将其清除;若预览到某邮件是正常邮件,可单击主窗口上方的"非垃圾邮件"按钮,将其恢复,参见图 8.23、图 8.24。

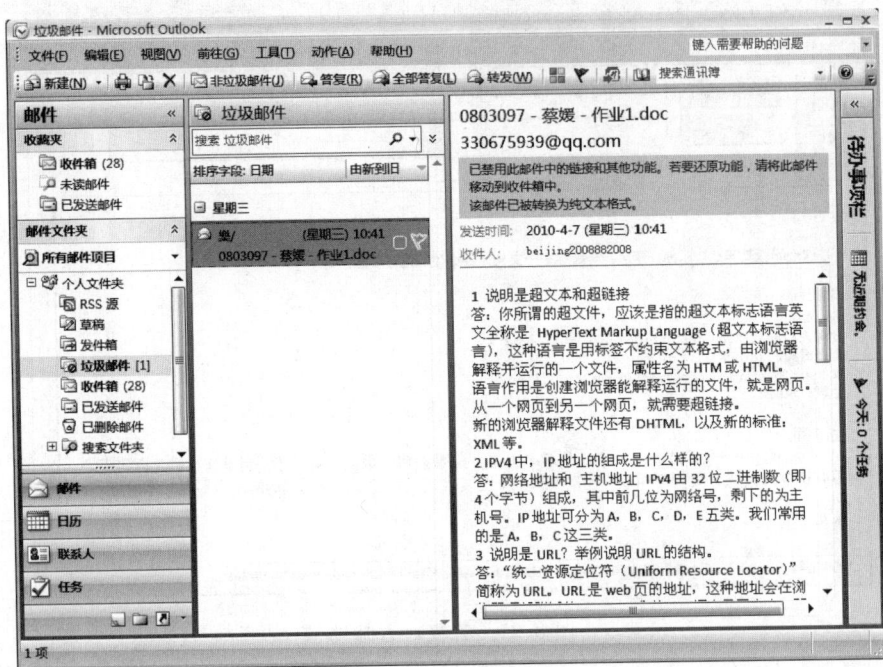

图 8.23　垃圾邮件列表及预览

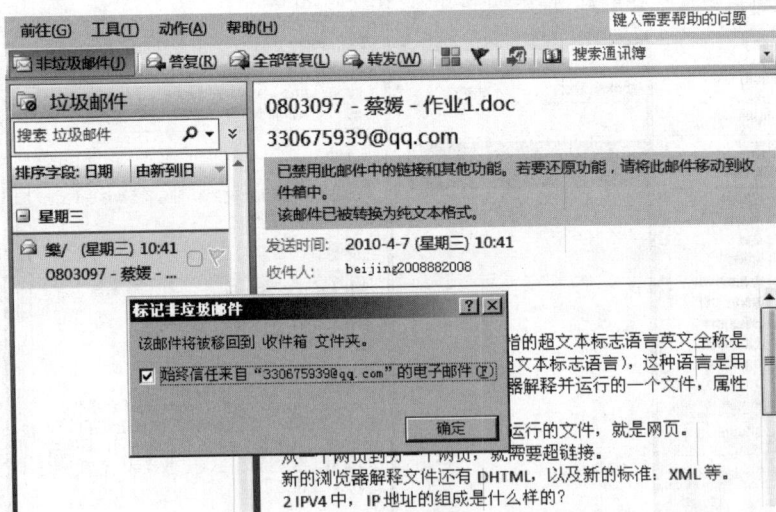

图 8.24　将误判的邮件恢复正常

8.2.2　Outlook 2007 中的 RSS 源

RSS 为 Really Simple Syndication(真正简单的整合,又称"源")的缩写,是某一站点用来和其他站点之间在线共享内容的一种简易方式,也称聚合内容。通常在时效性比较强的内容上使用 RSS 订阅能更快速地获取信息;网站提供 RSS 输出,有利于用户获取网站内容如新闻、博客等最新更新。Microsoft Office Outlook 2007 提供了对 RSS 的支持,整合为一个文件夹,可以在其中查看 RSS 内容,参见图 8.25。

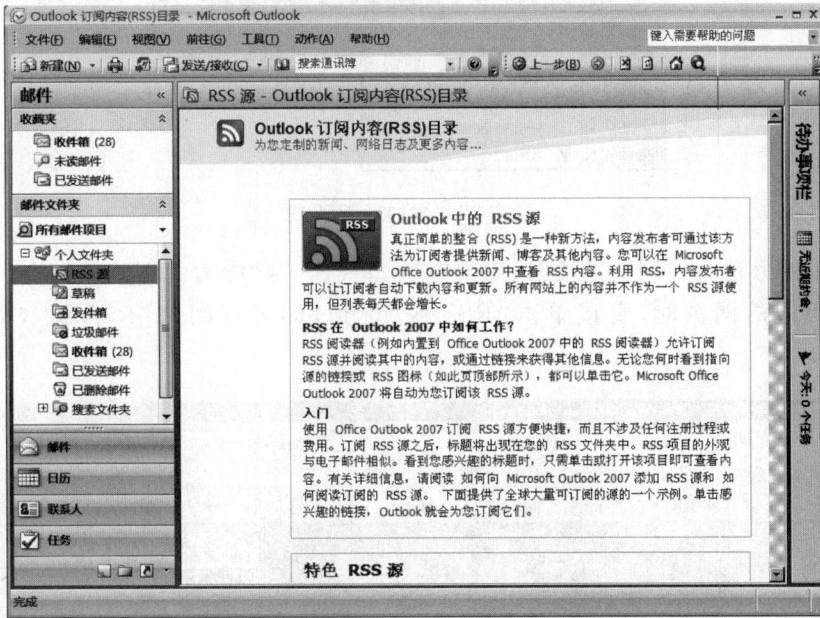

图 8.25　Outlook 2007 内置了 RSS 阅读器

已内置到 Office Outlook 2007 中的 RSS 阅读器允许订阅 RSS 源并阅读其中的内容,或通过链接来获得其他信息。无论何时看到指向源的链接或 RSS 图标(⬚),都可以单击它,Outlook 2007 将自动订阅该 RSS 源,参见图 8.26。

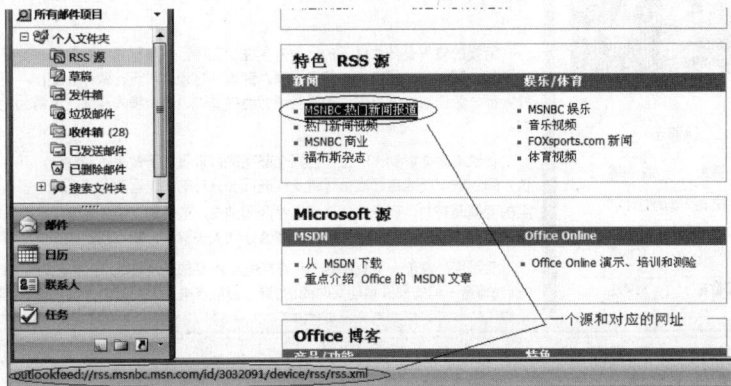

图 8.26　Outlook 2007 推荐了一些 RSS 源

将一个喜欢的 RSS 源加入 Outlook 2007 非常方便。右键单击"RSS 源",在弹出的菜单中选择"添加新 RSS 源",输入新 RSS 源地址即可,参见图 8.27。

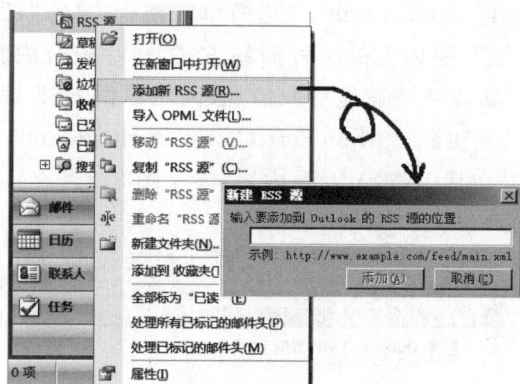

图 8.27　添加新 RSS 源

更省事的办法是在网上冲浪时,用带有感知"RSS 源"能力的浏览器浏览。当看到有"RSS 源"标记的网页时,直接单击"RSS 源"标记,即可订阅该"RSS 源",如图 8.28、图 8.29 所示。

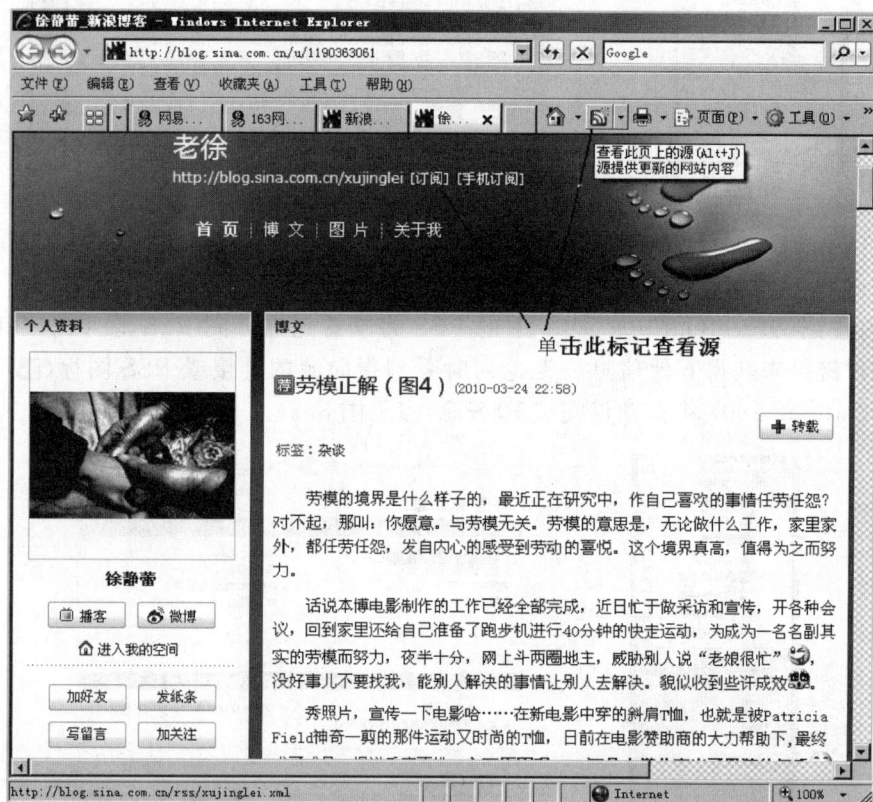

图 8.28　浏览带有"RSS 源"标记的网页网址

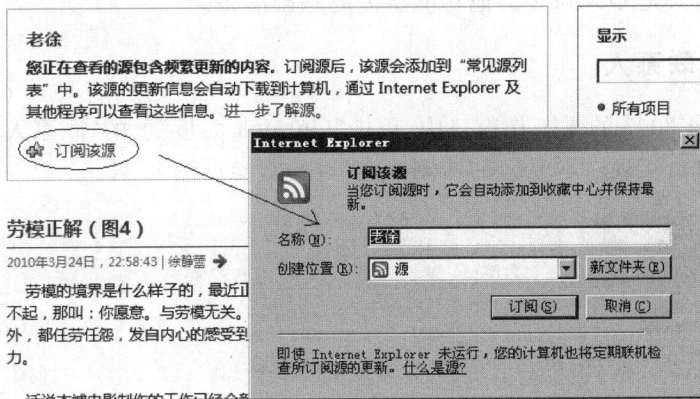

图 8.29 订阅该 RSS 源，并以源标记命名

以后，即可在 Outlook 2007 中随时查看其更新内容，参见图 8.30。

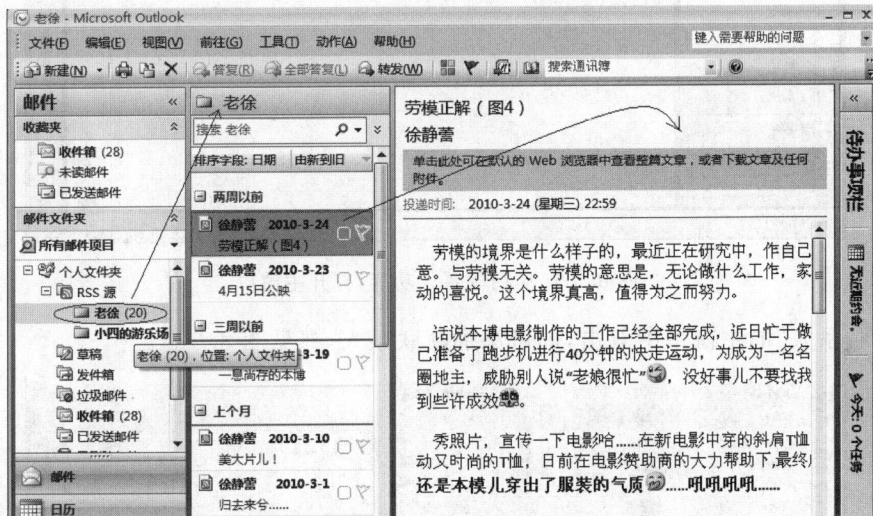

图 8.30 在 Outlook 2007 中随时查看 RSS 源的更新内容

8.3 联系人管理

"联系人"存储了与用户通信的个人或单位的有关信息，例如职务、电话号码、地址、电子邮件地址以及附注等。使用联系人文件夹可存储电子邮件地址、街道地址、多个电话号码以及其他任何与联系人有关的信息，如生日或纪念日等。可将任何 Outlook 项目或 Office 文档链接到联系人，以帮助跟踪与联系人有关的活动。

输入联系人的姓名和地址后，Outlook 将姓名或地址分为几段，将其分别放入独立的字段中。可根据姓名或地址的任何部分，对联系人进行排序、分组或筛选。

在联系人列表中，可单击按钮或菜单命令通过 Outlook 将会议要求、电子邮件或任务要求发送给某个联系人。

可见，联系人是 Outlook 其他功能所需的基础准备。

8.3.1　新建联系人

在 Outlook 2007 的主工作窗口中，单击"Outlook 面板"上的"联系人"图标，即可打开"联系人"主窗口，实现对联系人的增删改查等操作，参见图 8.31。

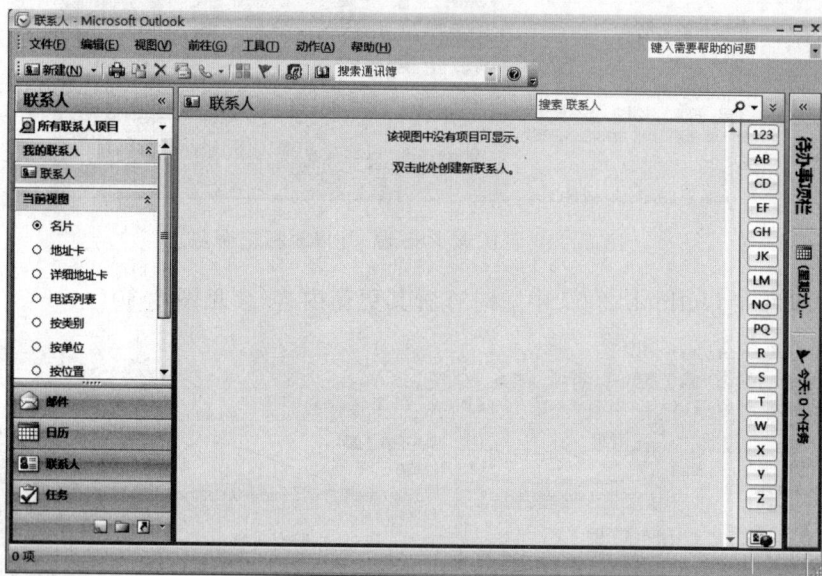

图 8.31　启用联系人功能，打开主窗口

在"联系人"的主窗口中双击，即可添加新联系人，参见图 8.32。

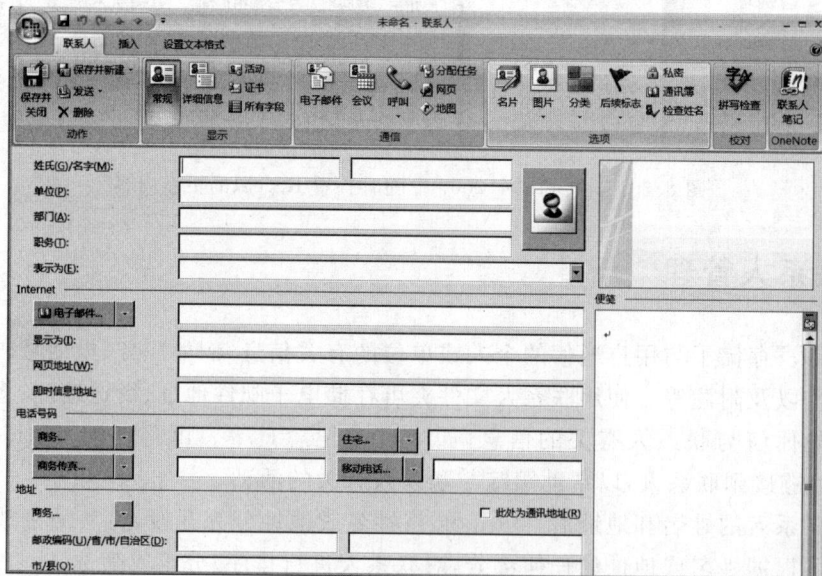

图 8.32　添加新联系人

填写有关栏目详细信息后，即可完成新联系人的添加，参见图 8.33。其中，仅单击"存盘"按钮，是保存当前联系人信息，继续添加新联系人；单击"保存并关闭"，则结束添加联系人的操作，返回主界面，查看联系人状态，参见图 8.34。

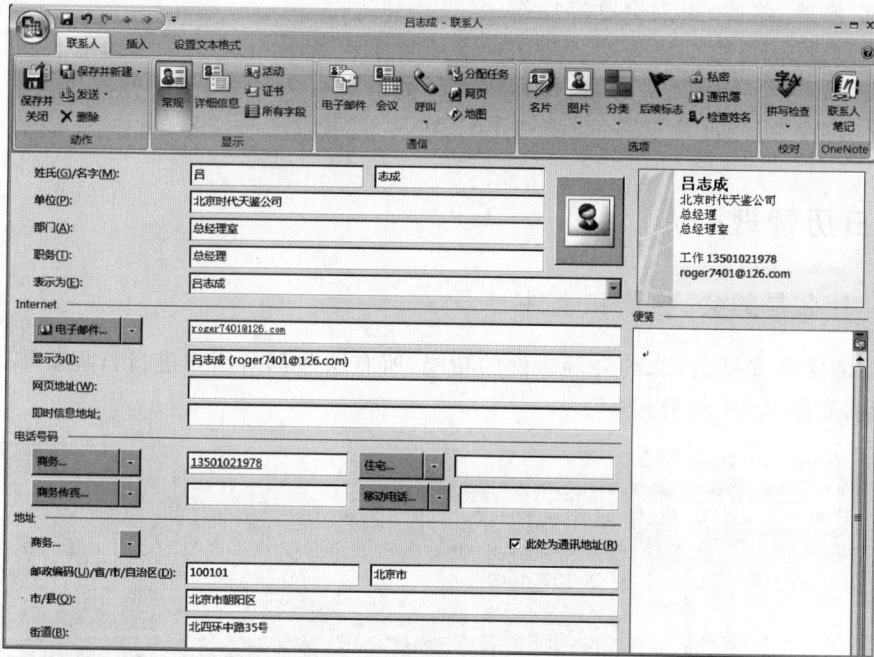

图 8.33　填写联系人的详细信息

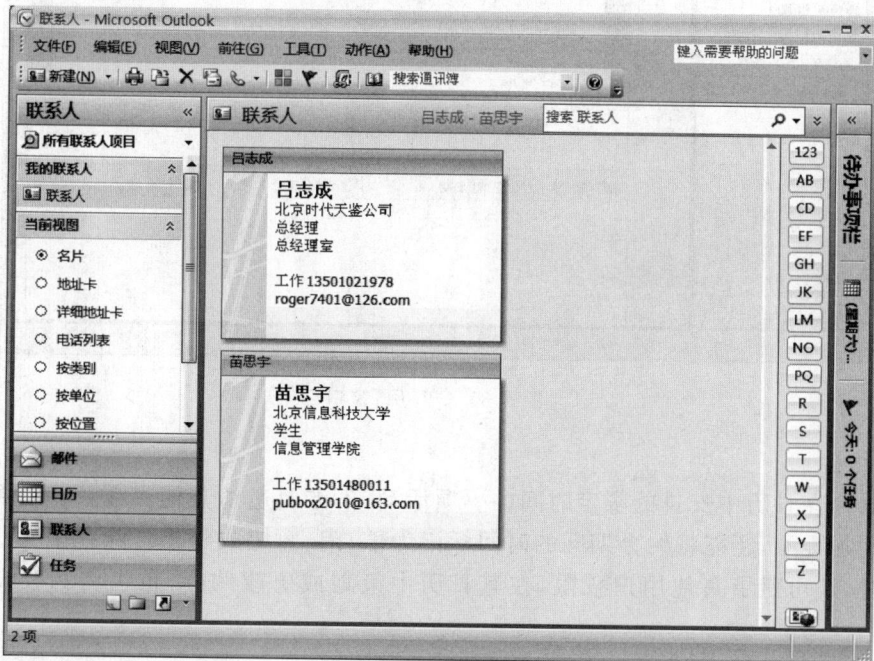

图 8.34　查看联系人信息

8.3.2　管理联系人

在"联系人"的主窗口中,除了增加联系人外,还可以通过上方的工具栏,实现对联系人的复制、删除、修改、查询浏览等操作。

查询浏览时,可以切换视图。除了默认的名片视图外,还可以采用地址卡、类别、单位等视图方式显示。当联系人条目过多时,可以单击右侧的竖型索引,以便快速查找定位,参见图 8.34。

8.4　日历管理

8.4.1　什么是约会、会议和事件

日历能实现安排会议、约会等事件的功能,所有这些都对用户进行日程安排提供了极大的便利,如图 8.35 所示。

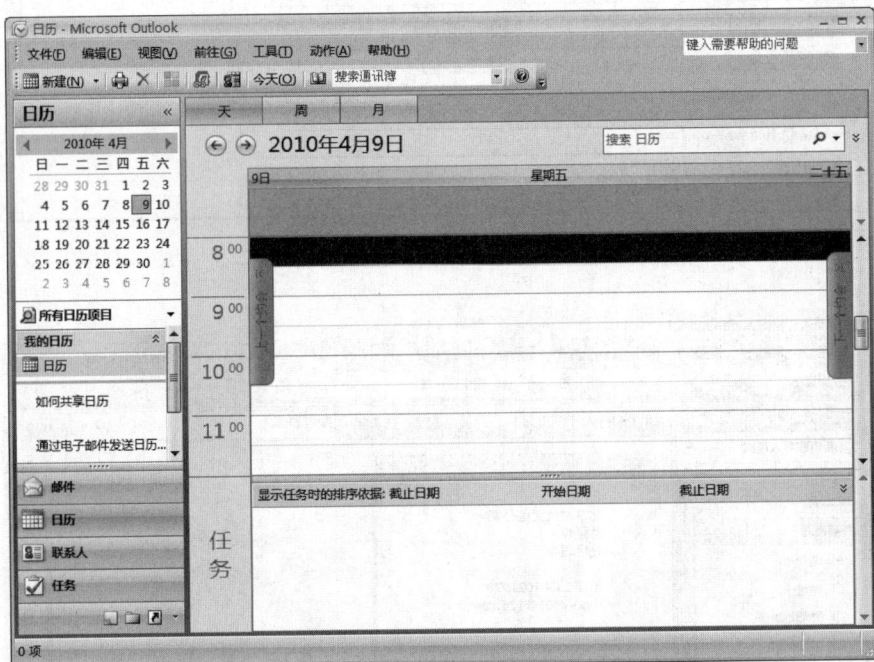

图 8.35　"日历"窗口

1. 约会

约会是在日历中安排的限定时间的一项活动,不涉及邀请其他人或预订资源。可以给约会附加提醒,还能将约会期间的时间标记为忙、闲、暂定或外出。除在个人日历中计划约会外,还可赋予其他用户权限,在其日历中策划或更改约会,也可将约会设置为私有的。

2．会议

会议与约会类似,但会议是一种邀请其他人参加或预订资源的约会。可以创建、发送会议要求。创建会议时,指定所涉及的人员和资源并选取会议时间,对会议要求的响应出现在收件箱中。

3．事件

事件是一项持续 24 小时或更长时间的活动,包括贸易展示会、奥林匹克运动会、假期或研讨会。年度事件,如生日或周年纪念日,在每年特定日期发生,事件发生后,将延续一天或几天。事件或年度事件不占据日历时间段,而出现在标题中。当其他人查看时,全天约会将时间显示为忙,而事件或年度事件将时间显示为空闲。

8.4.2 安排约会

约会是在某一天的某一段时间内安排会议、与朋友见面等事项。约会是用户自己的活动,可以不涉及他人或资源。安排约会的步骤如下:

(1) 选择"文件"下拉菜单"新建"命令的"约会"子命令,屏幕将显示"约会"对话框。

(2) 分别在"主题"框和"地点"框中输入约会说明和地点,并在"开始时间"和"结束时间"框中输入开始和结束时间。

(3) 选取"提醒"复选框,在其右侧的文本框中输入时间量,在约会时间到达前,系统会按该时间提醒用户。还可以将这一段时间设置为闲、忙、暂定或外出。

(4) 单击"保存并关闭"按钮,保存约会内容。

更快捷的方法:也可以在日历中先选定某一时间段,然后单击右键,从快捷菜单中选择"新建约会"命令,参见图 8.36、图 8.37。

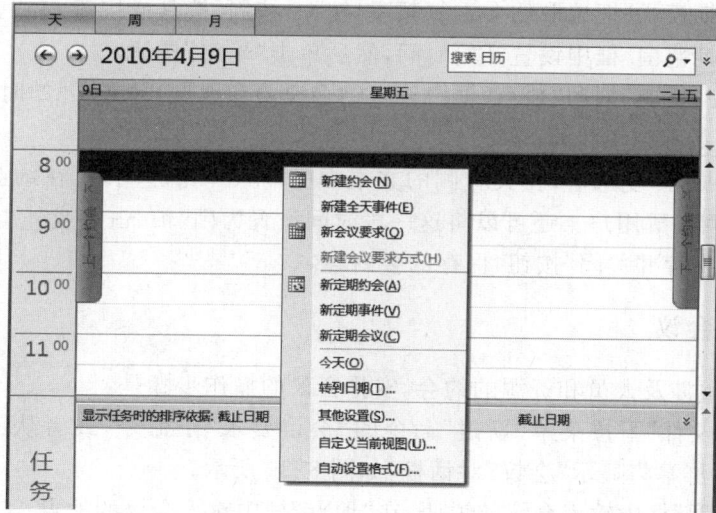

图 8.36 "约会"对话框

在所设置的约会时间要到达时或者到达后,Outlook 2007 将自动产生"提醒"对话框。单击"打开项目"可查看约会的详细信息,单击"消除"可删除提醒,参见图 8.38。

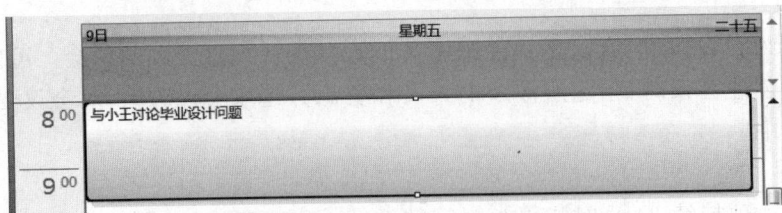

图 8.37 快捷定义"约会"

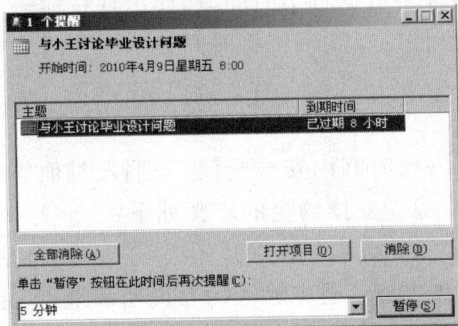

图 8.38 自动消息提醒

如果需要创建固定时间的定期约会,可按以下方法操作:

(1) 在日历时间段上单击右键,选择快捷菜单中的"新定期约会"命令,屏幕将显示"约会周期"对话框。

(2) 在"约会时间"框中输入约会的开始和结束时间。

(3) 在"定期模式"框选取约会重复频率:按天、按周、按月或按年。

(4) 在"定期范围"框中设置开始时间,然后单击"确定"按钮。

(5) 分别在"主题"框和"地点"框中输入约会说明和地点,并在"开始时间"和"结束时间"框中输入开始和结束时间。

(6) 选取"提醒"复选框,在其右侧的文本框中输入一个时间量,在约会时间到达前,系统会按该时间提醒用户。还可以将这一段时间设置为闲、忙、占定或外出。

(7) 单击"保存并关闭"按钮,保存约会内容。

8.4.3 安排会议

会议是一项涉及人员和资源的约会,安排会议的操作步骤是:

(1) 选择"文件"下拉菜单"新建"命令的"会议要求"子命令,或者从图 8.36 中选择"新会议要求",屏幕将显示"会议"对话框,如图 8.39 所示。

(2) 在"主题"框中输入会议的说明,在"地点"框中输入会议的地点。

(3) 在"开始时间"和"结束时间"框中输入开始和结束时间。

(4) 如果需要,还可以在对话框底部的文本框中输入会议的大致内容。

(5) 单击工具栏上的"邀请与会者"按钮,在新弹出的"选择与会者及资源"对话框中选择被邀请的与会者,以及可选择的资源,如图 8.40 所示。

图 8.39 "会议"对话框

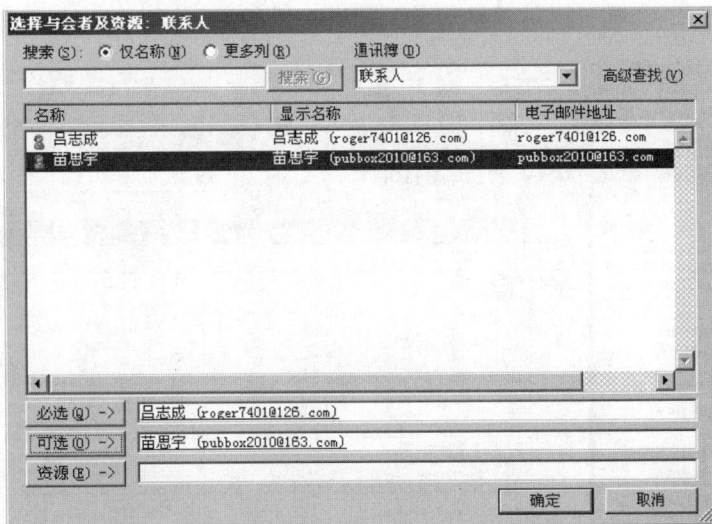

图 8.40 "选择与会者及资源"对话框

（6）单击"确定"按钮返回，可以看到会议对话框界面发生了变化，增加了"发送"、"收件人"等按钮，如图 8.41 所示。

（7）单击"发送"按钮，Outlook 2007 即把会议以邮件的形式发送给所有与会者。

（8）如果需要安排定期会议，则在日历时间段上单击右键，选择快捷菜单中的"新定期会议"命令，参见图 8.36。

（9）在"约会周期"对话框的"约会时间"框中输入约会的开始时间和结束时间。

（10）在"定期模式"框选取约会的重复频率：按天、按周、按月或按年。

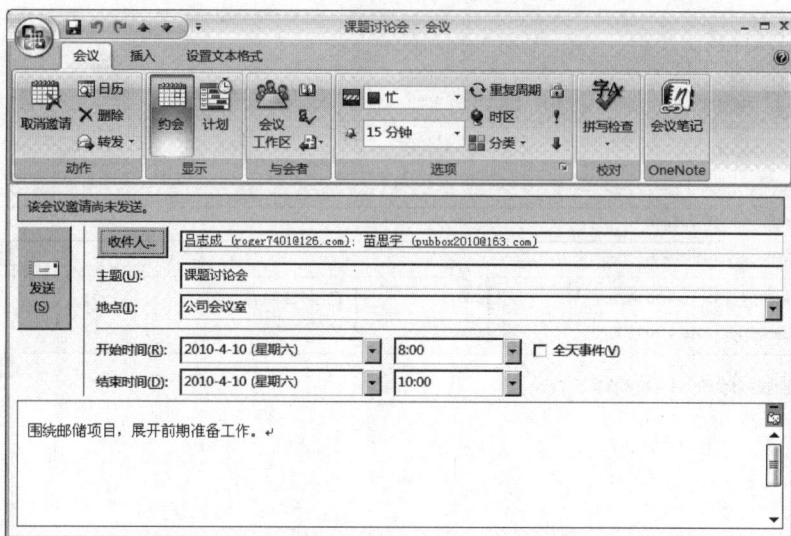

图 8.41 增加了邀请人的"会议"对话框

(11) 在"定期范围"框中设置开始的时间,然后单击"确定"按钮。

日历上的约会、会议可以清楚地看到,如图 8.42 所示。

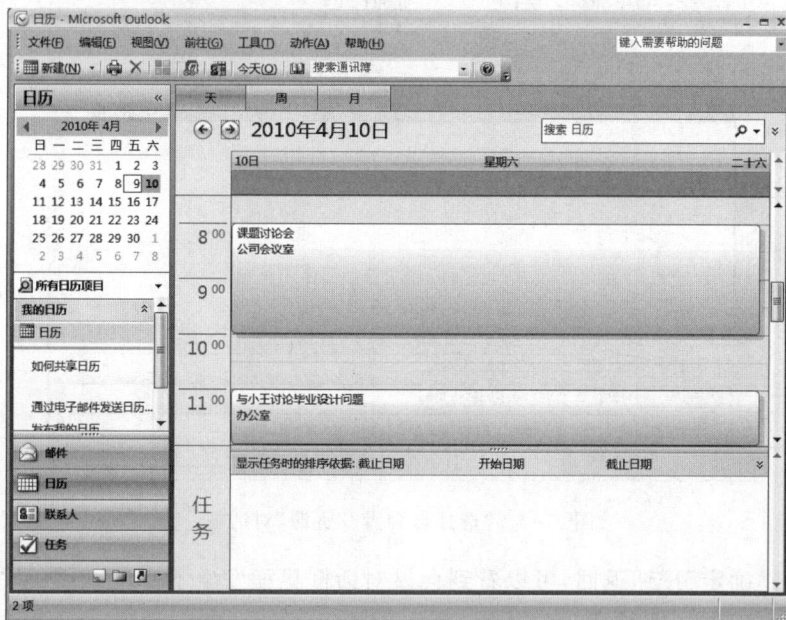

图 8.42 日历上的约会、会议一览

8.4.4 创建事件

创建事件的步骤如下:

(1) 在日历时间段上单击右键,选择快捷菜单中的"新建全天事件"或"新定期事件"

（参见图 8.36），屏幕将显示"事件"对话框。

（2）分别在"主题"框和"地点"框中输入事件说明和地点，并在"开始时间"和"结束时间"框中输入事件开始和结束时间。

（3）选取"提醒"复选框，在其右侧的文本框中输入一个时间量，在事件时间到达前，系统会按该时间提醒用户。还可以将这一段时间设置为闲、忙、暂定或外出。

（4）单击"保存并关闭"按钮。

8.5 任务管理

任务是一项属于私人或工作上的责任或事务，且在完成过程中要对其跟踪。任务可发生一次或重复发生（定期任务）。定期任务可按固定间隔重复，或在标记的任务完成日期的基础上重复。例如，用户可能固定在每月最后一个星期向上级机关报送统计报告。

需要注意的是，一次只能向任务列表中添加一项定期任务，当任务的发生标记为已完成后，下一次发生就出现在列表中。

单击左侧控制面板上的"任务"，即可打开任务窗口。

8.5.1 创建一次性任务

（1）选择"文件"下拉菜单"新建"菜单项的"任务"子菜单项，或者单击"新建"按钮，屏幕将显示"任务"对话框（如图 8.43 所示）。

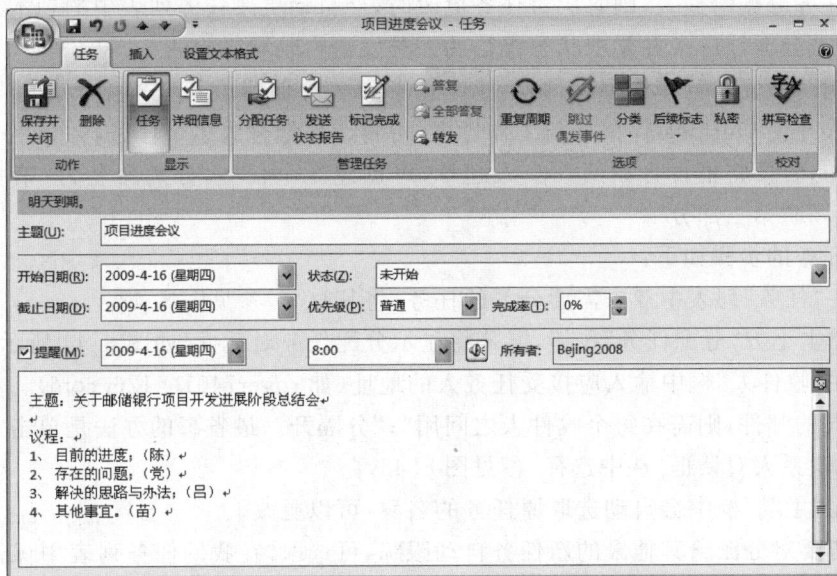

图 8.43 "任务"对话框

（2）在"主题"框中输入任务名称。

（3）单击"截止日期"下拉按钮，并输入任务完成的日期。

（4）在"开始日期"框中输入任务开始日期。若要重新设置开始日期但不更改到期日期,可输入"无"并按下回车键,然后输入新的开始日期。

(5)选取"提醒"复选框,在其右侧的文本框中输入日期和时间,在约会时间到达前,系统会按该时间提醒用户。

(6)单击"分类"按钮设置任务的类别。若选取"私有"复选框,可防止他人查看自己的任务。

(7)单击"保存并关闭"按钮,保存任务。

8.5.2　任务分派与响应

任务分派可帮助用户跟踪工作进度,无论是他人为用户做工作,还是他人与用户合作。例如,总经理可将任务分派给部门经理,部门经理将任务分派给各位员工以便共同完成。任务分派至少需要两人:一人发出任务要求,另一人对此作出响应。

发出任务要求后,就失去对任务的所有权。可在任务列表中保留该任务的最新副本,并接收状态报告,但不能更改到期日期或任务完成百分比等信息。

某用户收到任务要求后,就成为任务的暂时所有者,可接受任务、拒绝任务或将任务分派给其他人。如果接受任务,用户将成为新的永久所有者,并成为可对任务进行更改的唯一人员。如果拒绝任务,该任务就返回任务发送者。如果将任务分派给其他人,用户可在任务列表中保留该任务的最新副本,并接收状态报告,但所有权转移给接受分派的人员。

只有任务所有者或暂时所有者可更新任务。如果拥有某一任务,而在接受该任务之前已将该任务分派给他人,则每次对任务更改时,会自动更改任务列表中的副本。任务完成后,将向被分派该任务并要求状态报告的人员发送自动状态报告。

如果同时将任务分派给多人,则不能在任务列表中保留最新任务副本。若要将工作分派给多人并使 Outlook 保留最新工作进度,可将工作划分为多个任务,并分别分派每个任务。例如,若要将报告分派给 3 个人起草,可创建 3 个任务,分别命名为"第一部分"、"第二部分"和"第三部分"。

分派任务的步骤如下:

(1)在"任务"列表中双击需要分派的任务,将其打开,参见图 8.43。

(2)单击上方"分配任务"按钮,屏幕将显示分配任务对话框,如图 8.44 所示。

(3)在"收件人"框中输入应接受任务人的地址(如 roger7401@126.com)。如要给多人发送相同的邮件,则需在每个收件人之间用";"分隔开。最省事的办法是单击"收件人"按钮,弹出联系人对话框,从中选择,参见图 8.45。

(4)在"主题"框中会自动选取原任务的名称,可以更改。

(5)若要对分派给其他人的新任务自动跟踪,可选取"在我的任务列表中保留此任务的更新副本"复选框。若要自动接收已分派任务的完成通报,可选取"此任务完成后给我发送状态报告"复选框。

(6)在邮件"文本"框中会自动选取原任务的内容,可以更改。

(7)检查收件人姓名,确保能收到任务。单击左侧的"发送"按钮,Outlook 将以电子邮件的形式将任务发送出去,参见图 8.46。

图 8.44　分配任务

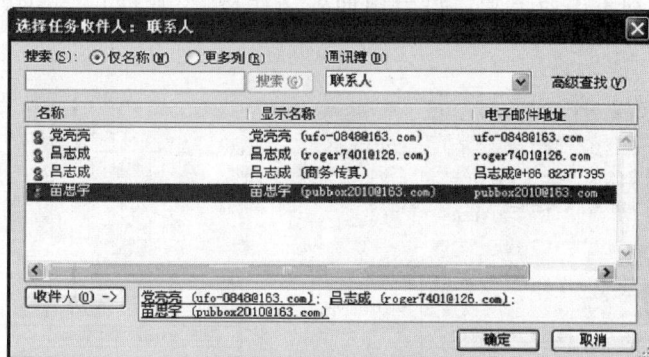

图 8.45　选择应接受任务人

接收方响应任务要求的步骤如下：

（1）打开包含任务要求的邮件。

（2）单击"接受"按钮，表示接受任务要求。

（3）若要拒绝任务要求，单击"拒绝"按钮。

（4）若要接受或拒绝任务但不附加批注，可单击"立即发送响应"按钮。若要接受或拒绝任务并返回批注，可先单击"发送前编辑响应"按钮，在文本框中输入批注后，再单击"发送"按钮。

8.5.3　周期性任务

如果任务是周期性的，则需要在创建任务时设定。

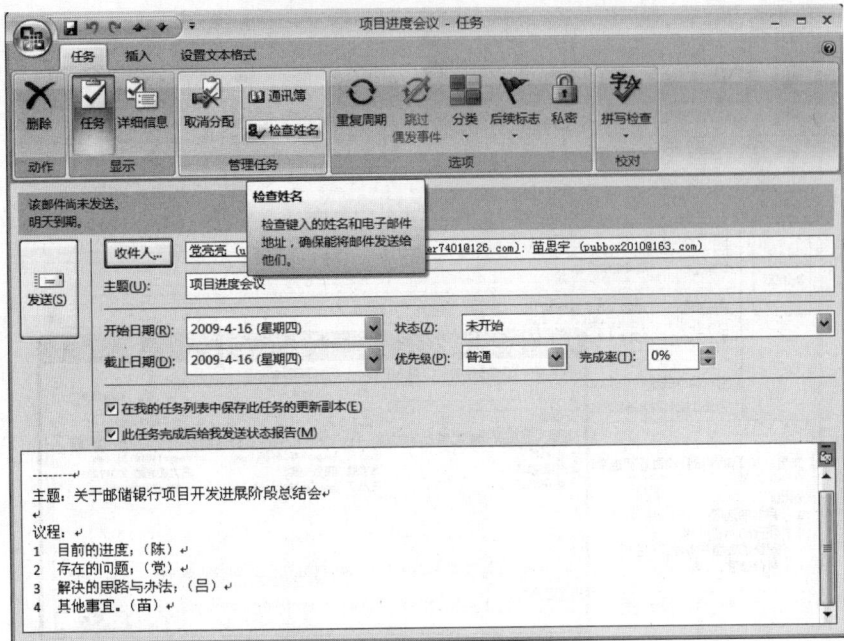

图 8.46　检查收件人、发送任务

（1）在"任务"列表中双击需要设定周期性的任务，将其打开，或者新建一个任务，参见图 8.47。

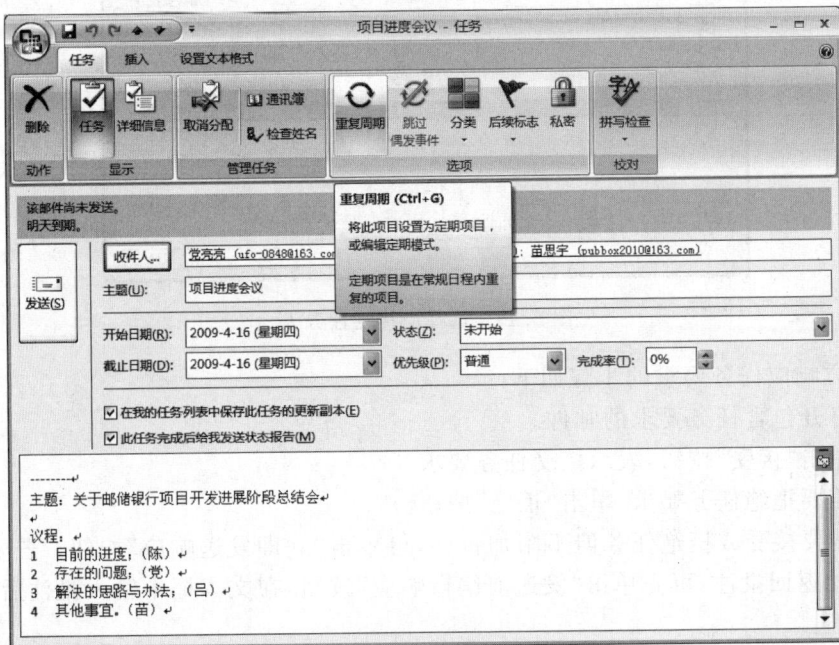

图 8.47　打开或新建一个欲设周期性的任务

（2）当设定任务为重复周期性时，单击上方工具栏"重复周期"按钮，屏幕将显示"任务周期"对话框,参见图 8.48。

(3) 在"定期模式"框选取任务的重复频率:按天、按周、按月或按年。如需创建基于完成日期重复的任务,则单击"每当任务完成后第×周重新开始"单选按钮。

(4) 在"重复范围"框中设置开始的时间,然后单击"确定"按钮返回。

(5) 单击"保存并关闭"按钮,保存任务。

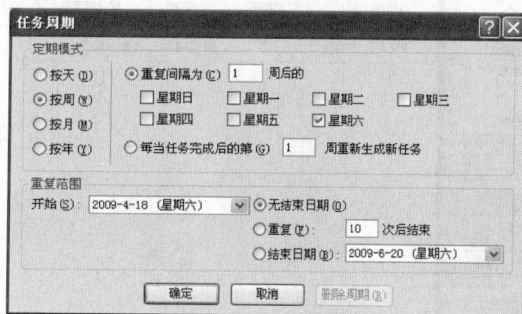

图 8.48 "任务周期"对话框

8.5.4 查看浏览任务

当各种任务创建以后,单击右侧的"待办事项栏",即可查看,并可以更改显示方式,如图 8.49、图 8.50 所示。

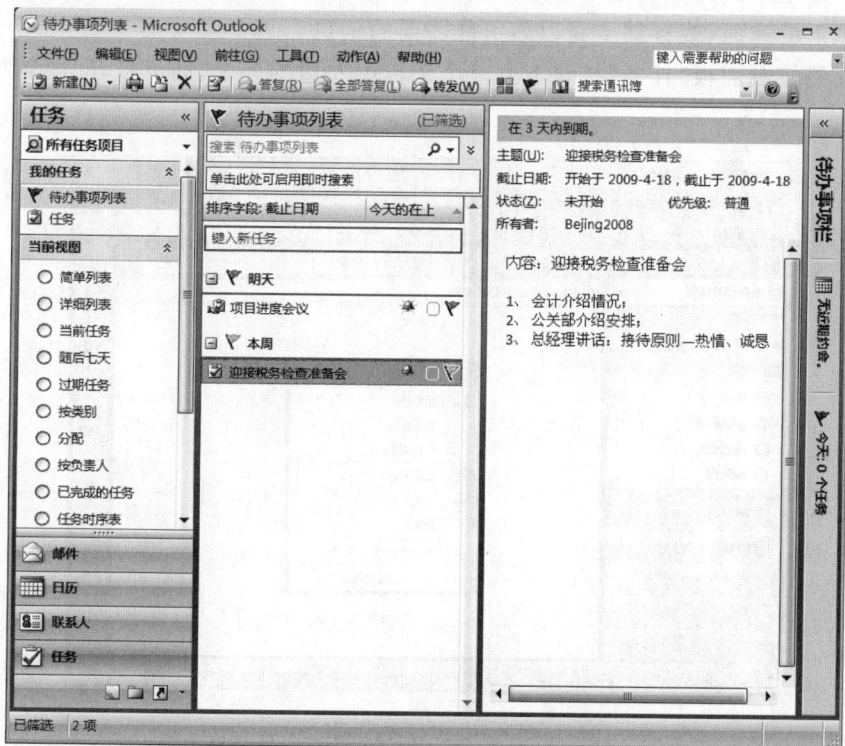

图 8.49 查看任务:待办事项列表方式

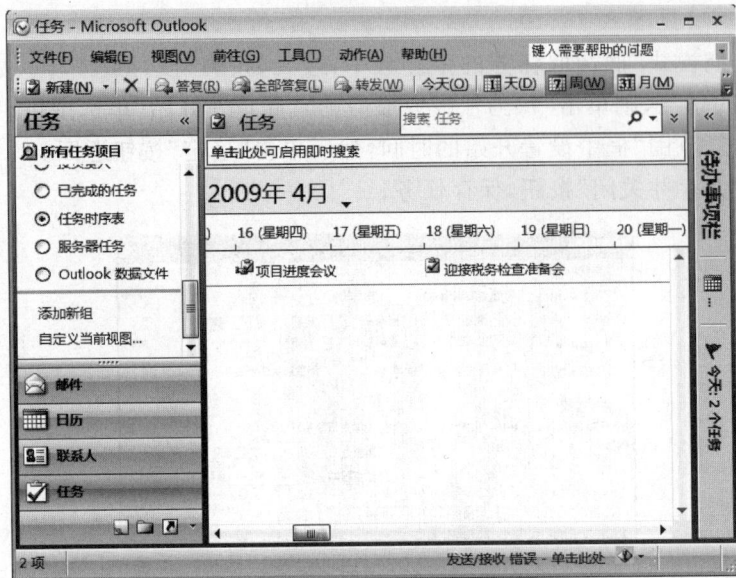

图 8.50　查看任务:直观日期方式

8.6　"便笺"的使用

"便笺"是电子式的便笺纸。使用便笺可以方便地记录问题、想法、提醒备忘及任何要写在便笺纸上的东西,或存储少量以后可能需要的信息。

单击左侧控制面板"任务"按钮下方三个图标中左边的一个,即可打开"便笺"窗口,参见图 8.51。

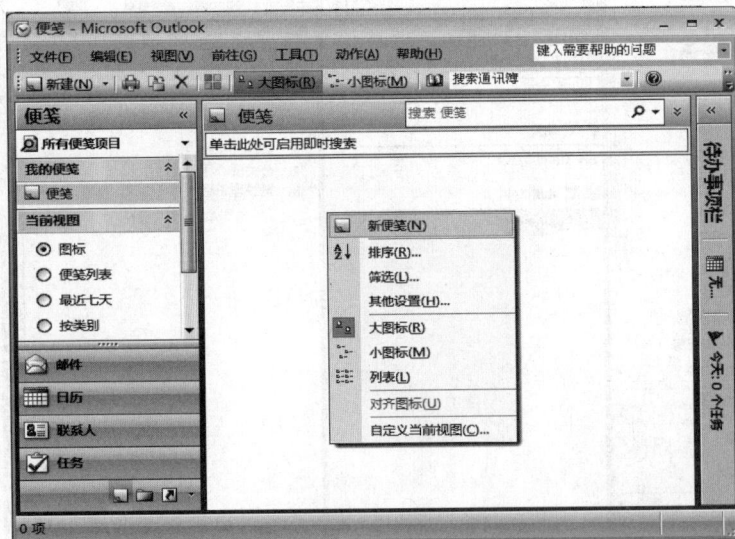

图 8.51　"便笺"窗口

创建便笺的操作步骤为:

（1）选择"文件"下拉菜单"新建"命令的"便笺"子命令，或者在"便笺"窗口中右键单击空白处，在快捷菜单中选择"新便笺"，屏幕将显示"便笺"编辑小窗口，参见图 8.52。

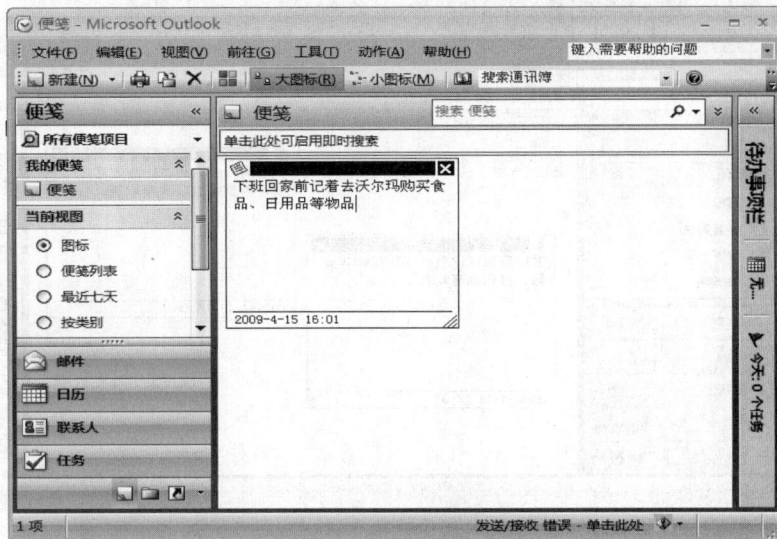

图 8.52　创建新便笺

（2）输入要记录便笺的文字，在"便笺"编辑窗口的底部显示当前日期和时间。

（3）单击"关闭"按钮，关闭便笺。此时，Outlook 2007 会将创建的便笺自动保存在"便笺"子文件夹中。

重复上述步骤，可继续创建所需的新便笺，参见图 8.53。

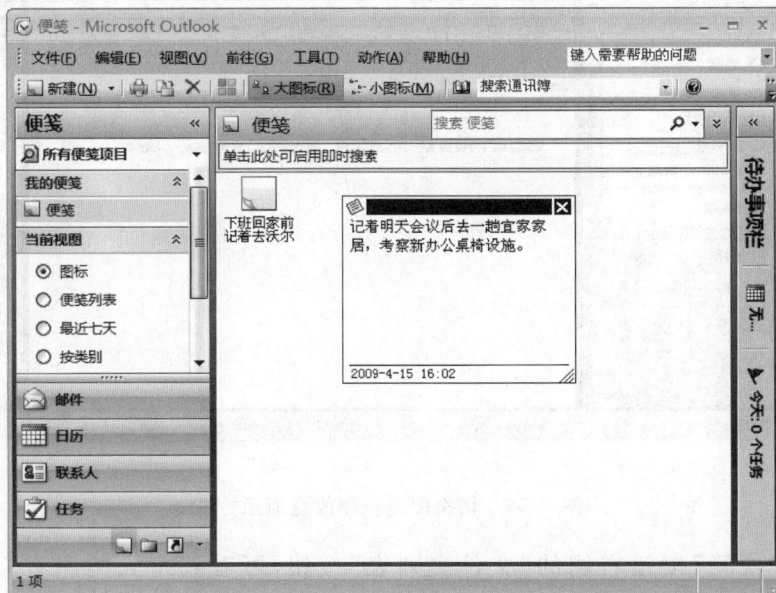

图 8.53　继续创建新便笺

要查看便笺的详细内容,双击该便笺即可,参见图 8.54。

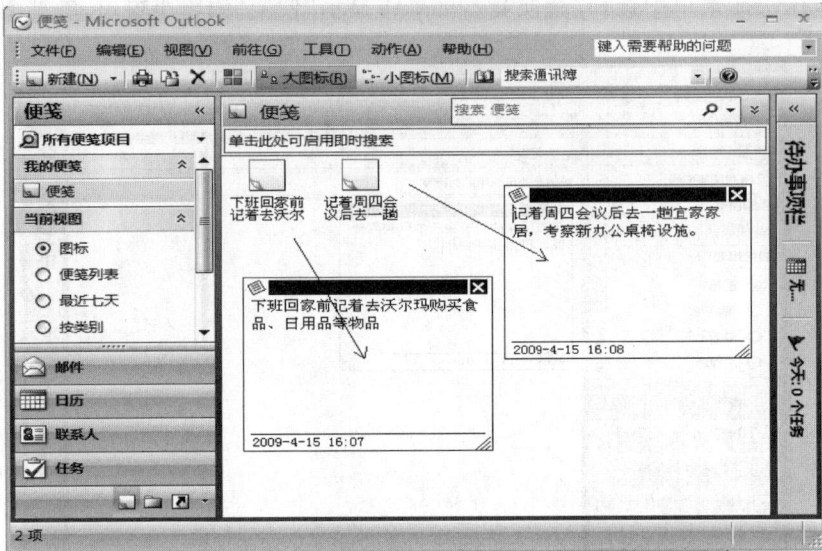

图 8.54　双击便笺,可查看详细内容

可通过左侧控制面板的"当前视图",切换便笺的显示方式,参见图 8.55。

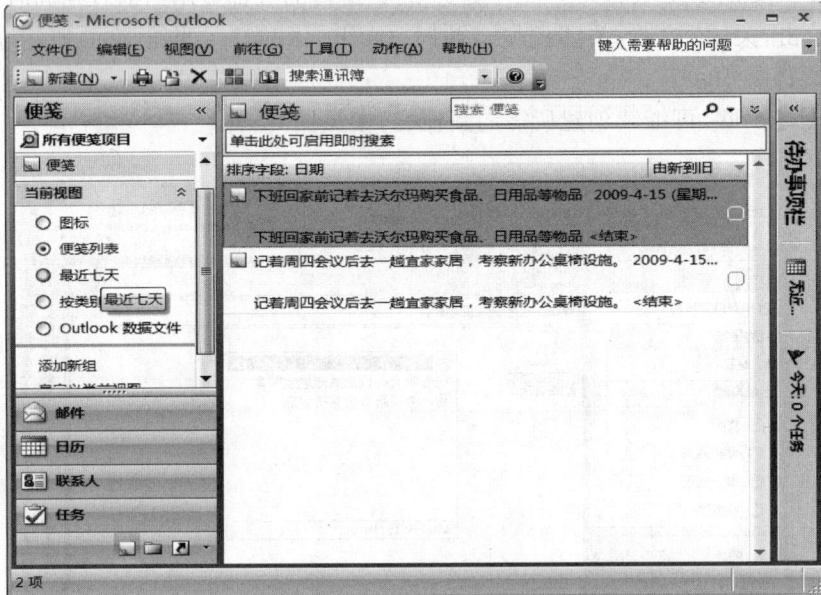

图 8.55　切换便笺视图改变显示方式

若单击"便笺"按钮右侧的"文件夹列表"按钮,可看到个人的所有文件夹,参见图 8.56。

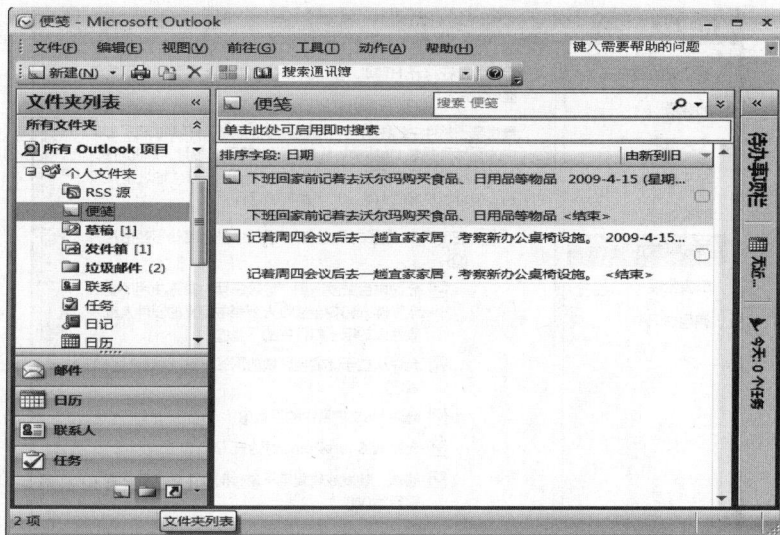

图 8.56　Outlook 文件夹列表视图

8.7　设定 Outlook 的工作环境

一般情况下,Outlook 2007 会按照默认状态进行工作。有时候,这种默认值未必合理,用户需要根据实际调整其参数设置。这其中重要的两项,一个是"信任中心"的设置;一个是"选项"的设置。

在 Outlook 2007 主窗口中,单击"工具"菜单,选择"信任中心"菜单项,即可打开信任中心,参见图 8.57、图 8.58。

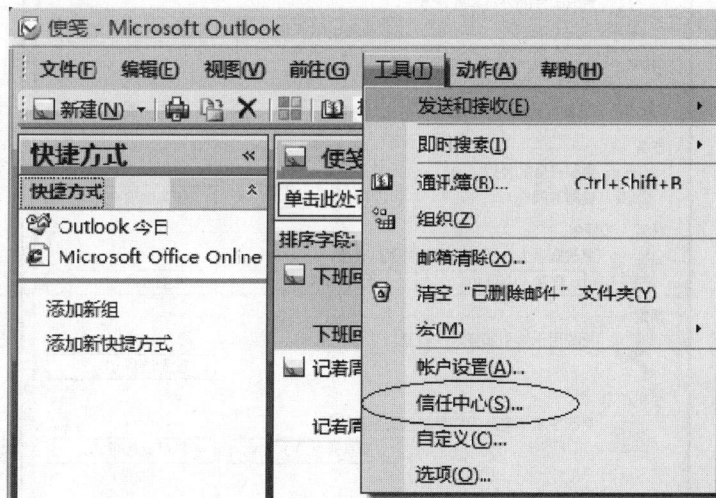

图 8.57　"工具"菜单的"信任中心"项

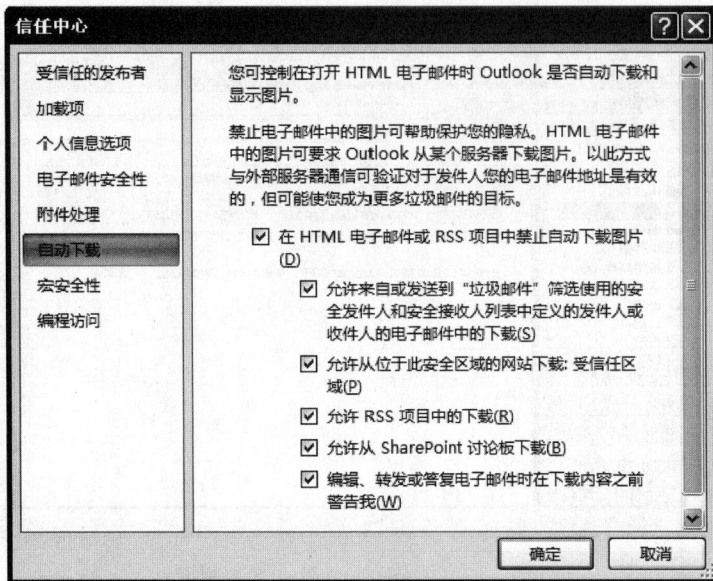

图 8.58　"信任中心"的设定窗口

　　信任中心主要进行安全控制。可以设定值得信任的任务或内容发布者、附件处理的方式,决定打开电子邮件时是否自动下载和显示图片等。可以进行细节上的控制。

　　与 Word 类似,"选项"定义了 Outlook 2007 的工作状态。

　　单击"工具"菜单,选择"选项"菜单项,即可打开选项窗口,参见图 8.59。

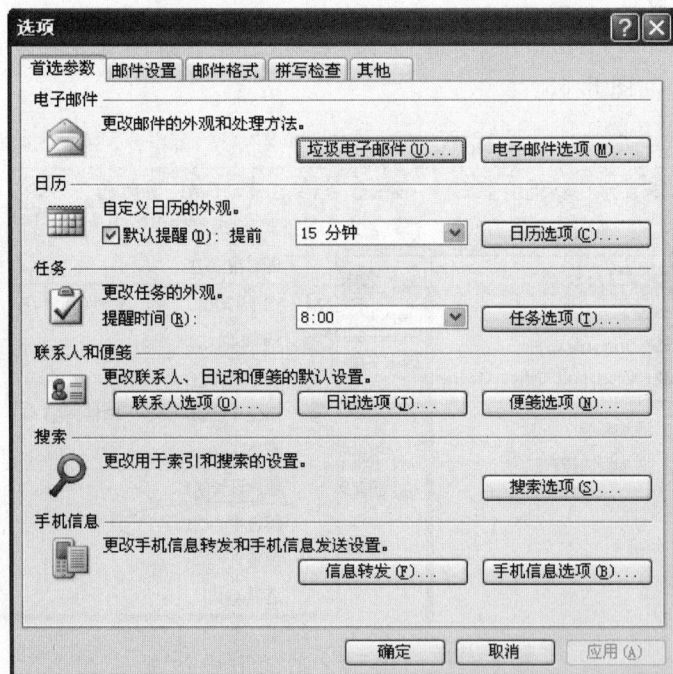

图 8.59　"选项"的设定窗口

在默认"首选参数"页,可以设定邮件、日历、任务、联系人、便笺等主功能的新的工作方式和外观显示。

在"邮件设置"页,可以设定邮件账户和目录,发送接收的频率,邮件与文档的存放位置,以及拨号上网时的连接方式等,参见图 8.60。

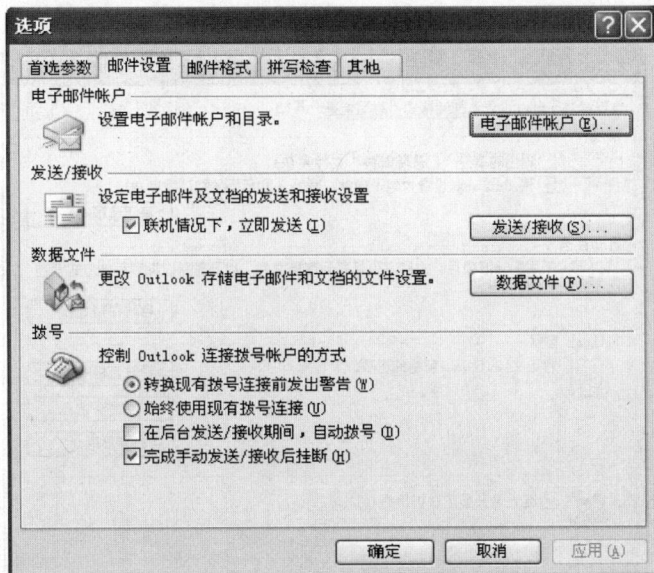

图 8.60 "邮件设置"页的设定

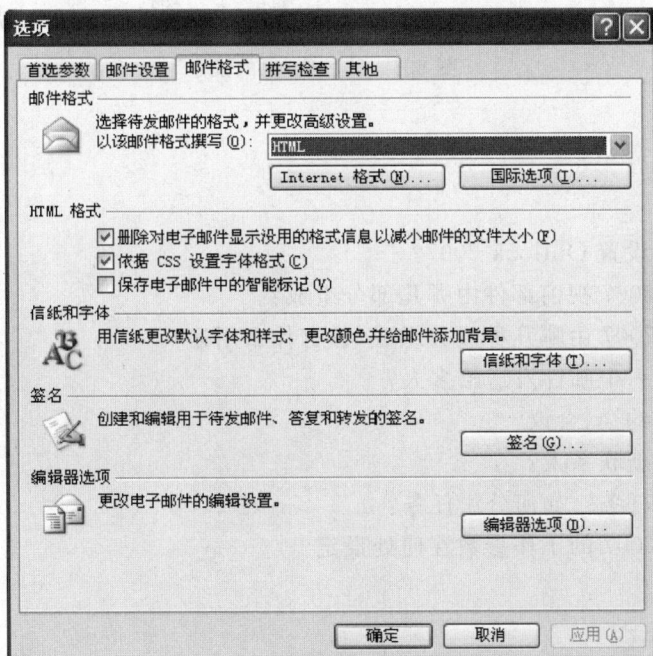

图 8.61 "邮件格式"页的设定

在"邮件格式"页,可以设定邮件撰写的格式是 HTML 还是文本,样式及字体的选择,是否要自动签名及文字等,参见图 8.61。

在"拼写检查"页,可以设定 Outlook 的拼写检查机制。

在"其他"页,可以设定 Outlook 栏目的外观,是否自动存档,退出时是否清空"已删除邮件"等,参见图 8.62。

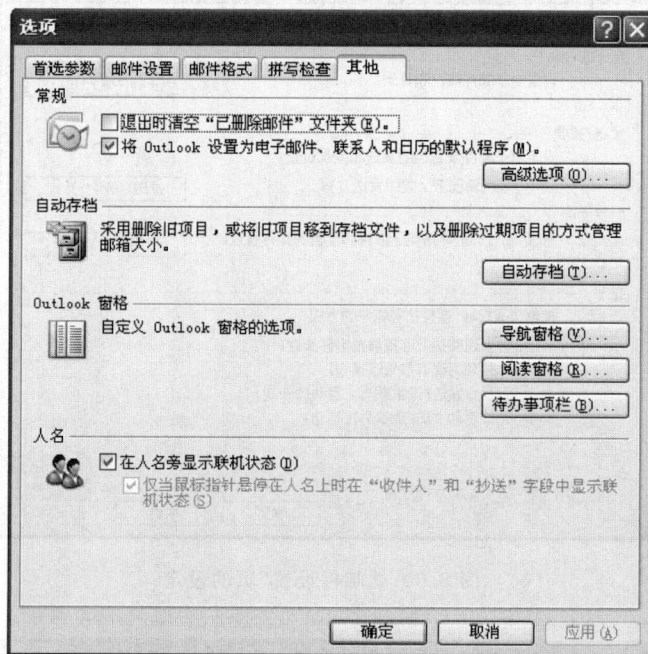

图 8.62 "其他"页的设定

习题

1. 如何初始设置 Outlook 2007?
2. Outlook 2007 视窗部件由哪几部分组成?
3. Outlook 2007 由哪几种成分组成,各有什么用途?
4. 如何将同一个邮件发送给多人?
5. 如何安排约会、会议?
6. 如何建立新联系人?
7. 如何制定任务? 如何分派任务?
8. Outlook 2007 的工作参数在何处设定?

第9章 互联网基础与计算机系统安全

20世纪90年代以来各种计算机网络迅猛发展,"网络就是计算机"这一论点已经深入人心。互联网(Internet)作为网络的一种,在现实中得到了最广泛的应用。互联网普及的同时,也带来了计算机系统的安全问题,表现形式就是数据安全。本章要讨论的两个话题,一个是互联网及相关知识,另一个是计算机系统的安全问题。

9.1 互联网基础知识

事实上,今天的互联网已经不单独属于世界上任何一个国家、地区、财团或个人,互联网正朝着全球信息基础设施方向前进,它拥有世界性的庞大的信息资源。它既存在着无数的机会,也面对着无数的挑战。随着互联网迅速全球化、商业化、家庭化的进程,它很有可能改变人们的社会,使人们的思维、意识发生重要的变化,从而对世界产生巨大的影响。

9.1.1 什么是互联网

互联网是一组全球信息资源的总汇。有一种粗略的说法,认为互联网是由于许多小的网络(子网)互联而成的一个逻辑网,每个子网中连接着若干台计算机(主机)。互联网以相互交流信息资源为目的,是一个信息资源和资源共享的集合。计算机网络只是传播信息的载体,而互联网的优越性和实用性则在于本身。互联网最高层域名分为机构性域名和地理性域名两大类,目前主要有14种机构性域名。

1995年10月24日,"联合网络委员会"通过了一项有关决议:将"互联网"定义为全球性的信息系统——

(1)通过全球性的唯一的地址逻辑地链接在一起。这个地址是建立在网际协议(IP)或今后其他协议基础之上的。

(2)可以通过传输控制协议和网际协议(TCP/IP),或者今后其他接替的协议或与网际协议(IP)兼容的协议来进行通信。

(3)可以让公共用户或者私人用户使用高水平的服务。这种服务是建立在上述通信及相关的基础设施之上的。

互联网是划时代的,它不是为某一种需求设计的,而是一种可以接受任何新的需求的总的基础结构。用户可以从社会、政治、文化、经济、军事等各个层面去理解其意义和价值。

或者说互联网是一项正在向纵深发展的技术,是人类进入网络文明阶段或信息社会的标志。对互联网将来的发展进行准确的描述是十分困难的。但目前的情形使互联网早已突破了技术的范畴,正在成为人类向信息文明迈进的纽带和载体。

互联网为什么这么受欢迎呢？因为互联网在为人们提供计算机网络通信设施的同时，还为广大用户提供了非常友好的人人乐于接受的访问方式。互联网使计算机工具、网络技术和信息资源不仅被科学家、工程师和计算机专业人员使用，同时也为广大群众服务，进入非技术领域、进入商业、进入千家万户。互联网已经成为当今社会最有用的工具，它正在悄悄改变着人们的生活方式。

9.1.2　互联网的主要功能

互联网上有丰富的信息资源，可以通过互联网方便地寻求各种信息。

首先，在互联网上可以找到能够提供各种信息的人：教育家、科学家、工程技术专家、医生、营养学家、学生……以及有各种专长和爱好的人们。对于所有这些人，互联网提供与处在同样情况下的其他人进行讨论和交流的渠道。事实上，几乎在所有可能想到的主题下，都能找到进行讨论与交流的小组。或者，当没有这样的讨论小组时还可以自己建立一个。

其次，互联网上的各种信息汇成了信息资源的大海洋。信息内容无所不包：有学科技术的各种专业信息，也有与人们日常工作和生活息息相关的信息；有严肃主题的信息，也有体育、娱乐、旅游、消遣和奇闻逸事一类的信息；有历史档案信息，也有现实世界的信息；有知识性和教育性的信息，也有消息和新闻的传媒信息；有学术、教育、产业和文化方面的信息，也有经济、金融和商业信息等。信息的载体涉及几乎所有媒体，如文档、表格、图形、影像、声音以及它们的合成。信息容量小到几行字符，大到一个图书馆。信息分布在世界各地的计算机上，以各种可能的形式存在，如文件、数据库、公告牌、目录文档和超文本文档等。而且这些信息还在不断的更新和变化中。可以说，这里是一个取之不尽用之不竭的大宝库。

互联网上的第三种资源是远程计算机系统资源，包括连接在互联网上的各计算机的处理能力、存储空间（硬件资源）以及软件工具和软件环境（软件资源）。一般来说，使用计算机系统的互联网用户，如科学家、工程师、设计师、教师、学生或每一个普通用户，可以通过远程登录到达某个远程高性能计算机。只要这台计算机允许使用并建立了用户的登录账号，用户可以像使用自己的计算机一样使用它。

互联网提供的主要服务如下所述。

1. 互联网提供了 WWW 服务

WWW，也叫做 Web，是人们登录互联网后最常使用的功能。人们连入互联网后，有一半以上的时间都是在与各种各样的 Web 页面打交道。在基于 Web 方式下，人们可以浏览、搜索、查询各种信息，可以发布自己的信息，可以与他人进行实时或者非实时的交流，可以游戏、娱乐、购物等等。

2. 互联网上提供了电子邮件(e-mail)服务

在互联网上，电子邮件系统是使用最多的网络通信工具，电子邮件已成为备受欢迎的通信方式。用户可以同世界上任何地方的朋友交换电子邮件。不论对方在哪个地方，只要他也可以上网，那么用户发送的信只需要几分钟的时间就可以到达对方的手中了。

3. 互联网上提供了远程登录（Telnet）服务

远程登录就是通过互联网进入和使用远距离的计算机系统，就像使用本地计算机一样。远端的计算机可以在同一间屋子里，也可以远在数千公里之外。它使用的工具是Telnet。它在接到远程登录的请求后，就试图把用户所在的计算机同远端计算机连接起来。一旦连通，用户的计算机就成为远端计算机的终端。用户可以正式注册（login）进入系统成为合法用户，执行操作命令，提交作业，使用系统资源。在完成操作任务后，通过注销（logout）退出远端计算机系统，同时也退出 Telnet。

4. 互联网上提供了文件传输 FTP 服务

FTP（文件传输协议）是互联网上最早使用的文件传输程序。它同 Telnet 一样，使用户能登录到互联网的一台远程计算机，把其中的文件传送回自己的计算机系统，或者反过来，把本地计算机上的文件传送并装载到远方的计算机系统。利用这个协议，人们可以下载免费软件，或者上传自己的主页。

9.1.3 互联网的起源

追究起源，互联网的前身是美国高级研究计划局（ARPA）主持研制的 ARPAnet。

事实上，互联网并不是某个事先明确的计划产物，它目前的规模也是那些创始者绝对没有想到的。从某种意义上讲，互联网是美、苏冷战的产物。20 世纪六七十年代，美国推行空间计划，在这期间建立的 ARPAnet 可以说是互联网的雏形。

由于计算机网络的不断发展，1972 年，来自全世界计算机业和通信业的专家学者在美国华盛顿举行了第一届国际计算机通信会议；1973 年，美国国防部也启动了一个网络项目，从而导致互联网中最关键的 TCP/IP 协议的产生和发展。

到了 1980 年，世界上既有使用 TCP/IP 协议的美国军方的 ARPA 网，又有很多使用其他通信协议的各种网络。如何让这些网络能够连接起来呢？美国人温顿·瑟夫（Vinton Cerf）提出一个想法，那就是在每个网络内部各自使用自己的通信协议，在和其他网络通信时使用 TCP/IP 协议。

这个想法就如同一道闪电划破夜空，最终导致了互联网的诞生，同时也确立了 TCP/IP 协议在网络互联方面不可动摇的地位。20 世纪 70 年代末到 80 年代初，网络进入了春秋战国时代，各种网络应运而生。这些网络在互联网形成气候后，都相继并入互联网而成为它的一个组成部分。这样就形成了世界各种网络的大集合——互联网。

9.1.4 互联网的发展历史

从 20 世纪 60 年代开始，ARPA 就开始向美国国内大学的计算机系和一些私人有限公司提供经费，以促进基于分组交换技术的计算机网络的研究。1968 年，ARPA 为 ARPAnet 网络项目立项，这个项目基于下述主导思想：网络必须能够经受住故障的考验而维持正常工作，一旦发生战争，当网络的某一部分因遭受攻击而失去工作能力时，网络的其他部分应当能够维持正常通信。最初，ARPAnet 主要用于军事研究目的，它有五大特点：

（1）支持资源共享；

（2）采用分布式控制技术；

（3）采用分组交换技术；

（4）使用通信控制处理机；

（5）采用分层的网络通信协议。

1972 年，ARPAnet 在首届计算机后台通信国际会议上首次与公众见面，并验证了分组交换技术的可行性，由此，ARPAnet 成为现代计算机网络诞生的标志。ARPAnet 在技术上的另一个重大贡献是 TCP/IP 协议簇的开发和使用。

到 70 年代，ARPAnet 已经有了几十个计算机网络，但是每个网络只能在网络内部的计算机之间互联通信，不同计算机网络之间仍然不能互通。为此，ARPA 又设立了新的研究项目，支持学术界和工业界进行有关的研究。研究的主要内容就是用一种新的方法将不同的计算机局域网互联，形成"互联网"。研究人员称之为"Internet work"，简称"Internet"。这个名词就一直沿用到现在。在研究实现互联的过程中，计算机软件起了主要的作用。1974 年，出现了连接分组网络的协议，其中就包括了 TCP/IP——著名的网际协议（IP）和传输控制协议（TCP）。这两个协议相互配合，其中，IP 是基本的通信协议，TCP 是帮助 IP 实现可靠传输的协议。

TCP/IP 有一个非常重要的特点，就是开放性，即 TCP/IP 的规范和互联网的技术都是公开的。目的就是使任何厂家生产的计算机都能相互通信，使互联网成为一个开放的系统。这正是后来互联网得到飞速发展的重要原因。

1980 年，ARPA 投资把 TCP/IP 加进 UNIX（BSD4.1 版本）的内核中，在 BSD4.2 版本以后，TCP/IP 协议即成为 UNIX 操作系统的标准通信模块。

1982 年，互联网由 ARPAnet 和 MILNET 等几个计算机网络合并而成。作为互联网的早期骨干网，ARPAnet 试验并奠定了互联网存在和发展的基础，较好地解决了异种机网络互联的一系列理论和技术问题。

1983 年，ARPAnet 分裂为两部分：ARPAnet 和纯军事用的 MILNET。该年 1 月，ARPA 把 TCP/IP 协议作为 ARPAnet 的标准协议，其后，人们称呼这个以 ARPAnet 为主干网的网际互联网络为互联网，TCP/IP 协议簇便在互联网中进行研究、试验和改进，成为使用方便、效率高的协议簇。与此同时，局域网和其他广域网的产生和蓬勃发展对互联网的进一步发展起了重要的作用。其中，最为引人注目的就是美国国家科学基金会（National Science Foundation，NSF）建立的美国国家科学基金网（NSFnet）。

1986 年，NSF 建立起了六大超级计算机中心，为了使全美国的科学家、工程师能够共享这些超级计算机设施，NSF 建立了自己的基于 TCP/IP 协议簇的计算机网络 NSFnet。NSF 在美国建立了按地区划分的计算机广域网，并将这些地区网络和超级计算中心相联，最后将各超级计算中心互联起来。地区网一般是由一批在地理上局限于某一地域，在管理上隶属于某一机构或在经济上有共同利益的用户的计算机互联而成，连接各地区网上主通信节点计算机的高速数据专线构成了 NSFnet 的主干网，这样，当一个用户的计算机与某一地区相联以后，它除了可以使用任一超级计算中心的设施，可以同网上任一用户通信，还可以获得网络提供的大量信息和数据。这一成功使得 NSFnet 于 1990 年 6 月彻底取代了 ARPAnet 而成为互联网的主干网。

互联网的发展引起了商家的极大兴趣。1992 年，美国 IBM、MCI、MERIT 三家公司联合组建了高级网络服务公司（ANS），建立了一个新的网络，叫做 ANSnet，成为互联网的另一个主干网。它与 NSFnet 不同，NSFnet 是由国家出资建立的，而 ANSnet 则是 ANS 公司所有，从而使互联网开始走向商业化。

1995 年 4 月 30 日，NSFnet 正式宣布停止运作。而此时互联网的骨干网已经覆盖了全球 91 个国家，主机已超过 400 万台。在最近几年，互联网更以惊人的速度向前发展。

9.1.5　互联网的今天

近 10 年来，随着社会科技、文化和经济的发展，特别是计算机网络技术和通信技术的大发展，随着人类社会从工业社会向信息社会过渡的趋势越来越明显，人们对信息的意识，对开发和使用信息资源的重视越来越加强，这些都强烈刺激了 ARPAnet 和 NSFnet 的发展，使联入这两个网络的主机和用户数目急剧增加。1988 年，由 NSFnet 连接的计算机数就猛增到 5.6 万台，此后每年更以 2～3 倍的惊人速度向前发展。到 1994 年，互联网上的主机数目达到了 320 万台，连接了世界上的 3.5 万个计算机网络。

今天的互联网已不再是计算机人员和军事部门进行科研的领域，而是变成了一个开发和使用信息资源的覆盖全球的信息海洋。互联网的应用渗透到了各个领域，从学术研究到股票交易、从学校教育到娱乐游戏、从联机信息检索到在线居家购物等，都有长足的进步。

9.1.6　互联网的未来

从目前的情况来看，互联网市场仍具有巨大的发展潜力，未来其应用将涵盖从办公室共享信息到市场营销、服务等广泛领域。另外，互联网带来的电子贸易正改变着现今商业活动的传统模式，其提供的方便而广泛的互联必将影响未来社会生活的各个方面。

然而互联网也有其固有的缺点，如网络无整体规划和设计，网络拓扑结构不清晰以及容错和可靠性能的缺乏，而这些对于商业领域的不少应用是至关重要的。安全性问题是困扰互联网用户发展的另一主要因素。虽然现在已有不少方案和协议来确保互联网上的联机商业交易可靠进行，但真正适用并将主宰市场的技术和产品目前尚不明确。另外，互联网是一个无中心的网络。所有这些问题都在一定程度上阻碍了互联网的发展，只有解决了这些问题，互联网才能更好地发展。

9.1.7　TCP/IP 协议与互联网地址

就互联网而言，它遵从一系列协议，其中最主要的是传输控制协议（Transmission Control Protocol）以及网际协议（Internet Protocol），简称 TCP/IP 协议。正是由于有了 TCP/IP 协议在技术上的支持，才使得网络上种类繁多的信息能够在全球范围内安全、可靠和迅速地传递。

1. TCP/IP 协议

IP 协议是互联网上最基本的协议，所有的互联网服务都使用 IP 来发送或接收分组数据，其作用是将信息从一台计算机传到另一台计算机中，它定义了信息在计算机间传送的格式。TCP 协议能够帮助 IP 实现网络间数据的可靠传输，识别网络间被传数据的类型,自动检测丢失的数据并适时处理这一问题,同时,还能去掉因网络故障而产生的重复数据,使两台计算机上的程序通过互联网以类似于电话的方式进行通信。也就是说,TCP使信息在互联网上的传输更为可靠。因此,TCP/IP协议提供了一种在互联网上可靠传输数据的方法,它能够控制并完成传输,管理传输路径,并适时处理传输中可能出现的故障。

就目前而言,TCP/IP协议实际上早已成为互联网的标准通信协议,在具体应用中,TCP/IP协议提供了一套地址方案(域名解析系统)用以标识网络上的每一个站点,并以一系列网络服务(如电子邮件、远程登录等)来完成其功能。

2. IP地址和互联网标准地址

(1) IP地址

互联网上的计算机数以万计,如何区分它们,使信息从网络中的一台计算机正确抵达其传输的目的机呢? 在互联网中,每个独立存在的计算机都有唯一的IP地址。这个IP地址实际上是32位的二进制数据,分四个字节存储。为方便记忆,人们将IP地址按每个字节的值记载下来,写成以句点分割的四个十进制数形式。这种记法,称作"点分十进制"。

少数情况下,当使用互联网域名地址发出请求难以奏效时,改用IP地址可能会解决问题,因此,互联网用户最好能够将与自己有关的域名地址和IP地址同时做好记录,这样才能做到游刃有余。

互联网中所有的IP地址管理由网络中心分配,目前全世界共有三个中心:

① 欧洲网络中心(RIPE-NIC):负责管理欧洲地区地址

② 网络中心(INT-NIC):负责管理美洲及非亚太地区地址

③ 亚太网络中心(AP-NIC):负责管理亚太地区地址

中国互联网信息中心(CNNIC)1997年1月以国家NIC的身份加入AP-NIC,并以它牵头成立了IP地址分配联盟,负责IP地址的分配。

(2) 互联网标准地址

每一个互联网用户,都需要有自己的互联网标准地址。

所有的互联网标准地址都遵从如下形式:用户名@域名。

其中,用户名(user ID)是用于标识应接收信息的用户地址,通常是真实姓名的简写形式或入网名。而域名(domain name)是标识互联网上的一个具体的计算机系统,表明用户所属的机构或计算机网络,通常就是用户所在主机的名字或地址。

在结构上,域名是由被圆点"."分割开的两个以上的子域名(sub-domain)组成的。从右到左,子域名分别表明了国家或地区名称、组织类型、组织名称、分组织名称、计算机名称等。一般而言,最右边的子域名被称为顶级域名。它既可以是表明不同国家或地区的地理性顶级域名,也可以是表明不同组织类型的组织性顶级域名。

① 地理性顶级域名

以两个字母的缩写形式来完全地表达某个国家或地区。如:

.cn 中国　　.hk 中国香港地区　　.tw 中国台湾地区　　.au 澳洲　　.ca 加拿大

.uk 英国　　.de 德国　　.fi 芬兰　　.fr 法国　　.jp 日本

由于互联网起源于美国,是由美国扩展到全球的,因此,互联网顶级域名的默认值是美国。当一个互联网标准地址的顶级域名不是地理性顶级域名时,该地址所标识的主机很可能位于美国国内。

② 组织性顶级域名

组织性顶级域名表明对该互联网主机负有责任的组织类型。例如:

.com 商业组织　　　　.edu 教育机构　　　　.gov 政府机构　　　　.mil 军队
.int 国际性组织　　.net 网络技术组织　　.org 非营利组织

(3) 使用互联网标准地址时的注意事项

① 互联网标准地址中不得有空格存在。

② 互联网标准地址一般不区分大小写,但为避免不必要的麻烦,最好全部使用小写形式。

③ 用户名与域名的组合必须保持唯一性,才能够保持互联网标准地址的唯一。实际上,互联网标准地址就是网络用户的互联网地址。

互联网标准地址举例:

例 1　bulldog@cs.yale.edu

此地址表明:用户 bulldog,所使用的主机是美国教育机构内分属耶鲁大学名为计算机科学的计算机。其中,该地址的顶级域名不是地理性顶级域名,故可推知该主机来自美国,子域名.edu 表明该主机组织类型是教育机构,子域名.yale 表明该主机组织名称是耶鲁大学,子域名.cs 表明该主机名称为计算机科学(computer science)。

例 2　ljx123@mail.biti.edu.cn

此地址表明:用户 ljx123,所使用的主机是中国教育机构内分属北京信息工程学院名为邮件服务器的计算机。其中,该地址的顶级域名是地理性顶级域名.cn,故可推知该主机来自中国,子域名.edu 表明该主机组织类型是教育机构,子域名.biti 表明该主机组织名称是北京信息工程学院,子域名.mail 表明该主机为邮件服务器。

9.1.8　互联网相关的技术术语

为了更好地理解和使用互联网,有必要清楚了解一些术语的含义。

1. 本地计算机与远程计算机

在互联网中,用户所在的计算机被称为本地计算机或本地主机,用户所连接的计算机则称为远程计算机或远程主机。远程主机的地理位置既可能在同一建筑物之内,也可能在千里之外的另一个国家之中。

2. 主机与终端

在互联网中,每个拥有自己的互联网域名地址或 IP 地址的计算机,才被称作主机。在使用 Telnet 服务时,被连接的远程计算机相当于主机,用户的本地机相当于终端。终端一般由一个键盘、一个显示器或再附加一个鼠标器组成,不再有其他硬件设备。它本身不具备运算等其他操作能力,只能把用户通过键盘(或鼠标)输入的命令传给主机,并把主机的反馈信息显示在屏幕上。终端在使用时必须与主机相连,由主机为每个终端提供运算和其他操作能力。

在网络技术中,终端有时指运行在个人计算机上的一种软件。运行终端软件,可使用户的 PC 仿真成为某台远程主机的模拟终端,用户可通过自己的 PC 键盘向远程主机输入命令。

3. 客户/服务器系统

计算机网络的主要功能之一就是资源共享。在互联网中,资源共享是通过两个互相分离、安装在不同的计算机上的软件实现的。其中,用于为网络提供某种资源和服务的程序,被称为服务器程序;另一个用于使用这些网络所提供的资源和服务的程序,则被称为客户程序。客户程序的任务就是与相应的服务器程序建立联系,并执行用户发出的正确命令。

客户/服务器系统的优点在于客户程序和服务器程序可以在不同的计算机上运行。例如,人们可以安坐在自己的 PC 前,使用 Web 浏览器浏览美国的 NBA 盛况。此时人们所做的,只是启动安装在自己 PC 上的 Web 客户程序,输入人们感兴趣的关键词即可,该客户程序就会与运行在地球另一面的计算机中的 Web 服务器程序建立连接,并从该服务器上按输入的关键字找到人们感兴趣的内容。

对于一般用户而言,学习如何使用互联网,实际上就是学习如何使用客户程序。

4. 上传与下载(uploading and downloading)

将文件从用户的本地计算机中复制到互联网上称为上传;把文件从远程主机复制到用户的本地计算机中称为下载。

5. 节点(node)

网络传输通路的连接点,或者指网络上要求或提供服务的设备。

6. 防火墙(firewall)

设置在网络与外界之间的一道屏障,是为保证计算机网络系统安全运行所采取的一种技术手段,通常由基于路由器的过滤器、主计算机网关和一个独立的隔离网络构成。设置防火墙的目的是保护网络内部能够抵御来自网外的入侵,同时防止网内用户向外泄密,确保所有的通信符合安全要求,保证网络间的数据正确、安全地传输。

7. 超文本(hypertext)

它是通过超链接把具有超媒体特性的信息链接起来的一种新型的信息管理技术。一个超文本由若干互联的文本块组成。

万维网操作依赖超文本作为它与用户相互连接的手段。超文本与常规文本有相同之处,也可以被存储、检索、阅读和编辑。但它有一个重要特性,即超文本中含有与其他文本的链接。人们把这些链接点称为"锚"(anchor),或称为参考点(reference)。它代表了与另一个超文本文件的关联。例如,在一个图形终端上,一个特定的参考点可以被表示为带下划线的文本,或者是一个图标。用鼠标单击它,则与它关联的文档就会显示出来。

"hypertext"这个术语最早是 1960 年由 Ted Nelson 在他的一本书"Literary Machines"里杜撰出来的,作者定义它为"非顺序性写作"。在此之后,受到该想法的启发,欧洲高能物理研究会的 Tim Berners-Lee 于 1989 年构想出万维网的雏形。

8. 超媒体(hypermedia)

与超文本略有不同,超媒体文件包含的链环不仅可以连接到其他文本片断,而且可以连接到其他形式的媒体,例如声音、图像等。另外,这些媒体本身也可以连接到声音或图像。也就是说用 WWW 浏览器不仅可在网络上阅读超文本文件,还可以听到声音,看到图片和影像。

超媒体是一种集文本、影像、图片、动画、声音、音乐于一体的新型传播媒体。

9. 超链接(hyperlink)

在超文本中的"参考点"形成的链接叫超文本链接,简称超链。实际上超链就是 HTML 语言通过锚点标记语句执行的操作。其特点是,用鼠标单击文档中已定义的链接点,不论有关该链接点的相关信息类型如何,是分布在全球网络内的哪一台主机或服务器上,用户都可以迅速获取这些具有超媒体特性的信息。

10. 免费软件(free ware)

用户可以免费使用的应用程序。互联网的匿名 FTP 服务器上存有大量可供网络用户使用的免费软件。

11. 共享软件(share ware)

用户可以免费下载并使用的应用程序。经一段测试性使用后,应向软件开发者寄付注册使用费。

12. 商业软件演示版(commercial ware)

商业软件是在软件商店购买的应用程序。用户在互联网中只能免费获取此类商业软件的演示版。

13. 公共网关接口(CGI)

公共网关接口(CGI)是外部应用程序与万维网服务器之间的接口标准。CGI 程序可以实时产生动态的 HTML 文件,它能根据用户的输出动态信息,将数据库服务器中的信息作为数据源对外提供服务,将万维网服务和数据库服务结合起来。当客户端向万维网服务器提出请求时,万维网服务器运行对应的 CGI 程序向数据库服务器提出请求,数据库服务器返回万维网服务器查询结果,万维网服务器返回客户端查询结果,一个查询请示完成。

CGI 应用程序可以是基于不同程序系统,如 DOS、UNIX、Windows、Windows NT 等。CGI 应用程序可以使用 UNIX Shell 描述语言或 Perl 语言写成。

14. 多功能互联网邮件扩充服务(MIME)

多功能互联网邮件扩充服务(multipurpose Internet mail extension)是对于简单信函传输协议的扩充。它是一个标准化的方法,允许在电子邮件中附加非文本文件的内容,如声音、图像、表格或 Word 文档等。

它是一种多用途网际邮件扩充协议,在 1992 年最早应用于电子邮件系统,后来也应用到浏览器。服务器会将它们发送的多媒体数据的类型告诉浏览器,而通知手段就是说明该多媒体数据的 MIME 类型,从而让浏览器知道接收到的信息哪些是 MP3 文件,哪些是 Shockwave 文件,等等。服务器将 MIME 标志符放入传送的数据中,告诉浏览器使用哪种插件读取相关文件。

15. 搜索引擎(search engine)

搜索引擎是万维网中的站点。它提供查找其他特定信息的万维网站点的索引。目前最流行的搜索引擎有雅虎(Yahoo)、Lycos、AltaVista 等,而中文搜索引擎有搜狐(Sohu)、新浪(Sina)等。用户查寻信息,一般使用搜索引擎,以提高工作效率。

它们通常包含一些常用话题(如体育、旅游、计算机和医药等)的图标或"区域"。要查找某方面内容,只要用鼠标指向屏幕上相应位置,并单击鼠标左键即可,此外,还允许用户在编辑框中输入一个或多个关键词,然后按关键词查找即可。

16. 浏览器(browser)

浏览器是万维网服务的一种允许计算机网络用户阅读超文本文件的客户端浏览程序,它提供了阅读文档内容和在计算机之间传输超文本文件的手段。它可以向万维网服务器发出各种请求,并对服务器发来的超文本信息进行显示和播放。现在比较流行的浏览器有 Navigator、Explorer 和 Mosaic 等。

17. 内部网(Intranet)与外部网(Extranet)

Intranet 一词最早出现于 1995 年,源于部分企业开始尝试把 WWW 技术用于企业内部信息共享。事实上,英文"intra"即是内部的意思,而"net"则指网络,因而 Intranet 可以被理解为企业内部网。

从内部网的产生、体系、结构、作用来看,它是随着互联网的普及以及相关技术的发展完善,特别是在万维网技术的发展及基础之上产生的。因而,可以简单地说,以互联网技术构建的运作于企业内部的管理信息系统,就是内部网。

内部网也是一个客户/服务器系统,其技术基础和互联网一样,使用标准的互联网协议,例如 TCP/IP 和 HTTP。内部网除了具有互联网的所有特点外,最明显的不同在于内部网是建立在企业内部范围内,外来者的访问要受到防火墙的限制。企业内部的某些信息可能要对外保密,但内部人员可以不加限制地使用。因此,内部网可以显著提高企业内部的信息使用量和效率。企业内部员工可以迅速及时地得到已经以各种形式存在的大量信息,包括文字处理文件、数据库、多媒体信息图像和其他各种资源。

外部网概念最早出现于 1996 年秋,该网可以把企业方方面面的合作伙伴联结到一起,构成一个贸易合作的网络,与当今世界经济一体化的大趋势和电子商务的发展大潮相吻合,因而业界对处于幼芽状态的外部网的前景十分看好,认为它将是继 WWW 和互联网之后,网络发展的第三次浪潮。

外部网的准确的定义还在讨论中,但目前被普遍接受的外部网的定义是:它是一个使用内部网/互联网技术使企业与其客户和其他企业相联来完成共同目标的合作网络。它通常被应用于企业之间(譬如合作伙伴和客户)的联结和信息沟通,是企业内部网向外部的延伸。

9.2 互联网接入方式

接入互联网上网冲浪,是很多人的愿望。林林总总的互联网接入方式,最终可以归为两类:专线方式与拨号方式(图 9.1)。其中,专线方式主要适用于机构组织接入互联网,而拨号方式主要适用于个人或家庭接入。

随着互联网技术的不断发展和完善,接入网的带宽被人们分为窄带和宽带,业内专家普遍认为宽带接入是未来发展方向。

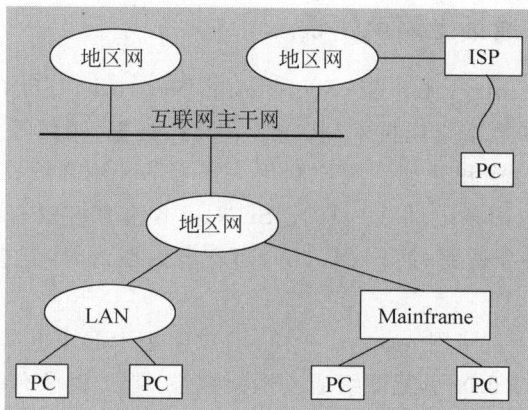

图 9.1　互联网接入方式

目前,可供选择的接入方式主要有 PSTN、ISDN、DDN、LAN、ADSL、VDSL、cable-modem、PON 和 LMDS 9 种,它们各有优缺点,下面分别加以简介。

9.2.1　PSTN 拨号:使用最广泛

公用电话交换网(Published Switched Telephone Network,PSTN)技术是利用 PSTN 通过调制解调器拨号实现用户接入的方式。这种接入方式是大家非常熟悉的一种接入方式。最高速率为 56Kb/s,已经达到香农定理确定的信道容量极限。这种速率远远不能够满足宽带多媒体信息的传输需求,但由于电话网非常普及,用户终端设备 modem (卡)很便宜,而且不用申请就可开户,只要家里有计算机,把电话线接入 modem 就可以直接上网。因此,PSTN 拨号接入方式比较经济和简单方便,曾经是网络接入的主要手段。

拨号上网依靠 SLIP/PPP 协议运行。SLIP 即串行线路互联网协议,它是 TCP/IP 协议的串行版本。SLIP 后来已被 PPP(点到点)协议取代。

通过 SLIP/PPP 方式接入互联网需要的硬件条件是一台计算机、一条电话线路和一个调制解调器(modem)。需要的软件条件是 TCP/IP 软件和 SLIP/PPP 软件。此外,还需要一个用户账号和密码,除非采用 ISP 事先公开的公共登录账号。

PSTN 接入方式如图 9.2 所示。随着宽带的发展普及,这种接入方式将被彻底淘汰。

图 9.2　PSTN 拨号接入方式

9.2.2 ISDN 拨号:通话上网两不误

综合业务数字网(Integrated Service Digital Network,ISDN)接入技术俗称"一线通",它采用数字传输和数字交换技术,将电话、传真、数据、图像等多种业务综合在一个统一的数字网络中进行传输和处理。用户利用一条 ISDN 用户线路,可以在上网的同时拨打电话、收发传真,就像两条电话线一样。ISDN 基本速率接口有两条 64Kb/s 的信息通路和一条 16Kb/s 的信令通路,简称 2B+D,当有电话拨入时,它会自动释放一个 B 信道来进行电话接听。

就像普通拨号上网要使用 modem 一样,用户使用 ISDN 也需要专用的终端设备,主要由网络终端 NT1 和 ISDN 适配器组成。网络终端 NT1 就像有线电视上的用户接入盒一样必不可少,它为 ISDN 适配器提供接口和接入方式。ISDN 适配器和 modem 一样又分为内置和外置两类,内置的一般称为 ISDN 内置卡或 ISDN 适配卡;外置的 ISDN 适配器则称为 TA。

ISDN 接入技术示意如图 9.3 所示。用户采用 ISDN 拨号方式接入需要申请开户,初装费根据地区不同而会不同,一般开销在几百元至 1000 元不等。ISDN 的极限带宽为 128Kb/s,各种测试数据表明,双线上网速度并不能翻番,从发展趋势来看,窄带 ISDN 也不能满足高质量的 VOD 等宽带应用。

图 9.3 ISDN 拨号接入方式

9.2.3 DDN 专线:面向集团企业

DDN 是英文 Digital Data Network 的缩写,这是随着数据通信业务发展而迅速发展起来的一种新型网络。

DDN 的主干网传输媒介有光纤、数字微波、卫星信道等,用户端多使用普通电缆和双绞线。DDN 将数字通信技术、计算机技术、光纤通信技术以及数字交叉连接技术有机地结合在一起,提供了高速度、高质量的通信环境,可以向用户提供点对点、点对多点透明传输的数据专线出租电路,为用户传输数据、图像、声音等信息。DDN 的通信速率可根据用户需要在 $N \times 64Kb/s$(N 为 $1 \sim 32$)之间进行选择,即 64Kb/s$\sim$1920Kb/s 不等的速率。DDN 按照不同的速率带宽收费也不同。它不太适合社区住户的接入,只对社区商业用户有吸引力。

用户租用 DDN 业务需要申请开户。DDN 的收费一般可以采用包月制和计流量制，这与一般用户拨号上网的按时计费方式不同。DDN 的租用费较贵，主要面向集团公司等需要综合运用的单位。其特点为：

① 采用图形化网络管理系统可实时地收集网络内发生的故障进行故障分析和定位；

② DDN 专线通信保密性强，特别适合金融、保险客户的需求。

DDN 专线用户通过互联专线实现数据、语音、图像等信息的安全传输，实现各公司、部门间的资源交换和共享；通过拥有固定、独享的 IP 地址，视需要建立自己的 Mail Server、Web Server 等服务器，并可通过互联网组建公司内部的 VPN 业务。

9.2.4 ADSL：个人宽带流行风

非对称数字用户环路（Asymmetrical Digital Subscriber Line, ADSL）是一种能够通过普通电话线提供宽带数据业务的技术，也是目前极具发展前景的一种接入技术。ADSL 素有"网络快车"之美誉，因其下行速率高、频带宽、性能优、安装方便、不需交纳电话费等特点而深受广大用户喜爱，成为继 modem、ISDN 之后的又一种全新的高效接入方式。

ADSL 接入技术示意如图 9.4 所示。ADSL 方案的最大特点是不需要改造信号传输线路，完全可以利用普通铜质电话线作为传输介质，配上专用的 modem 即可实现数据高速传输。ADSL 支持上行速率 640Kb/s～1Mb/s，下行速率 1Mb/s～8Mb/s，其有效的传输距离在 3～5km 范围以内。在 ADSL 接入方案中，每个用户都有单独的一条线路与 ADSL 局端相连，它的结构可以看作是星形结构，数据传输带宽是由每一个用户独享的。

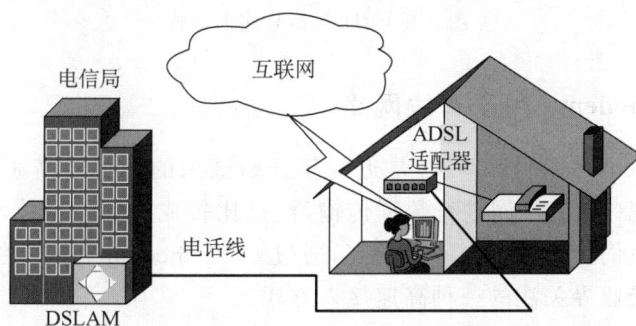

图 9.4　ADSL 拨号接入方式

9.2.5 VDSL：更高速的宽带接入

VDSL 比 ADSL 还要快。使用 VDSL，短距离内的最大下传速率可达 55Mb/s，上传速率可达 2.3Mb/s（将来可达 19.2Mb/s，甚至更高）。VDSL 使用的介质是一对铜线，有效传输距离可超过 1km。但 VDSL 技术仍处于发展期，长距离应用仍需测试，端点设备的普及也需要时间。

有一种基于以太网方式的 VDSL，接入技术使用 QAM 调制方式，它的传输介质也是一对铜线，在 1.5km 的范围之内能够达到双向对称的 10Mb/s 传输，即达到以太网的速率。如果这种技术用于宽带运营商社区的接入,可以大大降低成本。基于以太网的 VDSL 接入方式示意图见图 9.5。方案是在机房端增加 VDSL 交换机,在用户端放置用户端设备,二者之间通过室外五类线连接,每栋楼只放置一个用户端设备,而室内部分采用如图 9.5 所示的综合布线方案。这样做的原因是:近两年宽带建设牵引的社区用户上网率较低,一般在 5%~10% 之间,为了节省接入设备和提高端口利用率,故采用此方案。

专业人士分别测算过采用 VDSL 技术与 LAN 技术的社区建设成本,发现对于一个 1000 户的社区而言,如果上网率为 8%,采用 VDSL 方案要比 LAN 方案节省 5 万元左右投资成本。虽然表面上看 VDSL 方案增加了 VDSL 用户端和局端设备,但它比 LAN 方案省去了光电模块,并用室外双绞线替代光缆,从而减少了建设成本。

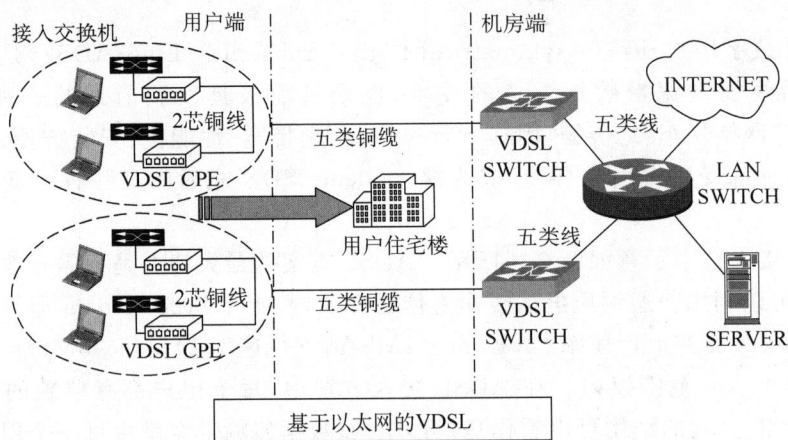

图 9.5　VDSL 拨号接入方式

9.2.6　Cable-modem:用于有线网络

cable-modem(电缆调制解调器)是近两年开始试用的一种超高速调制解调器,它利用现有的有线电视(CATV)网进行数据传输,已是比较成熟的一种技术。随着有线电视网的发展壮大和人们生活质量的不断提高,通过 cable-modem 利用有线电视网访问互联网已成为越来越受业界关注的一种高速接入方式。

由于有线电视网采用的是模拟传输协议,因此网络需要用一个 modem 来协助完成数字数据的转化。cable-modem 与以往的 modem 在原理上都是将数据进行调制后在电缆的一个频率范围内传输,接收时进行解调,传输机理与普通 modem 相同,不同之处在于它是通过有线电视 CATV 的某个传输频带进行调制解调的。

cable-modem 连接方式可分为对称速率型和非对称速率型两种。前者的数据上传率和数据下载速率相同,都在 500Kb/s~2Mb/s 之间;后者的数据上传速率在 500Kb/s~10Mb/s 之间,数据下载速率为 2Mb/s~40Mb/s 之间。

采用 cable-modem 上网的缺点是,由于 cable-modem 模式采用的是相对落后的总线型网络结构,这就意味着网络用户共同分享有限带宽;另外,购买 cable-modem 和初装费也都不算很便宜,这些都阻碍了 cable-modem 接入方式在国内的普及。但是,它的市场潜

力是很大的,毕竟中国 CATV 网已成为世界第一大有线电视网,其用户已达到 8000
多万。

另外,cable-modem 技术主要是在广电部门原有线电视线路上进行改造时采用,此种
方案与新兴宽带运营商的社区建设进行成本比较没有意义。

9.2.7 PON:光纤入户

无源光网络(PON)技术是一种点对多点的光纤传输和接入技术,下行采用广播方
式,上行采用时分多址方式,可以灵活地组成树形、星形、总线等拓扑结构,在光分支点不
需要节点设备,只需要安装一个简单的光分支器即可,具有节省光缆资源、带宽资源共享、
节省机房投资、设备安全性高、建网速度快、综合建网成本低等优点。

PON 包括 ATM-PON(APON,即基于 ATM 的无源光网络)和 Ethernet-PON
(EPON,即基于以太网的无源光网络)两种。APON 技术发展得比较早,它还具有综合业
务接入、服务质量保证等独有的特点,ITU-T 的 G. 983 建议规范了 ATM-PON 的网络结
构、基本组成和物理层接口,我国信息产业部也已制定了完善的 APON 技术标准。

PON 接入设备主要由 OLT、ONT、ONU 组成,由无源光分路器件将 OLT 的光信号
分到树形网络的各个 ONU。一个 OLT 可接 32 个 ONT 或 ONU,一个 ONT 可接 8 个用
户,而 ONU 可接 32 个用户,因此,一个 OLT 最大可负载 1024 个用户。PON 技术的传
输介质采用单芯光纤,局端到用户端最大距离为 20km,接入系统总的传输容量为上行和
下行各 155Mb/s,每个用户使用的带宽可以从 64Kb/s~155Mb/s 灵活划分,一个 OLT
上所接的用户共享 155Mb/s 带宽。PON 接入技术见图 9.6 和图 9.7。

专业人士分别测算过采用 EPON 技术与 LAN 技术的社区成本投入,发现对于一个
1000 户的社区,如果上网率为 8%,采用 EPON 方案相比 LAN 方案(室内布线进行了优
化)在成本上没有优势,但以后的维护费用会节省一些。而室内布线采用优化和没有采用
优化的两种 LAN 方案在建设成本上差距较大。出现这种差距的原因是:优化方案节省
了室内布线的材料,相对施工费也降低了,另外,由于采用集中管理方式,交换机的端口利
用率大大增加,从而减少了楼道交换机的数量,相应也就降低了在设备上的投资。

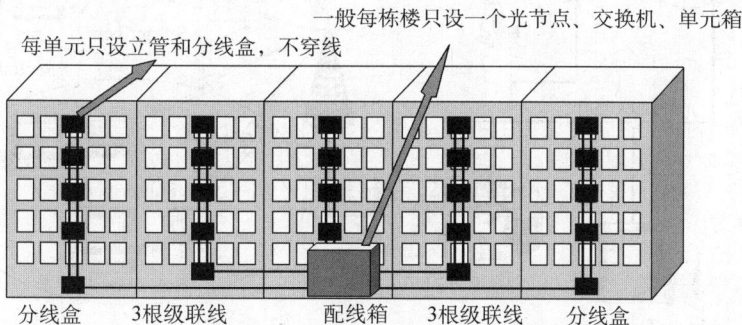

图 9.6 PON 技术接入方式

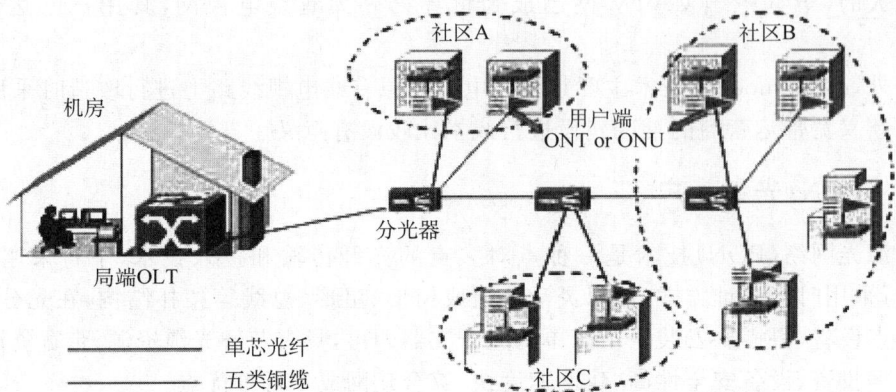

图 9.7 PON(无源光网络)技术接入社区方案

9.2.8 LMDS 接入:无线通信

LMDS 是 Local Multipoint Distribution Services 的缩写,中文译作区域多点传输服务。这是一种微波的宽带业务,工作频段在 28GHz 附近,在较近的距离双向传输话音、数据和图像等信息。

LMDS 采用一种类似蜂窝的服务区结构,将一个需要提供业务的地区划分为若干服务区,每个服务区内设基站,基站设备经点到多点无线链路与服务区内的用户端通信。每个服务区覆盖范围为几公里至十几公里,并可相互重叠。

LMDS 是目前可用于社区宽带接入的一种无线接入技术,它的示意图见图 9.8。

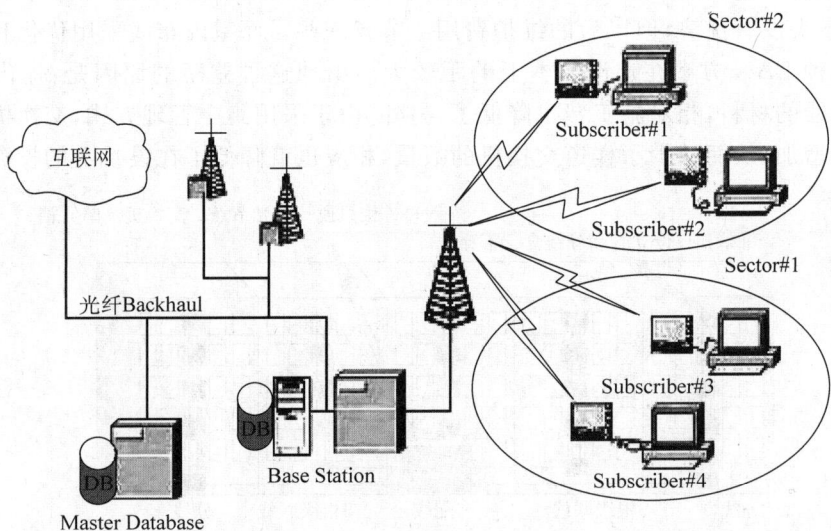

图 9.8 LMDS 接入技术

在该接入方式中,一个基站可以覆盖直径 20km 的区域,每个基站可以负载 2.4 万用户,每个终端用户的带宽可达到 25Mb/s。但是,它的带宽总容量为 600Mb/s,每基站下的用户共享带宽,因此一个基站如果负载用户较多,那么每个用户所分到带宽就很小了。故这种技术对于社区用户的接入是不合适的,但它的用户端设备可以捆绑在一起,可用于宽带运营商的城域网互联。其具体做法是:在会聚点机房建一个基站,而会聚机房周边的社区机房可作为基站的用户端,社区机房如果捆绑四个用户端,会聚机房与社区机房的带宽就可以达到 100Mb/s。

一般的无线接入系统均是窄带系统,工作在 450MHz、800MHz 等,主要针对低速的话音和数据业务。而 LMDS 的宽带特性,决定它几乎可以承载任何种类的业务,包括话音、数据和图像等,具体有:

① 话音业务:LMDS 系统可提供高质量的话音服务,而且没有时延。系统可提供标准接口,如 RJ-11。

② 数据业务:LMDS 的数据业务包括低速数据业务、中速数据业务和高速数据业务。具体数据速率可支持 1.2Kb/s～155Mb/s,并支持多种协议,包括帧中继、ATM、TCP/IP 等。

③ 图像业务:LMDS 可支持模拟和数字图像业务,可提供的图像信道包括 150 条远程节目、10 条本地节目,还可提供最少 10 条 PPV 节目信道。系统的信号可以从卫星来,也可以是本地制作的;可以是加密的,也可以未加密。

除了上述宽带特性,LMDS 还具有无线系统所固有的优点,如建设成本低、项目启动快、建设周期短、维护费用低等。

LMDS 系统的局限性:

① 服务区覆盖范围较小,不适合远程用户使用。

② 基站设备相对比较复杂,价格较贵,所以用户少时,平均每用户成本较高。LMDS 自身的特点,决定了它更适合于大城市的城区或其他人口比较稠密的地区。

③ 由于工作频率高,通信质量受雨、雪等天气影响较大。

LMDS 系统的应用特性:

① LMDS 的带宽可与光纤相比拟,实现无线光纤到大楼,可用频带至少 1GHz。与其他接入技术相比,LMDS 被认为是最后一公里光纤的灵活替代技术。

② 光纤的传输速率高达 10Gb/s,而 LMDS 传输速率可达 155Mb/s,稳居第二。

③ LMDS 可支持所有主要的话音和数据传输标准,如 ATM、TCP/IP、MPEG2 等。

④ LMDS 工作在毫米波波段,工作在 20GHz～40GHz 频率上,被许可的频率是 24GHz、28GHz、31GHz、38GHz,其中以 28GHz 获得的许可较多,该频段具有较宽松的频谱范围,最有潜力提供多种业务。

LMDS 可以说是 WATM(Wireless ATM)的第一个商用版本,无线接入利用 10GHz 或更高的微波解决,和 WCDMA WLL 相比 LMDS 的服务重点放在宽带数据业务上,传统的 POST 语音业务已经退居其次。网络的结构和 WCDMA WLL 等变化不大,控制中心完成多种业务的分离和协议转换,提供的 SNI 接口速率将从 $N×64Kb/s$ 到 2Mb/s,甚至 155Mb/s,业务的多样性决定控制中心乃至基站使用 ATM 架构、IP 或 IP＋ATM 架构,以支持多种业务的 QoS 分配和管理。

目前采用这种技术的产品在中国还没有形成商品市场,无法进行成本评估。

9.2.9　LAN:技术成熟成本低

　　LAN 方式接入是利用以太网技术,采用光缆＋双绞线的方式对社区进行综合布线。具体实施方案是:从社区机房敷设光缆至住户单元楼,楼内布线采用五类双绞线敷设至用户家里,双绞线总长度一般不超过 100m,用户家里的计算机通过五类跳线接入墙上的五类模块就可以实现上网。社区机房的出口是通过光缆或其他介质接入城域网。LAN 方式接入参见图 9.9。

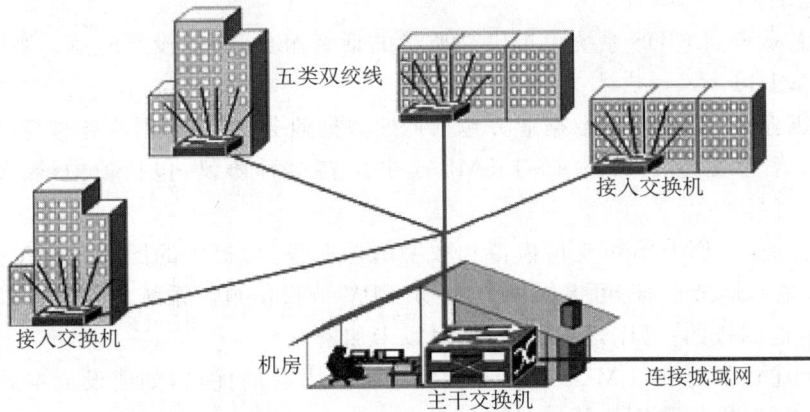

图 9.9　LAN 接入方式

　　采用 LAN 方式接入可以充分利用小区局域网的资源优势,为居民提供 10Mb/s 以上的共享带宽,这比现在拨号上网速度快上 180 多倍,并可根据用户的需求升级到 100Mb/s 以上。

　　以太网技术成熟、成本低、结构简单、稳定性、可扩充性好,便于网络升级,同时可实现实时监控、智能化物业管理、小区/大楼/家庭保安、家庭自动化(如远程遥控家电、可视门铃等)、远程抄表等,可提供智能化、信息化的办公与家居环境,满足不同层次的人们对信息化的需求。

9.3　互联网应用

9.3.1　域名系统

　　IP 地址是一个 32 位的号码,难以记忆,另外,TCP/IP 协议软件又要用到 IP 地址,TCP/IP 应用程序服务所用到的任何符号名都要翻译成对应的 32 位 IP 地址。这一翻译工作是由域名系统(DNS)来完成的。

　　DNS(Domain Name System)是指在互联网上查询域名或 IP 地址的目录服务系统。在接收到请求时,它可将另一台主机的域名翻译为 IP 地址,或反之。大部分域名系统都维护着一个大型的数据库,它描述了域名与 IP 地址之间的对应关系,并且定期被更新。

翻译请求通常来自网络上的另一台计算机,它需要 IP 地址以便进行路由选择。

DNS 是一个分布式的数据库系统,可以用作在 IP 网络中进行名称解析的基础。

域名空间的层次结构如下:根域位于域结构的顶层,用一个英文句号表示;在根域下方的是顶级域,可以用一个结构类型表示,例如. com 或者. edu,也可以用地理位置表示,例如:. au 表示 Australia;辅助域注册到个人或者是机构,并且可以有很多子域。

另一个可以进行名字查询的途径是将名字与 IP 地址之间联系的信息放在一个静态文件中。在 UNIX 系统中,这一静态文件是/etc/hosts 文件。在 NetWare 服务器上这一静态文件是/sys:etc/hosts。

DNS 系统依靠查询/应答型的活动,并使用 UDP 作为传输协议。UDP 协议更适合基于查询/应答的应用程序,因为在维护传输数据所用的连接没有额外开销。TCP 协议也可以用于基于查询/应答的应用程序,但是它需要开启一个连接当查询/应答,完成后又将连接断开。如果多是单个的查询/应答,或是频繁的查询/应答事务,那么建立和断开连接的额外开销是很大的。

使用最广泛的 DNS 系统是伯克利互联网域名(BIND)服务器,它起初出现在 BSD UNIX 中,现在大多数 UNIX 平台上都有了。在 UNIX 系统中,它常被称为"叫名字"(即名字守护进程)程序。NetWare/IP 产品以 named. nlm 模块的形式实现了 BIND。

9.3.2 电子邮件

电子邮件(e-mail)是一种最常用的互联网功能,也是一种最便捷的利用计算机和通信网络传递信息的现代化手段。电子邮件的传递由 SMTP 协议来完成,网络用户可以通过互联网与全世界的其他用户收发信件。电子邮件的内容,不仅仅包含文字,还可以包含图像、声音、动画等多媒体信息。用户可以申请自己的信箱,通过网络发送电子邮件至对方信箱,供对方读取信件。电子邮件因其快速、价廉而被广泛采用。常用的电子邮件客户端软件有 Foxmail、Outlook Express、Eudora 等。

电子邮件地址和平常收发信件人的地址意义相同。只不过它必须以特殊的格式来标识,即互联网标准地址。其一般形式为:用户名@主机域名。

第 3 代邮局协议(Post Office Protocol 3,POP 3)是一种接收邮件的协议,说明怎样将计算机与互联网上的邮件服务器相连接,从而将邮件下载到本地计算机上。这样可以脱机(即不在网上)阅读和撰写邮件。支持 POP 3 的服务器是一种能保存外界发送给用户的电子邮件的服务器。简单邮件传输协议(Simple Mail Transfer Protocol,SMTP),用于在互联网上路由电子邮件。

9.3.3 文件传输与软件下载

文件传输与软件下载是基于 FTP 协议,即文件传输协议。它是互联网上提供的常用服务之一。FTP 实际上是一个程序,是互联网上的文件传递工具。网络上的用户可以通过 FTP 功能登录到远程计算机,从其他计算机系统中下载需要的文件,也可以将自己的文件上传到网络上。用 FTP 登录到服务器的方式有两种:一种是作为系统的正式用户登录,另一种是作为匿名用户登录。后者不需要账号和密码就可以登录到远程计算机上获取大量免费信息。

文件传输分为下载和上传。下载是通过网络从其他计算机中复制软件到自己计算机的过程,是一种获取软件、图片等最便捷的途径。而上传是将自己计算机中的文件复制到网络中其他计算机的过程。

过去的文件传输多数是基于命令方式实现,而现在,越来越多的做法是基于 Web 方式。用户只要单击关于下载的超链接,即可轻松实现文件传输。

9.3.4 万维网(WWW)

WWW 是环球信息网(World Wide Web,3W)的缩写,简称为 Web,中文名为"万维网"。

万维网实质是一个资料大空间。在这个空间中,有用的事物称为"资源",并且由一个全域"统一资源标识符"(URL)标识。这些资源通过超文本传输协议(Hypertext Transfer Protocol,HTTP)传送给使用者,而后者通过单击链接来获得资源。从另一个观点来看,万维网是一个透过网络存取的互联超文件(interlinked hypertext document)系统。

万维网联盟(World Wide Web Consortium,简称 W3C),又称 W3C 理事会,于1994 年 10 月在拥有"世界理工大学之最"称号的麻省理工学院(MIT)计算机科学实验室成立。建立者是蒂姆·伯纳斯·李。

万维网常被当成互联网的同义词,其实万维网是互联网上运行的一项服务。WWW是导致如今互联网广泛应用的最佳展示形式。它是一个基于超文本方式的信息组织形式,为用户提供了一种友好的信息查询接口,是互联网上的信息服务系统。它把互联网上不同地点的相关信息聚集起来,通过 WWW 浏览器(又叫做 Web 浏览器,如 Netscape 和IE 等)检索它们,无论用户所需的信息在什么地方,只要浏览器为用户检索到之后,就可以将这些信息(文字、图片、动画、声音等)"提取"到用户的计算机屏幕上。由于 WWW 采用了超文本链接,用户只需轻轻单击鼠标,就可以很方便地从一个信息页转移到另一个信息页。WWW 是目前互联网上最让人倾心的系统。

访问 Web 时,采用的是超文本传输协议。该协议经常用来在网络上传送 Web 页。当用户以 http://开始一个链接的名字时,就是告诉浏览器去访问指定的 Web 页。

访问 Web 时,需要知道 Web 的统一资源定位符地址(Uniform Resource Locator,URL)地址,它是 Web 的地址编码。Web 上所能访问的资源都有唯一的 URL。URL 包括:所用的传输协议,服务器名称,文件的完整路径。例如:在浏览器 URL 处输入http://www.bistu.edu.cn,表示要访问北京信息科技大学。

9.3.5 远程登录

远程登录即 Telnet。它是互联网上最早的应用程序之一,也是互联网上最早提供的常用服务。Telnet 是互联网的远程访问工具。利用它,在网络通信协议的支持下,用户计算机暂时成为远程计算机的终端。这样,用户计算机就可以使用对方远程计算机对外开放的全部资源。

Telnet 协议虽然还在使用,但直接使用 Telnet 进行远程登录的做法却越来越少,现在人们基本上采用的是基于 Telnet 协议的第三方软件,如 Cterm 之类的实用程序来进行远程计算机访问。

9.4　计算机系统安全

随着互联网的普及应用,人类面临的信息安全问题更加突出。这些安全问题可以分为两类:一类是计算机系统的信息安全问题,或称单机安全问题;另一类是计算机网络系统上的信息安全问题,即网络安全问题。但是二者并非严格区分,绝大多数时候是相互作用、相互影响的。本书讨论的主要是前者。

随着计算机及网络技术与应用的不断发展,伴随而来的计算机系统安全问题越来越引起人们的关注。计算机系统一旦遭受破坏,将给使用单位造成重大经济损失,并严重影响正常工作的顺利开展。加强计算机系统安全工作,是信息化建设工作的重要工作内容之一。

9.4.1　计算机系统面临的安全问题

目前,随着国民经济信息化的开展,各种级别的基于网络的应用系统纷纷建立,覆盖地域广、用户多、资源共享程度高,自然所面临的威胁和攻击也错综复杂。这些安全问题归结起来主要有物理安全问题、操作系统的安全问题、应用程序安全问题、网络安全问题。

1. 物理安全问题

物理安全是指在物理介质层次上对存储和传输信息的安全保护。目前常见的不安全因素(安全威胁或安全风险)包括四大类:

(1) 自然灾害(如雷电、地震、火灾、水灾等),物理损坏(如硬盘损坏、设备使用寿命到期、外力破损等),设备故障(如停电断电、电磁干扰等),意外事故。

(2) 电磁泄漏(如侦听微机操作过程)。

(3) 操作失误(如删除文件、格式化硬盘、线路拆除等),意外疏漏(如系统掉电、死机等系统崩溃)。

(4) 计算机系统机房环境的安全。

2. 操作系统及应用服务的安全问题

目前操作系统的主流为 Windows 系列,尽管微软公司在不断改进,但该系列操作系统仍然不断被发现漏洞,存在很多安全隐患。操作系统不安全,是计算机系统不安全的重要原因。

而在应用程序方面,由于开发者的水平、开发平台的选择等多项原因,也存在着各种各样的安全隐患。

3. 网络安全——黑客攻击

计算机系统面临的来自网络的安全威胁从一些著名的黑客事件中反映出来:一位年仅 15 岁的黑客通过计算机网络闯入美国五角大楼;黑客将美国司法部主页上的美国司法部的字样改成了美国不公正部;黑客们联手袭击世界上最大的几个热门网站如 yahoo、 amazon、美国在线,使其服务器不能提供正常的服务;黑客攻击上海信息港的服务器,窃取数百个用户的账号。这些黑客事件一再提醒人们,必须高度重视来自网络的安全问题。

4. 名目繁多的计算机病毒威胁

计算机病毒将导致计算机系统瘫痪,程序和数据严重破坏,使网络的效率和作用大大降低,使许多功能无法使用或不敢使用。虽然至今尚未出现灾难性的后果,但层出不穷的各种各样的计算机病毒活跃在各个角落,令人堪忧。"CIH"病毒、"冲击波"病毒、"熊猫烧香"病毒等,曾经都给人们的正常工作造成了严重威胁。

9.4.2 安全问题的由来

随着计算机在社会各个领域的广泛应用,以计算机为核心的信息系统安全保密的问题越来越突出。同计算机出现前的信息安全保密相比,计算机安全保密的问题要多得多,也复杂得多,涉及物理环境、硬件、软件、数据传输等各个方面。除了传统的安全保密理论和技术外,计算机系统信息安全有更多的内容和独立的体系。网络信息安全保密的问题与单纯的计算机安全问题不同,不仅有单机的问题,而且有大量环境、传输、体系结构等问题。如前所述,系统安全的问题包括了计算机安全、通信安全、操作安全、访问控制、实体安全、电磁安全以及安全管理和法律制裁等。

计算机安全是信息系统安全的基础,随着信息系统的广泛建立和各种网络的互联,安全逐渐扩展到系统和体系,而成为全方位的安全保密。随着信息高速公路的兴起,全世界通过网络连接在一起的时代即将到来,安全保密必须引起高度重视,并且需要探索和解决不断出现的新问题,确保计算机信息系统真正造福于国家和人民。

由于计算机网络系统已将政治、经济、军事等各个方面连成一体,这就使敌对势力将计算机及其网络系统作为主要的攻击目标之一。今天赢得战争优势的关键已不是看谁的火力强,而更要看谁先发现对方,谁比对方反应快,谁比对方打得准,电子战已走向主战场。

通过对计算机信息系统的干扰、破坏,瓦解国民意志,使经济瘫痪,使军事指挥系统不能正常工作,丧失或削弱作战能力,从而夺取战场上的主动权,进而赢得战争胜利,这已是一种新的作战模式。计算机信息系统不仅是社会各方面正常运转的命脉,而且计算机信息系统的安全已成为军事安全和国家安全的基础。

目前,计算机系统安全问题是 IT 业最为关心和关注的焦点之一。据 ICSA 统计,有11%的安全问题导致网络数据被破坏,14%导致数据失密,15%的攻击来自系统外部,来自系统内部的安全威胁高达 60%。例如,由于受到内部心怀不满的职员安放的程序炸弹侵害,Omega Engineering 公司蒙受了价值 900 万美元的销售收入和合同损失;由于受到来自网络的侵袭,Citibank 银行被窃了 1000 万美元,后来虽然追回了 750 万美元损失,但却因此失去了 7%的重要客户,其声誉受到了沉重打击。这只是人们知道的两个因安全问题造成巨大损失的例子,实际上,更多的安全事件没有报告。据美国联邦调查局估计,仅有 7%的入侵事件被报告了,而澳大利亚联邦警察局则认为这个数字只有 5%。因为许多入侵根本没有被检测到,还有一些受到侵袭的企业由于害怕失去客户的信任而没有报告。

安全问题如此突出和严重,是与 IT 技术和环境的发展分不开的。早期的业务系统是局限于大型主机上的集中式应用,与外界联系较少,能够接触和使用系统的人员也很少,系统安全隐患尚不明显。现在业务系统大多是基于客户/服务器模式和互联网/内部网网络计算模式的分布式应用,用户、程序和数据可能分布在世界的各个角落,给系统的安全管理造成了很大困难。早期的网络大多限于企业内部,与外界的物理连接很少,对于外部入侵的防范较为容易,现在,网络已发展到全球一体化的互联网,每个企业的内部网都会有许多与外部连接的链路,如通过专线连入互联网,提供远程接入服务供业务伙伴和出差员工访问等。在这样一个分布式应用的环境中,企业的数据库服务器、电子邮件服务器、WWW 服务器、文件服务器、应用服务器等都是供人出入的"门户",只要有一个"门户"没有充分保护好——忘了上锁或不很牢固,黑客就会通过这道门进入系统,窃取或破坏所有系统资源。随着系统和网络的不断开放,供黑客攻击系统的简单易用的"黑客工具"和"黑客程序(BO 程序)"不断出现,一个人不必掌握很高深的计算机技术就可以成为黑客,黑客的平均年龄越来越小,现在是 14～16 岁。

在现代典型的计算机系统中,大都采用 TCP/IP 作为主要的网络通信协议,主要服务器为 UNIX 或基于 Windows NT 技术的操作系统。TCP/IP 和 UNIX 都以开放性著称,系统之间易于互联和共享信息的设计思路贯穿于系统的方方面面,对访问控制、用户验证授权、实时和事后审计等安全内容考虑较少,只实现了基本安全控制功能,并且还存在漏洞。

TCP/IP 的结构与基于专用主机(如 IBM ES/9000、AS/400)和网络(如 SNA 网络)的体系结构相比,灵活性、易用性、开发性都很好,但是,在安全性方面存在很多隐患。TCP/IP 的网络结构没有集中的控制,每个节点的地址自行配置,节点之间的路由可任意改变。服务器很难验证某客户机的真实性。IP 协议是一种无连接的通信协议,无安全控制机制,存在各种各样的攻击手段。实际上,从 TCP/IP 的网络层,人们很难区分合法信息流和入侵数据,拒绝服务(denial of services,DoS)就是其中明显的例子。

下面分别探讨一些安全问题。

9.4.3 网络入侵

现在,在互联网上实施商业信息盗窃的案件越来越多。黑客不单是想显示自己计算机水平的好奇的大学学生,更有专职的商业间谍。在美国,许多银行开始开展网络业务服务,用户可以通过网络存取银行钱款,纽约的道琼斯股票交易所也提供了互联网服务,股民可以在网上买卖股票。而这些服务对黑客来说确实是具有诱惑力的。

一种对公司危害很大的入侵,是被解雇的职员出于不满而入侵公司内部的网络。这种入侵危害很大,因为入侵者对内部网络有较详细的了解。所以,网络管理员及时删去离职人员的账号是很重要的。实施入侵者水平很不相同。最初级的入侵就是电子邮件炸弹,这种入侵纯粹是出于报复的幼稚行为,对网络危害不算很大,只能造成"拒绝服务"。再深一层的入侵就是得到不该有的权限,如偷看别人邮件或其他资料等。最高层的是入侵者得到了 root 权限,可以对网络任意进行破坏。实施不同层次入侵的人的计算机水平也大不相同,有些高级的入侵者本身就是一些大机构的系统管理员或安全顾问。例如

1994 年,美国一家大机构的安全顾问被捕了,他是一个很有影响力的系统管理员,曾在贝尔实验室工作过,但他却多次入侵英特尔公司的网络,最终被该公司网管发现。

9.4.4　病毒

除了直接入侵外,各种病毒程序也是互联网上的巨大危险,这些病毒可以随下载的软件、Java 程序、Active X 控件进入公司的内部网络,对计算机系统安全构成了严重威胁。虽然现在有些防火墙声称具有防毒的功能,但新的病毒以及旧病毒的变异品种仍会溜进用户的网络。病毒程序中有一种被称为特洛伊木马的程序,这种程序表面上是无害的,具有很强的隐蔽性,但实际上在背后破坏用户的网络。人们对网络病毒的研究始于 1988 年的 Morris 蠕虫事件,当时这种疯狂自我复制的病毒袭卷了互联网,使人们突然意识到了网络病毒的存在。

病毒是隐藏在可执行文件或数据中的一段程序,它具有传染性、潜伏性和可激发性。它可对本系统,也可对网上连接的其他系统发起攻击,使被攻击的系统瘫痪。其主要的形式如下。

(1) 特洛伊木马

这是一种恶毒的程序,平时以合法的身份隐藏在其他程序中,一旦发作,则对系统产生威胁,使计算机在完成正常任务的同时,执行非授权功能,如复制一段越过系统授权的程序(后门)等。特洛伊木马本身可通过电子邮件渗透,现在多隐藏在网页代码中,用户访问时中招。

(2) 蠕虫

这是一种可自我复制的病毒,发作时可自我复制,使存储器充满代码,致使计算机瘫痪。同时,它还可通过网络来传播错误,从而造成网络服务中止和死锁。通常需要清除病毒和重新启动才能恢复。

(3) 逻辑炸弹

这种程序平时处于休眠状态,至日历上的某个日期或时刻被激活,对计算机进行恶意破坏,甚至损坏计算机硬件。逻辑炸弹又称为定时炸弹,是对系统的潜在威胁和隐患,可以造成严重危害。例如媒体曾报道过一起案件,某公司的一名财务人员在被公司解雇时,向计算机中输入一段程序,在他本人离开 3 个月后被激活,破坏系统文件,使计算机瘫痪。又如已发现的 CIH 病毒,就在每月的 26 日发作,1998 年 4 月 26 日曾在我国大面积发作,使成千上万台计算机的软硬件受到攻击而损坏。

(4) 偷袭程序

这是出现频度很高的一类病毒,它隐藏在计算机大容量存储器的隐蔽处,通过被特洛伊木马欺骗的用户激活,或是通过逻辑炸弹爆炸,对系统实施有目的的攻击。

(5) 意大利香肠

意大利香肠是采取不易察觉的手段,迫使对方作出一连串细小的让步,而达到偷窃的目的。在金融系统的计算机犯罪中,多次发生此类案件。在处理客户存取账目时,每次截留一个零头,然后将这部分钱转到另一个虚设的账号上。

9.4.5 防火墙——安全屏障

防火墙(firewall)是指协助确保信息安全的设备，会依照特定的规则，允许或是限制传输的数据通过。防火墙可以是一台专属的硬件，也可以是架设在一般硬件上的一套软件。单机上的个人防火墙多是一种软件。

9.4.5.1 防火墙的定义

防火墙是一种获取安全性方法的形象说法，它是由计算机硬件和软件结合而成，使互联网与内部网之间建立起一个安全网关(security gateway)，从而保护内部网络免受非法用户的侵入。防火墙主要由服务访问规则、验证工具、包过滤和应用网关4个部分组成。

9.4.5.2 为什么使用防火墙

防火墙具有很好的保护作用。入侵者必须首先穿越防火墙的安全防线，才能接触目标计算机。用户可以将防火墙配置成许多不同保护级别。高级别的保护可能会禁止一些服务，如视频流等，但至少这是用户自己的保护选择。

9.4.5.3 防火墙的类型

1. 个人防火墙

个人防火墙是一种软件，过滤并决定信息进入或被拦截。防火墙个人版是研发制作给个人计算机使用的网络安全工具。它可以根据系统管理员设定的安全规则(security rules)把守网络，提供强大的访问控制、应用选通、信息过滤等功能。它可以帮助抵挡网络入侵和攻击，防止信息泄露，保障用户机器的网络安全。

一般来说，防火墙把网络分为本地网和互联网，可以针对来自不同网络的信息，设置不同的安全方案，它适合于任何方式连接上网的个人用户。

2. 网络层防火墙

网络层防火墙可视为一种 IP 封包过滤器，运行在底层的 TCP/IP 协议堆栈上。

网络层防火墙的防护规则有两种：

① 一切未被允许的就是禁止的(默认禁止)。按照该规则，防火墙阻止全部信息流，可以以枚举的方式，只允许符合特定规则的封包通过，其余的一概禁止穿越防火墙。这些规则通常可以经由管理员定义或修改，不过某些防火墙设备只能套用内置的规则。

② 一切未被禁止的就是允许的(默认允许)。按照该规则，防火墙允许全部信息流，再逐项阻止禁止的服务项目。只要封包不符合任何一项"否定规则"就予以放行。现在的操作系统及网络设备大多已内置防火墙功能。

新版的防火墙能利用封包的多样属性来进行过滤，例如来源 IP 地址、来源端口号、目的 IP 地址或端口号、服务类型(如 WWW 或是 FTP)，也能经由通信协议、TTL 值、来源的网域名称或网段等属性来进行过滤。

3. 应用层防火墙

应用层防火墙是在 TCP/IP 堆栈的"应用层"上运作，使用浏览器时所产生的数据流或是使用 FTP 时的数据流都是属于这一层。应用层防火墙可以拦截进出某应用程序的所有封包，并且封锁其他的封包(通常是直接将封包丢弃)。理论上，这一类的防火墙可以完全阻绝外部的数据流进到受保护的机器里。

防火墙通过监测所有的封包并找出不符规则的内容,可防范计算机蠕虫或是木马程序的快速蔓延。不过就实现而言,这个方法既烦且杂(软件种类太多),所以大部分的防火墙都不会考虑以这种方法设计。

XML 防火墙是一种新形态的应用层防火墙。

4. 代理服务

代理服务设备(可能是一台专属的硬件,或只是普通机器上的一套软件)也能像应用程序一样回应输入封包(例如连接要求),同时封锁其他的封包,达到类似于防火墙的效果。

代理使外在网络篡改一个内部系统更加困难,并且一个内部系统误用未必会导致一个安全漏洞可开。

防火墙经常有网络地址转换(NAT)的功能。各主机被保护在防火墙之内,共同使用的所谓的"私人地址空间"被定义在参考文档[RFC 1918]中。

防火墙适当的配置需要技巧和智能,要求管理员对网络协议和计算机安全有深入的了解。

9.4.5.4 防火墙的优点

(1)防火墙能强化安全策略。

(2)防火墙能有效地记录互联网上的活动。

(3)防火墙限制暴露用户点。防火墙能够隔开网络中一个网段与另一个网段,从而防止影响一个网段的问题在整个网络传播。

(4)防火墙是一个安全策略的检查站。所有进出的信息都必须通过防火墙,防火墙便成为安全问题的检查点,使可疑的访问被拒绝于门外。

9.4.5.5 防火墙的功能

防火墙最基本的功能,就是控制在计算机网络中不同信任程度区域间传送的数据流。例如互联网是不可信任的区域,而内部网络是高度信任的区域。

例如:TCP/IP 端口号 135～139 是 Microsoft Windows 的"网上邻居"所使用的。如果计算机使用"网上邻居"的"共享文件夹",又没使用任何防火墙相关的防护措施,就等于把自己的"共享文件夹"公开到互联网,任何人都有机会浏览目录内的文件。且早期版本的 Windows 存在"网上邻居"系统溢出的无密码保护的漏洞(这里是指"共享文件夹"设有密码,但可经由此系统漏洞,无须密码便能浏览文件夹)。

防火墙对流经它的网络通信进行扫描,从而过滤掉一些攻击,以免其在目标计算机上被执行。防火墙还可以关闭不使用的端口,而且它还能禁止特定端口的流出通信,封锁特洛伊木马。它可以禁止来自特殊站点的访问,从而防止来自不明入侵者的所有通信。

1. 防火墙是网络安全的屏障

防火墙(作为阻塞点、控制点)能极大地提高一个内部网络的安全性,并通过过滤不安全的服务而降低风险。由于只有经过精心选择的应用协议才能通过防火墙,所以网络环境变得更安全。例如,防火墙可以禁止众所周知的不安全的 NFS 协议进出受保护网络,这样外部的攻击者就不可能利用这类脆弱的协议来攻击内部网络。防火墙同时可以保护网络免受基于路由的攻击,如 IP 选项中的源路由攻击和 ICMP 重定向中的重定向路径。防火墙可以拒绝所有以上类型攻击的报文并通知防火墙管理员。

2. 防火墙可以强化网络安全策略

通过以防火墙为中心的安全方案配置,能将所有安全软件(如口令、加密、身份认证、审计等)配置在防火墙上。与将网络安全问题分散到各个主机相比,防火墙的集中安全管理更经济。例如在网络访问时,一次一密口令系统和其他的身份认证系统不必分散在各个主机上,而集中在防火墙上。

3. 对网络存取和访问进行监控审计

如果所有的访问都经过防火墙,那么,防火墙就能记录下这些访问并作出日志记录,同时也能提供网络使用情况的统计数据。当发生可疑动作时,防火墙能进行适当的报警,并提供网络是否受到监测和攻击的详细信息。另外,收集一个网络的使用和误用情况也是非常重要的。这可以弄清防火墙是否能够抵挡攻击者的探测和攻击,并且弄清防火墙的控制是否充足。而网络使用统计对网络需求分析和威胁分析等而言也是非常重要的。

4. 防止内部信息的外泄

通过利用防火墙对内部网络的划分,可实现内部网重点网段的隔离,从而限制了局部重点或敏感网络安全问题对全局网络造成的影响。再者,隐私是内部网络非常关心的问题,一个内部网络中不引人注意的细节可能包含了有关安全的线索而引起外部攻击者的兴趣,甚至因此而暴露了内部网络的某些安全漏洞。使用防火墙就可以隐蔽那些透露内部细节,如 Finger、DNS 等服务。Finger 显示了主机的所有用户的注册名、真名、最后登录时间和使用 shell 类型等。但是 Finger 显示的信息非常容易被攻击者所获悉。攻击者可以知道一个系统使用的频繁程度,这个系统是否有用户正在连线上网,这个系统是否在被攻击时引起注意,等等。防火墙还可以阻塞有关内部网络中的 DNS 信息,这样一台主机的域名和 IP 地址就不会被外界所了解。

除了安全作用,防火墙还支持具有 Internet 服务特性的企业内部网络技术体系 VPN (虚拟专用网)。

5. 典型的防火墙的三个基本特性

(1) 内部网络和外部网络之间的所有网络数据流都必须经过防火墙

这是防火墙所处网络位置特性,同时也是一个前提。因为只有当防火墙是内、外部网络之间通信的唯一通道,才可以全面、有效地保护企业内部网络不受侵害。

根据美国国家安全局制定的《信息保障技术框架》,防火墙适用于用户网络系统的边界,属于用户网络边界的安全保护设备。网络边界是指采用不同安全策略的两个网络连接处,比如用户网络和互联网之间连接、和其他业务往来单位的网络连接、用户内部网络不同部门之间的连接等。防火墙的目的就是在网络连接之间建立一个安全控制点,通过允许、拒绝或重新定向经过防火墙的数据流,实现对进、出内部网络的服务和访问的审计和控制。

（2）只有符合安全策略的数据流才能通过防火墙

防火墙最基本的功能是确保网络流量的合法性，并在此前提下将网络的流量快速地从一条链路转发到另外的链路上去。原始的防火墙是一台"双穴主机"，即具备两个网络接口，同时拥有两个网络层地址。防火墙将网络上的流量通过相应的网络接口接收上来，按照 OSI 协议栈的七层结构顺序上传，在适当的协议层进行访问规则和安全审查，然后将符合通过条件的报文从相应的网络接口送出，对于那些不符合通过条件的报文则予以阻断。因此，从这个角度来说，防火墙是一个类似于桥接或路由器的、多端口（网络接口≥2）的转发设备，它跨接于多个分离的物理网段之间，并在报文转发过程之中完成对报文的审查工作。

（3）防火墙自身应具有非常强的抗攻击免疫力

这是防火墙之所以能担当企业内部网络安全防护重任的先决条件。防火墙处于网络边缘，它就像一个边界卫士一样，每时每刻都要面对黑客的入侵，这就要求防火墙自身具有非常强的抗击入侵本领。防火墙操作系统本身是关键，只有自身具有完整信任关系的操作系统才可以谈论系统的安全性。防火墙自身的服务功能非常少，除了专门的防火墙嵌入系统外，再没有其他应用程序在防火墙上运行。当然这些安全性也只能说是相对的。

目前国内的防火墙几乎被国外的品牌占据了一半的市场，国外品牌的优势主要体现在技术和知名度上。而国内防火墙厂商对国内用户了解更加透彻，价格上也更具有优势。防火墙产品中，国外主流厂商为思科（Cisco）、CheckPoint、NetScreen 等，国内主流厂商为东软、天融信、网御神州、联想、方正等，它们都提供不同级别的防火墙产品。

防火墙的硬件体系结构曾经历过通用 CPU 架构、ASIC 架构和网络处理器架构，各自的特点分别如下。

① 通用 CPU 架构

通用 CPU 架构最常见的是基于 Intel X86 架构的防火墙，在百兆防火墙中 Intel X86 架构的硬件以其高灵活性和扩展性一直受到防火墙厂商的青睐；由于采用了 PCI 总线接口，Intel X86 架构的硬件虽然理论上能达到 2Gbps 的吞吐量甚至更高，但是在实际应用中，尤其是在小包情况下，远远达不到标称性能，通用 CPU 的处理能力也很有限。

国内安全设备主要采用的就是基于 X86 的通用 CPU 架构。

② ASIC 架构

专用集成电路（Application Specific Integrated Circuit，ASIC）技术是国外高端网络设备几年前广泛采用的技术。由于采用了硬件转发模式、多总线技术、数据层面与控制层面分离等技术，ASIC 架构防火墙解决了带宽容量和性能不足的问题，稳定性也得到了很好的保证。

ASIC 技术的性能优势主要体现在网络层转发上，对于需要强大计算能力的应用层数据的处理则不占优势，而且面对频繁变异的应用安全问题，其灵活性和扩展性也难以满足要求。

由于该技术有较高的技术和资金门槛，主要是国内外知名厂商在采用，国外主要代表厂商是 Netscreen，国内主要代表厂商为天融信、网御神州。

③ 网络处理器架构

由于网络处理器所使用的微码编写有一定技术难度,难以实现产品的最优性能,因此网络处理器架构的防火墙产品难以占有较高的市场份额。

④ 基于国产 CPU 的防火墙

随着国内通用处理器的发展,逐渐发展了基于中国芯的防火墙,主要架构为国产龙芯 2F+FPGA 的协议处理器,主要应用于政府、军队等对国家安全敏感的领域。代表厂商有中科院计算所、博华科技等公司。

9.4.5.6 防火墙的三种配置

防火墙配置有双宿主机(dual-homed)、屏蔽主机(screened-host)和屏蔽子网(screened-subnet)三种方式。

双宿主机方式最简单。双宿主机网关放置在两个网络之间,这个双宿主机网关又称为堡垒主机(bastion host)。这种结构成本低,但是它有单点失败的问题。这种结构没有增加网络安全的自我防卫能力,而它往往是受黑客攻击的首选目标。它自己一旦被攻破,整个网络也就暴露了。

屏蔽主机方式中的筛选路由器为保护堡垒主机的安全建立了一道屏障。它将所有进入的信息先送往堡垒主机,并且只接受来自堡垒主机的数据作为出去的数据。这种结构依赖筛选路由器和堡垒主机,只要有一个失败,整个网络就暴露了。

屏蔽子网包含两个筛选路由器和两个堡垒主机。在公共网络和私有网络之间构成了一个隔离网,称之为"停火区"(demilitarized zone,DMZ),堡垒主机放置在"停火区"内。这种结构安全性好,只有当两个安全单元被破坏后,网络才被暴露,但是成本很昂贵。

9.4.5.7 防火墙的发展史

1. 第一代防火墙

第一代防火墙技术几乎与路由器同时出现,采用了包过滤(packet filter)技术。

2. 第二、三代防火墙

1989 年,贝尔实验室的 Dave Presotto 和 Howard Trickey 推出了第二代防火墙,即电路层防火墙,同时提出了第三代防火墙——应用层防火墙(代理防火墙)的初步结构。

3. 第四代防火墙

1992 年,USC 信息科学院的 Bob Braden 开发出了基于动态包过滤(dynamic packet filter)技术的第四代防火墙,后来演变为目前所说的状态监视(stateful inspection)技术。1994 年,以色列的 CheckPoint 公司开发出了第一个采用这种技术的商业化产品。

4. 第五代防火墙

1998 年,NAI 公司推出了一种自适应代理(adaptive proxy)技术,并在其产品 Gauntlet Firewall for NT 中得以实现,给代理类型的防火墙赋予了全新的意义,可以称为第五代防火墙。

5. 统一威胁管理(UTM)产品

随着万兆 UTM 的出现,UTM 代替防火墙的趋势不可避免。在国际上,Juniper、飞塔公司高性能的 UTM 占据了一定的市场份额;国内,启明星辰的高性能 UTM 一直领跑国内市场。

9.4.6 用户权限管理

为保证计算机系统的数据安全,对可访问用户进行权限管理,是非常必要的。原有的FAT/FAT32 文件系统没有这方面的特性,但在 NTFS 文件系统的支持下,管理员可以非常方便地对用户及其权限进行管理。

用户权限管理是 Windows 系统走向成熟的一个标志,是操作系统所应具备的一项重要特性。随着多用户多任务操作系统的应用,用户权限管理变得尤为重要,因为它将关系到系统的稳定和数据的安全。基于历史原因,微软直到 Windows NT 系统及 NTFS 分区出现,才使得在 Windows 系统中为用户指派权限成为可能。从 Windows NT 开始到现在的基于 NT 技术的 Windows 系列,Windows 系统的权限管理机制已日趋成熟。

对于初学者来说,用户管理可能比较陌生,也有不少人习惯直接使用超级管理员组的成员(Administrators)去登录系统,来完成一些普通用户足以胜任的工作。正是因为人们如此使用操作系统,才会经常听到这样的消息:某某的计算机中了病毒,只好重装了;某某人的重要文件被病毒感染了,现在已经没法打开了。Windows 难道是真的这样脆弱? 答案是否定的。只要对多用户操作系统有一定的认识,并正确使用操作系统,上面的问题多数是可以避免的。

1. 多用户多任务操作系统

多用户多任务操作系统中的进程是工作在特定域中的,每个域所定义的可执行操作是特定的,即在某个域中对某个对象的访问权为可读写,而在另一个域中对此对象的访问权可能规定为只读访问。这样在前一个域中的进程可以对此对象作读写操作,而工作在后一个域中的进程却只能对该对象进行读操作,不能对其进行写入操作。

使诸进程工作在被指定的域中是提高多用户多任务操作系统稳定性与安全性的一种有效的方法,而这种域的定义体现在使用者面前的便是登录及用户(进程)的身份。例如以管理员身份登录系统,那么登录后可以做很多危险的事,例如格式化某个分区、配置页面文件、设定某个硬件为可用或不可用、删除其他用户账户、建立新的管理员组成员以及为组或用户指派或取消特定权限等。而所有这些操作在以权力小于等于高级用户组(Power Users)的身份登录后是绝对被禁止的。

在 Windows XP 中,域的实现是基于 NTFS 文件系统和内核两方面的,其中基于NTFS 文件系统的域管理机制是更底层的保护机制,是文件系统级别的访问限制机制;而基于内核的域访问限制只能提供最基本的限制,达不到自主访问控制的要求。

2. 维护系统和使用系统

系统既是可塑的也是脆弱的。说系统可塑在于它提供给使用者许多个性空间,人们可以发挥创造力,打造出适合自己的个性系统,这样有利于提高工作效率,适合各种对象使用,就像橡皮泥一样有可塑性。说其脆弱是因为可塑性的滥用将导致系统的可靠性、稳定性、有效性下降,最终可能被恶意设置或无法使用。

所以先辈们想出了将维护和使用两者分离的办法,也就是使用者仅使用系统而不涉及维护,而维护者只维护系统而不做工作。从而出现了系统管理员和普通用户的概念,系统也有了以下改变,即作为管理员登录系统和作为访客登录系统是有区别的。使用前者登录系统时,系统为所有进程敞开大门,但对于后者系统却会以非常谨慎的态度去督察他的行为。不要觉得普通用户受委屈,当用户仅仅创建几篇文档或是上网发电子邮件,并不需要有更改页面文件的权力。

3. Windows XP 的用户与组

前面说过,在 NT 系统中通过把进程以不同的身份创建来实现对该进程的权力指派,也就域的指定。同一个进程以管理员身份被创建和以访客身份被创建是不同的,前一种创建方式可以使该进程拥有更多的权力。而维护该游戏规则的是操作系统本身,规则的实现既有操作系统的安全审核部分,更需要文件系统(NTFS)的迎合,这样该项功能才会变得丰富多彩。操作系统中大多数资源都是以文件的形式存在的,而且在多数进程的眼中几乎只能看到文件,而从未觉察到其中有些事实上是物理设备。所以在文件系统上建立哨站,控制文件的访问很合理,且容易被诸多进程所接受。

Windows 中的进程可以以不同的用户身份被创建并运行,而用户又可以分成几类(正式称为"组")。默认情况下有以下几个组:管理员组(Administrators)、系统组(System)、高级用户组(Power Users)、普通用户组(Users)、访客组(Guests)等。

这些组的默认权力大小可以用集合的形式表达,如图 9.10 所示。

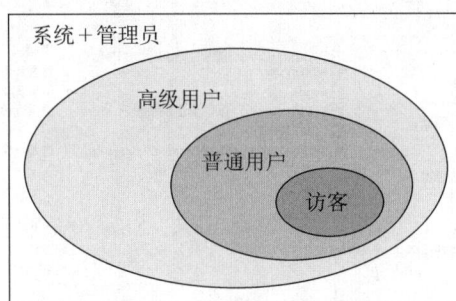

图 9.10 不同组的权力大小范围关系

管理员创建用户并将其划归为某组,既可以通过控制面板中的"用户账户"实现,也可以在"管理工具"中的"计算机管理"实现。参见图 9.11 和图 9.12。

可以看出,这些组的权力按顺序递减。其中之所以将整个权限等同于"系统+管理员"组的权限之和,是因为在默认的情况下,它们两者的权力都很大,但是都不能独自涵盖所有的访问权限。对于系统来说,虽然对所有的对象都有完全控制权,但却不像用户所操控的权力那样具有自主性,如果系统对某对象的访问权被剥夺,系统是不会主动夺回此访问权的。所以这里不能把系统身份看成是最高权力身份,单靠它是不能完成所有的访问的。而管理员组在默认情况下也并非通行无阻,有些机械性的无须人为干预的工作之工作对象是不允许管理员来访问的,例如 System Volume Information 目录在默认情况下是没有管理员组的访问权的。如果要打开此目录,需要人为地添加管理员的访问权。基于上述原因,在默认情况下的最大权限只有写成"系统+管理员"了。

默认的用户当然也就是以上几组的成员了,他们继承他们所属组的权力。

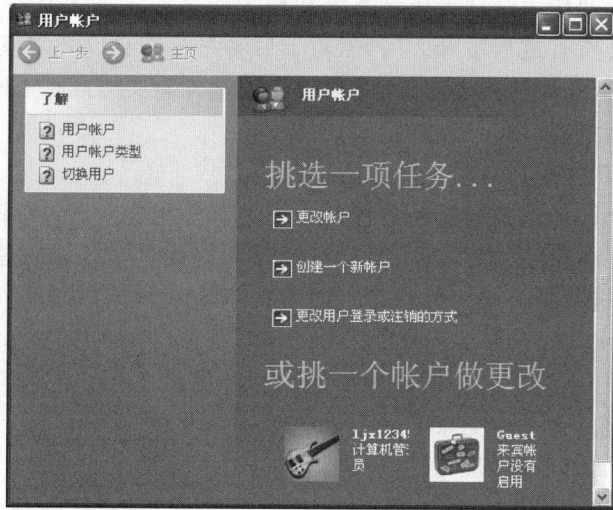

图 9.11 "用户账户"可直观创建

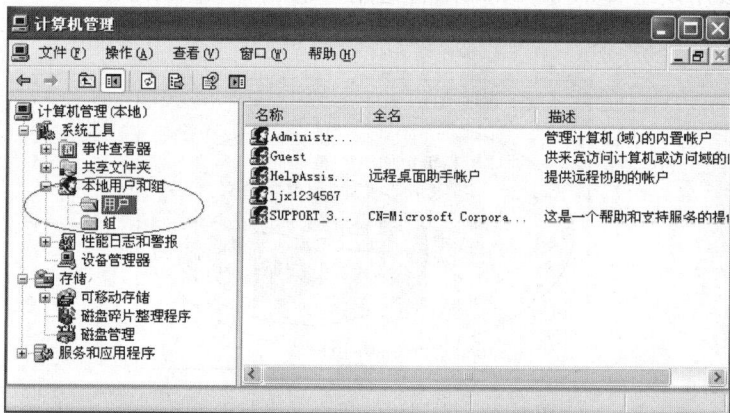

图 9.12 通过"计算机管理"可细致配置

Administrator ---------------------------- 管理员

System ------------------------------------ 系统

Power User ------------------------------- 高级用户

User -------------------------------------- 普通用户

Guest ------------------------------------ 访客

Creator Owner --------------------------- 该对象的所有者

当然以上都是默认的情况,用户组和用户都是可以自行创建添加的,且一个用户可以属于不同的组。其中 Creator Owner 用户并非实际的用户,而是文件的固有属性。

4. Windows 的文件访问权

仅有用户等级的分类不足以实现完善的权限机制,还需要有这样一种文件系统,它能够保存定义在每个文件上的访问权。而 NTFS 文件系统在这方面考虑得很周到。前面说到,比起 FAT32 文件系统,NTFS 有很多优点,如寻址范围更大,对用户透明的完全事务处理机制,透明的明匙加密,支持多条文件流,透明的压缩存储功能等。这些才能满足未来计算机发展的需要。如果没有该文件系统的配合,Windows 自主权限管理机制也只能是"心有余而力不足"了。

下面具体说说在 Windows XP 中,对文件定义了哪些访问控制权限。

在文件夹选项的"查看"标签页中将使用简单文件共享的"√"去掉后,在 NTFS 分区的文件和文件夹的属性中就会出现安全页,如图 9.13 所示。通过该窗口可以设定各用户对该对象的访问操作权限。

访问权一般为 6 项,它们之间存在一定的集合包含关系。以权限的大小排序,可以排成如下顺序:完全控制、修改、写入、读取和运行、读取、列出文件夹目录。而它们的集合关系则为:(完全控制、(修改、(写入、(读取和运行、(读取、(列出文件夹目录))))))。除了上述 6 项之外,还可通过"高级"按钮打开"高级安全设置"窗口,来设置更加细化的权限。这些更为细致的权限项可理解为上面提到的 6 项权限的每一项的分解,如果更改了这些细分权限的设置,则会在"特别的权限"一项中得到体现(特别的权限会被勾选)。也就是说,除了上面提到的 6 项权限之外的"特别的权限"一项,事实上不是某种访问控制权,而只是表示该对象的细分权限是否有其他的设置。

权限的值可以分为 3 种,分别是"允许"、"拒

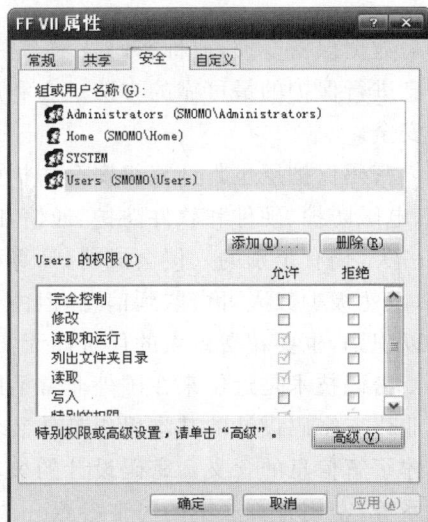

图 9.13　文件和文件夹的属性

绝"、"未设置"。其中需要注意的是"未设置"可以理解为一般意义上的拒绝,而"拒绝"则是指绝对的拒绝。

先思考下面两个例子:

例 1:用户 Jack 不但隶属于高级用户组,也隶属于普通用户组,对于文件夹 TREE,高级用户组是被允许写入的,而普通用户组是被拒绝写入的。则用户 Jack 能否在文件夹 TREE 中建立文件呢?

例 2:用户 Jack 不但隶属于高级用户组,也隶属于普通用户组,对于文件夹 TREE,高级用户组是被允许写入的,而普通用户组的写入权限未设置。则用户 Jack 能否在文件夹 TREE 中建立文件呢?

答案:例 1,不可以;例 2,可以。

这就是说用户属于多个组时,"允许"的权限将叠加。例如,用户所属的两个组中,一个被允许"读",一个被允许"写",则用户既可读又可写。用户如果属于多个组,则只要有一个组的某项权限被拒绝,用户的该项权限便被拒绝。用户属于多个组时,对于某项权限所有组都"未设置",则用户该项权限便被拒绝;然而只要有一个组中对该项"允许",则该用户的该项权限便为允许。

5. 权限的继承

由于文件系统的逻辑结构为树状结构,故各级节点的权限可以单独设置,也可以设为继承其父节点的权限。

当用户设置文件夹的权限后,位于该文件夹下的子文件夹与文件,默认会自动继承该文件夹的权限。

文件权限会覆盖文件夹的权限:如果针对某个文件夹设置了权限,同时也对该文件夹内的文件设置了权限,则以文件的权限设置为优先。

9.4.7 数据加密

数据保密变换,或称密码技术,是一种历史悠久的技术。当前它仍然是计算机系统对信息进行保护的最可靠的方法。它利用密码技术隐蔽信息或信息的记录,从而保护信息的安全。

密码保护层也是计算机安全防护的最内层和最重要的一层。法律制裁、物理环境防护、电磁防护、硬件和软件防护、通信和网络的防护,已阻止了大部分入侵事件,但不是万无一失,仍有个别的入侵会成功,计算机系统仍存在着隐患。通过密码技术将信息隐蔽起来,虽然极少数人可窃取到信息,但由于密码技术的保护,使这些加密信息很难识别,即使可以识别,也要花费极大的代价而无实际意义。这样才能确保最后一道防线不会被攻破。

密码技术是近年来在国外非常活跃的一个学科。许多人在研究、应用它,并逐渐将其商业化。密码设计的基本思想是伪装信息,使无关人员理解不了信息的意义,只有有关人员才了解信息的含义。密码设计的核心是密码算法和密钥。密码算法是一些公式、运算关系等,密钥是算法中的可变参数。改变了密钥也就改变了明文与密文之间的数学关系。加密是通过密钥将明文变成密文,解密是将密文恢复为明文。

在隐蔽战线的斗争中,特别要注意防止敌方通过收买内部人员和侦听、窃收机密信息等手段获取信息并进行密码分析和破译。

对于密码算法来说,衡量其不可破译的尺度叫保密强度。如果总是推不出明文,此算法即为理论上不可破译。如果推出明文需在时间和经济上付出不可能付出的代价,则此算法实际上不可破译。

现代密码学的一个基本原则是:一切秘密寓于密钥之中。加密算法可以公开,密码设备可以丢失,如果密钥丢失则很可能会使敌方破译信息。而且,窃取密钥比破译密码算法的代价要小得多。因此,为提高数据的安全性必须加强密钥管理。密钥管理是一项综合性的技术,它涉及密钥的生成、检验、分配、传递、存储、注入、更换、销毁的全过程。

现代密码学研究的内容主要有:密码算法;密码分析(仅知密文攻击、已知明文攻击、选择明文攻击等);密钥管理。

在密码防护层主要进行:数据加密保护——传输信息加密和存储信息加密;认证——包括信息认证、数字签名、身份认证等。

在网络上,设置密码是最常规的安全方式之一,也是使用最广泛的保护手段。而密码的获取也就是黑客们最常做的一件事了,同时学会获取别人的密码也是成为黑客的必经之路,是黑客入门的必修课。

通常不很安全的密码主要有以下几类:

第 1 类:使用用户名/账号作为密码。虽然这种密码很方便记忆,可是其安全几乎为0。因为几乎所有以破解密码为手段的黑客软件,都首先会将用户名作为破解密码的突破口,而破解这种密码的速度极快,这就等于为黑客的入侵提供了敞开的大门。

第 2 类:使用用户名/账号的变换形式作为密码。将用户名颠倒或者加前后缀作为密码,虽然容易记忆又可以使一部分初级黑客软件一筹莫展,但现在已经有专门对付这类密码的黑客软件了。

第 3 类:使用纪念日作为密码。这种纯数字的密码破解起来几乎没有什么难度可言。

第 4 类:使用常用的英文单词作为密码。尤其是如果选用的单词是十分偏僻的,那么这种方法远比前几种方法安全。但是,对于有较大的字典库的黑客来说,破解它也并不那么困难。

第 5 类:使用 5 位或 5 位以下的字符作为密码。5 位的密码是很不可靠的,而 6 位密码也不过将破解的时间延长到一周左右。

较安全的密码首先必须是 8 位长度;其次必须包括大小写字母和数字,如果有特殊控制符最好;最后就是不要太常见。比如说,e8D&v6Q7 这样的密码就是相对比较安全的。如果再坚持每隔几个月更换一次密码,那就更安全了。另外还要注意,最好及时清空自己的临时文件,上网拨号的时候不选择“保存密码”,在浏览网页输入密码的时候不让浏览器记住自己的密码等。

获取密码有多种方法,下面将介绍几种常见的手法。

(1) 穷举法与字典穷举法

穷举法的原理很简单:密码都是由有限的字符经排列组合而成的,而密码的位数也是有限的,这样,理论上任何密码都可以穷举出来。

显然,以人力去穷举是不可能的,但对于黑客来说,编一个小小的穷举程序是轻而易举的事情,程序是不是能够将密码穷举出来,取决于机器的运行速度。但是,只要密码的基数(也就是允许用作密码的字符的位数)足够多,而密码的位数也足够长,以现在普通机器的运算能力,要将密码穷举出来也是很困难的。例如,当密码的基数允许为大小写字母及数字,也就是 A~Z,a~z,0~9 共 62 位,而密码的位数为 8 位以上的时候,使用 P200的机器所用的计算时间是难以想象的。

但是,在实际使用中,人们选择密码往往有一定的规律,穷举的时候其实没有必要将所有的组合都过滤一遍,正是基于这种想法,在穷举法的基础上,又产生了更有效的字典穷举法。字典穷举法的方法是先制作或是获得一个字典文件,一般是一个单词表,再用穷举程序套上字典进行穷举运算,已有的黑客字典大约已经包含了 20 多万个单词,对于现在的微机而言,尝试比较 20 多万次单词是轻而易举的。这样便可使运算的次数大大减少,而成功率也大大提高。这类程序的典型是 LetMeInversion2.0。

在用于穷举的软件中,“网络刺客”以及“十字星”都是较为出名的。另外,无论是穷举法还是字典穷举法,其前提是先要找到保存密码的文件,而一些软件都可以帮助用户找出保存密码的文件。

（2）密码文件破解法

用户的密码总是要存放在某个地方的，而大多数使用密码的软件，如字处理软件、邮件收发软件等，其存放密码的文件都可以轻而易举地找到。当然，程序编制者不可能笨到将密码原样存放在文件中，而是以某种加密方式存放。针对这种情况，有些黑客编写了专门破解这种密码文件的软件，可以将常规情况下不可识别的字符还原成正常字符，从而取得密码。这种方法乍一看与前面所提到的穷举法有些类似，都是要在保存密码的文件上做手脚，但这两种方法是有着本质区别的。穷举法是将字典中的词用相同的方法加密后与获取的密码文件中的内容相比，如果相同再还原成可视的密码字符。而破解法则是直接硬性地将密码保存文件中的内容破解出来。破解软件当然不是能将所有密码都破解出来，并且成功率也不是很高。

以上仅简单列举了计算机系统采用的安全防护措施。计算机系统的安全与保密问题随着计算机的广泛应用而逐渐受到各国的重视。目前我国计算机应用正在逐渐普及。虽然人们开展计算机安全技术的研究时间不长，计算机应用也不如国外广泛，但我国是一个大国，是一个独立的国家，不可能依靠进口计算机实现信息现代化，更不可能只靠国外的技术来解决国内的计算机及网络安全问题。当前，在我国计算机犯罪案件已屡有发生，计算机泄密的防范问题也已十分突出。这些都对从事计算机安全防护工作的人员提出了亟待解决的新课题。

9.4.8　数据的删除与恢复

数据的删除与恢复问题，其实就是删除与反删除的问题。

在实际工作与生活中，经常遇到数据的删除与恢复问题。删除的原因也多种多样，有时是人们无意中误删了文件，也有人为破坏因素。

当对硬盘误格式化（Format）、误分区（如用 Fdisk）后，在某个分区或整个硬盘中保存的大量数据即刻化为乌有。有时候个别被审计单位在一些极端情况下，对数据故意进行删除、毁坏。如果这些数据非常重要且未做相应备份，相信会造成严重后果。因此，对删除的数据进行恢复，具有非常重要的意义。

9.4.8.1　数据修复的基本原理

先来了解数据修复的基础知识。当人们从计算机中删除文件时，实际上它们并未真正被删除，文件的结构信息仍然保留在硬盘上，除非新的数据将之覆盖。而文件系统一般不会在已经存有数据的磁盘位置安排新内容，除非整个空间已经被用完或者进行了文件碎片整理。

基于此原理，数据修复软件例如 EasyRecovery 使用复杂的模式识别技术，找回分布在硬盘上不同地方的文件碎块，并根据统计信息对这些文件碎块进行重整。接着 EasyRecovery 在内存中建立一个虚拟的文件系统并列出所有的文件和目录。哪怕整个分区都不可见，或者硬盘上也只有非常少的分区维护信息，EasyRecovery 仍然可以高质量地找回文件。

9.4.8.2　误格式化磁盘的数据恢复

在 DOS 高版本状态下，格式化操作 Format 在默认状态下都建立了用于恢复格式化的磁盘信息,实际上是把磁盘的 DOS 引导扇区、FAT 分区表及目录表的所有内容复制到了磁盘的最后几个扇区中(因为后面的扇区很少使用),而数据区中的内容根本没有改变。

在 DOS 时代有一个非常不错的工具 UnFormat,它可以恢复由 Format 命令清除的磁盘。如果用户是在 DOS 下使用 Format 命令导致误格式化了某个分区的话,可以使用该命令试试。不过 UnFormat 只能恢复本地硬盘和软件驱动器,不能恢复网络驱动器。UnFormat 命令除了上面的反格式化功能,它还能重新修复和建立硬盘驱动器上的损坏分区表。

但目前 UnFormat 已经显得"力不从心"了,再使用它来恢复格式化后分区的方法已经过时了。现在可以使用多种恢复软件来进行数据恢复,比如使用 EasyRecovery 和 Finaldata 等恢复软件均可以方便地进行数据恢复工作。另外 DOS 还提供了一个 Miror 命令用于记录当前的磁盘的信息,供格式化或删除之后的恢复使用,此方法也比较有效。

9.4.8.3　0 磁道损坏时的数据恢复

硬盘的主引导记录(MBR)位于硬盘的 0 磁道 0 柱面 1 扇区,其中存放着硬盘主引导程序和硬盘分区表。在总共 512 字节的硬盘主引导记录扇区中,446 字节属于硬盘主引导程序,64 字节属于硬盘分区表(DPT),两个字节(55 AA)属于分区结束标志。0 磁道一旦受损,将使硬盘的主引导程序和分区表信息遭到严重破坏,从而导致硬盘无法引导。0 磁道损坏判断:系统自检能通过,但启动时,分区丢失或者 C 盘目录丢失,硬盘出现有规律的"咯吱……咯吱"的寻道声,运行 SCANDISK 扫描 C 盘,在第一簇出现一个红色的"B",或者 Fdisk 找不到硬盘、DM 死在 0 磁道上,此种情况即为 0 磁道损坏。

0 磁道损坏属于硬盘坏道之一,只不过它的位置相当重要,因而一旦遭到破坏,就会产生严重的后果。如果 0 磁道损坏,按照目前的普通方法是无法使数据完整恢复的,通常 0 磁道损坏的硬盘,可以通过 PCTOOLS 的 DE 磁盘编辑器(或者 DiskMan)来使 0 磁道偏转一个扇区,把 1 磁道作为 0 磁道使用。而数据可以通过 EasyRecovery 来按照簇进行恢复,但数据无法保证得到完全恢复。

9.4.8.4　分区表损坏时的数据恢复

硬盘主引导记录所在的扇区也是病毒重点攻击的地方,通过破坏主引导扇区中的分区表,就可以轻易地损毁硬盘分区信息,达到破坏资料目的。分区表的损坏是分区数据被破坏而致使记录被破坏的,因此可以使用软件来进行修复。

一般情况下,硬盘分区之后,要备份一份分区表至软盘、光盘或者移动存储活动盘上。在这方面,国内著名的杀毒软件 KV3000 系列和瑞星都提供了完整的解决方案。但是,对于没有备份分区表的硬盘来说,虽然 KV3000 也提供了相应的修复方法,成功率相对就要低一些了。在恢复分区上,诺顿磁盘医生 NDD 是绝对强劲的工具,可以自动修复分区丢失等情况,可以抢救软盘坏区中的数据,强制读出后搬移到其他空白扇区。在硬盘崩溃或异常的情况下,它可能带给用户一线希望。在出现问题后,用启动盘启动,运行 NDD,选择 Diagnose 进行诊断。NDD 会对硬盘进行全面扫描,如果有错误的话,它会提示信息,只要根据软件的提示选择修复项目即可,这些问题它都能轻松解决。

另外,众所周知的中文磁盘工具 DiskMan,在重建分区表方面具有非常实用的功能,用于修复分区表的损坏是最合适不过了。如果硬盘分区表被分区调整软件(或病毒)严重破坏,必将引起硬盘和系统瘫痪的严重后果,而 DiskMan 可通过未被破坏的分区引导记录信息重新建立分区表。只要在菜单的工具栏中选择"重建分表",DiskMan 即开始搜索并重建分区。使用过程之中,DiskMan 将首先搜索 0 柱面 0 磁头从 2 扇区开始的隐含扇区,寻找被病毒挪动过的分区表。紧接着搜索每个磁头的第一个扇区。整个搜索过程采用"自动"或"交互"两种方式进行。自动方式保留发现的每一个分区,适用于大多数情况。交互方式对发现的每一个分区都会给出提示,由用户选择是否保留。采用自动方式重建的分区表一旦出现故障,可以采用交互方式重新进行搜索。

但是,重建分区表功能也不能保证做到百分之百的修复好硬盘分区表。所以还是应该尽量保护好硬盘,尽量避免硬件损伤以及病毒的侵扰,一定要做好分区表的备份工作;如果没有做备份的话,可下载一个 DISKGEN 软件,在"工具"选项中,选备份分区表,一般默认是备份到软驱上面,可以先更改为输出到硬盘文件夹里,然后把这个备份文件刻录到光盘或者是复制到 U 盘里。

9.4.8.5 误删除之后的数据恢复

在计算机使用中最常见的就是误删除之后的数据恢复了。这个时候一定要记住,千万不要再向该分区或者磁盘写入信息,因为刚被删除的文件被恢复的可能性最大。实际上当用 Fdisk 删除了硬盘分区之后,表面现象是硬盘中的数据已经完全消失,在未格式化时进入硬盘会显示无效驱动器。如果了解 Fdisk 的工作原理,就会知道,Fdisk 只是重新改写了硬盘的主引导扇区(0 面 0 道 1 扇区)中的内容。具体说就是删除了硬盘分区表信息,而硬盘中的任何分区的数据均没有改变。由于删除与格式化操作对于文件的数据部分实质上丝毫未动,这就给文件恢复提供了可能性。只要利用一些反删除软件(它的工作原理是通过对照分区表来恢复文件),用户可以轻松地实现文件恢复的目的。同时误格式化同误删除的恢复方法在使用上基本上没有大的区别,只要没有用 Fdisk 命令打乱分区的硬盘(利用 Fdisk 命令对于 40GB 以内的硬盘进行分区,还是很方便实用的,所有启动盘上都有,主板支持也没有任何问题),要恢复的文件所占用的簇未被其他文件占用,格式化前的大部分数据仍是可以被恢复的。而且如果 Windows 系统还可以正常使用,那么最简单的恢复方法就是用 Windows 版 EasyRecovery 软件,它恢复硬盘数据的功能十分强大,不仅能恢复被从回收站清除的文件,而且还能恢复被格式化的 FAT16、FAT32 或 NTFS 分区中的文件。

该软件的实际操作步骤,可参考本书附录 D。

9.5 RAID 数据安全

RAID 是"redundant array of independent disk"的缩写,中文意思是独立冗余磁盘阵列。冗余磁盘阵列技术诞生于 1987 年,由美国加州大学伯克利分校提出。简单来说,就是将多块硬盘通过 RAID 控制器(分为硬件、软件)结合成虚拟单台大容量的硬盘使用。RAID 技术的采用为存储系统(或者服务器的内置存储)带来巨大效益,其中提高传输速率和提供容错功能是它最大的优点。

9.5.1 RAID 简介

RAID 把多块独立的硬盘(物理硬盘)按不同的方式组合起来形成一个硬盘组(逻辑硬盘),从而提供比单个硬盘更高的存储性能和提供数据备份功能。组成磁盘阵列的不同方式称为 RAID 级别(RAID levels)。数据备份的功能是指用户数据一旦发生损坏,利用备份信息可以使损坏数据得以恢复,从而保障了用户数据的安全性。在用户看起来,组成的磁盘组就像是一个硬盘,用户可以对它进行分区、格式化等。总之,对磁盘阵列的操作与单个硬盘一模一样。不同的是,磁盘阵列的存储速度要比单个硬盘高很多,而且可以提供自动数据备份。

RAID 技术在速度和安全上都有优势,因而早期被应用于高级服务器中的 SCSI 接口的硬盘系统。随着近年计算机技术的发展,PC 机的 CPU 的速度已进入 GHz 时代。IDE 接口的硬盘也不甘落后,相继推出了 ATA66 和 ATA100 硬盘。这就使得 RAID 技术被应用于中低档甚至个人 PC 机上成为可能。RAID 通常是由在硬盘阵列塔中的 RAID 控制器或计算机中的 RAID 卡来实现的。

RAID 技术经过不断的发展,现在已拥有了从 RAID0～RAID7 八种基本的 RAID 级别。另外,还有一些基本 RAID 级别的组合形式,如 RAID10(RAID0 与 RAID1 的组合)、RAID50(RAID0 与 RAID5 的组合)等。不同 RAID 级别代表着不同的存储性能、数据安全性和存储成本。RAID 级别的选择有三个主要因素:可用性(数据冗余)、性能和成本。如果不要求可用性,选择 RAID0 以获得最佳性能。如果可用性和性能是重要因素而成本不是一个主要因素,则根据硬盘数量选择 RAID1。如果可用性、成本和性能都同样重要,则根据一般的数据传输和硬盘的数量选择 RAID3、RAID5。

RAID 有一基本概念称为 EDAP(extended data availability and protection),其强调扩充性及容错机制,也是各家厂商如 Mylex,IBM,HP,Compaq,Adaptec,Infortrend 等诉求的重点,包括在不须停机情况下可处理以下动作:

- RAID 磁盘阵列支援自动检测故障硬盘;
- RAID 磁盘阵列支援重建硬盘坏轨的资料;
- RAID 磁盘阵列支援支持不须停机的硬盘备援(hot spare);
- RAID 磁盘阵列支援支持不须停机的硬盘替换(hot swap);
- RAID 磁盘阵列支援扩充硬盘容量。

9.5.2 RAID 功能

(1) 扩大了存储能力,可由多个硬盘组成容量巨大的存储空间。

(2) 降低了单位容量的成本。市场上最大容量的硬盘每兆容量的价格要大大高于普及型硬盘,因此采用多个普及型硬盘组成的阵列其单位价格要低得多。

(3) 提高了存储速度。单个硬盘速度受到各个时期的技术条件限制,要提高往往很困难,而使用 RAID,则可以让多个硬盘同时分摊数据的读或写操作,因此整体速度有成倍提高。

(4) 可靠性 RAID 系统可以使用两组硬盘同步完成镜像存储,这种安全措施对于网络服务器很重要。

（5）RAID 控制器的一个关键功能就是容错处理。容错阵列中如有单块硬盘出错，不会影响到整体的继续使用，高级 RAID 控制器还具有拯救功能。

（6）对于 IDE RAID 来说，目前还有一个功能就是支持 ATA/66/100。RAID 也分为 SCSI RAID 和 IDE RAID 两类，当然 IDE RAID 要廉价得多。如果主机主板不支持 ATA/66/100 硬盘，通过 RAID 卡，则能够使用新硬盘的 ATA/66/100 功能。

9.5.3 RAID 优点

RAID 的采用为存储系统（或者服务器的内置存储）带来巨大利益，其中提高传输速率和提供容错功能是最大的优点。

RAID 通过同时使用多个磁盘，提高了传输速率。RAID 通过在多个磁盘上同时存储和读取数据，大幅提高存储系统的数据吞吐量（throughput）。在 RAID 中，可以让很多磁盘驱动器同时传输数据，而这些磁盘驱动器在逻辑上又是一个磁盘驱动器，所以使用 RAID 可以达到单个磁盘驱动器几倍、几十倍甚至上百倍的速率。这也是 RAID 最初想要解决的问题。因为当时 CPU 的速度增长很快，而磁盘驱动器的数据传输速率无法大幅提高，所以需要有一种方案解决二者之间的矛盾。RAID 最后成功了。

通过数据校验，RAID 可以提供容错功能。这是使用 RAID 的第二个原因，因为如果不包括写在磁盘上的 CRC（循环冗余校验）码，普通磁盘驱动器无法提供容错功能。RAID 容错是建立在每个磁盘驱动器的硬件容错功能之上的，所以它提供更高的安全性。在很多 RAID 模式中都有较为完备的相互校验/恢复的措施，甚至是直接的相互镜像备份，从而大大提高了 RAID 系统的容错度，提高了系统的稳定冗余性。

9.5.4 RAID 种类及应用

基于不同的架构，RAID 的种类可以分为软件 RAID、硬件 RAID 和外置 RAID。

软件 RAID 很多情况下已经包含在系统之中，并成为其中一个功能，如 Windows、Netware 及 Linux。软件 RAID 中的所有操作皆由中央处理器负责，所以系统资源的利用率会很高，从而使系统性能降低。软件 RAID 不需要另外添加任何硬件设备，因为它是靠系统——主要是中央处理器的功能——提供所有现成的资源。硬件 RAID 通常是一张 PCI 卡，该卡上会有处理器及内存。因为该卡上的处理器已经可以提供 RAID 所需要的一切资源，所以不会占用系统资源，从而令系统的表现大大提升。

硬件 RAID 的应用之一是可以连接内置硬盘、热插拔背板或外置存储设备。无论连接何种硬盘，控制权都是在 RAID 卡上，亦即是由系统操控。在系统里，硬件 RAID PCI 卡通常都需要安驱动程序，否则系统会拒绝支持。磁盘阵列可以在安装系统之前或之后产生，系统会视之为一个（大型）硬盘，而它具有容错及冗余的功能。磁盘阵列不仅可以加入一个现成的系统，它更可以支持容量扩展。方法也很简单，只需要加入一个新的硬盘并执行一些简单的指令，系统便可以实时利用新加的容量。

外置式 RAID 也是属于硬件 RAID 的一种，区别在于 RAID 卡不会安装在系统里，而是安装在外置的存储设备内。这个外置的存储设备则会连接到系统的 SCSI 卡上。系统没有任何的 RAID 功能,因为它只有一张 SCSI 卡;所有的 RAID 功能将会移到这个外置存储里。好处是外置的存储往往可以连接更多的硬盘,不受系统机箱的大小所影响。而一些高级的技术,如双机容错,需要多个服务器外连到一个外置储存上,以提供容错能力。外置式 RAID 的应用之一是可以安装任何的操作系统,因此是与操作系统无关的。为什么呢?因为在系统里只存在一张 SCSI 卡,并不是 RAID 卡。而对于系统及 SCSI 卡来说,外置式 RAID 只是一个大型硬盘,并不是什么特别的设备,所以这个外置式 RAID 可以安装任何的操作系统。唯一的要求就是 SCSI 卡在这个操作系统要安装驱动程序。

9.5.5 RAID 技术相关术语

1. 硬盘镜像(disk mirroring)

硬盘镜像最简单的形式是,一个主机控制器带两个互为镜像的硬盘。数据同时写入两个硬盘,两个硬盘上的数据完全相同,因此一个硬盘故障时,另一个硬盘可提供数据。

2. 硬盘数据跨盘(disk spanning)

利用这种技术,几个硬盘看上去像是一个大硬盘;这个虚拟盘可以把数据跨盘存储在不同的物理盘上,用户不需关心哪个盘上存有他需要的数据。

3. 硬盘数据分段(disk striping)

数据分散存储在几个盘上。数据的第一段放在盘 0,第 2 段放在盘 1……直至达到硬盘链中的最后一个盘,然后下一个逻辑段将放在硬盘 0,再下一个逻辑段放在盘 1,如此循环直至完成写操作。

4. 数据带区(striping set)

也称为数据条带,是指分散存储在几块硬盘上同一横向的分段组成的存储空间。因此 RAID 可以视为数据带区组。

5. 双控(duplexing)

这里是指用两个控制器来驱动一个硬盘子系统。一个控制器发生故障,另一个控制器马上控制硬盘操作。此外,如果编写恰当的控制器软件,可实现不同的硬盘驱动器同时工作。

6. 容错(fault tolerant)

具有容错功能的机器有抗故障的能力。例如 RAID1 镜像系统是容错的,镜像盘中的一个出现故障,硬盘子系统仍能正常工作。

7. 主机控制器(host adapter)

这里是指使主机和外设进行数据交换的控制部件(如 SCSI 控制器)。

8. 热修复(hot fix)

指用一个硬盘热备份来替换发生故障的硬盘。要注意故障盘并不是真正地被物理替换了。用作热备份的盘被加载上故障盘原来的数据,然后系统恢复工作。

9. 热补(hot patch)

具有硬盘热备份,可随时替换故障盘的系统。

10. 热备份(hot spare)

与 CPU 系统带电连接的硬盘,它能替换下系统中的故障盘。与冷备份的区别是,冷备份盘平时与机器不相连接,硬盘故障时才换下故障盘。

11. 平均数据丢失时间(mean time between data loss,MTBDL)

发生数据丢失的事件间的平均时间。

12. 平均无故障工作时间(mean time between failure,MTBF 或 MTIF)

设备平均无故障运行时间。

13. 廉价冗余磁盘阵列(redundant array of inexpensive drives,RAID)

一种将多个廉价硬盘组合成快速、有容错功能的硬盘子系统的技术。

14. 系统重建(reconstruction or rebuild)

一个硬盘发生故障后,从其他正确的硬盘数据和奇偶信息恢复故障盘数据的过程。

15. 恢复时间(reconstruction time)

为故障盘重建数据所需要的时间。

16. 单个大容量硬盘(singe expensive driver,SED)

17. 传输速率(transfer rate)

指在不同条件下存取数据的速度。

18. 虚拟盘(virtual disk)

与虚拟存储器类似,虚拟盘是一个概念盘,用户不必关心他的数据写在哪个物理盘上。虚拟盘一般跨越几个物理盘,但用户看到的只是一个盘。

9.5.6 RAID 级别

主要包含 RAID0～RAID7 等若干个等级规范,它们的侧重点各不相同。

实际应用中最常见的是 RAID0、RAID1、RAID5 和 RAID10。由于在大多数场合,RAID5 包含了 RAID2～RAID4 的优点,所以 RAID2～RAID4 基本退出市场。现在,一般认为 RAID2～RAID4 只用于 RAID 开发研究。下面对各级别做一介绍。

9.5.6.1 RAID0:无差错控制的带区组

RAID0 又称为 Stripe(条带化)或 Striping,它代表了所有 RAID 级别中最高的存储性能。RAID0 提高存储性能的原理是把连续的数据分散到多个磁盘上存取,这样,系统有数据请求就可以被多个磁盘并行执行,每个磁盘执行属于它自己的那部分数据请求。这种数据上的并行操作可以充分利用总线的带宽,显著提高磁盘整体存取性能。

当然,RAID0 最简单的实现方式就是把几块硬盘串联在一起创建一个大的卷集(参见图 9.14),未必一定条带化,但现在已经没有这种用法了。磁盘之间的连接既可以使用硬件的形式通过智能磁盘控制器实现,也可以使用操作系统中的磁盘驱动程序以软件的方式实现。

要实现 RAID0 必须要有两个以上硬盘驱动器,RAID0 实现了带区组,所以数据吞吐率大大提高,驱动器的负载也比较平衡。如果所需要的数据恰好在不同的驱动器上,效率更高。它不需要计算校验码,实现容易。

它的缺点是没有数据差错控制,没有冗余功能,如果一个磁盘(物理)损坏,则所有的数据都无法使用。故不应该将它用于对数据稳定性要求高的场合。如果用户进行图像(包括动画)编辑和其他要求传输量较大的场合,使用 RAID0 比较合适。同时,RAID0 可

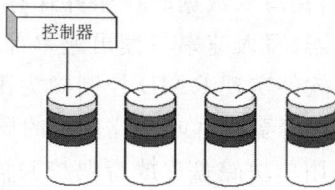

图 9.14　RAID0

以提高数据传输速率,比如所需读取的文件分布在两个硬盘上,这两个硬盘可以同时读取,那么读取同样文件的时间被缩短为原来的 1/2。在所有的级别中,RAID0 的速度是最快的。

9.5.6.2　RAID1:镜像结构

对于使用 RAID1 结构的设备来说,RAID 控制器必须能够同时对两个盘进行读操作和对两个镜像盘进行写操作。通过图 9.15 可以看到必须有两个驱动器。因为是镜像结构,在一组盘出现问题时,可以使用镜像,提高系统的容错能力。它比较容易设计和实现。每读一次盘只能读出一块数据,也就是说数据块传送速率与单独的盘的读取速率相同。RAID1 的校验十分完备,因此对系统的处理能力有很大影响,通常的 RAID 功能由软件实现,而这样的实现方法在服务器负载比较重的时候会大大影响服务器效率。当系统需要极高的可靠性时,如进行数据统计,那么使用 RAID1 比较合适。而且 RAID1 技术支持"热替换",即不断电的情况下对故障磁盘进行更换,更换完毕只要从镜像盘上恢复数据即可。当主硬盘损坏时,镜像硬盘就可以代替主硬盘工作。镜像硬盘相当于一个备份盘。可想而知,这种硬盘模式的安全性是非常高的,RAID1 的数据安全性在所有的 RAID 级别上来说是最好的。但是其磁盘的利用率却只有 50%,是所有 RAID 级别中最低的。

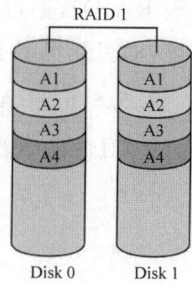

图 9.15　RAID1

9.5.6.3　RAID2:带海明码校验

从概念上讲,RAID 2 同 RAID3 类似,两者都是将数据条块化分布于不同的硬盘上,条块单位为位或字节。然而 RAID 2 使用海明码编码技术来提供错误检查及恢复。这种编码技术需要多个磁盘存放检查及恢复信息,使得 RAID 2 技术实施更复杂。因此,在商业环境中很少使用。由于海明码的特点,它可以在数据发生错误的情况下将错误校正,以保证输出的正确。它的数据传送速率相当高,如果希望达到比较理想的速度,那最好提高保存校验码 ECC 码的硬盘,对于控制器的设计来说,它又比 RAID3,RAID4 或 RAID5 要简单。没有免费的午餐,这里也一样,要利用海明码,必须要付出数据冗余的代价。输出数据的速率与驱动器组中速度最慢的相等。

9.5.6.4　RAID3:带奇偶校验码的并行传送

RAID3 的这种校验码与 RAID2 不同,只能查错不能纠错。它访问数据时一次处理一个带区,这样可以提高读取和写入速度。它像 RAID0 一样以并行的方式来存放数据,但速度没有 RAID0 快。校验码在写入数据时产生并保存在另一个磁盘上。需要实现时用户必须要有三个以上的驱动器,写入速率与读出速率都很高,因为校验位比较少,因此计算时间相对而言比较少。用软件实现 RAID 控制颇为困难,控制器的实现也不是很容易。它主要用于图形(包括动画)等要求吞吐率比较高的场合。

不同于 RAID2,RAID3 使用单块磁盘存放奇偶校验信息。如果一块磁盘失效,奇偶盘及其他数据盘可以重新产生数据。如果奇偶盘失效,则不影响数据使用。RAID3 对于大量的连续数据可提供很好的传输率,但对于随机数据,奇偶盘会成为写操作的瓶颈。利用单独的校验盘来保护数据虽然没有镜像的安全性高,但是硬盘利用率得到了很大的提高,为 $N-1$。

9.5.6.5 RAID4:带奇偶校验码的独立磁盘结构

RAID4 和 RAID3 很像,不同的是,它对数据的访问是按数据块进行的,也就是按磁盘进行的,每次是一个盘。RAID3 是一次一横条,而 RAID4 一次一竖条。它的特点也类似于 RAID3,不过在失败恢复时,难度要比 RAID3 大得多了。控制器的设计难度也要大许多,而且访问数据的效率不高。

9.5.6.6 RAID5:分布式奇偶校验的独立磁盘结构

RAID5 的磁盘结构如图 9.16 所示。

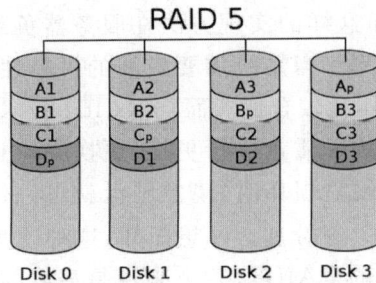

图 9.16　RAID5

RAID5 是一种存储性能、数据安全和存储成本兼顾的存储解决方案。从 RAID5 的示意图上可以看到,它的奇偶校验码分布在所有磁盘上,其中的 A_p 代表第 A 带区的奇偶校验值,其他 B_p、C_p、D_p 的意思相同。RAID5 的读出效率很高,写入效率一般,块式的集体访问效率不错。因为奇偶校验码在不同的磁盘上,所以提高了可靠性,允许单个磁盘出错。RAID5 也是以数据的校验位来保证数据的安全,但它不是以单独硬盘来存放数据的校验位,而是将数据段的校验位交互存放于各个硬盘上。这样,任何一个硬盘损坏,都可以根据其他硬盘上的校验位来重建损坏的数据,硬盘的利用率为 $N-1$。它对数据传输的并行性解决得不好,而且控制器的设计也相当困难。

RAID5 与 RAID3 重要的区别在于,RAID3 每进行一次数据传输,需涉及有的阵列盘。而对 RAID5 来说,大部分数据传输只对一块磁盘操作,可进行并行操作。在 RAID5 中有"写损失",即每一次写操作,将产生四个实际的读/写操作,其中两次读旧的数据及奇偶信息,两次写新的数据及奇偶信息。

RAID 的优点:磁盘空间利用率较高$[(N-1)/N]$;读写速度较快(是一张盘的$N-1$倍);容错性能好(RAID 阵列中一块盘掉线后仍然正常工作)。

RAID5 最大的好处是,相对于 RAID0 必须每一块盘都正常才可以正常工作的状况,其容错性能好多了。因此 RAID5 是 RAID 级别中最常见的一个类型。RAID5 校验位即 P 位是通过其他条带数据做异或(xor)求得的。计算公式为 P = D0xorD1xorD2...xorDn,其中 P 代表校验块,Dn 代表相应的数据块,xor 是数学运算符号异或。

9.5.6.7　RAID6:带有两种分布存储的奇偶校验码的独立磁盘结构

RAID6 是对 RAID5 的扩展,主要是用于要求数据绝对不能出错的场合。由于引入了第二种奇偶校验值,所以需要 $N+2$ 个磁盘,同时对控制器的设计变得十分复杂,写入速度也不好,用于计算奇偶校验值和验证数据正确性所花费的时间比较多,造成了不必须的负载。

9.5.6.8　RAID7:优化的高速数据传送磁盘结构

RAID7 所有的 I/O 传送均是同步进行的,可以分别控制,从而提高了系统的并行性,以及系统访问数据的速度;每个磁盘都带有高速缓冲存储器,实时操作系统可以使用任何实时操作芯片,达到不同实时系统的需要。允许使用 SNMP 协议进行管理和监视,可以对校验区指定独立的传送信道以提高效率。可以连接多台主机,因为加入高速缓冲存储器,当多用户访问系统时,访问时间几乎接近于 0。由于采用并行结构,因此数据访问效率大大提高。需要注意的是它引入了一个高速缓冲存储器,这有利有弊,因为一旦系统断电,在高速缓冲存储器内的数据就会全部丢失,因此需要和 UPS 一起工作。该产品的价格较昂贵。

9.5.6.9　RAID10:高可靠性与高效磁盘结构

这种结构其实就是 RAID0+RAID1,是一个带区结构加一个镜像结构,两种结构各有优缺点,因此可以相互补充,达到既高效又高速的目的。可以结合两种结构的优点和缺点来理解这种新结构。这种新结构的价格高,可扩充性不好,主要用于容量不大,但要求速度和差错控制的数据库中。

9.5.6.10　RAID50:分布奇偶位阵列条带

同 RAID10 相仿,它是 RAID5 和 RAID0 的复合结构。它由两组 RAID5 磁盘组成(每组最少 3 个),每一组都使用了分布式奇偶位,而两组硬盘再组建成 RAID0,实现跨磁盘抽取数据。RAID50 提供可靠的数据存储和优秀的整体性能,并支持更大的卷尺寸。即使两个物理磁盘发生故障(每个阵列中一个),数据也可以顺利恢复过来。

RAID50 最少需要 6 个驱动器,它最适合需要高可靠性存储、高读取速度、高数据传输性能的应用。这些应用包括事务处理和有许多用户存取小文件的办公应用程序。

9.5.6.11　RAID53:高效数据传送磁盘结构

结构的实施同 RAID0 数据条阵列,其中,每一段都是一个 RAID3 阵列。它的冗余与容错能力同 RAID3。这对需要具有高数据传输率的 RAID3 配置的系统有益,但是它价格昂贵、效率偏低。

9.5.6.12　RAID1.5

RAID1.5 是一种新生的磁盘阵列方式,它也具有 RAID0+1 的特性,但它的实现只需要 2 块硬盘即可。

从表面上来看,组建 RAID1.5 后的磁盘,两个都具有相同的数据。RAID1.5 也是一种不能完全利用磁盘空间的磁盘阵列模式,因此,两个 80GB 的硬盘在组建 RAID1.5 后,和 RAID1 的效果是一样的,即只有 80GB 的实际使用空间,另外 80GB 是它的备份数据。如果把两个硬盘分开,分别把它们运行在原系统,也是畅通无阻的。通过实际应用发现,两个硬盘在分开运行后,其数据的轻微改变都会引起再次重组后的磁盘阵列无法实现完全的数据恢复,而是以数据较少的磁盘为准。

习题

1. 什么是互联网?
2. 互联网接入方式有哪些? 各有何特点?
3. DNS 是什么?
4. 互联网应用有哪些方面?
5. 为什么能进行数据修复?
6. 免费软件和共享软件有什么异同?
7. 病毒主要的形式有哪些?
8. RAID 有哪些优点?
9. RAID5 有哪些特点?

第 10 章　信息系统建设与信息系统审计

本章将简单介绍计算机软件特别是程序设计语言的发展和程序设计的控制结构,并且对软件工程的基本思想、信息系统和信息系统审计等内容作一个初步介绍。

10.1　计算机软件及其发展

众所周知,计算机系统由硬件系统和软件系统两大部分组成。回顾一下计算机的发展历史,我们可以根据计算机硬件的发展,将计算机的发展过程分成若干代,例如电子管代、晶体管代、中小规模集成电路代、超大规模集成电路代等。在计算机硬件系统发展的同时,计算机软件系统同样飞速发展着。

软件发展主要体现在编程语言的发展、操作系统的形成和发展、软件开发工具和环境的发展,以及软件工程的形成和发展等若干方面。软件可分为系统软件和应用软件两大类。通常把那些为其他软件提供运行环境,支持其他软件运行的软件称为系统软件。例如,操作系统、语言处理软件、网络管理软件以及一些服务性软件等都属于系统软件。其余的软件统称为应用软件。

10.1.1　程序设计语言的发展

根据冯·诺依曼体系,计算机是存储程序,由程序控制的自动化系统,使用计算机求解问题,就意味着要为计算机设计相当的处理程序。由于计算机的硬件(运算器和控制器等由逻辑电路构成的基本部件)只"认识"0 和 1,所以程序的最终形式都是由 0 和 1 组成的二进制代码形式。

早在计算机诞生之初,人们直接用二进制形式编程,但是这种在计算机看来十分明了的程序,对人们来说却是一部"天书"。后来,人们将三个二进制位合并在一起,这就形成了八进制。再往后,为了与字节对应,又将四个二进制位合在一起,就变成了十六进制。

不管八进制还是二进制,用数字表示程序都不直观,仍然很难读,于是人们便产生了用符号代表指令的想法,设计出了汇编语言。比如,用 ADD 表示加法指令,SUB 表示减法指令,等等。事先设计一个能将汇编语言编写的程序(叫源程序)翻译成机器指令的软件(叫做汇编程序),装入计算机,人们用汇编语言编写出源程序之后,由计算机自动地将源程序翻译成计算机能够直接执行的二进制程序(称为目标程序),这种二进制形式的语言称为机器语言。汇编程序就是将汇编语言的源程序翻译成机器语言程序的翻译器。一台计算机配上了汇编程序就相当于人们已经"教会"计算机认识汇编语言了。汇编程序是最早出现的计算机软件。直到现在,汇编语言仍然是开发最底层软件的常用工具之一。

有了汇编语言,减轻了人们的编程工作,但用起来仍然十分吃力。由于汇编源程序与机器语言程序有简单的对应关系,即一条汇编指令对应一条二进制的机器指令,不同种类的机器有不同的机器语言,不同类型的机器之间又"听不懂"对方的语言,所以用汇编语言编写的程序缺乏通用性和可移植性。于是人们又设计出"高级程序设计语言"。这样相对而言,机器语言和汇编语言便称为低级语言。

最早出现的高级程序设计语言是 FORTRAN 语言(formula translation)。由于早期计算机的主要应用是进行"数值计算",因而在设计程序语言的时候,着重考虑如何充分发挥计算机的"计算"能力,所以 FORTRAN 语言是特别适合于数值计算的高级语言。接下来出现了便于初学者使用的、有较强的人机对话功能的"解释"性的语言 BASIC (Beginner's All-purpose Symbolic Instruction Code,初学者通用符号指令码)和便于非程序员使用的商业语言 COBOL(Common Business Oriented Language,面向商业的通用语言)等。

FORTRAN 语言和 BASIC 语言在相当长的一段时期内占有"统治"地位,对计算机程序设计技术的普及和发展起到很大的作用。

在计算机发展特别是程序设计过程中,人们逐步认识到"算法"的重要性,陆续设计出更加便于算法描述的 ALGOL(Algorithmic Language,算法语言)语言;汇集多种语言优点,被称作大型公共汽车的 PL/1 语言(Programming Language/1);更加便于设计结构化程序的 Pascal 语言;以及便于设计系统程序的 C 语言等。

为了满足不同行业的需要,人们还设计出各种各样的专用语言,这里不必一一列举。而随着计算机技术的发展,人们提出了面向对象的概念,并陆续设计出多种面向对象的程序设计语言,如早期的 Simula 语言,后来的 Smalltalk 语言、Ada 语言、Java 语言、C++ 语言等。

正像将计算机分成第一代、第二代……一样,人们也将程序语言分级。随着计算机技术的发展,新开发的程序语言的功能也不断地增强,程序设计的"自动化"程度也越来越高,如果只分成低级和高级两类,不能完全反映程序语言的发展过程和适用范围。将与计算机硬件联系最为密切的机器语言和汇编语言称为一级,将 Pascal 和 C 等面向过程(或称过程式)的语言称为二级,将具有面向对象功能的 C++ 语言和 C++ Builder 等称为三级,将更为高级的语言,如 VB(Visual Basic)、Delphi 和 Power Builder 语言称为四级。由于 C 语言能直接对计算机硬件进行操作(所以它适合于编写系统软件),也有人视其为介于低级语言和高级语言之间的一种语言。

程序语言的级别越低,对使用者所掌握的计算机知识要求越高,像一级语言和二级语言,都属于"程序员级"的语言,即必须掌握足够的专门知识才能使用好这类语言。相反,语言的级别越高,对使用者的要求则越低,也就是使用这类语言编程无须掌握很多计算机专业知识。相比而言,用较低级语言进行软件开发往往要花费更多的精力和时间,因为需要更为精细地控制计算机的操作。

语言的发展同时促进了编程技术的发展。首先,语言的"封装"功能越来越强。起初,ALGOL 语言第一次提出了复合语句和分程序的概念,将若干条相关语句封装起来成为一个整体。后来 Pascal 语言又将不同类型的相关数据封装在一起产生了记录类型。有了上述简单封装手段,大大增强了程序的结构化,再后来的 C++ 等语言,进一步地将数据和处理这些数据的语句(程序段)封装在一起,产生了"类"和"对象"的概念。封装技术的发展和应用,不仅使程序具有良好的结构性,更主要的是促进了软件复用技术的形成和发展,以及软件工程的形成和发展。

10.1.2 操作系统的形成和发展

计算机操作系统(operating systern,OS)的形成和发展对计算机应用也起着十分巨大的作用。操作系统是最典型的系统软件,它负责管理计算机的所有硬件和软件资源,控制计算机的工作流程,是人与计算机的界面(或称接口)。

人们形象地将仅由硬件组成的计算机称为"裸机",操作系统就像是给裸机穿上的内衣,是裹在裸机上的第一层软件。而程序语言(实际上是语言的编译系统)属于第二层软件,在操作系统和程序语言基础上开发的一些应用软件都属于高层软件。

早期,人们直接使用计算机裸机非常麻烦。先将编写好的程序穿成纸带或卡片,通过手工操作方式输入到计算机中。由于手工操作速度太慢,后来设计出批处理系统,将已穿成纸带或卡片的若干用户程序,通过主机或专门用来输入作业的卫星机读入计算机内存,由计算机自动地将其逐一执行,初步实现上机操作的自动化。后来又配备一些标准 I/O 子程序及一些子程序库。

随着硬件的发展,出现了"中断"和"数据通道",设计出控制多道程序并发执行的管理系统。当正在执行的一个用户程序需要输入输出数据时,主机启动外设,在外设进行输入输出操作期间,主机并不停止等待而是执行别的程序(外设的速度远远慢于主机的速度),这样主机与外设就可以平行地进行工作。从这一时期起,操作系统就逐步形成了。以后又逐步开发出分时处理操作系统、实时操作系统等。

一般来说,操作系统的处理模块分为处理机管理(又称进程管理和线程管理)、存储器管理、设备管理、文件管理和作业管理五大部分。处理机管理模块负责合理地利用 CPU 资源,使计算机各种设备很好地并发执行,充分利用处理机资源。存储器管理模块负责将内存空间划分成若干页或若干段,将多个用户程序同时装入不同的页或段中,充分利用内存资源。设备管理模块负责分配和调度计算机的外部设备,使每个用户程序都能正常工作。文件管理模块主要负责分配和管理磁盘等外部存储器,使用户的文件能安全而又方便地存储在磁盘上。至于作业管理主要用于批处理系统,当多个作业同时装入计算机时,由作业管理模块进行合理的调度,使每个作业都能正常运行。

微机的产生和发展在某些方面也推动着操作系统的发展。由于微机(个人计算机)属于单用户机器(每个时刻只能由一个人使用),微机所配备的操作系统更多地考虑如何方便用户,所以微机操作系统一般都配有功能强大的文件管理系统和极为"友好"的用户界面。DOS 属于字符界面的操作系统,用户都是通过输入字符命令使用计算机的,非专业人员很不习惯。Windows 系统属于图形界面的操作系统,操作系统的命令都用图形(图标、按钮等)展示在屏幕上,用户使用鼠标单击图标就完成相应的操作,一般人员无须很多计算机专业知识便能运用自如,所以用户界面十分友好。

随着计算机网络的发展,又相应地产生了分布式操作系统、网络操作系统等。

10.1.3 程序的一般结构

无论哪种程序语言,所提供的基本程序结构无非是顺序结构、分支结构和循环结构三大类,其中顺序结构是最基本的程序结构。采用不同的程序结构可以控制不同的程序流程(即程序执行路线)。

所谓顺序结构是指程序中语句(汇编语言中将语句称作指令,语句和指令又统称为代码)的执行次序是按语句在程序中的自然次序来一句句地执行。先执行第一条语句,而后再逐一执行后面的语句。顺序结构如图 10.1 所示。

分支结构又称选择结构。这种结构的开头具有一个选择条件,根据选择条件,从几个分支中选择一个分支执行。其中,最简单的是二分支结构,即根据选择条件的成立与否从两个分支中选择一个分支执行。图 10.2 给出分支结构示意图,Pascal 语言中的 case 语句和 C 语言中的 switch 语句都具有多分支功能。

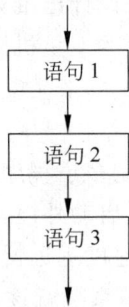

图 10.1　顺序结构

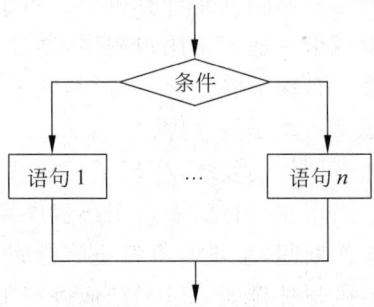

图 10.2　分支结构

第三种结构是循环结构,又称重复结构。这种结构都设立一个循环体和一个循环控制条件。循环体往往由一组语句(即程序段)组成,在循环条件的控制下,反复地执行循环体,直到循环控制条件达到某种状态为止,结束本循环语句的执行。

图 10.3 和图 10.4 给出两种循环结构示意图。图 10.3 属于"当"型循环结构,特点是当条件满足时就执行一次循环体。图 10.4 属于"直到"型循环,特点是先执行一次循环体后,再根据循环控制条件确定是否再次执行循环体。

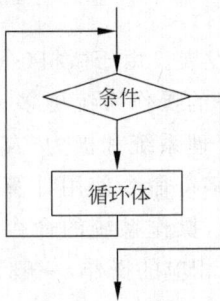

图 10.3　"当"型循环结构

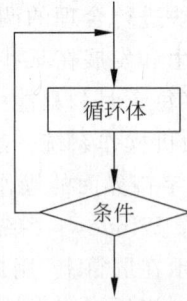

图 10.4　"直到"型循环结构

三种结构可以互相嵌套,即循环结构中可以出现顺序结构、分支结构和循环结构,分支结构中也可以出现循环结构等。

除了上述三种基本结构外,子程序结构(见图 10.5),也是常用的程序结构。子程序是供主程序和其他子程序(统称为主调程序)调用的一个程序单位。当主调程序中出现调用子程序的语句时,程序流程转向子程序,当子程序执行完毕后,再返回主调程序的调用点继续执行主调程序。

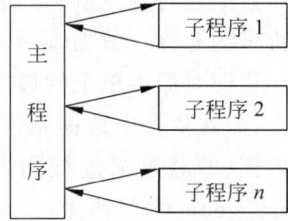

图 10.5　子程序结构

当然,子程序结构中也包含着顺序结构、分支结构和循环结构。几种结构相互嵌套,就构成了复杂的程序结构。

总之,顺序结构是最基本的程序结构,如果把每个子结构(分支结构、循环结构和子程序结构)都看成一条语句,那么整个程序宏观上是顺序结构的。

10.2　算法和数据结构

10.2.1　问题的求解过程

计算机系统包括硬件系统和软件系统,硬件系统好比人的身体,而软件系统好比人的灵魂。为了能使计算机尽可能为人类做更多的事,不仅要为它配备一套性能良好的硬件设备,还要为其设计出一套套能够解决各式各样问题的软件(计算机程序)。

要想让计算机代替人们解决某个问题,就需要设计出求解该问题的程序,使计算机具有解此问题的能力。

程序设计过程实际上就是建模和解模过程。建模过程就是将所要求解的问题抽象为数学模型,解模过程就是要设计出求解这个模型的算法。

为此,首先要对具体问题进行深入细致的分析,确定该问题所涉及的有关数据,包括输入数据和输出数据。找出这些数据之间的内在联系,选择一种恰当的形式表示这些数据(即编码)。考虑用什么样的方法去处理这些数据才能达到求解目的,如何有效地将这些数据组成一个有机的整体(即数据结构),选择什么样的存储方式存储这些数据,并体现它们之间的联系,才能使程序处理起来更方便,效率更高。

经过考虑之后,可以开始起草解题方案和求解算法。对算法的可行性需进行论证,对算法的运行效率作比较客观的评估。在确认能够满足解题要求之后,再着手编程,并上机调试,这中间可能还要几经反复,在每个环节上都可能修改甚至推翻原方案,最终得到一个性能良好的计算机程序,交付使用。

要设计出性能良好的计算机程序,除了要弄清所求问题的来龙去脉和需求关系之外,还要具备程序设计知识,掌握一种或多种程序设计语言,同时还要具备一定的算法设计知识和数据结构知识。当然,如果参与较大型的软件设计,还应当具备软件工程知识,并掌握一定的软件开发技术和手段。

10.2.2 数据结构和算法的概念

数据是对客观事物的名称、数量、特征的描述形式(即编码),是计算机所能处理的一切符号的总称。数据既是计算机加工的对象,又是计算机的产品(计算结果)。

我们对那些单个的孤立的数据并不感兴趣,而着重研究由众多数据元素组成的数据集合,研究集合中数据元素之间存在怎样的内在联系,通常需要对数据和数据集合进行哪些运算(即对数据进行的处理),如何提高运算效率等。在数据集合中,一个数据元素(data element)又叫做一个数据节点,简称节点(node)。同一个集合中,节点应当具有相同的数据类型。

一个数据节点由用来描述一个独立事物的名称、数量、特征、性质的一组相关信息组成。如果一个节点含有多个数据项(如记录型节点或结构型节点),每个数据项叫做节点的一个域(field),能够用来唯一标识节点的域称为关键字(key)。如果一个数据节点只含一个数据项(即单值节点),不妨把节点看成一个整数。

例如,在设计处理工资管理问题的程序时,每个职工有关的数据项(域)构成一个数据节点,可能包括职工的姓名、工号、各种补贴费用等,工号可以作为节点的关键字。在设计有关商品销售问题的程序时,一个数据节点对应一种商品的相关数据项,包括商品编号和名称、规格、数量、生产厂家、单价、入库日期等,商品编号可以作为关键字。

在描述算法时,为方便起见,常常用关键字代表节点。

一个节点集合,以及该集合中各节点之间的关系,组成一个数据结构(data structure)。

常见的数据结构有表结构、树结构和图结构等。如果节点之间存在某种简单的先后次序关系,那么这种结构就属于表结构。如果节点之间存在着层次关系(或嵌套关系),那么它就属于树结构。如果结构之间存在复杂的"多对多"关系,那么它就属于图结构。

数据在计算机内的存储形式叫做数据的存储表示,也称为存储结构。在存储数据的同时,还必须体现出数据之间的关系。

用来存储一个数据节点的存储单元叫做一个存储节点。因为一个数据节点对应一个存储节点,所以通常存储节点也简称为节点,准备用来存储但尚未存储数据的存储节点叫空白节点,或曰空节点、自由节点。处理数据和数据结构的操作称为对这个数据结构进行的运算,查找、插入、删除、排序和遍历等都是很常见的运算。

算法记载了人们求解问题所采用的方法和步骤,是"程序的流程"。这里所说的"求解问题"是指为求解此问题而设计计算机程序。因为有了程序,计算机就能"计算出"问题的答案,所以程序就是问题的解答。

算法有两种形式,一种是程序形式,另一种是描述形式。

程序形式(如 C 语言程序等)又称为算法的实现形式,是算法的最终形式。从这个意义上说,算法就是程序,程序中含有算法。

除了编写程序之外,人们常常用文字叙述形式或画框图(即流程图)形式来介绍算法,我们把它叫做算法的描述形式。很多有关数据结构和算法的书籍中,还用类语言(一种不精确的 C 或 Pascal 语言等)形式描述算法,称作伪代码形式。文字叙述形式描述算法简单直观,易于理解。而流程图(框图)描述算法也是一种很直观的形式,在编写程序代码之前常常用到。

例如,对于方程 $f(x)=0$,它的有根区间是 $[a,b]$,要求查找它的一个根 x^* 的近似值 x,误差小于给定的精度误差限 ε。

求解这个问题,有一个绝对收敛的二分法算法,用文字叙述该算法的执行步骤如下。算法中变量 m 表示中点。

① 计算 $f(x)$ 在有根区间 $[a,b]$ 左端点处的函数值 $f(a)$;

② 计算区间 $[a,b]$ 的中点 $m=(a+b)/2$,并计算 $f(x)$ 在该点的函数值 $f(m)$;

③ 判断 $f(m)$ 的值:

③-1. 如果 $f(m)=0$ 或 $b-a<\varepsilon$,则找到近似根 x,记 $x=m$,算法终止。否则:

③-2. 如果 $f(a)\cdot f(m)<0$,则说明根在子区间 $[a,m]$ 中,调整区间记法,令 $[a,b]=[a,m]$,转到步②继续查找;

③-3. 如果 $f(a)\cdot f(m)>0$,则说明根在子区间 $[m,b]$ 中,调整区间记法,令 $[a,b]=[m,b]$,转到步②继续查找。

这样,反复步②到步③,就能完成查找工作。

图 10.6 给出了上述二分查找的流程图。

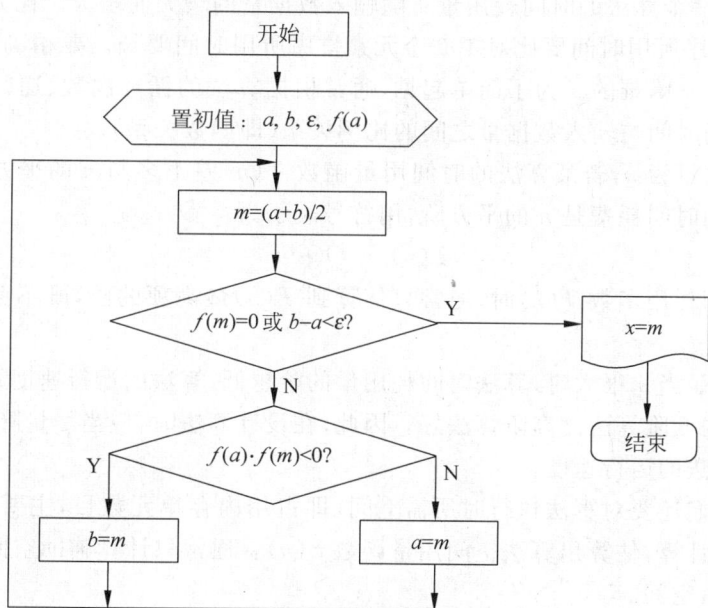

图 10.6　二分查找算法流程图

与单纯的文字叙述相比,用流程图描述的算法结构更清晰,也更容易理解,更接近程序形式。只是画起来比较麻烦,画错了又不容易修改。

10.2.3　算法评价方法

评价一个算法的综合性能往往需要从几个不同的角度去考虑,主要是算法的正确性和算法的运行效率。

算法的正确性是最基本的,也是最重要的。一个正确的算法(或程序)应当对所有合法的输入数据都能得到应该得到的结果。比如一个排序算法,只有对任意 n 个数据都能完成排序工作的算法才是正确的排序算法。

对于那些简单的算法(或程序),可以通过上机调试验证其正确与否。调试用的数据要精心挑选那些具有"代表性"的,甚至有点"刁钻性"的,以保证算法对"所有的"数据都正确。

但是,一般来说,调试并不能保证算法对所有数据都正确,只能保证算法对部分数据正确,调试只能验证算法有错,不能证明算法无错。就是说只要找出一组数据使算法失败(即计算结果不对),就能否定整个算法的正确性。但调试往往不能穷尽所有可能的情况,所以,即使算法有错,也不一定能通过调试在短时间内发现。不少大型软件在使用多年后,仍然还能发现其中的错误就是这个道理。要保证算法的正确性,通常要用数学归纳法去证明。

评价算法性能另一个要考虑的因素就是算法的运行效率(或运行成本、费用),也就是要估计一下算法投入运行时,大致需要耗用多少时间,占用多少内存单元(即空间),其时间、空间需求量能否满足客观要求。其中最主要的是算法运行时间的估算。

一般说来,一个算法的时间耗用量将随输入数据量的增大而增大。比如,排序算法对 10000 个元素排序所用时间要比对 100 个元素排序所用时间要长。要精确地算出一个算法所用时间是非常困难的。为了简单起见,通常根据算法的循环次数、递归调用次数等,粗略地估算所用时间与输入数据量之间的比例关系(即函数关系)。

设输入数据量为 n,若某算法的时间用量函数 $T(n)$ 差不多与 n 的平方成正比,我们就说这个算法的时间耗费是 n 的平方阶,用符号表示为:

$$T(n) = O(n^2)$$

在计算时间耗用函数 $T(n)$ 时,通常只估算到 $T(n)$ 最高项的阶,既不考虑低阶项,也不考虑常系数。

一般情况下,当 n 很大时,算法时间耗用量的阶越低,算法的运行速度越快。所以,算法时间耗用量的低阶算法比高阶算法好。因此,在设计算法时,应当尽量降低它的时间耗用量,以提高算法的运行速度。

类似地,我们还要对算法执行时所需空间(即占用内存单元数目,主要是数组长度和栈长度等)进行计算,估算出算法空间用量函数 $S(n)$。通常只计算辅助空间用量,而不考虑原始数据所占空间。

在设计算法时,有时为了节省时间而多使用一些辅助变量(主要是数组)。这种做法实际上是"以空间换取时间"。

10.3　软件工程的概念

随着计算机的普及和发展,人们对计算机的依赖性越来越大,希望计算机能为人类做更多的事,而且要做得好。而要让计算机为人们做事,就要给它配备相应的软件系统,所以对计算机的期望值越高,为它配备的软件数量也越多,质量也越高。于是软件作为产品和商品面向市场,不仅品种繁多,而且版本也很多。

同其他的产品一样,软件产品也需要通过生产加工才能获得。不过,由于软件产品自身的特殊性,软件产品的生产过程与普通产品的生产过程有很大不同。于是人们引出了软件工程的概念,专门研究有关软件的设计、生产和管理方面的规律,提出相应的理论和技术,作为软件开发的依据和规范,用来指导软件生产。

10.3.1 软件工程的产生

软件危机是促使软件工程产生的直接原因,也是促进软件工程的理论和技术不断发展的动力。

1. 软件危机的出现

所谓软件危机,是指软件生产发展到一定阶段,因其开发方式落后而不能满足社会对软件功能和性能日益增长的需求而表现出的尖锐矛盾。

在计算机发展之初,计算机应用领域很窄,软件(程序)需求量少,规模小,功能单一,而且基本上都隶属于硬件。这个阶段的软件制作比较简单,还没有形成一定的规模,也没成为独立的产品,开发人员习惯于一个人独自编程,此时,软件生产处于一种“个体工匠”式的开发阶段。尽管这种方式很落后,但在当时尚能满足软件的开发需要。

后来,随着计算机技术的发展,软件应用逐步扩大,功能也逐步增强,软件开始离开硬件独立发展,且渐成规模。在这种环境下,往往需要多个人合作才能完成一个较大型软件的制作,软件开发过程是通过说明书来指导合作者之间的分工协作的。虽然在某种意义上说,这种方式是软件工程的雏形,但仍属于“集体手工小作坊式”的开发阶段。

再往后,计算机技术进一步发展,软件开始在系统中发挥着与硬件平分秋色的作用,甚至在某种程度上,软件的发展速度和对计算机应用的影响开始超过了硬件,从而真正成为脱离硬件而独立发展的十分庞大而异常复杂的产业体系。在这一时期,对软件的需求呈现出前所未有的强劲增长趋势,而软件的手工开发方式开始暴露出多方面的局限性,已经很难适应软件发展的需要,于是就出现了前面所说的软件危机现象。

2. 软件危机的表现形式

软件危机有以下几种主要表现形式:开发成本很高,风险大,而且不能在规划之初作出很好的估算;开发周期过长,效益回收晚;用户不能参与软件的设计过程,软件的功能和性能往往不能达到用户最初的需要;软件不能很好地适应需求的变化而作出相应的修改;软件的维护工作量巨大,错误和缺陷不能在软件的测试过程中及时而有效地暴露;软件的定制比较困难,不能很好地满足用户的特定需要;软件的更新与升级异常复杂;软件的可重用性差。

软件危机阻碍了计算机应用的发展,迫使人们对软件及其开发过程进行深入的探索和研究,寻找有效途径解决软件危机所表现出的各种问题。

3. 软件危机的成因

通过对软件本身的研究,人们逐渐认识到,软件是一种具有智能性质的特殊产品,体现了人脑的思维活动过程,是人类智慧的结晶。这种智能融会在程序的指令、结构与算法之中,并通过程序运行功能体现出来。

软件开发所完成的工作是将人脑解决现实问题的一系列思维活动过程,描述成计算机能够识别的一种指令形式(即程序),然后由计算机执行程序,再现人们的这一思维过程。由于擅长智力活动的人脑与精于高速运算的计算机之间存在着很大的差异,所以程序的描述必须精细而又完整,使得程序的编制工作相当繁重,于是编程中出现这样那样的差错在所难免。另外,智力活动本身固有的主观性,又不可避免地被带入到软件开发过程中,编出的程序必然带有浓厚的主观色彩。尤其是,手工开发方式的随意性在一定程度上对软件消极面的形成起到了推波助澜的作用。这些综合因素成为诱发软件危机的原因。

在目前看来,要从根本上消除软件危机似乎是不可能的,因为软件开发不可能完全离开个人的干预。但是,却可以建立一套软件质量评测标准,用此标准对软件质量进行测定与控制,研究软件开发过程的共性规律,总结出用于指导软件规范化、标准化、合理化开发的理论和技术,从而有效地缓解软件危机的不良影响,最大程度地满足用户的需要。所有这些与软件开发相关的内容都属于软件工程研究的范畴。所以说,软件工程是为消除或者缓解软件发展过程中出现的危机现象而提出的,是软件发展到一定阶段,随着开发过程“工程化”的迫切需要应运而生的一门学科。将软件开发过程纳入工程化的轨道是保证软件质量的主要途径。

10.3.2 软件工程的体系

在开发软件的过程中需要考虑多方面因素,但最主要的是软件的生产率和软件的质量问题,其中软件质量是软件工程最为关注的内容,它是实施软件工程的出发点和归宿。

1. 软件质量

软件质量是对软件进行评价的重要测度。建立软件工程体系的第一步是建立软件质量的量度模型。要对智力活动进行量度是很困难的,但可以通过软件功能的表现形式间接完成对软件质量的量度。

关于软件质量的定义有多种不同的形式,其中一种典型的软件量度模型认为,软件质量表现为如下 11 个质量因素:

① 可用性:指熟悉、操作、准备输入和解释程序输出所需工作量的大小。

② 正确性:指程序满足其规格说明和完成任务目标的程度。

③ 可靠性:指程序在要求的精度下,能够完成其规定功能的期望程度。

④ 效率:指程序完成其功能所需要的计算资源和程序代码的多少。

⑤ 完备性:指对非授权人访问软件或者数据的行为的控制程度。

⑥ 可维护性:指找到并改正程序中的一个错误所需付出的代价的大小。

⑦ 适应性:指修改一个运行程序所需工作量的大小。

⑧ 可测试性:指测试一个程序以保证其完成规定功能所需工作量的大小。

⑨ 可移植性:指将一个程序从一个硬件系统环境搬移到另一个硬件系统环境所需的工作量大小。

⑩ 可重用性:指程序或者程序的一部分能够在另一个相关应用程序中被重用的可能性。

⑪ 可互操作性：指将一个系统耦合到另一系统所需工作量的大小。

这些因素分别针对软件产品的操作性质、承受修改的能力以及对新环境的适应能力三方面进行具体的评价，每一个因素又可以进一步细分为许多更加具体的因素。从这些因素入手就可以对软件的总体质量进行控制。不过，由于有些因素之间存在着相逆关系，因此没有一种软件设计方式能保证所有的质量因素都达到最佳的要求，所以在实际开发过程中，应该根据不同类型的软件和不同的需要，在考虑软件质量因素时有不同的侧重点。

软件因应用场合和作用的不同，可以分为系统软件、应用软件、工具软件和可重用软件等类型。应用软件又可以分为事务处理软件、实时软件、科学计算软件、固化软件、办公软件及智能软件等。尽管这些软件在作用上表现出很大的不同，但它们在生产方式和运行机制方面却表现出很多共性，这使得可以用近似一致的方式来处理不同软件的开发问题。

2. 软件工程的组成和基本内容

软件工程在经过对硬件和系统工程的继承并独立发展以后，在综合吸收各种先进软件开发技术的基础上形成了一个十分庞大而复杂的体系结构，整个体系由方法、语言、工具和过程四个关键要素组成。下面简单介绍这四个关键要素的作用和关系。

（1）方法：方法指的是软件开发过程中所用到的理论模型与实际技术。方法提供了一整套在软件工程项目实施过程中进行成本和进度估算、系统和需求分析、数据与程序结构设计、代码编写、质量测试和运行维护等各工作环节所用到的技术手段，以及用于质量控制的准则。方法多以一些专用图形符号的形式来体现。

（2）语言：语言是用来支持软件分析、设计与实现等环节的描述手段，编程语言就是这些语言中的一种。一般来说，语言应该具备比较强的描述能力，同时提供具有很大灵活性和抽象性的表达方式。人类使用的自然语言是一种最丰富的语言，但自然语言常常具有二义性和冗余性，目前它还不能被计算机很好地理解。用于软件开发的语言可以分为过程设计语言、规格说明与设计语言，以及原型开发语言等几种类型，过程设计语言具有较强的表达能力，规格说明与设计语言具有更多的执行功能，原型开发语言则同时具有前面两种语言的能力。

（3）工具：工具是使用方法和语言的有效手段，利用工具可以使开发过程的某些环节以自动或者半自动的方式进行，这不仅可以提高软件的开发速度，而且可以使软件开发具有统一性和标准性。软件工程中的所有方法和语言都可以找到相应的工具来支持，并且这些工具往往被集成起来，形成一个称为计算机辅助软件工程（computer aided software engineering，CASE）的综合开发环境。CASE 通过把软件、硬件以及用于软件开发的软件工程数据库组成一个软件工程环境，从而达到集中使用的目的。

（4）过程：过程将方法、语言和工具紧密地结合在一起，使软件的开发更加显得理性化和适时化。过程定义了方法使用的顺序、可交付产品的内容和要求、保证软件质量和具有可修改性的控制措施，从而使软件管理人员能对软件生产过程中相关要素的开展情况进行全面的跟踪。

从构成成分上讲，软件工程要处理的事务包括：在软件开发的各个阶段根据软件的需要合理选用有效的方法及自动化程度高的工具;为软件的实现建立更有效的可重用构件库;为软件的质量提供有效的技术保证;为协调、控制和管理软件而建立起一种基本的准则,等等。软件工程由一系列方法、语言、工具和过程的步骤所组成,这些步骤通常称为软件工程模式。软件工程模式是根据项目与应用的性质,方法、语言与工具的使用特点,以及控制与可交付产品的要求来选择的,工程模式是软件工程的核心。

为了使软件工程在软件的开发中得到更加有效的应用,明确软件的含义是必不可少的。软件不是一个静止的、一成不变的概念,其含义随着计算机的发展而不断地变化。软件的含义通常可以从以下的方面进行描述。

一般认为,软件就是程序,相应的,软件的生产过程也就是编程的过程。应该说,这只是简单意义上或者软件发展初期的概念。现代意义上的软件要比这丰富得多。到目前为止,软件的概念大致经历了三个发展阶段,即通常所指的程序、程序与说明书、程序与文档。不同的发展阶段体现了软件在计算机系统中的地位、作用以及应用需求方面的特点和状况。

目前的软件概念处于"程序与文档"的发展阶段,无论从程序规模还是从技术难度上讲,这个阶段的软件开发不仅需要为数众多的人员和机构来共同参与,而且需要对开发的各个环节进行周密而充分的设计,特别需要提供对软件进行修改的有效途径。开发过程中,大量的时间和精力需要花在对软件的分析和设计上,合理而有效的分析、设计是随后顺利进行代码编写的前提和保障。在分析与设计过程中形成的文档资料,以及通过编码得到的程序一起成为软件不可或缺的组成部分。可见,在这个发展阶段将软件定义为程序与文档的组合是理所当然的。当然,这里的文档不仅仅用来指导软件的编码,也是对软件进行维护和再生的依据。同时,文档也不仅指开发过程中形成的文档资料,也包括有关软件开发的理论模型和技术规范。

归纳起来,从现代软件工程意义上说,软件是指完成一定功能的计算机程序、方法、规则、相关文档以及程序运行时所必需的数据的总称,这是目前较为全面的软件定义。软件工程是针对"程序与文档"意义上的软件而展开研究的,同时也只有在这个意义上对软件的生产进行工程化处理才显得更加必要而富有意义。

10.3.3　软件工程开发模式简介

自从提出软件工程概念以来,人们逐步设计出多种类型的模式,这些模式各有所长,适应于不同方面的软件开发需要。其中,主要模式有瀑布模型、原型开发模型、螺旋模型、喷泉模型、混合模型等。下面简单介绍这几种模型的含义。

1. 瀑布模型

瀑布模型是一种出现较早且应用广泛的传统开发模型,它以传统的软件生存期为基础,立足于对软件项目管理的控制和逐步逼近的策略。图 10.7 是瀑布模型结构的示意图。

瀑布模型开发过程的各个阶段呈现出一种自顶向下的瀑布结构,瀑布模型由此得名。

瀑布模型的核心概念是软件生存期,生存期各个阶段的含义构成瀑布模型的内涵。

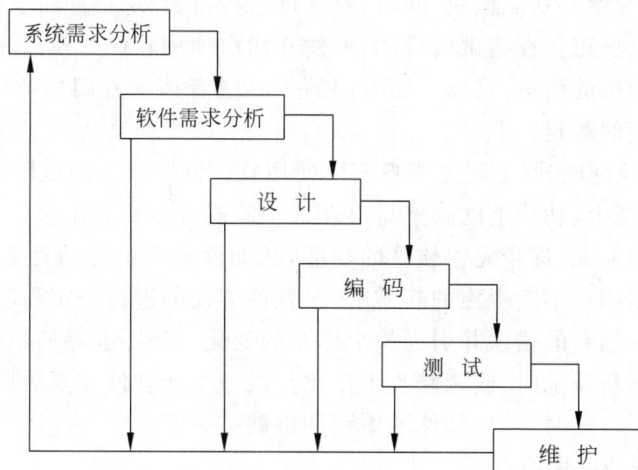

图 10.7　瀑布式模型结构

（1）软件生存期

软件生存期是指从用户提出对软件的功能需求到设计编码，再到运行和维护，直至最后被丢弃（淘汰）所经历的整个时间段。整个生存期，依次包括系统需求分析、软件需求分析、设计、编码、测试和维护六个阶段。

① 系统需求分析：目前，软件在计算机系统中起着半边天甚至更大的作用，但它的作用必须在应用系统其他部分的配合下才能发挥出来。系统需求分析阶段的主要工作，就是将软件纳入整个系统的通盘考虑之中，明确软件在应用系统中承担的角色和所处的地位，具体确定哪些内容应该由软件来完成，哪些内容应该由其他元素（比如硬件）来完成比较合适，并建立软件与其他元素间的层次结构和通信关系。系统需求分析的结果需要以文档资料的形式体现出来，这是后续工作开展过程中可以参照的依据。

② 软件需求分析：这一阶段的任务是在系统需求分析的基础上，从软件的角度对用户的需求进行初步的和总体的解读，以确定软件需要完成的功能、性能、接口以及软件设计需要的信息和资源。分析人员需要不断地与用户进行交流，以深刻领会用户的要求。

同样，这一阶段也需要将分析的结果形成相应的文档资料。

③ 设计：设计阶段根据分析阶段得到的结果，以诸如程序模块的功能说明和流程图等形式对软件需求进行形式化的表示。形式化表示体现了程序的体系结构、算法逻辑、过程实现和各模块间的调用关系，它是程序员进行编码的直接依据，同时也可以在这些表示的基础之上对软件的质量和风险进行估算。

④ 编码：编码就是通常所说的编程，就是选用一种语言将软件功能的形式化表示转化成一种机器可以阅读和理解的形式的过程。可供编码选用的语言十分丰富，比较流行的有 C++ 、Visual Basic、Delphi 等语言工具，其中有些语言可使编码的大部分工作自动完成。

⑤ 测试：在编码完成之后和交付用户使用之前，需要对软件的功能进行测试，以确定软件是否能够满足用户的需求，是否存在明显的错误等。具体地说，要逐个测定用户需要

的功能,并根据情况增补功能模块;同时,对软件进行排错,尽可能将软件中潜藏的错误一一检测出来并加以更正。在测试阶段,需要建立用户使用软件的模拟环境,对软件进行试运行。为了保证测试的质量,可以采用专门的工具或者请求专门的测试机构对软件的错误和性能进行可信的测定。

⑥ 维护:维护阶段实际上就是用户实际使用软件的阶段。测试阶段未来得及发现的许多错误,以及性能上、功能上的缺陷将会在这一阶段逐步暴露出来。开发人员需要不断对软件进行修订和补充,逐步完善软件的功能,从而使软件的运行逐步趋于稳定。同时,开发人员还要根据用户不断提出的新需求,对软件的功能进行一定程度的扩展。当然,维护工作难免又会增加新的错误并引起整个体系的变化。当不能靠简单的修修补补来满足用户对软件提出的新需求时,或者修改工作比开发一个新软件需要更多的花销时,就应该考虑将软件丢弃了。这时,一个软件的生存期也就结束了。

(2) 瀑布模型的应用特点

瀑布模型最明显的特点是简单明了,易于理解。瀑布模型体现的是一种循着软件生存期而展开的有次序的、面向阶段的、线性的开发策略,只有在前一阶段任务完成之后,后续阶段的工作才能开展,这样的处理模式在目前的软件需求形式下也表现出很多的缺陷。

时间上严格的先后顺序和阶段性,限制了对各个环节进行动态修改的可行性,使软件的质量和性能不能随着开发人员对软件功能认识的深入相应得以提高。这种模型的不足之处在以下几点表现得尤为显著。

开发人员对软件功能的认识是随着开发工作的进展而逐步深入的,在开发的初期对功能的认识和体会往往比较粗浅。但该模型却认定开发人员一开始就对软件功能有近似完美的理解,后一阶段的工作是基于前一阶段的,在后续阶段并没有提供有效的修改途径,实际上这种模型不允许在中途进行修改,因为这会使各个阶段可能在功能要求不一致的情况下展开工作。更为严重的是,不成熟的措施或者错误出现得越早造成的危害就越大,而实际上越是在开始阶段进行的设计往往越发显得不成熟,很自然的,这种模型也没有给用户提供中途变更需求的机会。

对软件进行任何修改都意味着从头开始重新设计整个项目,这无疑是不妥的。特别是,一个大型项目的开发往往需要几年的时间才能完成,出现这样的问题将会更加令人难以接受。

由于一般用户通常不是软件专业的行家,在开发初期无法一下子提出全部要求,他们往往是在开发过程中不断地提出新的功能要求。这就迫使开发人员不断地修改设计方案,瀑布模型显然很难适应这种情况。

另外,开发周期长,发现软件错误的时间滞后,软件定制不方便,代码可重用率低等,也是瀑布模型存在的问题。

可见,瀑布模型在保证软件质量的几项主要指标上都表现得不理想,总体上说它还是一个比较初级的模型。目前这种模型只适用于固化软件或者实时软件的开发场合,因为这类软件的规模相对较小,逻辑比较单一,功能增长比较平稳。

在某种意义上讲,瀑布模型并没有很好地缓解软件危机的状况。随后,人们开发出一种叫做原型开发模型的软件工程模式,在很大程度上克服了瀑布模型的缺陷。

2. 原型开发模型

研究表明,软件的开发尤其是每个软件项目早期阶段的开发,应该是由用户和开发人员共同参与的对软件进行学习与实践的过程,在这个过程中所做的工作越精细,最终软件产品就越能满足用户的需要。用户要参与开发过程,就必须有方便参与的手段。原型开发模型(简称原型模型)通过迅速开发出一个原型系统,使用户能比较容易地参与到开发过程中来。原型系统与一般意义上的样品有相似之处,是一个交与用户试用并初步实现了软件功能但未必成熟的软件简化版本。它基于这样的一种认识,即虽然用户起初并不能详尽地表达出对软件功能的确切需求,但让用户对一个可以运行软件的功能进行挑剔,作出"是"与"非"、"好"与"坏"、"有"与"无"的评价,却是很容易做到的。

(1) 原型模型的结构与应用

原型模型与瀑布模型不一样,它并不要求开发人员一开始就提出一个尽善尽美的设计方案,相反,它容忍失败,允许通过不断的修改提高软件的质量。利用原型模型开发软件可以减少软件运行阶段的维护工作量,并减少软件交付使用时间的延迟。图 10.8 是原型模型的结构示意图。

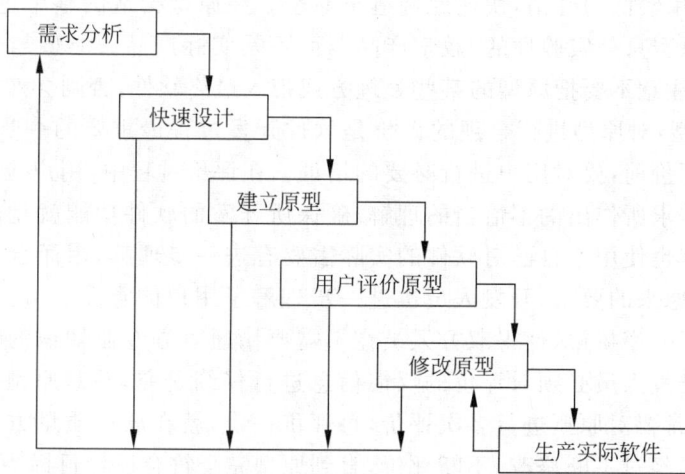

图 10.8　原型模型的结构示意图

利用原型模型开发软件的过程是一个不断循环的过程。开发人员在对软件需求进行一番初步的分析以后,集中于用户可以感知的部分(如输入输出功能),利用快速设计手段,迅速构造出一个可以独立运行的简化软件,即原型系统。然后,将这个原型系统交与用户进行试用与评价。根据用户的反馈意见,开发人员不断对原型系统进行修改并再次交与用户进行评价,……如此往复。一旦用户表示满意,一个充分体现用户需求的原型软件就形成了。最后,开发人员在充分考虑软件性能和应用环境的情况下,忠实地实现一个具有完整原型功能的最终软件并交付用户。整个开发工作就告一段落。

原型是这种模型的关键概念,正确理解它十分必要。简单地说,原型是在开发过程中快速建立起来的一个能反映最终产品预定需求的软件形式,主要作实验和评价之用。归纳起来,原型具有如下几个方面的内涵:原型不仅可以是一个方案或者样品,也可以是一个实际软件;它没有一般意义上的生存期,它可能被抛弃也可能融入最终的软件中;它可以在从需求分析到运行维护的各个环节中发挥作用;不论出于什么目的,原型的建立必须是快速的而且是便宜的,否则就失去意义;建立原型的过程是一个包括修改和评价在内的不断重复的过程。

构造原型是开发软件的关键环节,构造原型应当注意以下几个关键步骤。

① 确立原型目标:确立适当的原型目标是最终软件产品质量的保证,具体的工作包括规划原型用来干什么,应该反映系统哪些方面的内容,开发人员需要从原型中学习和验证什么等。

② 功能选择:功能选择通常要做的工作是,对最初的需求进行单一化处理,使之具有一定的连贯性和一致性。通常选择以水平方式或者垂直方式或者对角方式构造出原型。所谓用水平方式构造原型,就是使原型具备系统的全部功能,而每个功能在原型里都适当地进行了简化。以垂直方式构造原型,就是使原型只包含系统的部分功能,凡是包含的功能都应当完完全全地实现。而对角方式构造原型则是前面两种方式的混合。

③ 构造原型:构造原型时,首先要考虑速度和花费。要合理地忽略最终产品的一些质量性能,以便用较低的开销,快速地构造出原型。在原型构造的整个过程中,要保证每个人都认识到原型只是实验性的"教学产品",而不是实际产品。原型与最终产品之间存在很大的差距,注意不要把原型的某些处理方式带入最终软件,否则会产生严重的错误。

④ 评价原型:对原型进行合理的评价是软件开发过程最重要的一步,必须精心安排好评价工作。评价前,要对用户进行必要的培训。在评价过程中,用户应尽可能地找出开发人员对软件需求所作出的不恰当的理解,确保所开发的软件功能就是用户所要求的功能。评价的过程也使用户自己对软件的实际需要有进一步理解,因而会提出一些新的功能要求,或改变原来的要求,开发人员也进一步理解了用户的意图。可见,原型为用户和开发人员构筑了一座桥梁,使得双方人员在不需要精通对方专业知识的情况下就能进行有效的交流。开发人员必须对评价的反馈信息进行仔细研究,并对原型加以改进。在构造原型期间,通常要对原型进行多次评价,每评价一次,就在软件质量方面向用户的需求靠近一步。这样经过不断修改,不断评价,直到原型完全符合设计目标为止。

(2)原型模型的实现形式

原型并非总被丢弃掉,而是常常被部分或者全部地吸收到最终的软件产品中。原型模型可分成抛弃式、演化式和增量式三种基本形式。

① 抛弃式原型开发模型:如果构造的原型仅仅作为评价使用,并不将它作为最终实际产品的一部分加以吸收,那么这样的原型就称为抛弃式原型开发模型(简称抛弃模型)。这种原型的构造速度最快,主要用来对用户需求进行快速证实和澄清,也就是把重点放在对用户的功能进行说明方面,为了赢得速度,甚至可以暂时不去考虑实际的应用环境。在这种应用场合下,软件的性能和实现方式不是用户特别关注的内容,用户需要关注的是功能的完备性。超高级语言就是一种很省时的快速原型构造工具。

② 演化式原型开发模型:增加和修改是演化式原型开发模型(简称演化模型)的两个基本特征。一个软件往往通过不断追加新功能的方式,逐步实现其全部功能需求,在这种"分期兑现"式的开发过程中,软件在一步步地"演化"(或曰进化)。在最初的原型中,通常

并没实现全部功能,而只是完整地实现其中的一项或者多项子功能。这个原型不仅可以用来评价,而且可以立即交付用户使用。当开发人员对功能需求了解得更详细、更深入时,再实现另一部分功能,与原来实现的部分集成在一起,然后交付给用户,又进入了新一轮使用和评价阶段。几经反复之后,就实现了用户所需的全部功能。每次交付都意味着用全新的软件替代用户已在使用的旧软件。

迄今为止,在软件功能需求不断变化的应用场合,演化模型仍然是最为有效的开发方法,也是进行需求分析最为有效的手段。在某些情况下,最后一次迭代的原型有时可能就被作为最终软件产品而交付给用户。

③ 增量式原型开发模型:增量式原型开发模型(简称增量模型)和演化模型没有本质的差别,有时也被当作同一种模型。不同的是,演化模型每次更新都针对一个完整的子功能从头至尾进行迭代。而增量模型则是在软件总体设计的基础上,在实现阶段逐步地对功能进行增加和完善。

(3) 原型模型的应用

原型模型可以应用于软件生存期中的多个不同阶段,甚至覆盖全部生存期。概括起来,它可以在以下方面很好地发挥作用:

① 作为一种辅助性分析工具,帮助开发人员确定软件的功能与任务,找出用户的实际需求或者可以替代的需求规格说明文档。

② 作为软件设计工具,用于研究设计的可行性、适应性、优越性、局限性以及验证设计是否满足规格说明的要求。

③ 可作为解决不确定性问题的工具使用,比如,用于研究引进一种新技术的效果,解决新系统对环境的适应问题以降低风险。

④ 用作一种实验工具来研究新软件对人文因素的需求,特别是开发那些对人机界面要求较高的软件时,原型显得尤为重要。

⑤ 在系统开发的同时,用于用户培训。

⑥ 作为一次性应用的一种经济的开发方式。比如,编写一个能够运行的程序,一旦得到答案该程序将不再被使用,这时就可以使用原型来构造程序。

⑦ 用作软件维护的辅助工具,特别是在用户需求不稳定且维护工作量很大的情况下,利用原型进行维护是很有效的。

⑧ 作为一种渐近式的开发方法,将原型逐步演化为最终的软件产品。

原型模型有上述许多优点,但是某些情况下,原型开发方式也受到种种限制,比如在实时控制和数值计算等应用场合,最好不使用原型开发方式。此外,原型模型也存在一些不足之处,使用过程中要加以注意。

首先,虽然原型软件与最终软件在功能上表现得很一致,但在性能方面二者之间很可能存在巨大的差异。原型是临时搭建起来的,为了追求速度,尽快地构造出原型,开发人员并没有花费很多精力和时间去考虑软件的整体质量及以后的维护问题。

其次,构造原型时很可能使用了一些不适当的开发环境,比如操作系统、编程语言、求解算法等,这样做的原因仅仅是因为开发人员对这些内容比较熟悉或者容易得到,他们来不及考虑高效算法,只想用原型进行可行性验证。但是在用户看来,原型软件已经是一个可以运行并且能够在实际应用中发挥作用的软件了,根本不去理会软件的内部实现,觉得将就着使用就可以了。这种情况下,如果开发人员为了省事,也懒得去管软件的质量和性能,索性就将原型直接作为最终产品交付给用户,这必然给程序留下许多漏洞,势必为后续的使用阶段增加维护的工作量。

3. 螺旋模型

螺旋模型是当前在大型软件项目的开发中最符合实际情况的描述方式。模型中所采用的逐步逼近的演化手段,为开发人员和用户了解每级演化的风险大小并作出反应提供了便利。开发人员可以在演化的各个阶段,利用原型开发技术以减少风险。同时,螺旋模型保留了传统生存期模型中逐步求精和细化的方法特点,并将它融进一个重复进行的过程框架当中,以便对现实世界作出更加真实的反映。在螺旋模型下,开发人员可以直接研究项目各阶段的技术风险因素,这提高了开发人员对风险作出反应的及时性。

螺旋模型的不足之处主要在于演化方式显得比较抽象,用户一般不太容易接受这种控制风险的做法;风险分析作为决定评价成功的关键,需要很多的专门技术。目前这种模型在某些方面还不十分完善。

4. 喷泉模型

喷泉模型是以面向对象的分析设计技术为基础的软件开发模式。面向对象的分析设计方式是目前最时兴的软件开发方式,这种开发方式在符合人类行为方面显得最为成功。

总的来说,喷泉模型仍然遵循了从需求分析到设计、测试以及维护这一基本开发原则,但它将软件结构分成了对象与程序两个层次,由此获得许多优越的性能。对象是喷泉模型的关键概念。在实际使用当中,由于需要兼顾软件开发的现状,往往将面向对象的技术与传统的方法、模型结合起来,这就形成了多种不同形式的应用模型。在这里仅简单地介绍某些相关的基本概念和模型的应用特点。

一个程序所要承担的具体任务,往往是由许多功能模块组成的。用面向对象的技术将这些功能模块通过一定的形式封装起来,就得到了所谓的对象。对象的属性对应于程序的数据,而对象的行为则构成了软件的功能。先产生对象,然后再开发出使用这些对象的程序框架,从而完成软件的开发。对象是对实际问题解的自然分割,它使软件的结构和现实世界表现出一致性,通过对象机制开发出的软件具有模块化的特点,重用性很好;另外,对象机制使软件的复杂性得到控制,并降低了软件维护费用。对象机制依赖的是一种"分治"和分层次、局部化、分散化的设计思路。对象机制有下列基本特性。

① 封装性和抽象性:从形式上讲,对象是将一个功能模块以一定的形式封装起来的逻辑单位。封装由两部分组成:一部分就是称为属性或者字段的变量,用来保存对象的数据与状态;另一部分就是称作行为的函数,它是对象和外界进行通信的接口,外界只有通过对象的行为才能访问对象的数据。对象的这种封装形式带来很多好处,它使程序的各功能模块之间相互隔离起来,减少对象间相互串绕的机会,抑制了错误的发生,降低了软件开发难度。

② 继承和派生:继承和派生是进行软件重用的有效方式,使用起来既简便又有效。从现有的软件代码中继承需要的功能,是现代软件最重要的实现方式之一。

③ 程序结构的层次性:在对象机制下,程序体现出一种至少有两个层次的结构形式,

程序的开发工作也相应地在两个层次上展开,一个层次是对对象类的开发,一个层次是通过对象类设计程序框架,程序开发也因此有了两个方面的生存周期。对象之间通过消息建立起一种"响应—驱动"的通信关系,程序和对象之间则建立起一种客户/服务器形式的工作模型。

将对象机制用在软件分析、设计与实现等环节上,软件可以获得良好的质量特性和开发效率,由此建立起的开发模式称为喷泉模型。在这种开发模式下,对象类的开发与程序框架的开发可以同时进行。自顶向下与自底向上的分析实现过程体现了程序分与合的设计思路,软件总体的设计是自顶向下的,而对象类的设计既有自顶向下的过程,也有自底向上的过程。在这里,类的生存期变得较小,从而使控制过程显得更为精细。

喷泉模型的开发过程能够分别处理对象类与程序框架各自面临的问题。对象机制使开发过程具有更多的递增和迭代性质,生存期的各个阶段可以相互重叠与多次反复,而且在项目的整个生存周期中还可以嵌入子生存期,开发过程由此获得了很大的灵活性。由于可以视需要将开发过程进行层次化处理,就像水喷上去又可以落下来,落点可以在中间,也可以在底部,喷泉模型因此得名。

5. 混合模型

混合模型又叫过程开发模型,或者叫做元模型。

前面介绍的各种模型往往只在某一方面或者某个阶段表现得很出色,而实际应用中大量地需要各个方面都有出色表现的开发模型。特别是,尽管有些模型看起来十分严谨,但实际上,很多的项目由于受到各种因素的限制,并不能完全按照某个模型所规定的过程一步一步地进行开发,从而也就不能充分体现该模型在软件开发方面具有的潜在优越性。

任何开发项目的实施过程都会受到诸多因素的综合制约,其中任何因素在中途发生变化都会使开发过程受到影响。还有一个对开发过程影响更大而经常又容易被忽略的因素,就是用户的需求从提出的第一天开始就在变化,一直变到软件被废弃为止。因此,为了适应不同项目和不同情况的开发需求,迫切需要一种具有更大的灵活性和动态性的方法来解决开发过程中遇到的各种问题,这就是过程开发模型提出的背景。

顾名思义,混合模型是几种模型的混合,或者说,该模型中包含着多种开发模式,因而它提供一种相当灵活的结构,以适用于各种不同的系统和各种不同的环境。在混合模型中,将分析、综合与运行三个阶段相互交叉重叠,为开发过程提供了多条可供选择的路线。

之所以又叫做过程开发模型,是因为它不像前述几种模型那样,事先设置许多条件和约定,将要开发的项目与模型条件相比较,从中选取符合条件的模型,而是随着开发过程的进展,从实际情况出发,不断地调整修改模型,以取得最佳方案。由于混合模型结构中的不确定性,管理人员没有必要一开始就策划完成开发项目的全过程,而是在着重考虑项目状况的同时,确定项目的决策点,也就是在项目的生存期内逐步作出合理的决策。更为重要的是,当一个项目的环境有可能变得完全不同于开发之初的情况时,早决策不如晚决策,混合模型恰好适应这种情况的应用需要。

6. Petri 网模型

随着并行处理的兴起,尤其是并发问题所体现的复杂性与不确定性越来越受到信息界广大科技人员的关注,人们迫切需要能有效地处理并发应用问题的软件开发模型。

Petri 网就是这样一种被广泛接受的模型。

Petri 网是一种用数学和图形的方式对系统进行描述与分析的工具。开发具有并发异步、分布、并行、不确定性或者随机性的信息处理软件时,可以先构造出软件系统的 Petri 网模型,然后从模型中分析出系统结构和动态行为方面的信息,据此评价和改进软件系统。解释与建立 Petri 网模型需要许多复杂的数学描述,为简单起见,这里只对这种模型的应用情况进行概括的说明。

作为一种图形工具,Petri 网与流程图一样直观,可以在 Petri 网中使用标记来模拟软件系统的动态行为和并发活动。而作为一种数学工具,它可以建立状态方程、代数方程以及代表软件系统行为的其他数学模型。软件系统的数学方程一旦建立,就可以方便地进行计算和验证,无论是理论工作者还是实际工作者都可以通过 Petri 网得到所需要的处理;同时,Petri 网在他们之间建立起一个强有力的通信中介,实际工作者可以从理论工作者那里学到如何使建模更加条理化方面的知识,而理论工作者则可以从实际工作者那里学到如何使建模更加实用化的技巧。

目前,Petri 网已在许多领域中得到应用,这些领域包括并发/并行程序、分布式软件系统、分布式数据库系统、离散事件系统、容错系统、多处理机存储系统、数据流计算系统、异步电路与结构、可编程逻辑和 VLSI 阵列、编译器和操作系统、形式语言、逻辑程序、局域网、神经网络、办公信息系统、决策模型、数字滤波器、柔性制造/工业控制系统、化学系统和法律系统等。这些系统的共同特点是都具有并行、异步、分布、并发、不确定和随机成分,Petri 网能够对具有这种特性的系统进行很好的描述和分析。随着时间的推移,Petri 网的应用将会更加广泛。

10.4 软件开发过程

10.4.1 开发过程质量的量度

任何开发活动都应该以开发过程为中心开展,软件质量自然也需要通过开发过程进行量度。目前,一个基于过程的质量量度模型 CMM(Capability Maturity Model,能力成熟度模型)被广泛用来作为评价质量的手段。CMM 根据成熟程度将过程分为五个等级,一到五级对应的过程分别叫做初步过程、可重复过程、可定义过程、可管理过程、可优化或者可控制过程。一般来说,软件开发过程应该是可定义的、可管理的或者是优化的,即达到三、四、五级工程质量标准。过程的成熟级别由以下几个指标来衡量:①建立了专门的过程小组;②建立了软件开发的体系结构;③建立了软件工程和技术;④有项目管理和质量保证;⑤建立了有质量和费用参数表征的过程管理机制;⑥有过程数据库;⑦能采集和维护过程的数据;⑧能评价每个产品的有关质量;⑨支持过程数据的自动收集;⑩能利用收集到的数据分析和修改过程;⑪能连续改善和优化过程。

对于达到前四项指标全部要求的过程,就认为是二级水平;达到前八项指标全部要求的过程,就是三级的水平;满足前十指标全部要求的,则认为过程达到四级水准;达到全部指标要求的过程,则认为是最高的五级水平。对于没有达到以上任何等级的过程,即无规范过程,无工作度量标准,无法知道前进方向对与错的开发活动,则被认为处于最差的一级开发过程中。一般来说,至少达到三级以上水平的软件才称得上有质量保证的软件。无论选用什么样的开发模型,也不管具体的开发状况如何,都可以利用 CMM 模型对软件的质量进行统一的量度。

10.4.2　软件开发过程的阶段

不管选用哪种软件工程模式,也不管软件的应用领域、项目规划情况或者复杂程度如何,软件的开发过程都要经过三个典型的阶段,即定义阶段、开发阶段和维护阶段。在这一点上,所有的模式都是一致的。不同开发模式的差异之处主要体现在各个阶段所处理内容的不同上。

1. 定义阶段

这一阶段的主要工作是,尽可能弄清软件需要完成的任务和功能。具体地说,开发人员需要确定处理的是些什么信息,要达到哪些功能和性能指标,建立怎样的界面,提供怎样的用户操作手段,存在什么样的设计限制,需要一个什么样的确认准则来判定开发的成败等。虽然不同的软件工程模式在定义阶段所使用的方法存在着差异,但都有三个基本的步骤。

（1）系统分析

定义计算机系统中每一个元素的任务,即规定软件在整个应用系统中所扮演的角色。

（2）软件项目计划

软件项目计划包括确定工作域、风险分析、资源规定、成本估算以及工作任务与进度的安排等。

（3）需求分析

软件工作域的定义只给软件开发提出了方向,仅仅这样是远远不够的,还需要对信息域和软件功能进行更详细的定义,这就是需求分析要完成的工作。

2. 开发阶段

在这一阶段主要确定软件具体应该怎样实现,也就是确定对所开发的软件采用怎样的数据结构与体系结构,怎样的过程细节,怎样把形式化设计转换成编程语言以及怎样进行测试,等等。同样,开发阶段因开发模型而异,但一般都有三个具体步骤。

（1）软件设计

主要是将软件的需求转化为一系列描述数据结构、体系结构、算法过程以及界面特征的表达式。

（2）编码

将设计得到的表达式翻译成人工可以阅读的某种源代码语言,然后通过编译或者其他方式生成机器能够执行的代码。

（3）软件测试

对机器代码形式的软件进行测试,尽可能多地发现程序功能、逻辑以及实现上的缺陷和错误。

3. 维护阶段

开发人员在维护阶段要做的事情主要是对软件产品进行修改,使之更加完善。修改操作有三种类型。

(1) 改正性修改

这类操作的主要任务是,消除软件在测试中没有被发现而在使用过程中暴露出来的错误和缺陷。即使使用再好的测试手段,有些缺陷和错误也会逃过测试而不被发现。

(2) 适应性修改

软件最初规定的运行环境,诸如 CPU、操作系统和外部设备,很可能随着时间的推进发生了一些变化,比如,硬件性能提高了或者软件版本升级了。适应性维护就是通过对软件进行修改,使之能适应这种外部环境的改变。

(3) 完善性修改

当用户对软件的运行情况比较熟悉以后,用户可能因为效益方面的考虑而要求增加一些功能或者提高一些性能,完善性维护要做的事情是在软件最初需求的基础上对软件进行功能和性能上的扩展。

除此而外,有时因为软件老化也需要进行一些维护性工作。通常的做法是,利用一组专门的工具通过反推或者再生,使一些老化软件的特性得以恢复和改善。

软件开发过程的各阶段及其相关步骤都是由一系列活动来支持的。为了确保活动的质量,每推进一步都需要对产生的效果进行评审。为了保证系统信息的完整性和软件使用的方便性,还要建立开发和控制文档。建立控制文档的目的是为了确认修改操作,并及时地跟踪这些修改。需要说明的是,在瀑布模型和螺旋模型开发模式中,阶段和步骤都有明确的定义。在原型模型和喷泉模型开发模式中,一些步骤没有明确的规定。而在混合模型即过程开发模式中,阶段和步骤的概念定义得比较灵活。

没有规矩不成方圆。开发人员首先要树立软件开发工程化的观念,然后研究用什么样的开发模型可以提高软件开发的质量。要保证软件开发的质量,管理是最重要的环节。许多软件的质量问题,在很大程度上是由于人们不够重视或者不愿意去关注对软件开发的管理而造成的。调查表明,70%以上的软件生产单位的开发工作基本停留在一级过程的水平,也就是处在随意性很大的开发状态,这样开发出来的软件的质量是没有保证的,这种状况需要逐步加以改变。

10.5 计算机辅助软件工程(CASE)

随着计算机应用的高速发展,用户对软件的数量、质量和开发效率等各个方面提出了更高的要求。尽管已经建立起一整套比较高效的软件开发模式,人工开发方式的效率毕竟太低,远远不能满足软件生产的需要,软件生产自动化的概念和技术随之产生。作为技术发展比较成熟的一种自动化程度很高的工具环境,计算机辅助软件工程(computer aided software engineering,CASE)在软件的自动化生产方面发挥了重要的作用。

总的来说,目前 CASE 工具品种比较齐全,功能也很丰富。但单个工具的功能大多显得简单,一种工具往往只能用于某种特定的软件工程活动,比如对软件进行分析、设计、编码、测试或者维护,并且不同的工具间往往不能直接沟通。显然,这种 CASE 工具的使用效率不高。于是,人们提出将 CASE 工具进行集成的设想,这就是所谓集成化的 I-CASE(Integrated CASE)环境的概念。I-CASE 支持整个开发过程的自动化,并使加入集成环境的所有 CASE 工具都具有一致的用户操作界面,这样,CASE 工具之间以及开发过程的步骤之间就能够顺利地进行数据的转换或者进行操作的快速切换。不过,在对 CASE 工具进行集成的同时,也要保持工具间相对的独立,以避免将某个工具插入或者移出集成环境时影响其他工具正常工作。

与传统 CASE 相比,I-CASE 突出的是"集成"的特点。"集成"兼有"组合"和"闭包"两个方面的含义。I-CASE 组合了多种不同的工具和信息项,使工具之间和工作人员之间进行闭包通信成为可能,并且使这种通信方式贯穿于软件开发的整个过程。工具的集成使工程信息在工具间得到共享,使用方式的集成为工具提供了统一的操作界面,开发准则集成的意义在于可以为软件开发提供标准化的工程方法,这保证了那些被证明是行之有效的方法可以得到推广。

为了定义贯穿于整个过程的"集成"的概念,需要为 I-CASE 建立一个需求集。通常一个集成化的 CASE 环境应当满足下列需求:①提供环境中所有工具间共享信息的机制;②在信息项变动时,能够自动跟踪与之相关的信息项;③为所有工程信息提供版本控制及全局性的配置管理;④允许直接地以非顺序的方式访问环境中的任何工具;⑤支持工程活动过程性描述的自动建立;⑥保证人机界面的一致性和友好性;⑦支持开发人员间的通信;⑧收集可用于改进产品和开发过程的管理与技术两方面的信息,建立工程数据库,为新的设计提供经验。

当然,I-CASE 的建立面临许多新的课题,包括建立新的开发模式,集成软件工程信息的一致表示方法,工具间的标准化接口,软件工程人员与软件工具之间的通信机制,用户界面,数据库支持及 I-CASE 在各种不同的硬件平台和操作系统之间移植的有效途径,等等。但 I-CASE 的发展前景是很令人憧憬的。

10.6 管理信息系统(信息系统)

10.6.1 管理信息系统定义

从原理上讲,可以撇开计算机,从概念上讨论管理信息系统(MIS)。计算机并不一定是管理信息系统的必要条件。事实上,任何一个地方,只要有管理,就离不开信息,离不开管理信息系统。我国古代的驿站,担负着物资、军事和政治情报的传递,形成全国性的信息网络,可看作是人类最早的管理信息系统。但是,计算机的强大能力使管理信息系统的运作更为有效。现代社会的特点之一是管理信息量的激增,面对这种情况,采用以计算机为基础的管理信息系统是唯一出路。

20 世纪 70 年代,随着计算机在组织的管理工作中应用范围越来越广,美国明尼苏达大学卡尔森管理学院的高登·戴维斯(Gordon B. Davis)教授将管理信息系统定义为"一个利用计算机、手工作业、数据库,进行分析、计划、控制和决策的人机系统"。它能提供信息,支持企业或组织的运行、管理和决策功能。人机系统的概念说明有些任务最好由人完成,而其余任务由机器代替。这就要求系统的设计者不仅要懂得计算机,而且要懂得人。懂得哪些管理工作交给人做比较合适,哪些交给机器比较合适,充分发挥人和机器的特长,组成一个和谐的、有效的系统。

以计算机为基础的信息系统可以简单理解为:结合管理理论和方法,应用信息技术解决管理问题,为管理决策提供支持的系统。

信息系统学科研究关于信息系统建设、信息资源开发利用的管理理论与方法。它是管理理论、系统科学方法论和信息技术交叉形成的综合性应用学科,是现代管理理论与方法的重要支柱之一。一般认为,信息系统学科注重研究管理与信息技术的结合,而不深入地探讨具体的管理问题,也不致力于计算机或通信技术方面的研究。

10.6.2 管理信息系统的功能

管理信息系统具有数据的输入、传输、存储、处理、输出等基本功能。有关概念和要求分述如下。

(1) 数据的采集和输入

要把分布在企业各部门的数据收集起来,碰到的第一个问题是识别信息。由于信息的不完全性,想得到反映客观世界的全部数据是不可能的,也是不必要的。确定信息需求要从调查客观情况出发,根据系统目标,确定数据收集范围。数据经过识别后进行收集,并按系统要求的格式加以整理和录入,并经过一定的校验后,即可进入系统。

(2) 数据的传输

数据传输包括计算机系统内和系统外的传输,实质是利用计算机网络硬件和软件环境实现数据通信。

(3) 信息的存储

数据存储的设备目前主要有三种:纸、胶卷和计算机存储器。这三种材质或设备各有优点。

对数据存储设备的一般要求是:存储数据量大,价格便宜,在某些情况下还有特殊要求,如易改性和不易改性。

信息存储的概念比数据存储的概念广。主要问题是确定存储哪些信息,存多长时间,以什么方式存储,经济上是否合算。这些问题都要根据系统的目标和要求确定。

(4) 信息的加工

信息加工的范围很大,从简单的查询、排序、归并到复杂的模型调试及预测。这种功能的强弱显然是信息系统能力的一个重要方面。现代信息系统在这方面的能力越来越强(特别是面向高层管理的信息系统),在加工中使用了许多数学及运筹学的工具,涉及许多专门领域的知识,如数学、运筹学、经济学、管理科学等。许多大型的系统不但有数据库,还有方法库和模型库。技术的发展给数据处理能力的提高提供了广阔的前景。发展中的"人工智能"、"数据挖掘"等理论和技术可以使机器代替更多人工活动,甚至发现人所不能发现的数据之间的潜在联系和规律,从而创造性地服务于管理。

（5）信息的维护

保持信息处于合用状态叫信息维护。这是信息资源管理的重要一环。狭义上讲,它包括经常更新存储器中的数据,使数据保持合用状态。广义上讲,它包括系统建成后的全部数据管理工作。

信息维护的主要目的在于保证信息的准确、及时、安全和保密。

（6）信息的使用

从技术上讲,信息的使用主要是高速度和高质量地为用户提供信息。系统的输出结果应易读易懂,直观醒目。输出格式应尽量符合使用者的习惯。

信息的使用,更深一层的意思是实现信息价值的转化,提高工作效率,利用信息进行管理控制,辅助管理决策。支持管理决策,是管理系统的重要功能,也是最困难的一项管理任务。

10.6.3 管理信息系统相关概念

随着管理信息系统在企业中日益广泛的应用,管理业务逐渐复杂化,引发了许多管理问题,企业在使用最新的相关学科知识解决这些问题的同时,管理信息系统内涵和形式也逐渐发生了变化,演绎出许多管理信息系统的概念与方法。从管理信息系统主要概念的发展来看主要经历了数据处理、管理信息系统、决策支持系统三个阶段。从特定领域的管理方法和理念的角度又有物料需求计划、制造资源计划、企业资源计划、客户关系管理、物流与供应链管理等具体应用。

（1）数据处理系统

早期的数据处理系统(electronical data processing systems,EDPS)主要用来处理日常交易数据,产生各种报表,重点在于实现手工作业的自动化,提高工作效率。数据处理系统是管理信息系统的初级阶段。一个典型的例子是美国某航空公司20世纪50年代建立的SABRE预约订票系统。该航空公司在世界各地有1008个订票点,可以预订近千个航班的76000个座位。在系统建立前,各订票点按一定比例分配座位,由于各订票点彼此不联系,航班载客率很低。为了改变这种状况,公司利用计算机和已有的通信设备建立了SABRE系统。它能存取600000个旅客记录和27000个飞行段记录,可以实现数据的自动更新、自动调节,分配各预约点之间机票的余额。系统的建成,使该公司航班满座率大大领先于其他航空公司,带来了巨大的经济效益。这样一个系统,数据量很大,操作也很复杂,但它只是反映最新状态的系统,它没有预测和控制功能,不能改变系统的状态,例如不能告诉以现在的售票速度何时将票售完,从而应采取何种措施补救。

（2）管理信息系统

20世纪70年代初,随着数据库和管理科学方法的发展,在数据处理系统的基础上,管理信息系统逐步成熟起来。具有统一规划的数据库是管理信息系统成熟的重要标志。管理信息系统有两个重要特点,一是高度集中,二是利用定量化的科学管理方法支持管理决策。中心数据库标志着信息已集中成为资源,供各种用户共享。最初人们设想管理信息系统是一个高度一体化的系统,能处理所有的功能。实践中人们认识到这种高度统一的系统过于复杂,难以实现。人们根据总体规划,开发一个个子系统,而管理信息系统是一些相关子系统的联合,例如一个企业的管理信息系统由生产子系统、销售子系统、供应子系统、财务子系统、人事子系统等组成。

（3）决策支持系统

决策支持系统(decision support systems,DSS)的特点在于以交互方式支持决策者解决半结构化的决策问题。在此基础上又提出了群体决策支持系统(group decision support systems,GDSS),支持决策群体共同决策。决策支持系统不强调全面的管理功能。

随着信息技术的发展应用,信息系统的概念及其应用发生了很大的变化。数据处理的重点是企业基层的单项应用,着眼于减少重复劳动,提高工作效率。随着管理信息系统、决策支持系统等概念的提出,重点转向支持中层管理,辅助管理控制。到 20 世纪 80 年代中期,出现了主管信息系统,则着眼于管理高层,辅助企业规划,控制企业运作。信息系统辅助企业的层次越来越高,对企业的影响面越来越广。

（4）物料需求计划

20 世纪 60 年代,计算机用于库存管理,产生了物料需求计划。系统物料需求计划(material requirement planning,MRP)是一种以计算机为基础的生产计划与控制系统。MRP 的基本思想,是以最终产品的主生产计划(master production schedules,MPS)和其他需求出发,根据产品零件(即物料)之间的依赖关系,逐层向下计算出各种物料的需求数量和需求时间,并计算各种物料的订货时间和数量,以及生产和加工的时间。其最主要的组成部分是主生产计划、物料清单(bill of materials,BOM)和库存记录(inventory records)。

（5）制造资源计划

MRPⅡ(manufacturing resource planning Ⅱ)作为一种管理思想和管理技术,是以物料需求计划为核心的闭环生产经营系统。它以计划安排生产为主要内容,以经营规划、生产规划、主生产计划、能力需求计划、标准成本计划、生产监控为中心,对整个企业的生产制造资源进行全面规划和优化控制,把生产、供应、销售、财务成本等生产经营活动连成一个有机整体,形成一个包括预测、计划、调度、监控的一体化闭环系统,提高了生产计划的可行性、生产能力的均衡性、生产控制的可靠性,使企业适应多变的市场需求。据统计,实施 MRPⅡ可使企业增加利润 2%～3%,库存减少 20%,且制品占用资金下降 20%～30%。

（6）企业资源计划

企业资源计划(enterprise resource planning,ERP)是 MRPⅡ 的进一步发展。ERP 的管理范围包括了整个企业的各个方面,包括质量管理、实验室管理、流程作业管理、配方管理、产品数据管理、维护管理、管判报告和仓库管理等。在应用行业上 MRPⅡ局限于传统制造业,而 EPR 可应用于金融业、通信业、零售业、高科技产业等。

国际著名的应用软件公司 SAP 的 R/3 系统包括下列的主要模块:销售与分销、物料管理、生产计划、质量管理、工厂维护、人力资源、工业方案、工作流程、项目系统、固定资源管理、控制、财务会计。我国较为著名的 ERP 软件系统有用友公司的 U8 和金蝶公司的 K/3。

（7）客户关系管理

客户关系管理(customer relationship management,CRM)是一种旨在改善企业与客户之间关系的新型管理机制,它实施于企业的市场营销、销售、服务与技术支持等与客户相关的领域,通过信息技术的运用,对业务功能进行重新设计,并对工作流程进行重组,实现对销售活动的流程优化和自动化管理。具体包括营销自动化,即营销分析、规划、客户行为预测;销售过程自动化,即订单管理、客户跟踪、销售管理;服务自动化,即呼叫中心、服务支持。使用客户关系管理系统可以提高营销及服务效率,拓展市场和保留客户。

10.6.4 管理信息系统的发展趋势

EDPS、MIS 和 DSS 各代表了信息系统发展过程中的某个阶段,它们仍在不断发展。随着网络技术、人工智能技术的发展,信息系统向网络化、智能化发展。此外,还出现主管信息系统、战略信息系统、电子商务等新概念。特别是企业过程重组概念的提出,发生了革命性的转折:由支持现行管理架构到重塑管理架构。

20 世纪 90 年代初,提出了企业过程重组(business process reengnineering,BPR)的概念。所谓企业过程重组,指以企业过程为对象,从顾客的需求出发,对企业过程进行根本性的思考和彻底的再设计;以信息技术和人员组织为使能器,以求达到企业关键性能指标和业绩的巨大提高或改善,从而保证企业战略目标的实现。

企业过程重组是市场竞争的需要,也是信息技术及其应用发展的结果。各类信息系统的开发应用,不仅改善了人的工作环境,提高了工作效率,而且扩大了人们思考问题的范围和控制问题的能力。它使业务流程各个环节联系更紧密,过去被分解得支离破碎的流程融为一个整体。信息网络使各个部门交织在一起,淡化了职能部门之间的界限。信息系统建设的实践证明,只有重组经营过程,淡化部门之间的界限,才能充分发挥信息技术的作用。

提出企业过程重组概念以前,人们从实现自动化的角度应用信息技术。而提出战略信息系统概念以后,尤其是企业过程重组概念的提出和实施,则要转变到重塑管理架构了,因为信息技术是生产力发展的新动力,其发展必然使生产关系产生某些相应的变革。有人称企业过程重组是"管理革命的宣言",是管理理论和实践的"第三个里程碑"。

10.7 软件项目管理

软件项目管理是根据项目管理科学的理论,结合软件产品开发的实际,保证工程化系统开发方法顺利实施的管理实践,是为了使软件项目能够按照预定的成本、进度、质量顺利完成,从而对成本、人员、进度、质量、风险、文档等进行分析、管理、控制的一系列活动。软件项目管理是软件项目的保护性活动,先于任何技术活动之前开始,持续项目的整个生命周期,贯穿软件项目的定义、开发、维护全过程。

项目管理是 20 世纪 40 年代以后迅速发展起来的一门科学,是现代管理学中的一个重要分支,已被广泛应用于各行各业。项目管理是从 CPM(关键路径法)和 PERT(计划评审技术)等网络计划技术开始发展,其理论和技术已经得到极大扩展,成为一门新兴的学科和行业。60 年代初,华罗庚教授将 CPM 和 PERT 等技术介绍到国内,称为统筹方法。一直到 1991 年,国内才成立项目管理研究会。随着计算机技术的发展,软件项目中也逐渐开始使用项目管理的方法。

软件项目管理的提出是在 20 世纪 70 年代中期的美国,当时美国国防部专门研究了软件开发不能按时提交、预算超支和质量达不到用户要求的原因,结果发现 70%的项目是因为管理不善引起的,而非技术原因。于是软件开发者开始逐渐重视起软件开发中的各项管理。到了 20 世纪 90 年代中期,软件研发项目管理不善的问题仍然存在。据美国软件工程实施现状的调查,软件研发的情况仍然很难预测,大约只有 10%的项目能够在预定的费用和进度下交付。

软件项目和其他项目相比,具有很大的独特性:

- 软件项目生产无形的产品,是一种逻辑元素,而不是物理的
- 软件是开发出来的,而不是制造出来的,是定制的
- 软件开发过程没有明显的划分
- 软件项目大都是"一次性"的人力消耗型项目
- 软件本身具有高度的复杂性
- 软件缺陷检测的困难性
- 软件开发没有统一的规则
- 软件项目需求经常不确定,而且由于需求的变化需要持续修改

软件项目的独特性和软件项目管理能力低下是造成软件项目难以成功的主要原因,强的软件项目管理能力可管理软件项目的独特性,保证软件项目的成功。软件项目管理是项目管理在软件项目中的应用,也包括项目管理的基本内容。

一个成功的项目管理其要素主要包括:项目的范围、时间(进度)、质量(客户满意度或性能)和成本。理想的项目管理,其目标应该是使这 4 个要素做到"多、快、好、省",即指范围大、时间短、质量高、成本低。在实际工作中,这四者之间是相互关联的,提高一个指标的同时很可能会降低另一个指标,所以实际上这种理想化的指标要求很难达到。

时间、质量、成本这 3 个要素简称 TQC。一个项目的工作范围和 TQC 确定了,项目的目标也就确定了。只有确保项目在 TQC 的约束内完成工作范围内的工作,才能真正保证项目的成功。

在实际工作中,工作范围在"合同"中定义;时间通过"进度计划"规定,成本通过"预算"确定,而质量在"质量保证计划"中规定。

国际上的两大项目管理知识体系是:以欧洲国家为主的国际项目管理协会(IPMA)和以美国为主的美国项目管理协会(PMI)。成立于 1969 年的美国项目管理协会是全球最大的项目管理专业组织,其编写的《项目管理知识体系》(Project Management Body of Knowledge,PMBOK)将项目管理内容概括为 4 个阶段、5 个标准化过程组、9 个知识领域和 42 个标准过程。

在项目的整个生命周期,按时间顺序一般会包含 4 个阶段:项目启动、项目规划、项目实施和项目收尾。

项目启动阶段确定项目的目标范围,其中包括开发和被开发双方的合同(或者协议)、软件要完成的主要功能以及这些功能的量化范围、项目开发的阶段周期等。软件的限制条件、性能、稳定性等都必须明确地说明,必须满足客户的要求。项目范围应该进行明确的定义,它是项目实施的依据和变更的输入,只有将项目的范围进行明确定义才能进行很好的项目规划。项目目标必须是可实现可量度的。这一步如果管理得不好,会导致项目

的最终失败。

项目规划是建立项目行动指南的基准,包括对软件项目的估算、风险分析、进度规划、人员的选择与配备、产品质量规划等。它指导项目的进程发展。规划建立软件项目的预算,提供一个控制项目成本的尺度,也为将来的评估提供参考,它是项目进度安排的依据。最后,形成的项目计划书将作为跟踪控制的依据。

项目实施是按照制定的计划执行项目,这包括按计划执行项目和控制项目,以使项目在预算内、按进度、使顾客满意地完成。在这个阶段,项目管理过程包括:测量实际的进程,并与计划进程相比较,并发现计划的不当之处。如果实际进程与计划进程的比较显示出项目落后于计划、超出预算或是没有达到技术要求,就必须立即采取纠正措施,以使项目能恢复到正常轨道,或者更正计划的不合理之处。

项目管理的最后环节就是软件项目的收尾过程。进入项目结束期的主要工作是适当地作出项目终止的决策,确认项目实施的各项成果,进行项目的交接和清算等,同时对项目进行最后评审,并对项目进行总结。本阶段主要目标是从经验中进行学习,以便能够改进过程。

5 个过程组包括:启动过程组、规划过程组、执行过程组、监控过程组和收尾过程组。9 大知识领域包括:范围管理、时间管理、成本管理、质量管理、人力资源管理、沟通管理、采购管理、风险管理和综合管理。过程组和知识领域的关系如表 10.1 所示。

表 10.1　项目管理过程组和 9 大知识领域的关系

知识领域	项目管理过程组				
	启动过程组	规划过程组	执行过程组	监控过程组	收尾过程组
4. 项目整合管理	4.1 制定项目章程	4.2 制定项目管理计划	4.3 指导与管理项目执行	4.4 监控项目工作 4.5 实施整体变更控制	4.6 结束项目或阶段
5. 项目范围管理		5.1 收集需求 5.2 定义范围 5.3 创建工作分解结构		5.4 核实范围 5.5 控制范围	
6. 项目时间管理		6.1 定义活动 6.2 排列活动顺序 6.3 估算活动资源 6.4 估算活动持续时间 6.5 制定进度计划		6.6 控制进度	
7. 项目成本管理		7.1 估算成本 7.2 制定预算		7.3 控制成本	
8. 项目质量管理		8.1 规划质量	8.2 实施质量保证	8.3 实施质量控制	
9. 项目人力资源管理		9.1 制定人力资源计划	9.2 组建项目团队 9.3 建设项目团队 9.4 管理项目团队		

知识领域	项目管理过程组				
	启动过程组	规划过程组	执行过程组	监控过程组	收尾过程组
10. 项目沟通管理	10.1 识别干系人	10.2 规划沟通	10.3 发布信息 10.4 管理干系人期望	10.5 报告绩效	
11. 项目风险管理		11.1 规划风险管理 11.2 识别风险 11.3 实施定性风险分析 11.4 实施定量风险分析 11.5 规划风险应对		11.6 监控风险	
12. 项目采购管理		12.1 规划采购	12.2 实验采购	12.3 管理采购	12.4 结束采购

项目综合管理是为了正确地协调项目各个部分而进行的对各个过程的集成,是一个综合的过程,其核心是在多个相互冲突的目标和方案之间作出平衡,满足项目各利害关系方的要求,因而,有时也称为项目集成管理、项目整体管理。

在项目管理中,确定项目的范围是一项困难的工作。所谓的"范围"是指产生项目产品所包括的全部工作及其过程。项目范围管理就是指对项目应当包括或者不包括什么工作内容的定义与控制的过程。项目范围管理的首要任务就是确定并控制哪些工作内容应该包含在项目范畴内,并对其他项目管理过程起指导作用。

时间管理是项目管理中的一个关键职能,也被称为项目进度管理,它对于项目进展的控制至关重要。在项目范围管理的基础上,通过确定、调整合理的工作排序和工作周期,可以在满足项目时间要求的情况下,使资源配置和成本达到最佳状态。需要注意的是,进度是计划的时间表,应该按计划安排项目的进度。

成本管理是项目管理的一个部分,是为了保证在批准的预算内完成项目所必需的诸多过程的集合。

质量管理作为项目管理的一部分,是为了保证项目能够满足原来设定的各种要求,即项目的过程和产品符合预定的规范要求。

人力资源管理的核心是保证有效地发挥项目每个参与人作用的过程。项目人力资源管理不仅要为项目获取合格的人才,更重要的是使所有项目干系人一起高效地工作。

每个项目都面临一些未确定因素的威胁,存在失败的可能。风险管理的目的就是对这些可能进行识别,分析各种不确定因素,并采取相应的应对措施。项目风险管理是要把项目实施过程中有利事件的积极结果尽量扩大,而把不利事件的消极后果降低到最低限度。

对于任何一个项目,不是一个人就能顺利完成的,特别是 IT 项目,对项目成功威胁最大的是沟通的失败。有研究表明,影响软件项目成功的 3 个主要因素是:用户参与、领导支持、需求表述清晰。这些因素都尤其需要沟通交流。项目沟通管理的目标在于及时而适当地收集、传递、存储和处理项目的有关信息。

在项目过程中,有时需要从外部获取产品和服务,因此,存在"采购"行为。如何成功利用外界的资源,就是项目采购管理的宗旨。项目采购管理包括了计划、组织和执行从外界购买项目所需产品和服务的全过程。

软件项目管理的核心是项目规划和项目跟踪控制,简称 PDCA,P 指 Plan,制定计划;D 指 Do,执行计划;C 指 Check,检查项目实际执行情况;A 指 Action,根据检查结果采取纠正措施,可能是纠正不符合实际的计划或者有问题的项目执行。在项目的实施过程中,PDCA 实际是一个工作循环。如图 10.9 所示。

软件配置管理(software configuration management,SCM)是指通过执行版本控制、变更控制等规程,以及使用合适的配置管理软件,来保证所有配置项的完整性和可跟踪性。配置管理是对工作成果的一种有效保护,与任何一位项目成员都有关系,因为每个人都会产生工作成果。配置管理是否有成效取决于三个要素:人、规范和工具。

图 10.9 PDCA 循环

软件项目中的需求管理也非常重要,主要是因为软件项目中需求较难获取,而且需求的变化是经常发生、不可避免的,做好软件项目的需求管理,才能让软件项目的开发和管理有一个坚实的基础。在软件项目管理中,工作分解与项目中的需求和软件开发过程的选择都有密切的关系,有了明确的开发过程和需求才能进行有效的工作分解,才能做好项目的计划。

软件项目管理中,项目的估算和量度也是重要而且不容易做好的工作,不像一般的工程项目,软件的测量和估算需要更多的经验数据和专门的方法,做好了估算,软件项目管理中最重要的进度计划才能有效编制,做好了量度,才能正确获取项目进度情况,进行有效的跟踪和控制。

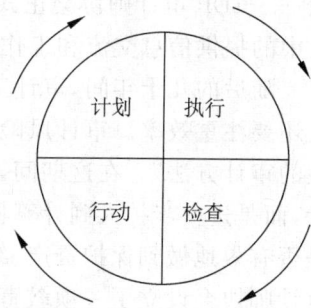

10.8 信息系统审计

10.8.1 概述

1. 信息系统审计的起源与发展

信息系统审计是审计的一个新的发展,它是随着计算机信息技术的发展以及这种技术对审计对象及审计人员本身所产生的影响而产生发展起来的。

在计算机和信息系统出现之前,传统的审计工作中,人们普遍认识到充分的"内部核查"可以减少审计人员的工作量,审计人员对内部控制的重要性有了越来越深刻的认识。内部控制成为确定审计程序的性质、时间和范围的重要因素。但是 IT 审计及 IT 审计人员还无从谈起。但内部控制概念在审计中的重要性,为信息系统审计的产生创造了必要的条件。

1954 年,第一套计算机化的会计信息系统在美国通用电气公司开始使用。计算机化的会计系统改变了会计信息的存储、提取和控制方式,给审计人员提出了新的挑战。这时的审计人员没有能力对这样的计算机系统程序内部处理过程进行检查,而只能根据计算机处理的原始数据,直接对计算机的处理结果进行人工核对。这种方式被称为"绕过计算机审计"。

进入 60 年代,通过对内部控制的可靠性进行评估来确定审计程序的性质、时间和范围的方式得到了广泛的认同。这种方式又被称为"基于系统的审计"。在这期间,统计学的方法也被引入到审计工作中,用来确定抽查的范围。1969 年,信息系统审计的行业组织——EDP 审计师协会正式成立,为那些对计算机系统控制进行审计的人员建立了一个集中的提供信息交流和工作指导的平台,这是信息系统审计发展史上最重要的事件。

随后的几十年间,审计工作的成本不断上升,要求审计工作的开展不仅要注重效果而且还要注重效率。审计风险的概念开始出现。会计师事务所在审计中纷纷采用"基于风险的审计方法"。在这期间,审计的对象和内容不再局限于对电子数据及其处理过程的审计,而是进一步扩大到计算机系统,审计必须要搜集并评价证据,以判断一个计算机系统是否有效地做到保护资产、维护数据完整、经济使用资源和完成组织目标。1976 年 EDP 审计师协会设立了一项教育基金来支持大规模的研究工作,以扩大 IT 治理和控制行业的影响力。1994 年,EDP 审计师协会更名为"信息系统审计与控制协会"(ISACA),至今该协会已经成为国际上信息系统审计与 IT 治理领域最具权威的社会组织。

进入 21 世纪,随着企业内部信息安全的日益重要,信息安全人员的地位也不断上升,由此社会上对信息安全人员的需求量不断扩大。信息系统审计进入了信息技术审计(information technology audit,ITA)阶段。对信息技术审计虽然也是针对系统的审计,但更加强调对信息技术的审计以及在审计过程中充分运用先进的信息技术手段。

从国内情况看,伴随着国家和社会的信息化建设以及被审计单位信息化发展,审计人员所面对的审计对象的不断变化,促使审计内容和方式也随之改变,信息系统审计也就在这种历史背景下应运而生。自 20 世纪 90 年代起,我国政府审计开始尝试开展计算机辅助审计。审计署采取多种培训方式对审计人员的知识结构进行了更新,在短短的十年里,我国计算机审计得到了长足的发展,逐步发展到利用审计软件对被审计单位财务数据和业务数据进行全面的数据审计的阶段。

为了进一步发展我国的审计事业,审计署在审计信息化发展规划中明确提出要积极探索信息系统审计。近年来,审计署部分司局、驻地方特派办和派出审计局,以及部分地方审计机关组织了信息系统审计试点工作,积极探索信息系统审计的技术和方法,不断总结和积累经验,初步取得了一些成果。

2. 信息系统审计的必要性

随着计算机在各种各样的有着不同目标的组织及政府部门中的广泛使用,审计人员必须要面对交易处理、财务会计、决策支持、数据挖掘等各种信息系统,同时必须评估与使用这些系统相关联的风险和它们面临这些风险时的薄弱点。与使用这些 IT 系统相关的风险包括以下方面:组织内部控制环境的变更;对数据进行未经授权的和未记录下来的修改的可能性;人眼可直接看见的审计痕迹和/或纸质文件的缺失;审计证据的变化;出现欺诈和错误的新机会和机制;以及系统发生故障或宕机的可能性,等等。

对于审计人员来说,专门考虑被审计单位的 IT 系统对于审计人员的审计方法以及在审计测试中采用技术的影响变得势在必行。虽然审计的基本目标与传统的审计保持一样,可是实际上接受委托审计 IT 系统的人员在理解和记录 IT 系统,评估与这些系统相关联的风险和克服/最小化这些风险的控制的足够性等方面必须获得充足的知识和技能。

3. 信息系统审计的目标定位

信息系统审计是一项新生的审计工作内容,不同的国家或学者对其有不同的表述,并没有一个统一的目标定位。信息系统审计的审计目标,广泛意义上讲可以总结为鉴证信息资产的安全保密性、真实可信性、可靠性、可用性及是否符合相关法律法规的要求等。国家审计、内部审计和社会审计机构和组织的审计目标侧重有所不同。国际上目前比较有代表性的表述如下所示。

最高审计机关国际组织(INTOSAI)将信息系统审计的目标定义为:确定一个组织的信息系统是否保护了组织的资产,是否有效地使用了资源,是否维持了数据的安全性和一致性,以及是否有效地达到了组织的业务目标。

《美国政府审计准则——电算化系统审计》中将信息系统审计目标概括为通过检查数据处理系统中的一般控制,以确定设计的控制是否符合国家相关法律、法规的要求;控制能否有效地发挥作用,能否保证数据处理的可靠性和安全性;检查数据处理系统中的应用控制,并据此评价应用控制在保证数据处理的准确性、完整性及及时性方面的可靠程度。

美国信息系统审计的权威专家 Ron Weber 在《信息系统控制与审计》一书中提到:计算机信息系统审计是通过收集和分析相关信息,以评价一个计算机信息系统及其数据的安全可靠程度,系统工作的有效性和系统的资源利用率的过程。计算机信息系统审计的目的是保证企业的正常运转,提高工作效率和资源的利用率,实施计算机信息系统审计要达到保护计算机信息系统资源、数据完整性、信息系统有效性和信息系统高效率这四个目标。

在信息系统审计与控制协会(ISACA)编写的 CISA 考试辅导资料中,对信息系统审计的目标表述为:使用通用的信息系统审计标准与指南开展风险基础审计,确保组织的信息技术和业务系统得到充分有效控制、监督和评价,并且与企业经营目标一致。

虽然上述表述各不相同,但基本目标是一致的,都希望通过开展信息系统审计,保护信息资产的安全、可靠,保证业务系统的正常运行。作为国家审计来说,具体一次审计项目的审计目标取决于审计计划部门依据相关法律法规授权的审计范围和内容,对本次项目审计目标的选择和设定。

10.8.2　信息系统审计的内容和分类

1. 信息系统审计的内容

(1) 信息系统生命周期

信息系统的生命周期包括信息系统的获取、开发、运维、变更等过程。这些过程的主要参与方有信息系统的需求提出方、系统提供方、系统开发者、最终用户、操作和维护人员等。信息系统生命周期审计是信息系统审计的一项较为重要的内容。

信息系统生命周期的审计,主要针对信息系统获取、开发、运维、变更等各个阶段进行审计,注重于检查和评价信息系统开发与使用。由于信息系统开发方法上的不同,这种审计可以有不同的实现模式。对于采用结构化开发方法建造的大多数信息系统,这种审计可以分为系统可行性研究审计、系统需求审计、系统开发审计、系统运行和维护审计等。

（2）信息系统控制

控制是企业管理的一个重要手段,企业通过控制去发现缺点和错误,并加以纠正,保证企业能有效和高效地实现既定的目标。为了使信息系统更好地为实现企业的目标服务,需要在信息系统中引入相应的控制。所谓信息系统的控制是一个可以预防、检测和纠正信息系统中的缺点和错误的系统的总称。这个定义中有三个重要的方面值得说明。首先,控制是一个系统,也就是说控制包含一系列的相关措施,它们共同作用以达到一个共同的控制目标。其次,控制的对象是信息系统中的缺点和错误。第三控制的最终目标是杜绝信息系统中缺点和错误的发生,保证信息系统更好地为企业的目标服务。

按控制实施的范围和对象分,信息系统控制分为一般控制与应用控制。

一般控制是从管理的角度来对信息系统进行控制,侧重于信息系统安全。主要从信息系统的基础设施、访问方式、网络服务、数据保护、灾难恢复等几个方面进行控制。

应用控制针对的是与计算机应用相关的事务与数据,是从技术的角度来对信息系统进行控制,目的是确保数据的准确性、完全性、有效性、可验证性和一致性,从而保证数据的完整性与可靠性。主要包括:权限控制、输入控制、输出控制、处理控制。

一般控制适用于整个计算机信息系统,它为信息系统提供良好的工作条件和必要的安全保证,是应用控制的基础。一般控制审计主要集中于采用特定的技术与方法对上述几方面的控制进行测试与评价。应用控制是一般控制的深化和加强。在进行应用控制前需对一般控制进行初步评价,良好的一般控制是进行应用控制的基础,应用控制的有效性取决于一般控制的有效性。当计算机整体环境控制失效时,应用控制无法取得预期效果,应用控制审计也就没有开展的必要性了。

2. 信息系统审计的分类

信息系统审计是一个宽泛的术语,依据预先设定的审计目标,可以把信息系统审计分类为在信息系统环境下的财务审计、信息系统控制审计、信息系统绩效审计、信息系统安全审计、信息系统生命周期审计等。

在信息系统环境下的财务审计是对信息系统加工或者产生的财务报表进行审计,以发表审计意见为目的。

信息系统控制审计是对信息系统中的手工和自动化的控制进行详细的检查,其目标是评估通过系统处理的交易和生成的报告的依赖程度。

信息系统绩效审计是检查信息系统,以评估是否已经有效地达到了实施系统的预期目标,其出发点是关于信息系统的经济性和功效。

信息系统安全审计是对信息系统中的安全控制进行审计,以评估维护的数据和系统的机密性、一致性和可用性程度,与组织和信息系统的风险预期是相称的。

信息系统生命周期审计是与信息系统开发过程同步审计,以评估信息系统的规划、设计和开发是在受控的环境中按照成体系的风格完成的,并且符合特定的方法学。

10.8.3 信息系统审计的过程

1. 审计计划阶段

充分的计划是执行一项有效的信息系统审计工作的第一步。适当的计划能够帮助审计人员引导和控制自己的工作,聚焦于关键领域,分配稀缺的审计资源用于更加重要的领域,设置时间期限和目标以检查工作进展,获得足够的、可靠的以及相关的审计证据。

在审计计划阶段,应完成的主要工作是:围绕审计工作重点,及有关领导的要求,结合年度审计项目计划和审计资源情况,确定信息系统审计项目,编制信息系统审计项目计划。完成这一阶段的工作,应注意以下问题。

(1)信息系统审计项目的选择要充分考虑各方面因素,并非所有的信息系统都适宜开展信息系统审计。目前,应主要采取数据审计、信息系统审计和系统内部控制审计相结合的审计方式。

(2)要在充分调查论证的基础上编制审计项目计划。确定审计项目计划之前,应进行充分的调研和论证,走访有关部门,调查被审计单位,搜集有关政策、法规,必要时可以采取试点审计等方式,分析项目开展的可行性,预期达成的目标等。

2. 审计准备阶段

在审计准备阶段,应完成的工作包括:成立审计组;开展审前调查,初步了解被审计单位基本情况;对信息系统相关内部控制进行调查了解和初步评价;初步评估信息系统内部控制的风险水平,评估审计风险;编制审计实施方案;向被审计单位送达审计通知书等。完成上述工作,应注意以下几点。

(1)在审前调查中,除了解被审计单位财务管理情况外,还要重点调查被审计单位的信息系统,了解其业务流程。包括:被审计单位信息系统的总体情况,系统软件开发运行的基本情况,部署范围,组织管理情况,软件、硬件使用情况,业务流程以及其他可能影响信息系统安全性、可靠性与有效性的情况。无论是哪种方式的信息系统审计,都应取得被审计单位电子数据。并应根据对业务流程的调查,绘制业务流程图。

(2)对信息系统控制的调查,可与被审计单位内部控制的调查结合进行。审计人员应根据调查了解的情况,结合被审计单位内部控制调查,有选择地对信息系统相关控制进行调查和初步评估。

(3)初步评估信息系统内部控制的风险水平。通过调查了解,审计人员对信息系统的内部控制有了一个初步的认识,应对系统内部控制的健全性、合理性作出初步评价,并对各主要业务的控制风险水平作出初步评估。初步评估的风险水平作为决定是否还需要对有关系统内部控制进行符合性测试的依据。

(4)编制审计实施方案。为了使审计人员对信息系统审计信息的目标、重点等有明确的了解,应编制审计实施方案。信息系统审计实施方案应包括的内容与一般审计实施方案基本相同。

3. 审计实施阶段

在审计实施阶段,应完成的工作包括:进一步调查被审计单位的基本情况;根据审计目标的需要,对信息系统相关内部控制进行符合性测试,收集相关的审计证据;对收集的审计证据进行评价,在整理归纳审计证据的基础上,得出审计结论;编写审计日记和审计工作底稿。具体包括:

(1)了解业务流程和信息系统构成等详细信息。包括信息系统的基本架构、数据结构、操作流程及应用情况。

（2）根据审计目标，结合审计资源情况，对信息系统相关内部控制进行符合性测试，收集审计证据。根据测试的具体情况，可以对审计实施方案进行适当调整，进一步确定审计重点和审计方法。

（3）由信息系统审计人员和财务审计人员共同对审计证据进行评价分析，保证收集到的审计证据的充分性。在此基础上，对系统控制的健全性、合理性和有效性作出评价。

4. 审计终结阶段

在审计终结阶段，应完成的主要工作包括：审计组根据信息系统审计情况，起草审计报告，征求被审计单位意见；审计机关按照程序规定对审计组的审计报告进行审议，并对被审计单位对审计组的审计报告提出的意见一并研究后，提出审计机关的审计报告；针对信息系统需要改进和完善之处，提出相关审计建议。

10.8.4 信息系统审计的技术方法

除了信息系统审计特有的技术方法（如测试数据法、平行模拟法、受控处理法等）之外，许多手工审计条件下的传统审计技术方法（如问卷调查法、访谈法、文档查阅法、观察法、成本收益法等），都可以应用于信息系统审计。

审计人员可以通过与相关部门负责人和主要业务人员谈话的方式了解信息系统控制的设立和执行情况。在了解被审计单位对信息系统开发、运行、维护及用户操作管理相关政策、制度和管理措施时，主要通过谈话的形式获取基本信息。

审计人员可以通过观察的方法，获取被审计单位对重要信息系统设施的环境控制和物理安全控制情况；通过观察系统运行和维护人员的软件操作，了解被审计单位信息系统运行维护的信息；通过观察用户对应用软件的操作使用过程演示，了解相关业务过程和软件的应用控制活动情况。

审计人员可以通过检查相关文档和电子数据的方法，了解和测试相关信息系统的设立和执行情况。在与相关部门人员谈话的基础上，通过检查相应业务记录文档和电子数据，可以确定相应控制活动是否得到有效执行。

1. 传统审计技术方法

（1）问卷调查法

问卷调查法是指审计人员根据被审计信息系统的具体情况设计问卷调查表，然后交由被审计单位填写，或由审计人员根据访谈、文档查阅、观察等方法得出的结论进行填写，以充分、详细了解被审计信息系统相关情况，收集审计证据的一种方法。该方法可普遍运用于信息系统审计的各个阶段。

（2）访谈法

访谈法是指审计人员与被审计单位的有关人员进行交谈、询问，以了解有关情况、收集审计证据的一种方法。该方法可普遍运用于信息系统审计的各个阶段。

（3）文档查阅法

文档查阅法是指审计人员对与被审计信息系统相关的文档资料进行审查，以了解和判断计算机信息系统的总体情况、控制情况的一种方法。该方法可普遍运用于信息系统审计的各个阶段。

（4）观察法

观察法是指审计人员亲临信息系统的物理环境、硬件设施和操作人员办公的现场,对信息系统的构成情况、操作情况进行了解,对控制措施的实施情况进行查看的一种方法。该方法可普遍运用于信息系统审计的各个阶段。

2. 信息系统审计特有的技术方法

（1）流程图描述法

流程图描述法是指审计人员使用流程图对被审计信息系统的结构、功能、流程等情况进行描述的审计方法。该方法可普遍运用于信息系统审计的各个阶段。

（2）源代码检查法

源代码检查法是指审计人员通过直接对编码进行详细审查的审计方法。该方法主要用于信息系统开发审计中的系统编码阶段审计,以及应用控制审计中的处理控制审计和输出控制审计。

（3）测试数据法

测试数据法是指审计人员把一批预先设计好的检测数据输入到应用系统中,将处理的结果与预期的结果进行比较,从而检测应用系统的控制与处理功能是否恰当、有效的一种方法。该方法广泛应用于信息系统开发审计中的系统测试阶段审计,以及应用控制审计的各个环节。

（4）平行模拟法

平行模拟法,是指依靠被审计信息系统的主要流程,简化设计另外的程序或模块,对输入数据同时进行并行处理,检测是否能够得到一致的数据输出,用来测试系统功能的审计方法。该方法主要用于应用控制审计中的处理控制审计。

（5）受控处理法

受控处理法,是指审计人员对被审计信息系统处理流程进行监控,查明被审程序的处理和控制功能是否恰当、有效的审计方法。该方法主要用于应用控制审计中的处理控制审计。

（6）集成测试技术(ITF)

集成测试技术的原理是,首先在应用系统中建立一个虚拟实体,然后处理审计测试数据,核实处理过程的真实性、正确性和完整性。一般用来审计复杂的应用系统。该方法主要用于应用控制审计中的处理控制审计。

（7）系统日志检查法

系统日志检查法,是指审计人员通过查阅系统日志来分析和检查被审计信息系统曾发生过的操作。该方法可用于一般控制审计和应用控制审计。

（8）嵌入审计模块技术

嵌入审计模块技术,是指在一个应用系统中长久驻存一个审计模块,该模块检查输入到系统中的每一笔事务,并识别出其中不符合预定义标准的事务,审计人员可以对这些识别出的事务进行实时的或定期的审查。嵌入审计模块技术一般应用于处理大数据量的系统中。该方法主要用于应用控制审计中的处理控制审计。

（9）快照

快照是一种允许审计人员在一个程序或一个系统中在指定的点冻结一个程序,使审计人员能够观察特定点数据的技术。该方法主要用于应用控制审计中的处理控制审计。

在实际工作中,审计人员可以根据被审计信息系统的具体情况,结合审计目标、审计内容、审计成本效益、审计组人员与设备配置情况、审计人员知识结构等因素,选择合适的信息系统审计技术和方法,并且通常需要多种方法的综合、穿插使用。

10.8.5 国外信息系统审计

1. 国外信息系统审计的准则、指南和程序

国际信息系统审计准则、指南和程序的重要制定者是国际信息系统审计与控制协会(ISACA)。它已成为一个为信息管理、控制、安全和审计专业设定规范的全球性组织,其信息系统审计和信息系统控制标准为全球执业者所遵从。

国际信息系统审计与控制协会 提出的信息系统审计的对象主要包括:组织架构、信息安全、信息系统运营与维护、灾难恢复计划与业务持续性计划、软件开发、基础设施、网络通信等。信息系统审计的开展有助于促进被审计单位改进内部控制,加强风险管理,提高信息系统实现组织目标的效率、效果。

国际信息系统审计与控制协会的信息系统审计准则由信息系统审计标准、指南和程序构成。

(1) 信息系统审计标准。该标准是整个信息系统审计准则体系的总纲,是制定信息系统审计指南和信息系统审计程序的基础依据。它规定了审计章程及审计过程(从计划、实施、报告到跟踪)必须达到的基本要求,是注册信息系统审计师(CISA)的资格条件、执业行为的基本规范,表明了管理层和其他利益方对执业者在专业工作上的期待。最新的信息系统审计标准分为 11 大类,共 43 条,分别于 2005 年 1 月、9 月和 11 月起实施。只要是注册信息系统审计师执行审计业务,出具审计报告,都必须遵守执行,具有强制性。

(2) 信息系统审计指南。信息系统审计指南是依据信息系统审计标准制定的,是信息系统审计标准的具体化,为信息系统审计准则体系中 11 大类标准的实施提供了指引。它详细规定了注册信息系统审计师实施审计业务、出具审计报告的具体指引,为注册信息系统审计师在执行审计业务中如何遵守审计准则提供指导。注册信息系统审计师在执业过程中参考这些指南时要运用职业判断,对任何偏离信息系统审计标准的行为一定要有充分的理由。到目前为止有效的 ISA 指南共有 40 项。

(3) 信息系统审计程序。信息系统审计程序是依据信息系统审计标准和信息系统审计指南制定的。它为注册信息系统审计师提供了一般审计业务(尤其是审计计划和审计实施阶段业务)的程序和步骤,是遵守标准和指南的一些通常审计程序,它为注册信息系统审计师提供了很好的工作范例,但并不要求强制执行。注册信息系统审计师在执行具体的审计业务时,要根据特定的信息系统和特定的技术环境作出自己的职业判断,选择适当的审计程序。到目前为止有效的信息系统审计程序共有 9 项。

2. 国外信息系统审计案例

(1) 英国审计署对政府部门公共服务协议数据系统质量的审计

英国审计署非常重视政府部门数据系统对政府部门年度报告、绩效报告的影响,对政府部门公共服务数据系统质量开展了专门审计。英国审计署发布的《第三次政府部门数

据系统质量审计报告》主要介绍了公共服务数据系统质量审计结果,分析了影响公共服务数据系统质量的因素,提出了政府部门绩效测评的难点,并详细介绍了各数据系统的审计结论。

英国审计署的审计建议有:政府部门在制定公共服务协议目标及其计量时,认真考虑数据系统及其计量的含义;确切地评估公共服务协议数据系统的数据质量风险;确保数据系统及其控制得到恰当的归档,并保证相关记录得到及时更新。

（2）美国审计署关于小企业管理局财务管理信息安全的审计

美国审计署针对小企业管理局的财务管理系统进行审查,重点关注其财务管理系统是否达到美国联邦政府的内部控制要求。美国审计署对小企业管理局的财务管理系统,主要是贷款会计系统、自动贷款控制系统、丹佛财务中心系统、联邦财务系统、担保债券保证书系统、局域网和广域网进行审计。最后审计结论是小企业管理局信息系统的内部控制机制实施了明显改进,但仍有几个领域需进一步提高,如网络服务器的物理访问控制、文档管理系统的开发、操作系统的变更流程和职责分工的合理性。

习题

1. 程序设计语言分为哪几级？每级试举一个较典型的例子。
2. 什么是操作系统？其基本功能分成哪几部分？
3. 有哪几种程序结构？哪些结构可以用来控制程序的流程？
4. 数据和数据结构的含义是什么？
5. 什么叫算法？算法有哪几种描述形式？
6. 为什么说"程序调试只能验证算法有错,不能证明算法无错"？
7. 试分别用文字叙述和流程图两种形式描述求 n 个数的和的算法。
8. 软件危机的表现形式是什么？
9. 简述几个主要的软件开发模型的基本内容和特点。
10. CMM 质量量度模型的基本内容有哪些？
11. 软件开发过程分为哪几个主要阶段？其主要内容是什么？
12. 信息系统应具有哪些功能？
13. 项目管理的 9 大知识领域分别是什么？
14. 信息系统审计的内容是什么？过程包括哪些步骤？

附录

上 机 实 验

附录 A　虚拟机软件 VMware 的使用

　　VMware 是 VMware 公司出品的"虚拟 PC"软件,它可以在一台计算机上将硬盘和内存的一部分拿出来虚拟出若干台机器,每台机器可以运行单独的操作系统而互不干扰,从而能在一台机器上同时运行两个或更多 Windows、DOS、Linux 系统。这些"新"机器各自拥有独立的 CMOS、硬盘和操作系统,用户可以像使用普通机器一样对它们进行硬盘分区、格式化、安装系统软件和应用软件。在虚拟系统崩溃之后可直接删除不影响本机系统,同样本机系统崩溃后也不影响虚拟系统,可以下次重装本机系统后再加入以前做的虚拟系统。

　　与"多启动"系统相比,VMware 采用了完全不同的概念。多启动系统在一个时刻只能运行一个系统,在系统切换时需要重新启动机器。VMware 是真正"同时"运行,不需要重开机,就能在同一台计算机上使用好几个操作系统。多个操作系统在主系统的平台上,可以像标准 Windows 应用程序那样切换,而且每个操作系统都可以进行虚拟的分区、配置而不影响真实硬盘的数据,用户甚至可以通过网卡将几台虚拟机用网卡连接为一个局域网或者接入现有的网络,极其方便,而且安全。同时,它也是唯一能在 Windows 和 Linux 主机平台上运行的虚拟计算机软件。

　　虚拟机开机时,如果要让虚拟机能接受键盘的输入和鼠标的单击,必须首先使用鼠标在启动后的虚拟机界面上单击一次,这时,本机的键盘和鼠标就由这个虚拟机接管,再用鼠标和键盘做输入,就是在这个虚拟机中输入了。鼠标和键盘的输入焦点在 VMware 的虚拟机中时,如果需要在宿主操作系统使用,可以同时按 Ctrl ＋ Alt 组合键。在虚拟机全屏时,也可以按此组合键回到非全屏的运行状态(窗口状态)。

　　下面以 VMware Workstation5.5.3 版本为例,简单说明 VMware 在 Windows 操作系统中的基本使用方法。如果想在虚拟机中安装 Windows 7,最好使用 VMware Workstation 7.0 的版本,它可以较好支持 Windows7 的各项功能。

A1.　VMware 软件的安装

　　VMware 的安装文件一般是一个可运行程序,运行这个程序,开始安装过程。如图 A1 所示。

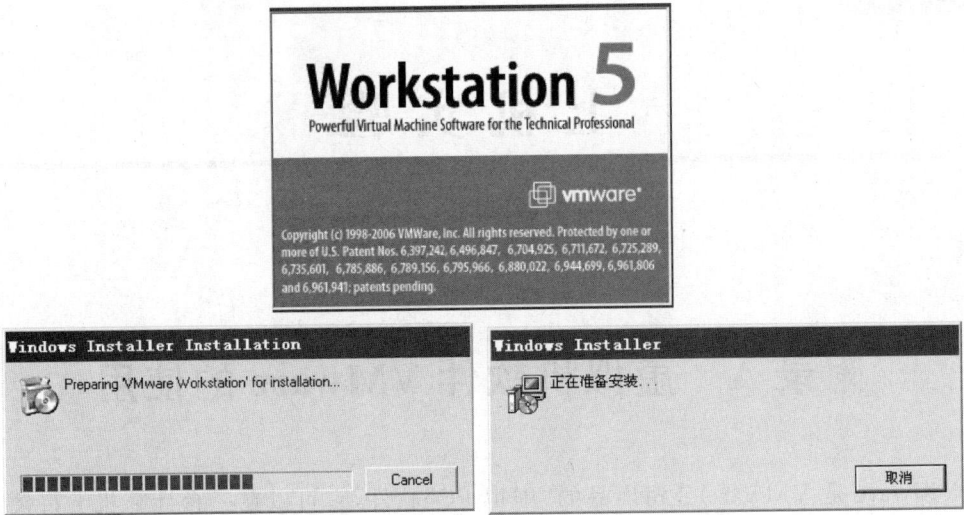

图 A1　VMware 安装启动界面

　　安装程序初始化完成后,出现欢迎界面,如图 A2 所示,单击"Next"按钮,进入下一步。

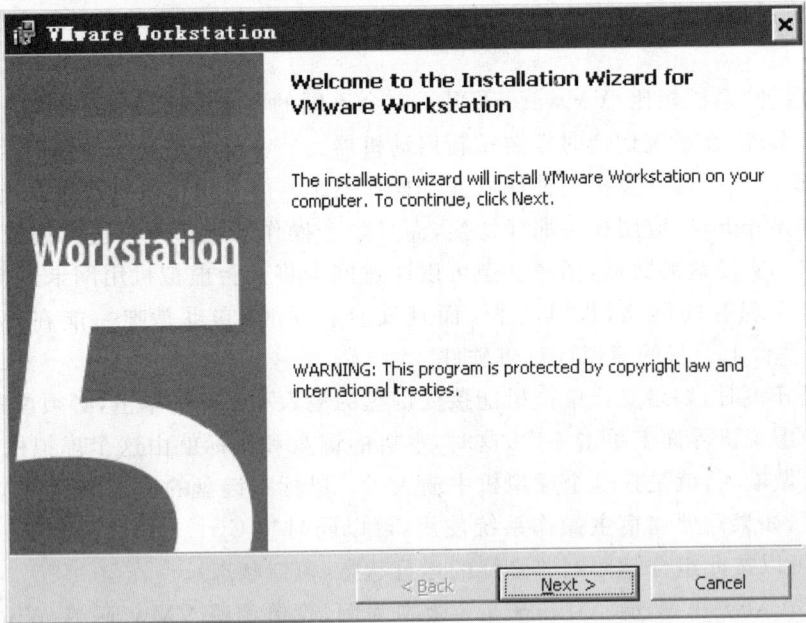

图 A2　VMware 安装欢迎界面

　　下一窗口如图 A3 所示,在这个窗口中可以选择安装 VMware 软件的文件夹位置,默认在 Windows 系统所在硬盘的"Program Files"下,用户可以通过单击"Change"按钮改变安装的位置。然后,单击"Next"按钮。

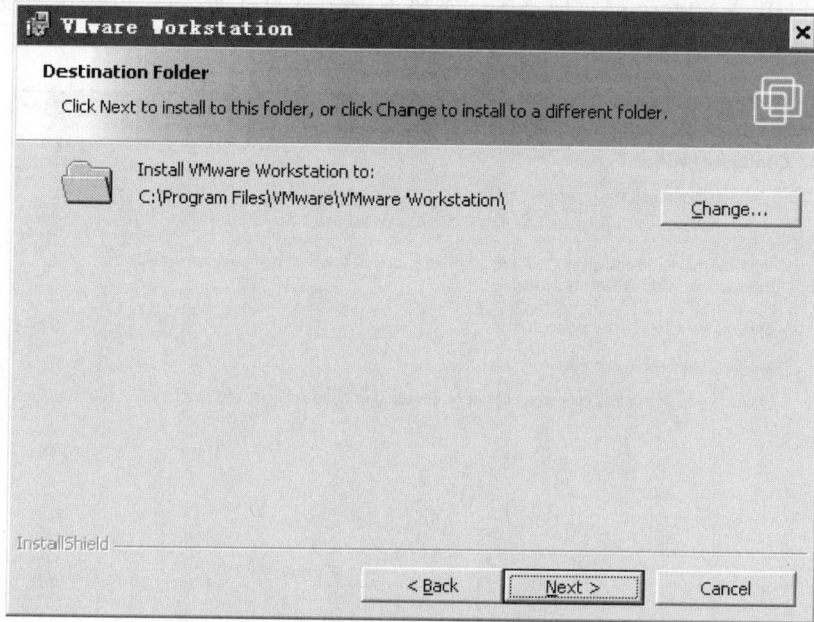

图 A3 选择安装 VMware 软件的文件夹

在下一个窗口中,选择安装 VMware 后,VMware 的快捷方式出现的位置,可以在 Windows 桌面上、"开始"菜单和快速启动工具条上放置快捷方式,如图 A4 所示。选择好以后,单击"Next"按钮。

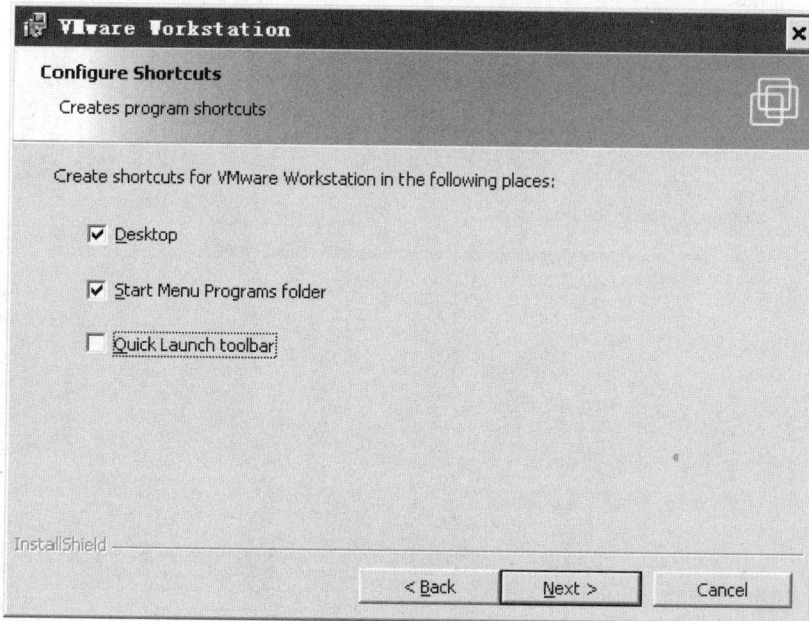

图 A4 建立 VMware 的快捷方式

下一窗口中，VMware 提示应该关闭本机系统光驱的自动运行，以避免出现不希望的操作。直接单击"Next"按钮即可。如图 A5 所示。

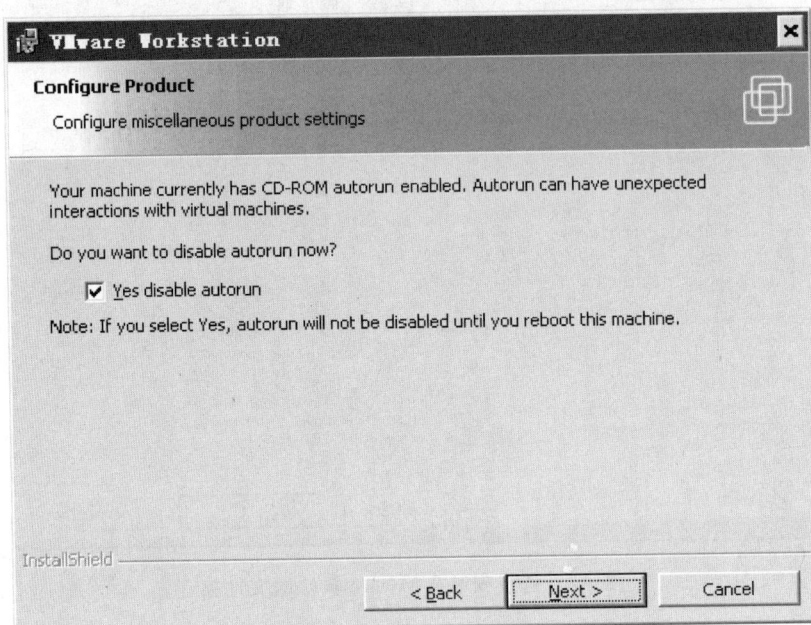

图 A5　禁用物理主机的 CD-ROM 自动运行

·在图 A6 中，直接单击"Install"按钮，开始 VMware 的安装，接着出现如图 A7 所示窗口，提示安装进度。

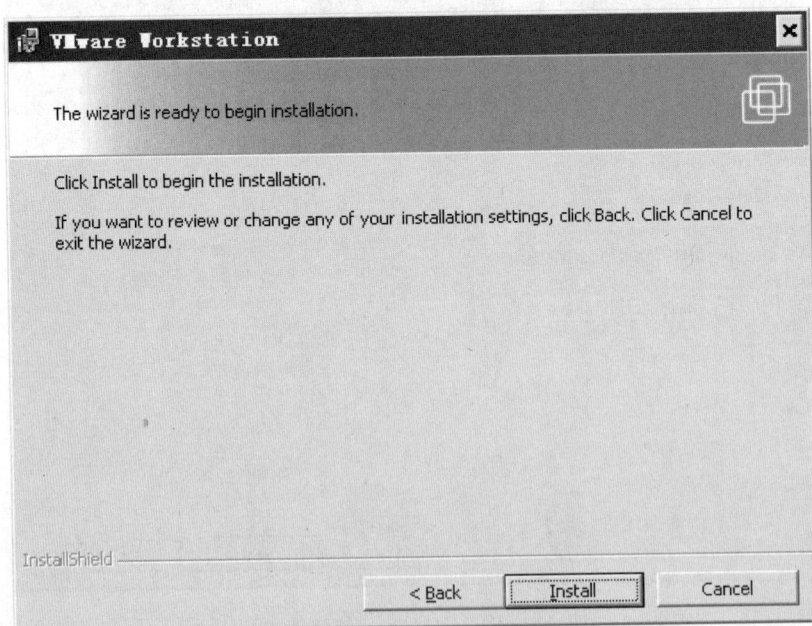

图 A6　VMware 准备好安装

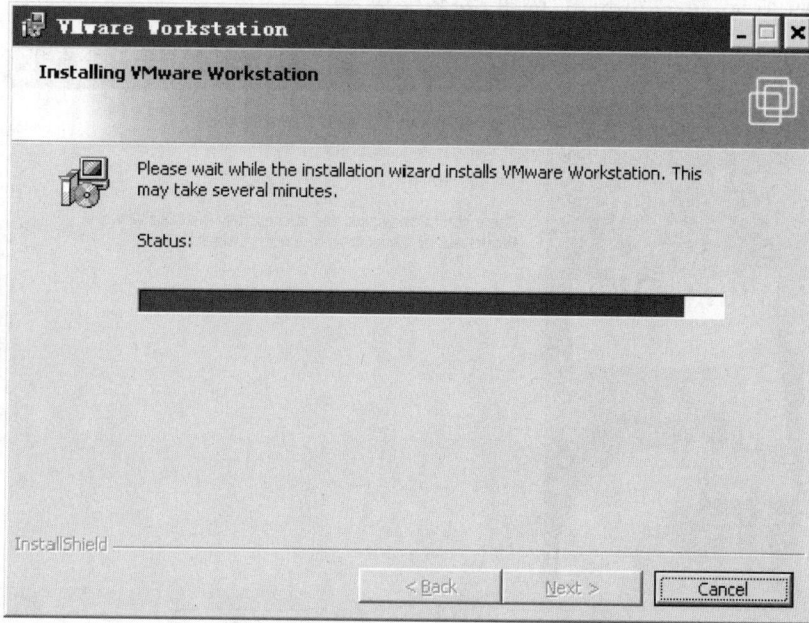

图 A7　安装进度

　　在安装完成的最后，如图 A8 所示，VMware 安装程序提示输入注册信息，可输入使用者的用户名和公司名，可随意输入，主要是要输入有效的序列号（Serial Number），序列号在购买时会获得，或者可从 VMware 的网站上获取一个测试的序列号。输入完成后，单击"Enter"按钮。在这里也可以单击"Skip"按钮，不输入序列号，在以后输入。

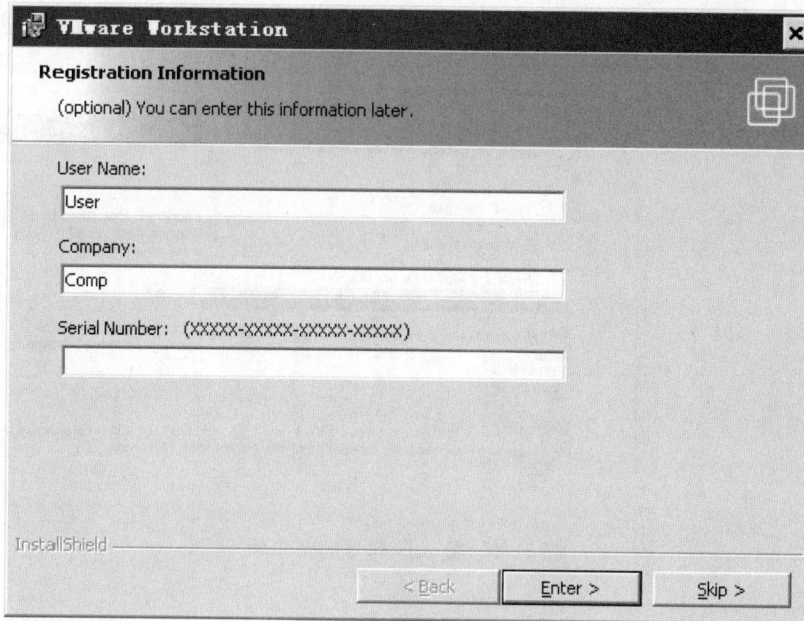

图 A8　输入注册信息

如图 A9 所示，单击"Finish"按钮，安装完成。

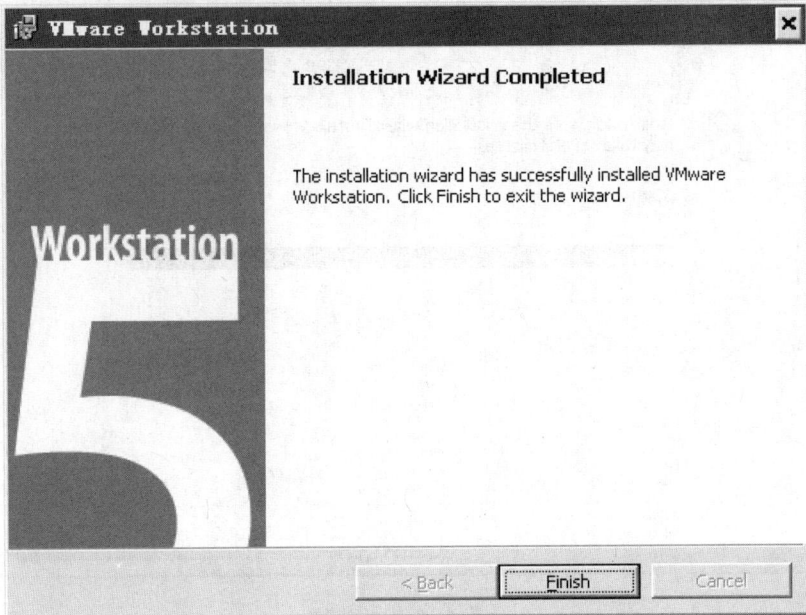

图 A9 安装完成

如果需要在安装完成后输入序列号，可以打开 VMware 软件，在"Help"菜单中单击"Enter Serial Number"菜单项（图 A10），弹出输入序列号的窗口（图 A11），此窗口是汉化以后的效果，后面也使用汉化后的界面来讲解。

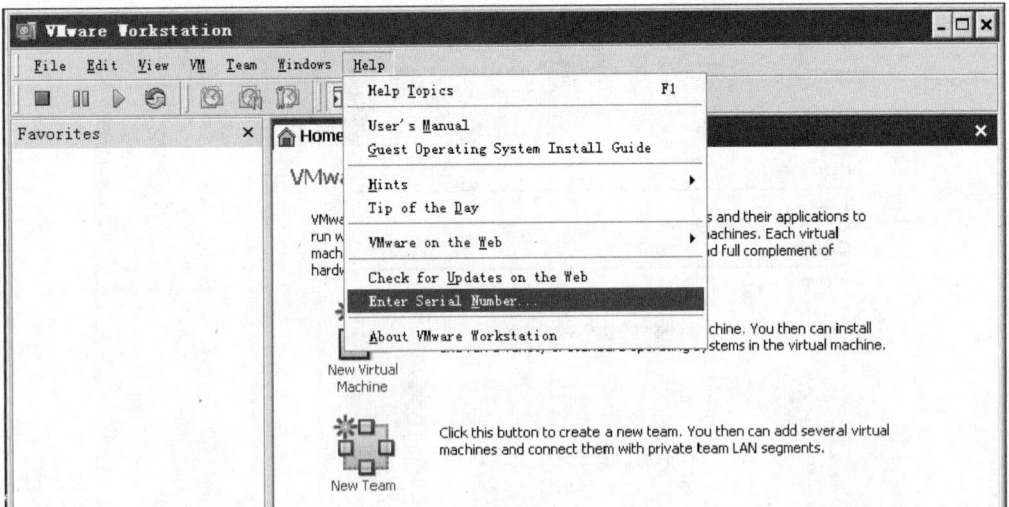

图 A10 输入序列号的菜单项

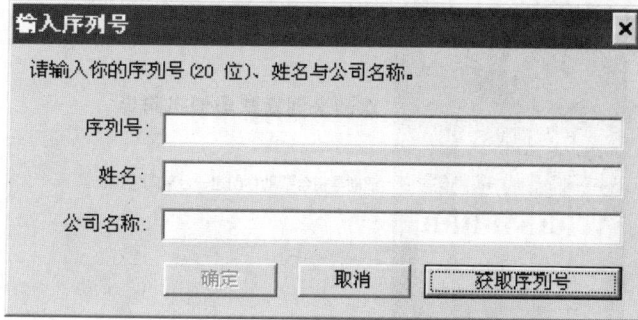

图 A11　序列号输入窗口

A2.　使用 VMware 管理虚拟机

（1）新建虚拟机

在"开始"菜单或桌面找到 VMware Workstaion 的图标，运行 VMware，在"文件"菜单中找到"新建"，选择"虚拟机"，可以开始添加一个新的虚拟机的向导。如图 A12 所示。

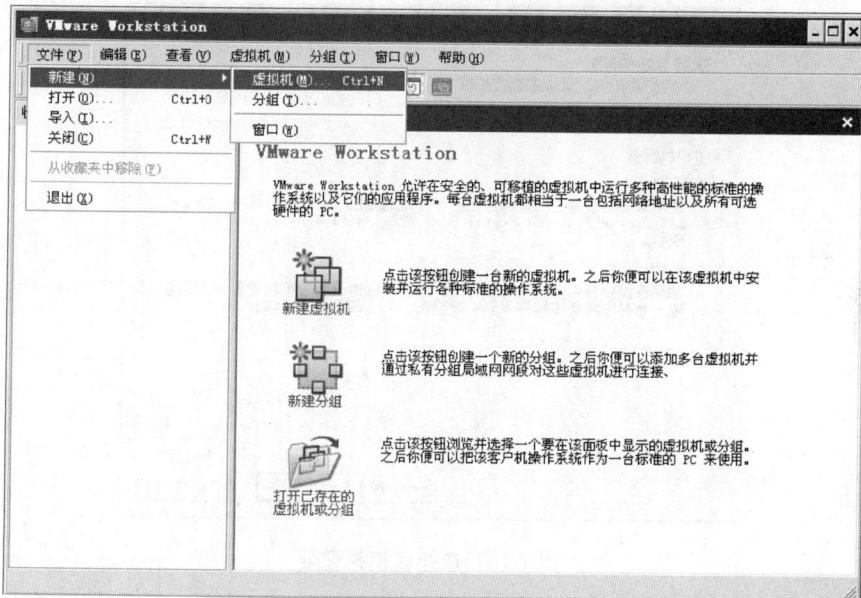

图 A12　新建虚拟机

在向导的第一个窗口单击"下一步"按钮（图 A13），进入"选择虚拟机配置"窗口。如果要建立的虚拟机使用最常用的配置，可以选择"典型"；如果需要完全自己选择虚拟机的配置，可选择"自定义"。典型配置一般可满足大部分的要求，选择"典型"，单击"下一步"按钮。如图 A14 所示。

在选择"客户机操作系统"窗口，可选择一个自己想在虚拟机中安装的操作系统，VMware 就会按这种操作系统最常用的配置建立虚拟机。如图 A15 所示。

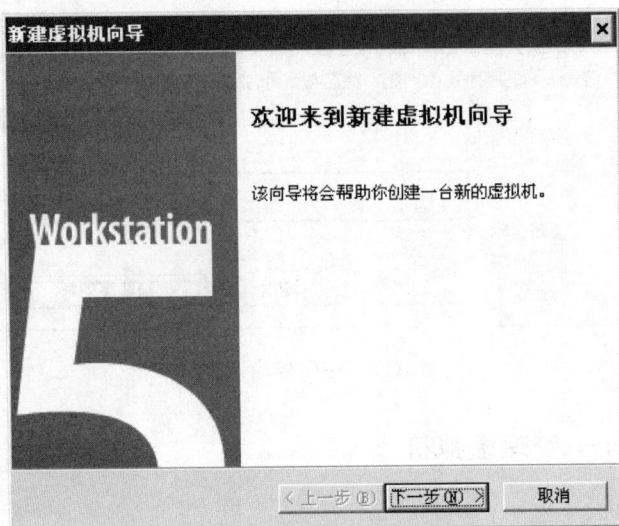

图 A13　新建虚拟机向导

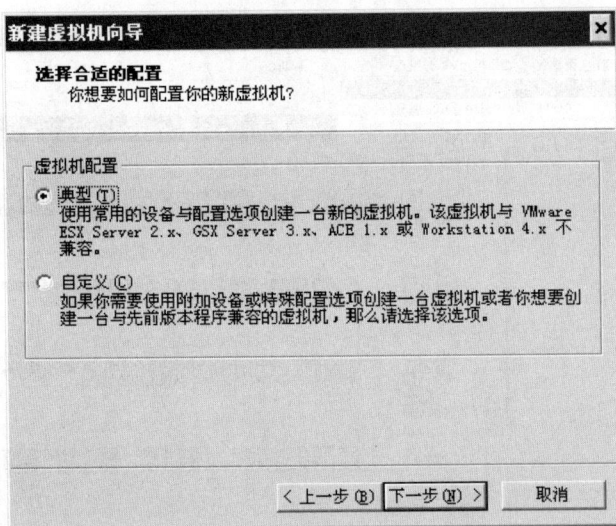

图 A14　选择虚拟机配置

在"虚拟机名称"窗口,可以为新建的虚拟机起一个好记的名字,用来区分不同的虚拟机,同时可以选择新建虚拟机所在的文件夹。一个虚拟机应该放置在一个独立的文件夹中,不应该和其他虚拟机放在一起,建议放置虚拟机的文件夹名称和虚拟机名称相同,以便查找。如图 A16 所示。

在"网络类型"选择窗口,可以为新建的虚拟机选择接入网络的方式,有四种方式可以选择:桥接网络(Bridge)、网络地址翻译(NAT)、Host-only 网络和不使用网络连接。不使用网络连接相当于虚拟机中没有网卡;Host-only 网络是虚拟机只能与主机连接的网络;NAT 是虚拟机通过主机的网卡和地址访问网络;而桥接网络则是虚拟机中模拟出一

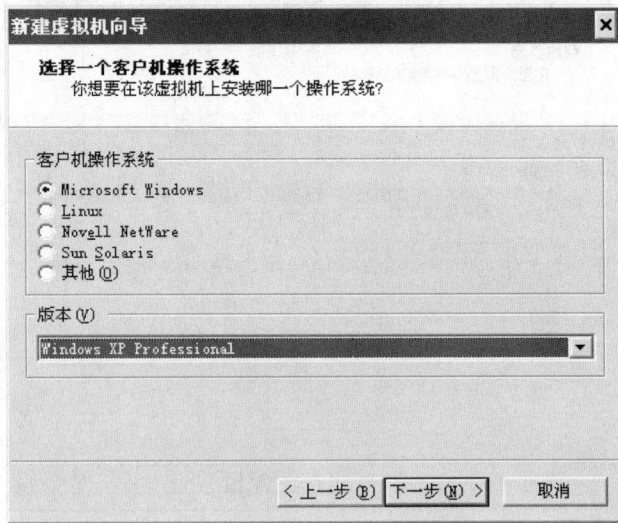

图 A15　选择虚拟机操作系统

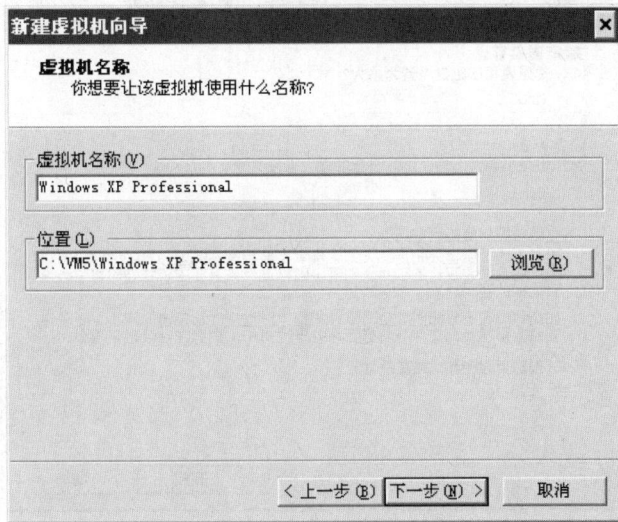

图 A16　虚拟机名称和文件夹

个独立的网卡,需要一个和主机不同的独立 IP 地址,能够独立联入网络的方式,这时,虚拟机和主机完全可以看成两台独立的机器,相当于网络上的两台物理计算机。如图 A17所示。

在"指定硬盘容量"窗口,选择虚拟机所使用的第一个硬盘的大小,可以选择"立即分配所有磁盘空间",这时为虚拟机分配多大空间,即使虚拟机没有使用,在主机硬盘上也会立即减少相应空间。如果不选择立即分配,空间会在虚拟机需要时再分配。如果虚拟机所在主机硬盘的文件系统是 FAT 格式,会强制将保存虚拟机硬盘的主机文件分割为2GB 大小的多个文件。如图 A18 所示。单击"完成"按钮,虚拟机建立成功。

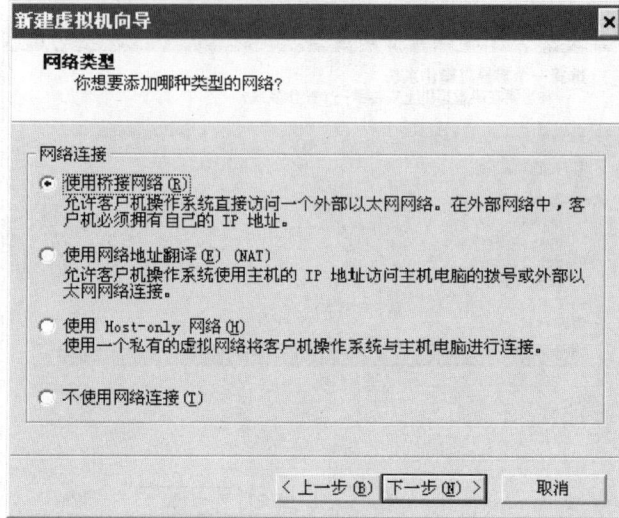

图 A17　选择网络类型

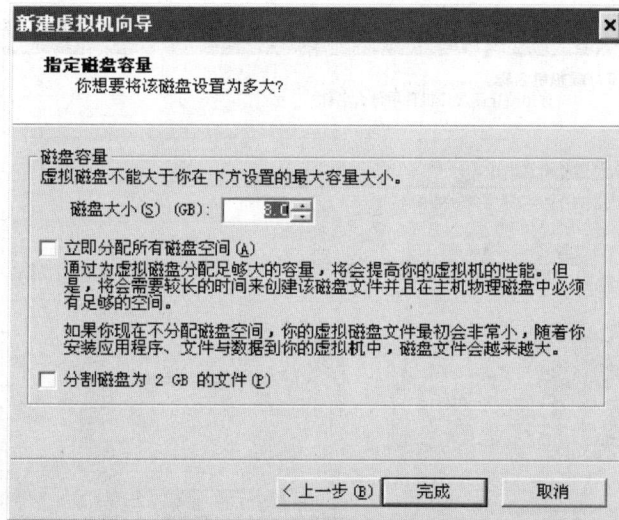

图 A18　指定磁盘容量

　　新建的虚拟机会自动添加在窗口左边的收藏夹中,并且在窗口右边添加一个 TAB 页,显示虚拟机的名称。选中一个 TAB 页,就是选择一个虚拟机,可以看到虚拟机的配置信息,并可以启动这个虚拟机。如图 A19 所示。

　　启动虚拟机的方法是在虚拟机的命令部分,单击"启动该虚拟机",或者在工具条上单击绿色三角的"启动虚拟机"按钮。单击工具条上的红色正方形按钮可关闭虚拟机电源。另外,工具条上还有"暂停"按钮,可暂时停止虚拟机的运行,"重启"按钮可重新启动虚拟机,还有"全屏"按钮,可以让虚拟机在运行时虚拟机屏幕充满整个主机的屏幕。

　　(2) 修改虚拟机配置

　　如果需要修改虚拟机中的设备配置,可以在图 A19 中的命令区选择"编辑虚拟机

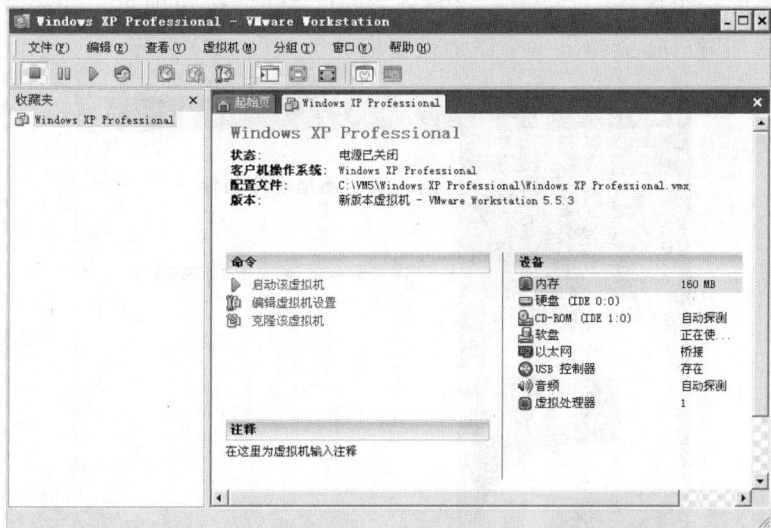

图 A19　新加的虚拟机

设置",打开虚拟机设置窗口,如图 A20 所示。选择一个设备,就可以更改这个设备的详细配置,比如重新分配虚拟机占用的内存、光驱的配置、CPU 的设置、网卡网络的设置置等等。

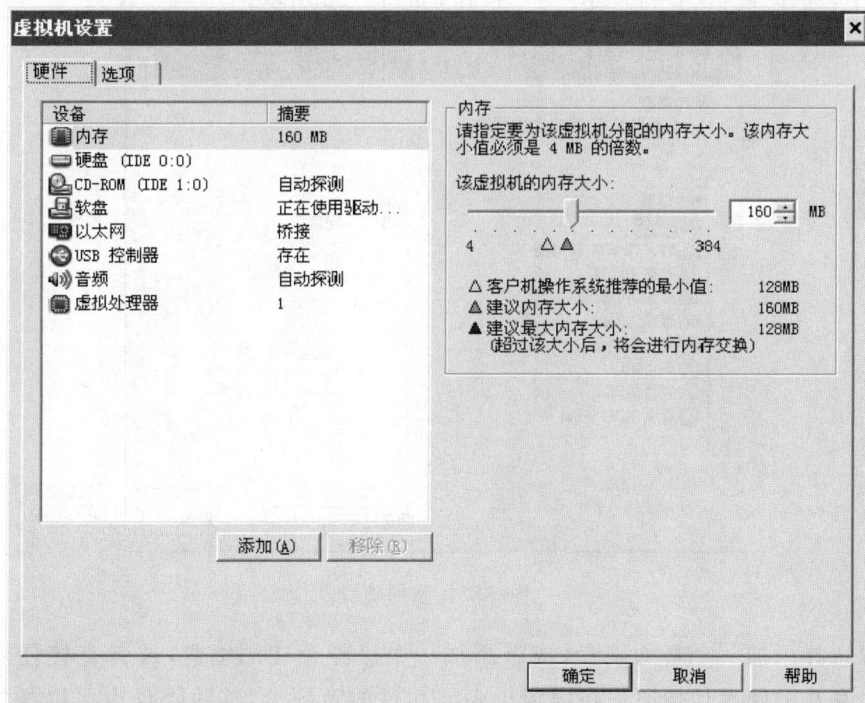

图 A20　查看虚拟机硬件配置

如果要删除一个设备,直接选中该设备,单击"移除"按钮即可。如果要增加一个设备,则单击"添加"按钮,会弹出一个添加设备向导。如图 A21 所示。

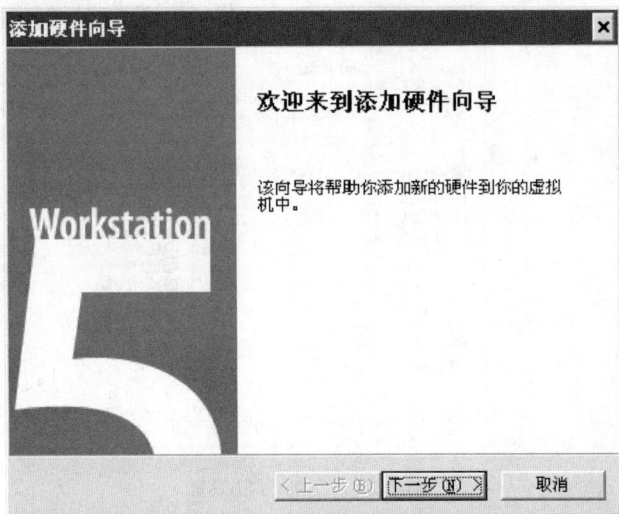

图 A21　添加硬件向导

下面以添加一个虚拟机硬盘为例,说明添加设备的方法。在添加硬件向导的"硬件类型"窗口中,选择"硬盘",单击"下一步"按钮,如图 A22 所示。

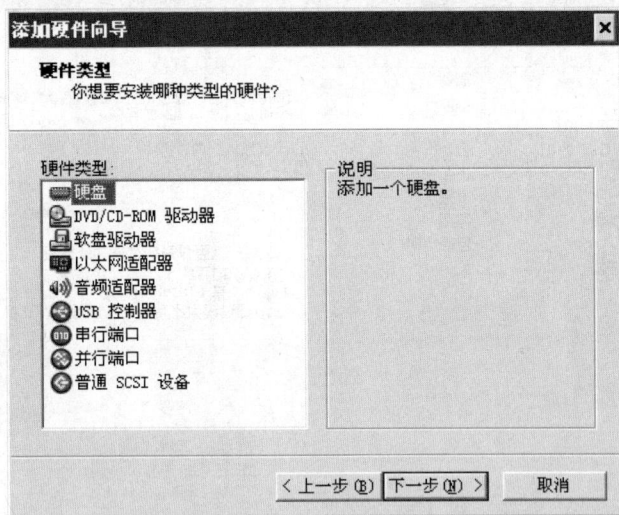

图 A22　添加硬盘

可以选择添加一个新的硬盘,或者添加一个已经存在的硬盘,或者直接使用物理硬盘。已经存在的硬盘是指原来在虚拟机中添加过的新硬盘,这些硬盘也可以添加到别的虚拟机中,相当于添加一个用过的物理硬盘到一台物理的计算机中,如图 A23 所示。选择添加一个新的硬盘,单击"下一步"按钮。

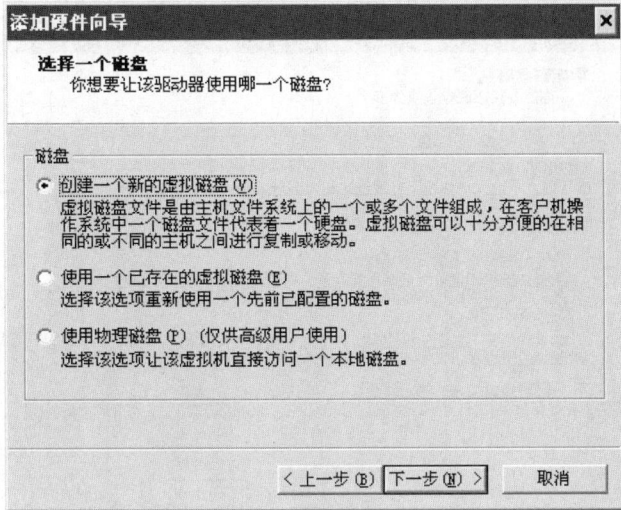

图 A23　选择磁盘

硬盘的类型可以是 IDE 类型或者 SCSI 类型的,单击"下一步"按钮,如图 A24 所示。

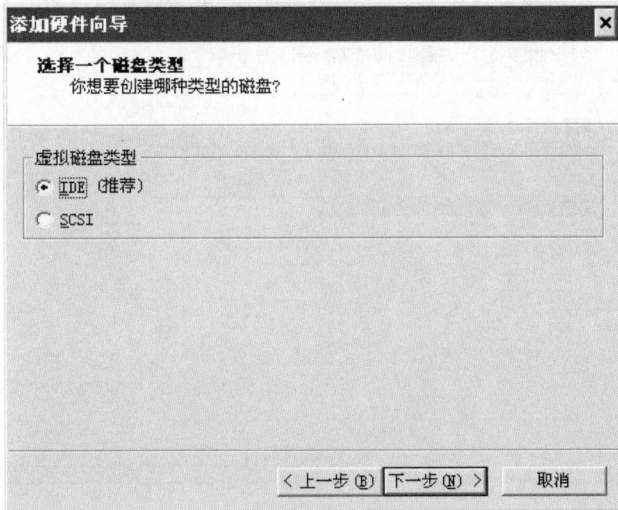

图 A24　选择虚拟磁盘类型

在"指定硬盘容量"窗口可设置新加硬盘的大小,见图 A25。

最后,可以指定新加硬盘在主机硬盘上的磁盘文件名,如图 A26 所示。

在虚拟机设置中,可以看到添加了一个新的硬盘"硬盘 2",如图 A27 所示。

(3) 打开虚拟机

在 VMware 的"文件"菜单中找到"打开",可以打开一个已经存在的虚拟机,通过"打开"窗口,浏览到虚拟机所在的文件夹,会有一个扩展名为. vmx 的文件存在,打开这个文件,就可以打开这个目录中存在的虚拟机,打开后就可以在 VMware 中启动此虚拟机。如图 A28 所示。

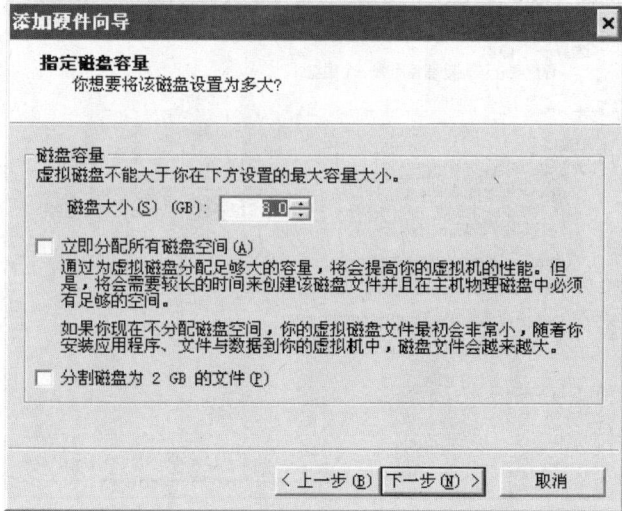

图 A25 设置磁盘容量

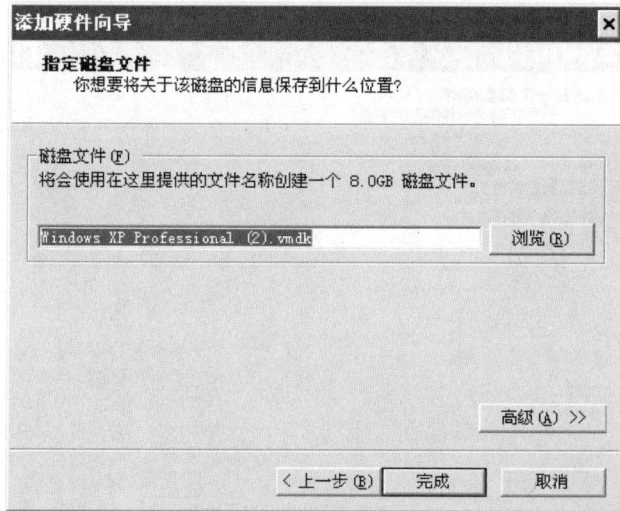

图 A26 指定磁盘文件

（4）删除虚拟机

如果一个虚拟机不想要了，可以删除它。删除的方法可以在收藏夹中选中要删除的虚拟机，用鼠标右键单击或在右边窗口用鼠标右键单击虚拟机的 TAB 页，可以弹出一个菜单，选择"从磁盘中删除"就可以彻底删除此虚拟机，如果选择"从收藏夹中移除"，则只是在右边收藏夹中没有这个虚拟机，主机硬盘上虚拟机还是存在的。如图 A29 所示。

另外一种彻底删除虚拟机的方法就是在主机硬盘上找到虚拟机所在文件夹，删除这个文件夹，就删除了虚拟机。如图 A30 所示。

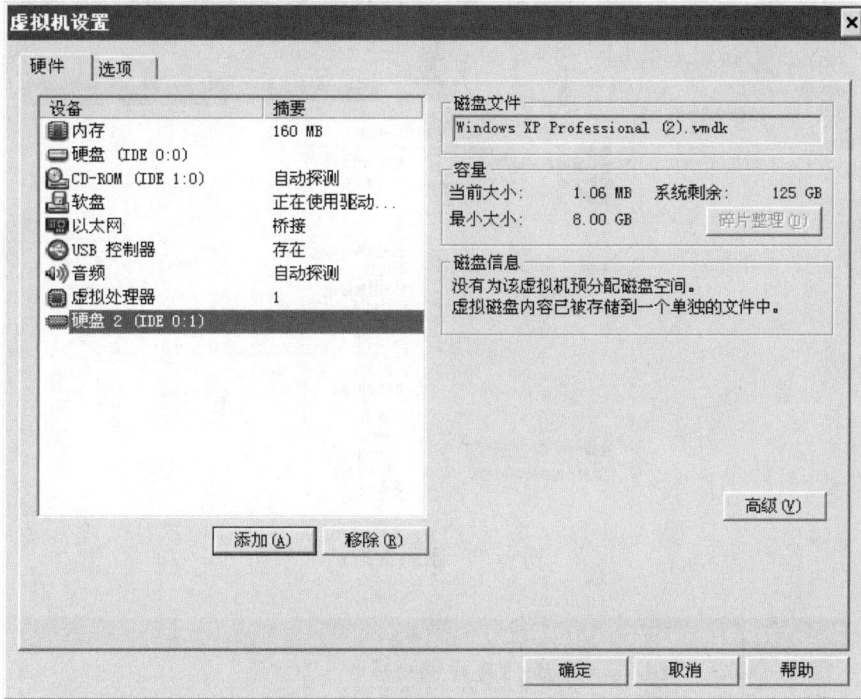

图 A27　添加了一个硬盘

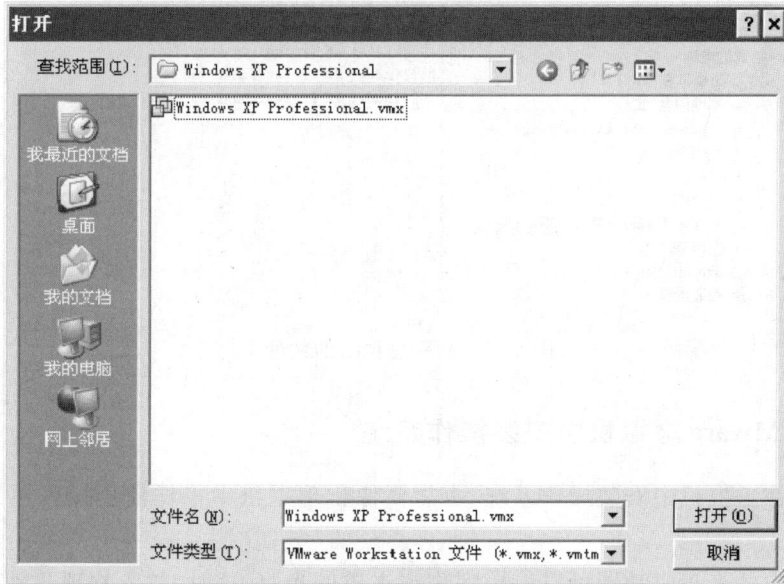

图 A28　打开虚拟机

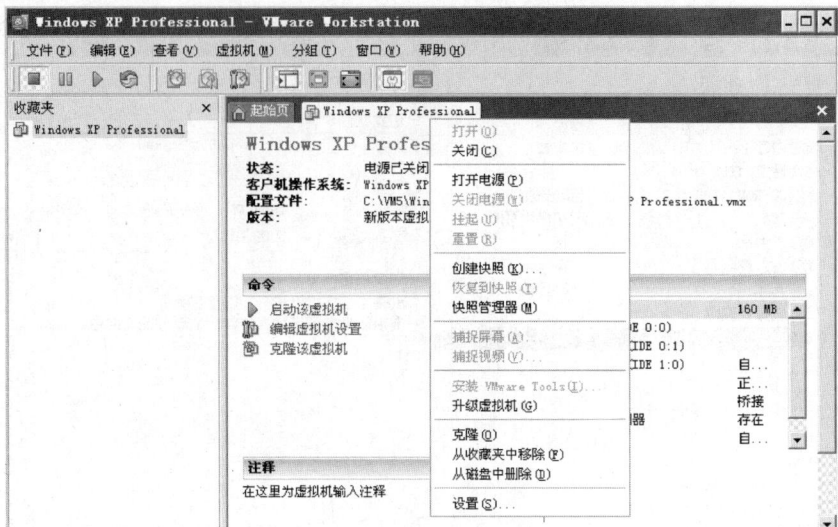

图 A29　删除虚拟机

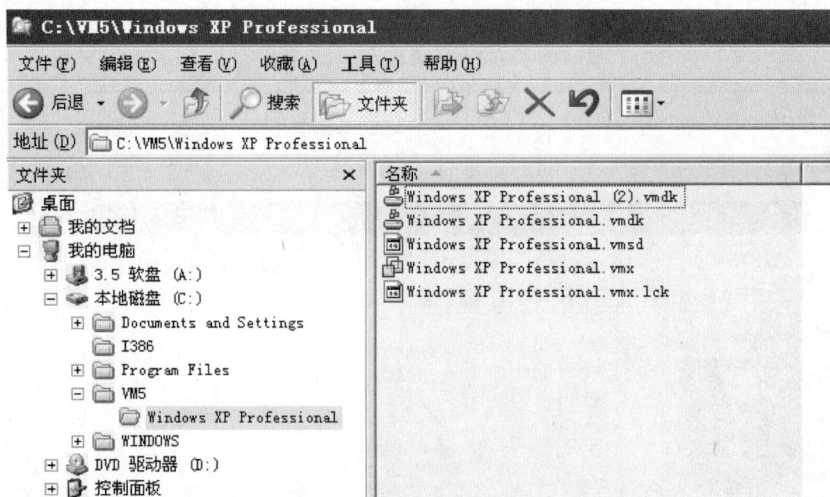

图 A30　删除虚拟机的文件夹

A3.　在 VMware 虚拟机中安装操作系统

如果要在虚拟机中安装操作系统,也需要像物理主机中一样使用操作系统的安装光盘来安装。

虚拟机中的光盘驱动器可以连接到物理主机的光驱,这时,放入物理驱动器的光盘在虚拟机中也可以读取和使用,就像光盘放入了虚拟机的光驱一样。设置方法就是在虚拟机窗口的右边,直接鼠标双击 CD-ROM,或者在编辑虚拟机设置中,选择 CD-ROM,在 CD-ROM 设备窗口中,选择使用物理驱动器。物理驱动器的默认设置是自动探测,也可以手动选择一个物理驱动器的盘符。如图 A31 所示。

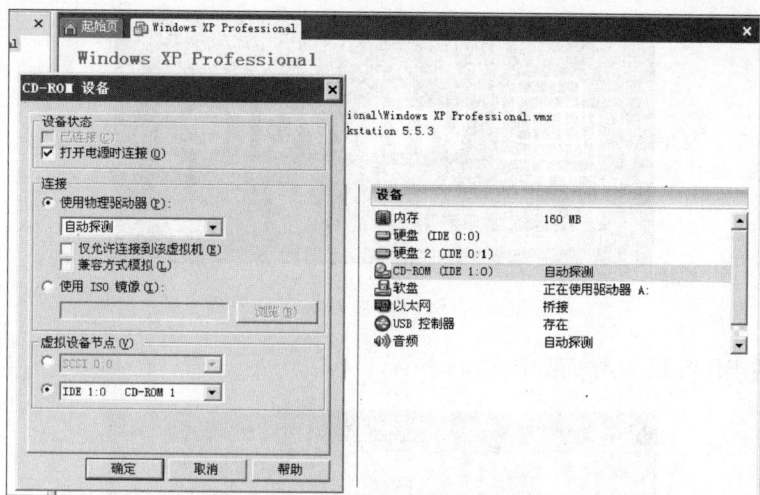

图 A31　删除虚拟机的文件夹

　　虚拟机的光驱也可以使用 ISO 文件作为虚拟机的光盘,ISO 文件是光盘的完整映像文件,ISO 文件可以直接刻录成一张光盘。使用 ISO 文件作为虚拟机光盘的方法就是在 CD-ROM 设置窗口中选择"使用 ISO 镜像",然后单击"浏览"按钮,选择一个包含操作系统安装的 ISO 文件即可。如图 A32 所示。

　　放置好操作系统安装光盘后,如果是新建的虚拟机,在启动时,因为硬盘是新的,没有分区和可启动的操作系统,所以会自动从光盘启动,开始操作系统的安装。

　　如果在一个安装过操作系统的虚拟机中新安装一个操作系统,或者操作系统安装过程被中断,需要重新安装,这时默认情况下虚拟机就不能从光驱启动了,需要在虚拟机的 BIOS 设置中更改启动顺序,设置先从光驱启动系统,而不

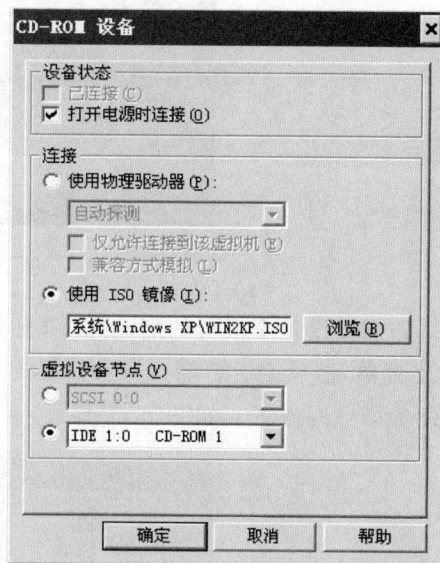

图 A32　CD-ROM 配置

是先从硬盘启动。通过 BIOS 设置更改虚拟机启动顺序的方法见 A4 小节。

A4.　更改虚拟机 BIOS 设置

　　在虚拟机中,也像物理计算机一样,可通过 BIOS 设置程序修改 CMOS 中的设置信息。进入 VMware 虚拟机 BIOS 设置的方法是在虚拟机启动时按 F2 键。

　　在操作上,需要在较短时间内用鼠标单击虚拟机启动界面,以使虚拟机能够获得键盘输入,然后快速按 F2 键。如图 A33 所示。

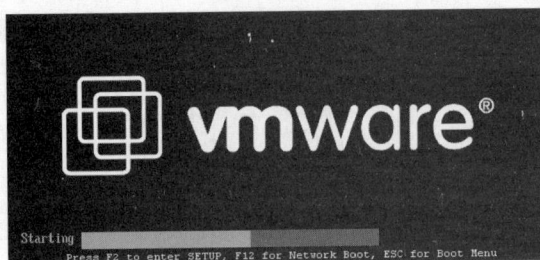

图 A33　VMware 虚拟机启动界面

虚拟机的 BIOS 设置界面如图 A34 所示。

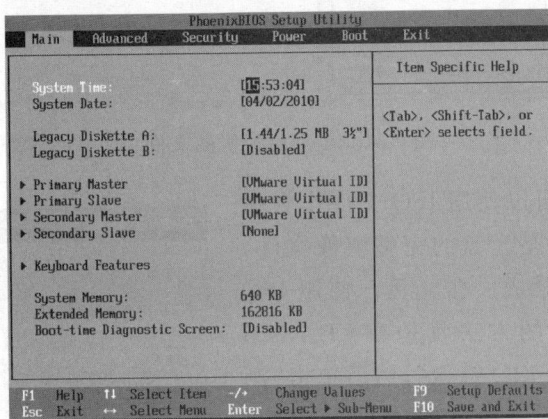

图 A34　BIOS 设置

如果要设置虚拟机的启动顺序,比如先从 CD-ROM 启动,可以使用左右箭头键选中 Boot 菜单,然后用上下箭头键移动到 CD-ROM Drive 项,按"＋"键将 CD-ROM 移动到启动设备第一的位置。如图 A35 所示。

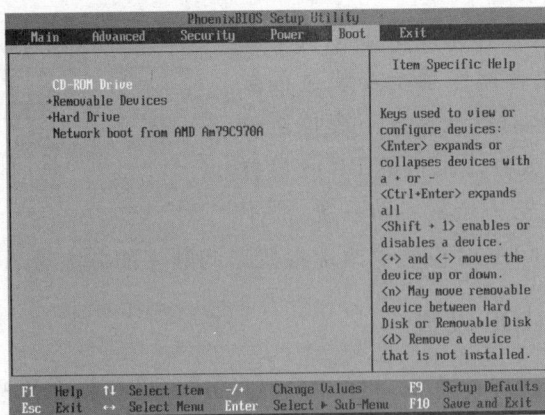

图 A35　BIOS 设置中设置启动顺序

附录 B　安装配置 FTP 与 Web 服务器

实验 BⅠ:安装配置 FTP 服务器

B1.　FTP 作用

FTP 是使用互联网资源最常用功能之一,用户可以通过记名或不记名(也称匿名)连接方式对远程 FTP 服务器进行访问,查看和索取(下载)需要的文件,也可以将本地主机或节点机的文件传输(上传)到远程 FTP 服务器上。

B2.　FTP 安装

FTP 服务器是通过安装微软 Windows 操作系统的一个组件 Internet Information Server (IIS)启用的。如果操作系统是 Windows Server 版本,则系统会自动安装 IIS,否则需用户自行安装。这里以 Windows 2000 Professional 为例说明。

操作步骤:开始菜单→设置→控制面板→添加/删除程序→添加/删除 Windows 组件,在图 B1 选中"Internet 信息服务"。

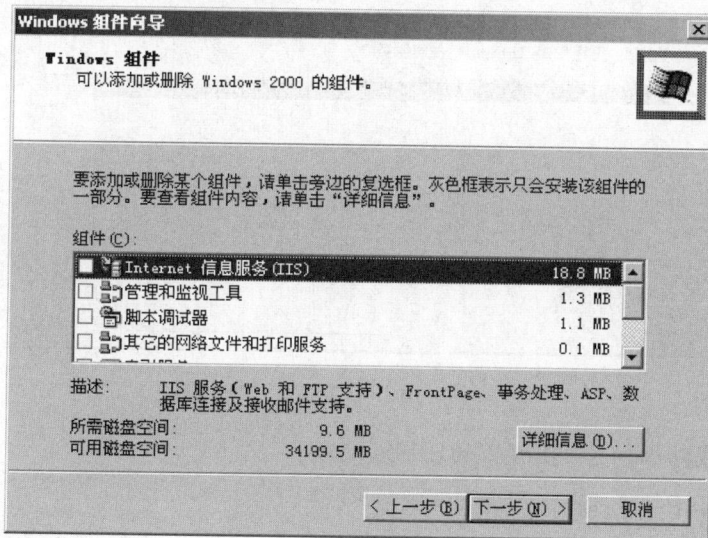

图 B1　选中"Internet 信息服务"

单击图 B1 中的"详细信息"按钮,如图 B2 所示选中所有选项(实际上已经同时包括了 FTP 和 Web)。

确定后单击"下一步"按钮,系统即开始安装,如图 B3 所示。

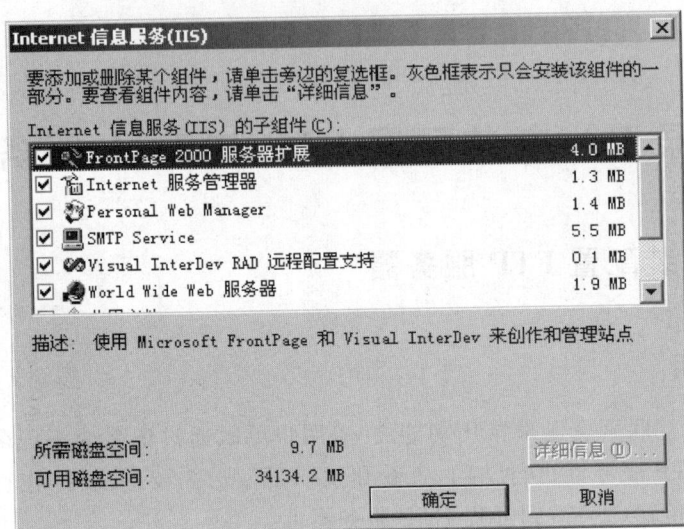

图 B2 "Internet 信息服务(IIS)"窗口

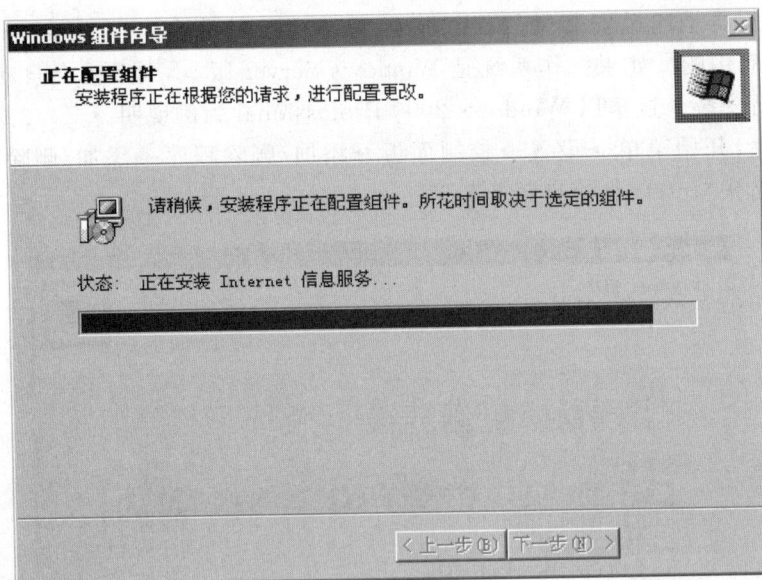

图 B3 安装

结束后即成功添加了 FTP(Web)服务。

B3. 配置 FTP 服务器

操作步骤:我的电脑→控制面板→管理工具→Internet 服务管理器→Internet 信息服务→user07(以计算机 user07 为例进行配置)→默认 FTP 站点→右键→属性,可打开 FTP 站点属性窗口。如图 B4 和图 B5 所示。

其中:

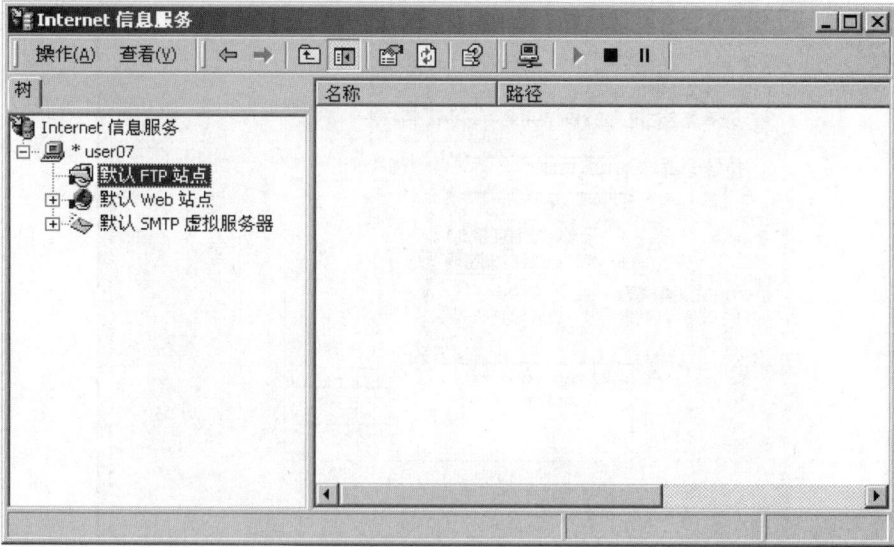

图 B4　选择"默认 FTP 站点"

（1）在"FTP 站点"中，"IP 地址"选定本机 IP 地址，（注：这里是"192.168.1.107"），如图 B5 所示。

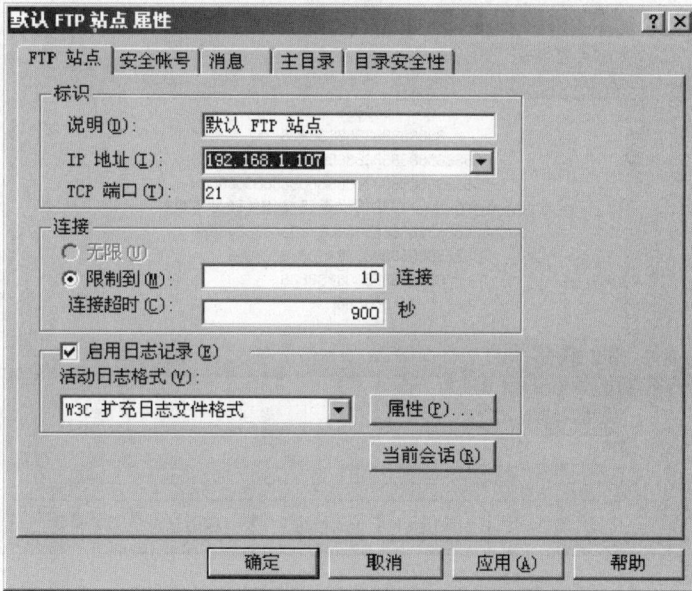

图 B5　选定 IP 地址

（2）在"安全账号"中，一般默认即可，表示允许匿名访问。当不允许匿名访问时，应勾掉"允许匿名连接"选项，给不同账户设置相应访问权限。如图 B6 所示。

（3）在"消息"中，"欢迎"处输入 FTP 连接成功后欲显示的信息；"退出"处输入 FTP 断开时欲显示的信息。如图 B7 所示。

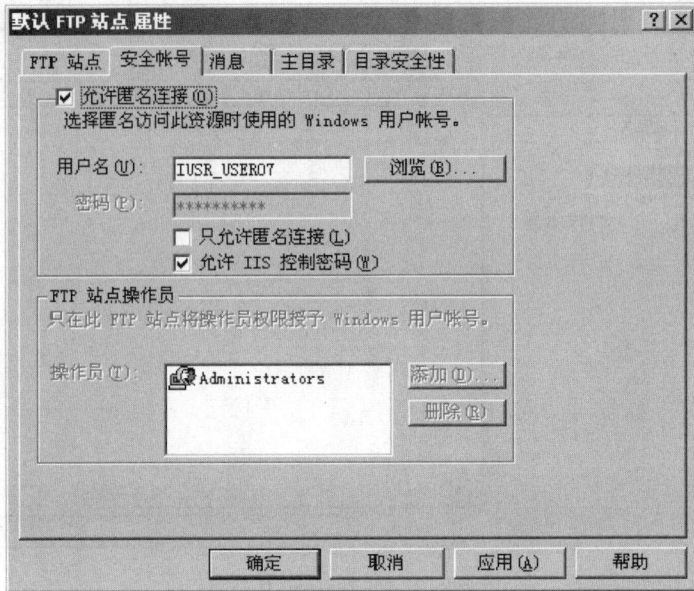

图 B6　设置访问权限

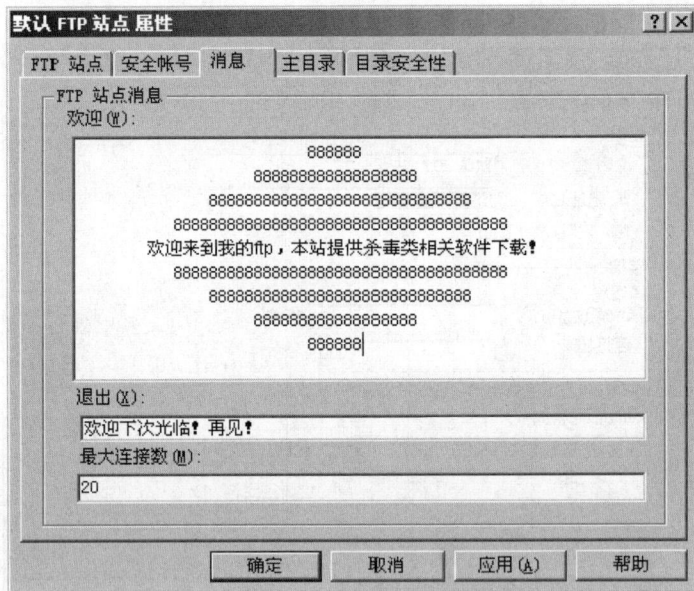

图 B7　设置连接和断开 FTP 时显示的信息

　　(4)"主目录"中,"本地路径"默认设置为 c:\inetpub\ftproot。可以通过"浏览"完成对此目录的选择。如图 B8 所示。

B4.　添加服务内容并访问 FTP 服务器

　　(1)添加服务内容

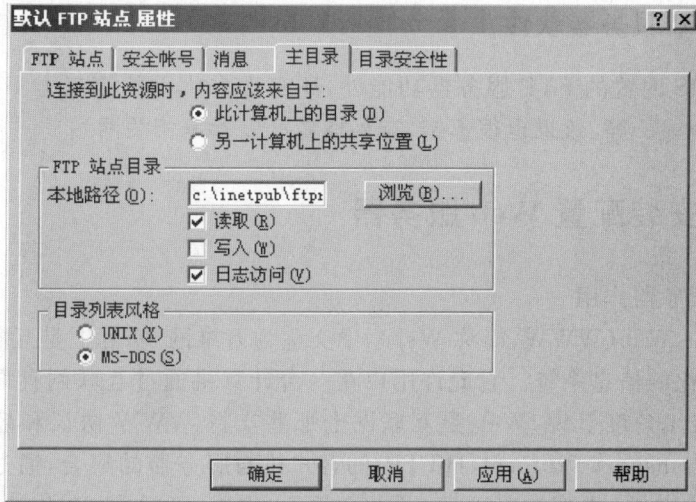

图 B8　设置本地路径

在刚才配置的 FTP 主目录 c:\inetpub\ftproot 中新建目录 Books 或者从别处复制一个名为 Books 的目录。

（2）访问该 FTP

在该 FTP 服务器或者与它有网络连接的机器上，打开浏览器，在地址栏中输入 FTP 服务器的域名或 IP 地址。这里以所配置的服务器为例（ftp://192.168.1.107），如图 B9 所示。

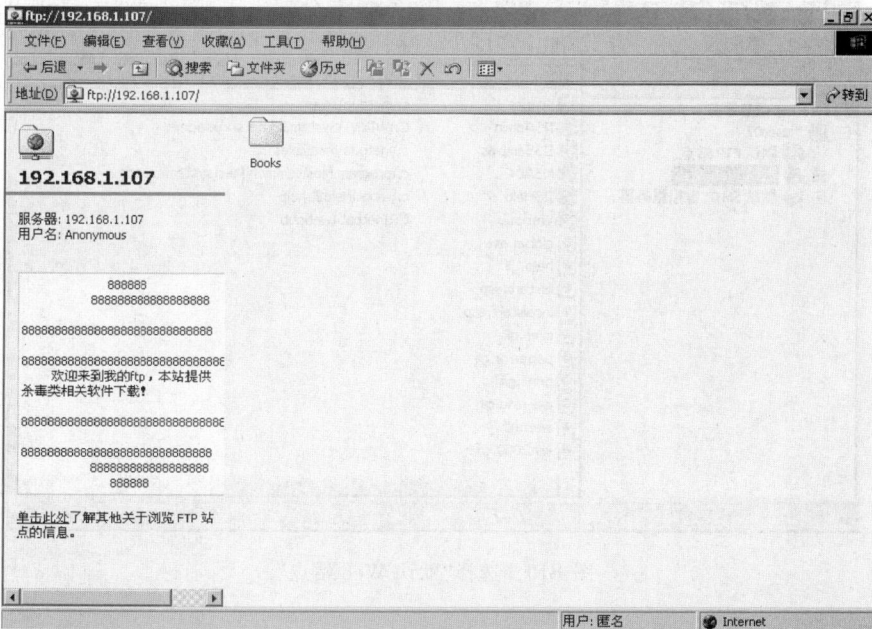

图 B9　访问 FTP 服务器

B5. 其他 FTP 服务器软件

除了微软 IIS 内置的 FTP 服务器功能外,还有许多优秀的第三方 FTP 服务器端软件,著名的如 Serv-U 等,效果也很不错,有兴趣者可以参考相关网站。

实验 BⅡ 安装配置 Web 服务器

(1) Web 服务器作用

World Wide Web(WWW,简称 Web),中文称为万维网,实际上是互联网上的一种服务,是一种图形化的信息系统。它允许用户在一台计算机通过互联网存取另一台计算机上的信息。从技术角度上说,Web 是互联网上那些支持 WWW 协议和超文本传输协议(Hyper Text Transport Protocol,HTTP)的客户机与服务器的集合,通过它可以存取世界各地的超媒体文件,内容包括文字、图形、声音、动画、资料库,以及各式各样的软件。Web 目前主要用于建设国家机关、企业、个人网站,进行政策宣传,提供服务和形象展示。

(2) Web 服务器安装

Web 服务器安装与 FTP 安装完全相同,可参考 FTP 安装步骤,此处不再赘述。

(3) 配置 Web 服务器

操作步骤:我的电脑→控制面板→管理工具→Internet 服务管理器→Internet 信息服务→user07(以计算机 user07 为例进行 Web 服务配置)→默认 Web 站点→右键→属性。可打开 FTP 站点属性窗口。如图 B10 和图 B11 所示。

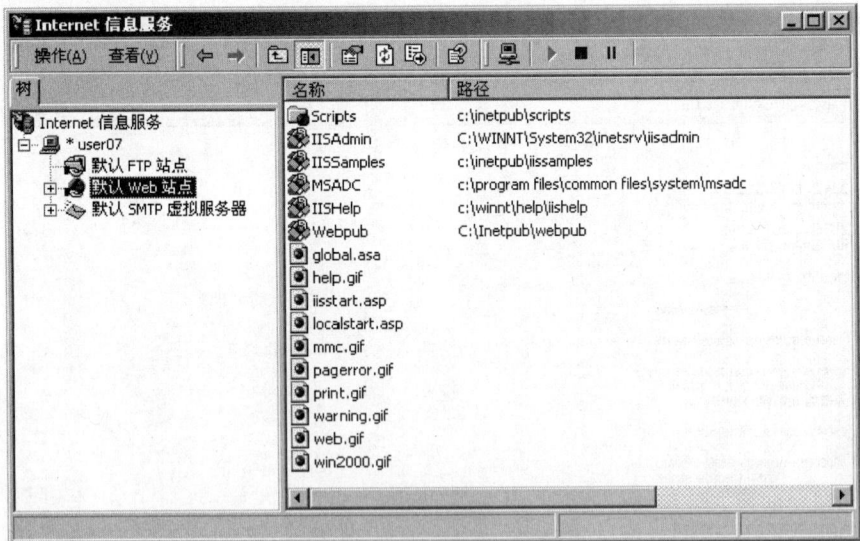

图 B10 选择"默认 Web 站点"

其中:

① 在"Web 站点"中,"IP 地址"选定本机 IP 地址,(注:这里是"192.168.1.107"),如图 B11 所示。

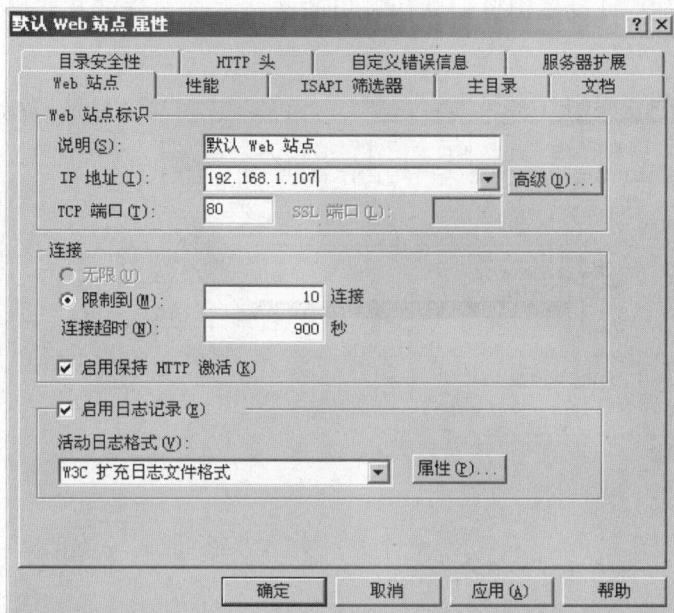

图 B11　选择 IP 地址

② 在"主目录"中，"本地路径"默认为 c:\inetpub\wwwroot。可通过"浏览"完成对新的信息发布目录的选择。如图 B12 所示。

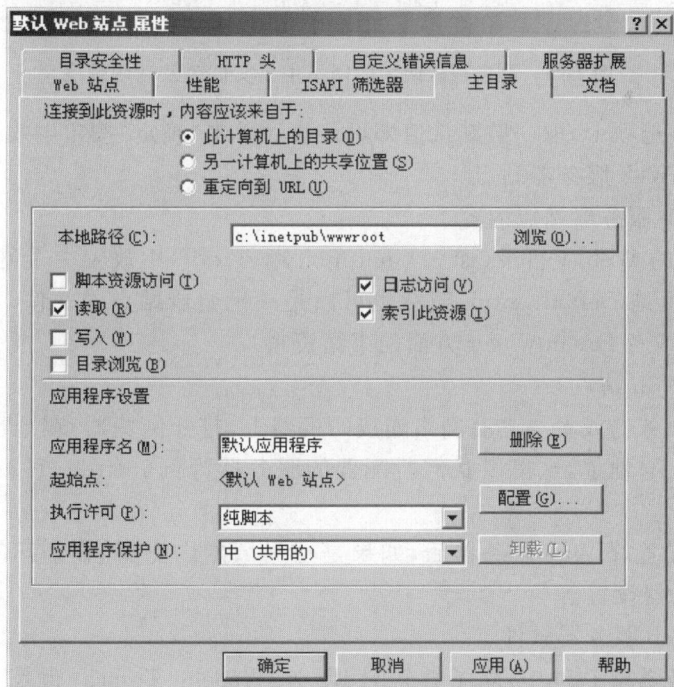

图 B12　设置本地路径

③ 在"文档"中,可设置浏览器默认调用的网站主页文件名及调用顺序。如图 B13 所示。

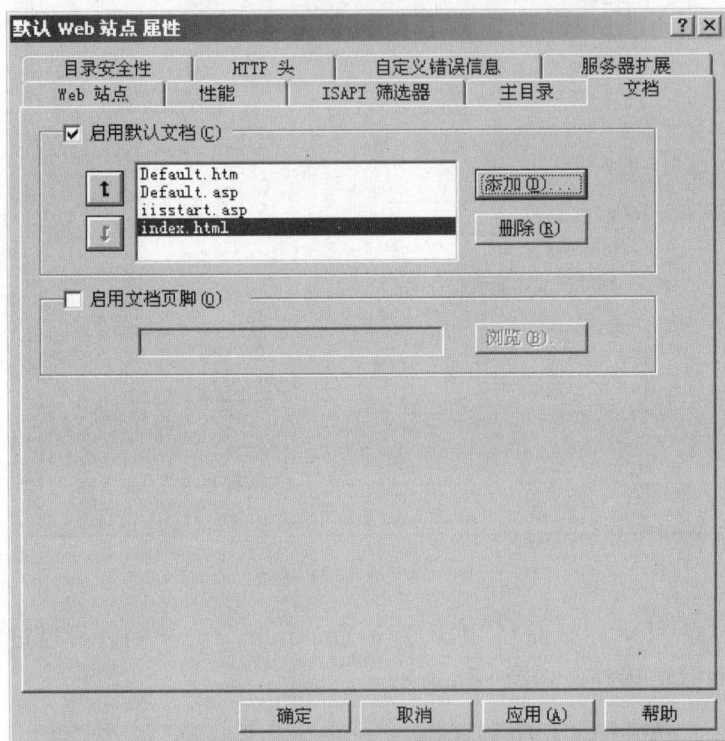

图 B13　设置默认调用的网站主页文件名及调用顺序

④ 其他标签选项卡,取一般默认值即可。最后单击"确定"按钮生效。

(4) 访问该 Web 服务器站点

① 添加 Web 服务器站点内容

在刚才配置的 Web 主目录(如 c:\inetpub\wwwroot)中放置一个网页文件,命名为主页文件名(这里是 Default.htm,当然也可以是一批组成站点的文件,关于网页制作请参考 Frontpage 或者 Dreamwaver 方面的书籍资料)。

② 访问该 Web 站点

在该 Web 服务器或者与它有网络连接的机器上,打开浏览器,在地址栏中输入 Web 服务器的域名或 IP 地址,这里以我们所配置的服务器为例(http://192.168.1.107),如图 B14 所示。

注意事项:配置好 Web 服务器后,如果是在局域网内测试,在访问的时候注意去掉 IE 中的代理服务器设置。

(5) 其他 Web 服务器软件

在 Web 服务器端软件中,除了微软的 IIS 外,Apache Tomcat 也是一款非常优秀的 Web 服务器端软件。

图 B14　访问 Web 站点

附录 C 微型计算机硬件的组装实验

C1. 装机准备工作

（1）地点准备

准备一个宽敞明亮的房间，一个有足够空间的桌子，能够摆放微机的所有部件，桌子上尽可能没有其他东西。

（2）工具准备

主要准备一个带磁性的十字螺丝刀。微型计算机中的螺丝都是十字螺丝，一把十字螺丝刀即可完成所有拆装工作。微机机箱较为紧凑，在拆装过程中螺丝容易掉落在机箱的缝隙或者主板的缝隙中，使用带磁性的螺丝刀头可以方便地取出，在安装螺丝时也会很方便。其他工具也许会需要一把尖嘴钳。

（3）着装准备

在拆装微机或其他电子设备时，最好不要穿着化纤类服装，特别是在干燥的环境中，人的身体会产生静电，静电在放电瞬间会产生上万伏的高压，可能会将微机配件中的电子元器件击穿，损坏这些配件。在微机拆装前，需要进行静电的释放，可以采取触摸暖气管、触摸自来水龙头或洗手的方式释放静电。在拆装过程中，由于摩擦，还会产生静电，需要不断进行有意识的释放静电的动作。

C2. 微机拆卸

（1）认识微机外部接口

在拆卸微机之前，先认识微机机箱外部的按钮、指示灯和接口，一般微机机箱的前面板包括电源开关、电源指示灯、复位开关、硬盘指示灯、光驱开关、前置的两个 USB 接口、前置的音频输出接口和麦克风接口等。在机箱的背后一般会包括 220V 电源接口、键盘的 PS2 接口、鼠标的 PS2 接口、4～8 个 USB 接口、一个 9 针串行接口、一个 25 芯并行接口、音频输入、输出接口、麦克风接口、显示器接口（DVI 或模拟 RGB 接口）、网络接口等，有些微机可能还包括 1394 接口、eSATA 接口、调制解调器接口、软驱口和读卡器接口等。如图 C1 和图 C2 所示。

（2）打开主机箱，认识微机各个主要部件

拧开机箱固定螺丝，打开机箱，认识机箱内部的微机各个部件，了解各部件的连接情况。要认识的主要部件包括 CPU、内存、硬盘、光驱、软驱、主板、显示卡、网卡（保护卡）、机箱电源等，并观察它们是如何连接在一起的，使用的连接线（包括电源线和信号线）。如图 C3 所示。

图 C1　微型计算机前面板

图 C2　微型计算机后部接口

（3）拆卸微机主机箱内部部件

拆卸微机部件时应小心，不可强拆强拔，拆卸时尽可能记住部件原始安装方式，保存好各类螺丝，可按如下顺序拆卸微机部件：

- 拔出硬盘、光驱、软驱等设备的电源线和信号线，注意信号线是如何连接主板的。
- 将主板上的电源线和各类信号线拔除掉。
- 拆下硬盘、软驱和光驱及机箱电源。

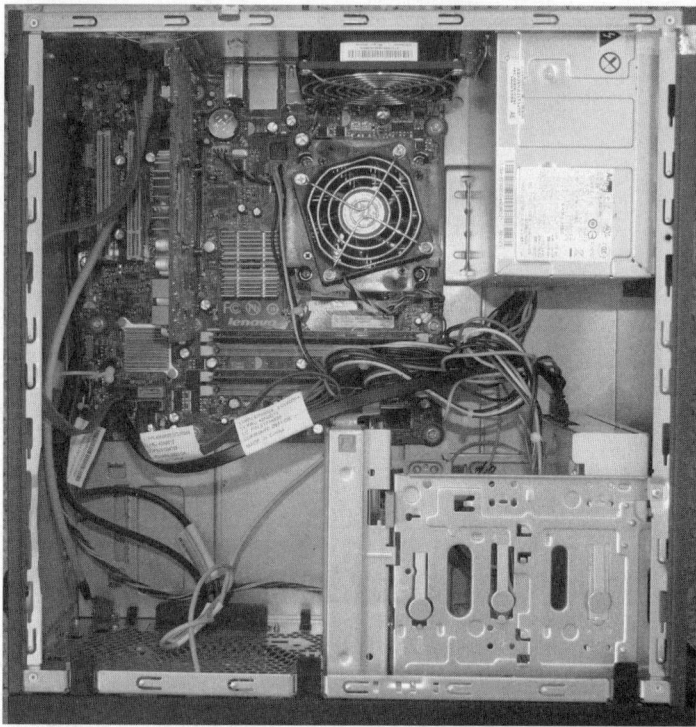

图 C3　微型计算机内部结构图

- 拆下安装在主板总线扩展插槽的设备,可能有显示卡、网卡或保护卡等。
- 拧下主板固定螺丝,拆下主板。
- 从主板上拆下内存和 CPU 及 CPU 风扇。

主板拆下后,可仔细查看主板结构。

注意事项:拆卸微机时一定要断开所有电源,否则在拆卸过程中可能引起电源线路短路,烧毁部件,甚至危及人身安全。

C3. 微机安装

微机安装时,在用手拿各种配件时,应注意尽量不要接触配件电路板的部分,以避免损坏,需要用力插拔的地方也要小心。由于空间的限制和连线的需要,要遵循一定的安装顺序,如果顺序错误,很可能会发现某些部件没有办法安装进主机箱。

（1）机箱的安装

在安装微机时,微机几乎所有的主要部件都要固定在主机箱内部,一个好的、坚固的机箱可以承载所有设备,而且还能在外部撞击或移动时保护它们不受损坏,并可以防止电磁辐射的影响,所以,主机箱的选择和安装是非常重要的工作。

在安装主机箱时,应将主机箱的各个部分充分固定,不能有晃动和松动的情况。如果是一个新机箱,应按图纸把机箱的各个部分安装好,并使用螺丝固定,安装好固定主板的铜柱脚。

（2）电源的安装

微机电源为主机板和各种部件提供电力,把 220V 交流电转换为 12V 和 5V 的直流电,带有一个散热风扇。电源的稳定性对微机的稳定性有重要作用,很多微机运行不稳定的情况都是由于电源造成的。

机箱后部安装电源的地方会有散热格栅和 4 个固定电源的螺丝位置,按 4 个螺丝的位置找准电源的安装方向,用螺丝固定即可。

认清电源输出的电源接头,主要包括主板的一个 24 针主电源插头和 4 针或 8 针辅助电源插头、老式 4 针 D 插头、SATA 电源插头,还可能包含一个为显示卡额外供电的 6 针插头。

（3）CPU、CPU 风扇的安装

这些部件可以在主板安装到机箱内部之前先安装到主板上,找到主板上 CPU 插座的位置,打开 CPU 插座的固定杆,按方向插入 CPU,重新按下固定杆,卡住即可,然后需要在 CPU 上均匀涂抹散热硅脂,就接着可以安装 CPU 的散热风扇了。CPU 风扇安装好后,要记得将散热风扇的电源线插在主板的相应插座上,如果遗忘,可能在开机时烧坏 CPU。

在主机板上安装配件时,最好在主板下面垫一个平整的物品(比如主板包装盒或泡沫塑料板等),避免安装配件时压力太大损坏主板。

（4）内存的安装

内存也可以在主板安装之前先插入主板内存插座。内存扩展插槽的两端各有一个固定卡,拆卸内存只需将固定卡向外掰开,内存即可自动弹出。安装内存时,也应将固定卡先掰开,将内存金手指一边的缺口对准内存插槽中间的突起,放入内存,然后按住内存上方,垂直用力压下,内存即可插入。完全插入内存插槽时,会听到两边固定卡发出的"咔"的一声,固定卡也会自动复位,卡住内存两边的缺口,内存就安装到位了(参见图 C4)。

安装内存时,只要内存金手指一边的缺口对准了内存插槽中间的突起,内存安装的方向就是正确的,方向如果不对是插不进去的。

图 C4　内存

（5）主板的安装

主机板(母板)是微机的核心部件,微机所有其他的部件都是要连接在主机板上的,由主机板上的 CPU 指挥各个部件。主机板上的接口和插座有 CPU 接口、内存接口(内存扩展插槽)、软驱接口、硬盘 IDE 接口、串口、并口、USB 接口、音频接口、ISA 扩展槽、PCI 扩展槽、AGP 扩展槽、PCI Express 接口、电源接口(插槽)、电源开关接口,复位开关接口、指示灯等。在安装主板之前,应仔细观察主板,认清这些接口和插座。还可以认清主板上的两个主要控制芯片,南桥和北桥芯片,北桥芯片一般会离 CPU 较近,而且会有散热片覆盖。另外,还可以找到主板上的 BIOS 芯片和为 CMOS 芯片供电的圆形纽扣电池,以及为 CMOS 芯片复位数据的跳线。

在老式主板上,还需要调节主板上的大量跳线和开关,这在主板安装在机箱之前较易调节。对于连接机箱开关和指示灯的插座,也应对照说明书观察清楚,看是否需要先做一些连接工作。

主板应使用螺丝良好固定于机箱内,保证主板平整,位置正确,不能有任何松动,还要注意主板下不能有太多悬空现象,特别是在显卡插槽和 PCI 扩展插槽的位置,因为要经常插拔,如果有悬空,易造成主板物理损坏。另外,要注意主板和机箱之间不要有遗漏的螺丝等异物,防止短路。

主板安装固定好以后,可以将电源供电插头插入主板电源插座,如果碍事,也可以最后插。

(6)机箱开关和指示灯的连接

在主机板上会有一组小插座,用来连接机箱上的电源开关、复位开关、电源指示灯和硬盘指示灯,应对照主板说明书小心连接好,否则,计算机无法接通电源。

(7)硬盘、光驱的安装

硬盘和光驱等设备(参见图 C5),可以在主机箱上找到相应的位置进行固定,也要固定好,不能松动。安装时,应观察这些设备与主板连接的插口位置和信号线长度,保证信号线能连接上。固定好以后,可插入电源插头,使用信号线主板相连。

注意安装硬盘时,为减轻震动可以在螺丝上加一段塑胶套,然后固定硬盘。硬盘如果是平着安装,一般应保证硬盘上电路板那面朝下,避免堆积灰尘。

图 C5　硬盘(左)和光驱(右)

(8)安装显卡等其他扩展插卡

现在新的显卡大多都是 PCI Express 接口,老式的还有 AGP 接口,安装显卡时,只要找到对应的接口,插入并固定即可。

其他还可能有的扩展卡有网卡、硬盘保护卡、调制解调器卡、1394 卡、扩展的 USB 接口卡、硬盘接口扩展卡、RAID 卡等。这些卡一般插入主板的 PCI 扩展插槽,注意一定要插到位,避免悬浮在插槽上,插好后还要用螺丝固定在主板上。

（9）加电测试

机箱所有部件安装完成后，应重新检查一遍，确认安装稳固、连线正确，就可以连接外部的键盘、鼠标、显示器和其他连线，然后可以插上电源线，开机测试。如果能够正确开机运行，就可以断电，合上机箱外盖了。

附录 D　数据恢复软件 EasyRecovery 的使用

EasyRecovery 是数据恢复公司 Ontrack 的产品，它是一个硬盘数据恢复工具，能够帮助用户恢复丢失的数据以及重建文件系统。

该软件支持的数据恢复方案包括：

- 高级恢复 —— 使用高级选项自定义数据恢复
- 删除恢复 —— 查找并恢复已删除的文件
- Raw 恢复 —— 忽略任何文件系统信息进行恢复
- 继续恢复 —— 对一个保存的数据恢复进度继续进行
- 格式化恢复 —— 从格式化过的卷中恢复文件
- 紧急启动盘 —— 创建自引导紧急启动盘

D1.　EasyRecovery Professional 软件的安装

下载 EasyRecovery Professional，运行其安装主程序 easyrecovery_setup.exe，启动安装过程，即可将它安装完毕。如图 D1～图 D3 所示。

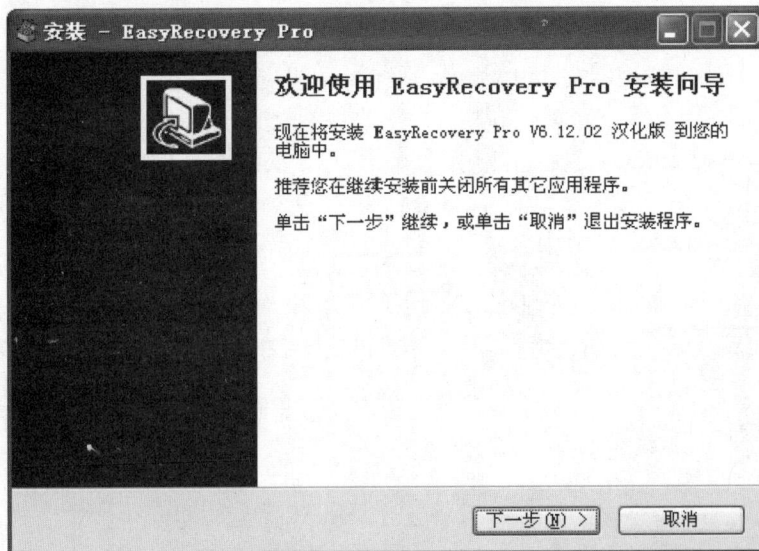

图 D1　安装 EasyRecovery Professional

D2.　磁盘诊断

磁盘诊断通过六种功能安排，诊断硬件相关问题。这里以分区测试为例进行介绍（参

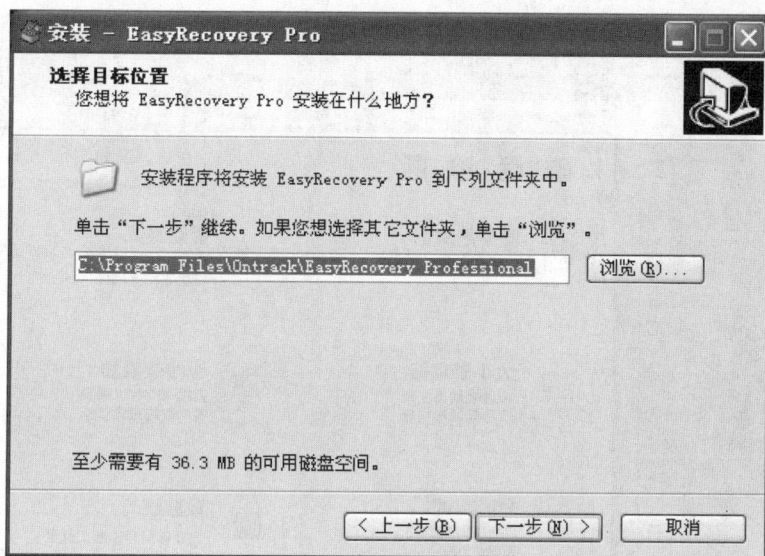

图 D2　确定 EasyRecovery Professional 的安装目录

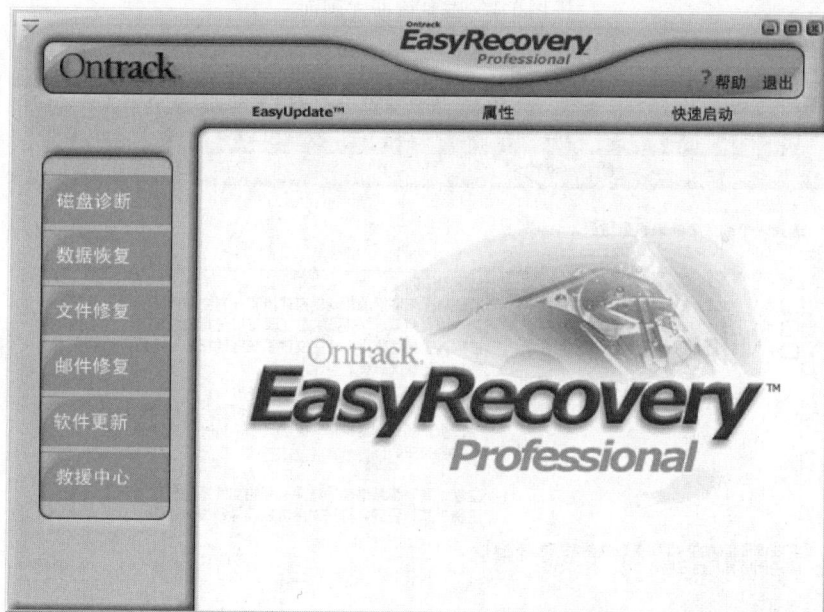

图 D3　EasyRecovery Professional 的主界面

见图 D4）。

　　单击"分区测试"按钮，启动分析现有的文件系统结构过程。参见图 D5。

　　勾选 D 盘，单击"下一步"按钮，则报告检查结果。参见图 D6。

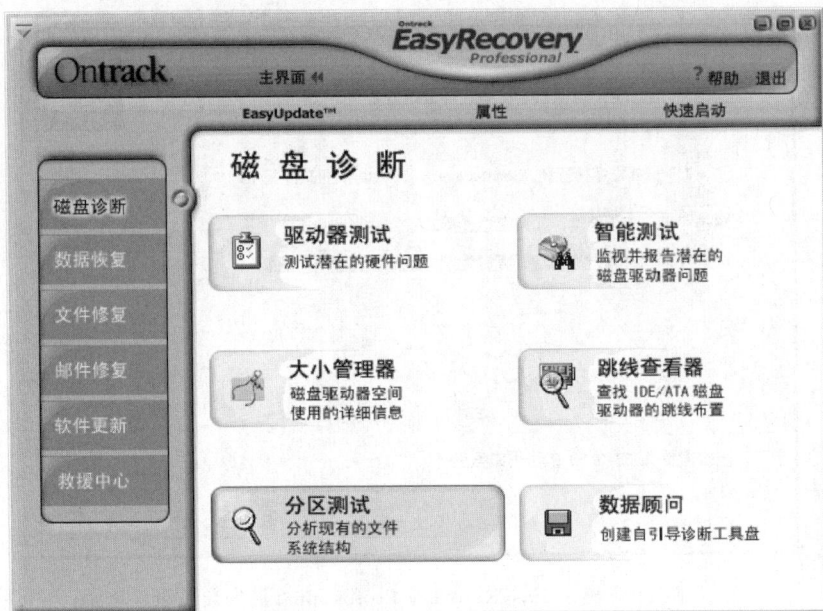

图 D4　磁盘诊断主画面

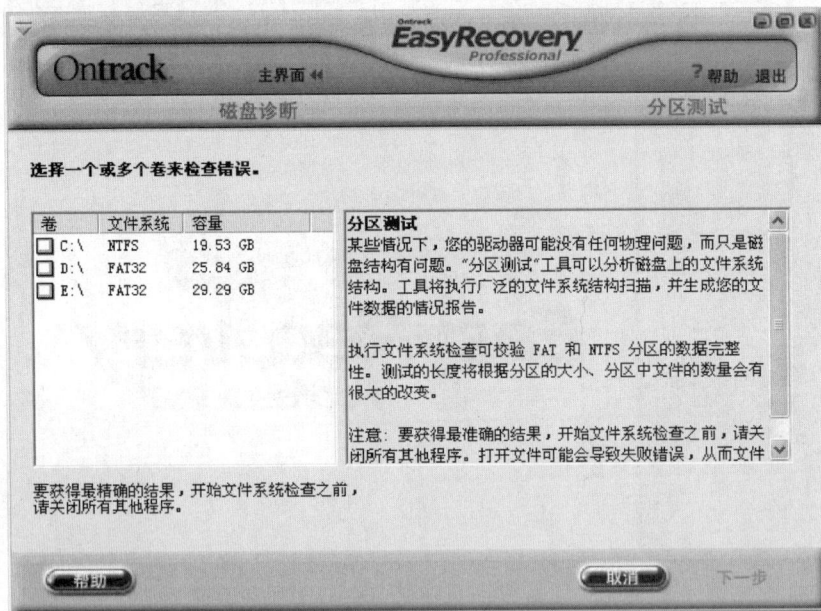

图 D5　分区测试之一：选择卷

D3.　数据恢复

　　数据恢复包括了高级恢复、删除恢复等六种恢复方式，分别对应了不同的需求。参见图 D7。其中"原始恢复"是情况最差时采用的方式；"高级恢复"比"删除恢复"在数据恢复

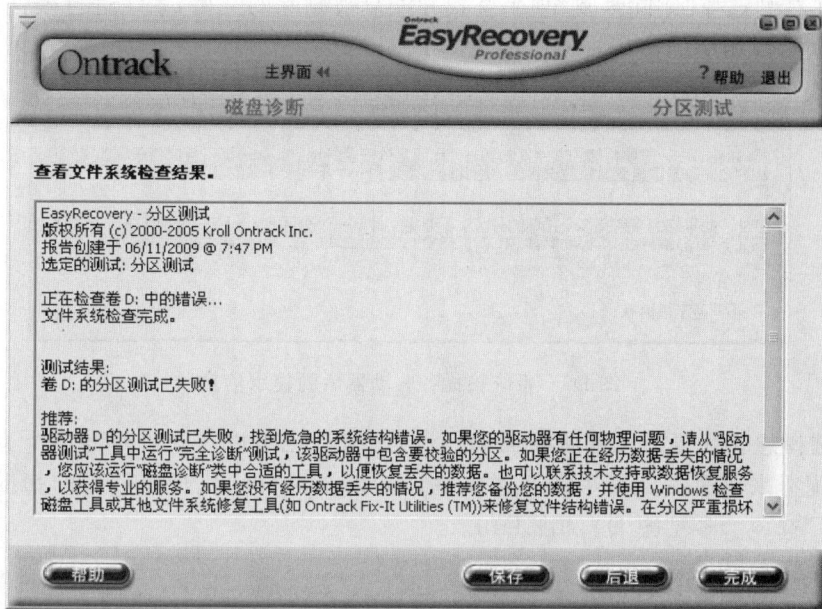

图 D6　分区测试之二：报告测试结果

步骤刚开始时多了一些更详细的参数设定（参见图 D9），其他步骤相同。每种方式界面上解释的很清楚，这里不再赘述。这里以用得最多的"删除恢复"为例，介绍其用法。

（1）启动 EasyRecovery Professional 进入软件主界面，选择数据恢复项，出现如图 D7 所示界面。

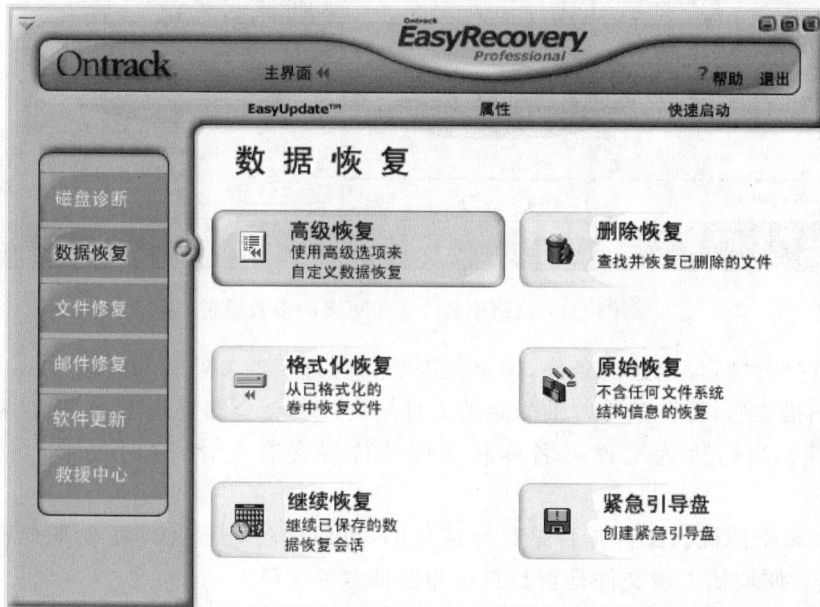

图 D7　数据恢复主界面

（2）在右侧选择"删除恢复"项来查找并恢复被删除的文件，系统进行硬件扫描，然后在界面右侧出现相应的使用提示。参见图 D8。

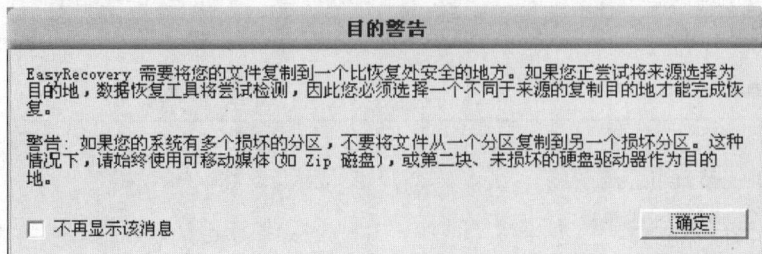

图 D8　系统扫描各驱动器后的提示信息

（3）选择想要恢复的文件所在驱动器进行扫描，也可以在文件过滤器下直接输入文件名或通配符来快速找到某个或某类文件。如果要对分区执行更彻底的扫描可以勾选"完整扫描"选项。参见图 D9 和图 D10。

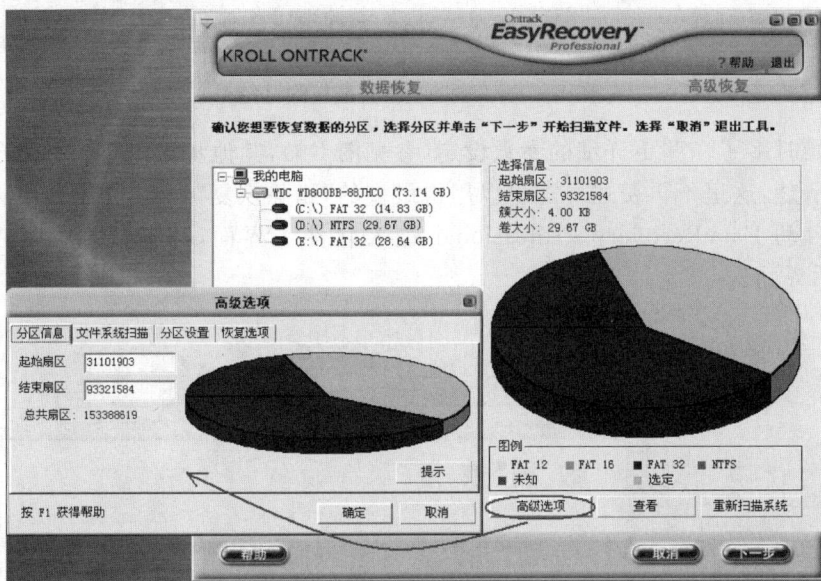

图 D9　高级恢复中多了更多的参数设定

（4）选择分区，设定过滤条件，确定是否"完整扫描"。参见图 D11。

（5）扫描之后，符合条件曾被删除的文件及文件夹会全部呈现出来，现在需要的就是耐心地寻找、勾选，因为文件夹名称和文件的位置会有变化，这时要细心查看。参见图 D12。

（6）如果不能确认文件是否是想要恢复的，可以通过查看文件命令来查看文件内容（这样会很方便地知道该文件是否是自己需要恢复的文件）。

（7）选择好要恢复的文件后，会提示选择一个用于保存恢复文件的逻辑驱动器，此时应存在其他分区上。最好准备一个大容量的移动硬盘，特别是在恢复误格式化某个分区

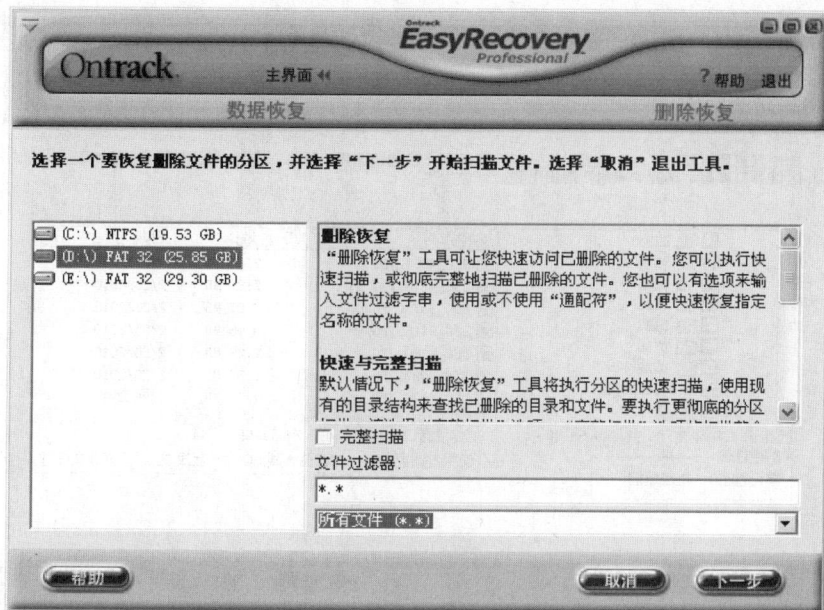

图 D10　系统扫描各驱动器后的信息显示

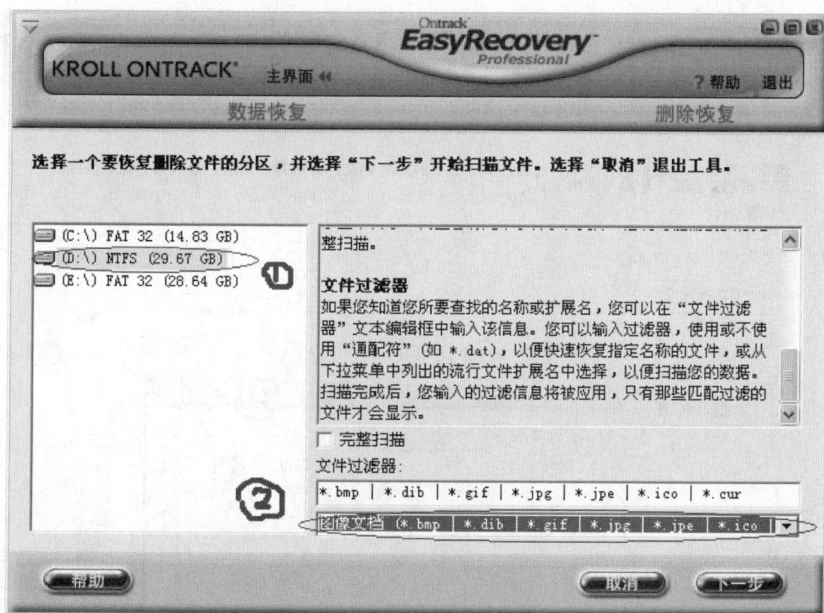

图 D11　选择驱动器及过滤条件

时尤为重要（一定要记住这点）。参见图 D13。

（8）单击"下一步"按钮进行恢复，会出现恢复进度条（图 D14）和恢复摘要（图 D16），可以打印也可保存为文件。极端情况下还可能出现恢复文件与目标现存文件重名的情况。参见图 D15。

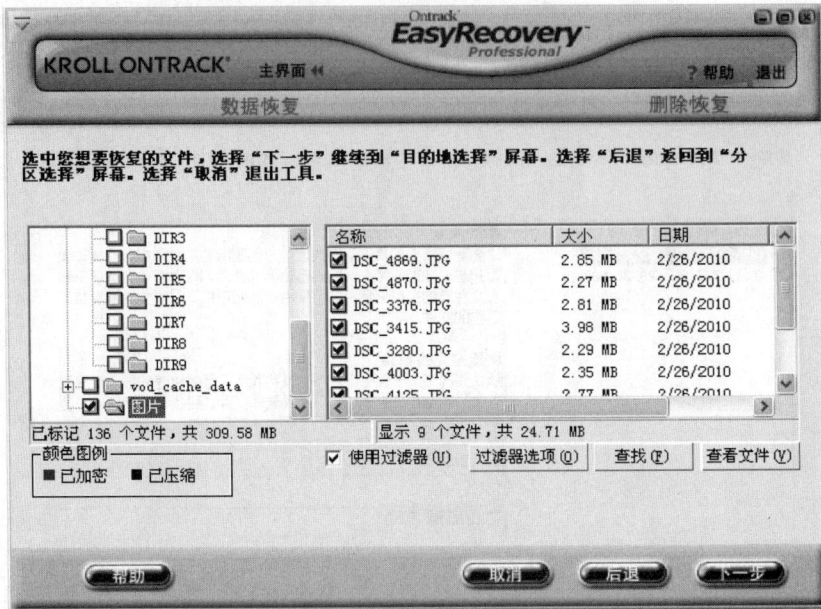

图 D12   检测结果显示以供选择

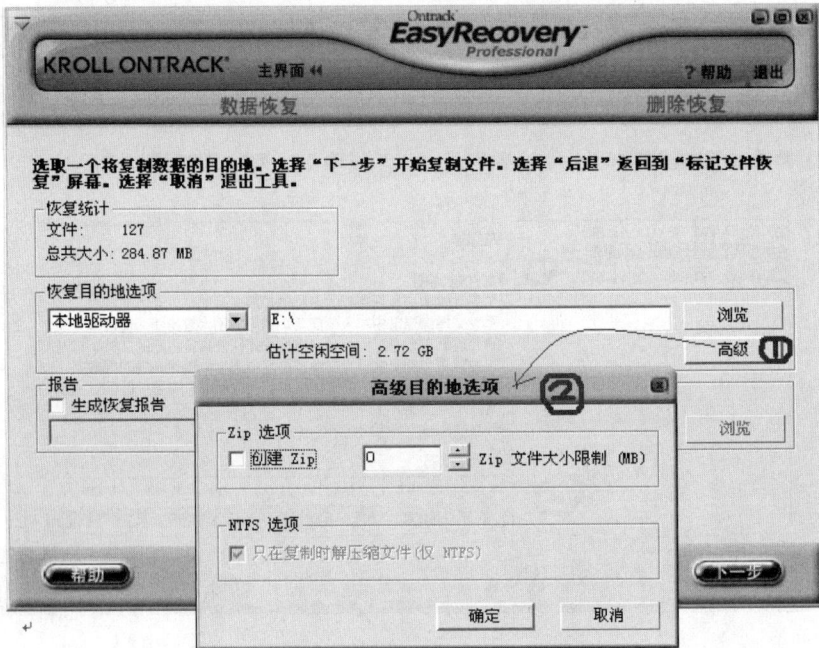

图 D13   确定恢复的目的地,注意避开原分区

（9）当恢复完成后要退出时,它会弹出保存恢复状态的对话框。如果进行保存,则可以在下次运行 EasyRecovery Professional 时通过执行"继续恢复"来接着以前的操作进行。这种性能在没有进行全部恢复工作时非常有用。参见图 D17。

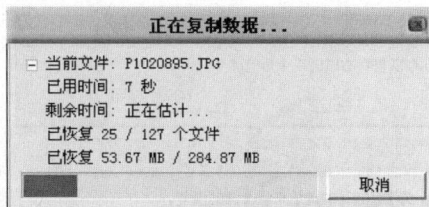

图 D14　恢复进度条

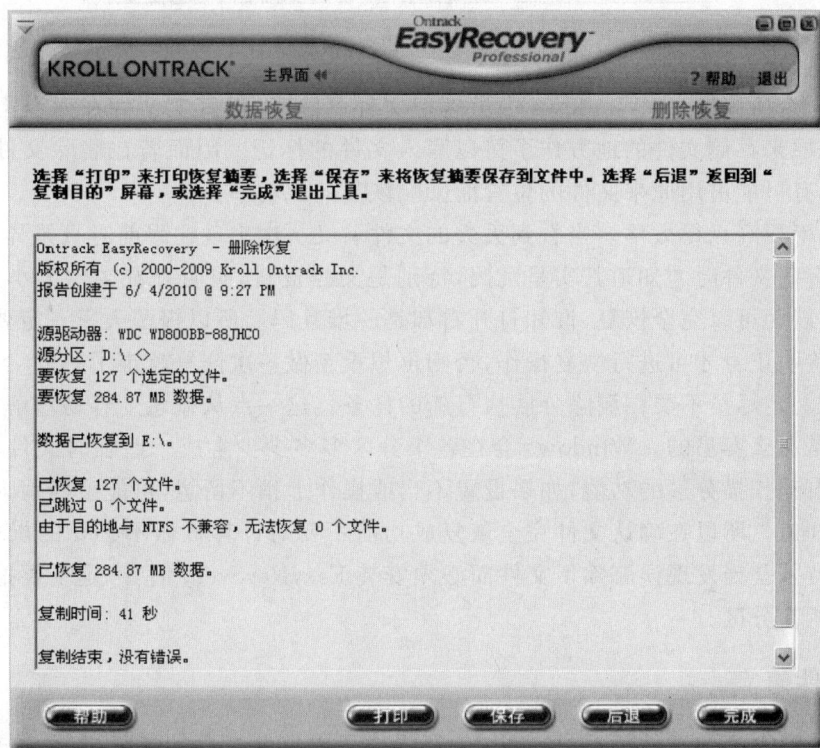

图 D15　恢复摘要

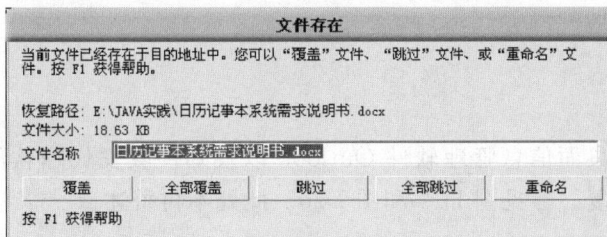

图 D16　恢复文件与目的地文件重名

数据恢复注意事项：

首先,提高恢复误删文件的成功率的关键在于一定不要往原来存放该文件的分区写

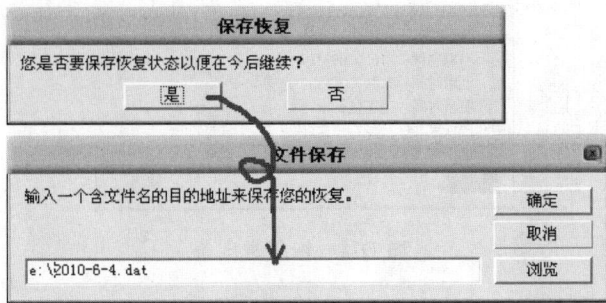

图 D17　保存当前的恢复状态，便于以后继续恢复

入新数据。众所周知，在 Windows 中虽然把文件删除了，但其实文件在磁盘上并没有消失，只是在原来存储文件的地方作了可以写入文件的标记。因而若在删除文件后又写入新数据，则有可能占用原来文件的位置而影响恢复的成功率。

其次，不要高兴得太早。当看到丢失的文件名又一次出现在眼前时真是异常兴奋，但是当打开有些文件时才知道其实是乱码，特别是文档资料，明明查看文件大小正常，且文件名完好，以为可以完全恢复，谁知打开看却是一堆乱码。所以提醒大家一定要将恢复的文件一一验明正身才可进行恢复操作，否则再想重新做一次恢复就难了。

最后，一定尽量不要在删除分区执行新的任务。这一点从概念上容易理解，但实际要做到却不是那么容易的。Windows 会在各个分区多多少少生成一些临时文件，加上还有在启动时自动扫描分区的功能，如果设置不当或操作上稍不留意，可能已经写入了新文件自己都不知道。所以在确认文件完全恢复成功前不要对计算机做不必要的操作（包括重新启动），特别是当发现误删除了文件而必须安装 EasyRecovery 时，一定不要把它安装在删除文件所在分区。

D4.　文件修复

对于特定类型的文件，EasyRecovery 还提供了更有针对性的恢复机制，这就是"文件修复"功能。参见图 D18。

文件修复功能，可对常用的 Office 文件及 Zip 文件进行针对性修复，成功率更高。

D5.　其他功能

（1）邮件修复

此功能可以对桌面信息管理软件 Outlook 以及邮件收发代理软件 Outlook Express 产生的文件进行修复。参见图 D19 和图 D20。此处不再赘述。

（2）软件更新

通过软件更新，可以了解产品相关新闻，下载最新版本。参见图 D21。

（3）救援中心

救援中心提供了四项功能（多数是收费项目），可以进行救援信息与技术支持、远程数据恢复、从物理损坏的磁盘中恢复数据以及提供数据恢复方案。参见图 D22。

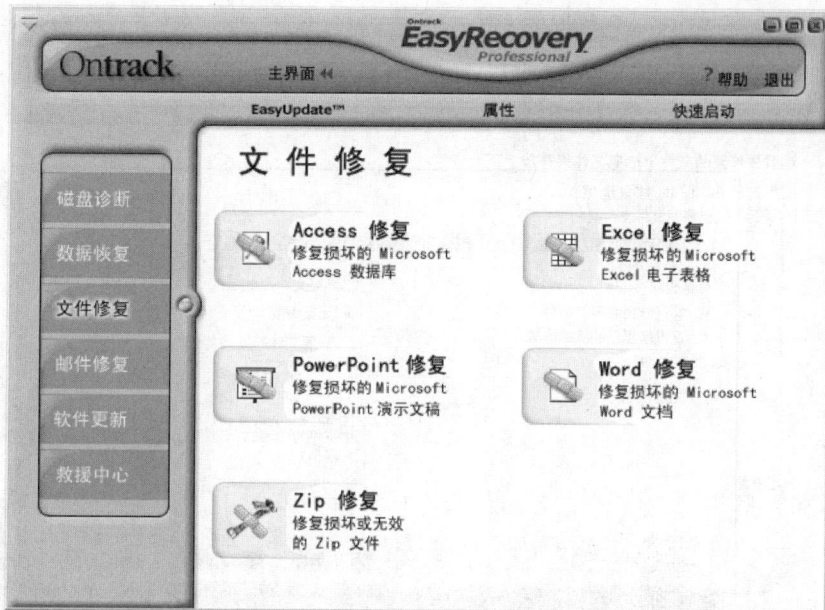

图 D18　"文件修复"功能

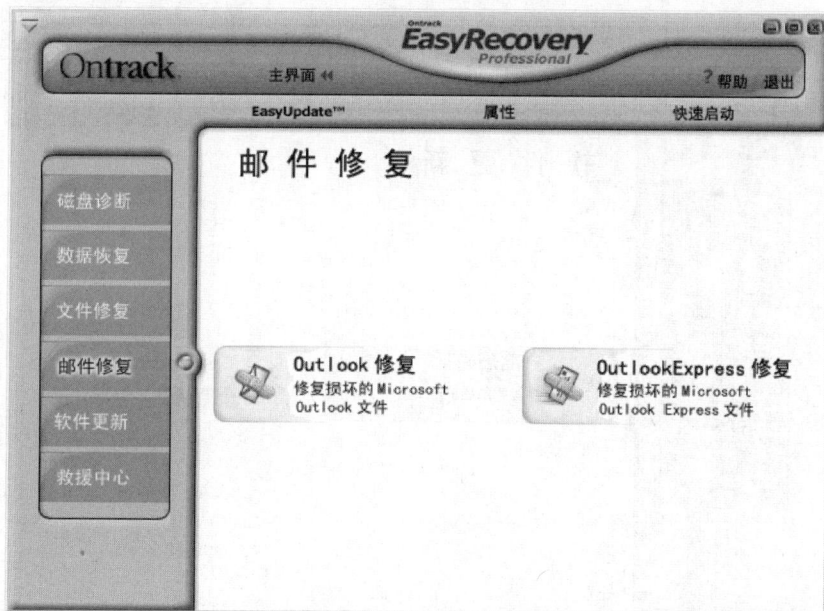

图 D19　"邮件修复"主界面

单击"实验室内数据恢复"按钮可以了解更多的救援信息。参见图 D23 和图 D24。

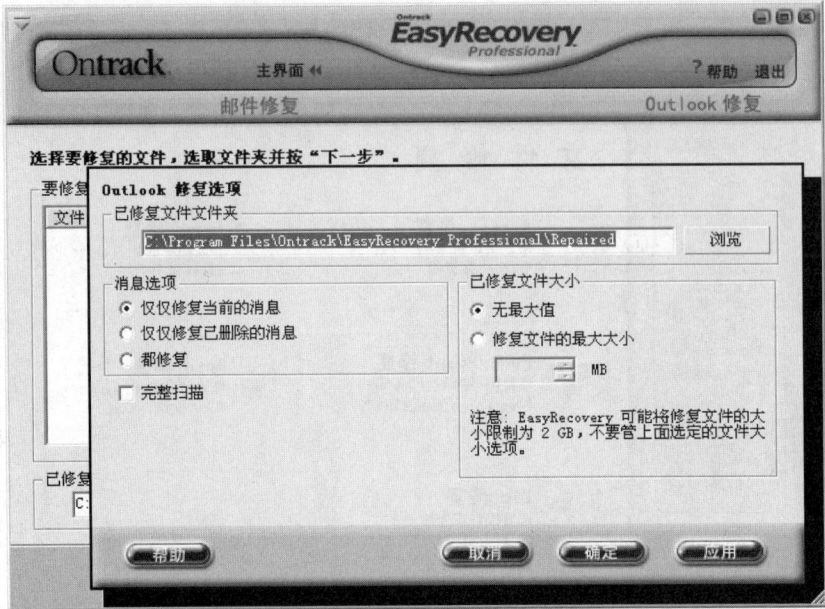

图 D20　Outlook "邮件修复"对话框

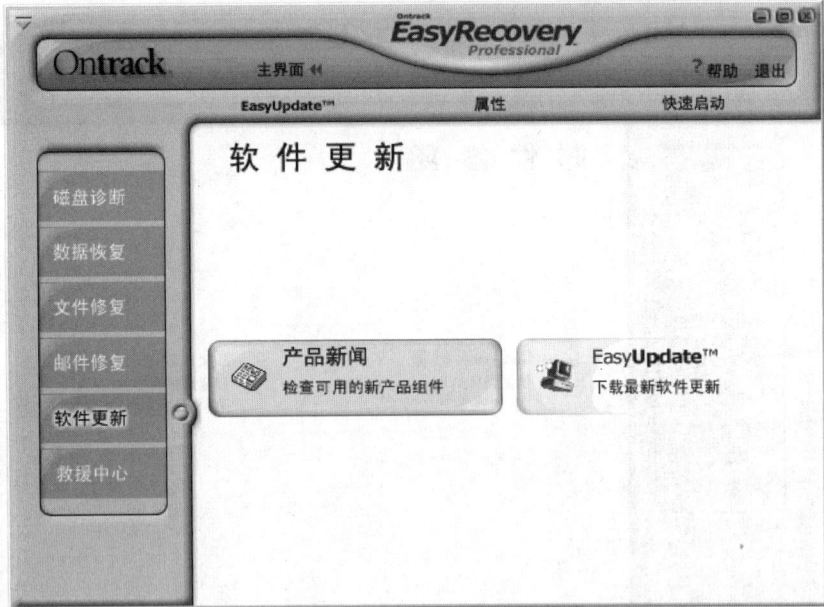

图 D21　"软件更新"功能

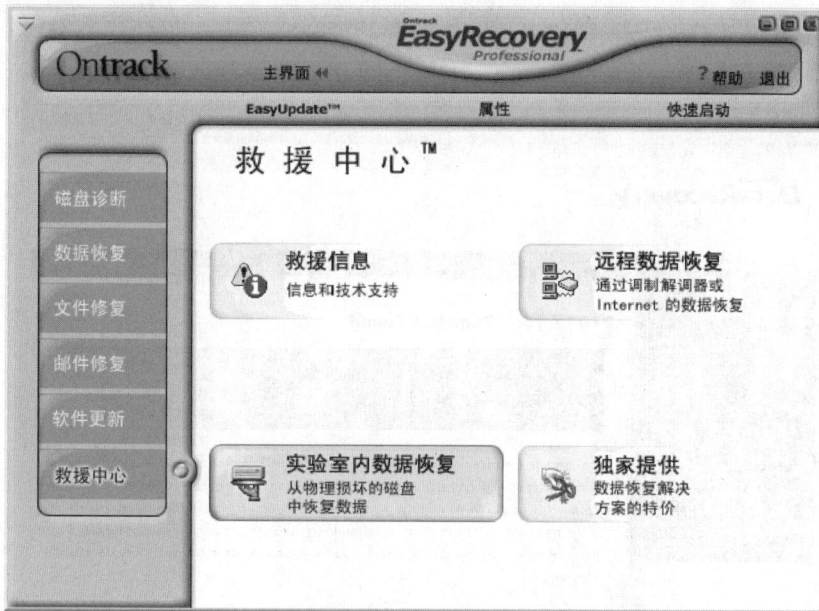

图 D22 "救援中心"主界面

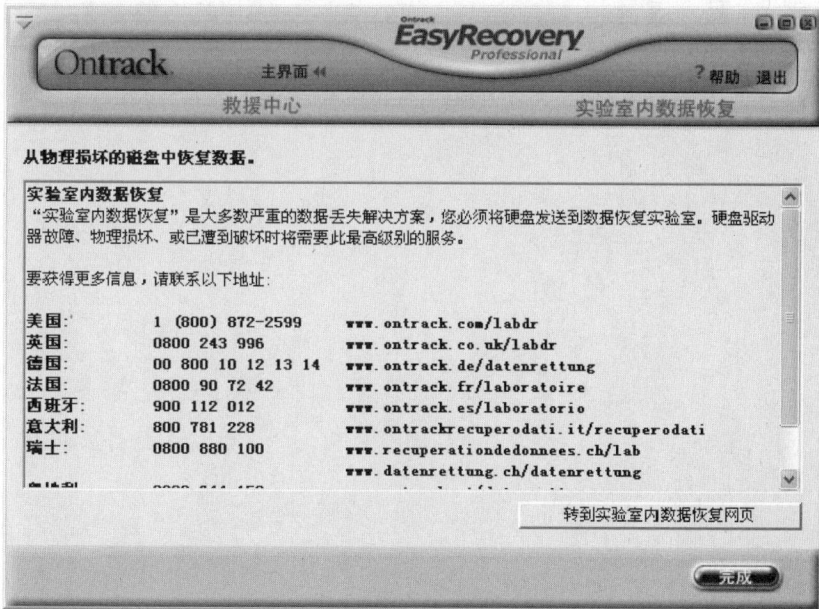

图 D23 "实验室内数据恢复"的联系地址

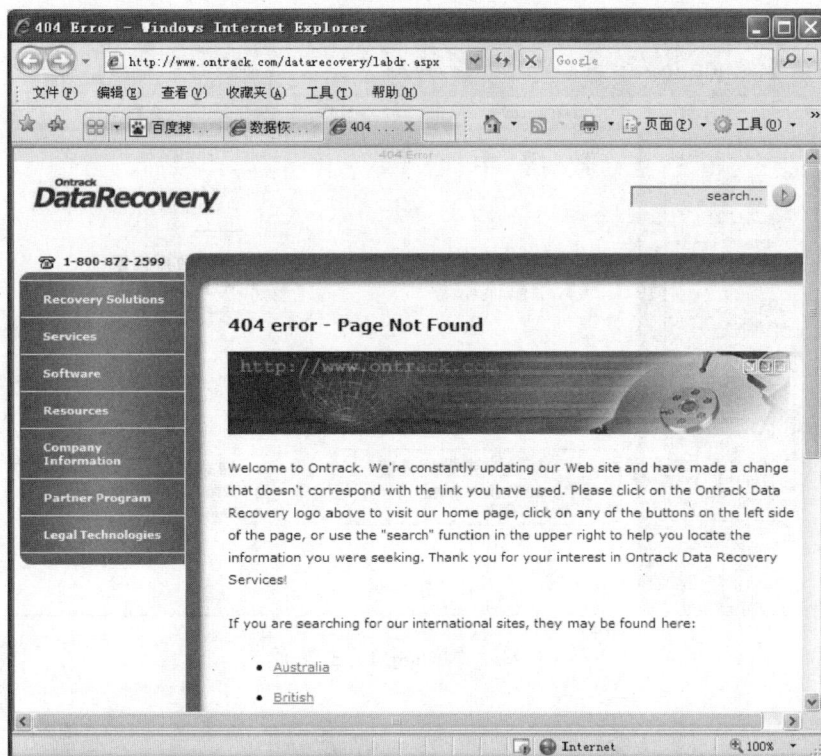

图 D24 选择合适的"数据恢复"实验室联系

参 考 文 献

1. 吕继祥.计算机实用技术基础.北京:清华大学出版社,2002

2. 唐朔飞.计算机组成原理(第2版).北京:高等教育出版社,2008

3. 计算机报.大众计算机学校——Windows XP 操作系统入门.济南:山东电子出版社,2007

4. 黑客防线编辑部.《黑客防线》2004 精华奉献本(攻册、防册).北京:人民邮电出版社,2003

5. 谢希仁.计算机网络(第5版).北京:电子工业出版社,2008

6. 许骏.计算机信息技术基础.北京:科学出版社,1998

7. 俸远祯等.计算机组成原理.北京:电子工业出版社,1996

8. 徐民鹰主编.计算机应用基础.北京:高等教育出版社,1998

9. 王鹰.计算机应用基础.北京:工商出版社,2000

10. 吴功宜.Internet 基础.北京:清华大学出版社,2000

11. 王庆瑞等.软件技术基础.北京:科学出版社,2001

12. http://www.zol.com.cn,中关村在线

13. http://msdn.microsoft.com,微软开发者虚拟社区

14. http://baike.baidu.com,百度百科

15. http://www.360.cn,奇虎360安全中心

16. http://www.ontrackdatarecovery.com,ONTRACK 数据恢复公司